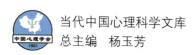

当代中国心理科学文库 "十三五"国家重点出版物出版规划项目
总主编 杨玉芳

Biological
Psychology

生物心理学

苏彦捷 等著

华东师范大学出版社
·上海·

图书在版编目(CIP)数据

生物心理学/苏彦捷等著. —上海:华东师范大学出版社,2018
(当代中国心理科学文库)
ISBN 978-7-5675-7381-9

Ⅰ.①生… Ⅱ.①苏… Ⅲ.①生理心理学 Ⅳ.①B845

中国版本图书馆 CIP 数据核字(2018)第 060073 号

当代中国心理科学文库

生物心理学

著　　者	苏彦捷等
策划编辑	彭呈军
审读编辑	张艺捷
责任校对	邱红穗
装帧设计	倪志强

出版发行	华东师范大学出版社
社　　址	上海市中山北路 3663 号　邮编 200062
网　　址	www.ecnupress.com.cn
电　　话	021-60821666　行政传真 021-62572105
客服电话	021-62865537　门市(邮购)电话 021-62869887
地　　址	上海市中山北路 3663 号华东师范大学校内先锋路口
网　　店	http://hdsdcbs.tmall.com

印 刷 者	浙江临安曙光印务有限公司
开　　本	787 毫米×1092 毫米　1/16
印　　张	25.5
插　　页	10
字　　数	566 千字
版　　次	2018 年 6 月第 1 版
印　　次	2023 年 2 月第 2 次
书　　号	ISBN 978-7-5675-7381-9/B·1109
定　　价	78.00 元

出版人　王　焰

(如发现本版图书有印订质量问题,请寄回本社客服中心调换或电话 021-62865537 联系)

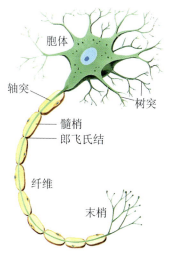

图 1.4 神经元结构模式图

（参见本书第 21 页）

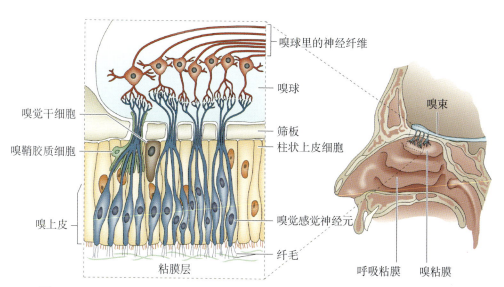

图 4.3 示意嗅觉神经系统的人头部矢状切面图（右）及嗅上皮和嗅球部分的细节展示（左）

（参见本书第 136 页）

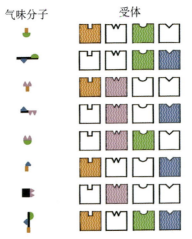

图 4.4　组合编码模型

（参见本书第 137 页）

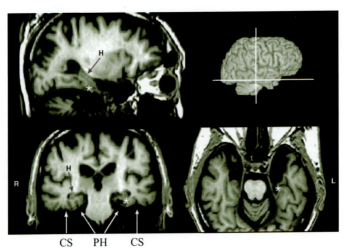

图 5.1　H. M. 的核磁共振成像结构像

（参见本书第 155 页）

图 5.2　顺行性和逆行性遗忘的示意图

（参见本书第 155 页）

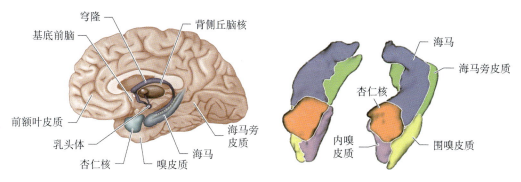

图 5.4 内侧颞叶的结构组成

（参见本书第 157 页）

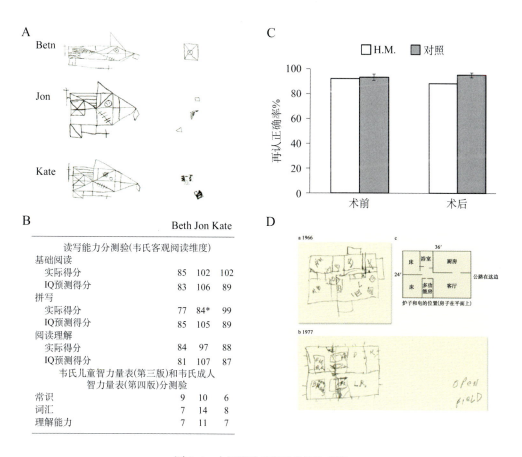

图 5.6 内侧颞叶受损后的行为表现

A:情节记忆明显受损；B:语义记忆相对正常；C:H. M. 的语义记忆表现相对正常；D:H. M. 可以习得新的语义知识

（参见本书第 160 页）

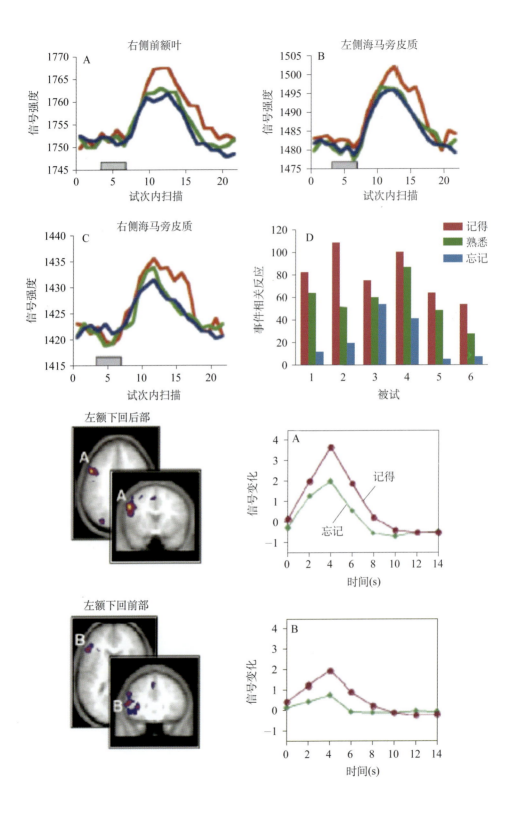

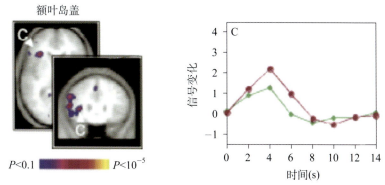

图 5.10 随后记忆效应的神经机制

(参见本书第 165—166 页)

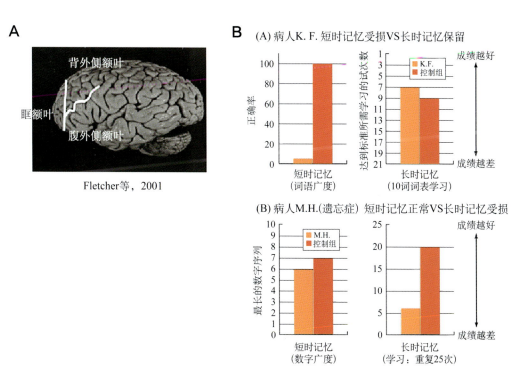

图 5.11 A：前额叶的分区；B：短时记忆与长时记忆的双分离

(参见本书第 169 页)

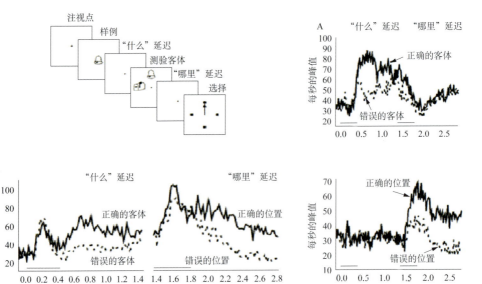

图 5.12 前额叶细胞对有关物体和空间信息的不同反应

（参见本书第 170 页）

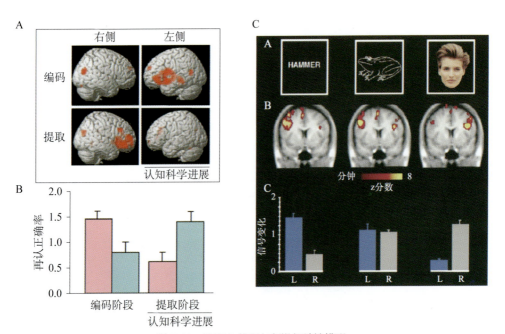

图 5.13 HERA 模型与刺激相关性模型

（参见本书 171 页）

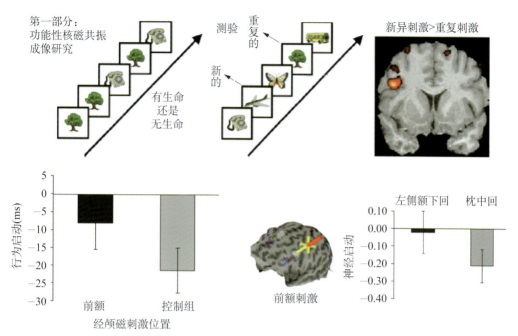

图 5.14 前额叶参与行为和神经启动效应

(参见本书第 173 页)

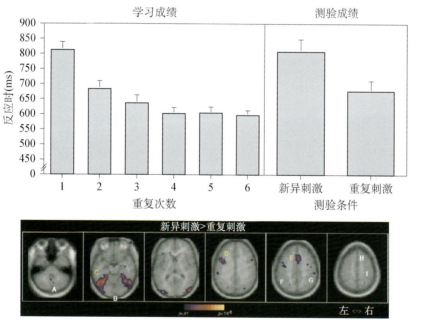

图 5.15 启动效应的行为和神经活动

(参见本书第 173 页)

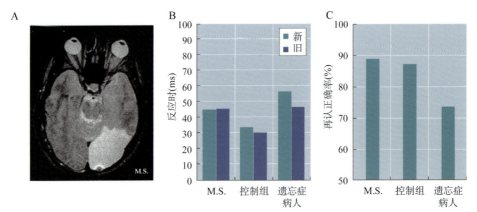

图 5.16 枕叶受损病人的受损部位及行为表现

(参见本书第 174 页)

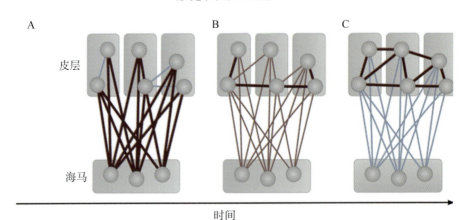

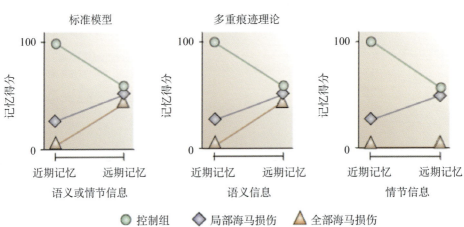

图 5.17 标准巩固理论和多重痕迹理论

(参见本书第 177 页)

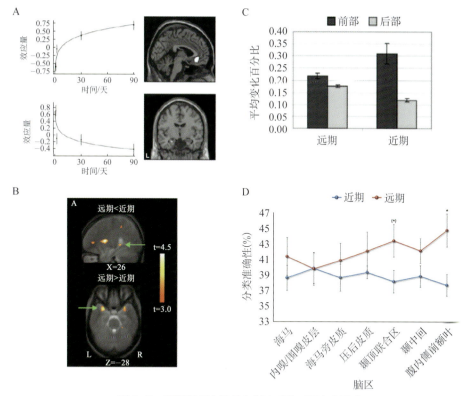

图 5.18 远期记忆中海马和新皮质的不同变化模式

（参见本书第 178 页）

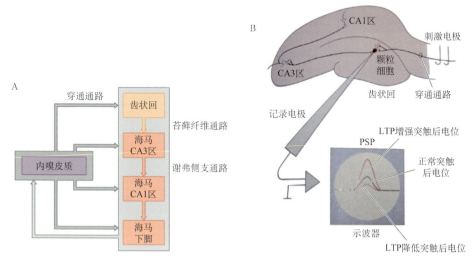

图 5.19 海马的内部结构和 LTP 现象

（参见本书第 180 页）

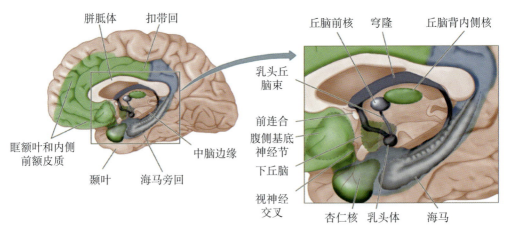

图 5.21 边缘系统的结构

（参见本书第 184 页）

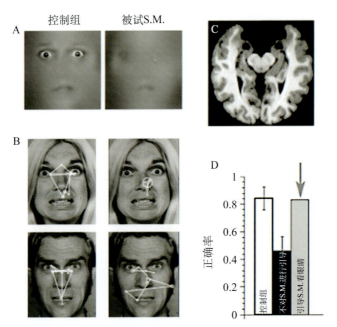

图 5.22 杏仁核与眼动模式

（参见本书第 185 页）

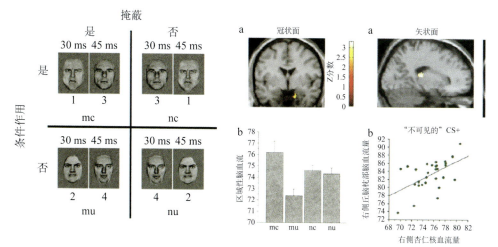

图 5.23 杏仁核参与无意识情绪加工

(参见本书第 186 页)

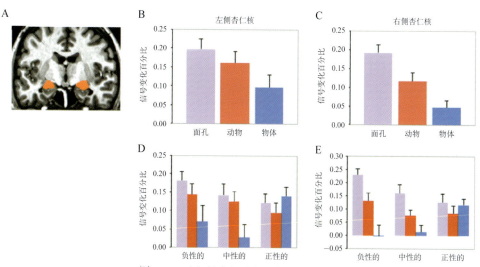

图 5.24 杏仁核参与对有生命物体的加工

(参见本书第 187 页)

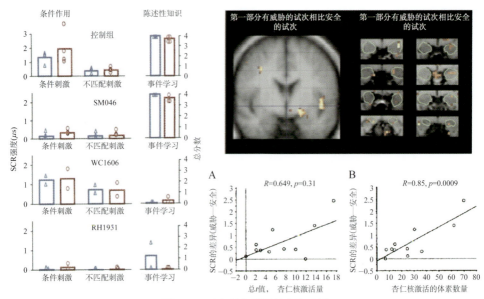

图 5.25 杏仁核与恐惧性条件反射

（参见本书第 189 页）

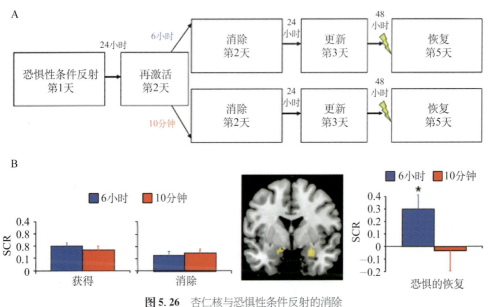

图 5.26 杏仁核与恐惧性条件反射的消除

（参见本书第 190 页）

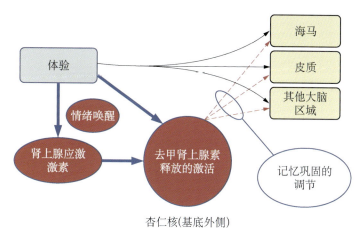

图 5.27 情绪的调节假说

(参见本书第 191 页)

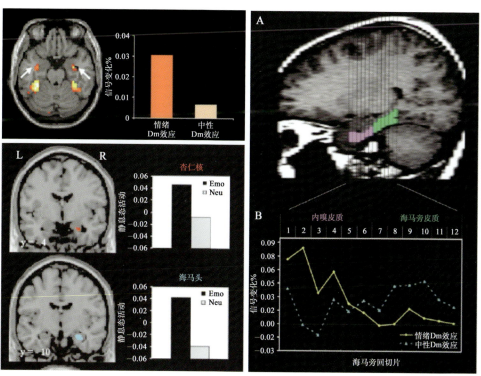

图 5.28 情绪记忆编码的神经机制

(参见本书第 192 页)

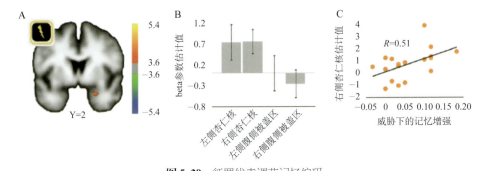

图 5.29 惩罚线索调节记忆编码

(参见本书第 194 页)

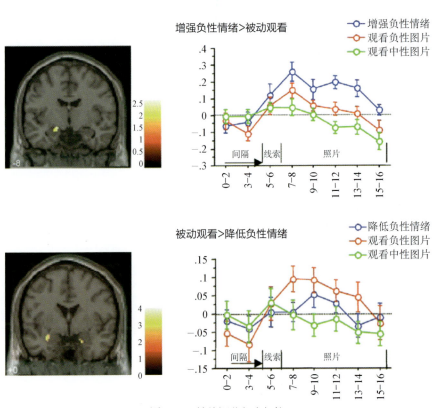

图 5.30 情绪调节与杏仁核

(参见本书第 195 页)

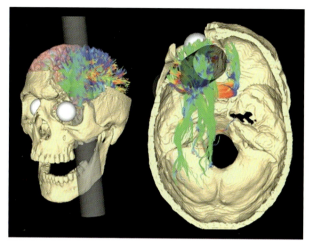

图 10.1 盖奇脑损伤部位示意图

（参见本书 335 页）

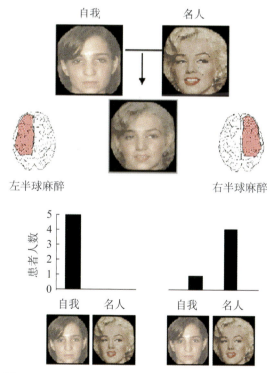

图 10.5 Keenan 等人采用合成面孔技术的神经心理学实验证明自我位于右半球

（参见本书第 340 页）

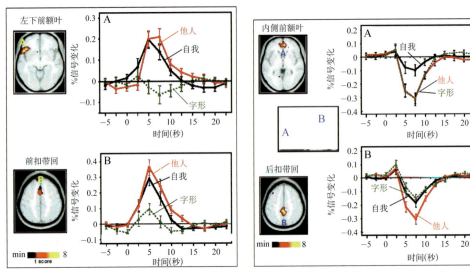

图 10.7 在四个脑区功能性核磁共振成像信号强度的变化

(参见本书第 344 页)

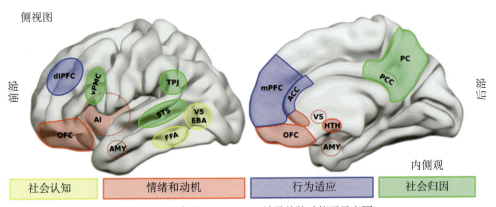

图 10.8 社会脑(social brain)涉及的脑功能区示意图

(参见本书第 346 页)

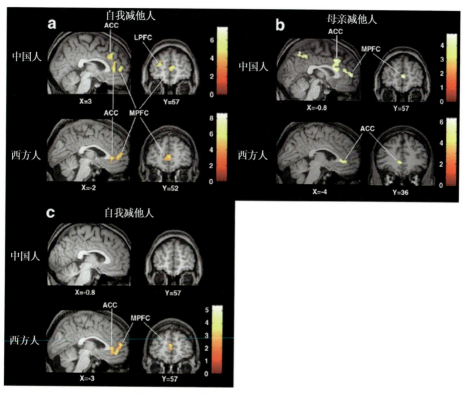

图 10.11　不同参照任务条件下的脑激活

（参见本书第 356 页）

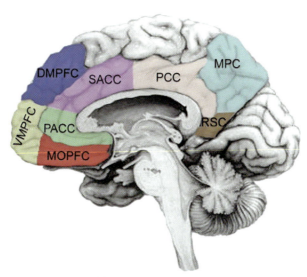

图 10.12　皮质中线结构

（参见本书第 357 页）

《当代中国心理科学文库》编委会

主　任：杨玉芳
副主任：傅小兰
编　委（排名不分先后）：
　　　　莫　雷　舒　华　张建新　李　纾　张　侃　李其维
　　　　桑　标　隋　南　乐国安　张力为　苗丹民
秘　书：黄　端　彭呈军

总主编序言

《当代中国心理科学文库》(下文简称《文库》)的出版,是中国心理学界的一件有重要意义的事情。

《文库》编撰工作的启动,是由多方面因素促成的。应《中国科学院院刊》之邀,中国心理学会组织国内部分优秀专家,编撰了"心理学学科体系与方法论"专辑(2012)。专辑发表之后,受到学界同仁的高度认可,特别是青年学者和研究生的热烈欢迎。部分作者在欣喜之余,提出应以此为契机,编撰一套反映心理学学科前沿与应用成果的书系。华东师范大学出版社教育心理分社彭呈军社长闻讯,当即表示愿意负责这套书系的出版,建议将书系定名为"当代中国心理科学文库",邀请我作为《文库》的总主编。

中国心理学在近几十年获得快速发展。至今我国已经拥有三百多个心理学研究和教学机构,遍布全国各省市。研究内容几乎涵盖了心理学所有传统和新兴分支领域。在某些基础研究领域,已经达到或者接近国际领先水平;心理学应用研究也越来越彰显其在社会生活各个领域中的重要作用。学科建设和人才培养也都取得很大成就,出版发行了多套应用和基础心理学教材系列。尽管如此,中国心理学在整体上与国际水平还有相当的距离,它的发展依然任重道远。在这样的背景下,组织学界力量,编撰和出版一套心理科学系列丛书,反映中国心理学学科发展的概貌,是可能的,也是必要的。

要完成这项宏大的工作,中国心理学会的支持和学界各领域优秀学者的参与,是极为重要的前提和条件。为此,成立了《文库》编委会,其职责是在写作质量和关键节点上把关,对编撰过程进行督导。编委会首先确定了编撰工作的指导思想:《文库》应有别于普通教科书系列,着重反映当代心理科学的学科体系、方法论和发展趋势;反映近年来心理学基础研究领域的国际前沿和进展,以及应用研究领域的重要成果;反映和集成中国学者在不同领域所作的贡献。其目标是引领中国心理科学的发展,推动学科建设,促进人才培养;展示心理学在现代科学系统中的重要地位,及其在我国社会建设和经济发展中不可或缺的作用;为心理科学在中国的发展争取更好的社会义化环境和支撑条件。

根据这些考虑,确定书目的遴选原则是,尽可能涵盖当代心理科学的重要分支领域,特别是那些有重要科学价值的理论学派和前沿问题,以及富有成果的应用领域。作者应当是在科研和教学一线工作,在相关领域具有深厚学术造诣,学识广博、治学严谨的科研工作者和教师。以这样的标准选择书目和作者,我们的邀请获得多数学者的积极响应。当然也有个别重要领域,虽有学者已具备比较深厚的研究积累,但由于种种原因,他们未能参与《文库》的编撰工作。可以说这是一种缺憾。

编委会对编撰工作的学术水准提出了明确要求:首先是主题突出、特色鲜明,要求在写作计划确定之前,对已有的相关著作进行查询和阅读,比较其优缺点;在总体结构上体现系统规划和原创性思考。第二是系统性与前沿性,涵盖相关领域主要方面,包括重要理论和实验事实,强调资料的系统性和权威性;在把握核心问题和主要发展脉络的基础上,突出反映最新进展,指出前沿问题和发展趋势。第三是理论与方法学,在阐述理论的同时,介绍主要研究方法和实验范式,使理论与方法紧密结合、相得益彰。

编委会对于撰写风格没有作统一要求。这给了作者们自由选择和充分利用已有资源的空间。有的作者以专著形式,对自己多年的研究成果进行梳理和总结,系统阐述自己的理论创见,在自己的学术道路上立下了一个新的里程碑。有的作者则着重介绍和阐述某一新兴研究领域的重要概念、重要发现和理论体系,同时嵌入自己的一些独到贡献,犹如在读者面前展示了一条新的地平线。还有的作者组织了壮观的撰写队伍,围绕本领域的重要理论和实践问题,以手册(handbook)的形式组织编撰工作。这种全景式介绍,使其最终成为一部"鸿篇大作",成为本领域相关知识的完整信息来源,具有重要参考价值。尽管风格不一,但这些著作在总体上都体现了《文库》编撰的指导思想和要求。

在《文库》的编撰过程中,实行了"编撰工作会议"制度。会议有编委会成员、作者和出版社责任编辑出席,每半年召开一次。由作者报告著作的写作进度,提出在编撰中遇到的问题和困惑等,编委和其他作者会坦诚地给出评论和建议。会议中那些热烈讨论和激烈辩论的生动场面,那种既严谨又活泼的氛围,至今令人难以忘怀。编撰工作会议对保证著作的学术水准和工作进度起到了不可估量的作用。它同时又是一个学术论坛,使每一位与会者获益匪浅。可以说,《文库》的每一部著作,都在不同程度上凝结了集体的智慧和贡献。

《文库》的出版工作得到华东师范大学出版社的领导和编辑的极大支持。王焰社长曾亲临中国科学院心理研究所,表达对书系出版工作的关注。出版社决定将本《文库》作为今后几年的重点图书,争取得到国家和上海市级的支持;投入优秀编辑团队,将本文库做成中国心理学发展史上的一个里程碑。彭呈军社长是责任编辑,他活跃机敏、富有经验,与作者保持良好的沟通和互动,从编辑技术角度进行指导和把关,帮助作者少走弯路。

在作者、编委和出版社责任编辑的共同努力下,《文库》已初见成果。从今年初开始,有一批作者陆续向出版社提交书稿。《文库》已逐步进入出版程序,相信不久将会在读者面前"集体亮相"。希望它能得到学界和社会的积极评价,并能经受时间的考验,在中国心理学学科发展进程中产生深刻而久远的影响。

杨玉芳

2015 年 10 月 8 日

目 录

前言 ·· 1

1 生物心理学概述和基础知识 ·· 1
  1.1 生物心理学的昨天、今天和明天 ·· 2
    1.1.1 西方早期生物心理学思想与实验研究 ·· 3
    1.1.2 生物心理学在中国 ·· 9
    1.1.3 当代生物心理学研究取向 ·· 12
    1.1.4 生物心理学前景光明 ·· 13
  1.2 生物心理学研究技术和方法 ·· 14
    1.2.1 传统的生物心理学研究方法 ·· 14
    1.2.2 现代神经科学和分子生物学技术在生物心理学中的应用 ························ 17
  1.3 心理行为的神经解剖生理学基础 ·· 20
    1.3.1 神经元与生物电活动 ·· 21
    1.3.2 神经系统结构与功能 ·· 26
  本章小结 ·· 31
  关键术语 ·· 31

2 比较心理学：心理与行为的种系发生 ··· 33
  2.1 脑与行为的演化 ·· 34
    2.1.1 生物演化历程 ··· 35
    2.1.2 脑的演化 ·· 38
    2.1.3 演化与行为 ··· 40
  2.2 动物的物理认知 ·· 44
    2.2.1 空间与时间知觉 ·· 45
    2.2.2 记忆 ·· 46

2.2.3　工具与因果 ·············· 47
　　　2.2.4　计数能力 ·············· 49
　2.3　动物的社会认知 ·············· 50
　　　2.3.1　自我意识 ·············· 50
　　　2.3.2　通讯交流 ·············· 53
　　　2.3.3　心理理论 ·············· 56
　2.4　学科发展与研究展望 ·············· 60
　本章小结 ·············· 62
　关键术语 ·············· 62

3　心理行为的遗传机制　68
　3.1　行为遗传学：概念及研究方法 ·············· 68
　　　3.1.1　提供遗传信息的实验设计 ·············· 69
　　　3.1.2　分子行为遗传学 ·············· 75
　3.2　从"先天或后天"到"先天和后天" ·············· 78
　3.3　遗传—环境相关与遗传—环境交互作用 ·············· 87
　3.4　失窃的遗传度 ·············· 94
　本章小结 ·············· 95
　关键术语 ·············· 96

4　感知觉　100
　4.1　感知觉加工 ·············· 101
　　　4.1.1　概述 ·············· 101
　　　4.1.2　视觉 ·············· 102
　　　4.1.3　听觉 ·············· 103
　　　4.1.4　嗅觉 ·············· 105
　4.2　视知觉 ·············· 106
　　　4.2.1　低级视觉加工阶段 ·············· 107
　　　4.2.2　高级视觉加工阶段 ·············· 108
　　　4.2.3　视知觉中的跨脑区相互作用 ·············· 112
　　　4.2.4　知觉学习 ·············· 115
　4.3　听觉 ·············· 119
　　　4.3.1　鸡尾酒会问题 ·············· 119

4.3.2 听觉掩蔽 ･･･ 122
　　4.3.3 鸡尾酒会效应的神经生理学 ･･････････････････････････････････ 126
　　4.3.4 应用：人工耳蜗与机器言语识别 ･･････････････････････････････ 134
4.4 嗅觉 ･･･ 135
　　4.4.1 气味的源起 ･･ 136
　　4.4.2 对化学分子的嗅觉编码 ･･････････････････････････････････････ 136
　　4.4.3 嗅知觉 ･･ 139
　　4.4.4 嗅觉、情绪与记忆 ･･ 140
　　4.4.5 信息素 ･･ 142
本章小结 ･･･ 143
关键术语 ･･･ 145

5 学习记忆与情绪的生物心理学 ････････････････････････････････････ 153
5.1 学习记忆的神经生物学 ･･ 154
　　5.1.1 多重记忆系统 ･･ 155
　　5.1.2 内侧颞叶系统 ･･ 157
　　5.1.3 间脑系统 ･･ 167
　　5.1.4 前额叶系统 ･･ 168
　　5.1.5 其他新皮质系统 ･･ 174
5.2 学习记忆的巩固 ･･･ 176
　　5.2.1 系统巩固 ･･ 176
　　5.2.2 突触巩固 ･･ 179
5.3 情绪的神经生物学 ･･･ 182
　　5.3.1 情绪概述 ･･ 182
　　5.3.2 情绪的脑机制 ･･ 184
5.4 情绪与记忆 ･･･ 188
　　5.4.1 恐惧性条件反射 ･･ 188
　　5.4.2 情绪对记忆的调节 ･･･ 190
　　5.4.3 情绪与情绪记忆的调节 ･･･････････････････････････････････････ 194
本章小结 ･･･ 196
关键术语 ･･･ 196

6 成瘾的精神依赖与奖赏环路 200
6.1 成瘾的精神依赖性 202
6.1.1 成瘾行为形成的基本过程 202
6.1.2 成瘾的躯体依赖和精神依赖 203
6.2 成瘾行为的奖赏环路基础
6.2.1 以伏隔核为核心的中脑边缘多巴胺系统是自然奖赏与成瘾药物奖赏的共同神经基础 205
6.2.2 外侧下丘脑参与自然奖赏与成瘾药物奖赏的调控 206
6.2.3 外侧下丘脑到中脑边缘多巴胺系统的双向神经联系调节自然奖赏与成瘾奖赏 208
6.2.4 前额叶皮质—中脑边缘多巴胺系统的神经联系是奖赏行为的核心调控环路 209
6.3 精神依赖行为的记忆机制 210
6.3.1 成瘾记忆的形成与奖赏环路 210
6.3.2 成瘾记忆的长期性与表观遗传机制 211
6.3.3 成瘾记忆的再巩固机制 215
6.3.4 成瘾记忆与习惯 216
本章小结 218
关键术语 218

7 语言 222
7.1 语言的神经生物学：概述 223
7.1.1 语言加工与语言神经生物学概述 223
7.1.2 语言加工的认知模型与神经科学模型：以句子理解为例 224
7.1.3 语言神经生物学的研究方法 225
7.1.4 语言神经生物学的研究进展与热点：本章主要内容概观 227
7.2 语音与词汇加工的脑机制 227
7.2.1 语音加工的脑机制 227
7.2.2 词汇加工的脑机制 233
7.3 句法与语义等非句法过程的脑机制 238
7.3.1 句法与语义过程的神经相关物：来自电生理学和脑成像的证据 238
7.3.2 句法与语义等非句法过程相互作用的神经时间动态性 242

  7.4 双语者第二语言句法加工的脑机制 ·················· 251
    7.4.1 双语者第二语言句法加工：概述 ·············· 251
    7.4.2 双语者第二语言句法加工的脑机制：一些代表性研究 ······ 252
 本章小结 ····································· 256
 关键术语 ····································· 256

8 神经与精神疾病的生物心理学 ······················ 261
 8.1 神经精神疾病模型 ···························· 262
    8.1.1 神经发育模型 ························ 262
    8.1.2 精神疾病连续体模型 ···················· 262
    8.1.3 生物学指标/内表型 ···················· 263
 8.2 精神分裂症谱系的神经软体征及神经机制 ················ 264
    8.2.1 神经软体征的概念 ····················· 264
    8.2.2 精神分裂症谱系神经软体征的行为研究 ············ 265
    8.2.3 精神分裂症谱系神经软体征的脑功能和结构基础 ······· 267
 8.3 神经精神疾病的快感缺失与社会认知缺陷的神经机制 ·········· 268
    8.3.1 精神分裂症谱系的快感缺失 ················· 268
    8.3.2 精神分裂症谱系的社会认知缺陷的神经机制 ·········· 272
    8.3.3 抑郁症社会认知缺陷的神经机制 ··············· 275
 本章小结 ····································· 280
 关键术语 ····································· 281

9 应激与健康的生物学基础 ························ 290
 9.1 应激概述 ······························· 291
    9.1.1 应激动物模型 ························ 291
    9.1.2 应激的生理系统 ······················ 292
    9.1.3 应激与遗传 ························ 298
 9.2 应激与认知的生理基础 ·························· 299
    9.2.1 应激与注意 ························ 299
    9.2.2 应激与学习记忆 ······················ 302
    9.2.3 应激与认知转换 ······················ 305
    9.2.4 应激与 PPI ························ 309
 9.3 应激与情绪的生理基础 ·························· 311

	9.3.1 应激与抑郁 311
	9.3.2 应激与焦虑和恐惧 319
9.4	应激研究的未来发展 321
	9.4.1 基础与应用研究的转化 321
	9.4.2 多学科研究的整合 322
本章小结 322
关键术语 322

10 社会认知的神经生物学基础　333

10.1	社会认知概述 334
	10.1.1 社会认知的含义 334
	10.1.2 社会认知的研究方法 339
	10.1.3 社会认知的生物学模型 345
10.2	理解自我 351
	10.2.1 自我面孔识别 351
	10.2.2 自传体记忆 353
	10.2.3 自我参照效应 355
	10.2.4 与自我相关的社会情绪 358
10.3	理解他人 359
	10.3.1 依恋情绪与共情 359
	10.3.2 竞争与合作 362
	10.3.3 群体中的社会认知 363
10.4	社会认知的跨文化视角与经济/伦理学视角 364
	10.4.1 文化神经科学 365
	10.4.2 神经经济学 367
	10.4.3 神经伦理学 368
本章小结 370
关键术语 371

作者简介 377

索引 382

前　言

设想一下,如果每次梳理自己待完成的工作清单时,都发现有这么一本书一直列在上面,连续好几年,该是怎样的一种折磨呀……

2013年,原本是杨玉芳老师托付隋南老师的事情最后落在了我这里:虽然生物心理学已然不是我的第一学科,但是几本教材的翻译经历,加上十几年的神经解剖和比较心理学的教学经验,使得我比较熟悉相关的内容。也许熟悉的就会觉得亲切吧,总之一听到生物心理学这个字眼还是很兴奋的。没有想到,这回的任务可不一般。

这本书应该是第三批加入《当代中国心理科学文库》(以下简称《文库》)中的专著。我旁听了一次先前专著的提纲汇报,好好消化了一下编委会主任杨玉芳老师和华东师范大学出版社教育与心理分社社长彭呈军对《文库》出版准备工作的介绍。现在回看与这本书有关的工作电邮,我发现明显当时是紧锣密鼓地想速战速决的:

下面是我2013年10月给各章节作者老师们的电邮:

各位老师,大家好!

本书是《当代中国心理科学文库》中的一本,专著性质。

本书的读者群是本科高年级学生和研究生,主要目的是希望学生了解国内研究者的一些工作。所以各位需要在经典生物心理学的概念框架内撰写,反映相关领域的研究发展趋势和进展,选取国内学者有相当积累的亮点组织内容。我们目前计划撰写10章,每章包括4—5节,建议第1节介绍本章涉及的基本概念和经典研究范式,后面的几节是相关领域的重要研究成果。中间可有"延伸阅读"和"思考专栏"等以增加可读性并帮助读者理解。每章字数在3万字左右。

写作的时间安排如下:请大家2014年1月21日之前交给我一份章节目录提纲,我23日汇报并征求编委会的意见。之后反馈给大家,请大家撰写相关章节,2014年8月20日交初稿。我们择时讨论,之后请大家补充修改,2014年11月底交终稿,我统稿后2014年年底交付出版社。

初步计划的章目如下,书名和各章题目还请大家修正:

生物心理学:理解行为的生物学基础
1 生物心理学的基础知识
2 感知觉的生物心理学
3 学习记忆的生物心理学
4 情绪与测谎的生物心理学
5 语言加工与阅读的脑机制
6 成瘾与大脑中的奖赏环路
7 精神疾病的生物心理学
8 心理行为的演化与遗传
9 压力应激与健康
10 文化社会认知的生物心理学

计划得很好,但实际实施起来,一晃就已经是2017年年中啦。真实的进度是这样的:2013年12月份与华东师范大学出版社签订合同;作为主编,自2014年1月起,我开始和可能的作者沟通。2014年8月13日,在北京大学理科5号楼267房间,我与作者们开会讨论了全书的大纲。之后我一一与各章作者沟通,当时大家计划12月底汇总各章节的初稿。陈楚侨老师2014年12月18日第一个交稿。然后就是感知觉、应激与健康……花了两年多时间我们才陆续收齐初稿,直到今年年初。利用寒假时间,我们将梳理后的稿件发回给作者们,请大家按照修改和补充建议完善各自的章节。2017年2月10日汇总稿件之后,我一方面通读全书做进一步润色,一方面请我的学生们(王协顺、王启忱、裴萌、郝洋、王笑楠、丛孟晗、崔竞蒙、刘一羽和高孜)分别对各章进行了试读,就他们提出的读不懂或者不明白的地方做了进一步修改。6—7月请各章作者进行了最后的确认。终于要完成了,现在真的要交出去的时候,反而有些舍不得……当然还有工作即将面世接受检视的惴惴不安……

除了上述完成著述例行的流程,接下来我要说说本书内容的选取、章节安排等方面的考虑和决定。

第一次旁听这套丛书的工作会议时,正如彭呈军等编辑老师们发现的那样:"根据现有书目组织情况看,多数是统一规划下多人的集体撰写形式,以自己研究成果为基础进行独撰的著作所占比重较少。"考虑到这套丛书的撰写要求:"(1)主题与特色(与同领域其他专著比较):写作计划确定之前,先对已有的同类著作进行查询和阅读,比较优缺点;在总体结构上体现系统性规划和原创性思考。(2)系统性与前沿性:涵盖相关领域主要方面、重要理论和实验事实,注重资料的系统性和权威性;在把握核心问题和主要发展脉络的基础上,突出介绍和反映最新进展,指出前沿问题和发展趋势。(3)理论与方法学(数据):在阐述理论的同时,对主要研究方法和实验范式进行介绍,理论与方法紧密结合、相得益彰。(4)国际、国内:对国内外相关领域的最主要流派、团队和学者进行梳理,对他们的成果要有反映;特别是对国内优秀研究团队的成果要有适当反映,最好有自己的研究和数据。"(参见丛书编撰手册和工作会议纪要)。将上述对这套文库的要求放在生物心理学这个学科的框架里,考虑到其涉及内容的广度和深度,仅仅依靠某一个人来完成的话,不仅工作量巨大,而且更关键的问题是难以对涉及的各部分内容驾驭自如。因此我们仍采取了多人合作的方式,而这就需要大家的鼎力配合才可能顺利完成任务、达成目标。

我们仔细梳理分析了已有的生理心理学教材,最后决定从广义的生物心理学出发,确定了全书的内容。全书内容包括脑与行为的演化、脑的解剖与发展及其与行为的关系、感知觉加工、学习与记忆、汉语语言加工、情绪的生物心理学、成瘾与奖赏环路、精神疾病、压力与健康以及文化社会认知等心理现象和行为的神经过程和神经机制。

全书的内容大致可分为以下四个部分。

第一部分主要是生物心理学基础知识与基本原理,包括生物心理学概论、心理与行为的种系发生和演化以及心理行为的遗传机制。该部分具体论述了生物心理学的起源、现状和前景,生物心理学研究方法,以及心理活动的神经生理学基础知识。同时,通过比较心理学阐述了心理和行为的发生和演化过程。此外,还通过量化遗传学、分子行为遗传学研究成果揭示了心理、行为与遗传的关系以及遗传与环境交互作用对心理行为的影响。

第二部分则主要是认知过程的脑机制,包括:感知觉、学习与记忆、言语与语言加工。本部分介绍了几种主要感知觉(视、听、嗅)的机制,介绍了记忆的经典研究、记忆的保持和遗忘、记忆障碍和康复与神经可塑性的关系等,同时,还介绍了语音、词汇加工机制以及双语者第二语言句法加工的脑机制。

第三部分是与心理健康相关的内容,包括:成瘾的精神依赖与奖赏环路、神经与精神疾病、压力应激与健康。具体介绍了成瘾行为、成瘾行为的奖赏环路基础、精神依赖行为的记忆机制、认知控制机制和情绪调节机制,以及神经精神疾病模型、生物学指标/内表型、精神分裂症谱系障碍神经机制等,还介绍了应激与行为及其生理基础、应激与健康以及应激研究的未来发展。

第四部分是社会认知机制,主要论述了与社会生活密切相关的认知活动的机制以及社会文化因素影响认知过程的机制。

需要说明的是,情绪的生物心理学是生物心理学的重要组成部分,本来计划单列一章。但比较遗憾的是,由于罗跃嘉老师已承担了这套丛书中另一本与情绪神经科学有关的专著的写作,我们只好忍痛割爱。情绪的部分就缩减为了目前杨炯炯老师所负责的章节中的一部分。

我们邀请了在每一章节所涉及研究领域中活跃的国内学者来撰写对应章节。大多数作者都是一直积极参与生物心理学相关著作翻译,并讲授生物心理学课程的老师。特别值得一提的是,虽然"感知觉"部分只设计了一章,但却是由三位相关领域的大咖(北京大学的方方教授、李量教授和心理所的周雯研究员)分别撰写的,保障了相关章节的高质量与高水准。

全书的框架结构和分工如下:

章节		责任著者	其他作者	单位
1	生物心理学概述和基础知识	李新旺		首都师范大学
2	比较心理学:心理与行为的种系发生	苏彦捷	苏金龙	北京大学心理与认知科学学院
3	心理行为的遗传机制	李新影		中国科学院心理研究所
4	感知觉			
	4.1 感知觉加工	方方		北京大学心理与认知科学学院
	4.2 视知觉			
	4.3 听觉	李量	王孟元	北京大学心理与认知科学学院
	4.4 嗅觉	周雯	陈科璞、陈炜、冯果、叶玉婷、庄媛、周斌	中国科学院心理研究所
5	学习记忆与情绪的生物心理学	杨炯炯		北京大学心理与认知科学学院
6	成瘾的精神依赖与奖赏环路	李勇辉	沈芳、张建军	中国科学院心理研究所
7	语言	张亚旭	方银萍	北京大学心理与认知科学学院
8	神经与精神疾病的生物心理学	陈楚侨	王亚	中国科学院心理研究所
9	应激与健康的生物学基础	邵枫 王玮文		北京大学心理与认知科学学院 中国科学院心理研究所
10	社会认知的神经生物学基础	张力		首都师范大学

由于作者们的写作常常被其他更紧迫的基金申请、论文评审等工作打断,加上多位老师坚持追求完美的做事原则,以及我自己的统稿每每要拖到节假日中才能集中精力完成,书稿的交付延误了两年多。但无论如何,这本凝聚大家心血的《生物心理学》(特别是每部分都包含了作者课题组自己的研究成果总结)终于要面世啦,希望呈献给大家的作品与我们的初衷相吻合。

再次感谢各位老师和同学的努力和鼎力配合,感谢杨玉芳老师和彭呈军老师一直以来的支持和宽容。恳请各位读者不吝赐教!

苏彦捷

2017年7月28日

1 生物心理学概述和基础知识

1.1 生物心理学的昨天、今天和明天 / 2
    1.1.1 西方早期生物心理学思想与实验研究 / 3
        西方早期生物心理学观念 / 3
        西方近代生物心理学研究 / 5
        生物心理学的诞生及其之后的研究 / 7
    1.1.2 生物心理学在中国 / 9
        古代思想家关于心理活动生理机制的看法 / 9
        中国心理学创立时期的生物心理学研究 / 11
    1.1.3 当代生物心理学研究取向 / 12
    1.1.4 生物心理学前景光明 / 13
1.2 生物心理学研究技术和方法 / 14
    1.2.1 传统的生物心理学研究方法 / 14
        脑立体定位技术 / 14
        脑损伤法 / 15
        刺激法 / 16
        电记录法 / 17
        生物化学分析法 / 17
    1.2.2 现代神经科学和分子生物学技术在生物心理学中的应用 / 17
        脑成像技术 / 17
        分子遗传学技术 / 20
1.3 心理行为的神经解剖生理学基础 / 20
    1.3.1 神经元与生物电活动 / 21
        神经元的结构 / 21
        神经元的分类 / 22
        神经元之间的联系 / 22
        神经元静息电位和动作电位 / 22
        动作电位与兴奋性 / 25
        兴奋在神经纤维上的传导 / 25
    1.3.2 神经系统结构与功能 / 26
        周围神经系统 / 26
        中枢神经系统 / 27
本章小结 / 31
关键术语 / 31

人类利用自己的智慧探索着自然界的无数奥秘,与此同时,也在不懈地研究和揭示自身奇妙的心理世界:心理活动是如何产生的?心理活动与生理活动,作为人类生命现象的两个方面,它们之间有什么关系?比如说,人们为什么能够欣赏色彩斑斓的画卷、聆听旋律优美的乐曲?画卷、乐曲等外界信息又是如何被存贮在人们记忆中的呢?再比如说,人们为什么会在高兴时欣喜若狂,在悲哀时捶胸顿足呢?为什么有的人外向活泼,有的人内向沉静呢?人们的情绪表现和行为特点是否受到先天性因素的影响?这些问题的答案,都在这门心理科学的基础学科——生物心理学之中。

生物心理学是通过实验的方法研究外界事物作用于脑而产生心理现象的生理过程,是揭示人类自身心理现象和行为的生理机制的科学。凡是涉及心理活动与生理活动(尤其是脑功能)关系的研究,都属于生物心理学的研究范畴。这个学科也被称为生理心理学、行为神经科学、行为脑科学等,这些名称也都反映出其基本目标——揭示行为背后脑机制。

心理活动是脑的高级活动形式。揭示心理活动的生理机制需要综合运用多学科的知识和方法,如神经解剖学、神经生理学、神经药理学和分子神经生理学等。20世纪70年代发展起来的神经科学(或称神经生物学),综合了研究神经系统各领域的学科,如神经解剖学、神经生理学、神经药理学、神经病理学、临床神经病学、精神病学、分子神经生物学和细胞神经生理学等,在脑功能研究中取得了重要进展,为解释心理活动的生理机制提供了许多有价值的知识。同时,20世纪40年代兴起的信息科学的一些概念和技术,如功率谱分析、地图形分析等,对脑功能研究发挥了重要的启发作用,开拓了脑事件相关电位研究的新领域。因此,生物心理学又被认为是心理学、信息科学和神经科学之间的交叉学科。

1.1 生物心理学的昨天、今天和明天

心理活动和生理活动共同构成了生命活动。为了揭示自身生命活动的奥秘,人类一直在坚持不懈地探索心理活动究竟是如何产生的。生物心理学的相关研究虽具有漫长的历史,但生物心理学本身却是相对年轻的一门学科——如果从冯特(Wunt, 1832—1920)1874年出版《生理心理学》算起,也只有100多年。1879年,冯特将生理心理学方法引入心理学研究,标志着科学心理学的诞生。当代科学家运用科学的方法尤其是脑科学研究技术考察心理活动的脑结构基础和生理学基础,多次获得诺贝尔奖,而随着知识的积累、研究方法的改进,生物心理学必将涌现出一大批对心理科学乃至整个科学事业都具有深远影响的重大成果。

1.1.1 西方早期生物心理学思想与实验研究

西方早期生物心理学思想与实验研究主要根据感性知识进行推测,而脑科学的发展和研究技术的应用,奠定了生物心理学的实验性学科性质。

西方早期生物心理学观念

早在远古时代,人们就已经注意到物质现象和心理现象的存在,但受生产力和科学发展水平的限制,人们并不能正确理解和揭示心理现象的实质和发生、发展及变化的规律,于是物质与心理、肉体与灵魂这样对立本源的概念就产生了——人们把人的心理看成是由上帝给予的,或者将心理现象视作一种特殊的跟身体有联系而又不同的实体,即灵魂的作用。灵魂在人出生的时候,就居住在人身体里,控制着人身体的活动;人死的时候,灵魂永远脱离人体。那么,灵魂是什么呢?有些人把灵魂解释为与气息或呼吸有关的东西,还有人把灵魂理解为火或原子。之后,随着宗教的出现,人们又把灵魂看作是暂时附着于人体、支配人体行动的无形的、超自然的、永垂不朽的精神实体。他们还用这种观点来解释睡眠,认为睡眠是附着于人体的灵魂暂时离去的结果;熟睡的躯体是不能移动位置的,否则,灵魂归来时找不到它的附着体,这个人就死亡了。

随着经验的积累,人们对心理的实质开始形成了基于朴素唯物主义的观点的理解。朴素唯物主义对心理产生机制的看法又可分为三种。

一是把心理活动与心脏联系起来。这是因为人们在平时可以感觉到自己心脏的跳动,也能感觉到在不同状态下(如平静或激动时)心脏功能的变化。亚里士多德(Aristotles,公元前384—前322)就是其中的代表。他认为,凡生物都有灵魂。植物有生长的灵魂,动物有感性的灵魂,人有理性的灵魂。人的理性又分两种:一种是被动的理性,从感觉到概念,这是心脏的功能;另一种是主动的理性,这种主动的理性能用概念进行思维活动,它不是心脏本身的功能,而是来自外在世界的理性借助于心脏而活动。因此,亚里士多德认为,心脏是心理活动的器官,而脑则不是,脑只是调节空气使血液冷却的器官。因为在他看来,心理活动的产生是与血液有关的,而脑是个无血的器官,所以不能产生心理活动。

二是认为心理活动与多种器官有联系。古希腊学者毕达哥拉斯(Pythagoras,公元前570—前475)认为灵魂有三部分:即理性、智慧和情欲。理性、智慧存在于脑,情欲存在于心脏,情欲和智慧可以随人死而消灭,理性则是永远不死的。

柏拉图(Plato,公元前427—前347)也把灵魂分为三级,即理性、意气和情欲。他认为情欲位于腹部,意气位于胸部,只有理性位于头脑;灵魂从"理念"世界中来,但降生于人体后就糊涂了,来自感官的经验可以使灵魂清醒从而重新在脑中唤起人对"理念"世界的认识。

上述这两位人物(柏拉图和毕达哥拉斯)都认为灵魂与脑有联系,这是一大进步。但是,他们都是把脑看作灵魂寄居的地方,而不是把灵魂看作是脑的产物。

古希腊另一位学者德谟克利特(Democritus,公元前470—前350)也认为心理活动是一种灵魂活动,而灵魂是什么呢?灵魂是一种遍布全身的、细小的、圆滑的物质原子。这种原子明显集中于脑、心脏和肝脏几个地方。他认为,心脏是意气的器官,肝脏是欲望的器官,而脑则是思想的器官。当外界的原子由感官的孔道传入而使体内原子振荡时,人体就会产生感觉及相继的思想活动。因此,他认为灵魂是一种物质的东西,并把灵魂活动看作是脑中产生的,这是有道理的,但他把心脏和肝脏分别看作是意气和欲望的器官则是错误的。

古罗马医生盖伦(Galen,公元129—199)把人的灵魂分为两种:一种是理性灵魂(包括外部感官活动和记忆、想象、判断等内部活动),另一种是非理性灵魂(如情感等)。他认为,脑是理性灵魂的器官,而心脏和肝脏则是非理性灵魂的器官。具体说来,心脏是愤怒、刚健或男性灵魂的中枢,肝脏是情欲、温柔或女性灵魂的中枢。

此外,还有人主张人的心理特性依赖于人的身体的特殊构造。恩培多克勒(Empedcles,公元前483—前423)就是这类主张的代表。他提出人心理上的不同是由人身体上四元素(土、水、火、空气)配合比例不同造成的。他认为,演说家是舌头上的四元素配合比例最好的人,而艺术家是手的四元素比例配合最好的人。

三是认为脑是心理的器官,心理是脑的机能。持有这种观点的人,一般是通过实验得出结论的。

阿尔克马翁(Alcmaeon,公元前500年前后)被认为是西方第一个解剖动物并进行系统研究的学者。他发现了脑神经和中耳管,并认为脑是感觉和思维的器官,感觉和思维都是脑中细微的、观察不到的运动。阿尔克马翁还尝试性地解释了睡眠的机制,认为睡眠是脑中血管里的血液退回到体内大血管里去的结果。血液由体内大血管再进入脑中的血管时,人就醒来了。

埃拉西斯特拉图斯(Erasistratus,公元前340—前275)通过解剖研究脑的结构,辨认出了脑膜和脑室,发现了脑的发出神经,并且提出了神经有传导感觉和传导运动两种不同的功能。他还研究了脑回,并认为脑回与智力有关。埃拉西斯特拉图斯明确指出,脑是心理的器官。

与埃拉西斯特拉图斯同时代的另一位学者希罗非洛斯(Herophilus,约公元前3世纪)也通过解剖认出了脑的不同部位,分辨出了小脑和大脑皮质,研究了延髓的结构。他认为神经有司感觉和司运动之分,但他把神经看成是管状的,认为神经冲动是通过精气(animal spirits)传导的。他驳斥了亚里士多德关于灵魂是心脏功能的说法,认为脑是全部神经的中枢,是心理活动的器官。

从上述历史可以看出,古代人们对心理产生机制问题的探讨,主要是致力于弄清心理的器官问题,先是基于生活中和病理上的观察进行推论,再深入到依据解剖而获得实际的知识。由于历史条件的限制、宗教的影响以及科学研究方法上的局限,古代人们对脑的认识具有片面性,因而不能科学地阐明脑与心理的关系及心理活动产生的机制问题。虽然如此,古代对脑与心理关系的研究仍具有十分积极的意义,它们为近代心脑关系的研究发展以及人们进一步揭示心理活动的生理机制奠定了基础。

西方近代生物心理学研究

中世纪过后,随着资本主义经济的发展和科学技术水平的提高,人体解剖学和生理学得到了迅速发展,取得了很多重要成果,极大地促进了心理活动的生理机制的研究。

1791年,意大利学者伽伐尼哈勒(Galvani,1737—1798)发现刺激蛙的臀部肌肉能在使电流产生的同时使肌肉抽动,于是他提出了神经冲动是电活动的论断。瑞士生理学家哈勒(Haller,1708—1777)发现,刺激神经比刺激肌肉更容易引起肌肉的收缩,甚至刺激刚刚死去的有机体神经,仍然能引起肌肉的收缩。由此他得出结论:神经是传导冲动的工具。同时,他还发现如果切断通向某种组织的神经,这个组织就不能再发生反应,由此证明脑是通过神经接受感觉信息、传出指令从而引起反应的。

1811年,英国的贝尔(Bell,1774—1842)通过研究指出,神经的某些结构是控制运动的,另一些则是控制感觉的。在进入脊髓前,感觉纤维聚集在每条神经根的背面,而运动神经则聚集在腹面。他认为,尽管形态相似,但是许多不同的神经元所担负的专职各不相同,它们承担着不同类别的心理机能。

19世纪30年代,米勒(Müller,1801—1858)提出了"神经特殊能力说",该假说认为,如果一部分神经是司感觉而另一部分神经是司运动的,那么整个神经系统就可以被看成一群专家,它们各自执行自己的任务而不能承担其他的职能。例如,某些神经是专门传导感觉的,而另一些神经则是专门传导运动的。

在上述研究进行的同时,脑皮质机能定位的研究也十分活跃,并且,这些研究取得了对心理学发展十分有价值的成果。

18世纪末期,人们一般都认同脑是心理的器官,但是人们对脑与心理的具体关系并不清楚。19世纪初奥地利医生高尔(Gall,1758—1828)为了解决这个问题,开始探索脑的不同部位的功能。1811年,他研究了大脑表面的灰质,发现来自身体的神经分别连接到脑的灰质的不同部位,由此,他认为大脑的灰质是执行协调功能的区域,大脑皮质的不同部位分管来自不同部位的感觉,并把一定的反应信息传到身体的特定部位。这就是由高尔首次提出的关于大脑皮质机能定位的观点。但是高尔从大脑皮质特定部位与特定的精神现象相联系的这一现象出发,却引出了一个荒谬的观点：即脑的某一部分是否发达都会在颅骨的外形上反映出来，因而可以根据人的颅骨形态判知人们的性格和智力发展水平。例如，数学能力在枕叶部，聪明在额部，脑中部则代表德性、性格等。高尔的门徒施普茨海姆（Spurzheim，1776—1832）对高尔的这一观点作进一步的发挥，使之成为了被江湖术士所利用的"颅相术"。

高尔大胆地探索脑皮质与心理活动关系的行为无疑是正确的，但颅相术却是荒谬的。然而错误往往是科学发现的先导，颅相术的错误观点促使人们对大脑皮质的机能进行更深入的研究。

1861年，法国医生布洛卡（Broca，1824—1880）通过对人脑进行解剖观察到，患失语症（不能说话或不能理解语言）的病人，通常在大脑皮质的额下回（44区）有器质性的损伤（这一区域后来被命名为布洛卡区），从而发现言语功能与这一区域有关，并证明了大脑皮质功能定位的存在。

1870年，弗利奇在替伤员包扎伤口时发现，如果触碰到裸露在外的大脑皮质，就会引起对侧肢体的运动。后来他与其他学者一起在狗身上做实验，发现大脑皮质有一个专司运动的狭长区域，这个区域后来被命名为"运动区"。

特别重要的是，1874年威尔尼克（Wernicke，1848—1905）和其他学者对失语症进行了分类。他们设想每一种言语障碍（读、写、理解、口语）都是由于特定的皮质区域受到了损伤，从而为言语中枢的确定奠定了基础。

至此，人们明确了脑是心理的器官，弄清了脑的特定部位与某些心理活动和行为有关。那么脑是怎样产生心理活动的呢？也就是说，心理活动产生的方式是怎样的呢？不解决这个问题，就无法解释心理产生的生理机制。

反射的概念。17世纪法国哲学家笛卡尔（Descartes，1596—1650）是心理学研究历史上第一次提出反射的概念的人。笛卡尔借助反射的概念，解释了心理活动产生的方式。笛卡尔是一个二元论者，他认为世界上除了最高的上帝之外，存在着物质与灵魂两个实体。他把人的活动分为两种：一种是无意识的活动，另一种是有意识的活动。他认为动物的一切活动和人的一切无意识（不随意）活动都是自动地实现对外界刺激的反应（按照他的说法：在感官和脑之间连接有细线，当外界刺激作用于感官时便带动了这些细线上的活塞，使精气由脑传到了肌肉，从而产生反射的动作）。人的有意识活动如记忆、思维、意志等是受灵魂支配的；灵魂寄居于松果腺内，它可以控制精气的流动方向，从而产生有意识的行为。

笛卡尔首次运用了反射概念解释心理活动，对后来人们研究心理活动的反射机制具有启发作用。但是他把人类有意识的活动排除在反射之外，认为这是灵魂的活动，而灵魂寄居在松果腺内的看法则是错误的。

在科学上进一步发展反射概念，并将其作为说明心理活动的基本原则的是近代俄罗斯生理学家谢切诺夫(Setchenov, 1829—1905)。他在其名著《脑的反射》中把反射原则推广到了人的全部心理活动上,提出了"有意识和无意识的一切活动,其发生的方式都是反射"。他将反射分为三个环节:(1)开始环节,即外界刺激的作用和它在感觉器官中引起的通过传入神经向脑传导的神经兴奋过程;(2)中间环节,脑中枢发生的神经过程(兴奋和抑制)以及在兴奋和抑制基础上产生的心理活动——感觉、思维、情感等;(3)终末环节,神经过程由中枢传出神经冲动达到效应器官,引起动作和言语活动。谢切诺夫指出心理现象是在中间环节产生的。中间环节同其他两个环节是不可分的:没有外界刺激作为开端,就不会引起中枢活动而产生心理现象;没有动作或言语活动,心理活动的结果也就表现不出来。谢切诺夫的反射理论对生物心理学的突出贡献在于:它明确地把心理现象看作是大脑皮质上进行的神经活动的结果,并把反射推广到了全部心理活动,从而基本上解决了心理现象的产生方式的问题。

此外,17世纪至19世纪中叶,感觉心理学的发展非常迅速,特别是赫尔姆霍兹(Helmholtz, 1821—1894)分别于1860年和1863年提出的色觉"三原色学说"和听觉"共鸣说",为阐明色觉和听觉的产生机制问题做出了重要贡献。

生物心理学的诞生及其之后的研究

冯特早年从事生理学的教学和研究工作。他在总结生理学特别是神经生理学研究成果的基础上,把生理学的一套实验方法迁移到了心理学中,并根据自己的研究,于1864年开设自然科学的心理学讲座,该讲座于1867年更名为"生理心理学"讲座。冯特于1874年出版了《生理心理学原理》一书,在这部著作中冯特指出:科学的心理学或新心理学就是生理心理学(即在实验室进行的、有严格的条件控制的心理学)。由此可见,冯特的生理心理学概念与今天的不尽相同——他的研究课题和范围包含了实验心理学。书中论述了某些心理现象,其中包含感知觉的产生机制,而这表明了生理心理学初现雏形。因此,我们可以把冯特的《生理心理学原理》的出版看作是生物心理学发展史上的里程碑或诞生的标志。

冯特的《生理心理学原理》出版以后,神经生理学的研究又取得了一些新的成果,为阐明心理的生理机制提供了宝贵的基础知识。

意大利学者戈尔齐(Golgi, 1844—1926)运用染色法对神经细胞进行的研究和黑斯运用胚胎学方法对神经细胞进行的研究都证明,神经细胞在结构上是相互独立的,每一个神经细胞以某种方式在生理上而不是在结构上同其他神经细胞相互联系;神经细胞之间能相互影响,但每一个神经细胞都是一个独立的单位。这个观点于1891年被定名为神经元理论。

关于神经元理论,还有一件趣事。实际上,精神分析心理学大师弗洛伊德

(Freud, 1856—1939)早年在维也纳大学医学院研究鳗鱼神经结构时就发现了神经元的结构特点,并于1877年(当时他只有21岁)发表了关于鳗鱼神经结构的论文,从而成为了第一个清楚地证明"神经细胞和神经纤维是一个形态学和生理学单位,是神经系统的基本结构"的人。由此可见,弗洛伊德关于"神经元是神经系统基本结构"的发现,要比神经元理论的定名早十多年。或许是弗洛伊德在精神分析领域的影响太大,使得人们很少提及他在神经元理论研究方面的贡献。

对于心理学来说,神经元理论是来自神经科学最重要的贡献之一。因为它把神经生理学的许多研究成果汇集了起来,供心理学运用。只要回顾一下心理学家是多么渴望利用生理学原理来解释心理现象,就会明白神经元理论对心理学有多么重要的影响。例如,詹姆士(James, 1842—1910)在他的联想理论中曾提示,大脑皮质同时活动的两点倾向于沟通;通道建立后,这两点之间的任何一点的兴奋都可以穿越通道到达另一点,但詹姆士却没有阐明神经细胞之间是如何沟通的。而借助神经元理论则可以比较容易地解释一个神经元如何依靠突触与另一神经元进行联系。神经元理论告诉人们,一个神经元通过突触可以将神经冲动传递给另一个神经元,同时一个神经元的末梢可以与其他多个神经元末梢相联系,从而形成多个通道,如A—B、A—C、A—D……至于究竟形成哪个或哪几个神经通道,取决于神经元当时的生理特性。神经元之间暂时通道的建立可能就是联想的机制。当然,有些神经元突触建立之后比较稳定,而那些稳固的条件反射如习惯等可能就是依靠这些稳定神经元突解的。

20世纪初,伯恩斯坦通过实验证明了神经流是一种"去极化波"。他提出,每当一个刺激扰乱了神经细胞内外的正负离子的平衡之后,受刺激的部位就进入了"不起反应状态",下一瞬间该部位又进入了"过度兴奋状态",从而创立了生物电流的膜学说。这一学说解决了神经细胞如何感受刺激并把刺激传导到大脑从而引起感觉的问题。

后来,科学研究又发现神经元之间的冲动传递主要是依靠神经递质实现的,并记录到了脑内的自发电活动和皮质脑电波,至此,人们在揭示心理活动的脑机制上又深入了一步。

苏联生理学家巴甫洛夫(Pavlov, 1849—1939)在谢切诺夫反射学说基础上,对动物和人的条件反射进行了大量研究,创立了高级神经活动学说并揭示了高级神经活动的规律。巴甫洛夫指出:条件反射活动是大脑形成暂时联系的过程,这个过程是大脑的基本活动。他认为,暂时联系就其神经过程来说,是生理现象,但就其揭露刺激物的意义来说,又是心理现象。之后,关于反射活动的研究又取得了一些新成果。例如,反馈学说指出,反射活动的终末环节并不意味着反射活动的终止。在通常情况下,反射活动本身又构成一种新的刺激返回传入中枢,引起新的反应。这揭示了心理活动对外界刺激作出连续反应的生理机制。

到了现代,随着科学知识的积累和研究的深入,包括大脑在内的神经系统的结构和功能,以及它们的活动过程与心理现象的联系越来越清楚地被揭示出来,生物心理学的研究也得到了迅速发展。

1.1.2 生物心理学在中国

中国早期的生物心理学思想主要散见于哲学著作和医学著作之中,且实验研究起步较晚。

古代思想家关于心理活动生理机制的看法

与西方一样,中国古代关于心理活动的器官同样存在"主心说"和"脑髓说"。

春秋时期的《管子·内业第四十九》中指出:"定心在中,耳目聪明,四枝坚固,可以为精舍。精也者,气之精者也。"依据这一思想,先秦时期的思想家孟子(约公元前372年—约公元前289年)明确提出了"心之官则思"的论断。这种观点在我国的汉字里有具体体现:凡是标志心理现象的汉字多带有"心"字旁。如"想"、"思"、"意"、"感"等等;"心理"一词本身也反映了这种观点。

《黄帝内经·素问·灵兰秘典论》中认为,"心者,君主之官也,神明出焉"。意思是"心"在人体脏器中居于君主之位,调节控制人的所有生理活动与心理活动。《黄帝内经·灵枢·邪客》中还指出:"心者,五脏六腑之大主也,精神之所舍也,其脏坚固,邪弗能容也。客之则心伤,心伤则神去,神去则死矣。""客"是侵犯的意思;心脏受到侵犯导致精神丧失,精神丧失人就死亡。《黄帝内经·灵枢·本神》论述了心在认识过程中的统率作用:"所以任物者谓之心,心有所忆谓之意,意之所存谓之志,因志而存变谓之思,因思而远慕谓之虑,因虑而处物谓之智。""任物"被解释为"载物",即反映事物。心,反映事物;其有所指就是注意,注意后的保存就是记忆,记忆中的取舍变化就是思维,思维得深远就是深思熟虑,以深思熟虑来处理事物就是智慧。

"脑髓说"在古代典籍中也有体现。《黄帝内经·素问·脉要精微论篇》中指出:"夫精明者,所以视万物,别黑白,审短长……头者,精明之府。"明确了脑位于头颅之内,这一观点把人的心理活动与脑联系了起来。

后世医学家继承了《黄帝内经》关于脑的心理功能的思想。金代李东垣的《脾胃论》中记载了当时的金代医家张洁古关于人的视觉、听觉和嗅觉等都是人脑的功能活动的观点。明代李时珍在其《本草纲目·卷三·辛夷条》中提出,"脑为元神之府。"《医林改错》引用了金正希的:"人的记性皆在脑中。"明代李梴的《医学入门》已明确认定脊椎中的髓与脑相通:"故上至脑,下至尾骶,皆精髓升降之道路。"

下面几位科学家或思想家对"脑髓说"有较为系统的论述。

方以智(1611—1671)在《物理小识·卷之三人身类·人身营魄变化》中指出:"我

之灵台,包括县寓、记忆今古,安置此者,果在何处? 质而稽之,有生之后,资脑髓以藏受也。""灵台"被解释为代指心,也指精神意识。"县寓"则被认为可作为"县宇"理解,指的是可以超越时空的悬念、想象。所以,这段话可以解释为:包括可以超越时空的悬念、想象等人的心理活动,其实质上都是在凭借脑贮存信息和接收信息之后才产生的。方以智说:"髓清者,聪明易记而易忘,若印版之摹字;髓浊者,愚钝难记亦难忘,若坚石之镌文。"可见,他以脑髓之清浊作为人聪明与否的生理依据,有一定的可取之处。他在《物理小识·卷之三人身类·身内三贵之论》中还论述了脑对人的感知觉的支配功能:"脑生细微动觉之气……乃令五官四体动觉得其分矣。"就是说,五官的活动,必然伴有声、色、气、味以及软硬、冷热、粗细等感知觉;脑能使人能对这些感知觉进行区分,因为这里"动觉"中的"动"和"觉"分别指活动和感知。

刘智(约 1660—1730)在《天方性理·图传·内外体窍图》中,利用中医的筋络学说和阿拉伯医学的解剖知识,绘成内外体窍图,以确认人脑在生理和心理上的主导地位。他说:"夫一身之体窍皆藏府之所关合,而其最有关合于周身之体窍者,惟脑。盖藏府之所关合者,不过各有所司,而脑则总司其所关合者也。脑者,心之灵气与身之精气相为缔结而化焉者也。其为用也,纳有形于无形,通无形于有形,是为百脉之总原,而百体之知觉运动皆赖焉。何谓纳有形于无形? 凡目之所曾视、耳之所曾听、心之所曾知,脑皆收纳之而藏于其内,是其所为能纳也。"刘智在《天方性理·图传·知觉显著图》用比较的形式具体论述了总觉、想、虑、断、记等五种"知觉"的内涵和它们在人脑中的定位:"总觉者,总统内外一切知觉而百体皆资之以觉者也,其位寓于脑前。想者,于其已得之故,而追想之以应得总觉之用也,其位次于总觉之后。虑者,即其所想而审度其是非可否也,其位寓于脑中。断者,灵明果决而直断其所虑之宜然者也,其位次于虑后。记者,于凡内外之一切所见所闻所知所觉者而含藏之不失也,其位寓于脑后。"

王清任(1768—1831)被认为是中国古代在解剖生理基础上真正提出"脑髓说"的第一人。他在《医林改错·上卷·脑髓说》中明确地提出并论述了"脑髓说",确认了人脑是人的心理的器官。书中说:"试看痫症,俗名羊羔风,即是元气一时不能上转入脑髓。抽时正是活人死脑袋,活人者,腹中有气,四肢抽搐;死脑袋者,脑髓无气,耳聋、眼天吊如死。有先喊一声而后抽者,因脑先无气,胸中气不知出入,暴向外出也。正抽时,胸中有漉漉之声音,因津液在气管,脑无灵机之气,使津液吐咽,津液逗留在气管,故有此声。抽后头痛昏睡者,气虽转入于脑,尚未足也。小儿久病后气虚抽风,大人暴得气厥,皆是脑中无气,故病人毫无脑识,以此参考,岂不是灵机在脑之证据乎!"以痫病和气厥病为论据,提出这两种病人发病时不省人事,丧失认识能力,原因"皆是脑中无气,故病人毫无知识",从而论证了灵机记性在脑的正确性。他还在《医林改错·上卷·脑髓说》中论述了脑的生理构成成分和生理解剖结构:"灵机记性在脑者,因饮食生气血,长肌肉,精汁之清者,化而为髓,由脊骨上行入脑,名曰脑髓。盛脑髓者,名曰髓海。其上之骨,名曰天灵盖。"在该书中,他还指出脑对各种感觉器官具有支配作用:"两耳通脑,所听之声归于脑……两目系如线,长于脑,所见之物归于脑……鼻通于脑,所闻香臭归于脑。"

中国心理学创立时期的生物心理学研究

1929年,中央研究院心理研究所在北平正式成立。建所初期,研究所主要研究内容为动物学习和神经解剖。其中生物心理学研究有以下方面。

一是有关脑和神经的研究。这方面研究的开拓者是汪敬熙,他将电子仪器引入了中国,并将其用于脑功能研究,证明了皮肤电反射是由于汗腺的分泌,不受意识控制;皮肤电是由各种刺激诱发出的动作电位,包含五个兴奋中枢和抑制中枢,其最后通路为脊髓交感柱中神经元集团。他还发现了控制瞳孔收缩和扩张的皮质区域。汪敬熙利用示波器记录到了光影通过猫的视野运动时,猫的外膝体内产生的诱发电位。他的著作有《皮肤电反射和情绪测量》(1930年)、《行为之心理分析》(1944年)等。中央研究院心理研究所还开展过胚胎行为发展与神经系统发展之关系、输精管隔断的各种影响、大声惊吓对于习得能力的影响等多方面研究。1933年—1936年,卢于道先后在中央研究院心理研究所《丛刊》和《专刊》上发表了《大脑皮质髓鞘之发展》(1933年,第一卷第一号)、《中国人之大脑皮质》(1934年,第六号)。

吴襄介绍了近代关于睡眠的各个学说,如大脑皮质机能阻遏说、睡眠或觉醒中枢说、化学说和进化说等并得出结论:睡眠与醒觉为人生活之两面,由睡眠而醒觉,由醒觉而睡眠,其间须经过不同程度之睡眠与醒觉,可得出一条24小时睡醒起伏曲线。这一曲线与工作效率之高低及体温升降密切相关。睡眠时内脏活动减少,可能是下视丘交感神经冲动减少所致,当下视丘区域所接受之内脏感觉冲动增多加强时,个体即由睡眠转至醒觉。醒觉的维持,有赖大脑之演进与距离感官(如眼耳)之发达。这些观点见《最近关于睡眠之实验及学说》(1943年,《教育心理研究》,二卷一、二期合刊)。

二是有关内分泌的研究。1934年吴襄在《心理半年刊》发表《最近行为研究的两大趋势》(一卷二期)。文中对内分泌腺、青春腺、肾上腺、脑下腺(脑垂体)与行为的研究作了介绍。陈述惠在其著作《人格型与内分泌》(1936年,《中华教育界》,二十四卷三期)中讨论了人格中的气质问题,并详细论述了内分泌腺的影响。

三是有关生理心理的论述。张民觉观察到:(1)只损毁一只眼睛或一侧视觉区,白鼠仍然可以辨别图形;(2)损毁左眼以及右侧视觉区,白鼠仍然具有学会辨别图形的能力;(3)损毁左眼以及左侧视觉区,白鼠不仅不能辨认图形,而且丧失了学习图形辨认的能力。这些成果分别见1936年《中国心理学报》(一卷一期)《切去大脑视觉区后对于单眼白鼠辨认图形之影响》、1936年《中国心理学报》(一卷二期)《单眼白鼠对于图形的辨认及毁伤其一边视觉区之影响,又毁伤一边视觉区之白鼠对于图形的辨认及割断其同边视神经后之影响》、1937年《中国心理学报》(一卷三期)《切去大脑视觉区后对于单眼白鼠辨认大小之影响》。

1.1.3 当代生物心理学研究取向

深入研究心理与行为的生物学基础仍然是当代生物心理学的主要研究取向。研究的主要问题包括以下几个方面。

第一,人类正常心理活动的生理学基础和遗传学基础,不同的心理活动是由哪些脑区参与控制和调节的,遗传因素对哪些心理活动影响最为突出。例如,对于知觉信息加工,研究发现,脑内存在"枕—顶"(where通路)通路和"枕—颞"通路(what通路),后者对物体的方位、长度、空间频率和色调进行加工,从而产生物体"是什么"的知觉;前者主要分析同一情景中不同物体的空间结构,对于运动分析和空间关系知觉起到重要作用,关心目标"在何处"的问题(Gazzaniga等,2002)。在记忆过程中海马具有重要作用,2014年诺贝尔生理学或医学奖获得者揭示出了在海马部位存在"认知地图"(Shen,2014);对于情绪活动,研究发现脑内存在快乐中枢和苦痛中枢。行为遗传学研究发现,在相同或者相似的环境中,同卵双生子运算能力的相关系数为0.89(高度相关),异卵双生子为0.66(显著相关),说明遗传因素对人的智力有很大影响(Bouchard和McGue,1981)。人格特质也受遗传影响:研究者通过同辈—同辈报告、自陈—同辈报告和自陈三种方法对同卵双生子大五人格进行研究,所得结果的平均相关系数如下:N(Neuroticism,神经质)为0.40、E(Extraversion,外向性)为0.38、O(Openness,开放性)为0.49、A(Agreeableness,宜人性)为0.32、C(Conscientiousness,认真性)为0.41(Riemann等,1997)。

第二,心理活动与身心健康的关系以及精神疾病的生理机制,即人的心理行为是怎样通过与生理活动相互作用影响心理健康的。例如,由于人的心理活动和生理活动受同一个大脑控制,因而长期的心理功能紊乱会导致生理活动异常,从而影响身体健康;抑郁症可被看作是一种心理神经免疫紊乱性疾病;阿尔茨海默病(俗称老年痴呆症)患者前脑底部胆碱能神经元缠绕成结并出现淀粉样改变;精神分裂症患者脑内多巴胺系统可能存在功能异常。

第三,生物心理学对社会心理行为的机制也给予了关注。例如,研究表明,决策尤其是冲动型决策,与脑内的多巴胺、去甲肾上腺素等神经递质系统的功能有关;攻击性行为则与雄性激素和神经递质5-羟色胺有关。情绪生理反应的原理可以直接被应用于司法实践中的测谎;不同文化背景下,与"自我"有关的脑区也有差别。

当代生物心理学另一主要研究取向是利用传统方法与现代技术的结合、动物研究与人类研究的结果互相印证，致力于解决人类面临的最具有挑战性的问题。传统的生物心理学主要通过脑损伤、药物干预、生物电记录方法，以动物为研究对象，揭示心理和行为的机制并有条件地推广到人类自身；脑成像技术的运用可以使人们直接观察到心理活动过程中的脑功能变化。这类方法具有显著的特点：无创性，无需手术损毁脑区或药物干预；可以连续观察心理活动过程中脑功能的变化；可以从整体水平研究脑功能；可以与动物的微观研究互相印证。由此产生的认知神经科学成为了现代生物心理学研究的重要取向。

1.1.4 生物心理学前景光明

生物心理学是揭示人类自身心理活动机制的科学。生物心理学研究的巨大动力和生命力就在于此。

人类的科学事业正面临着物质的本质、宇宙的起源、生命的本质和智力的产生四大问题的挑战。这四大问题的最后一个、也是最困难的一个——智力是如何由物质产生的，正是心理科学研究的主要问题之一。研究智力的产生，生物心理学是可以大有作为的，是具有不可替代的作用的。Minsky(1990)指出："认知(智力)活动不是可以由在公理上的数学运算来统一描述的现象"，"人工智能(无论是符号处理还是人工神经网络)都受害于一个共同的哲学(方法论)倾向，即喜欢用在物理学上获得成功的方法来解释智力。这个方法使用简单而漂亮的形式系统对智力进行解释。然而这种想用形式系统来给智力认知活动以统一描述的哲学(方法论)看来是错了。我们应当从生物学而不是物理学中去得到启示和线索。"Minsky为什么强调从"生物学"中去寻找研究智力产生的出路？原因之一是有关大脑以及大脑与环境的相互作用这类的问题，包括计算理论(认为认知即计算。无论人脑和计算机在硬件层次甚至在软件层次可能是如何不同，但在计算理论的层次，它们都具有产生、操作和处理抽象符号的能力；作为信息处理系统，无论是人脑还是计算机都是操作处理离散符号的形式系统)在内的各种使用"在公理上的数学运算"来解释认知和智力的数十年的探索的失败，使人们从研究的实践中体会到需要超越唯理性主义的方法论，应该用生物学所采用的多种可能的方法和途径来研究智力的产生过程。更重要的是，研究认知和智力的大脑的功能基础，不能忘记大脑本身。因此，人们越来越重视认知和智力的神经基础，而揭示认知和智力的神经生理学基础，正是生物心理学研究的主要问题之一。

2005年，正值庆祝 *Science* 创刊125周年之际，该刊杂志社公布了125个最具挑战性的科学问题，发表在7月1日出版的专辑上。在今后1/4个世纪的时间里，人们将致力于通过研究解决这些问题。这125个问题(前25个被认为是最重要的问题)

中,属于生物心理学或与之有关的问题包括:

 2 意识的生物学基础是什么?
 15 记忆如何存储和恢复?
 73 是什么引发了青春期?
 84 人类为什么需要睡眠?
 85 人类为什么会做梦?
 86 语言学习为什么存在临界期?
 87 信息素影响人类行为吗?
 89 精神分裂症的病因是什么?
 90 引发自闭症的原因是什么?
 92 致瘾的生物学基础是什么?
 93 大脑如何建立道德观念?
 96 性别倾向的生物学根源是什么?

  无论是人类面临的最具有挑战性 125 个问题或者是其中最重要的 25 个问题,均有近 10% 与生物心理学有关,足见生物心理学的重要性。
  我们相信,生物心理学必定拥有更加灿烂辉煌的未来!

1.2 生物心理学研究技术和方法

  生物心理学作为一门实验性学科,自然离不开科学的研究方法和技术。同时,生物心理学交叉性学科的特点决定了该学科必须借鉴多学科,尤其是神经科学的研究方法。

1.2.1 传统的生物心理学研究方法

  多年以前,有生物心理学著作中曾明确界定,生物心理学以动物为研究对象,原因在于传统的研究方法往往具有创伤性,不能直接对正常人类开展研究。

脑立体定位技术

  在生物心理学研究中,一般都需要正确地找到想要损毁或研究的脑部位,因而对脑结构进行定位是要解决的首要的问题。脑结构的定位工作通常借助脑立体定位仪进行。根据已有的脑结构图谱,移动脑立体定位仪上的三维标尺便能有效地确定想要找到的脑部位(图 1.1)。

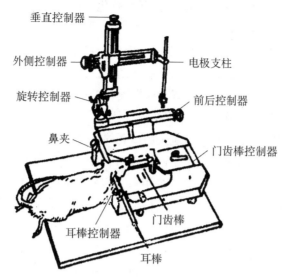

图 1.1 一只被麻醉的大鼠头部被固定在脑立体定位仪上
（来源：匡培梓，1988）

脑损伤法

神经解剖学研究证明：人和高等动物脑的特定部位执行特定的功能。当脑的某一部位受到损伤时，这个部位所执行的功能就会出现异常甚至丧失。但是，并不是所有脑结构的功能都已经被揭示出来。因此，对于那些功能尚未明了的脑结构，损毁后出现了特定的功能障碍，反过来就可以推断出所损毁的脑结构在正常情况下对这种功能具有一定的作用。在此基础上，可以进一步研究不同脑区的功能是怎样组合起来完成行为的。一般来说，每个脑区都具有一种以上的功能，而一种行为又是由多个脑区控制的。

脑损伤法包括以下几种。

横断损伤。在外科手术条件下用刀在脑的不同水平上横断，使断脑之间的上下联系中断。横断损伤一般在研究神经系统高级部位和低级部位的功能及相互影响时采用。

吸出损伤。将一根一头连有吸引泵的玻璃管的另一端插入所要损伤的脑部位，靠吸引泵的力量将欲损毁的脑结构吸出。它需要在严格消毒情况下进行，一般在大面积损伤新皮质、小脑、海马结构时采用。

电解损伤。将一枚与电源相通的尖端裸露的绝缘电极（即正极）插入欲损毁的脑结构内部，无关电极（即负极）放在皮肤切口、直肠或暴露的肌肉上，以微弱电流（2毫安—10毫安）作用15秒—20秒后，正电极周围2毫米—9毫米的球状范围即被损坏,其中心是充满坏死组织的腔,边缘是凝固、胶化的物质。这种方法用于比较局部的损伤,如破坏脑深部结构等。

药物损伤。包括使用红藻氨酸损伤和使用6-羟多巴胺(6-HD)损伤两种。红藻氨酸是一种兴奋性氨基酸,通过导管将它注射进入特定脑区,会导致脑细胞的胞体持续兴奋并死亡。这种方法被称为兴奋性损毁。红藻氨酸对过路的神经纤维没有影响,所以使用这种药物进行的兴奋性损伤是一种具有高度选择性的脑组织破坏方法,有助于鉴别脑区损伤引起的行为效应是由该区的神经细胞的胞体损毁造成的,还是由过路的神经纤维损毁造成的。由于这种药物的毒性很大,因而注射的量过大可能杀死动物。6-羟多巴胺是一种类似于去甲肾上腺素和多巴胺的药物,能够被去甲肾上腺素能和多巴胺能神经细胞的轴突末梢突触上的受体吸收。但是,这种物质是有毒的,会破坏相应的突触、轴突以及胞体,从而起到选择性破坏作用。

扩布性阻抑。用电、热、化学等刺激作用于大脑皮质表面,经过一段短时间的潜伏期后,刺激便会从受刺激部位沿皮质表面向各个方向扩散开来并对神经细胞产生抑制。例如,在颅骨上钻一个孔,用一片在25%KCl溶液中浸过的滤纸覆盖,能引起皮质表面脑电活动持续较长时间的抑制。

冰冻方法。将冷冻探头安装在硬脑膜表面,使其里边的皮质表面温度下降到20℃左右即可引起脑皮质局部区域机能暂时性丧失。因为温度下降到20℃左右时,脑细胞即停止活动。

神经化学损伤。用神经毒素或化学阻断剂等干扰脑内生物化学物质如神经递质的代谢,从而导致脑功能失调。这是一种特殊类型的损毁方式。例如,用蛋白质合成抑制剂——嘌呤霉素注入双侧额颞区和脑室能引起大白鼠记忆的丧失;用神经毒素——海人酸注入脑室选择性地破坏海马锥体细胞能使大白鼠长时记忆永久性丧失。这种方法特异性高,选择性强。

脑损伤法中的横断损伤、吸出损伤、电解损伤和药物损伤,简单易行、效果明显,但都会使神经细胞溃变而无法恢复(故被称为不可逆损伤)。尤其是手术出血或继发性的神经组织病变可能引起更广泛的损伤,从而导致更严重的行为障碍,掩盖由脑局部损伤所引起的特异性障碍。扩布性阻抑、冰冻方法和神经化学损伤既不损伤脑细胞,也不容易发生继发性的周围组织变性,能达到暂时性的机能切除的目的;之后,皮质丧失的机能还可恢复(故被称为可逆损伤)。因此,它们不仅能用来研究皮质机能丧失所引起的行为变化,还可用来观察追踪皮质机能的逆转过程,即机能丧失到恢复的过程。

刺激法

电刺激法。即用无伤害性的电流刺激脑的特定部位,观察心理行为的变化以确定该脑部位的功能;或者在使用电流刺激脑的某一部位时记录其他脑部位的诱发电位等,以推测两个或多个脑区之间是否存在着直接或间接的联系。

化学刺激法。这种方法是在脑的局部区域注射神经递质的激动剂等观察它们对心理行为的影响,也可用于鉴定神经递质受体种类及活动水平。例如,有研究发现,将胆碱能激动剂——毒扁豆碱注入海马,能够强化吗啡的条件性位置偏爱行为(一种药物成瘾的动物模型),说明海马胆碱能系统参与了吗啡成瘾过程。

电记录法

把生物细胞活动时伴随的微弱电流放大后输入阴极射线示波器或墨水笔记录器、磁带记录器等,便可把生物电活动记录下来。最常见的电记录法是脑电记录,主要是对脑的自发电活动的记录和平均诱发电位的记录。电记录法可用于研究感觉刺激引起的脑电变化、学习记忆时的脑电变化和神经元的放电模式等。在神经科学研究中,经常使用的事件相关电位技术,基本原理就是记录心理活动过程中平均诱发电位的变化。

生物化学分析法

神经系统的活动与其内部的生物化学过程是不可分割的,因而作为神经系统活动外部表现的心理行为与脑内的生物化学过程也必然存在着联系。因此,通过生物化学分析方法可以探讨脑内生化物质与心理行为的关系。例如,在建立条件反射过程中可以测定脑内某种物质含量的变化,即以行为作为自变量,研究它对脑内物质含量的影响。国外学者 Hyde'n(1964)曾进行过这样的实验:先强迫大白鼠以新的方法取食,等大白鼠学会后立即断头取脑、进行化学分析。结果发现,大白鼠的这种学习过程伴随着脑内相关皮质细胞内部的 RNA 含量的增加。另外,使用显微透析方法的研究表明,成瘾的药物,如安非他明、吗啡、可卡因等,都能够引起脑内一个被称为伏隔核的部位细胞间多巴胺水平升高,因此,成瘾药物引起的欣快感被认为与伏隔核及其内部的多巴胺有直接关系。

1.2.2 现代神经科学和分子生物学技术在生物心理学中的应用

20 世纪 70—80 年代发展起来的脑成像技术等,使得在无创伤情况下研究心理活动与脑功能的关系成为可能。这种技术可以直接以人类为研究对象。几乎是同一时期发展起来的新的分子遗传学技术,可以通过直接操纵某些基因的表达或者分析某些基因的状态(例如携带某基因的 DNA 链的长短),探讨基因与心理特性之间的关系。

脑成像技术

脑成像是在实验水平上无创伤地探测脑内正在进行高级神经活动的技术,不但能够在整体、环路、细胞和分子等多个水平上对脑的内部结构和生理特点进行深入而系统的观察,而且可以直接研究人类自身认知过程等高级功能的脑结构基础,从而使人体研究与动物研究的协同成为可能。例如,动物研究中的单细胞记录技术可以提供精确至单个神经元的空间分辨率和精确至毫秒的时间分辨率,但其缺点在于通常只能单独考察某个脑区在认知活动中的功能而忽略了其他一些重要脑区的作用。脑成像技术非常适用于对全脑的活动过程进行探测分析,有利于发现影响认知等心理活动的特定脑区,并可在动物模型中进行检验。脑成像技术还可用于检测不同脑区在心理、行为中的交互作用。这就为动物模型中单个细胞行为的分析提供了必要的补充。

脑成像技术分脑结构成像和脑功能成像两大类。计算机断层扫描(computerized tomography, CT)技术和核磁共振成像(magnetic resonance imaging, MRI)技术都可以测量人脑内部结构的三维图像,属于脑结构成像。正电子发射断层扫描(positron emission tomography, PET)技术和功能性核磁共振成像(functional magnetic resonance imaging, fMRI)技术能够对脑进行探测,获得脑进行高级功能活动时的动态三维图像,属于脑功能成像。这里简单介绍计算机断层扫描技术、正电子发射断层扫描技术和功能性核磁共振成像技术。

计算机断层扫描技术。将人的头部安置在一个大的内装有 X 射线管的圆圈形仪器中;头的另一边,正对着 X 射线管有一个 X 光检测器,可以测定通过人脑的 X 射线量(图 1.2)。X 射线管和检测器均可在圆圈内移动,使得脑的一个平面能被透视多次,如开始时 X 射线管和检测器的连线可通过脑的正中线,透射一次后即向左或向右移动几度后再透射。把从各个角度上对这一平面透射的结果输入计算机处理,便可得到整个平面的图像。上下移动圆圈可扫描脑的另一平面。由于正常脑组织和病变的脑组织对 X 光的吸收量是不同的,因而从图像上可以发现脑瘤、血栓等脑组织溃变的区域,从而为研究脑局部损伤与心理、行为障碍的关系提供有效的依据。

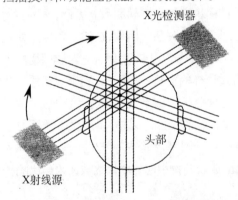

图 1.2 计算机断层扫描技术的原理示意图
(来源:徐科,2000)

注: X 射线管发出一串平行的 X 光束。平行的 X 光束穿过大脑,由 X 光检测器检测。X 射线管和 X 光检测器围绕大脑旋转 180°,在不同的角度上进行测试。计算机把通过某一特定位点(例如图中的黑点)上的所有 X 光束的放射强度进行叠加,换算成衰减系数,并根据衰减系数的大小用黑白亮度来表示。所有的位点组合在一起便可形成一张断层图像。

正电子发射断层扫描技术。脑细胞活动时要消耗一定的葡萄糖,如果向人体内注射经过加速器处理后的能放射正电子的葡萄糖,再利用电子计算机控制的三维摄影机描绘,即可获得放射性物质在脑内的分布图(图1.3)。据此可以确定认知过程中,脑皮质的哪些区域葡萄糖代谢比较活跃。研究者利用这种技术发现,人在辨别音符时是用左脑,而记住曲子时用的则是右脑。

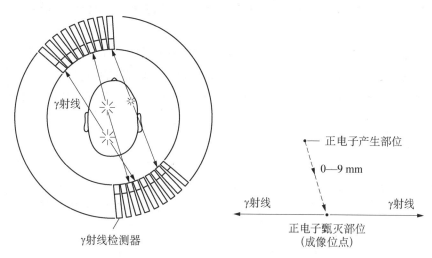

图1.3 正电子发射断层扫描术的原理示意图(来源:徐科,2000)

注:同位素核内的质子裂变,产生正电子。正电子在飞离原子核的途中与负电子碰撞,产生两条方向正好相反的γ射线。γ射线可被γ射线检测器检测到。通过这种检测手段能够对γ射线发射位点进行精确地定位。

功能性核磁共振成像技术。核磁共振成像技术是随着计算机技术、电子电路技术、超导体技术的发展而迅速发展起来的一种脑成像技术。

人体约70%是由水组成的,核磁共振成像技术即依赖氢原子。核磁共振成像的"核"指的就是氢原子核。氢原子核在自旋过程中能够引起一种围绕其核心与旋转方向相同的环形电流,产生磁矩。如果这些原子核处于一个外加的均匀磁场(用矢量B_0表示)中,它在自旋的同时,又沿着主磁场B_0方向作陀螺状圆周运动(被称为进动)。进动频率(即Larmor频率,也称拉莫频率)与主磁场B_0成正比。如果施加一个与进动频率相同的射频脉冲,质子核就会发生共振吸收。氢原子核中的质子吸收能量,跃迁至高能级状态,在去掉射频脉冲之后,质子核又把所吸收的能量中的一部分以电磁波的形式发射出来,这一过程被称为共振发射。共振吸收和共振发射的过程共同组成了"核磁共振"。

从19世纪90年代开始,人们就知道血流与血氧的改变(两者合称为血液动力学)与神经元的活化有着密不可分的关系。神经细胞活化时会消耗氧气,而氧气要借由神经细胞附近的微血管以红细胞中的血红蛋白运送过来。因此,当脑神经活化时,其附近的血流会增加以补充消耗掉的氧气。从神经活化到引发血液动力学的改变,通常会有1秒—5秒的延迟,然后在4秒—5秒达到高峰,再回到基线。这不仅使得神经活化区域的脑血流改变,而且会使局部血液中的去氧与带氧血红蛋白的浓度随之改变。

血氧浓度是影响氢原子质子核共振信号强度的主要因素。这样,兴奋的脑区血流量增加远大于消耗量,氧合血红蛋白(具有抗磁性)多于去氧血红蛋白(具有顺磁性);在施加外部强磁场的条件下,便形成了梯度磁场。这种短时间内发生的事件可以被记录下来,经电脑处理后,即可绘制成图像,从而反映脑的活动。

在生物心理学研究中,有时会采用上述多种方法,以便使获得的结果相互印证,从而最大限度地得出客观的结论。

分子遗传学技术

动物和人的心理行为是遗传和环境相互作用的结果。基因携带了所有机体能表达的蛋白质的氨基酸序列的信息,通过复制传递这些信息,为下一代提供自身的复制品,并在细胞内表达而产生特异的蛋白质,从而决定细胞的结构、功能及其他生物学特性。

某种行为可能明显地受到遗传的控制,但人们并不知道哪些基因参与这种行为的控制,或者知道有哪些基因参与,但这些基因并没有被克隆(基因克隆是根据一定目的,采用酶学方法将不同来源的DNA片段在体外剪切重组成一个新的DNA分子,导入宿主细胞,获得大量的子代分子)。在此情况下,必须用正向遗传学(forward genetics)方法,即从表型到基因的手段来研究这种行为的遗传学基础。

20世纪90年代兴起的反向遗传学(reverse genetics),不仅可以通过制造定向、定位突变改变细胞的基因型,还可以改变小鼠等哺乳动物的基因型从而培育出转基因动物(transgenic animal)。由于这种动物的基因组含有已知的突变基因或外源性基因,因而可以为研究某些正常基因或者突变神经肽基因在整体动物中的行为,尤其是在学习记忆等涉及多种神经细胞的复杂生理过程中的作用提供极为有利的条件。特别是自Tonegawa实验室和Kandel实验室(1992)开拓了利用基因剔除(gene knockout)方法研究动物学习记忆以来,科学研究人员利用转基因小鼠在探讨学习记忆分子机制以及学习记忆与长时程增强(long-term potentiation, LTP)的关系方面取得了许多重要成果。

转基因可以通过把外源基因转入受精卵或胚胎干细胞等方法实现。

1.3 心理行为的神经解剖生理学基础

神经系统是心理行为产生的解剖学基础。因此,学习和研究神经系统的结构与功能,对于理解和深入探讨心理行为的生理机制具有重要意义。

1.3.1 神经元与生物电活动

构成神经系统的细胞有两类:神经胶质细胞和神经细胞。神经胶质细胞有突起但无树突与轴突之分,也没有传导神经冲动的能力。它们分布在神经细胞周围交织成网,构成了神经组织的支架,对神经细胞起支持与营养作用。神经细胞是构成神经系统的基本结构单位与功能单位。神经细胞又称神经元。

神经元的结构

神经元是特殊类型的细胞(见图1.4),包括细胞体和细胞突起两部分。

神经元胞体形态各异,有梨形、梭形、锥体形以及星形等,胞体直径一般在4微米—150微米。其结构与其他细胞相似:由细胞膜包被着细胞质和一个球形、较大的细胞核。细胞质内常含有丰富的尼氏体和神经原纤维。尼氏体是一种嗜碱性物质,其化学成分是核糖核酸蛋白。它在大的运动神经元内呈块状分布,以前曾被称为虎斑物质;在小的感觉神经元内呈颗粒状分散在细胞质的外周。在电镜下观察,可以发现尼氏体由附着很多核蛋白体的粗面内质网组成,能合成新的蛋白质以补充神经元传导冲动的消耗。神经元纤维是粗约120埃的微丝,或直径约250埃

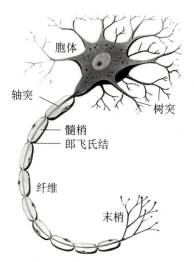

图1.4 神经元结构模式图
(来源:李新旺,1993)

的微管,常集合成束、交织成网,除了可能具有支持作用外,还与胞体内蛋白质、化学递质以及离子的运输有关。

胞体是神经元的营养、代谢中心,具有接受刺激、传导刺激的功能。

神经元细胞突起有两类:树突和轴突。

树突是胞体向外发出的树枝状突起,个别神经元只有一个,大多数神经元有多个,其内含有尼氏体。树突表面有许多棘状物,被称为树突棘或棘刺,它们是其他神经元的终末支与树突形成突触的接触点。树突的功能是接收其他神经元传来的冲动,并将冲动传至胞体。

轴突从胞体发出的部分呈圆锥形隆起,称轴丘,此处没有尼氏体。轴突很长,一个神经元只有一个,且分支较少,但末端分叉较多,形成轴突终末。轴突的功能主要是把胞体上发生的冲动传递到另一个神经元或肌细胞或腺体上。

神经元的分类

按照突起的数目,可把神经元分为:单极神经元,只有一个胞突,仅见于胚胎时期;假单极神经元,由胞体发出一个突起,后分两支,一支伸向脑和脊髓,为中央突(相当于轴突),另一支伸向感受器,为外周突(相当于树突);双极神经元,胞体发出一个轴突、一个树突,如耳蜗神经节神经元;多极神经元,胞体发出一个轴突和多个树突,中枢内的神经元多为此类。

按照功能,可把神经元分为感觉、运动和联结神经元。感觉神经元或称传入神经元,主要功能是接收刺激并转变为神经冲动,将冲动传至中枢神经。运动神经元或称传出神经元,主要功能是将中枢来的冲动传导到效应器,引起反应。联络神经元或称中间神经元,主要功能是联络感觉神经元与运动神经元。

神经元之间的联系

神经系统的机能活动依赖于许多神经元之间的密切联系。这种联系使得一个神经元发出的神经冲动可以传递给多个神经元,一个神经元也可以接受多个神经元传来的冲动。神经元之间的联系是彼此接触。一个神经元突起的末梢膨大,与另一个神经元接触。这种接触点称为突触。

神经元之间接触的方式有多种,最常见的有三类:一是神经元的轴突末梢与另一神经元的树突形成联系,形成轴突—树突型突触,二是一个神经元的轴突末梢与另一神经元的胞体接触,形成轴突—胞体型突触;三是一个神经元的轴突末梢与另一神经元轴突末梢附近相接触,形成轴突—轴突型突触(见图1.5)。

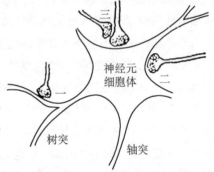

图1.5 神经元突触类型示意图
(来源:北京师范大学等,1982)

神经元静息电位和动作电位

有机体活的细胞、组织兴奋时,不论其外部表现如何不同,均伴随有电位的改变。这种电位的变化统称为生物电。

神经元静息电位是指细胞未受刺激时存在于细胞膜内外两侧的电位差。静息电位的存在可以通过实验来证明:将微细电极(其尖端直径0.25微米—2微米)和参考电极(无关电极)放在静息的神经纤维表面上,经导线输入放大器,并与电流计或阴极射线示波器联结构成电路,会发现两极的电位差为零,表明神经纤维表面各部的电位数值是相等的。但是,如果将微电极插入膜内(因电极很细,不至于引起神经纤维膜损伤),参考电极仍在膜外,会发现在微电极插入膜内的瞬间电流计或示波器上显示出一个突然的电位改变,表明细胞膜内外存在着电位差。由于这一电位差是存在于静息的细胞膜内外两侧的,故称为跨膜静息电位,简称静息电位或膜电位。

在所有被研究过的动植物细胞(少数植物细胞例外)中,静息电位都表现为膜内较膜外为负。如果规定膜外电位为零,则膜内电位大都在 -10 mV—-100 mV 之间。例如,枪乌贼的巨大神经轴突和蛙的骨骼肌细胞的静息电位为 -50 mV—-70 mV;哺乳动物的肌肉和神经细胞为 -70 mV—-90 mV;人的红细胞为 -10 mV。大多数细胞(一些自律性的细胞如心肌细胞和平滑肌细胞例外)的静息电位是一稳定的直流电位,即只要细胞维持正常的新陈代谢而未受外来刺激,静息电位就稳定在某一固定水平。

静息电位的产生是由细胞膜本身的特性决定的。

生物细胞膜内外两侧离子分布是不均匀的,一般是细胞内液中含有大量的 K^+(约为细胞外液的 10 倍)、Cl^- 和 A^-(有机负离子的总称),而细胞外液中含有大量的 Na^+(约为细胞内液的 10 倍)、Cl^- 等。由于细胞膜内外的 K^+、Na^+、A^- 存在着很大的浓度差(即浓度梯度),因而必然存在着 K^+ 和 A^- 向膜外扩散,而 Na^+ 向膜内扩散的趋势。然而,细胞膜对各种离子的通透性大小并不一样。静息状态下神经膜对 K^+ 的通透性是 Na^+ 的 50 倍(兴奋状态则完全不同),因此 K^+ 很容易扩散到膜外,而 Na^+ 扩散到膜内的速度却很慢;同时,A^- 主要是蛋白离子、有机磷酸根离子和有机硫酸根离子,它们很难或根本不能透过细胞膜,只能停留在细胞膜内。于是,K^+ 的外流使膜内电位变负而膜外变正。但是,K^+ 的这种扩散并不能无限制地进行以至达到膜两侧 K^+ 浓度相等的程度。事实上,最先透过膜的 K^+ 形成的内负外正的电场对 K^+ 的继续透出起着阻碍作用。可以设想,当 K^+ 外移开始时,使 K^+ 外移的膜两侧的浓度势能差大于当时阻碍 K^+ 透出的电势能差,于是仍有 K^+ 的净外移;但 K^+ 移出越多,两侧阻止 K^+ 外移的电场力将越大,最后很快达到一个平衡点。这时膜两侧浓度势差和电势差方向相反而大小相等,二者的代数和即膜两侧的电化学势差将为零。膜内外不再有 K^+ 的净移动,而膜两侧由于已外移的 K^+(只占膜内原有 K^+ 的极小部分)所造成的电位差也稳定于某一数值。此电位差称为 K^+ 的平衡电位。它的绝对值通常略高于静息电位,因为静息状态下膜对 Na^+ 的通透性虽然很低,但毕竟允许少量的 Na^+ 顺度梯度由膜外流到膜内,从而减小了 K^+ 外流所形成的电位差。

正常情况下,细胞膜内为正电位、膜外为负电位,两者的电位差呈稳定状态,这种状态被称为极化状态。

神经元动作电位是指神经或肌肉细胞受到刺激时,膜电位急剧转变为膜内为正、膜外为负,并能传导下去的电位变化。在给予神经纤维较强刺激时,会发现膜内电位在短时间内由 -70 mV—90 mV 变为 $+20$ mV—40 mV 水平,膜电位由原来静息时的内负外正变为内正外负。这样,整个膜内外电位变化的幅度是 90 mV—130 mV,便构成了动作电位的上升支或去极相。但刺激引起的这种膜电位的倒转只是暂时的,它很快恢复到受刺激前静息时的状态,从而构成了动作电位曲线的下降支或复极相。由此可见,动作电位实质上是在膜的静息电位基础上发生的一次膜两侧电位快速而可逆的倒转,在神经纤维上只持续 0.5 ms—2.0 ms,使得它在描记图形上形成一次短促而尖锐的脉冲,称为锋电位。锋电位是动作电位的主要组成部分。在锋电位完全恢复到静息电位之前,膜两侧电位还要经历一些微小的波动,称为后电位,一般是先有一个 5 ms—30 ms 的负后电位,再出现一个延续时间更长的正后电位。

动作电位的出现与细胞膜通透性改变有关。由于膜外 Na^+ 浓度大于膜内,它本来就有被动地向膜内扩散的趋势,而且静息时膜内存在着相当数值的负电位,这种电场力也吸引 Na^+ 移向膜内。只是由于静息状态下膜对 Na^+ 通透性较小,Na^+ 的大量内流才不能实现。然而,当静息状态下的细胞膜某一点受到影响如被施予较强的电刺激时,细胞膜对 Na^+ 的通透性会急剧提高,此时 Na^+ 大量流入膜内,膜对 K^+ 的通透性相对较低。Na^+ 内流使膜内正电荷增多,膜内电位负值消失以至于出现正值,即去极化和超射(或反极化)。此时膜内电位为正而膜外为负。膜对 Na^+ 通透性增大持续的时间很短,膜很快会进入所谓"失活状态",这时膜对 K^+ 的通透性会增大,并会很快超过对 Na^+ 的通透性,于是膜内 K^+ 又因浓度差和电位差的推动向膜外扩散,使膜内电位由正值向负值方向发展,即发生复极化过程,恢复静息电位水平。

一般认为,动作电位产生过程中膜通透性的改变是通过镶嵌于膜上的某些特殊的蛋白质通道来实现的。通道蛋白质最重要的特性之一是它们可以在一定条件下呈"激活"状态,又可以在一定条件下呈"失活"或"关闭"状态。激活状态下通道蛋白质结构中会出现允许某种离子顺浓度差移动的孔洞,相当于通道的开放,而失活状态不仅仅包括通道的关闭,还包括即使受到了适当刺激通道也不开放。对于一般神经纤维膜或肌细胞膜来说,决定 Na^+ 通道或 K^+ 通道机能状态的是膜两侧的电位差。静息状态下,细胞膜上 Na^+ 通道多数处于关闭状态(非失活状态),K^+ 通道则有相当数量处于开放状态;如果膜由于某种原因出现去极,即膜内负电位数值减小到一定程度时,这个变化就会激活 Na^+ 通道使之大量开放,Na^+ 迅速内流;同时膜的去极也可进一步激活 K^+ 通道,但这一作用过程较慢,从而产生因 Na^+ 内流而产生的锋电位达到顶点后又因 K^+ 通透性的增高而出现复极的现象,而复极又导致了 Na^+ 通道的关闭。

锋电位之后,膜内外的离子出现了逆浓度梯度的主动转运,即通过离子泵的作用将 Na^+ 从膜内泵出膜外,同时吸入 K^+,以维持正常情况下膜内外离子的极不均匀分布和静息电位状态,从而保障下一次刺激到来时能再次产生动作电位。离子泵的主动转运需要消耗能量,能量由细胞内的三磷酸腺苷(ATP)供给。

动作电位与兴奋性

在生理学上,人们最早将活的组织或细胞对外界刺激发生反应的能力称为兴奋性,它是由细胞膜上的动作电位触发引起的。在近代生理学术语中,兴奋性被理解为细胞受到刺激时产生动作电位的能力,因此,兴奋一词也就成为动作电位的产生过程或动作电位本身的同义词了。

阈强度(或称阈值,指刺激作用时间不变时能引起组织兴奋的最小刺激强度)以上的刺激对组织的作用持续一定时间,将能够引起组织兴奋。阈强度的大小反映了受刺激组织的兴奋性高低:阈强度大,说明组织的兴奋性低;阈强度小,说明组织的兴奋性高。

可兴奋的神经肌肉组织接受一次阈强度以上的刺激后,兴奋性会发生变化。这种变化大致可分为四个时期。

绝对不应期。兴奋后在极短的一段时间内无论用多么大的刺激强度均不能引起组织发生第二次兴奋。

相对不应期。绝对不应期之后,组织的兴奋性逐渐恢复,此时给予比正常阈强度更大的刺激能引起组织再一次兴奋。

超常期。相对不应期后兴奋性逐渐上升并超过正常水平的时期。此时利用低于正常阈强度的刺激亦能引发组织兴奋。

低常期。该时期是组织兴奋性再次降低,此时给予一个比正常阈强度高且作用时间较长的刺激,才可引起组织再一次兴奋。

一般认为,绝对不应期和相对不应期大致相当于锋电位时期,超常期和低常期则分别相当于负后电位和正后电位时期。绝对不应期的长短决定着两次兴奋之间的最小时间间隔,即制约单位时间内神经所能发放冲动的最高频率。

兴奋在神经纤维上的传导

在动作电位产生过程中,膜的去极化过程犹如火焰沿导火线蔓延一样,以很快的速度传遍整个神经纤维,这就是神经冲动。因此,冲动一词含有兴奋和传导两层含义。

兴奋在单根神经纤维上的传导具有如下特点。

一是双向性。一根神经纤维某一部分受到刺激而兴奋时,受刺激部位膜内电位升高变为正值,膜外变为负值;而未受刺激部位仍处于极化状态,即膜内为负、膜外为正。这样膜内外受刺激部位和未受刺激部位都存在着电位差。由于膜两侧的溶液都是导电的,于是已兴奋的神经段和它相邻近的未兴奋段神经之间因电位差的存在而发生电荷移动,形成局部电流。局部电流的方向是膜外正电荷由未兴奋段移向兴奋段,膜内正电荷由兴奋段移向未兴奋段。电荷移动的结果使原来未兴奋段的神经膜内电位升高而膜外降低,即去极化,并以此方式在神经纤维上传导下去。

二是"全"或"无"。如果神经膜各部分的极化状态是均匀的,则锋电位振幅不会因传导距离的加大而逐渐衰减变小,即锋电位的传导具有"全"或"无"的特征。阈值以上的刺激,不论其强度多大均会使神经纤维作出最大反应——"全";而阈下刺激均不能引起任何反应——"无"。这种"全"或"无"的特性对信息传递具有重要意义。

三是绝缘性。神经干由许多神经纤维组成。这些纤维可以同时传导冲动:有的快,有的慢,有的传出,有的传入,基本上互不干扰。这种现象称绝缘性传导,其原因在于神经纤维外包的髓鞘具有绝缘性。

四是相对不疲劳性。与肌肉组织比较,神经传导具有相对不疲劳的特性。例如,在适宜条件下,以 50 次/秒—100 次/秒的电脉冲连续刺激 9 小时—12 小时,神经纤维仍可产生并传导冲动。

五是跳跃传导。有髓神经纤维的髓鞘不能使离子有效地通过,但朗飞氏结(包被神经纤维的髓鞘凹陷形成的细窄部分)处没有髓鞘,离子极易通过该部位。因此,有髓神经纤维神经冲动的传导是从一个朗飞氏结传至下一个朗飞氏结,这种传导方式称为跳跃传导。它的传导速度快,约比无髓神经纤维(非跳跃性传导,其神经膜去极化过程是连续均匀的)传导速度快 20 倍。

六是传导阻滞。神经冲动的传导受多种因素影响,例如机械压力、冷冻、电流、化学药物等,都可以阻断冲动的传导。其中,最重要的是局部麻醉剂的作用。根据临床需要,神经干的任何部分,从离开脊髓起到外周终点止,都能在局部麻醉剂的作用下产生传导阻滞。

1.3.2 神经系统结构与功能

神经系统由周围神经系统和中枢神经系统两部分组成。

周围神经系统

周围神经系统由脑神经和脊神经组成。

从脑部发出的神经共有 12 对。其中,第 X 对迷走神经分布于胸腹腔内脏器官,其他脑神经主要分布于头面部。第 I 对嗅神经、第 II 对视神经和第 VIII 对听神经对脑神经是感觉性的,第 III 对动眼神经、第 IV 对滑车神经、第 VI 对外展神经、第 XI 对副神经和第 XII 对舌下神经是运动性的,第 V 对三叉神经、第 VII 对面神经、第 IX 对舌咽神经和第 X 对迷走神经是混合性的。脑神经的运动纤维是由脑干内运动神经核发出的轴突构成的,感觉纤维是由脑神经节内的感觉神经元的周围突构成的,其中枢突与脑干内的感觉神经元形成突触。

从脊髓发出的神经共有 31 对:颈神经 8 对,胸神经 12 对,腰神经 5 对,骶神经 5 对,尾神经 1 对。

脊神经由4种纤维组成：(1)躯体传出纤维,发自脊髓前角运动神经元,分布于骨骼肌,执行躯体运动功能;(2)内脏传出纤维,发自脊髓胸节、上三个腰节的侧角细胞和发自骶段脊髓第2—4节前角底部外侧面的散在小细胞,分布于胸、腹腔脏器官和血管的平滑肌及腺体,管理这些器官的活动;(3)躯体传入纤维,发自脊神经节的假单极神经元,中枢突进入脊髓,周围突分布于皮肤、肌肉、关节的感受器,传导这些部位的感觉冲动;(4)内脏传入纤维,发自脊神经节内的假单极神经元,中枢突进入脊髓,周围突分布于胸、腹腔脏器和血管内的感受器。

脊神经的躯体传出纤维和内脏传出纤维组成脊神经前根,因而前根神经纤维是运动性的;脊神经的躯体传入纤维和内脏传入纤维组成脊神经后根,因而后根神经纤维是感觉性的。前根和后根在椎间孔处汇合,构成混合性的脊神经。穿出椎间孔后,脊神经分为前支和后支,它们均属于混合性的。

支配内脏、血管及腺体运动的传出神经又称植物性神经,它们行走于脑神经和脊神经之间。与躯体运动神经比较,植物性神经支配平滑肌、心肌和腺体,在一定程度上不受意志的直接控制,因而也被称为自主神经。

中枢神经系统

中枢神经系统由脊髓和脑组成。

脊髓位于椎管内,呈扁圆柱状,上端通过枕骨大孔与脑相连,下端呈圆锥状,尖端终止于第1腰椎下缘,再向下变为细丝称终丝,止于尾骨。

脊髓的内部结构分为灰质和白质。

灰质在脊髓横切面呈蝴蝶形,新鲜材料色泽灰暗,故名。其中部有中央管,上通第四脑室。两侧灰质向前后延伸形成前角和后角,在第8颈节段到第3腰节段还有侧角。

灰质前角内分布着多极运动神经元。它们又可分为若干群：一般来说,分布在内侧的司躯干骨骼肌的运动,在外侧的司四肢骨骼肌的运动。

灰质后角细胞分群较多,主要功能是接受脊神经后根传入的感觉神经冲动。

侧角或称中间外侧核,分布有较多的极小型细胞,是交感神经节前纤维的胞体,其轴突出前根经交通支汇入交感干。

白质位于灰质的周围,主要由有髓鞘的神经纤维组成,因含磷脂较多,呈现白色,故名。白质以前正中裂和后正中沟为界分为对称的左右两半,每半又以前外侧沟和后外侧沟为界分为三个神经索,即前索、侧索和后索。各索内都有许多上行和下行的纤维束,是联系脑和脊髓的传导通路：上行的主要有薄束、楔束、脊髓丘脑束、脊髓小脑束等;下行的主要有皮质脊髓束、前庭脊髓束、网状脊髓束等;紧靠灰质周围的固有束,是脊髓各节间的联系纤维。

脊髓有传导功能——来自躯干、四肢及大部分内脏的各种刺激，需要经过脊髓才能传导到脑，脑的活动指令也需要经过脊髓才能传导到上述各部。脊髓还具有反射功能，包括躯体反射和内脏反射。不过，随着脑的发展，正常情况下脊髓的反射活动总是在大脑的控制下进行的。

脑位于颅腔内，由大脑、间脑、中脑、脑桥、延髓和小脑组成。研究者通常把延髓、脑桥、中脑合称为脑干，也有研究者把间脑并入脑干部分。

延髓是脊髓的延续，故名。延髓腹面正中线两侧的长形隆起称为锥体，它是由大脑下行的锥体束构成的，其中大部分纤维在锥体下方左右交叉，称锥体交叉。延髓腹面前外侧表面有一隆起呈卵圆形的结构被称为橄榄体。橄榄体外侧从上到下排列着舌咽神经、迷走神经和副神经，而内侧有舌下神经。

脑桥位于延髓的上方。腹面隆起且两侧部分缩窄，称脑桥臂，是连接小脑的横行纤维，附近有三叉神经；后面大半为小脑所覆盖。脑桥下缘由内向外有展神经、面神经和听神经。其背面上缘与中脑交界处发出滑车神经。

中脑在脑桥的上方，腹面两侧有一对大脑脚，由粗大的纵行纤维构成；脚间窝内有动眼神经。中脑背面有四个灰质圆丘，称四叠体；上面的一对称上丘，是视觉反射的低级中枢；下面的一对称下丘，是听觉反射的低级中枢。

脑干由灰质和白质组成。其灰质为分散的大小不等的神经核，可归纳为三类：第一类是脑神经核；第二类是上行和下行传导通路的中继核，如上行系统中的薄束核、楔束核和下行系统中的红核、黑质等；第三类是从网状结构中分化出来的，如橄榄核团等。

脑干的白质一部分集中在中线两旁，另一些分布在外侧边缘。脑干的中央有一广泛区域，神经纤维在这里交织成网状，其中散布有大小不等的神经细胞集团。这个灰白质交织的区域被称为网状结构。它始于脊髓，在脑干处扩大，上延伸到间脑。依据细胞构造和纤维联系，我们可以把网状结构分为内侧区和外侧区。内侧区由延髓、脑桥和中脑的网状核组成。神经元较大，它们发出的轴突分支上下行走，远达间脑或脊髓，树突分布范围较广。这些特点说明它们能从各上行束接受多方面的感觉冲动，并能影响脑干其他部位直至间脑，向下可影响脊髓。外侧区由延髓和脑桥的小细胞构成，主要接受全身痛、温、触、压和内脏等感觉冲动，故外侧区又称联络区或感受区。网状结构具有重要功能：第一，通过皮质网状束在网状结构中换元形成的网状脊髓束作用于脊髓前角运动神经元，参与躯体运动的控制；第二，接受来自体内外的刺激经丘脑广泛地传向大脑皮质，使之处于觉醒状态，从而影响大脑皮质的活动；第三，延髓网状结构中有心血管运动中枢、呼吸中枢等，控制着重要的内脏器官的活动，损毁这些中枢会危及生命。

小脑位于延髓和脑桥的背部,两侧膨隆部分被称为小脑半球,中间较窄部分被称为小脑蚓部。小脑表面被覆一层灰质,被称为小脑皮质;内部为白质,被称做小脑髓质。髓质内埋藏有灰质核团,如齿状核等。小脑通过一些纤维与脑干相连,并进一步与大脑、脊髓发生联系。

根据发生、机能和纤维联系,小脑可分为三叶:

绒球小结叶(古小脑),与调节机体平衡机能有关。

前叶(旧小脑),与调节肌张力有关。

后叶(新小脑),为锥体外系的一个组成部分,主要功能是协调随意运动。

间脑位于中脑与大脑半球之间,并被两侧大脑半球所覆盖。其外侧部与大脑半球存在实质愈合,因而它与大脑半球之间的界限不如其他脑部明显。

间脑分为丘脑、丘脑上部、丘脑下部、丘脑底部和丘脑后部五个部分,其中丘脑和丘脑下部为间脑主要结构。

丘脑,位于间脑的背侧部,是一对卵圆形灰质块,其内部被Y形的白质形成的内髓板分为三部分,即前核(与内脏活动有关)、内侧核(可能是躯体和内脏感觉的整合中枢)和外侧核(是躯体感觉通路最后一个中继站)。在丘脑后下方有一小突起,被称为内侧膝状体,是听觉传导束至皮质的中继站;其外侧另有一突起,被称为外侧膝状体,是视觉传导束的中继站。除嗅觉外,各种感觉传导束均在丘脑处更换神经元,然后才能投射到大脑皮质的一定部位。所以,丘脑是皮质下感觉中枢。

丘脑下部又称下丘脑,位于丘脑前下方。下丘脑的前下方有视神经汇合而成的视交叉,后方有对突起被称为乳头体。视交叉与乳头体之间为灰结节,它向下以漏斗连接脑垂体。通常将下丘脑从前向后分为三个部分:视上部于视交叉上方,由视上核和室旁核组成;结节部于漏斗的后方,分布有腹内侧核和背内侧核;乳头体部包括下丘脑后核和乳头体核。

下丘脑是植物性神经的较高级中枢,与内脏活动有密切关系。

大脑分左、右两个半球,是中枢神经系统的最高级部分和心理活动的主要器官。

大脑半球呈卵形,其表面呈现深浅不同的沟或裂,沟裂之间隆起的部分被称为回。每侧大脑半球,有三个面即背外侧面、内侧面和底面,三个极即额极、颞极和枕极,三条明显的沟即中央沟、外侧裂和顶枕裂。借助于这三条明显的沟裂把大脑半球分为五叶,即额叶、颞叶、顶叶、枕叶和脑岛。

额叶,中央沟起自半球上缘中点稍后,向前下斜行于半球背外侧面,其前面即为额叶。中央沟前方有与其平行的中央前沟,两沟之间为中央前回。自中央沟向前走出上下两条与半球上缘平行的额上沟和额下沟,分出了额上回、额中回和额下回。

顶叶,外侧裂在半球背外面自前向后上方斜行;顶枕裂位于半球内侧面后部,略转至背外侧。中央沟与顶枕裂之间、外侧裂以上即为顶叶。中央沟后有一与其平行的中央后沟,两沟之间为中央后回。中央后沟向后走出一条与半球上缘平行的顶间沟,其上部为顶上叶、下部为顶下叶。顶下叶前部围绕大脑外侧裂末端形成环曲回,其后部被称为角回。

颞叶,位于外侧裂下方。颞叶表面有两条与外侧裂平行的颞上沟和颞中沟。颞上沟上方为颞上回,下方为颞中回。颞中沟下方为颞下回。此外,颞上回上面有几条短的横回被称为颞横回。

枕叶,位于顶枕裂后,在背外侧有些不规则的沟回。

脑岛,位于外侧裂深部,被部分额、顶叶覆盖,略呈三角形,其上有几条沟将其分成几个长短不等的回。

额、顶、颞、枕各叶都有部分扩展至内侧面。内侧面的重要沟、回有:中央前、后回延续到内侧面部分称旁中央小叶;枕叶有一深沟称距状裂,它与顶枕裂之间的部分为楔回;距状裂下方为舌回;舌回向前与颞叶的海马回相连,海马回前端弯成钩形,称海马回钩;环抱胼胝体的是扣带回。

大脑与间脑交接处的穹窿形结构被称为边缘叶,主要包括扣带回、海马回和海马回钩。边缘叶与附近的皮质如额叶眶部、脑岛、颞极、海马、齿状回等,加上皮质下结构如杏仁核、下丘脑、丘脑前核、部分丘脑背核及中脑背内侧区等,总称为边缘系统。它们在结构和机能上密切相关,与其他皮质部位也有广泛的联系。边缘系统的主要功能是调节内脏活动并参与情绪反应。

大脑皮质深部为髓质,内含有神经核团(因靠近脑底,故名基底神经核)和神经纤维束。基底神经核又称基底神经节,包括豆状核、尾状核、杏仁核和屏状核。其中,豆状核与尾状核合称纹状体;豆状核在水平切面上呈三角形,核内有两个白质薄板层将它分为三部,外侧部最大称壳,其余二部称苍白球。髓质内的神经纤维束即白质主要包括连接左右半球的纤维束——胼胝体,以及位于丘脑、尾状核、豆状核之间的投射纤维组成的内囊。内囊含有皮质延髓束、皮质脊髓束、丘脑皮质束及视、听传导束等,因而是大脑皮质与下级中枢联系的"交通要道"。

大脑皮质是统一机体生理活动和心理活动的最高神经中枢,其不同部位的主要功能不同,即各种功能在皮质上具有某种程度的定位关系。某种功能的中枢部位是执行这种功能的核心,其他区域也分散有类似的功能。

运动中枢(第一运动区),主要位于中央前回。

感觉中枢,主要位于中央后回。

视觉中枢,位于楔回和舌回。

听觉中枢,位于颞横回。

嗅觉中枢,可能在海马回钩附近。

以上各中枢是人和高等动物共有的。因为人类进化出了语言和思维的能力,所以人的大脑皮质也分化出了相应的中枢,即语言中枢。

运动性语言中枢,在额下回后 1/3 处,紧靠中央前回下部。

听觉性语言中枢,位于颞上回后部。

视运动性语言中枢(书写中枢),位于额中回后部,紧靠中央前回管理上肢的运动区。

视觉性语言中枢(阅读中枢),位于角回,靠近视中枢。

本章小结

生物心理学的相关研究虽具有悠久的历史,却是相对年轻的一门学科;它为科学心理学的诞生做出了不可替代的贡献,同时也是当代最受瞩目的科学研究领域之一,生物心理学领域内研究成果多次获得诺贝尔奖。随着知识的积累、研究方法的改进,未来生物心理学必将涌现出一大批对心理科学乃至整个科学事业具有深远影响的重大成果。但是,人脑是宇宙间结构最复杂、功能最完善的事物,想要揭示人类自身的心理活动与脑功能之间的关系,我们还有漫长的路要走,而这也正是生物心理学强大生命力的所在。

关键术语

神经特殊能力说

神经元理论

主心说

脑髓说

损伤法

刺激法

生物化学分析法

计算机断层扫描技术

正电子发射断层扫描技术

功能性核磁共振成像技术

分子遗传学技术

神经冲动

语言中枢

参考文献

卡尔森著,苏彦捷等译.(2017).生理心理学:走进行为神经科学的世界(第九版).北京:中国轻工业出版社.
匡培梓主编.(1988).生物生理学.北京:科学出版社.
李汉松.(1988).西方心理学史.北京:北京师范大学出版社.
李继硕主编.(2002).神经科学基础.北京:高等教育出版社.
李新旺.(1992).生理心理学导论.开封:河南大学出版社.
李新旺.(2000).转基因技术在学习记忆研究中的应用.心理学报,32(5),473—478.
李新旺.(2017).生理心理学.北京:科学出版社.
寿天德主编.(2006).神经生物学.北京:高等教育出版社.
孙久荣主编.(2004).神经解剖生理学.北京:北京大学出版社.
唐孝威.(1999).脑功能成像的对话.世界科技研究与发展,6,5—6.
徐科主编.(2000).神经生物学纲要.北京:科学出版社.
杨鑫辉主编.(2000).心理学通史.第一卷,中国近代心理学思想史.济南:山东教育出版社.
Bouchard, T.J. & McGue, M. (1981). Familial studies of intelligence: A review. *Science*, 212(4498), 1055-1059.
Gazzaniga, M.S., Ivry, R.B., & Mangun, G.R. (2002). Cognitive Neuroscience, New York: W.W.
Riemann, R., Angleitner, A., & Strelau, J. (1997). Genetic and environmental influences on personality: A study of twins reared together using the self-and peer report NEO-FFI scales. *Journal of Personality*, 65(3), 449-475.
Shen, T. (2014).诺贝尔生理学或医学奖获得者研究简介. http://www.bioon.com/trends/news/603986.shtml.

2 比较心理学：心理与行为的种系发生

2.1 脑与行为的演化 / 34
　　2.1.1 生物演化历程 / 35
　　　　脊椎动物 / 35
　　　　哺乳动物 / 35
　　　　人类 / 36
　　　　【专栏】关于人类演化的思考 / 37
　　2.1.2 脑的演化 / 38
　　2.1.3 演化与行为 / 40
　　　　生物进化（演化）论 / 40
　　　　行为的演化分析 / 41
　　　　社会优势地位 / 41
　　　　求偶展示 / 42
　　　　配偶形成 / 43
2.2 动物的物理认知 / 44
　　2.2.1 空间与时间知觉 / 45
　　　　认知地图 / 45
　　　　时间—地点学习 / 45
　　　　心理时间旅行和预测 / 46
　　2.2.2 记忆 / 46
　　　　语义记忆 / 46
　　　　程序记忆与情景记忆 / 47
　　2.2.3 工具与因果 / 47
　　2.2.4 计数能力 / 49
2.3 动物的社会认知 / 50
　　2.3.1 自我意识 / 50
　　2.3.2 通讯交流 / 53
　　2.3.3 心理理论 / 56
　　　　欺骗 / 56
　　　　归因 / 57
2.4 学科发展与研究展望 / 60
本章小结 / 62
关键术语 / 62

比较心理学是一门系统地研究动物行为和能力的心理学分支学科,亦可归入实验心理学、发展心理学或生物心理学。借助野外自然观察或实验室实验,它致力于了解各物种(包括人)的行为和能力之间的异同,从动物和人类的相似之处追踪人类行为、心理能力的生物演化来源;从动物和人类之间的不同之处进一步了解人类行为和心理能力的独特本质。此外,比较心理学也包括从动物本身出发对其感觉、学习、动机、发展等进行研究,从而揭示每个物种的特殊心理和行为特点怎样适应它们的日常需要和环境压力。

比较心理学的研究课题一般涉及行为与心理特点的四个方面(Tinbergen,1951),即发展、机制、功能和演化,它们也是组织相关研究的主要框架基础。在行为的发展研究中,我们首先关心行为从何而来、又如何发展,考察遗传因素和环境因素在其间扮演的作用。然后研究决定行为的机制,即行为与神经系统、内分泌系统等各相关系统的相互作用和联系,对应行为表现的原因。其次是功能研究,即探索动物行为和心理特点及对其适应环境以及生存和延续种族的作用,在某些情况下,一种行为的功能是明显的,如进食是为生存提供所需要的营养;但有些时候,功能则不那么清晰,需要仔细地分析和比较。最后是探索某种行为模式或行为能力的演化历史,而要了解行为和能力的演化,必须进行比较分析。

在具体研究过程中,比较心理学家常常会比较不同物种的行为,以便了解背后的演化过程、遗传在其中扮演的角色以及对应的行为适应结果。一些比较心理学家习惯于在实验室进行行为研究,而另一部分则致力于行为学、习性学研究——在自然环境中研究动物行为。同时,鉴于演化心理学(从演化的视角看待和理解行为,参见Duchaine, Cosmides和Tooby, 2001)和行为遗传学(研究遗传对行为的影响,参见Plomin等,2013)在研究过程中常常采用比较分析的方法,在此我们亦将其列入比较心理学的范畴。

借助比较心理学,我们可以对行为和相关心理机制的种系发生进行探究,这就为相关问题的终极解释(ultimate explanation)提供了可能。相比于其他心理学分支科,比较心理学为我们对行为的解释提供了一种独特的视角。

2.1 脑与行为的演化

地球上的物种纷繁多样,它们大都经历了漫长的演化过程。对这一过程的了解也构成了分析比较的基础。

2.1.1 生物演化历程

通过对化石记录的研究和现存物种间的比较,我们已经对物种的演化时间和演化历史有了一定的了解,虽然在某些细节上尚存争议,但这并不会过多地影响我们对宏观演化过程的勾画。

脊椎动物

复杂的水生多细胞有机体在约 6 亿年前首次登上陆地(Bottjer, 2005),并在大约 1.5 亿年后,演化产生脊索动物。脊索动物具有背部神经索(穿行背部中央的大神经),动物学家将动物分为约 20 个类别或类群,脊索动物是其中一类。大约 2500 万年后,脊索动物演化产生脊柱骨来保护它们的背部神经索,脊柱骨被称为脊椎,具有脊椎的脊索动物被称为脊椎动物。最初的脊椎动物是原始的硬骨鱼类,而当今存在 7 类脊椎动物: 3 种鱼类、两栖动物、爬行动物、鸟类及哺乳动物。

大约 4.1 亿年前,硬骨鱼类开始脱离水生环境。能够在陆地上短期生存的鱼类具有两大优势:它们可以离开被污染的水池到附近新鲜的水环境中,而且可以获取陆地上的食物资源。在陆地上生活的优势如此之多,所以自然选择将硬骨鱼类的鳍和腮分别转变成四肢和肺,由此在大约 4 亿年前演化产生了两栖动物。两栖动物(例如,青蛙、蟾蜍和蝾螈)在幼虫时必须生活在水环境中,只有成年两栖动物才可以在陆上生存。

最近,研究者在加拿大北部发现一块重要化石,它不仅具有鱼类的鳞、牙齿及腮,同时还具备某些先前被认为只有陆地动物才具有的解剖结构(例如原始的腕骨和指骨)。据推测,这一化石大约有 3.75 亿年的历史,来自鱼类开始向四足着陆脊椎动物演化的时期(Daeschler, Shubin 和 Jenkins, 2006)。这提示它可能是演化理论所预言的联系鱼类及陆地脊椎动物的物种。

到了大约 3 亿年前,由两栖动物逐渐演化出爬行动物(例如,蜥蜴、蛇和乌龟)。爬行动物是最先出现的可以生产带壳的卵而且身体有干燥鳞片覆盖的脊椎动物。这些适应性特征减少了爬行动物对水生环境的依赖。爬行动物生命的早期阶段不需要依赖如池塘或湖泊等水环境,相反,它们生命的早期阶段是在有壳卵的水环境中度过的。一旦从卵中孵化出来,爬行动物便可以远离水环境生活,因为它的干燥鳞片极大地减少了透水性皮肤所能造成的水分流失。

哺乳动物

大约 1.8 亿年前,当恐龙世纪达到鼎盛时,一类新的脊椎动物从一类小型爬行动物演化产生。这一新物种的雌性个体用特殊的腺体分泌物喂养它们的幼仔,鉴于这种腺体分泌物来自于被称为乳腺的特殊腺体,研究者将该物种命名为哺乳动物。哺乳动物不再产卵,对应的雌性个体会在它们体内的水环境中孕育幼仔直到幼仔出生

(当然也存在例外,如鸭嘴兽是现存唯一产卵的哺乳动物)。

在母体内度过生命的第一阶段具有极大的生存价值:它为复杂的有机体发育提供了必要的、长期的安全和稳定环境。具体来说,灵长目又包含五个家族:原猴亚目、新大陆猴、旧大陆猴、类人猿及人科。

一般认为,类人猿(长臂猿、猩猩、大猩猩和黑猩猩)由旧大陆猴的一个分支演化而来。与旧大陆猴相同的是,类人猿有长臂和用来抓握的后足专门负责栖息于树上的运动,而且它们有相对的拇指,拇指很短所以不能用来进行精细操作。然而,与旧大陆猴不同的是,类人猿没有尾巴而且可以短距离直立行走。黑猩猩是与人类的亲缘关系最近的物种:与人类大约99%的遗传物质是一致的(The Chimpanzee Sequencing and Analysis Consortium, 2005)。然而,人类真实的类人猿祖先可能在很久以前就已经灭绝了(Jaeger和Marivaux, 2005)。

人类

灵长目中包括人类的一科称为人科。根据最简单的观点,人科由两个属组成:南方古猿和人类。人类由两个种组成:已经灭绝的直立猿人及现在的智人(即人类)。

由于现存证据稀少,所以重构原始人科的演化事件非常困难。研究者仅发现一些起源于关键期的人科化石,而且只是碎片(例如,下颚骨和几颗牙齿)。然而,近来有一些令人兴奋的发现。例如,化石证据表明,1.3万年前,一个3英尺高的人科群体曾居住在印尼巴厘岛(Diamond, 2004; Wong, 2005)。最近研究者在埃塞俄比亚也发现了一个保存非常完整的南方古猿化石。

多数专家认为,在大约600万年前的非洲,南方古猿由类人猿的一个分支演化而来。之后100万年左右的时间里,他们主要在非洲的大草原上活动,之后逐渐灭绝(Begun, 2004)。南方古猿仅有1.3米(4英尺)高,脑容量也很小,但对他们盆骨和腿骨的分析结果表明,他们似乎和我们一样,能够直立行走,而这也由人类学家发现的石化"脚印"得到了进一步佐证(Agnew和Demas, 1998)。

研究者认为,第一个人属物种是在约200万年前由南猿中的一个物种演化而来的。早期人属物种最明显的特征是他们拥有很大的脑容量(约600立方厘米—800立方厘米),比南猿的脑容量(450立方厘米—500立方厘米)大,但是比智人的脑容量(约1200立方厘米—1400立方厘米)小。并且,早期人属物种已经开始使用火和工具,且和南猿的其他分支在非洲共存大约50万年,直到后者灭绝。在约17万年前,早期人属物种开始由非洲向欧洲及亚洲大规模迁移(Ambrose, 2001)。

根据化石记录,大约在20万年以前,早期人属物种渐渐被现代人(智人)所取代。然而,虽然现代人已经具备了同当代的我们相似的生理结构,如大的脑容量、直立行走以及获得解放的双手和相对的拇指,但却并没有创造出灿烂的人类文明。实际上,大部分人类成就的出现都比较晚:直到4万年前才出现艺术作品(例如,壁画和雕刻),1万年前出现放牧及耕作,3500年前才出现写作(Denham等,2003)。

【专栏】

关于人类演化的思考

以下是8个经常被误解的关于人类演化的观点,我们可以借此从不同角度来分析理解人类的演化:

1. 演化是沿着单一分支进行的。

实际上,演化本身并不具有方向性,其核心在于对周围环境的适应。虽然我们通常把演化看作是阶梯或天平,但更恰当的是将其比喻为浓密的刷子,它只负责刷除那些不适应的个体或群体,而不在意它们本身是好是坏。

2. 人类具有绝对的演化优势。

人类仅仅是在演化的特定阶段现存的某一科(即人科)的物种而已,其优势是相对的。

3. 演化总是缓慢且顺次进行的。

环境的突然改变或适应性的遗传突变都可能引起物种演化轨迹的急剧变化。关于人类演化是突然发生还是渐次发生的问题一直是古生物学家争论的焦点。很多研究者认为,在人科发生演化的时期,地球发生了一次骤然变冷,这导致非洲的热带雨林减少,草原大量增加,这次重要的变化可能加速了人类的演化(Behrensmeyer,2006)。

4. 演化的产物都可以生存到今天。

只有演化刷子分支的尖端可以幸存,实际上,在所有已知物种中,现存的物种仅有不到1%。

5. 演化会沿着预定的完美方向进行。

演化是修补匠而非建筑师,它虽然可以通过改变物种发育过程中的密码序列而增加其适应性,但这种改变并不完美。例如,哺乳动物的精子在体温下不能有效发育形成,因此导致了阴囊的演化,但这显然不是一个完美的问题解决方案。

6. 现存的所有行为和结构都具有适应性。

演化经常通过发育中密码序列的改变而发生,演化会产生很多相关的特质,但其中仅有一些是适应性的,附带产生的不具有适应价值的副产物叫做拱肩。人类的肚脐就是拱肩:它并无适应性功能,仅是脐带的副产品。同时,如果环境发生改变,曾经适应性的行为或结构可能会变得不再适应甚至适应不良。

7. 所有现存的适应性特质原本演化的目的就是用来执行现在的功能。

某些特质是功能变异,即原本演化的目的是执行某一功能,但是后来被共同选择用来执行了另一功能。例如,鸟类的翅膀就是功能变异——它们原本的演化目的是执行行走功能。

8. 物种的相似性意味着背后一定存在着共同的演化祖先。

具有共同祖先的相似结构称为同源结构,并非演化自相同祖先的相似的结构称为同功结构。同功结构间的相似性是由趋同演化产生的,趋同演化发生在不相关的物种中,它们对相同的环境需求采取了相似的应对方法。在确定相似的结构是同功还是同源时,我们需要进行认真分析。例如,鸟类翅膀和人类手臂虽然功能不同,但骨骼结构具有基本的共性,表明它们来自相同的祖先;相反,鸟类的翅膀和蜜蜂的翅膀虽然执行相同的功能,但是它们几乎不具有结构相似性。

2.1.2 脑的演化

脑的演化是生物演化历程上的一个重大事件,遗憾的是我们对这个过程的了解仍然处于很初级的阶段,虽然越来越多的相关研究正在不断涌现,但很多基础性问题仍未得到解决。结合化石遗迹及对亲缘关系相近物种的神经解剖分析,研究者们对此问题的关注主要集中在脑的大小、结构与认知和行为的关系上(Schoenemann, 2006)。

研究上述问题的基础是确定不同物种之间脑类比的方式。一般认为,在很多物种当中,脑的大小同躯体大小呈现一定的相关关系,常用来描述此种关系的指标是发头商数(encephalization quotients)。它由一个物种的实际脑尺寸比上期望脑尺寸得出,而期望脑尺寸往往是结合参照物种脑尺寸和躯体尺寸经由一定的统计运算而来(如回归)(Jerison, 1973)。依照这种方法,Jerison 认为人的发头商数大约是 7,在哺乳动物当中是最大的。

那么如何解释这种发头商数呢?很多研究者认为,它在一定程度上反映了对应物种的智力和行为复杂程度。然而这个解释仍存在很大争议:座头鲸的发头商数在哺乳类动物当中是最低的,大约为 0.18,然而它却能表现出一系列复杂的行为模式,包括一些结构化声音、复杂的捕食技巧。同样,豚鼠(0.95)比大象(0.63)有更高的发头商数,然而与豚鼠相比,大象显然表现出更复杂的社会性行为(Schoenemann, Budinger, Sarich 和 Wang, 2000)。这就给发头商数的解释蒙上了一层面纱。

这层面纱让一些研究者反思类比不同物种脑尺寸时采用的绝对指标的价值。与相对指标相比,绝对指标直接比较不同物种之间脑的大小的差异,显得相对粗糙。然而，在某些行为领域，绝对指标似乎表现出更好的预测效果，例如学习抽象规则、习得区分抽象物体的速度。在完成这些任务时，被试的成绩同其具有的脑的尺寸大小具有很强的相关关系（Riddell 和 Corl，1977）。然而，把绝对脑尺寸作为反映智力或行为复杂程度的指标也存在一定问题。首先，人们相信在所有物种中现代人具有最高的智商，但是研究表明，现代人的脑并不是最大的。人类大脑的重量约为 1350 克，位居鲸鱼和大象之后（5000 克—8000 克）。其次，公认的智力超群者（例如，爱因斯坦）的脑并非显著大于普通人，无疑与他们超群的智力并不匹配。现在，研究者认为，虽然健康成人脑的大小存在很大差异，但是脑的大小与智力之间没有显著相关。

将脑的大小与智力相关联的另一个问题是，动物的体积越大，它们的脑往往也会越大（$r>0.95$，参见 Finlay 等，2001），这可能是由于那些躯体比较大的个体需要更大的脑去控制更多的肌肉组织和加工更多的感觉信息，也可能是源于代谢资源的限制，毕竟只有那些能够维持更大躯体的物种才有"资本"去维持脑这个要消耗大量能量的"奢侈品"（Schoenemann 等，2000）。但无论如何，其让脑与智力的关系更加微妙，因为这意味着，那些躯体比较大的物种相对来说可能更聪明。显然，这与我们的现实经验并不能很好地匹配。

研究大脑演化的另一种方法是比较不同脑区的演化。针对这个问题，研究者们分别持两种不同的观点：一体演化和拼凑演化。前者认为脑的不同部位以相对同步的方式进行演化，后者则认为不同脑区的演化相对独立（Finlay 等，2001）。就目前已有研究来看，拼凑演化的观点得到了更多支持。一般认为，哺乳类的前额叶同智力和灵活性行为密切相关，而前额叶的大小在不同物种之间存在明显的差异，对大型哺乳类，如灵长类的研究显示，相比其他脑区，前额叶所占比重往往要大很多（Barton 和 Harvey，2000）。同时借助基因技术，研究者对不同脑区基因相关度的检测也发现，不同脑区之间的相关并不是很高（Noreikiene 等，2015）。另外，不同脑区的功能往往存在很大的差异，例如，脑干调节对生存至关重要的反射活动（例如，心率、呼吸及血糖水平），脑皮质则参与更复杂的动机、知觉和学习等适应性加工。值得注意的是，虽然这些证据都倾向于支持脑的拼凑演化假设，但相关研究还处于初步阶段，仍然需要大量的证据支撑。

在脑的构成上，不同物种之间的相似性要比差异性更为显著，这似乎暗示着演化初期的某些共同演化基础（MacLean 等，2014）。所有的大脑都由神经元构成，而且，构成某一物种大脑的神经结构几乎总能在相关物种的大脑中找到。例如，人类、猴子、大鼠及小鼠的大脑的主要结构都相同且以相同的方式相互联系。此外，相似的结构往往执行相似的功能。例如，在人类、猴子或猫的大脑中，对呈现物体数量（无论是否为相同的物体）作出反应的神经元都位于顶叶皮质（Nieder，2005）。而不同物种在脑结构和功能上的差异性则有利于我们深入了解某一物种。总的来说,人的脑容量为1200立方厘米—1400立方厘米,大约是我们近亲黑猩猩的3倍;休息状态下人的大脑耗费能量占人体总消耗能量的20%,是黑猩猩和其他灵长类的2倍。那么为什么会有这种差异呢?有研究者以人类、黑猩猩、恒河猴和老鼠为对象,比较它们的前额叶、初级视皮质、小脑皮质以及其他组织消耗能量(以代谢组作为指标)上的差异发现,人类前额叶在耗能上远远超过其他比较物种——在与黑猩猩走上不同演化道路的600万年的时间里,人类前额叶耗能增速是其4倍,而初级视皮质和小脑皮质耗能的增速则没有显著差异。这意味着,人类极强的认知能力的演化在脑耗能增速上贡献巨大。而近来的基因研究则为我们揭开相关谜团提供了另一工具,给小鼠的大脑注射人类DNA,可以增大小鼠的大脑。更让人惊讶的是,有研究者发现,如果给小鼠的脑植入人类携带的 *ARHGAP11B* 基因,小鼠的大脑会发展出类似人类大脑的褶皱(Florio 等,2015)。

此外,对物种行为的演化分析则有助于我们深入理解脑的演化,而这进一步牵涉到脑演化背后的功能分析:为什么脑要演化,它是对何种环境压力的适应?早期的研究者认为,那些体型比较大的动物常常具有更高效的新陈代谢,这使得个体可以有更多的能量分配到脑的生长,所以更大的脑可能是高效的新陈代谢产生的一个副产品(Martin, 1981);社会脑假设认为(Dunbar 和 Shultz, 2007),随着群体规模的扩大,群体生活变得愈发复杂,个体因此面临更多的适应压力,如处理群内关系(社会性压力)、猎捕更多的食物(生存性压力),这就导致了脑的更复杂的演化以解决此类问题。一些研究者则认为,脑的演化同语言能力的发展密不可分,语言能力可能是脑演化背后的动力(Berwick, Friederici, Chomsky 和 Bolhuis, 2013)。

2.1.3　演化与行为

无论是前面提到的人类的出现还是脑的演化,都立足于生物进化(演化)论这一基础理论。因此在演化与行为的关系这一问题上,对该理论核心逻辑的理解显得尤为重要,下面我们就先粗略地回顾一下达尔文的进化(演化)论,之后再探讨行为与演化之间的关系。

生物进化(演化)论

现代生物学开始于1859年达尔文的《物种起源》的出版。在这一里程碑式的著作中,达尔文阐述了他的演化理论——生命科学界最具影响力的理论。达尔文不是提出物种是由祖先物种演化(经历逐级顺次改变)而来的第一个人,但他首次列举了大量有力的证据,并且第一次说明了演化是如何发生的。

达尔文提出了四类证据支持他的物种演化假说:(1)通过渐进地层的研究描述

化石的演化;(2)描述了生物物种间结构的惊人相似性(例如人类的手、鸟类的翅膀和猫的爪),这表明他们来自共同的祖先;(3)他指出,家养动植物发生的主要改变是由自然选择引起的;(4)演化的最有力证据来自对正在发生的演化的观察,例如,已有研究者观察到了加拉帕戈斯群岛金丝雀的演化(因长期干旱而导致个体喙的大小发生改变),而达尔文自己也曾经在一个旱季之后观察过这一群体。

达尔文认为,演化通过自然选择发生。每个物种的不同个体在结构、生理及行为方面都存在一定差异,只有那些与高比率的生存及繁殖相关的遗传特性才有最大的可能传递给后代。每代中重复发生的自然选择导致了物种的演化,而演化会选择留下那些在特定环境中可以更好生存和繁殖的个体。如同马夫通过选择饲养现存品系中最快的马匹来创造跑得更快的马,自然通过选择让最适应者生存来创造更适应环境的个体。同时,在达尔文看来,适应性是个体维持生存的能力以及将基因传递给下一代的能力。

由于与19世纪根植于时代的各种教条观点相违背,演化理论在提出伊始遭到了各种批判。虽然直到现在,批判的声音仍未停止,但事实上这是因为批判者并没有真正理解演化的证据。很多演化理论的批判者认为,演化理论仅仅是一个理论,提出演化理论或是接受这一观点的人既没有理解什么是演化也没有理解什么是科学。诚然,演化是理论,但是它并不是模糊且不可靠的假说:一个科学理论是基于现存证据对当前某种现象给出的最合理的解释。正如重力学、电学、地球围绕太阳运转等众多理论的证据一样,演化理论的证据如此充分以至于几乎所有的生物学家都接受了这一事实(Mayr, 2000)。

演化是一个优美且重要的概念。在当今,它对于人类福利、医疗科学及我们理解整个世界具有更关键的意义。它是非常具有说服力的理论,支持演化理论的证据丰富、形式多样,而且仍在不断增加。你可以很容易地在博物馆、畅销书、教科书以及数不胜数的科学研究中找到它们。因此,任何人都没有必要也不应该仅将演化理论作为一种信仰接受。

行为的演化分析

某些行为在演化过程中发挥的作用显而易见。例如,寻找食物、躲避猎捕或保护幼仔的能力显然增加了动物将其自身基因传递给后代的可能性。这使研究者进一步猜测,某些特定行为应该具有对应的演化根源。从演化的角度对有关行为模式进行分析也成为了深入了解相关机制的重要手段之一。

社会优势地位

许多物种的雄性间会通过相互争斗建立一种稳固的社会优势等级制度。在某些物种中冲突常涉及到身体攻击,在另一些物种中,个体则主要通过摆出某种威胁姿势的方式使交战的一方屈服。居最高支配地位的雄性通常是在交战过程中战胜了群体中所有其他雄性的个体,位居第二者通常是战胜了除位居第一者之外的其他雄性个体,依此类推。一旦建立了稳固的等级制度,群体内的敌对冲突立刻减少,因为地位低的雄性个体会迅速学会回避并臣服于更高地位的个体。在很多物种中,对地位的争夺是争斗发生的重要原因,所以争斗常见于高等级雄性个体之间,在地位较低的雄性间,争斗很少发生,而且地位较低的雄性和中等地位雄性个体间的等级界限也不是很分明。

为什么社会优势地位会成为演化的一个重要因素?原因之一是,在某些物种中,居支配地位的雄性较非支配地位的雄性的交配概率更高,因此能更有效地将其自身特质传递给后代。McCann(1981)研究了社会优势地位对交配概率的影响,他的实验对象是生活在同一片海滩的10只雄性海象。通常,这种动物通过跳跃及推胸的方式相互挑战,如果双方大小相差悬殊,体重较小者会让步;如果双方体重相当,那么就将会上演一场剧烈的咬颈战斗。McCann的研究结果表明,居支配地位的雄性个体的交配占总比例的37%,而位居末位的个体仅占1%。

社会优势地位成为演化过程中的一个重要因素的另一理由是,在某些物种中,居支配地位的雌性可以繁殖更多更健康的后代。例如,有研究者发现,居支配地位的雌性黑猩猩繁殖的幼仔数量更多,并且它们的幼仔生存至性成熟的可能性更大(Pusey,Willimas 和 Goodall, 1997)。他们将这些优势归因于居更高等级的雌性个体更可能占据盛产食物的领地。

求偶展示

在很多物种中,个体在交配之前需要进行一系列复杂的求爱展示,雄性会接近雌性并发出对雌性感兴趣的信号。这些信号(嗅觉、视觉、听觉或触觉)可以诱发雌性给出回应信号,随后雄性继续对回应信号做出回应直到交配发生。但是,如果一方没有对另一方的信号做出合适的回应,交配行为便无法发生(White, Zeil 和 Kemp, 2015)。

研究者认为,求爱展示促进了新物种的演化。物种是指在繁殖过程中与其他有机体相隔离的群体,也就是说,同一物种的成员仅与该物种内的个体进行交配繁殖产生后代。新物种开始于现存物种的分支,当现存物种中的某个亚群与该物种其他个体的交配发生障碍时,新的物种就产生了;也就是说,一旦这样的交配障碍出现,该亚群便独立于该物种的其余个体单独演化,直到它们之间交叉的繁殖完全无法进行,即形成生殖隔离,这标志着新物种的产生(Wilkins, Seddon 和 Safran, 2013)。

上述繁殖障碍可能是地域上的,例如,几只鸟一起飞到一座孤岛,它们幼仔的很多代仅在这个狭小的群体内交配繁殖,因而演化产生一个独立的新物种;类似的繁殖障碍也可能发生在行为方面,如某一物种的个别成员可能形成不同的求爱展示,导致它们与同物种中其他成员间出现交配障碍(Gebiola等,2016)。

配偶形成

很多心理学家采用演化的思想思考和理解人类行为,试图通过研究促使行为发生演化的适应压力来理解人类行为(Schmitt和Pilcher,2004)。这一领域中,最有趣也是最具争议的话题是与我们生活密切相连的一类问题——配偶形成(Geary,1998)。

在大多数非人物种中,混交(个体在交配期与多个异性进行随意交配)是比较常见的(Small,1992),尽管如此,在某些物种中,却仍存在雌性和雄性建立了长期的配偶联结的现象(哺乳类动物中的此类现象尤为明显),这是为什么呢?Trivers(1972)认为,哺乳动物之所以会演化出配偶联结,是因为那些雌性个体产生的后代相对较少而且发育缓慢,因此更需要照顾。这种适应压力使得雄性和雌性个体不得不长期待在一起,以确保其后代成功地发育繁衍。而在哺乳动物中,最普遍的配偶结合模式是一雄多雌,即一个雄性和多个雌性建立配偶关系。一雄多雌之所以成为哺乳动物中主要的结合模式,原因之一在于相比雄性个体,雌性个体在哺育后代的过程中需要投入更多的成本,这种对子代抚养投入的不对等成为了这一配偶联结模式出现的重要原因(Trivers,1972)。例如,哺乳动物的幼仔需要在母亲体内孕育很久,有时长达几个月,同时幼仔出生后需要母亲的哺乳和照料。相比之下,父亲在繁衍过程中除了精子通常不需要投入更多的成本。

由于雌性哺乳动物个体一生中能够生育的子代数量相对有限,因此选择合适的配偶对于它们获得最优适应(fitness)具有重要意义。它们要与最适合的雄性个体进行交配,以增加自身基因成功传递给后代的可能性;同时与合适的雄性交配也大大提升了子代获得更多父代投资(paternal investment)的可能性。相反,由于雄性个体在一生中可以繁衍很多后代,因此在选择结合配偶时就不那么"挑剔",结果导致多数哺乳动物的雄性个体倾向于与尽可能多的雌性个体建立配偶关系。雌性个体有选择性的结合与雄性个体无选择性的结合进一步推动了一雄多雌模式的产生。

虽然多数哺乳动物的结合是一雄多雌模式,但3%的哺乳类物种包括人类主要是单配式,即一雌一雄式,它是指一个雌性和一个雄性形成持久的联结。虽然单配式是人类最普遍的配偶联结模式,但值得注意的是,它并非是哺乳动物中占主导地位的联结模式(de Waal和Gavrilets,2013)。研究认为,如果雌性哺乳动物个体得到专一的帮助,它们可以繁衍更多且适应性更强的后代,那么在这些哺乳类物种中就会演化出一雌一雄的结合模式(Tumulty,Morales和Summers,2014)。在这样的物种中,雌性个体发生的任何鼓励雄性个体与其建立专一结合的行为改变都将增加雌性个体将自己的遗传特性传递给后代的可能性。雌性发生这样的行为改变，目的是将其他处于繁殖年龄的雌性个体从自己配偶的身边驱赶开。直到雄性个体和雌性个体在一起一段时间以后，雌性个体才与之交配，这样的策略尤其有效。一旦这样的行为模式在某一特定物种的雌性个体中得以演化，那么雄性个体的最佳交配策略就可能发生改变。单个雄性个体很难再与多个雌性个体建立配偶联结，同时，雄性个体如果想繁衍很多适应性强的后代，那么它的最佳选择是与一个合适的雌性个体结合，并且在该雌性个体以及它们的后代身上投入最多的繁衍资本。当然，在一雌一雄的关系中，雄性个体选择繁殖力强的雌性，雌性个体选择可以有效保护自己及后代的雄性个体尤为重要(Kappeler, 2014)。

2.2 动物的物理认知

历史上，科学家总会思考动物会想什么和它们怎样想，并且由此积累大量的想法和例子。维多利亚女王时代聪明的狐狸、勤劳的昆虫和20世纪会数数的马，以及早期科学家们对大鼠的实验都对今天的动物认知研究产生了很大的影响。拟人论的出现则进一步把动物的认知研究分成两派：一种观点认为动物本身就没有认知；另一些科学家，如Donald Griffin，则倾向于认为动物是有认知的。而动物认知本身又可以分为处理物质世界的物理认知和处理社会世界的社会认知。在具体的测量上，Tomasello及其合作者发展出了一系列用来测试物理认知和社会认知的方法(参见Tomasello, 2014)。本节我们就首先来看一下动物的物理认知。

认知的大象

基于经验的复杂分类可能是一种认知能力。举一个例子，一些潜在的食肉者比其他的一些更危险，所以区分它们是很有用的。许多水生动物可以感知食肉者的化学特征。牧羊犬和一些灵长类动物可以区分危险的种类。非洲象在这一方面要比其他动物做得更好。它们可以对人类掠夺者进行分类。在肯尼亚，玛赛人刺大象以显示自己的勇猛，而坎巴人有农耕传统，不会刺大象。大象在闻到玛赛人衣服的味道时表现得更加害怕，而对坎巴人和穿干净衣服的人则没有害怕的反应。除此之外，坎巴人喜欢穿白色的衣服，而玛赛人喜欢穿红色的衣服，所以大象看到红色也会表现出攻击性，如踩脚和摇头，但是看到白色则没有这样的反应。

2.2.1 空间与时间知觉

认知地图

认知地图最先由 Tolman(1948)提出,是指一个动物在全景图上用来计算两地最佳路线的心理表征,它可以帮助个体对空间信息进行编码、存储、再认、解码等很多操作。一般认为,认知地图同海马具有密切联系,海马受损的个体往往会出现形成认知地图的能力受损(Zhu, Wang 和 Wang, 2013; O'Donnell 和 Sejnowski, 2016)。此外,认知地图本身在加工整合过程中也涉及到一定程度的计划和推理成分(Wikenheiser 和 Redish, 2015)。因此,一些研究者认为,蜜蜂认知地图的使用可以证明它们是有认知的。因为计算两地的最佳路线需要映像、问题解决和预测等能力,这些都可以作为反映认知的指标。同时,运用认知地图反映了一些复杂的思想,并且是一个典型的心理时间旅行。当然,与对鸟类和哺乳动物的怀疑一样,有些人认为这不能说明蜜蜂是有认知的。

时间—地点学习

生态环境中很多事件的发生都存在特定的时间和地点,而对这些可能同时出现的不同属性进行联结记忆无论对于捕食还是求偶来说都具有重要意义。时间—地点学习就是一种对资源出现的地点和时间同时进行记忆的能力。在这方面,最突出的代表是蜜蜂,它们能够记住之前发现的数公里之外的采食地点。此外,很多掠食者能够每天在相同的时间返回相同的地点喂食也反映了这种能力。在具体的实验设计上,时间—地点学习通常包括训练动物到一个限时供应食物的喂食地点(比如在 15 分钟内,每天一次),这样持续几天之后(通常 2 到 3 天较为有效)动物就会习得到对应地点寻找食物的行为。在测试阶段,研究者会停止在该地点投放食物。如果时间—地点学习发生,即使没有投放食物,动物也将会在特定的时间出现。研究结果表明,有些动物甚至会比预定喂食时间早些时候到达喂食地点,这也意味着它们形成了预期,而这属于典型的时间—地点学习。

时间—地点学习把两种完全不同的神经机能联系到了一起:动物的内在生物钟和空间记忆。所有的有机体都有生物钟(甚至是菌类也有),并且许多动物能学会区分出他们所处环境中的关键因素,以及对特殊地点进行识别和记忆。这点在描述处于食物链中心位置的掠食者时尤为贴切,像昆虫、鸟类和哺乳动物,他们都能离开自己搭建的巢穴去猎食,之后返回巢穴。对这些动物来说,时间—地点学习是其猎食能力的一部分。除此之外,虽然鱼类相对而言处于食物链的低端,但一些鱼类(彩虹鲑鱼)也能进行时间—地点学习(Heydarnejad 和 Purser, 2008),说明时间—地点学习在不同物种当中具有一定的普遍性。关于生物钟在时间—地点学习过程中扮演的角色,研究者通过基因敲除技术改变同小鼠生物钟有关的基因结构(Cryptochrome),发现由此导致的生物钟的突变会打乱个体的时间—地点学习(Van der Zee 等,2008),证明了生物钟在时间—地点学习中的重要性。

时间—地点学习可能是极其复杂的:蜜蜂能够学习高达 9 种不同类型的"时间—地点"联结,并且保持这种记忆长达一周时间。对于一只蜜蜂来说,长时间保持记忆是必要的,因为下雨或寒冷可能会导致蜜蜂 1 天—2 天不能觅食。此外,把时间和地点联系起来是很复杂的,它需要背后两个分离的神经系统(分别支撑时间知觉和地点知觉)之间发生连接,这可能需要事件记忆(记住事件是什么,在什么时间、地点发生并根据这些信息调整未来行为的一种能力)的支撑。

心理时间旅行和预测

很多研究者对倭黑猩猩和猩猩(orangutan)的工具使用、智力以及对未来的计划等方面进行了研究。研究过程中,研究者首先让动物们学会用一个工具得到一个奖励,然后让它们从一些适合和不适合的工具中选择一个,带入等候室。一个小时以后,它们可以返回测试室,用它得到奖励。研究结果表明,虽然工具的选择和得到奖赏中间是有时间间隔的,但动物可以提前进行计划。其中,表现最突出的要数明星被试 Dokana(一只猩猩),它在 16 次的测试中成功了 15 次,比第二名多了 2 倍多(Mulcahy 和 Call, 2006)。

当然还有其他测量心理时间旅行的方法,比如,给动物呈现一个"出乎意料"的问题。解决该问题需要它的自我经验,如果可以,它要产生一个新的答案。不难看出,面对这类任务,个体需要借调事件记忆,这种记忆则把时间连接起来,并且保持心理时间旅行的状态。Zentall 和他的同事就借用此范式,以鸽子为被试进行了实验。实验中,他们首先训练鸽子啄一个地方(通过奖励进行强化),之后呈现一个新异任务,让鸽子进行反应,而完成新异任务则需要其依靠先前的经验。结果表明,借助先前的事件记忆,鸽子成功地完成了这类任务(Zentall, Singer 和 Stagner, 2008)。

2.2.2 记忆

记忆可分为语义记忆、程序记忆和情景记忆。语义记忆是一种关于具体的定义和概念的抽象心理表征,学习和记忆语言的能力都归属于此类。程序记忆是记住和应用一系列任务步骤的能力。情景记忆是把学习置于时间、地点和做什么的环境中,并且给出认知反应和预见。

语义记忆

普通的狗不但能学习并准确地对 100 个口令进行反应,例如,走、坐、停、叫、追松鼠等等,而且还能对经常与它们进行互动的人的名字进行反应。一只叫 Rico 的博德牧羊犬学会了 200 多项动作,并且可以把每一种动作与对应口令相联系,这无疑超出了犬类的词汇范围(Kaminski, Call 和 Fischer, 2004)。Alex,一只非洲灰鹦鹉,经过训练学会了 150 多个单词,并且可以辨认 50 种物体。然而,尽管 150 或 200 个单词给人留下深刻的印象,但与高中生 60000 多的词汇量比起来,这却显得有些苍白。也许,像狗和鹦鹉这样的动物拥有更大的内在"词汇量",只是其并未被人们设计的实验测出来罢了。

那些以单一动物(Rico 和 Alex)为被试的实验容易遭到质疑:这样的实验结果真的可靠吗?构思上有没有瑕疵?面对这种问题,首当其冲的要数"聪明的汉斯效应"。对这种效应的质疑主要在于,动物有可能从它们的训练员身上读到一些无意的线索,进而产生"正确的"答案。在 Rico 的实验中,狗接到一个巡回指令,然后进到一个隔壁的屋子里从一堆物品中选择出特定物体。由于屋子里没有任何人,所以"聪明的汉斯效应"不可能产生。在 Alex 的实验中,它在词汇使用和物体辨认方面的交流和回应人的能力也说明该效应并未发生。

程序记忆与情景记忆

程序记忆是一种如何完成任务的记忆。例如,一只蜜蜂在茂密的花丛中采蜜,或是一只猴子打开了一个难开的水果,在这个过程中,个体会记得完成任务的步骤及其他细节,这种记忆就属于程序记忆。程序记忆形成于试错实验,可以被修改并且随着练习次数增加而提高。在研究程序记忆的过程中,研究者多以大鼠为被试,以其在水迷宫中的表现作为反映其程序记忆的指标,近来研究发现,纹状体在程序记忆中扮演着重要角色,同时肾上腺皮质激素的变化也会对大鼠的程序记忆产生显著影响(Lozano, Serafin, Prado-Alcala, Roozendaal 和 Quirarte, 2013)。

情景记忆强调个体在特殊时间和地点的经历,它把时间、地点以及行为联系到一起。这个过程中牵涉认知成分,因为记住事件的动物可以借助事件及时地回想过去,或者设计和预期未来事件。举个例子,一只动物仓促地趟过一条湍急的河流,当它再次遇到这种情况时,它就会联想到之前遇到的情况,根据经验形成渡河的计划。有时,如同时间—地点学习,在特殊时间发生的经历很有参考价值。尽管人类提及一件事情时,似乎会指出昼夜循环中的指定时间(事件发生的时间),而老鼠测量时间流逝的方法却是事件过去了多久(多久前发生的)。开始的时候,研究者认为情景记忆是最近才演化出来的产物,因此动物并不具有(Tulving, 2002)。但随着研究的不断深入,研究者发现很多鸟类和哺乳类似乎也具有情景记忆,甚至在脊椎动物中都存在着某些情景记忆的基础性成分(Allen 和 Fortin, 2013)。

2.2.3 工具与因果

在获取不能直接得到的食物时,很多物种都会习惯性地使用工具。自然界中经典的例子包括：黑猩猩通过把树枝插入白蚁的巢穴来诱使白蚁爬出,进而捕食白蚁；苍鹭通过诱饵捕食鱼类等。同样,那些圈养的物种也可以使用工具,或者我们可以通过训练让它们学会使用工具。虽然在大多数常见的动物中都有使用工具的例子,但似乎只有黑猩猩和新喀鸦(corvus moneduloides)会经常性地制作工具。

研究者发现在哺乳动物中,灵长类是使用工具的能手。有关黑猩猩使用工具的例子已经广为人知,而随后的研究还发现,卷尾猴亦可以用石头砸食坚果,猩猩可以使用多种类型的工具(Ottoni 和 Mannu, 2001; van Schaik, Deaner 和 Merrill, 1999)。在鸟类中,新喀鸦被发现具有最复杂的工具使用技能,它们可以分步骤对露兜树的叶子进行加工,最终把其制作成可以用来取食的工具(Hunt, 2000)；秃鼻乌鸦则可以通过向水中投掷石使水面升高,进而喝到水；渡鸦和海鸥则可以通过把坚果、蛋等食物从一定的高度扔到坚硬的表面的方法来将其打开(Seed 和 Byrne, 2010)。

那么动物的这些看似工具使用的例子是否意味着它们理解其间涉及到的因果关系呢？也就是说,它们是否知道自己的某一行为将会导致特定的后果,并对这种关系形成固定的表征？狒狒会向捕食者投掷石块,以阻止对方的进攻,这种情况下它是否已意识到石块和对方逃跑之间的关系并有意地投掷石块？鉴于灵长类同人类具有的密切关系和其相对尺寸比较大的脑,研究者一般倾向于认为答案是肯定的。然而,观察到蚁狮幼虫在捕食者邻近陷阱时向其轻弹沙粒,以让其掉进陷阱当中这样的现象时,直觉上我们似乎会认为其应该涉及不同的机制。因此我们需要一个客观的区分标准。有研究者指出,工具使用能力的迁移是检验动物是否理解其间涉及的因果关系的标准之一。按照这个标准,很多动物虽然能够使用工具,但并不能理解其中的因果关系,因为它们无法将这种工具使用能力迁移到概念上类似但具有知觉性区别的情境中。例如,在两个特征不同的管状实验装置中,黑猩猩都习得了通过使用棍子的一端来从中够取食物的方法,然而当研究者把两个实验装置的特征结合到一起时,黑猩猩却不能选择正确的方法来获取食物(Seed 和 Byrne, 2010)。也有研究者指出,人类的工具使用涉及两个成分：物理性因果理解和基于试误习得的工具性技能。动物的工具使用常常是试误学习的结果,仅涉及后一种技能(Osiurak, Jarry 和 LeGall, 2010)。

然而,研究界也存在一些不同的声音。Mendes 等人(2007)发现,动物的工具使用具有一定程度的灵活性。相比传统的向水中投掷石子使水面升高进而获得食物这样的实验设计(需要把石子当做工具),Mendes 等人(2007)设计了一个需要个体向相应的装置中注入水使得水面升高进而获得食物的实验场景(需要把水当做工具),结果发现猩猩可以通过先把水存到口中,之后再把口中存储的水注入实验装置这样的方法来获得食物。遗憾的是,由于并不清楚猩猩是否具有类似的强化经验,因而也就无法确认它们在实验中是否是首次做出该行为。

同时,对于那些在平常自然观察中并不使用工具的物种来说,如果我们把其放入实验室环境下,为其提供需要使用工具才能完成的任务,例如需要借助顶端带钩的棍了够取才能获得食物,它们会自发性地使用工具(Spaulding 和 Hauser, 2005)。此外,有研究者指出,能否计划性地使用工具也能反映出背后是否涉及认知成分的参与,而黑猩猩、卷尾猴似乎都具有该能力(Emery 和 Clayton, 2009)。

2.2.4 计数能力

动物经常需要判断物体的数量。计数和用数字计算以及问题解决高度相关,但只有发生了比较行为,如"比它多"、"比它少",或者是基于现在的数量的价值预测未来的奖励,才能说明确实经历了认知过程。比较数量关系可以为我们提供很重要的信息。在自然环境中,能够对蛋和孩子的数量进行计数对于一个动物家长来说是很重要的;估计食物的数量和比较不同地方食物的相对数量,对于有效获取食物是非常关键的。一个合理的假设认为计数能力会提高存活率,并且计数能力会得到自然选择。计数可以让动物收集信息,调整它们的未来决策,因此从这个层面来说,计数是预测未来的一部分。

验证动物是否有计数能力非常困难,目前已有研究只对少数动物进行了探究。在这些研究中,测试基本上都包括两个阶段:首先让动物学习计数;之后让其在一些选项中选择曾经学过的计数的数量。

Chittka 和 Geiger(1995)训练工蜂在离蜂房 300 米的地方觅食。他们用一些小帐篷作为地标,为蜜蜂作向导。如果研究者改变了小帐篷的数量,那么蜜蜂就会改变它飞行的路程。如果在其中加入小地标,那么蜜蜂飞行的路程就会短一点;如果撤出一些地标,蜜蜂飞行的路程就会长一些。该结果表明蜜蜂是会计数的,因为如果未发现自己既定的数量,它们就会继续飞行。

白鸽顶鸡也会阻止别的鸟在自己的巢里下蛋。在美洲白鸽顶鸡群体中,一些雌性个体经常试图在其他雌性个体的巢里下蛋,如果成功了,它们的幼崽就会被其他个体抚养,所以这对它们来说是有收益的。如果那些处于哺育期的雌性白鸽顶鸡要在抚养后代过程中达到投资收益最大化,就要能区分自己和"入侵者"下的蛋,这就要求它们记住自己在巢里下了几个蛋(Andersson, 2003)。

恒河猴和黑猩猩则不但能计数,还能做加减法。Hauser(2000)对恒河猴的计数能力和数量表征能力进行了研究,实验中他首先向恒河猴呈现一定数量的物体,然后把这些物体藏在屏幕后面,因为猴子看不到屏幕后面的情况,所以研究者可以偷偷改变物体的数量,或不作改变,调整好后研究者撤走屏幕,观察猴子对物体的注视时间。

实验结果表明,在数量不变的条件下,猴子的注视时间是 1 秒—2 秒,如果数量改变,它的注视时间为 3 秒—4 秒。该研究结果和其他类似实验都表明,恒河猴和黑猩猩具有对少量物体计数的能力,并且可以做简单的加减法。此外,大鼠和鸽子也表现出了与恒河猴类似的计数能力,比如,让大鼠根据灯光的闪烁次数按铃,它会作出正确反应。

京都大学灵长类研究中心的科研人员曾训练 3 对黑猩猩母子学习 1—9 这些数字,直到它们习得这 9 个数字的顺序,并且可以对其中的任意一串数字进行排序。随后,研究者向被试呈现了一个可触屏幕,屏幕的任意位置都可能随机呈现一个数字,要求黑猩猩记住数字出现的位置,并且按顺序把它们点出来。结果表明,黑猩猩可以一次性记住 9 个数字的位置。同人类被试相比,虽然黑猩猩妈妈的表现稍微逊色,但小黑猩猩的表现则要优于人类被试,它们在完成任务时表现出更高的准确性和更快的反应速度。同时,无论是小黑猩猩还是它们的妈妈,在实验过程中都不会随着注视屏幕时间的增长而出现成绩下降,而这却是人类被试在实验过程中的常见表现(Inoue 和 Matsuzawa,2007)。这提示我们,动物应该具有一定的计数能力,或者说至少在灵长类当中如此。

此外,有关数量认知的比较和发展研究表明,人类婴儿和其他动物都具有两种基本的数量认知系统:小数系统或者说客体追踪系统和近似大数系统。前者主要帮助个体加工 3 或 4 以内的数,并且个体对该范围内的数可以进行同等程度的区分;后者则可以帮助个体对相对较大的数进行区分,且该过程遵循韦伯定律,也就是说在这个过程中相对比率大小而非绝对数量会起到更关键的作用。小数系统的研究者认为,在接受数教育的文化环境中,数量运算和高阶数学都是小数系统的扩展,而这些演化而来的小数系统本身并不会受文化的影响而发生变化(Shettleworth,2012)。

2.3 动物的社会认知

对于群居的物种来说,社会认知在生存和繁衍过程中扮演着重要角色。动物世界中的社会关系、合作、竞争、配偶寻求等内容都离不开社会认知。在某种意义上,社会认知能力的高低很大程度上决定了一个群体的复杂程度。社会结构越复杂的物种,相应的,其社会认知能力常常也会越强,而日益增强的社会认知能力往往会催生出更加复杂的群体文化,进而推动群体结构的螺旋式演进(Sewall,2015)。

2.3.1 自我意识

自我意识是一种简单的认知能力,个体可以通过它来区分自我和他人。当一只狗或者一只猫看到镜子中的自己时,它很可能会把那个镜像看作一个入侵者,表现出攻击性或者作出保护自己领土的行为,接着这只猫或者狗就会对镜中的个体习惯化,可能是因为感觉那个入侵者的行为比较无趣,也可能是因为这个入侵者没有气味,但绝不是因为它们知道"那个形象就是我自己"。研究者是如何得出这个结论的呢?这就涉及自我意识研究中的一个经典的实验范式——镜像测验。

镜像测验的实验程序是,首先在焦点动物(focal animal)的栖息地放一面镜子,然后让它自己观察和探索镜子中的形象。一段时间以后,动物会知道那就是自己的镜像或者仍然把它当作另一个体。再过一段时间,研究者会把焦点动物头上的一撮毛染成很显眼的颜色。如果动物会去触碰那撮被染色的小毛,即表现出自我指向的行为,就说明动物具有自我意识。利用该范式对那些先天失明但之后获得视觉能力和从未见过镜子的儿童的研究发现,在见到镜中自己第一面时,他们经常会以为那是另一个人(Povinelli, Rulf, Landau 和 Bierschawale, 1993)。那么,动物在面对镜子的时候会是怎样的呢?

当黑猩猩第一次看到镜子中自己的时候,它会把它认为是另一只黑猩猩,但在发生自我指向行为之后,这种认识会渐渐改变。实际上,对于黑猩猩来说,太熟悉镜子并不是一件好事儿。因为它们会用它来检查肛门、生殖器以及一些只有借助镜子才能看到的身体部位,此外它们还会用镜子来剔牙、挖眼屎和鼻屎。

然而,宣称大猿和人类一样会利用镜子的说法引起了非常大的争议。一种反对的声音是,没有证据显示黑猩猩是在直接利用镜子整理自己。例如,很多动作并不是只在镜子前才会做出的。根据这种分析,只有一种例外,就是黑猩猩的剔牙行为。然而,很多诸如此类的研究都受到了批评(例如 Gallup, 1970),其中相对令人信服的一项研究来自于 Povinelli 等人(1997)。他们在研究中首先训练 7 只黑猩猩熟悉自己的镜像,之后在它们的眼眉和耳朵上分别涂上染料。在随后的 30 分钟的时间里,实验者记录哪一只黑猩猩触碰了被染色的眼眉或耳朵(以没被染色的眼眉或耳朵为基线)。结果发现,如果没有镜子,黑猩猩很少触碰眼眉或是耳朵,无论该部位是否染色。但如果把黑猩猩置于镜子前,就会发现它们触碰染色的位置,而不去触碰未被染色的位置。这意味着,面对镜子的条件下,黑猩猩发现了它们身上原本不属于自己的颜色,而这也可以从 Anderson 和 Gallup(1997)发现的黑猩猩在触碰染色的位置后检查并闻它们的手指这一现象中得到佐证。

这些结果说明,至少有一些物种可以认出镜子中的自己,虽然仅仅可能是物种中的某些个体。例如,在 Povinelli 等人(1997)的研究中,面对镜中的自己,在全部黑猩猩中只有 3 只有强烈的反应。那么,是什么因素导致了个体之间的差异呢?针对这一问题我们目前知之甚少,但相信随着研究的进一步深入应该会有所突破。唯一相对肯定的是,就黑猩猩而言,这种能力至少要在 4 岁以后才会出现(Povinelli 等,1993)。

因此,我们有一定的理由相信,有些动物是可以通过镜子来获得与自己身体有关的信息的。虽然研究者对此仍然存在很多争论,但至少研究者已在黑猩猩、倭黑猩猩、猩猩和大猩猩身上发现了此种能力(Anderson 和 Gallup,1997;Povinelli 和 Bering,2002)。而除了这些相对比较高级的灵长类,非灵长类物种,如喜鹊、海豚、大象和鸽子也都表现出了类似的能力。此外,虽然之前的很多研究显示猴类并不能通过相关测试(Anderson 和 Gallup,2011a,2011b),但近期研究者采用不同的测试方法,发现某些猴类似乎也具有一定的自我意识。de Waal 等人(2005)测试了卷尾猴对镜中自己的反应,相比传统的直接比较存在镜子和不存在镜子的条件,实验者设计了 3 种条件:面对镜子、面对熟悉的同性别个体、面对不熟悉的同性别个体。结果发现卷尾猴在 3 种条件下的表现存在显著差别:雌性卷尾猴在面对镜子的条件下表现出更低的焦虑、更多的目光接触和友好行为;雄性的表现则显得有些复杂,但在面对镜子的条件下与其他两种条件下的表现同样存在不同。这提示卷尾猴应该具有一定程度的"自我—他人"区分能力,它们对镜像自我的识别介于"我—它"之间。也有研究者采用不同的测量方法对恒河猴进行了研究,结果提示恒河猴亦具有自我意识(Chang,Fang,Zhang,Poo 和 Gong,2015)。这也意味着,在有些物种身上没有发现相关能力可能并不是因为其本身不具有该能力,而是因为研究者没有选择恰当的测试方法。

那么为什么一些动物显示出了对镜像自我的认知,而另一些却没有呢?对于这一问题的答案,我们目前仍然不太清楚。一个可能的解释是,研究者把自我认识限定在了能否运用镜像信息上。然而,事实似乎是,那些没有对镜像自我形成认知的动物也可以利用镜子提供的信息。例如,猴子可以借助镜子调整头上戴的塑料花,非洲灰鹦鹉可以借助镜子寻找藏匿的食物。这些研究不禁让我们疑惑:如果一个动物不知道镜子中的是自己,又怎么能够用镜子来指导自己的活动呢?或许我们可以认为,动物通过试误获得了这些能力,但事实究竟如何显然需要更多的证据来揭示。

那些可以利用镜子来指导自己身体活动的动物和那些不能的动物之间的区别是什么呢?一种观点认为,利用镜子指导身体活动依赖于自我认知,因此这类动物要有自我意识(Gallup,1970,1977)。按照这一观点,一只黑猩猩可以利用镜子发现额头上的一个点是因为它从中看到了自己的映像。一般来说,大猿(黑猩猩、大猩猩、猩猩)和人类被认为具有自我意识,因此他们都能通过镜像测验。另一种观点认为,某些物种之所以能够利用镜子,是因为它们具有"身体概念"或者说"运动自我概念"(Heyes,1998;Povinelli,2000)。具有这类概念的动物能够区分来自身体和外界的信号,进而对镜中身体的运动信息和实际身体的运动信息进行整合,而没有通过镜像测验的动物则不能对这两种信息进行整合。

或许我们会进一步问,为什么一些物种具有身体概念,而另一些却没有呢? Povinelli(2000)认为,这要归因于物种具有的不同的演化历史:在黑猩猩和猩猩的日常生活中,它们要经常在不同的树枝间跳跃,为了避免掉到地上,它们逐渐发展出了对自身重量、位置和树枝强度之间关系的精确判断力,因为如果在这种情况下估计出现错误,后果将不堪设想。而这进一步使它们发展出了很好的身体概念。虽然这一解释听起来有一定道理,但却不太经得起推敲,例如,猴类也要经常在不同的树枝间跳跃,为什么它们不能通过镜像测验呢? 大象和海豚生存过程中并不涉及在不同的树枝间跳跃,为什么它们可以通过镜像测验呢? 所以,Povinelli(2000)的解释更多地为我们提供了一种视角,其间的很多细节内容则需要更多的研究去补充。

总的来看,针对动物是否具有自我意识这一问题,研究者最常用的测量方法就是镜像测验。20世纪中期,Gallup率先通过该测验探讨非人物种是否具有自我意识,后续的研究则表明黑猩猩、倭黑猩猩等一些与人类亲缘关系比较密切的物种都能通过该测验,但很多猴类却不能。考虑到黑猩猩和倭黑猩猩更大的大脑,这种结果似乎不难理解,但这却不能解释喜鹊等比较低级的物种也能通过这一测验的现象。同时,鉴于黑猩猩等通过测验的物种在实验中的表现也存在很高程度的变异,我们有理由怀疑该测量方法是否像以前认为的那样是一个非常可靠的反映自我意识的指标。也许,某些物种之所以不能通过该测验,是因为它们并未把实验者在自己身上做的标记当作一个很明显或者说有必要去理会的刺激,抑或它们与我们有着不同的视觉系统。盲人和面容失认症(prosopagnosia)患者都不能通过该测验,但显然不能就此认为他们不具有自我意识。在未来研究中,研究者需要在研究方法上多加考量,综合运用多种技术,例如电生理和脑成像的方法,以更好地对自我意识这一问题进行研究。

2.3.2 通讯交流

社会认知的发展离不开社会互动,社会互动的发生则有赖于互动个体之间的信息交流。在彼此交流的过程中,不同个体通过发出不同的信号来传递各自所要表达的信息,同时这些流动的信号也进一步构成社会行为发生的基础。动物之间的交流形式很多,它们可以借助视觉信号、听觉信号、运动信号以及化学信号等多种形式进行交流,同时研究发现,早在原始的单细胞生命体中,细胞内部已经存在用于细胞间互通信息的蛋白质,这似乎意味着,通讯交流的发生存在着演化上的连续性(Ma, 2015)。

蜜蜂的舞蹈常被认为是蜜蜂之间的交流方式,von Frisch的开创性研究表明,蜜蜂的舞蹈当中不仅隐藏着食物的方向和距离信息,同时还可包含新蜂巢的选址信息。

除此之外,当目标食物花蜜中糖的成分比较少或者浓度比较低的时候,蜜蜂的舞蹈动作会变慢,个体最后仍然可能会去采集花蜜,但不再会跳舞了。这说明,即使是那些连哺乳类大脑都不具备的非人物种,也可以采用复杂的编码机制来传递信息(Maran, Martinelli 和 Turovski, 2013)。

考虑到蜜蜂相对简单的大脑,或许我们不太容易理解它们何以会发展出如此复杂的交流方式。相对而言,长尾猴的警报鸣叫似乎容易理解一些。早在 20 世纪 80 年代,通过对长尾猴日常生活的长时间记录,Seyfarth 和他的同事就发现,长尾猴的警报呼叫会传递出关于捕食者来临的信息,接收到呼叫信号后其他的长尾猴就会做出相应的适应性反应(Seyfarth, Cheney 和 Marler, 1980)。同时,针对美洲豹、鹰、蛇和狒狒等不同类型的捕食者,长尾猴还会发出不同的呼叫声,研究者进一步分析发现,这些不同呼叫声的差别主要集中在呼叫声的长度、间隔时间及振幅上。实验过程中,研究者首先录制了不同类型的长尾猴叫声,然后在测试群体中进行回放,结果发现,对于不同类型的声音,长尾猴会有不同的反应,如针对美洲豹的爬树、针对鹰的向灌木丛藏匿和针对蛇的两足直立察看。

黑猩猩、倭黑猩猩等高级灵长类的交流方式则更为复杂,它们既可以像其他动物那样通过发声来传递一些信号,例如,与食物相关的发声可以释放出与食物质量、数量、多样性相关的信息(Luef, Breuer 和 Pika, 2016);也可以通过手势和表情等高级形式进行交流,例如,大猿会通过拍手或拍打其他物体来吸引其他个体的注意,也会通过拍打地面来邀请同伴游戏,甚至通过用手"指"的方式告诉其他个体有关信息(Halina, Rossano 和 Tomasello, 2013)。在一项长期研究中,研究者发现,黑猩猩在很小的时候就表现出对直视眼神的偏好,而较少注意非直视眼神;1 岁左右时,小黑猩猩和母亲之间的相互注视会进一步增加(Tomonaga 等,2004)。此外,社会游戏中经常涉及参与个体之间的交流,而在这个过程中大猩猩可以对同伴发出的大量模糊信号(如面部表情)进行加工(Palagi, Antonacci 和 Cordoni, 2007)。更有趣的是,这些灵长类的面部表情信息和发出的声音信号往往存在一定程度的匹配性,例如,面临威胁时的面部表情往往和面临威胁时发出的警报鸣叫同时出现(Ghazanfar, 2013)。相比其他物种,这种现象进一步显示出灵长类在跨通道交流方式融合上的演化优势。

前面我们讨论的大都是物种内部个体之间的交流,对此类交流的理解有助于我们了解人类交流方式产生的演化根源。另一方面,也有很多研究者探讨了其他物种对人类交流信号的理解,这些工作则有助于我们进一步了解后天经验或文化选择在其间扮演的角色。

研究发现,狗在理解人类的交流手势上显示出了超常的能力。虽然这种能力似乎是在驯养的过程中演化出来的,但其究竟是直接选择的结果,还是对人类的恐惧这种适应压力产生的副产物,抑或对狗的攻击性进行人工选育后的产物,研究者对此并不清楚。在一项长达45年的研究中,研究者不断地人工选育那些接近人类时表现出更少的攻击行为和恐惧的狐狸,最后发现,经过若干代之后那些被选择下来的狐狸在理解人类的手势语上表现更出色,与控制组狐狸的表现存在显著差异。同时值得注意的是,无论是实验组还控制组被试,在选择过程中都没有接受过手势语的相关训练,这表明狐狸对人类手势理解的增强并不是直接选择的结果,而仅仅是驯养产生的一个副产品(Hare等,2005)。此外,人类喂养的狐狸并不能根据人类的交流信号来寻找隐藏的食物,但是刚出生的小狗,就可以很好地完成这项任务。这提示我们,狗在被驯养的过程中发展了一系列的社会认知能力,这些能力能够让它们与人类以一种独特的方式进行交流(Hare, Brown, Williamson和Tomasello, 2002)。

另一方面,人类实践则不断地改变着动物的交流方式。随着城市化进程的加快,在城市生活的鸟儿的生存环境中开始充斥越来越多的噪音,而鸟类之间的交流经常要依赖声音信号,这些噪音可能会对它们之间的交流产生影响。Slabbekoorn和den Boer-Visser(2006)的研究就为我们展现了这种影响,他们发现那些生活在城市中的山雀与生活在周边森林中的山雀的鸣叫声存在不同:城市中山雀的鸣叫频率往往更高,同时每次鸣叫的持续时间更短,不同鸣叫之间的潜伏期也更短。总的来说就是,城市中的山雀的叫声往往更急促同时音调更高,而相似的反应模式也在苍头燕雀身上得到了证实(Brumm和Slater, 2006)。此外,近期来自瑞典的一批研究者发起了一个新的研究计划:探究宠物猫的叫声是否会逐渐趋近主人的口音。他们试图对来自斯德哥尔摩和隆德两个城市的人们所养的宠物猫的叫声进行研究,由于两个城市的人们持有不同的口音,研究者假设它们的宠物猫也会逐渐习得相应的口音,进而产生不同的叫声,以便与人类更好地交流(Sample, 2016)。这主要鉴于人类在与自己的宠物猫交流的时候,大都会采用一种类似同人类婴儿交流时采用的发音,这进一步让研究者对宠物猫和主人之间的交流形式产生了兴趣。

那么,动物之间为什么要交流呢?Rendall等人(2009)认为,交流是个体之间相互影响的手段。蜜蜂跳舞是为了帮助其他同伴更高效地采集食物;长尾猴的警报鸣叫则是为了提示同伴天敌来临,要采取躲避措施(Scott-Phillips, 2010)。此外,动物的交流还经常被认为同乞求食物、防卫领地、吸引异性、防卫配偶和身份识别密切相关(Smitha, Tauberta, Weldona和Evans, 2016)。近来研究进一步发现,动物之间的交流不仅包含特定的意义,其所使用的交流语言也具有一定的结构,研究者在其中甚至也发现了类似人类语言结构中的音素成分(Bowling和Fitch, 2015)。

2.3.3 心理理论

人类被认为拥有心理理论(theory of mind, ToM)。心理理论可以帮助我们推知他人的心理状态和行为，也使得我们可以通过改变他人的信念来改变他人行为，例如，小孩子会说："爸爸，我可以吃糖吗？妈妈说可以的。"

20世纪70年代，Premack和Woodruff(1978)提出了一个极具挑战性的问题：黑猩猩是否具有心理理论？他们想知道黑猩猩是否可以像人类一样推断其他个体的目的、需要、知识和心理状态。当然，针对这个问题，研究者至今仍存在很大争议。不过让我们暂时先忽略问题本身，把关注点集中在那些被称为已证明动物具有心理理论的证据上，如欺骗、归因等。

欺骗

一旦个体知道其他个体的行为受到其所掌握的知识的影响，它就可以通过改变其他个体收到的信息来影响其行为，这就为个体的欺骗打开了窗户。而在探究动物是否具有心理理论的过程中，Woodfuff和Premack(1979)就试图通过测试黑猩猩是否能欺骗来推断其是否具有心理理论。

在他们的开创性研究中，一只黑猩猩可以看到一个实验助手在两个食物储藏箱之一中放置食物。随后黑猩猩被安置到一个不可以触碰到食物的位置，实验助手离开。然后，合作的实验者和竞争的实验者分别穿着不同的衣服出现。为了从合作者处获得食物，黑猩猩需要直接指向放有食物的箱子，这可以通过指或者盯着那个箱子来实现。对于合作的实验者来说，一旦找出箱子中的食物，他便会从中取出拿给黑猩猩；但如果是竞争的实验者，则会把食物拿走，同时值得注意的是，这种情况下如果黑猩猩指示了那个空箱子，竞争的实验者就没有机会获得食物，最后则是黑猩猩自己获得食物。结果显示，至少一部分的黑猩猩表现出了在两种情况下都能获得食物的能力，这也预示着黑猩猩似乎具有心理理论。

然而，这个结果并不能排除其他解释。例如，在Woodfuff和Premack(1979)的实验中，被试在正式实验开始之前需要进行很多试次的训练，而这些训练可能导致被试在不同指示和不同实验者之间形成联结。在卷尾猴实验中，Mitchell和Anderson(1997)就采用了辨别学习的原理解释与Woodfuff和Premack(1979)实验中获得的类似的结果。

如果黑猩猩拥有心理理论，那么它们不太可能只在实验室表现出来，在自然状态下也应有所表现。实际上，一些研究者已经提出，心理理论应该是从社会交互的群体生活中发展而来的(Humphrey, 1984)。而且，心理理论所涉及的欺骗会带来潜在的利益回报(Whiten和Byrne, 1988)。

灵长类生活的社会群体里通常会存在严格的交配规则。例如，地位比较高的雄性通常会阻止那些地位较低的雄性与雌性交配。因此，为了满足自己的欲望，那些地位较低的雄性常常会背着高等级地位雄性偷偷摸摸地完成交配。另一方面，如果有段时间食物匮乏，低等级的雄性就会把食物藏起来，以免被高等级的雄性偷走。以这种方式欺骗其他个体的报道很多，而这样的欺骗行为也说明，这些个体具有一定程度的心理理论(Whiten 和 Byrne，1988)。

Whiten 和 Byrne(1985)对一群狒狒进行了观察，其间他们发现一只叫 Melton 的未成年狒狒欺负另一只相对弱小的个体，而在听到小家伙的尖叫声之后，一群成年狒狒迅速向 Melton 冲去，但这时 Melton 既没有逃走也没有屈服，而是做出了一种发现天敌时的动作，看到这种情况，这些成年个体停止了接近 Melton，而转向 Melton 注视的方向。然而，Whiten 和 Byrne(1985)并未看到有什么天敌出现，因此 Melton 的行为可以看做是一种欺骗，这种欺骗则避免了自己受惩罚。

此外，在食物竞争情境中，卷尾猴(Hattori, Kuroshima 和 Fujita，2007)、部分狐猴和松鼠猴(Genty 和 Roeder，2006；Anderson, Kuroshima, Kuwahata, Fujita 和 Vick，2001)为了获得食物也会表现出欺骗行为。在对卷尾猴的观察过程中，研究者发现它们会通过避免被跟踪或者指引错误的方向，以向其他个体隐藏信息(Ducoing 和 Thierry，2003)。甚至，乌鸦在隐藏食物的时候，也会采取策略欺骗食物竞争者(Bugnyar 和 Heinrich，2005，2006)。这似乎提示，欺骗不仅局限于灵长类，很多物种都会欺骗。

然而，对于上面的例子，我们可以选择用心理理论来解释，却也不能排除其他解释。或许，个体的表现是基于先前的经验：之前面对某种刺激时无意做出的某种动作给个体带来了收益，它就逐渐地学会了这种联结，而在之后面对类似刺激的时候，它们就会做出同样的动作。如果欺骗行为需要借助心理理论，那么其一定会经历一个复杂的推理过程。以前面提到的 Melton 的表现为例，首先，Melton 要知道那些跑向自己的成年雄性要惩罚自己；其次，它还要知道错误信念的注入会使某种行为停止；最后，它还要能理解一旦错误信念注入后，个体之前形成的目的就会瓦解。显然，如果要证明动物具有心理理论，需要更多直接的证据。

归因

一个潜在的证明黑猩猩是否具有心理理论的简单方法是，它是否可以对另一只动物的表现进行归因。Povinelli、Nelson 和 Boysen(1990)通过巧妙的实验设计对这一问题进行了探索，实验者在实验中使用了四个杯子，其中的一个下面藏有食物，黑猩猩如果选对了杯子，就可以获得食物。但在实验之初，黑猩猩并不知道哪个杯子下面有食物，唯一可以利用的线索是两位实验者的指示。通过训练，黑猩猩知道在两位实验者当中，其中一位实验者在放置食物的时候并不在场，他做出的指示是基于猜测

(猜测者);另外一位实验者则是放置食物的人员(放置食物者)。测试阶段,食物放置者指示的是有食物的杯子,猜测者则会指向空杯子误导黑猩猩。如果黑猩猩可以对实验者的心理状态或者具有的知识进行归因,那么它将会推知,只有食物放置者指示的杯子可以给它带来食物。结果发现,实验中所有的被试(4只黑猩猩)都表现出了偏好食物放置者指示的杯子的行为,但是这需要多达数百次的训练。所以尽管我们可以用"黑猩猩可以对知识进行归因"对实验结果进行解释,但似乎还存在更简单的解释,如条件作用和对刺激辨别的习得。

接下来,Povinelli 和他的合作者又做了其他实验以测试黑猩猩能否对人类的知识进行归因(Povinelli 和 Eddy,1996;Povinelli,2000)。实验过程中,他们首先训练被试习得如果要获得一片食物,需要向坐在食物后面的实验者做出一个乞食动作。然后,黑猩猩被放入一个房间,面对两位实验者。每个实验者面前各有一个食物箱,唯一不同的是,一个实验者头上罩着一个桶。如果黑猩猩具有心理理论,那么他会知道头上罩着桶的实验者看不到食物在哪里,因此会向看到者乞食。结果发现,黑猩猩并没有区分出两位实验者的不同,这说明它不能理解谁能看到,谁不能看到。对此,有人可能认为,这一结果的产生或许是源于黑猩猩并不知道桶是不透明的。然而,在某些实验条件中,黑猩猩是可以拿着桶自由探索的,这就排除了上述可能。

总的来说,上述实验着眼于说明黑猩猩缺少心理理论。然而,根据阴性结果作出的推论似乎并不能让人信服。后来的研究者以上面的研究设计为基础,又进行了一系列实验。例如,Nissani(2004)指出,上述结果的出现可能是由于黑猩猩年龄太小(大约5、6岁),还未发展出心理理论,在年龄稍大的黑猩猩身上可能会有不同的结果。因此,他重复测试了11岁—31岁大的黑猩猩,其间为了对比,他也对大象进行了测试。结果发现,所有这些被试都会向看得到食物的实验者乞食。然而,针对这个结果,我们同样可以用条件化辨别来解释,即只向那些看得见其眼睛的实验者乞食。

另有研究者认为,如果黑猩猩发展出了心理理论,那么相比其他物种,其更可能在同类中应用这种能力。毕竟,以我们自己的经验来说,我们也常常是在与人类的互动中才能更好地应用这种能力(Tomasello,Call 和 Hare,2003)。按照这个思路,研究者设计了一个实验场景,该场景中包含两只黑猩猩,一只处于支配地位,一只处于从属地位。两只黑猩猩被分别安置于相对的两个笼子中,笼子之间放着两个不透明的遮挡物。在其中的一些试次,实验者会把食物放置在处于从属地位的黑猩猩一侧的障碍物后面,但两只黑猩猩都能看到整个放置过程。在这种情境下,处于从属地位的黑猩猩虽然可以接近食物,但如果这样做显然有些"胆大妄为",因为处于支配地位的黑猩猩一直注视着自己。有过这种苦涩的经历后,处于从属地位的黑猩猩学会了不去拿处于支配地位的黑猩猩有可能获得的食物。根据 Tomasello 等人(2003)的解释,处于从属地位的黑猩猩知道,在笼子被打开后,处于支配地位的黑猩猩会直接奔向食物。为了避免对方生气,处于从属地位的黑猩猩会克制自己不去取食。

在另外一些试次,研究者会把处于支配地位黑猩猩的笼子挡上,不让它看到食物放置在哪里。这种情况下,当笼子被同时打开后,处于从属地位的黑猩猩会直奔食物,然后把食物吃掉。Tomasello等人(2003)解释说,该场景下处于从属地位的黑猩猩知道处于支配地位的黑猩猩看不到食物在哪里,因此它知道取食食物是安全的。基于上述实验的结果,Tomasello等人(2003)认为,黑猩猩知道其他个体能看到什么,并且知道障碍物会遮挡其他个体的视线,同时也知道个体看到了什么会导致之后的行为。也就是说,黑猩猩理解心理状态,具有心理理论。

此外,有研究者考察了灌丛鸦的相关表现。一般来说,如果一只灌丛鸦发现另一只灌丛鸦的藏食地点,它通常会将对方的食物偷走。在Emery和Clayton(2001)的实验中,一只灌丛鸦在藏食的时候另一只灌丛鸦会在旁边观察。几个小时之后,藏食的灌丛鸦会回到藏食地点,在观察到另一只灌丛鸦不在的情况下调整食物的藏放位置,避免食物被盗。一种可能是,当藏食者回到藏食地回忆起藏食的时候有另一只个体看到,加上如果以前它有过被盗经历,它就很可能认为那只个体是小偷,并去调整食物的位置。按照这个方式推理,灌丛鸦似乎有了心理理论的雏形——它可以把以前的经验归因为其他个体行为的结果。然而,如果这种解释是正确的话,灌丛鸦似乎就不应该仅在藏食方面表现出心理理论。但就目前来看,还未有其他证据表明灌丛鸦在其他方面也表现出了心理理论。

那么动物到底是否具有心理理论呢?一种观点认为,它们不具有心理理论,其在心理理论任务或类似任务中的表现并不能归于它们对其他个体心理状态的理解,而应归于其抽象行为规则表征能力,例如"如果竞争者面向或接近食物,就不要靠近食物",灵长类个体就是借助这样的规则来预测其他个体的行为的(Penn和Povinelli,2013)。另有研究者认为,类似人类婴儿,非人物种具有一些心理理论能力的基础成分,它们可以对主体和对象之间的关系形成一种类似信念的表征,例如"苹果在绿色的盒子里",即使现实改变,苹果已不再在绿色的盒子里时,它们仍然会部分地维持着这种表征(Apperly和Butterfill,2009)。还有研究者指出,灵长类之所以能够完成某些同心理理论有关的任务,是因为它们具有基本的对其他个体所了解信息进行表征的能力,例如当个体看到桌子上有一个苹果,而另一个体也看向桌子的时候,个体就形成了"对方也看到桌子上有一个苹果"这样的信息表征,但是这种表征是很初级的,当由于视角不同,"我"和对方看到的不一样时,个体就不能对对方了解的真实信息形成正确的表征,这就解释了为什么灵长类可以通过某些与心理理论相关的初级测验,却很少能通过标准的心理理论测验(Martin和Santos,2016)。

2.4 学科发展与研究展望

19世纪后半叶,比较心理学开始作为心理学的一个独立分支登上历史舞台,它的出现可以追溯到1863年冯特出版《人类与动物心理学讲义》一书。在诞生早期,比较心理学曾受到热烈追捧,Stanley Hall甚至曾称其为"最新同时或许也将是最富有成果的心理学分支"。然而最近几十年,受制于相关研究在研究对象上常常集中于有限的几个物种、解释上理论支撑不足、动物研究设施数量的减少以及应用性不足等因素,比较心理学的发展面临一系列困境。这在一定程度上导致了一些科研人才转向邻近学科,也让一些本来对该领域感兴趣的潜在学生望而却步(Abramson, 2015)。

自比较心理学产生之初,研究者在其学科定位上就有两种争论:比较心理学研究是基于动物自身还是为了和人类对比,以便更好地了解人类。而这也引出一个重要问题:动物和人类的心智具有连续性吗?很多比较心理学研究者认为,动物尤其那些与人类关系较近的高级灵长类同人类在心智上是具有连续性的(Vonk和Shackelfold, 2013)。这种认知观使得通过动物模型了解人类相关心理和行为机制成为可能。这进一步引出哪种动物更适宜作为人类的对比模型这一问题。在比较心理学的研究历史上,狗、猫、鸽子、小白鼠以及很多灵长类都曾被用作比较对象,不可否认,它们在帮助人们了解自身心理和行为机制方面扮演了重要角色。那些等级较低的动物帮助我们了解一些基础性的心理成分,如条件反射、学习机制;灵长类则有可能帮助我们更好地了解更高级的心理成分,如那些同社会性相关的心理构成。同人类相似,大猿也可以理解其他个体的意图和愿望,但只有人类才会运用此种能力进行沟通和从事合作性活动;黑猩猩可以进行"合作"捕猎,但捕获的猎物常常被获胜者独自占有,其间并不存在实质性的分享行为(Tomasello, 2014)。可以看出,即便是高级灵长类,也同人类存在着明显的区别。在这种情况下,选择那些在演化上同人类亲缘关系最近的物种进行比较就显得尤为重要。相比之下,黑猩猩和倭黑猩猩常被认为是最佳的模型物种。在二者之间进一步对比可以发现,倭黑猩猩在社会性任务(如目光追随、食物分享、合作和社会游戏等)中的表现要明显优于黑猩猩,而黑猩猩在同物理认知有关的任务中(如工具使用、因果推理和空间记忆)的表现则要优于倭黑猩猩(MacLean, 2016)。这似乎提示,在理解人类社会认知的演化上,倭黑猩猩更适宜作为比较物种,而在探求物理认知的演化时,黑猩猩更适宜作为比较物种。

那么,一个物种是否一定要同人类足够相似才能作为了解人类有关演化机制的比较物种?不难发现,现有的很多心理学经典理论同动物研究有着密切联系(如恒河猴与依恋理论),然而它们却可能受启于一些在演化上同人类有一定距离的物种。而这在很大程度上依赖于这样一种逻辑：对于演化上等级较高的物种来说，那些低等级物种具有的认知机制它们都具有，此外它们还具有一些独特的高级机制。所以，可以借助低等级物种了解人类与其共享的那些认知机制。然而，这种逻辑缺乏坚实的理论基础，非常容易遭受攻击。

另一方面，比较心理学研究有赖于不同物种间的对比分析。在确定某一能力或行为是否跨物种存在时，研究者常会把该能力或行为分解为不同成分，然后依次寻找这些成分存在的证据(Shettleworth, 2010)。通过这种方式，研究者可以发现哪些成分是其他动物和人类共有的，哪些成分又是人类独有的。这种成分分析的方法极大促进了我们对人类相关能力或行为演化过程的了解，但需要注意的是，在得出有关结论时需要非常谨慎，因为即便某个物种身上存在构成某能力的一些甚至所有必要成分，并不一定意味着该物种具有此项能力。除了成分分析型的建构，也有研究者从自组织(self-organization)的视角解释不同物种社会性行为的演化。该视角认为，复杂行为由简单的行为规则产生，但由于社会生态的不同，不同个体会处于不同的群体空间结构中，这种所处空间结构的不同导致不同个体之间的互动并非随机产生，而这种互动的差异会进一步导致社会行为模式的差异(Hemelrijk 和 Bolhuis, 2011)。

此外，在比较研究中，当我们试图通过外显行为推知背后的心理能力时要尤为谨慎，因为即便不同物种在同一个任务中有类似或相同的表现，也不能肯定背后一定是同一个认知机制在发生作用，我们仍需要更为细化的证据作为补充(Beran, Hopper, de Waal, Brosnan 和 Sayers, 2016)。而同心理学学科相连的重复验证问题同样体现在比较心理学领域，很长一段时间以来，比较研究大都使用小样本，加上相关的期刊大都倾向于发表原创性研究，导致这个领域虽然需要重复验证性研究，但相关研究却很少。最近一篇有关亚洲象数量认知能力的研究就为我们忽视重复验证带来的结论的可靠性问题提了个醒(参见 Agrillo 和 Petrazzini, 2012)。

我们需要看到，虽然目前比较心理学的发展面临一些挑战，但其对心理学研究的贡献弥足珍贵，不可或缺。尤其在空间认知、时间认知和数量认知领域，比较研究同我们对相关机制了解的深入密不可分，而相关研究对临床心理学(如精神类药品研发)的贡献更是无可替代(Brunner, Balci 和 Ludvig, 2012)。人类社会的独特性更多的在于其文化的独特性，而了解这些独特文化的基础则需要我们对比人类和非人物种之间有关社会性能力的差异，个体发生为我们呈现了一个人认知发展过程的全貌，而种系发生则为我们呈现了整个人类物种认知能力发展的架构。了解人类独特性的全貌，个体发生和种系发生缺一不可(Nielsen 和 Haun, 2016)。在未来的研究中，研究者可以通过系统发生的方法(phylogenetic methods)量化地考察某一特定认知能力同生活史、形态学和社会生态变量之间的关系，测量不同物种间的远近关系如何预测某一认知能力的跨物种分布,以及通过现存物种在有关认知任务中的表现来估计对应认知能力的原始状态(MacLean 等,2012)。总的来说,比较心理学在未来心理学研究尤其是了解人类认知的起源上将扮演重要角色,但我们对相关比较结果的解释仍然要十分谨慎。

本章小结

比较心理学为我们了解个体的心理和行为提供了一种独特的视角,它从行为的发展、机制、功能和演化四个方面着手,通过对比不同物种揭示行为背后隐藏的规律。在漫长的演化过程中,从脊椎动物到哺乳动物,再到人类,大脑发生了一系列变化,这种脑的变化伴随着物种行为模式的深刻改变,影响了包括求偶选择、种群结构等诸多内容。同时,比较心理学也使得通过演化分析的方法理解个体心理和行为成为了可能。

在物理认知上,很多动物,如蜜蜂和一些鸟类,能够形成认知地图,进行时间—地点学习和初级的计数,并具有程序记忆与情景记忆;狗和非洲黑鹦鹉则具有语义记忆;高级灵长类如黑猩猩甚至可以进行心理时间旅行和预测,掌握简单的工具使用和因果推理。在社会认知方面,相关研究主要集中在通讯交流、自我意识和心理理论上。蜜蜂会借助舞蹈进行交流,长尾猴则会通过鸣叫向同伴发出捕食者警报,黑猩猩和倭黑猩猩甚至会通过拍打地面等肢体动作来传递信息。总的来说,那些较高级的灵长类常常更多地表现出自我意识和心理理论能力。

随着比较心理学发展的深入,一些问题开始凸显,如研究物种取样的狭窄和解释理论的不足等,这在一定程度上阻碍了该学科的发展。在未来研究中,借用多学科的方法,从多个层面对物种进行综合比较分析,对于我们深入了解相关内容至关重要。

关键术语

比较心理学
生物演化
社会优势地位
求偶展示
物理认知
空间知觉
时间知觉

语义记忆

程序记忆

情景记忆

因果推理

计数能力

社会认知

通讯交流

自我意识

心理理论

参考文献

Abramson, C. I. (2015). A crisis in comparative psychology: Where have all the undergraduates gone? *Frontiers in Psychology*, 6, 1500.

Agnew, N. & Demas, M. (1998). Preserving the Laetoli footprints. *Scientific American*, 279(3), 26-37.

Agrillo, C. & Petrazzini, M. E. M. (2012). The importance of replication in comparative psychology: The lesson of elephant quantity judgments. *Frontiers in Psychology*, 3, 181.

Allen, T. A. & Fortin, N. J. (2013). The evolution of episodic memory. *Proceedings of the National Academy of Science*, 110, 10379-10386.

Ambrose, S. H. (2001). Paleolithic technology and human evolution. *Science*, 291(5509), 1748-1753.

Anderson, J. R. & Gallup, G. G. (1997). Self-recognition in Saguinus? A critical essay. *Animal Behaviour*, 54(6), 1563-1567.

Anderson, J. R. & Gallup, G. G. (2011a). Do rhesus monkeys recognize themselves in mirrors? *American Journal of Primatology*, 73, 603-606.

Anderson, J. R. & Gallup, G. G. (2011b). Which primates recognize themselves in mirrors? *PLoS Biology*, 9.

Anderson, J. R., Kuroshima, H., Kuwahata, H., Fujita, K., & Vick, S. J. (2001). Training squirrel monkeys (*Saimiri sciureus*) to deceive: Acquisition and analysis of behavior toward cooperative and competitive trainers. *Journal of Comparative Psychology*, 115(3), 282-293.

Andersson, M. (2003). Behavioural ecology: Coots count. *Nature*, 422(6931), 483-485.

Apperly, I. A. & Butterfill, S. A. (2009). Do humans have two systems to track beliefs and belief-like states? *Psychological Review*, 116, 953-970.

Barton, R. A. & Harvey, R. H. (2000). Mosaic evolution of brain structure in mammals. *Nature*, 405, 1055-1058.

Begun, D. R. (2004). The earliest Hominins-is less more? *Science*, 303(5663), 1478-1480.

Behrensmeyer, A. K. (2006). Climate change and human evolution. *Science*, 311(5760), 476-478.

Beran, M. J., Hopper, L. M., de Waal, F. B. M., Brosnan, S. F., & Sayers, K. (2016). Chimpanzees, cooking, and a more comparative psychology. *Learning and Behavior*, 44(2), 118-121.

Berwick, R. C., Friederici, A. D., Chomsky, N., & Bolhuis, J. J. (2013). Evolution, brain, and the nature of language. *Trends in Cognitive Sciences*, 17, 89-98.

Bottjer, D. J. (2005). The early evolution of animals. *Scientific American*, 293(2), 42-47.

Bowling, D. L. & Fitch, W. T. (2015). Do animal communication systems have phonemes? *Trends in Cognitive Sciences*, 19(10), 555-557.

Brumm, H. & Slater, P. J. B. (2006). Ambient noise, motor fatigue, and serial redundancy in chaffinch song. *Behavioral Ecology and Sociobiology*, 60, 475-481.

Brunner, D., Balci, F., & Ludvig, E. A. (2012). Comparative psychology and the grand challenge of drug discovery in psychiatry and neurodegeneration. *Behavioural Processes*, 89, 187-195.

Bugnyar, T. & Heinrich, B. (2005). Ravens, corvus corax, differentiate between knowledgeable and ignorant competitors. *Proceedings of the Royal Society B: Biological Sciences*, 272(1573), 1641-1646.

Bugnyar, T. & Heinrich, B. (2006). Pilfering ravens, corvus corax, adjust their behaviour to social context and identity of competitors. *Animal Cognition*, 9(4), 369-376.

Byrne, R. W. & Whiten, A. (1985). Tactical deception of familiar individuals in baboons (*Papio ursinus*). *Animal Behaviour*, 33(2), 669-673.

Chang, L., Fang, Q., Zhang, S., Poo, M., & Gong, N. (2015). Mirror-induced self-directed behaviors in rhesus monkeys after visual-somatosensory training. *Current Biology*, 25, 212-217.

Chittka, L. & Geiger, K. (1995). Can honey bees count landmarks? *Animal Behaviour*, 49(1),159-164.
Daeschler, E. B., Shubin, N. H., & Jenkins, F. A. (2006). A Devonian tetrapod-like fish and the evolution of the tetrapod body plan. *Nature*, 440(7085),757-763.
Denham, T. P., Haberle, S. G., Lentfer, C., Fullagar, R., Field, J., Therin, M., ..., & Winsborough, B. (2003). Origins of agriculture at Kuk Swamp in the highlands of New Guinea. *Science*, 301(5630),189-193.
de Waal, F. B., & Gavrilets, S. (2013). Monogamy with a purpose. *Proceedings of the National Academy of Sciences*, 110(38),15167-15168.
de Waal, F. B. M., Dindo, M., Freeman, C. A., & Hall, M. J. (2005). The monkey in the mirror: Hardly a stranger. *Proceedings of the National Academy of Sciences*, 102,11140-11147.
Diamond, J. (2004). The astonishing micropygmies. *Science*, 306(5704),2047-2048.
Duchaine, B., Cosmides, L., & Tooby, J. (2001). Evolutionary psychology and the brain. *Current Opinion in Neurobiology*, 11(2),225-230.
Ducoing, A. M. & Thierry, B. (2003). Withholding information in semifree-ranging tonkean macaques (*Macaca tonkeana*). *Journal of Comparative Psychology*, 117(1),67-75.
Dunbar, R. I. & Shultz, S. (2007). Evolution in the social brain. *Science*, 317(5843),1344-1347.
Eagly, A. H. & Wood, W. (1999). The origin of sex differences in human behavior: Evolved dispositions versus social roles. *American Psychologist*, 54(6),408-423.
Emery, N. J. & Clayton, N. S. (2001). Effects of experience and social context on prospective caching strategies by scrub jays. *Nature*, 414(6862),443-446.
Emery, N. J. & Clayton, N. S. (2009). Tool use and physical cognition in birds and mammals. *Current Direction in Neurobiology*, 19,27-33.
Finlay, B. L., Darlington, R. B., & Nicastro, N. (2001). Developmental structure in brain evolution. *Behavior, Brain and Evolution*, 24,263-308.
Florio, M., Albert, M., Taverna, E., Namba, T., Brandl, H., Lewitus, E., ..., & Guhr, E. (2015). Human-specific gene ARHGAP11B promotes basal progenitor amplification and neocortex expansion. *Science*, 347(6229), 1465-1470.
Forrester, G. S. (2008). A multidimensional approach to investigations of behaviour: Revealing structure in animal communication signals. *Animal Behaviour*, 76,1749-1760.
Fujita, K., Kuroshima, H., & Masuda, T. (2002). Do tufted capuchin monkeys (*Cebus apella*) spontaneously deceive opponents? A preliminary analysis of an experimental food-competition contest between monkeys. *Animal Cognition*, 5(1),19-25.
Gallup, G. G. (1970). Chimpanzees: Self-recognition. *Science*, 167(3914),86-87.
Gallup, G. G. (1977). Self recognition in primates: A comparative approach to the bidirectional properties of consciousness. *American Psychologist*, 32(5),329-338.
Geary, D. C. (1998). *Male, female: The evolution of human sex differences*. Washington: American Psychological Association.
Gebiola, M., White, J. A., Cass, B. N., Kozuch, A., Harris, L. R., Kelly, S. E., ... Hunter, M. S. (2016). Cryptic diversity, reproductive isolation and cytoplasmic incompatibility in a classic biological control success story. *Biological Journal of the Linnean Society*, 117(2),217-230.
Genty, E. & Roeder, J. J. (2006). Can lemurs learn to deceive? A study in the black lemur (*Eulemur macaco*). *Journal of Experimental Psychology: Animal Behavior Processes*, 32(2),196-200.
Ghazanfar, A. A. (2013). Multisensory vocal communication in primates and the evolution of rhythmic speech. *Behavioral Ecology and Sociobiology*, 67,1441-1448.
Halina, M., Rossano, F., & Tomasello, M. (2013). The ontogenetic ritualization of bonobo gestures. *Animal Cognition*, 16,653-666.
Hare, B., Brown, M., Williamson, C., & Tomasello, M. (2002). The domestication of social cognition in dogs. *Science*, 298(5598),1634-1636.
Hare, B., Plyusnina, I., Ignacio, N., Schepina, O., Stepika, A., Wrangham, R., & Trut, L. (2005). Social cognitive evolution in captive foxes is a correlated by-product of experimental domestication. *Current Biology*, 15,226-230.
Hattori, Y., Kuroshima, H., & Fujita, K. (2007). I know you are not looking at me: Capuchin monkeys' (*Cebus apella*) sensitivity to human attentional states. *Animal Cognition*, 10,141-148.
Hauser, M. D. (2000). What do animals think about numbers? *American Scientist*, 88(2),144-151.
Hemelrijk, C. K. & Bolhuis, J. J. (2011). A minimalist approach to comparative psychology. *Trends in Cognitive Sciences*, 15(5),185-186.
Heydarnejad, M. S. & Purser, G. J. (2008). Specific individuals of rainbow trout (*Oncorhynchus mykiss*) are able to show time-place learning. *Turkish Journal of Biology*, 32(3),209-229.
Heyes, C. M. (1998). Theory of mind in nonhuman primates. *Behavioral and Brain Sciences*, 21(1),101-114.
Humphrey, N. (1984). *Consciousness regained: Chapters in the development of mind*. Oxford: Oxford University Press.
Hunt, G. R. (2000). Human-like, population-level specialization in the manufacture of pandanus tools by New Caledonian crows Corvus moneduloides. *Proceedings of the Royal Society B: Biological Sciences*, 267,403-413.

Inoue, S. & Matsuzawa, T. (2007). Working memory of numerals in chimpanzees. *Current Biology*, 17(23), R1004–R1005.

Jaeger, J. J. & Marivaux, L. (2005). Shaking the earliest branches of anthropoid primate evolution. *Science*, 310(5746), 244–245.

Jerison, H. J. (1973). *Evolution of the Brain and Intelligence*. New York: Academic.

Kaminski, J., Call, J., & Fischer, J. (2004). Word learning in a domestic dog: Evidence for "fast mapping". *Science*, 304, 1682–1683.

Kappeler, P. M. (2014). Lemur behaviour informs the evolution of social monogamy. *Trends in Ecology and Evolution*, 29(11), 591–593.

Lozano, Y. R., Serafín, N., Prado-Alcalá, R. A., Roozendaal, B., & Quirarte, G. L. (2013). Glucocorticoids in the dorsomedial striatum modulate the consolidation of spatial but not procedural memory. *Neurobiology of Learning and Memory*, 101, 55–64.

Luef, E. M., Breuer, T., & Pika, S. (2016). Food-associated calling in gorillas (*Gorilla g. gorilla*) in the wild. *PloS ONE*, 11(2), e0144197.

MacLean, E. L. (2016). Unraveling the evolution of uniquely human cognition. *Proceedings of the National Academy of Science*, 113, 6348–6354.

MacLean, E. L., Hare, B., Nunn, C. L., Addessi, E., Amici, F., Anderson, R. C., ..., & Boogert, N. J. (2014). The evolution of self-control. *Proceedings of the National Academy of Sciences*, 111(20), e2140–e2148.

MacLean, E. L., Matthews, L. J., Hare, B. A., Nunn, C. L., Anderson, R. C., Aureli, F., ..., & Haun, D. B. (2012). How does cognition evolve? Phylogenetic comparative psychology. *Animal Cognition*, 15(2), 223–238.

Maran, T., Martinelli, D., & Turovski, A. (Eds.). (2013). *Readings in zoosemiotics* (Vol. 8). Walter de Gruyter.

Martin, A. & Santos, L. R. (2016). What cognitive representations support primate theory of mind. *Trends in Cognitive Sciences*, 20(5), 375–382.

Martin, R. D. (1981). Relative brain size and the metabolic rate in terrestrial vertebrates. *Nature*, 293, 57–60.

Mayr, E. (2000). Darwin's influence on modern thought. *Scientific American*, 283(1), 66–71.

Ma, Z. (2015). Towards computational models of animal communications, an introduction for computer scientists. *Cognitive Systems Research*, 33, 70–99.

McCann, T. S. (1981). Aggression and sexual activity of male southern elephant seals, Mirounga leonina. *Journal of Zoology*, 195(3), 295–310.

Mendes, N., Hanus, D., & Call, J. (2007). Raising the level: Orangutans use water as a tool. *Biological Letters*, 3, 453–455.

Mitchell, R. W. & Anderson, J. R. (1997). Pointing, withholding information, and deception in capuchin monkeys (*Cebus apella*). *Journal of Comparative Psychology*, 111(4), 351–361.

Mulcahy, N. J. & Call, J. (2006). Apes save tools for future use. *Science*, 312(5776), 1038–1040.

Nieder, A. (2005). Counting on neurons: The neurobiology of numerical competence. *Nature Reviews Neuroscience*, 6(3), 177–190.

Nielsen, M. & Haun, D. (2016). Why developmental psychology is complete without comparative and cross-cultural perspectives. *Philosophical Transactions of the Royal Society B: Biological Sciences*, 371(1686).

Nissani, M. (2004). Theory of mind and insight in chimpanzees, elephants, and other animals? In L. J. Rogers, & G. Kaplan (Eds), *Comparative Vertebrate Cognition* (pp. 227-261). New York: Springer US.

Noreikiene, K., Herczeg, G., Gonda, A., Balazs, G., Husby, A., & Merila, J. (2015). Quantitative genetic analysis of brain size variation in sticklebacks: Support for the mosaic model of brain evolution. *Proceedings of the Royal Society B: Biological Sciences*, 282.

O'Donnell, C. & Sejnowski, T. J. (2016). Street view of the cognitive map. *Cell*, 164, 13–15.

Osiurak, F., Jarry, C., & LeGall, D. (2010). Grasping the affordances, understanding the reasoning: toward a dialectical theory of human tool use. *Psychological Review*, 117, 517–540.

Ottoni, E. B. & Mannu, M. (2001). Semifree-ranging tufted capuchin monkeys (*Cebus apella*) spontaneously use tools to crack open nuts. *International Journal of Primatology*, 22, 347–358.

Palagi, E., Antonacci, D., & Cordoni, G. (2007). Fine-tuning of social play in juvenile lowland gorillas (*gorilla gorilla gorilla*). *Developmental Psychobiology*, 49(4), 433–445.

Penn, D. C. & Povinelli, D. J. (2007). Causal cognition in human and nonhuman animals: A comparative, critical review. *Annual Review of Psychology*, 58, 97–118.

Penn, D. C. & Povinelli, D. J. (2013). The comparative delusion: The 'behavioristic/mentalistic' dichotomy in comparative theory of mind research. In J. Metcalfe, & H. S. Terrace (eds.), *Agency and Joint Attention* (pp. 62–78). Oxford: Oxford University Press.

Plomin, R., DeFries, J. C., Knopik, V. S., & Neiderheiser, J. (2013). *Behavioral genetics*. London: Palgrave Macmillan.

Povinelli, D. J. (2000). *Folk physics for apes: The chimpanzee's theory of how the world works*. Oxford: Oxford University Press.

Povinelli, D. J. & Bering, J. M. (2002). The mentality of apes revisited. *Current Directions in Psychological Science*, 11(4), 115–119.

Povinelli, D. J. & Eddy, T. J. (1996). Factors influencing young chimpanzees' (*Pan troglodytes*) recognition of attention.

Journal of Comparative Psychology, 110(4),336-345.

Povinelli, D.J., Gallup, G.G., Eddy, T.J., Bierschwale, D.T., Engstrom, M.C., Perilloux, H.K., & Toxopeus, I.B. (1997). Chimpanzees recognize themselves in mirrors. Animal Behaviour, 53(5),1083-1088.

Povinelli, D.J., Nelson, K.E., & Boysen, S.T. (1990). Inferences about guessing and knowing by chimpanzees (Pan troglodytes). Journal of Comparative Psychology, 104(3),203-210.

Povinelli, D.J., Rulf, A.B., Landau, K.R., & Bierschwale, D.T. (1993). Self-recognition in chimpanzees (Pan troglodytes): Distribution, ontogeny, and patterns of emergence. Journal of Comparative Psychology, 107(4),347-372.

Premack, D. & Woodruff, G. (1978). Does the chimpanzee have a theory of mind? Behavioral and Brain Sciences, 1(04),515-526.

Pusey, A., Williams, J., & Goodall, J. (1997). The influence of dominance rank on the reproductive success of female chimpanzees. Science, 277(5327),828-831.

Rendall, D., Owren, M.J., & Ryan, M.J. (2009). What do animal signals mean? Animal Behaviour, 78,233-240.

Riddell, W.I. & Corl, K.G. (1977). Comparative investigation of the relationship between cerebral indices and learning abilities. Brain, Behavior and Evolution, 14,385-398.

Sample, I. (2016). Cat got your tongue? Study to examine if pets adopt owner's accent. The Guardian. Retrived from https://www.theguardian.com/science/2016/mar/30/cat-got-your-tongue-scientists-pets-adopt-owners-accent.

Schmitt, D.P. & Pilcher, J.J. (2004). Evaluating evidence of psychological adaptation: How do we know one when we see one? Psychological Science, 15(10),643-649.

Schoenemann, P.T. (2006). Evolution of the size and fundamental areas of the human brain. Annual Review of Anthropology, 35,379-406.

Schoenemann, P.T., Budinger, T.F., Sarich, V.M., & Wang, W.S.Y. (2000). Brain size does not predict general cognitive ability within families. Proceedings of the National Academy of Sciences, 97(9),4932-4937.

Scott-Phillips, T.C. (2010). Animal communication: Insights from linguistic pragmatics. Animal Behavior, 79,e1-e4.

Seed, A. & Byrne, R. (2010). Animal tool-use. Current Biology, 20,r1032-r1039.

Sewall, K.B. (2015). Social complexity as a driver of communication and cognition. Integrative and Comparative Biology, 55(3),384-395.

Seyfarth, R.M., Cheney, D.L., & Marler, P. (1980). Vervet monkey alarm calls: Semantic communication in a free-ranging primate. Animal Behaviour, 28,1070-1094.

Shettleworth, S.J. (2010). Clever animals and killjoy explanations in comparative psychology. Trends in Cognitive Sciences, 14(11),447-481.

Shettleworth, S.J. (2012). Modularity, comparative cognition and human uniqueness. Proceedings of the Royal Society B: Biological Science, 367,2794-2802.

Slabbekoorn, H. & den Boer-Visser, A. (2006). Cities change the song of birds. Current Biology, 16,2326-2331.

Small, M.F. (1992). The evolution of female sexuality and mate selection in humans. Human Nature, 3(2),133-156.

Smitha, C.L., Tauberta, J., Weldona, K., & Evans, C.S. (2016). Individual recognition based on communication behaviour of male fowl. Behavioural Processes, 125,101-105.

Spaulding, B. & Hauser, M.D. (2005). What experience is required for acquiring tool competence? Experiments with two callitrichids. Animal Behaviour, 70,517-526.

The Chimpanzee Sequencing and Analysis Consortium. (2005). Initial sequence of the chimpanzee genome and comparison with the human genome. Nature, 437(7055),69-87.

Tinbergen, N. (1951). The study of instinct. New York: Oxford University Press.

Tolman, E.C. (1948). Cognitive maps in rats and map. Psychological Review, 55(4),189-208.

Tomasello, M. (2014). A natural history of human thinking. Cambridge: Harvard University Press.

Tomasello, M., Call, J., & Hare, B. (2003). Chimpanzees understand psychological states-the question is which ones and to what extent. Trends in Cognitive Sciences, 7(4),153-156.

Tomonaga, M., Tanaka, M., Matsuzawa, T., Myowa-Yamakoshi, M., Kosugi, D., Mizuno, Y., ... Bard, K.A. (2004). Development of social cognition in infant chimpanzees (Pan trogiodytes): Face recognition, smiling, gaze, and the lack of triadic interactions. Japanese Psychological Research, 46(3),227-235.

Trivers, R. (1972). Parental investment and sexual selection. Chicago: Aldine Publishing Company.

Tulving, E. (2002). Episodic memory: From mind to brain. Annual Review of Psychology, 53,1-25.

Tumulty, J., Morales, V., & Summers, K. (2014). The biparental care hypothesis for the evolution of monogamy: Experimental evidence in an amphibian. Behavioral Ecology, 25(2),262-270.

Van der Zee, E.A., Havekes, R., Barf, R.P., Hut, R.A., Nijholt, I.M., Jacobs, E.H., & Gerkema, M.P. (2008). Circadian time-place learning in mice depends on Cry genes. Current Biology, 18(11),844-848.

van Schaik, C.P., Deaner, R.O., & Merrill, M.Y. (1999). The conditions for tool use in primates: Implications for the evolution of material culture. Journal of Human Evolution, 36,719-741.

Vonk, J. & Shackelford, T.K. (2013). An introduction to comparative evolutionary psychology. Evolutionary Psychology, 11(3),459-469.

Whiten, A. & Byrne, R.W. (1988). Tactical deception in primates. Behavioral and Brain Sciences, 11(02),233-244.

White, T.E., Zeil, J., & Kemp, D.J. (2015). Signal design and courtship presentation coincide for highly biased delivery of an iridescent butterfly mating signal. *Evolution*, 69(1), 14-25.

Wikenheiser, A. M. & Redish, A. D. (2015). Decoding the cognitive map: Ensemble hippocampal sequences and decision making. *Current Opinion in Neurobiology*, 32, 8-15.

Wilkins, M. R., Seddon, N., & Safran, R. J. (2013). Evolutionary divergence in acoustic signals: Causes and consequences. *Trends in Ecology & Evolution*, 28(3), 156-166.

Wong, K. (2005). The morning of the modern mind. *Scientific American*, 292(6), 86-95.

Woodruff, G. & Premack, D. (1979). Intentional communication in the chimpanzee: The development of deception. *Cognition*, 7(4), 333-362.

Zentall, T. R., Singer, R. A., & Stagner, J. P. (2008). Episodic-like memory: Pigeons can report location pecked when unexpectedly asked. *Behavioural Processes*, 79(2), 93-98.

Zhu, Q., Wang, R., & Wang, Z. (2013). A cognitive map model based on spatial and goal-oriental mental exploration in rodents. *Behavioural Brain Research*, 256, 128-139.

3 心理行为的遗传机制

3.1 行为遗传学：概念及研究方法 / 68
  3.1.1 提供遗传信息的实验设计 / 69
    双生子研究原理 / 69
    【专栏】双生子卵性鉴定方法 / 70
    收养研究原理 / 73
  3.1.2 分子行为遗传学 / 75
3.2 从"先天或后天"到"先天和后天" / 78
  【专栏】"素质—应激理论"和"差异易感性假说" / 83
3.3 遗传—环境相关与遗传—环境交互作用 / 87
3.4 失窃的遗传度 / 94
本章小结 / 95
关键术语 / 96

3.1 行为遗传学：概念及研究方法

  讨论心理行为的遗传机制有一个基本前提——承认人类的心理行为是可遗传的。然而，人们花了相当长的时间才在这点上达成共识。"虎父无犬子"之类的古语说明我国古人早已注意到遗传对后代性格和行为的影响。另一方面，古人也十分重视后天环境对一个人的塑造作用，"孟母三迁"就是一个很好的例子。在西方哲学史上，几个世纪前"白板说"与"天赋说"的大争论引发了人们对于天赋和经验孰重孰轻的思考。然而，以科学的方法和手段探究人类心智是否具有遗传基础的问题距今只有一百多年的历史。

  1859年，查尔斯·达尔文（Charles Darwin, 1809—1882）发表了《物种起源》一书。受到达尔文理论的影响，英国科学家弗朗西斯·高尔顿（Francis Galton, 1822—1911）对人类的才能是否受遗传影响产生了兴趣。在《遗传的天才》（1869）一书中，高尔顿介绍了他对一组杰出人物及其亲属的调查研究结果。在这些杰出人物的一级亲属、二级亲属和三级亲属中,出现杰出人物的概率依次递减,但都远大于普通人群中出现杰出人物的概率。据此,高尔顿认为,人类的才能是在家族内传递的,即可遗传的。

先不论结论正确与否,高尔顿的研究开创了一个崭新的领域——行为遗传学(behavioral genetics)。时至今日,行为遗传学已成为心理学的重要分支。行为遗传学家们利用遗传学的方法和实验设计,研究人类心智及动物行为的个体差异。本章将对行为遗传学的主要研究方法和发展趋势进行介绍。由于行为遗传学主要关注心理行为个体差异的来源是先天的还是后天的,在这里我们需要对"先天"和"后天"因素进行界定。医学术语中,"先天性"疾病指婴儿出生便患有的疾病,病因既可能是遗传的,也可能是由母亲在孕期内暴露于某种不利的环境因素造成的。本章中的"先天"因素主要指个体的遗传物质,不包括胎儿期的子宫内环境或孕母所处的环境。"后天"因素主要指个体在发展过程中接触到的各种环境因素。

3.1.1 提供遗传信息的实验设计

在高尔顿生活的年代,人类尚不能直接读出基因编码,因此必须借助一些能够提供遗传信息的实验设计才能观察到遗传的影响,包括家系研究(family study)、双生子研究(twin study)和收养研究(adoption study)。高尔顿对杰出人物及其亲属所做的研究可被认为是家系研究。在家系研究中,通常需要先确定一组先证者(proband),即在家族中第一个被发现具有某种性状的个体。然后,调查、比较先证者各级亲属中具有同样性状的个体的比例。如果该比例随亲缘关系的远近而变化(如一级亲属中的发生频率高于二级亲属)则可视作支持该性状受遗传影响的有利证据。有时,研究者还会在研究中设置对照家系,即不具备该目标性状的个体的家系,以比较该性状在先证者家系和对照家系中发生的频率。如果前者显著大于后者,则提示遗传因素对该性状有贡献。例如,多项家系研究发现,双向情感障碍患者一级亲属发生双向情感障碍的风险显著高于对照组,精神分裂症患者一级亲属发生精神分裂症的风险也显著高于对照组,提示此两种精神障碍都具有遗传基础(Berrettini, 2000)。家系研究最常用于对精神障碍遗传风险的估计,较少用于其他心理行为的研究,如人格、智能等。此外,由于家庭成员与先证者不仅共享部分基因,还或多或少地共享了生活环境,故而家系研究并不能很好地区分遗传和环境因素的影响。相比之下,双生子研究和收养研究在这一方面更具有优势。

双生子研究原理

出于伦理道德方面的原因,人类不能对胎儿的基因进行人为操控,因此,自然受孕或人工辅助妊娠情况下形成的双生子(俗语中的"双胞胎")便成为自然送给科学家们最好的礼物。例如，著名教育心理学家阿诺德·格塞尔(Arnold Gesell, 1880—1961)利用同卵双生子互为对照，研究了婴儿爬楼梯能力的获得(Gesell 和 Thompson, 1929)。格塞尔让一对同卵双生子婴儿在不同的周龄开始学习爬楼梯，结果发现，虽然他们开始学习的时间相差 6 周，但最终表现出这项能力的年龄是一样的。同卵双生子被认为拥有完全一样的遗传物质，那么这种同卵双生子互为对照的实验设计近似于观察同一个人在不同实验条件下的行为结果，完美地排除了被试的年龄、性别和先天倾向等因素带来的混淆。

【专栏】

双生子卵性鉴定方法

双生子设计的基本原理在于利用同卵双生子和异卵双生子在遗传相似度上的不同计算出遗传和环境因素对表型的相对贡献。于是，确定样本中的每一对双生子的卵性(是同卵还是异卵)成为决定研究结果是否可靠的关键要素。双生子卵性鉴定方法有胎盘法、问卷法、基因鉴定法几种。

双生子家长通常是从产科大夫处获知孩子卵性信息的。产科大夫根据胎盘的状况判断双生子的卵性：有两个独立胎盘的是异卵双生，共享一个胎盘的是同卵双生。这个原则只对了一半。异卵双生子是两个受精卵分别着床而成，因此他们不会共享一个胎盘，共享胎盘的只能是同卵双生子。然而，有两个独立胎盘的不一定都是异卵双生子，约 1/3 的同卵双生子也拥有各自独立的胎盘。同卵双生子共用胎盘还是有独立胎盘取决于胚胎分裂的时机。如果胚胎在受精后的 3 天—5 天分裂为同样的两个，那么将形成两个独立的羊膜囊和两个胎盘；胚胎在受精后 5 天—10 天分裂，仍会形成两个羊膜囊，但两个胎儿会共用一个胎盘；胚胎在受精后 10 天—13 天分裂，两个胎儿将共享羊膜囊和胎盘。

问卷法的准确性较胎盘法高了不少。问卷中的一部分问题是针对双生子外貌相似程度的评估，如"你们眼睛的颜色一样吗？""你们头发的颜色一样吗？""你们像一个模子刻出来的吗？"等。另一部分问题考察双生子被家长、熟人和陌生人弄混的频率。问卷法在西方人群中的准确性很高，通常可以达到 95% 以上。因此，为了节约成本，很多研究使用问卷作为卵性信息的唯一来源。然而，在我国人群中，卵性鉴别问卷的准确性很差，只能达到 80% 以上。究其原因，很可能是黄种人个体之间的外貌变异不如白种人大。

基因鉴定可以说是判定卵性的"金标准"。Chen 等人(2010)选取 9 个短重复序列(short tandem repeat)位点,对 471 对同性别中国青少年双生子的基因进行了分型。在 9 个位点中,分型结果全部一致的双生子被判定为同卵,否则判定为异卵。根据这样的标准,345 对被判定为同卵,126 被判定为异卵。该估计方法的准确性可达99.999974%。其他研究未必选择同样的位点,但大多可以保证准确性接近 100%。超高的准确性使基因鉴定法获得了研究者们的青睐,而不断下降的费用使该方法得到了普及。

更多的双生子研究充分利用了两种不同类型的双生子——同卵双生子和异卵双生子。同卵双生子(monozygotic twins,MZ),是受精卵在卵裂过程中由于某些随机性因素的作用而一分为二,形成两个相同的胚胎,并各自发育为胎儿。理论上,同卵双生子的遗传物质应是完全相同的。异卵双生子(dizygotic twins,DZ),两个胎儿由母亲的两颗卵子分别受精而成。因此,异卵双生子在遗传上无异于普通的兄弟姐妹,他们只是碰巧一起出生而已。龙凤胎无一例外地属于异卵双生子。在典型的双生子研究中,研究者首先在整个样本中测出某性状(如智商或人格特点)的水平,然后分别在同卵双生子中和异卵双生子中计算对内相关(within-pair correlation),即 r_{MZ} 和 r_{DZ}。通过比较 r_{MZ} 和 r_{DZ},便可推测出遗传和环境因素对该性状的影响。简单地说,由于同卵双生子比异卵双生子在遗传特征上更为相似,但环境方面的相关几乎是可比的,那么如果同卵双生子之间的对内相关大于异卵双生子之间的对内相关($r_{MZ}>r_{DZ}$),则提示有遗传因素的影响;如果异卵双生子之间的对内相关并不显著小于同卵双生子之间的对内相关($r_{MZ}\approx r_{DZ}$),且都大于 0,则提示遗传因素可忽略不计,影响该性状的主要是环境因素。另外,既然同卵双生子拥有几乎完全相同的遗传特征,那么一对同卵双生子之间的任何差异($r_{MZ}<1$)都提示有环境因素的影响。

利用双生子数据,我们甚至可以获得对于遗传和环境影响更为精确的估计。在这里,按照生物学的习惯,我们将研究者感兴趣的心理行为特征称为表型(phenotype),而人群中某表型个体差异的大小可以通过表型方差(V_P)来体现。首先,我们可以将表型方差分解为来自遗传的贡献(V_G)和来自环境的贡献(V_E)两部分:

$$V_P = V_G + V_E \tag{1}$$

V_G 可进一步分解为 V_A、V_D 和 V_I 三个成分。其中 V_A 代表可加性(additive)基因的贡献,V_D 代表显性(dominance)基因的贡献,V_I 代表异位显性(epistasis)基因的贡献。随着模型的进一步完善,V_E 又可进一步分解为 V_C 和 V_E。其中 V_C 代表共享环境(shared environment)的贡献,V_E 代表非共享环境(non-shared environment)的贡献。

$$V_P = (V_A + V_D + V_I) + (V_C + V_E) \tag{2}$$

共享环境指一对双生子共同所处的环境,如家庭居住条件、父母的社会经济地位等,这部分环境使双生子之间更为相似。非共享环境指一对双生子不共有的环境,如不同的朋友、老师等,这部分环境使双生子之间产生差别。大多数双生子研究仅对遗传因素中的可加性基因贡献感兴趣,因此可以把公式简化为:

$$V_P = V_A + V_C + V_E \tag{3}$$

遗传度(heritability),又称遗传率或遗传力,是表型方差中可以被遗传因素预测的比例。广义遗传度同时包含可加性、显性和异位显性基因效应的贡献:

$$h^2 = (V_A + V_D + V_I)/V_P \tag{4}$$

大多数双生子研究仅考虑可加性基因效应的贡献,这时的遗传度为狭义遗传度:

$$a^2 = V_A/V_P \tag{5}$$

类似地,其他成分对表型方差的贡献比例可以表示为 d^2、i^2、c^2 和 e^2。几种成分贡献比例之和相加应等于1,如果不考虑显性和异位显性基因效应的贡献,则:

$$a^2 + c^2 + e^2 = 1 \tag{6}$$

在下面的内容中,为了简化表达,均不考虑显性和异位显性基因效应的贡献。那么,无论是同卵双生或异卵双生,表型的对内相关都可以用如下公式表示:

$$r(twin1, twin2) = r_a a^2 + r_c c^2 \tag{7}$$

其中,r_a 代表双生子之间可加性基因的相关,r_c 代表双生子之间共享环境的相关。由于非共享环境对双生子之间的表型相关没有发挥任何作用,因而没有体现在公式(7)中(也可理解为 $r_e = 0$)。由于同卵双生子的遗传特征几乎完全相同,其 r_a 可认为约等于1;异卵双生子遗传特征相似程度为50%,其 r_a 可认为约等于0.5。无论是同卵双生子还是异卵双生子,两个人之间共享环境的相关 r_c 都等于1。那么公式(7)在同卵双生子和异卵双生子中分别为公式(8)和(9):

$$r_{MZ} = a^2 + c^2 \tag{8}$$

$$r_{DZ} = 0.5a^2 + c^2 \tag{9}$$

表型的相关系数 r_{MZ} 和 r_{DZ} 可以在实际工作中测量、计算出来,于是通过公式(8)和(9)便可推算出 a^2(即遗传度)及 c^2:

$$a^2 = 2(r_{MZ} - r_{DZ}) \tag{10}$$

$$c^2 = 2r_{DZ} - r_{MZ} \quad (11)$$

最后,根据公式(6)可计算出 e^2 的数值。

实际上,近年来研究者普遍使用结构方程模型估计遗传度及环境因素对表型方差的贡献比例,其基本原理与上述方法是一样的。图 3.1 展示了双生子研究最常用的模型——ACE 模型。

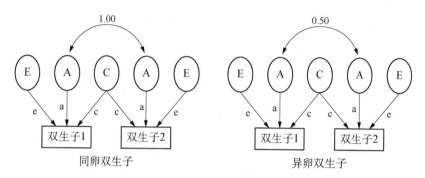

图 3.1 双生子数据分析的 ACE 模型

注:A 为可加性遗传因素,在同卵双生子间相关为 1,而在异卵双生子间相关为 0.5;C 为共享环境因素,在同卵双生子间和异卵双生子间的相关均为 1。E 为非共享环境因素,在两个双生子间无相关。需要注意的是,测量误差包含在对 E 的估计中。

以上分析方法的有效性必须建立在等环境假设的基础上,即一对同卵双生子在环境方面的相似程度并不高于一对异卵双生子。基于现实生活中的个人经验,人们往往会产生同卵双生子比异卵双生子生活环境更相近的印象,如果这是真的,则等环境假设不成立,那么上述分析方法的有效性将大打折扣。但是已有研究考察了等环境假设的有效性,结果发现,在大多数情况下,等环境假设都是成立的(Hettema,Neale 和 Kendler,1995)。

收养研究原理

双生子研究是利用同卵双生子和异卵双生子在遗传相似度上的不同计算遗传和环境因素对表型的相对贡献,而收养研究则是直接在实验设计阶段分离了遗传和环境因素。图 3.2 展示了收养研究的基本原理。

在一般的家系研究中,子女的成长环境和遗传物质均来自于父母,因此无法判定某心理行为特征是源自父母提供的环境还是父

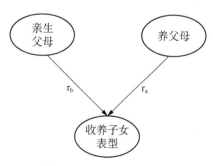

图 3.2 收养研究基本原理

母的基因。在收养研究中,收养子女携带的基因来自于亲生父母,而后天环境则是由养父母提供的。于是,收养子女表型与亲生父母表型的相似程度(r_b)反映了遗传的影响,而其表型与养父母表型的相似程度(r_a)则反映了环境的影响。研究者在采集样本时往往只选择那些从出生后不久便被收养的孩子,因为只有这样,才能将环境与遗传因素完全分离。如果在亲生父母家庭中成长一段时间后才被收养,那么成长的早期环境就不能说完全排除了亲生父母的影响。

既然收养研究可以从实验设计阶段就分离遗传与环境因素,双生子研究必须依赖数学的方法,那么是不是说明收养研究一定优于双生子研究呢?事实上,收养研究有一些难以克服的局限性,使其不能成为"完美的实验设计"。首先,样本的获得较为困难。无论在东方还是西方文化下,许多养父母都会选择对收养子女隐瞒收养事实,导致样本范围难以确定。即便收养事实清晰,很多情况下亲生父母(特别是生父)的信息也难以获知。

其次,收养研究的代表性较双生子研究更差。事实上,多项研究显示,双生子样本可以代表其来自的人群。例如,一项研究(Johnson, Krueger, Bouchard 和 McGue, 2002)使用多维度人格问卷(*Multidimensional Personality Questionnaire*, MPQ)对明尼苏达双生子库中的近万名双生子和非双生子样本进行了对比发现,除人际亲密感外,双生子和非双生子在人格诸维度上(如幸福感、社交潜能、应激反应、疏离、攻击、躲避伤害、保守性等)均没有系统性差异。再如,一项丹麦的研究(Christensen, Petersen, Skytthe, Herskind, McGue 和 Bingley)比较了 3411 名双生子和 7796 名非双生子的学习成绩,并未发现两组有显著差异。然而,收养研究的代表性却屡遭挑战。据调查,如果养父母的智商平均水平在 110 以上(Scarr 和 Weinberg, 1977; Horn, 1983),那么他们的社会经济地位和教育程度将高于平均水平 1 个标准差左右(Horn, Loehlin 和 Willerman, 1982)。收养子女有着有别于普通儿童的早期经历,其心理行为可能会受到一些影响,相较普通儿童,他们的外化问题和内化问题都要严重一些(Keyes, Sharma, Elkins, Iacono 和 McGue, 2008)。总之,收养研究中的父母和孩子都不能很好地代表普通人群,因而试图将收养研究的结果和结论推广至一般人群时要格外小心。

综上所述,作为人类破解先天与后天之谜的两件有力武器,双生子研究和收养研究各有千秋。事实上,我们可以将二者结合起来,形成更加精妙的设计。比如,考察双生子从出生后不久便被不同的家庭收养的"双生子分养研究",也可以纳入其他类型的亲缘关系进行比较,比如养父母的亲生子女、同父异母或同母异父的兄弟姐妹等。

3.1.2 分子行为遗传学

随着人类基因组计划的推进和完成,分子遗传学技术手段逐渐得到普及,行为遗传学家们终于能够直接读出基因编码,探索基因与心理行为之间的关联了。于是,一个全新的领域——分子行为遗传学——应运而生。毫无疑问,这是一个振奋人心的进展。本节将对目前分子行为遗传学领域常用的研究方法进行介绍。在此之前,为方便读者理解,我们先简单扼要地复习一下遗传学基础知识,特别是与本章内容密切相关的。

人类有 23 对染色体,其中 22 对是常染色体,1 对是性染色体。每一条染色体单体都是一条双螺旋的脱氧核糖核酸分子(deoxyribonucleic acid, DNA)。核苷酸是 DNA 的基本结构单元,一个核苷酸由一个磷酸基、一个戊糖基和一个碱基组成。磷酸基和戊糖基构成 DNA 链的骨架,前后两个相邻的核苷酸通过磷酸二酯键相连。两条 DNA 单链则通过碱基之间形成的氢键相连。碱基决定了核苷酸彼此之间的差别。DNA 中共有 4 种碱基:腺嘌呤(A)、鸟嘌呤(G)、胞嘧啶(C)和胸腺嘧啶(T)。碱基之间的连接遵循互补配对原则,即 A 与 T 结合,C 与 G 结合。

根据分子生物学的中心法则,DNA 通过复制过程保存、传递遗传信息,通过转录和翻译过程指导蛋白质合成。转录时,以 DNA 双链中特定的一条为模板,根据碱基互补原则,在核糖核酸(ribonucleic acid, RNA)聚合酶的作用下形成单链的 RNA 分子。RNA 中的 4 种碱基,除 T 被尿嘧啶(U)替代外,另外 3 种与 DNA 的碱基是一样的。合成蛋白质的过程被称为翻译,即将 RNA 所携带的遗传信息通过遗传密码破译的方式转变为氨基酸序列的过程。氨基酸是蛋白质的基本单位,生物体中的蛋白质是由约 20 种氨基酸组成的。4 种核苷酸以三联密码的形式编码氨基酸,即除终止密码子外相邻的 3 个核苷酸(称为密码子)编码 1 种氨基酸,如 UCC 编码的是丝氨酸,AGG 编码的是精氨酸。4 种核苷酸最多可以组合出 64 种密码子($4 \times 4 \times 4$),所以大多数氨基酸是同时对应多个密码子的。

基因的概念不同于 DNA。一个基因是染色体特定位置上的一段 DNA 序列,负责编码一个具有功能的多肽(蛋白质由一个或多个多肽组成)。随着人们对遗传物质认识的不断深入,当代学者倾向于将基因定义为:基因组序列中一个可定位的区域,对应一个遗传单元,通过表达为有功能的产物或调节这种表达来影响有机体的性状(Pearson, 2006; Pennisi, 2007)。可见,一个基因不只包含编码蛋白质产物的 DNA 片段,还包括调节区域等非编码区域。编码蛋白质的 DNA 序列也常常被分割为多个外显子,外显子之间穿插着非编码的内含子。事实上,大约 98% 的人类 DNA 都不直接参与蛋白质的编码。人类基因组中约有 2 万—3 万个基因,这比遗传学家最初预计的数目少很多。

行为遗传学家们关心的问题是"基因的不同是如何导致心理行为的个体差异

的"。那么首先要搞清楚的是,人与人在基因上可以有怎样的不同呢?令人惊讶的是,尽管人类在许多方面都显示出巨大的个体差异,我们的基因却是惊人地相似:99.8%—99.9%的DNA序列在所有人类中是相同的!也就是说,人与人之间的差异仅来自于0.1%的DNA序列。在人群中,如果在某个位置明确的基因座上存在着几种不同形式,那么这几种不同的形式都被称为等位基因(allele)。这种一个基因座上有着两个或多个等位基因的现象被称为基因多态性(polymorphism)。

在自然状况下,人类基因可以发生多种变异。其中最常见的形式之一是单核苷酸多态性(single nucleotide polymorphism, SNP),指由一个核苷酸变异形成的多态性,如从C→T。SNP是最常见的多态性类型,目前人类基因组中至少有1千万个SNP已被探明。一般来说,一个SNP有两种等位基因。一些SNP会导致蛋白质结构、功能或转录效率的变化,如脑源性神经营养因子(brain-derived neurotrophic factor, BDNF)基因第66位密码子上一个G→A的突变导致编码的氨基酸从缬氨酸变为甲硫氨酸,进而导致蛋白质转录效率的降低。然而,人类基因组中大多数SNP在蛋白质水平无明显影响。涉及多个核苷酸的变异叫作结构性变异,包括插入/缺失变异、整组替代、倒置变异和拷贝数目变异(copy-number variation, CNV)等(Frazer, Murray, Schork和Topol, 2009)。探测结构性变异的技术目前不算十分成熟,因此鲜有研究报道结构性变异与心理行为之间的关系。除SNP外,目前研究者研究较多的变异类型还有可变数目串联重复序列(variable number tandem repeat, VNTR)多态性。VNTR是由一小段核苷酸序列重复多次并首尾相连形成的。不同等位基因之间的差别在于重复次数的差异。例如,在单胺氧化酶A(monoamine oxidase A, MAOA)基因的启动子区有一处VNTR,等位基因之间的差别在于一个30bp的单元重复了多少次,人群中有2、3、3.5、4和5次5种等位基因,不同的等位基因在转录效率上存在差异。

在人类基因组计划完成之前,人们便对寻找心理行为相关基因显示出了浓厚的兴趣,即使学术圈之外的普通民众也是如此。请回想这些年的社会新闻,印象中是不是科学家们已经找到了"抑郁基因"、"暴力基因",甚至"花心基因"?事实上并非如此。探寻心理行为相关基因的道路向来是崎岖的。要知道,人类基因组有30亿个碱基对,2万—3万个基因,其中300万个碱基对在人与人之间是不同的。在海量的基因序列中寻找某特定性状相关位点的工作犹如大海捞针,其难度可想而知。即便是在后基因组时代的今天,人们也不敢说掌握了开启基因奥秘这扇大门的钥匙。自孟德尔遗传定律问世以来,大批遗传学研究涌现,科学家在这一领域的收获不可谓不丰。根据Glazier等人(2002)的综述,截止到2001年,见诸报道的人类孟德尔性状相关基因多达1336个。所谓孟德尔性状,指由单个基因突变导致的表型变异。一般来说,孟德尔性状在人群中发生率低,但表型与基因型之间的相关很强。一些罕见的遗传性疾病属于孟德尔性状,如亨廷顿舞蹈症、苯丙酮尿症、β-地中海贫血等。这类疾病又被称为单基因病。然而,大多数人类心理行为,比如智能、人格特点、性取向、情绪特点、成瘾行为等,似乎都不属于孟德尔性状。这些性状被称为复杂性状。与复杂性状有关的遗传位点不止一个,通常有很多个,但每一个位点与表型的相关程度都很低,根据单一位点不能推测表型。在这些基因位点的联合作用下,复杂性状在人群中呈数量分布,因此这些位点被称为数量性状位点(quantitative trait locus,QTL)。目前已知的人类复杂性状相关基因数目非常有限,比孟德尔性状相关基因少得多。

大体上,探寻心理行为相关基因的研究策略可分为目标明确型和目标不明确型两类。前者是在研究实施之前有明确的假设,然后带着假设去证实目标位点是否与表型相关。后者则是在研究实施之前并没有明确的假设,通常是以系统的方法在全基因组范围内进行搜索。接下来将介绍目标不明确型中的两种代表性策略——连锁研究和全基因组关联研究,以及目标明确型的代表性策略——候选基因研究。连锁研究(linkage study)利用的是基因重组的原理。生殖细胞减数分裂时,来自父本和来自母本的同源染色体的姐妹染色单体发生交叉,互换了部分染色体。重组后,同一条染色体中一部分来自于父亲,另一部分来自于母亲。这种混合的染色体普遍存在于人类的精子和卵子中,通过正常的生殖过程传递给子代。连锁研究需要收集家族信息,比如患某病的情况,绘制成家谱,并收集家族中各成员的 DNA 样本。进行连锁研究还需要遗传标记,即染色体上位置明确、在人群中有多态性的基因或 DNA 序列。如果拟探寻的基因与某遗传标记重组率高,则说明二者在染色体上的位置较远,反之较近。连锁研究在确定孟德尔性状的研究中发挥了重要的作用,它的优势在于能够在全基因组范围内进行搜索,系统而全面。另外,连锁研究有着相对较低的假阳性率。连锁研究的劣势主要包括:需要家系,寻找样本较困难;只适合定位效果量大的基因,难以发现那些对表型方差解释率小于 5% 的基因;分辨率差,即使是与遗传标记紧密连锁的基因也要相距 100 万—500 万个 bp。与人类心理行为相关的基因大多是 QTL,即效应量小的多基因系统,因此连锁研究策略其实并不适合在心理学领域使用。

全基因组关联研究(genome-wide association study,GWAS)是近年来快速兴起的一种研究策略,可以同时检测许多个常见遗传变异(主要是 SNP)与性状的相关性。全基因组关联研究不需要寻找家系样本,但需要大样本量,而且需要采用病例—对照(case-control)设计,即样本中包含患者(如精神分裂症患者)和健康对照两组。所有被试均须提供 DNA 样本,然后研究者会使用 DNA 芯片对每个样本进行基因分型。这种方法的吸引人之处在于它是高通量的,一次能够对上百万个遗传变异位点进行分型。如果某等位基因在患者中频率更高,则可认为该等位基因与疾病相关。

与连锁研究类似,GWAS 也不需要事先建立明确的假设,而是在全基因组内探索性状相关位点的系统性方法。第一个 GWAS 研究诞生于 2005 年,是关于黄斑变性的。在其后的数年间,GWAS 被认为是探寻多基因疾病遗传基础的最佳方法而风靡一时。随着研究数量的增多,一些问题也逐渐暴露。比如,GWAS 研究发现的遗传位点往往得不到其他研究的重复验证,这点在精神疾患领域最为明显。另外,研究发现的相关位点多数在非编码区,这些位点与疾病之间的因果关系难以说明。最后,高昂的测试费用加上大样本量的要求使多数实验室止步于 GWAS 门外。

最后一种策略是候选基因研究(candidate gene study)。与前两种策略不同,进行候选基因研究需要事先建立假设。通常研究者需要根据动物实验、生理生化研究和药理研究找到某基因可能与某疾病有关的线索。例如,脑内 5-羟色胺(serotonin, 5-HT)缺乏或活性降低可能导致抑郁,且选择性 5-羟色胺再摄取抑制剂类药物(如帕罗西汀等)能够缓解抑郁症状,因此可以推测脑内 5-羟色胺系统有关的基因可能与抑郁有关。候选基因研究既可以采用病例—对照设计,也可以在普通人群中采集样本,非常适合研究在人群中呈连续分布的心理行为特点。在取得每个被试的 DNA 样本后,研究者将针对已选定的 1 个或若干个多态性位点进行基因分型,然后计算基因型与表型的相关性。由于选定的基因作用清楚,这类研究发现的遗传位点与表型之间的因果关系往往比较令人信服。其主要劣势在于,建立合理的假设依赖于对基因及其多态性位点的既有知识,故难以获得全新发现。另外,研究发现的单一位点所具有的效应量往往很小。

在近年来的文献中,全基因组关联研究和候选基因研究都非常多见。总的来说,前者更善于发现新的性状相关位点,而后者更善于围绕已知的遗传位点深入探讨其作用机制,如遗传—环境交互作用。虽然二者目前都面临着一些需要解决的问题,但它们对于科学发展的贡献是不可或缺的。

3.2 从"先天或后天"到"先天和后天"

"先天与后天"之争不仅是学术史上一次轰轰烈烈的大争论,其影响甚至波及法律、政治等人类社会的其他领域。基于一系列观察和研究,行为遗传学创始人高尔顿得出了这样的结论:"无可否认,当后天养育的差异不超出同一国家、同一社会阶层中常见的程度时,先天的影响大大胜于后天。"(Galton, 1876)基于这一结论高尔顿更是提出了"优生学"这一概念,其影响很快从欧洲传播至北美。在优生学理论的引导下,人们为了提高种群的遗传优势做出了多种努力,如对唐氏综合征等先天性疾病进行筛查和控制。然而,某些极端的优生学家为了消灭人群中的劣势遗传特征,提出了一些为后人所诟病和唾弃的主张，有些甚至影响了公共政策，比如对遗传性智障的个体进行强制性绝育。在第二次世界大战中，优生学的主张更是被纳粹德国所利用，造成了人类史上惨绝人寰的大屠杀。因此，二战后，优生学及遗传决定论失去了往日的风光，环境决定论占了上风。其中最极端的观点来自于行为主义的代表人物华生（John Watson）和斯金纳（Burrhus Frederic Skinner）。华生曾经发表过这样一段为后人津津乐道的言论（1924）："给我一打健康的婴儿，让我在自己设计的世界里将他们抚养大，我保证能将他们当中的任意一个培养成为我想要他成为的任何一种专业人士——医生、律师、艺术家、商人，甚至乞丐或强盗，无论他的天赋、兴趣、秉性如何，也不管他父母的职业及种族如何。"可见，环境决定论者极度强调后天环境的作用。

即使是在环境决定论大行其道的年代，科学家们在研究中仍然可以频繁地观察到遗传的影响。特别是在智能方面。例如，Leahy 的收养研究（1935）发现，收养家庭中父母与子女之间的 IQ 相关低于普通家庭中父母与子女之间的 IQ 相关，提示遗传因素对 IQ 有影响。另一项研究也显示（1949），收养子女与亲生父母的 IQ 显著相关。Erlenmeyer-Kimling 和 Jarvik 在 1963 年于《科学》杂志上发表的一篇综述中总结回顾了过去 50 年间有关智能的行为遗传学研究，得到了"智能的组内相似性随遗传相似性而增加"的结论。其时正值环境决定论在西方的影响日渐衰弱之际，这些早期的行为遗传学再次燃起了人们探索遗传影响的兴趣。然而，Arthur Jensen 在 1969 年发表的文章《IQ 和学业成就能够人为地提高多少》一文再度将行为遗传学家们推到了风口浪尖。对 Jensen 的批评主要集中在他关于非裔美国人智商低于白种人的结论上。Jensen 认为，旨在提升非裔美国人智商的项目注定是失败的，其原因在于人类智商变异的 80% 由遗传决定。种族问题一向是美国社会的敏感问题，这样的结论必然会引来潮水般的批评，Arthur Jensen 至今仍被认为是心理学史上颇富争议的学者之一。

批评的积极结果是激发出一批设计更严谨、规模更大的现代行为遗传学研究。以人类智能研究为例，美国明尼苏达大学教授 Thomas Bouchard Jr. 使用《韦氏成人智力量表》测量了明尼苏达双生子库中 88 对同卵双生子的 IQ。在这些同卵双生子中，48 对是从婴儿期就分开抚养的（MZA），40 对是在同一家庭中成长的普通双生子（MZT）。Bourchard 等人发现（1990）无论是 MZT 还是 MZA，他们在 IQ 分数上都非常接近：MZT 在 IQ 总分、言语分量表和操作分量表上的对内相关分别为 0.88、0.88 和 0.79，MZA 相应的三个分数的对内相关分别为 0.69、0.64 和 0.71。经计算，IQ 分数大约 70% 的变异都可以用遗传因素解释。类似地，Pedersen 等人（1992）所做的瑞典双生子分养研究显示，一般认知能力的遗传度约为 80% 左右。

有研究者整合了家庭研究、收养研究和双生子研究的数据（Bouchard 和 McGue，1981；Loehlin，1989），得到亲属之间一般认知能力相关性的排序如下：生活在一起的同卵双生子(0.86)＞分开抚养的同卵双生子(0.72—0.78)＞生活在一起的异卵双生子(0.60)＞普通家庭的兄弟姐妹(0.47)＞普通家庭中父母与子女(0.42)＞收养儿童与养父母亲生子女(0.32)＞收养儿童与自己的亲生父母和同胞(0.24)＞养父母与收养儿童(0.19)。采用结构方程模型进行拟合分析,遗传因素对一般认知能力的贡献至少可达50%。另外50%的贡献则来自于环境因素,其中,25%来源于共享环境因素,25%来源于非共享环境因素(包括测量误差)。需要说明的一点是,虽然得到了有遗传影响结论,但不代表"龙生龙,凤生凤"的结论站得住脚,因为普通家庭中父母与子女之间的相关系数只有0.42。所谓"遗传影响",主要指个体自身所携带的遗传物质的影响,研究结果反映的是同卵双生子的高相关性。

根据生活经验,多数人会认为,随着年龄的增长,一对双生子经历的不同事情越来越多,环境的影响会变得越来越重要,而遗传的影响则会越来越小。然而,研究结果给出了相反的答案。Plomin等(1997)对科罗拉多收养样本中的245个收养家庭进行了长达16年的追踪研究,结果发现,尽管收养儿童的一般认知能力在童年早期与养父母有微弱相关,但到了童年中期至青春期就不再相关了,反而与亲生父母越来越相似。收养儿童与亲生父母相似程度的变化规律与普通家庭中亲子之间相似性的变化规律基本一致。这种规律不仅体现在一般认知能力上,同样也体现在言语能力、空间加工能力、认知加工速度等方面。McGue等人(1993)总结了多项双生子研究的结果,如图3.3所示,他们发现同卵双生子的认知能力在每个年龄组都表现出高的对内相关(约0.8),异卵双生子虽然在儿童期和青少年期表现出较高的对内相关(约0.6),但到了成人期,对内相关降低至中等程度(约0.4)。不难算出,遗传度从童年

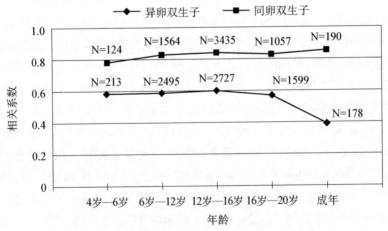

图3.3 同卵双生子和异卵双生子一般智能相关程度随年龄的变化
(来源:McGue等,1993)

和青春期的40%—50%上升至成年期的80%左右。Pederson等人(1992)在瑞典老年双生子样本中进行的研究也得到了类似的结论,即老年人一般智能的遗传度可达80%。虽然高达80%的遗传度并不被所有学者认可,但绝大多数人都接受"成年人一般智能的遗传度在60%以上"的结论。

遗传因素对表型方差贡献升高是否说明环境因素的贡献降低了呢?表面上看的确是这样,但降低的只是其中共享环境因素的部分,非共享环境因素的贡献并未降低,甚至略有升高。共享环境因素指一个家庭中所有小孩共同所处的环境,父母的社会经济地位、教育水平、家庭住房情况和小区环境等都包括在内。在双生子研究中,异卵双生子相似性中不能被遗传因素解释的部分反映了共享环境因素的影响。如图3.3所示,成年后,异卵双生子在一般智能上的相似性降低,然而,计算所得的遗传影响在成年后是升高了的,那么共享环境因素的影响必然是降低的。收养研究可利用收养儿童与养父母亲生子女之间的相关程度来估计共享环境的影响,因为收养儿童与养父母家的兄弟姐妹们在遗传上并不相关,他们之间的任何相似性都应该是来自于共享环境。一般来说,童年时收养儿童的确与养父母家的亲生子女显示出一定的相似性,一般智能上的相关系数在0.3左右(Bouchard和McGue,1981;Loehlin,1989)。但到了青春期后,该相关性明显降低。一项研究(Scarr和Weinberg,1978)调查了一些16岁—22岁的收养子女及他们在养父母家中的兄弟姐妹。结果发现,在这个年龄段,收养子女与无血缘关系的兄弟姐妹间IQ的相关仅为0.03。另一项研究(Loehlin,Horn和Willerman,1989)对一组收养家庭进行了为期10年的追踪。研究开始时,这些儿童的平均年龄为8岁,收养儿童与收养家庭中无血缘关系的兄弟姐妹间IQ的相关性为0.26。而10年后,他们之间IQ的相关降至0。

McGue等人(1993)在总结了多项研究后,对一般智能受遗传和环境影响程度的发展变化得出了这样的结论:在儿童期,遗传、共享环境、非共享环境因素的贡献分别为40%、25%和25%,另有10%来自测量误差;成年期,遗传、共享环境、非共享环境因素的贡献分别为60%、0和35%,另有5%来自测量误差。除遗传因素外,非共享环境因素的影响也随年龄增长而变得突出。那么,究竟哪些因素属于非共享环境因素呢?比较显而易见的非共享因素包括同伴(家庭中的每个孩子有各自的朋友)、教育经历(每个孩子的学校、老师不同,兴趣班不同)等。一些在传统上被认为属于共享环境的,比如家庭教养方式等,其实部分地属于非共享环境。尽管父母们总是信誓旦旦地说,自己对待几个子女是一视同仁的,然而孩子们的切身感受并非如此。这种父母感受与孩子感受的差异已被研究数据印证。Reiss等人(2000)对700多个家庭进行了访谈,并拍摄录像。问卷测评结果显示,父母报告自己对家中两个青春期孩子教养方式的相关性为0.70,而孩子自我报告的父母教养方式相关性仅为0.25。客观观察数据显示,父母对待不同子女的相关性仅为 0.30。可见,对于不同的孩子,生活在同一家庭相当于暴露于不同的环境,这种不同是主观的,也是客观的。对于一般智能来说,非共享环境因素在孩子成年之后变得更为重要,此时的非共享环境已有别于未成年时。成年后,孩子不再与父母和兄弟姐妹共同生活,非共享环境便囊括了更多的内容,比如不同的人际网络、职业环境、突发事件等。由于人们在考虑环境影响时,总是首先想到诸如家庭环境那样的共享环境因素,非共享环境的突出作用显得有点出乎人们意料。非共享环境的具体内容及作用方式已成为当今的研究热点,在美国甚至有一个专门为非共享环境设计的名为"青春期中的非共享环境"(Nonshared Environment in Adolescent Development, NEAD)的大型追踪项目。

行为遗传学在心理病理学领域也获得了不少成果。让我们首先回顾一下最受关注的精神障碍——精神分裂症方面的研究情况。家系研究、双生子研究和收养研究一致观察到了遗传因素对精神分裂症的影响。家系研究显示,患者一级亲属的发病率为 9%,二级亲属的发病率为 4%,均显著高于人群中 1% 的发病率(Plomin 等,2005)。特别值得注意的是,患者子女的发病率高达 13%。如前所述,家系研究不利于分离环境因素与遗传因素的影响,患者子女发病风险高的情况既可能是由遗传造成的,也可能是由患精神分裂症的父母在孕育、抚养孩子的各个阶段不能为其提供恰当的照顾造成的。要知道,孕期病毒感染等也是精神分裂症的风险因素。更关键的遗传影响证据来自双生子研究和收养研究。与一般智能研究不同的是,精神分裂症的双生子研究考察的是一对双生子的共病率,而不是某性状(如 IQ)的相关系数。历史上,Genain 家(化名)的同卵四胞胎是最著名的个案。四姐妹先后被诊断为精神分裂症,这强烈提示遗传因素的作用,尽管她们的病情并不完全一致。根据 Cardo 和 Gottesman(2000)对 1995 年—2000 年间精神分裂症双生子研究的总结,同卵双生子共病率为 41%—65%,异卵双生子共病率为 0%—28%,并据此计算出遗传度为 80%—85%。不共病的同卵双生子(一个患病,另一个不患病)具有特殊的价值,人们相信,对这些双生子进行研究可以窥探到病因学的奥秘。例如,通过对丹麦不共病双生子及其后代的长期追踪,Gottesman 和 Bertelsen(1989)发现,在不共病同卵双生子中,患者的后代发生精神分裂症和相关障碍的风险为 16.8%,并不显著高于未患病者后代中 17.4% 的发病风险。在不共病异卵双生子中,患者后代的发病风险为 17.4%,显著高于未患病者后代中 2.1% 的发病风险。该研究结果提示,遗传因素决定个体患病的倾向,或称"素质",但是否真的发病还取决于环境因素(如应激)和一些偶发情况。这一现象能够被精神病理学领域著名的"素质—应激理论"很好地解释。

【专栏】

"素质—应激理论"和"差异易感性假说"

素质—应激理论(diathesis-stress theory)和差异易感假说(differential susceptibility hypothesis)是精神病理学领域两个颇具影响力的模型。本章的许多内容都与这两个模型有着千丝万缕的联系。一方面,行为遗传学对精神分裂症、抑郁等障碍的实证研究结果往往能够被这两个模型很好地预测;另一方面,行为遗传学研究又反过来为理论模型的建立和完善提供了很多证据。可以说,行为遗传学实证研究与这两个模型的关系是理论与实践相互促进、齐头并进的典型范例。出于这样的原因,此处对两个模型做出简略介绍。

长久以来,人们认为精神分裂症、抑郁等障碍都是反应性的,是对现实生活中的打击适应不良的结果。然而,面对同样的打击,个体之间的反应差别很大。例如,同样是经历丧亲、失恋或父母离异等重大打击,有些人发生了这样或那样的精神症状,而另一些人则不受影响。素质—应激理论(Monroe 和 Simons,1991;Zuckerman,1999)认为,罹患某种精神障碍是患病倾向与应激性环境共同作用的结果。这里的倾向主要指遗传或生物学倾向。对于患病的最终结局,患病倾向和环境应激缺一不可。仅有患病"素质"或仅有应激性环境都不至于导致发病。素质—应激理论得到了很多实证研究结果的支持,如精神分裂症和重症抑郁的双生子研究都显示,即使是带有同样一套遗传物质的同卵双生子(有着相同的遗传倾向)也可能出现一个患病,一个健康的情况。但不共病同卵双生子的后代中发病率是非常接近的,说明这种患病的素质是可遗传的。发展心理学领域也有类似的模型(Sameroff,1993),称为相互作用模型/双风险模型(transactional/dual risk model)。围绕该模型进行的研究包括儿童气质与家庭教养方式的相互作用等。

差异易感性假说是在素质—应激理论基础上发展起来的理论模型。近年来,研究对于环境的测量越来越宽泛,已经不只局限于应激性环境,甚至包含了一些较为积极的环境,如良好的家庭教养方式或干预措施等。素质—应激理论并没有对个体在积极环境中的行为或是否发病的结局做出任何预测。然而,不断有研究观察到了积极环境中的个体差异,而且在积极环境中受益较多的个体往往是那些应激性环境中的"高风险个体"。于是,Belsky 和 Pluess(2009)提出,个体间的差异实际上不是对风险因素的易感性,而是对环境的敏感程度,敏感个体在消极环境中易发生问题,在积极环境中则受益。

收养研究得到了与家系研究和双生子研究类似的结果。Heston 在 1966 年首次报道了关于精神分裂症的收养研究。Heston 找到了 47 名出生后几天之内便被收养的孩子，他们的共同特点是有患精神分裂症的生母。成年后，这 47 人当中有 5 名被诊断为精神分裂症，显著高于对照组，提示遗传因素的影响。类似的，Rosenthal 等 (1971)在丹麦的大规模收养样本中筛选出亲生父母患有精神分裂症的被收养者 44 名和亲生父母无精神障碍的被收养者 67 名，对他们进行了访谈。结果发现，精神分裂症患者后代中出现"精神分裂谱系"症状的比例为 31.6%，远高于对照组的 17.8%。芬兰也在全国范围内开展了类似的工作，共募集到 155 名被收养的精神分裂症患者后代和 186 名对照组收养子。在患者后代中，有 10% 被诊断为精神病，在对照组中仅有 1% 被诊断为精神病。值得注意的是，两组被试之间的差异仅在收养家庭环境不良的情况下有所体现，收养家庭环境良好时差异不大。丹麦收养研究 (Kety 等, 1994)采用了与以上几个研究相反的思路：找到患病的收养子女，然后调查其亲属中的发病率，并与对照组相比较。结果发现，患慢性精神分裂症的收养子女其一级亲属(亲生父母及同胞手足)的发病率为 4.7%，10 倍于对照组一级亲属的发病率。另外，在患病收养子的养父母和非血缘关系的兄弟姐妹中无人患精神分裂症，提示精神分裂症的来源并不是共享环境因素。

这种"遗传+非共享环境"的模式同样体现在情绪障碍的研究结果中。情绪障碍主要包括重症抑郁(major depression)和双向障碍(bipolar disorder)。家系研究表明，二者均具有家族聚集性的特点。其中，双向障碍患者一级亲属的发病率为 8%，远高于人群中 1% 的发病率；重症抑郁患者一级亲属的发病率为 9%，也高于人群中 3% 的发病率(McGuffin 和 Katz, 1986)。对于重症抑郁，同卵双生子的共病率为 40%—43%，异卵双生子的共病率为 11%—20%；对于双向障碍，同卵双生子的共病率为 62%—72%，异卵双生子的共病率为 8%—40%(Allen, 1976；Bertelsen, Harvald 和 Hauge, 1977；McGuffin 等, 1996；Torgersen, 1986)。研究者使用生物统计学模型进行模型拟合后发现，这两种障碍都具有遗传基础，且双向障碍的遗传度要高于重症抑郁。例如，Sullivan 等人(2000)对 5 项重症抑郁双生子研究的数据进行了元分析，估算出重症抑郁的遗传度为 37%，其余 63% 的贡献来自于非共享环境因素，共享环境因素的影响微乎其微。Kendler 等人(1995)的瑞典双生子研究则发现，双向障碍的遗传度高达 79%，其余 21% 的贡献来自于非共享环境因素，共享环境因素的影响也不显著。与精神分裂症研究结果类似，对不共病同卵双生子的研究显示，患双向障碍的一方与不患双向障碍一方后代的发病风险均为 10%，提示发病结局是遗传"素质"与环境风险因素共同作用的结果(Bertelsen, 1985)。

不少学者主张，情绪障碍的症状在人群中是呈连续分布的，所谓患者只是在连续分布的一端上症状严重程度超过了阈值的一部分人,因而临床下的抑郁症状也值得关注。当考虑普遍存在于人群中的抑郁症状时,情况变得更为复杂。多数研究结果显示,抑郁症状像重症抑郁一样,也具有中等程度的遗传度,并且也有相当一部分的表型方差可以被非共享因素解释(Burt,2009;Chen,Li,Natsuaki,Leve 和 Harold,2014)。研究结果的分歧体现在共享因素上。Burt 对 490 项相关的双生子研究和收养研究进行了元分析后发现,共享环境因素的贡献虽然只占到 13.9%,但却是显著的。Chen 等人(2014)基于北京市青少年双生子样本库进行的研究则发现,共享环境因素的贡献并不显著。研究结果之间的不一致可能是由文化、种族、年龄、报告者、测量工具等方面的不同造成的。

以上以精神分裂症和情绪障碍为代表,介绍了行为遗传学研究方法对精神病理学领域的贡献。在人格研究领域,行为遗传学研究也获得了一些有价值的成果。关于人格的行为遗传学研究可追溯至 20 世纪 70 年代,Loehlin 和 Nichols 出版了一本名为《遗传、环境与人格》的书(1976)。该书介绍了一项基于 850 对双生子的人格研究,其主要结果——大部分人格特征都具有中等程度的遗传基础——不断地被后来的研究印证。在种类繁多的人格测验中,大五人格受到了最多的关注。例如,据 Loehlin 报道(1992),在外倾性维度上,同卵双生子的对内相关为 0.51,异卵双生子为 0.18;分开抚养的同卵双生子对内相关为 0.38,异卵双生子为 0.05。在神经质维度上,同卵双生子的对内相关为 0.46,异卵双生子为 0.20;分开抚养的同卵双生子对内相关为 0.38,异卵双生子为 0.23。根据这些数据可推算出外倾性遗传度约为 50%,神经质遗传度约为 40%。此处值得注意的一点是,同卵双生子的对内相关远高于异卵双生子的对内相关,此时需要考虑非可加性遗传因素的影响。一般来说,当同卵双生子的对内相关大于异卵双生子对内相关的 2 倍时,便需要在模型拟合时考虑非可加性遗传因素(显性基因效应和异位显性基因效应)。大五人格的其他三个维度——宜人性、尽责性和开放性——的遗传度分别为 35%、38%和 45%(Loehlin,1992)。与一般智能和情绪障碍类似,其余 60%左右的贡献主要来自于非共享环境因素,而共享环境因素的贡献甚微。类似地,Riemann 等人(1997)报告了大五人格五个维度的遗传度为 42%—56%。此外,同伴报告的大五人格各维度的遗传度(51%—81%)甚至要高于自我报告。除可加性遗传因素和显性遗传因素外,研究者在五个维度上全都观察到了非共享环境因素的作用,而共享环境因素的作用只在同伴报告的宜人性维度有所显现。

除大五人格外,其他人格也被发现具有遗传基础。例如,Tellegen 等(1988)使用多维度人格问卷对明尼苏达双生子库中的 331 对合养双生子(217 对同卵,114 对异卵)及 71 对分养双生子(44 对同卵,27 对异卵)进行了测量。问卷包含幸福感、社交潜能、成就、人际亲密感等 11 个初级维度和积极情绪性、消极情绪性、约束 3 个高阶维度。Tellegen 等发现,分开抚养的同卵双生子在这 14 个维度上的对内相关(0.29—0.63)并没有比合养的同卵双生子(0.43—0.65)低很多,提示有遗传因素的贡献。模型拟合结果显示,遗传因素对总体方差的贡献为 39%—58%,其中既包括可加性遗传影响,也包括非可加性遗传影响。非共享环境的贡献占到 36%—56%。除人际亲密感和积极情绪性两个维度外,其余各维度均未见显著的共享环境因素影响。感觉寻求也是研究得较多一项人格特点。如 Koopmans 等人(1995)考察了感觉寻求的四个维度——惊悚冒险寻求、经验寻求、无聊易感性和去抑制,采用双生子设计估算出遗传度为 48%—63%,其余方差可由非共享环境因素和测量误差解释。与其他人格特点不同的是,Koopman 等人(1995)并未观察到非可加性遗传效应对感觉寻求的影响,体现在数据上就是同卵双生子的对内相关不明显高于异卵双生子对内相关的 2 倍。

对于儿童期的气质的研究,自陈式问卷显然是不适用的。然而,双生子的父母评价孩子时,常常会出现对比效应。比如本来两个孩子在外倾性上差不多,但家长觉得一个较外向,另一个较内向,就会在评分时拉大两个孩子的分值差。因此,对于儿童气质,研究者倾向于使用行为观察法进行测量。比较有限的证据显示,婴幼儿在行为抑制、害羞等方面都在一定程度上受遗传影响(Cherny 等,1994;Matheny,1989;Robinson 等,1992),并且遗传因素似乎与跨时间、跨情景的稳定性有关,而跨时间、跨情景的变化似乎更多地与环境有关。

以上篇幅总结回顾了过去几十年间行为遗传学领域在一般智能、精神障碍和人格研究中取得的进展。实际上,这三方面研究结果有着惊人的相似性:首先,三者都具有中等及以上程度的遗传基础;其次,环境因素的影响不容忽视,但以非共享环境为主,共享环境的影响较小,甚至在很多情况下可以忽略不计。类似的结果不断涌现,面对这些富有说服力的证据,如今人们已不再执著于"先天或后天"之争。绝对的"环境决定论"或"遗传决定论"都失去了市场,人类的心理行为是先天和后天因素共同作用的结果已成为人们的共识。

回顾近半个世纪的发展历程,行为遗传学研究对于心理学的贡献不只局限于提供了对遗传度的估计,它们还在以下方面加深了人们对于心理行为的认识和理解:(1)为理清疾病或症状簇之间的关系提供证据。例如,重症抑郁和双向障碍有着不同的遗传度,支持它们是两种障碍。然而,双向障碍患者的亲属中重症抑郁发病风险增加,但重症抑郁患者亲属中双向障碍的发病风险并不高于一般人群,提示二者的症状有关联,且双向障碍的严重程度高于重症抑郁。(2)揭示"发展"的本质,如一般智能的遗传度随年龄的增长而升高。(3)与理论的发展相互促进,相辅相成。如同卵双生子不共病的现象很好地印证了"素质—应激理论"。

既然人们在"先天或后天"的问题上已基本取得共识,那么是不是说明行为遗传学可以退出历史舞台了呢?当然不是!遗传和环境的作用方式比人们最初想象的要复杂得多。在"先天或后天"之后,还有许多科学问题等待着行为遗传学家们去探索。其中,"遗传—环境相关"与"遗传—环境交互作用"可以说是最具吸引力的若干问题中的两个。

3.3 遗传—环境相关与遗传—环境交互作用

传统行为遗传学研究将遗传和环境视为独立的两个方面,目前看来,二者之间的关系极为复杂,至少不是像人们最初设想的那样彼此独立。发展心理学家葛小佳在对爱荷华州的收养样本进行分析时发现了一个有趣的现象:养父母对待孩子的方式与亲生父母的行为问题水平相关!Ge等人(1996)调查了这些孩子亲生父母发生酒精滥用/依赖、反社会行为、毒品滥用/依赖的情况,依据临床诊断将亲生父母分为无行为问题、有一项行为问题和有多项行为问题3组。结果发现,亲生父母行为问题越多,养父母对待养子女就越粗暴,抚养行为就更漫不经心,温情和关爱就越少。然而,在这个样本里,收养过程大多是通过中介完成,不存在亲生父母和养父母相互挑选的可能性。那么这种亲生父母和养父母之间的相关是如何形成的呢?通过对数据的深入分析,Ge等人发现,在亲生父母的行为问题和养父母教养方式之间有一个中介变量——养子女自身的反社会行为水平。养父母粗暴、缺乏温暖的教养方式是儿童反社会行为的结果,而儿童的反社会行为则在相当大的程度上来源于遗传因素。换言之,儿童由于部分地遗传到了亲生父母的反社会行为特质,在日常生活中表现出更多的反社会行为,进而导致养父母失去耐心、缺乏关爱,采取粗暴等不良的教养方式。发展心理学研究通常将父母的教养方式视作环境因素,但Ge等人的研究提示,不能将教养方式视为纯粹的环境因素,因为教养方式与儿童自身的某些遗传特质有关。这种环境与个体携带基因之间的相关被称为遗传—环境相关。Rutter和Silberg(2002)将遗传—环境相关定义为:当个体的基因型影响了他/她暴露于环境风险的概率时,便发生了遗传—环境相关。需要注意的是,该定义的提出是针对精神病理学研究的,在其他领域,基因型影响的也可能是个体暴露于良性环境(保护性环境)的概率。

遗传—环境相关在发展心理学领域得到了较多的关注。在科罗拉多收养项目中,Braungart等人(1992)使用一种结合了访谈与观察法的测量方法——家庭环境观测(home observation for measurement of the environment, HOME),对105对普通兄弟姐妹和85对无血缘关系的收养兄弟姐妹的家庭环境进行了测量,内容包括父母对孩子的反应性、接纳和玩具提供等。测量在婴儿12个月和24个月时实施了2次。就家庭环境而言，普通兄弟姐妹之间在2个时点上的相关系数分别为0.58和0.57，均显著高于收养兄弟姐妹之间的相关系数0.35和0.40，提示家庭环境受遗传影响。模型拟合分析显示，在两个时间点上，家庭环境的遗传度都达到了40%。Rowe（1981，1983）使用家庭环境量表（*Family Environment Scale*，FES）测量青少年双生子感知到的家庭环境。该量表包含凝聚力、表达、冲突等10个分量表，因子分析得到2个因子——接受与控制。Rowe发现，青少年感知到的家长接受程度具有遗传基础，而家长控制不具遗传基础，后者主要受共享环境影响。多项研究复制了Rowe研究的结果（Bouchard和McGue，1990；Herndon等，2005；Hur和Bouchard，1995；Jang等，2001；Plomin等，1988）。各项研究估算出家长接受的遗传度为0.27—0.42，家长控制的遗传度为0.11—0.30，但通常是不显著的。

亲子互动关系的相关研究也发现了一定程度的遗传影响。例如，Deater-Deckard和O'Connor（2000）收集了一组3岁双生子的样本和一组3岁收养子样本，采用观察法对这些儿童家庭中亲子之间的互动关系进行了测量，内容主要包括亲子之间的合作和情感共鸣。他们在双生子样本和收养样本中获得了类似的结果：亲子互动关系受遗传影响，其遗传度为50%—60%。Elkins等人（1997）使用父母环境问卷（*Parental Environment Questionnaire*，PEQ）测量青少年双生子家庭中的亲子互动关系，最后在冲突、卷入对方生活、相互尊重等方面发现了显著的遗传影响，并且17岁年龄组的遗传度大于11岁年龄组，提示遗传因素的作用随年龄而提高。

家庭以外的环境因素也存在遗传—环境相关的现象。例如，同伴关系、班级环境、工作环境、社会支持、生活事件、意外事故和毒品环境等传统意义上的"环境因素"都显示出一定程度的遗传基础（Plomin等，2005）。生活事件是精神病理学领域中最受关注的环境因素之一。多项研究显示，生活事件也不是一个纯粹的环境因素，其中掺杂着遗传的影响。例如，Kendler等人（1993）发现，遗传因素可以解释生活事件总方差的20%。类似地，Chen等人（2013）对中国青少年双生子的研究发现，遗传因素可以解释生活事件总方差的10%左右。

近年来，一批使用双变量遗传学模型分析遗传—环境相关的研究开始涌现。典型的双变量遗传学模型如图3.4所示。这类模型实际上是对传统单变量模型（见图3.1）的扩充。研究中测得的环境变量和心理行为结果变量都被假设受到遗传因素、共享环境因素和非共享环境因素3个潜变量的影响。该模型的优势在于，不仅能计算环境因素的遗传度，还能够估算出环境变量和心理行为结果之间的遗传相关度。例如，Lau和Eley（2008）利用双变量模型探讨了两个环境变量（负性生活事件和母亲惩罚式教养）与它们带来的心理行为结果（青少年抑郁）之间的遗传相关。首先，研者使用单变量 ACE 模型估算出抑郁、负性生活事件和母亲惩罚式教养的遗传度分别为 40%、37% 和 31%。然后,研究者使用双变量模型进行模型拟合,发现两种教养方式与青少年抑郁症状都有着共同的遗传基础。其中,生活事件与抑郁的共同遗传基础可以解释抑郁总方差的 21%,母亲惩罚式教养与抑郁的共同遗传基础可以解释抑郁总方差的 28%。Brendgen 等人(2009)研究了儿童抑郁样行为与同伴拒绝之间的遗传相关,后者通常被认为是导致儿童抑郁样行为的环境因素。结果发现,儿童抑郁样行为总方差的 30% 左右可以被遗传因素解释,而这之中的 54% 都是与同伴拒绝所共有的。目前发现拥有共同遗传基础的"环境—心理行为结果"关系还包括:家庭环境—青少年抑郁和反社会行为、父母抚养—人格、生活事件—老年人人格、社会经济状况—一般认知能力等(Plomin 等,2005)。

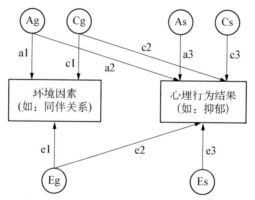

图 3.4 用于评估遗传—环境相关的多元遗传学模型

(来源:Neale 和 Maes, 1996)

注:Ag:环境因素与心理行为结果共有的遗传影响源;As:心理行为结果特有的遗传影响源;Cg:环境因素与心理行为结果共有的共享环境影响源;Cs:心理行为结果特有的共享环境影响源;Eg:环境因素与心理行为结果共有的非共享环境影响源;Es:心理行为结果特有的非共享环境影响源。该模型需要双生子设计或其他提供遗传信息的设计,此处只显示了双生子之一的模型,双生子间的遗传相关和环境相关同单变量 ACE 模型。

Plomin 等人(1997)提出了遗传—环境相关的三种类型:被动型、唤起型和主动型。如果个体所处的环境并非个体行为所致,但环境依然与个体的遗传倾向相关,此时的遗传—环境相关便是被动型。这种类型常见于家庭环境。比如,出生于美术世家的儿童,会或多或少地从父母身上继承到一些美术天赋的基因。由于父母职业的关系,家中必然充满了各种美术用品和艺术作品。于是,孩子携带的基因与他所处的环境便产生了相关,但这种相关并非孩子造成的,孩子只是被动地接受了基因和环境。再如,物质成瘾者的孩子可能会继承到一些物质成瘾相关基因,与此同时,也被动地暴露于父母创造的毒品环境中。在唤起型和主动型遗传—环境相关中,个体不再是无辜的环境接受者。在唤起型遗传—环境相关中,个体以具有遗传基础的行为引发他人反应,为自己创造了环境。本节开始时介绍的 Ge 等人(1996)发现的反社会行为遗传特质与不良教养方式之间的相关就属于唤起型。Chen 等人(2013)发现,那些与人际关系有关的负性生活事件——如与老师闹矛盾、与同学起冲突等——通常都具有遗传基础,推测是个体的某些遗传倾向(如神经质、反社会行为)引发了他人的敌对反应,进而形成了人际关系不睦这样的结果。在主动型遗传—环境相关中,个体主动地探寻、创造与自身遗传倾向相关的环境。如,具有运动天赋的孩子喜欢参加运动队和体育比赛,也喜欢与同样有运动天赋的同伴交往,这些环境都是这个孩子主动寻求来的。

有时候,遗传—环境相关的存在可能会混淆研究结果。比如,研究中观察到的环境风险因素与心理行为结果之间的关系,很可能是因为二者具有共同的遗传基础而形成的假象。遗憾的是,目前在研究中控制遗传—环境相关的有效方法不多。

遗传与环境之间另一种重要的关系是遗传—环境交互作用(gene × environment interaction, G×E)。在现实生活中,人们常常观察到这样一种现象——同样的环境因素对不同的人起到不同的作用。比如,同样是经历父母离异这样一个应激性事件,一些孩子会产生抑郁或其他类型的心理问题,而另一些却依然保持良好的心理健康状态。再如,送一批孩子去同一个兴趣班学习,在同等努力的情况下,有些孩子进步很快,有些就相对慢一些。这些现象都是遗传—环境交互作用在现实生活中的具体表现形式。Moffitt 等(2006)将遗传—环境交互作用定义为:当暴露于某环境的效果因一个人的基因型而有所不同时,便发生了遗传—环境交互作用。反过来,某基因的效果因个体所暴露的环境而有所不同的情况也属于遗传—环境交互作用。同卵双生子具有同样的遗传风险,但其中之一因遇到风险环境而罹患精神障碍,另一个没有遇到风险环境而保持健康就属于这种情况。实际上,理论界早已注意到这样一些现象,然而由于缺乏方便有效的基因测量手段,相关研究并不多见。直到 21 世纪初,随着基因技术的成熟和成本的降低,遗传—环境交互作用的研究的数量才开始呈现出井喷式的增长。

在基因分型技术被广泛应用于直接测定基因之前,对遗传—环境交互作用的观察主要依赖于提供遗传信息的实验设计。收养研究以亲生父母的情况判定是否有遗传风险。例如,在一项收养研究中,Cadoret 等(1996)选择了 197 名亲生父母有酗酒问题的成年收养子女,调查他们患重症抑郁的情况。结果发现,只有当收养家庭环境紊乱时(如养父母有精神障碍、离异、遇到法律问题),这些有酗酒遗传风险的收养子女才会患重症抑郁。在另一项研究中,Cadoret 等(1983)在 3 个收养样本中调查了被收养儿童的行为问题水平,他们发现,仅具有遗传风险(亲生父母有反社会行为)不足以显著提高被收养儿童的行为问题水平,只有当收养家庭环境不利(除被收养儿童外的其他家庭成员有精神障碍和行为问题)时,遗传风险的作用才得以体现。Cloninger 等(1981)调查了 862 名瑞典双生子,发现当男性收养子同时具备遗传风险(亲生父母有酗酒问题)和环境风险(收养家庭环境不良)时,其发生酗酒的概率显著升高。Wahlberg 等(1997)比较了 58 名亲生母亲患有精神分裂症的收养子(高遗传风险组)和 96 名亲生母亲不患有精神分裂症的收养子(对照组),结果发现,只有在收养家庭存在交流异常的情况时,高遗传风险组发生思维障碍的概率才显著高于对照组。

分开抚养的同卵双生子为科学家提供了观察相同基因型在不同环境中行为表现的独特机会。Bergeman 等人(1988)收集了 99 对分开抚养的同卵双生子样本,发现了几处遗传—环境交互作用的证据,如高低外倾性的遗传倾向与家庭环境中的控制维度有交互作用、冲动性的遗传倾向与家庭环境中的冲突维度有交互作用。近年来,随着统计技术的发展,研究者尝试着在传统双生子遗传模型的基础上进行遗传—环境交互作用的估计。一种方法是根据环境因素的水平将双生子被试分为若干组,比较某性状的遗传度在几组的大小。如果遗传度有组间差异,则说明存在遗传—环境交互作用,反之则不存在遗传—环境交互作用。例如,Heath(1989)根据婚姻状态将 1984 对双生子分为已婚和未婚两组,分别在这两组内估算饮酒量的遗传度。结果发现,在较年轻的双生子样本中(≤30 岁),饮酒量的遗传度有组间差异,未婚组(60%)大于已婚组(31%)。在较年长的双生子样本中(>30 岁),未婚组饮酒量遗传度(76%)也大于已婚组(46%—59%)。结果提示婚姻状态和饮酒遗传倾向之间有着交互作用,已婚状态能够降低遗传倾向的表达。使用将双生子分组的方法,研究者还发现了宗教信仰对酒精使用遗传度的调节作用、居住区域(城市/农村)对饮酒模式遗传度的调节作用等(Dick, 2011)。在实际研究中,环境变量往往不是像婚姻状态、居住区域和宗教信仰这样的分类变量,多数环境变量是连续变量,那么这种根据环境变量分组的方法便显得不适用了。为了解决这个问题,研究人员发明了另一种方法,即在传统的 ACE 模型上加上环境交互作用项(如图 3.5)。如果加入交互作用项后模型拟合参数优于未加入交互作用项,则提示该环境因素与遗传倾向之间有交互作用。使用该方法,Dick 等人(2001)发现,在大都市中人口流动率较高的区域中酒精使用的遗传度要高于人口流动率较低的区域。同时他们还发现(Dick, 2011):青少年物质使用水平在不良环境中(低水平的家长监控、朋友中有物质使用行为)受遗传影响程度更大;问题行为水平在不良环境中(有违法的同伴、家庭教养方式消极、低家庭温暖、高惩罚式家教)受遗传影响程度更大。

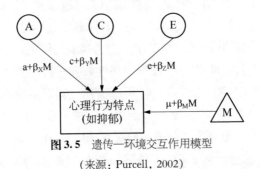

图 3.5 遗传—环境交互作用模型

(来源：Purcell, 2002)

注：M 为可能与遗传因素有交互作用的环境变量，是研究中实际测得的。此处只显示了双生子之一的模型，双生子间的遗传相关和环境相关同单变量 ACE 模型。

遗传—环境相关可能混淆遗传—环境交互作用的研究结果。以问题行为水平遗传倾向×惩罚式家教之间的交互作用为例，惩罚式家教本应作为环境因素，但如果它实际上是受到遗传影响，即存在遗传环境—相关，那么观察到的遗传基因（问题水平基因）—环境交互作用其本质可能就是遗传基因（问题水平基因）—遗传基因（惩罚式家教相关基因）交互作用。为解决这个问题，有研究者将图 3.4 和图 3.5 中的模型结合起来，达到了在控制遗传—环境相关的前提下研究遗传—环境交互作用的目的。例如，Brenden 等人(2009)在控制了儿童抑郁样行为遗传倾向与同伴拒绝间的相关后，仍然发现了两者之间的交互作用：在高同伴拒绝的环境中，遗传因素起到了较小的作用；在低同伴拒绝的环境中，遗传因素起到了较大的作用。

上述方法均需借助提供遗传信息的实验设计，在统计分析时将遗传因素视为一个整体，考虑其与特定环境的交互作用。分子生物学基因分型技术的普及使观察具体基因型与环境的交互作用成为可能。2002 年和 2003 年，《科学》杂志上的两篇文章引发了这方面研究的热潮。这两篇文章都来自于英国国王大学的一组研究人员。他们对达尼丁多学科健康与发展研究的大样本追踪数据进行了分析，分别发现了 MAOA 基因和 5-羟色胺转运蛋白(serotonin transporter, 5-HTT)基因（即 SLC6A4）与环境因素的交互作用。两项研究采用的都是候选基因研究策略，即以既有知识为基础提出假设，选定可能与表型有关的具体基因和位点。以 MAOA 为例，MAOA 是降解脑内单胺类神经递质（包括去甲肾上腺素、5-羟色胺和多巴胺）的酶。早在 Caspi 等人(2002)的论文发表之前，人们就已经发现了 MAOA 低活性与攻击行为之间的关联，并且发现 MAOA 基因启动子区域一个 VNTR 多态性位点影响该基因的表达。因此研究者推测,这个多态性位点很有可能与攻击行为有关。然而,Caspi等人在研究中并没有发现该位点与攻击行为之间的显著相关。研究者进一步分析后发现,该位点实际上是调节了童年受虐经历这样一个环境因素与攻击行为之间的关联:低表达等位基因携带者经历童年期的虐待后攻击水平有显著升高;而高表达等位基因携带者即使经历了童年期的虐待,成年后的攻击水平也没有显著升高。5-HTT是脑内选择性地再摄取5-羟色胺的物质。由于5-羟色胺再摄取抑制剂作为抗抑郁药物取得了良好的疗效,可以合理推测该5-HTT基因与抑郁有关。5-HTTLPR是5-HTT基因上一个多态性位点,有着长和短两种等位基因,短等位基因会使该基因的转录效率降低。Caspi等人(2003)发现,5-HTTLPR基因型与抑郁的相关只是边缘显著,但该多态性位点与应激性生活事件的交互作用可以显著地预测被试成年后的抑郁水平:短等位基因携带者在暴露于较多的应激性生活事件后容易发生抑郁,而长等位基因携带者即使暴露于较多的应激性生活事件也不容易发生抑郁。

Caspi等人的两篇论文启发了大量采用相同策略的研究。仅在精神障碍领域,目前至少发现了以下的基因环境交互作用:BDNF×应激性生活事件、CRHR1×童年期受虐经历、HTR2A×家庭教养、MAOA×童年期不良环境、NR3C1×童年期不良环境、SLC6A4×童年期受虐经历及SLC6A4×应激性生活事件等对抑郁的影响;COMT×大麻使用、COMT×大麻使用和童年期受虐经历、AKT1×大麻使用、BDNF×童年期受虐经历、GRIN2B×病毒感染及CTNNA3×巨细胞病毒等对精神分裂症的影响;BDNF×应激性生活事件对双向障碍的影响(Uher,2014)。基因—环境交互作用如火如荼地开展了几年后,一些学者对研究结果的不一致性提出了质疑。Risch等人(2009)对14项研究的数据进行了元分析后发现,5-HTTLPR及其与应激性生活事件的交互作用都不能显著地预测抑郁。其他交互作用的研究结果也十分混杂,因此学界出现了反对这种研究策略的声音。以Caspi为代表的一些行为遗传学家们仍坚定地主张这种研究策略具有很高的研究价值,但也承认存在许多局限性,需要进一步改进,如样本的选择、环境的测量等。

采用候选基因的策略研究基因—环境交互作用还意外地推动了某些领域理论的发展。例如,Belsky和Pluess(2009)在综述了关于MAOA、SLC6A4和DRD4与环境因素的交互作用研究后发现,大多数研究发现的基因—交互作用并不符合素质—应激理论的预测。根据素质—应激理论,在暴露于风险环境时,易感基因携带者比非携带者更易发生精神障碍,不暴露于风险环境时两组表现应是相似的。多数研究的确发现,暴露于风险环境因素使易感基因携带者更易发生精神障碍。然而,在不暴露于风险环境时,易感基因携带者却表现出了更少的症状,也就是说,环境似乎对这部分个体起到了保护作用。据此,Belsky 和 Pluess 提出了差异易感性模型(具体见专栏),认为基因影响的不是个体患病的易感性,而是个体对环境的敏感程度。这样的基因应被称为"可塑性基因"。目前对诸如 BDNF 等基因的研究(Chen, Li 和 McGue, 2013)为差异易感性模型提供了证据支持。

3.4 失窃的遗传度

除了可重复性不佳外,行为遗传学领域还面临着一个更大的问题——"遗传度失窃"(missing heritability)问题。所谓遗传度失窃,指分子行为遗传学研究发现的遗传位点效应之总和不足以解释双生子研究和收养研究计算出的人类复杂性状遗传度。以身高为例,传统行为遗传学研究计算出的遗传度在 80% 左右。目前已发现与身高有关的基因位点虽然达到了 40 个以上,但它们的总效应量加起来只有 5% 左右,与人们期待的 80% 相去甚远(Manolio 等,2009)。已发现遗传位点对抑郁等心理行为性状的总效应量甚至更低。然而,就可重复性来讲,双生子研究和收养研究的结果有着很好的可重复性,因此并没有理由降低预期,而是应该思索遗传度失窃的原因。

许多学者就此问题给出了自己的猜测(Maher, 2008;Manolio 等,2009),并将矛头纷纷指向 GWAS 研究固有的局限性。目前发现的多数复杂性状相关遗传位点来自于 GWAS 研究。第一,GWAS 研究虽然能一次性地处理上百万个多态性位点,但只适用于 SNP,像 CNV 这样的结构性变异不能通过 GWAS 研究很好地被探测出来。然而,CNV 在基因组中分布极为广泛,其包含的核苷酸总数甚至要多于 SNP,而且 CNV 是表型变异的重要来源。这样,就造成一部分以 CNV 为基础的多态性位点被系统性地漏掉了。第二,GWAS 研究使用的芯片通常是针对在人群中有着较高频率($\geqslant 5\%$)的变异设计的。然而,在性状相关基因位点中,完全有可能存在一些频率较低,但效应量较大的位点。第三,样本量不足也可能是阴性结果出现的原因。多中心合作的策略能够保证研究者获得充足的样本量。例如,Lo 等(2016)利用多中心的大样本数据,发现了 6 个人格相关位点,包括与外向性相关的 WSCD2 和 PCDH15,以及与神经质相关的 L3MBTL2 等。第四,GWAS 研究不关心环境的作用。基因—环境交互作用的研究结果已清晰地显示出,许多基因型发挥作用依赖于特定的环境暴露,但从事 GWAS 的研究人员往往是遗传学背景,并不擅长对环境的界定和测量。而且将大量的环境数据纳入 GWAS 分析,必然会增加统计分析的复杂性和难度。候选基因研究虽然考虑了环境因素,但这种策略只关心个别基因位点,发现的效应量往往非常小。因此 Dick(2011)提倡,分子遗传学家和心理学家在未来的研究中应密切合作,使两方面的研究结合得更加紧密。可喜的是,目前已有 GWAS 研究将环境因素纳入分析(Wong 等,2016)。

还有一种备受瞩目的解释是,表观遗传学作用解释了大部分失窃的遗传度。与当今盛行的多数研究策略不同,表观遗传学关注基因表达层面的变异,而不是 DNA 序列的变异。表观遗传学过程可以发生在 DNA 上,也可以发生在组蛋白上。基因表达需要转录因子结合在 DNA 的特定序列上,但如果在序列中的胞嘧啶上发生了化学变化,多了一个甲基(CH_3),那么转录因子就无法成功地绑定在 DNA 上,也就无法启动基因的表达过程。这个过程被称为"DNA 甲基化",它使基因表达下调。DNA 缠绕在组蛋白上,与组蛋白一起构成染色质。在组蛋白上发生的一些化学修饰会影响染色质的结构,从而影响转录因子与 DNA 的结合。组蛋白上常见的表观遗传学修饰是乙酰化/去乙酰化。表观遗传学变化在细胞的分化、X 染色体失活和基因组印记中都起着重要的作用。近年来的研究发现,大鼠、恒河猴等动物的早期环境暴露(如母亲的抚养行为)会使遗传物质发生表观遗传学改变,进而影响动物的表型,这种影响甚至是持续终生的(Dick,2011)。基于这些研究结果,许多学者相信表观遗传学变化是环境因素影响人类疾病和其他复杂特征的重要生物学机制。

然而,表观遗传学研究在人类被试中进行是非常困难的,这主要是因为表观遗传学变化所具有的组织特异性特点。比如,与肺癌有关的表观遗传学变化发生在肺部,与神经活动特点有关的表观遗传学变化发生在脑内。目前人类心理行为表观遗传学研究还停留在收集间接证据(如血细胞中基因表达谱)或利用尸检样本的阶段。例如,Fraga 等人(2005)采集了 80 名双生子的生物学样本,通过分析淋巴细胞、口腔上皮细胞和肌肉细胞中的基因表达谱发现,表观遗传学谱在小年龄的同卵双生子中是基本一致的,但在年龄较大的同卵双生子中却显示出很大差异,提示后天环境对 DNA 和组蛋白的修饰作用随生活经历而逐渐累积。

表观遗传学思路的提出不只是为了解决现存研究策略不足的问题,也不单纯是为了研究基因—环境交互作用的机制。它将开启一段全新的探索历程。学界普遍认为这是一条充满希望的研究思路,目前其主要的障碍在于组织特异性问题以及技术尚不普及。

本章小结

行为遗传学是一门交叉学科,关注心理行为个体差异的来源和本质,即个体差异是来源于环境因素还是遗传因素。行为遗传学的研究手段主要包括量化行为遗传学方法和分子行为遗传学方法。前者主要借助于双生子设计和收养设计这类可以提供遗传信息的实验设计,分析遗传因素和环境因素对心理行为的影响。后者则直接考察基因型与心理行为的关系。利用这些方法手段,科学家们在人类智能、精神障碍和人格研究等方面都获得了重要的研究成果。随着研究的不断深入,人们发现遗传与环境并非彼此独立的两个因素,二者间的关系十分复杂,它们既可能是相关的,也可能存在遗传—环境交互作用。虽然研究者已经在行为遗传学领域取得了丰硕的成果,但也面临着很多问题,如"失窃的遗传度"问题。解决这些问题的思路有注重环境因素的测量和分析、采用表观遗传学的视角等。

纵观行为遗传学不足两百年的发展历程,多学科交叉的特点非常明显。在过去是这样,在未来更应如此。我们应不断地引入其他领域的新理念和新技术,围绕遗传与环境对人类心智作用机制的问题进行各种有益的尝试。因为只有这样,这门年轻的学科才能够继续保持蓬勃的生机!

关键术语

双生子研究

收养研究

遗传度

共享环境因素

非共享环境因素

等位基因

基因多态性

数量性状位点

连锁研究/连锁分析

全基因组关联研究

候选基因研究

遗传—环境相关

遗传—环境交互作用

表观遗传学

参考文献

Allen, M. G. (1976). Twin studies of affective illness. *Archives of General Psychiatry*, 33, 1476-1478.

Belsky, J. & Pluess, M. (2009). Beyond diathesis stress: differential susceptibility to environmental influences. *Psychological Bulletin*, 135(6), 885-908.

Bergeman, C. S., Plomin, R., McClearn, G. E., Pedersen, N. L., Friberg, L. T. (1988). Genotype-environment interaction in personality development: identical twins reared apart. *Psychology and Aging*, 3, 399-406.

Berrettini, W. H. (2000). Are schizophrenic and biological disorders related? A review of family and molecular studies.

Biological Psychiatry, 48,531–538.

Bertelsen, A. (1985). Controversies and consistencies in psychiatric genetics. *Acta Psychiatrica Scandinavica*, 71,61–75.

Bouchard, T.J. & McGue, M. (1981). Familial studies of intelligence: A review. *Science*, 212,1055–1059.

Bouchard, T. Jr., Lykken, D., McGue, M., Segal, M. & Tellegen, A. (1990). Sources of human psychological differences: The Minnesota Study of Twins Reared Apart. *Science*, 250,223–228.

Bouchard, T. Jr & McGue, M. (1990). Genetic and rearing environmental influences on adult personality: An analysis of adopted twins reared apart. *Journal of Personality*, 58,263–292.

Braungart, J. M., Fulker, D. W., & Plomin, R. (1992). Genetic mediation of the home environment during infancy: A sibling adoption study of the HOME. *Developmental Psychology*, 28,1048–1055.

Brendgen, M., Vitaro, F., Boivin, M., Girard, A., Bukowski, W. M., Dionne, G., Tremblay, R. E., Perusse, D. (2009). Gene-environment interplay between peer rejection and depressive behavior in Children. *Journal of Child Psychology and Psychiatry*, 50,1009–1017.

Burt, S. A. (2009). Rethinking environmental contributions to child and adolescent psychopathology: a meta-analysis of shared environmental influences. *Psychological Bulletin*, 135(4),608–637.

Cadoret, R.J., Cain, C.A., & Crowe, R.R. (1983). Evidence for gene-environment interaction in the development of adolescent antisocial behavior. Behavior Genetics, 13,301–310.

Cadoret, R.J., Winokur, G., Langbehn, D., Troughton, E., Yates, W. R., & Stewart, M. A. (1996). Depression spectrum disease, I: the role of gene-environment interaction. *American Journal of Psychiatry*, 153,892–899.

Cardo & Gottesman. (2000). Twin studies of schizophrenia: from bow-and-arrow concordances to star wars Mx and functional genomics. *American Journal of Medical Genetics*, 97,12–17.

Caspi, A., McClay, J., Moffitt, T. E., Mill, J., Martin, J. (2002). Role of genotype in the cycle of violence in maltreated children. *Science*, 297,851–854.

Caspi, A., Sugden, K., Moffitt, T. E., Taylor, A., ..., & Craig, I. W. (2003). Influence of life stress on depression: moderation by a polymorphism in the 5-HTT gene. *Science*, 301,386–389.

Chen, J., Li, X., Chen, Z., Yang, X., Zhang, J., Duan, Q., Ge, X. (2010). Optimization of zygosity determination by questionnaire and DNA genotyping in Chinese adolescent twins. *Twin Research and Human Genetics*. 13(2),194–200.

Chen, J., Li, X., & McGue, M. (2013). The interacting effect of the BDNF Val66Met polymorphism and stressful life events on adolescent depression is not an artifact of gene-environment correlation: evidence from a longitudinal twin study. *Journal of Child Psychology and Psychiatry*, 54(10),1066–1073.

Chen, J., Li, X., Natsuaki, M.N., Leve, L.D., & Harold, G.T. (2014). Genetic and Environmental Influences on Depressive Symptoms in Chinese Adolescents. *Behavior Genetics*, 44(1),36–44.

Cherny, S.S., Fulker, D.W., Emde, R.N., Robinson, J., Corley, R.P., Reznick, J.S., Plomin, R., & DeFries, J.C. (1994). Continuity and change in infant shyness from 14 to 20 months. *Behavior Genetics*, 24,365–379.

Christensen, K., Petersen, I., Skytthe, A., Herskind, A., McGue M., & Bingley P. (2006). Comparison of academic performance of twins and singletons in adolescence: follow-up study. *British Medical Journal*, 333,1095–1097.

Cloninger, C. R., Bohman, M., Sigvardsson, S. (1981). Inheritance of alcohol abuse: cross-fostering analysis of adopted men. *Archives of General Psychiatry*, 38,861–868.

Deater-Deckard, K. & O'Connor, T. G. (2000). Parent-child mutuality in early childhood: Two behavioral genetic studies. *Developmental Psychology*, 36,561–570.

Dick, D.M. (2011). Gene-environment interaction in psychological traits and disorders. *Annual Review of Clinical Psychology*, 7,383–409.

Dick, D. M., Rose, R. J., Viken, R. J., Kaprio, J., & Koskenvuo, M. (2001). Exploring gene-environment interactions: socioregional moderation of alcohol use. *Journal of Abnorm Psychology*, 110,625–632.

Elkins, I.J., McGue, M., & Iacono, W.G. (1997). Genetic and environmental influences on parent-son relationships: Evidence for increasing genetic influence during adolescence. *Developmental Psychology*, 33,351–363.

Erlenmeyer-Kimling, L. & Jarvik, L.F. (1963). Genetic and intelligence: A review. *Science*, 142,1477–1479.

Fraga, M. F., Ballestar, E., Paz, M. F., Ropero, S., ..., & Setien, F. (2005). Epigenetic differences arise during the lifetime of monozygotic twins. *Proceedings of the National Academy of Sciences of the United States of America*, 102(30),10604–10609.

Frazer, K.A., Murray, S.S., Schork, N.J., & Topol, E.J. (2009). Human genetic variation and its contribution to complex traits. *Nature Reviews Genetics*, 10(4),241–251.

Galton, F. (1869). *Hereditary Genius: An Inquiry into Its Laws and Consequences*. London: Macmillan, (Reprinted, Bristol: Thoemmes Press, 1999).

Galton, F. (1876). The history of twins, as a criterion of relative powers of nature and nurture. *Journal of the Royal Anthropological Institute*, 5,391–406.

Gesell, A. & Thompson, H. (1929). Learning and growth in identical infant twins: An experimental study by the method of co-twin control. *Genetic Psychology Monographs*, 6,3–32.

Ge, X., Conger, R.D, Cadoret, R.D, Neiderhiser, J., Troughton, E., Stewart, E., & Yates, W. (1996). The developmental interface between nature and nurture: A mutual influence model of adolescent antisocial behavior and parenting behaviors. *Developmental Psychology*, 32,574–589.

Glazier, A. M., Nadeau, J. H., & Aitman, T. J. (2002). Finding genes that underlie complex traits. *Science*, 298,2345–2349.

Gottesman, I. I. & Bertelsen. A. (1989). Confirming unexpressed genotypes for schizophrenia. *Archives of General Psychiatry*, 46,867–872.

Heath, A. C., Jardine, R., & Martin, N. G. (1989). Interactive effects of genotype and social environment on alcoholconsumption in female twins. *Journal of Studies on Alcohol*, 50,38–48.

Herndon, R. W., McGue, M., Krueger, R. F., & Iacono, W. G. (2005). Genetic and environmental influences on adolescent's perceptions of current family environment. Behavior Genetics, 35,373–380.

Heston, L. L. (1966). Psychiatric disorders in foster home reared children of schizophrenic mothers. *British Journal of Psychiatry*, 112,819–825.

Hettema, J., Neale, M., & Kendler, K. (1995). Physical similarity and the equal-environment assumption in twin studies of psychiatric disorders. *Behavior Genetics*, 25(4),327–335.

Horn, J. (1983). The Texas adoption project: adopted children and their intellectual resemblance to biological and adoptive parents. *Child Development*, 54(2),268–275.

Horn, J., Loehlin, J., & Willerman, L. (1982). Aspects of the inheritance of intellectual abilities. *Behavior Genetics*, 12,479–516.

Hur, Y. & Bouchard, T. J. (1995). Genetic influences on perceptions of childhood family environment: A reared apart twin study. *Child Development*. 66,330–345.

Jang, K. L., Vernon, P. A., Livesley, W. J., Stein, M. B., & Wolf, H. (2001). Intra- and extra-familial influences on alcohol and drug misuse: A twin study of gene-environment correlation. *Addiction*, 96,1307–1318.

Jensen, A. (1969). How much can we boost IQ and scholastic achievement? *Harvard Educational Review*, 39: 1–123.

Johnson, W., Krueger, R., Bouchard, T., & McGue, M. (2002). The personalities of twins: Just ordinary folks. *Twin Research*, 5(2),125–131.

Kendler, K. S., Neale, M. C., Kessler, R. C., Heath, A. C., & Eaves, L. J. (1993). A twin study of recent life events and difficulties. *Archives of General Psychiatry*, 50,789–796.

Kendler, K. S., Pedersen, N. L., Neale, M. C., Mathe, A. A. (1995). A pilot Swedish twin study of affective illness including hospital- and populationascertained subsamples: results of model fitting. *Behavior Genetics*, 25,217–232.

Kety, S. S., Wender, P. H., Jacobsen, B., Ingraharn, L. J., Jansson, L., Faber, B., & Kinney, D. K. (1994). Mental illness in the biological and adoptive relatives of schizophrenic adoptees: Replication of the Copenhagen study in the rest of Denmark. *Archives of General Psychiatry*, 51,442–455.

Keyes, M., Sharma, A., Elkins, I., Iacono, W., & McGue, M. (2008). The Mental Health of US Adolescents Adopted in Infancy. *Archives of Pediatrics and Adolescent Medicine*. 162(5),419–425.

Lau, J. Y. F. & Eley, T. C. (2008). Disentangling gene-environment correlations and interactions on adolescent depressive symptoms. *Journal of Child Psychology and Psychiatry*. 49,142–150.

Leahy, A. M. (1935). Nature-nurture and intelligence. *Genetic Psychology Monographs*. 17,236–308.

Loehlin, J. C. (1989). Partitioning environmental and genetic contributions to behavioral development. *American Psychologist*, 44,1285–1292.

Loehlin, J. C. (1992). *Genes and environment in personality development*. Newbury Park, CA: Sage.

Loehlin, J. C., Horn, J. M., & Willerman, L. (1997). Modeling IQ change: Evidence from the Texas Adoption Project. *Child Development*, 60,993–1004.

Loehlin, J. C. & Nichols, J. (1976). *Heredity, environment, and personality*. Austin: University of Texas Press.

Lo, M-T., Hinds, D. A., Tung, J. Y., Franz, C., Fan, C-C., ..., & Wang, Y. (2016). Genome-wide analyses for personality traits identify six genomic loci and show correlations with psychiatric disorders. *Nature Genetics*. 49(1), 152–156.

Maher, B. (2008). Personal genomes: The case of the missing heritability. *Nature*, 456,18–21.

Manolio, T. A., Collins, F. S., Cox, N. J., Goldstein, D. B., Hindorff, L. A., ..., & Hunter, D. J. (2009). Finding the missing heritability of complex disease. *Nature*, 461,747–753.

Matheny, A. P. (1989). Children's behavioral inhibition over age and across situations: Genetics similarity for a trait during change. *Journal of Personality*, 57,215–235.

McGue, M., Bouchard, T. J., Iacono, W. G., & Lykken, D. T. (1993). Behavioral genetics of cognitive ability: A life-span perspective. In R. Plomin & G. E. McClearn (Eds.), *Nature, nurture, and psychology*. Washington, DC: American Psychological Association.

McGuffin, P. & Katz, R. (1986). Nature, nurture, and affective disorder. In J. W. F. Deakin (Ed.), *The biology of depression*. London: Gaskell.

McGuffin, P., Katz, R., Watkins, S., & Rutherford, J. (1996). A hospital-based twin register of the heritability of DSM-IV unipolar depression. Archives of General Psychiatry: 53,129–136.

Moffitt, T. E., Caspi, A., & Rutter, M. (2006). Measured gene-environment interactions in psychopathology concepts, research strategies, and implications for research, intervention, and public understanding of genetics. *Perspectives on Psychological Science*, 1,5–27.

Monroe, S. M. & Simons, A. D (1991). Diathesis-stress theories in the context of life stress research: Implications for the depressive disorders. *Psychological Bulletin*, 110, 406-425.

Neale, M. C. & Maes, H. H. (1996). Methodology for genetics studies of twins and families, 6th edn. Kluwer, Dordrecht.

Pearson, H. (2006). "Genetics: what is a gene?". *Nature*, 441 (7092), 398-401.

Pedersen, N. L., Plomin, R., Nesselroade, J. R., & McClearn, G. E. (1992). A quantitative genetic analysis of cognitive abilities during the second half of the life span. *Psychological Science*, 3, 346-353.

Pennisi E. (2007). "Genomics. DNA study forces rethink of what it means to be a gene". *Science*, 316(5831), 1556 1557.

Plomin, R., DeFries, J. C., & Loehlin, J. C. (1997). Genotype-environment interaction and correlation in the analysis of human behavior. *Psychological Bulletin*, 84, 309-322.

Plomin, R., Fulker, D. W., Corley, R., & DeFries, J. C. (1997). Nature, nurture and cognitive development from 1 to 16 years: A parent-offspring adoption study. *Psychological Science*, 8, 442-447.

Plomin, R., McClearn, G. E., Pedersen, N. L., Nesselroade, J. R., & Bergeman, C. S. (1988). Genetic influence on childhood family environment perceived retrospectively from the last half of the life span. *Developmental Psychology*. 24, 738-745.

Plomin, R. 等著,温暖等译(2005).行为遗传学(第四版).上海：华东师范大学出版社.

Purcell, S. (2002). Variance components models for gene-environment interaction in twin analysis. *Twin Research*, 5, 554-571.

Reiss, D., Neiderhiser, J. M., Hetherington, E. M., & Plomin, R. (2000). *The relationship code: Deciphering genetic and social patterns in adolescent development*. Cambridge, MA: Harvard University Press.

Riemann, R., Angleitner, A., & Strelau, J. (1997). Genetic and environmental influences on personality: A study of twins reared together using the self and peer report NEO-FFI Scales. *Journal of Personality*, 65, 449-476.

Robinson, J. L., Kagan, J., Reznick, J. S., & Corley, R. (1992). The heritability of inhibited and uninhibited behavior: A twin study. *Developmental Psychology*, 28, 1030-1037.

Rowe, D. C. (1981). Environmental and genetic influences on dimensions of perceived parenting: A twin study. *Developmental Psychology*. 17, 203-208.

Rowe, D. C. (1983). A biometrical analysis of perceptions of family environment: A study of twin and singleton sibling kinships. *Child Development*. 54, 416-423.

Rutter, M. & Silberg, J. (2002). Gene-environment interplay in relation to emotional and behavioral disturbance. *Annual Review of Psychology*, 53, 463-490.

Sameroff, A. J. (1983). *Developmental systems: Contexts and evolution*. In P. Mussen (Ed.), *Handbook of child psychology* (Vol. 1, pp. 237-294). New York, NY: Wiley.

Scarr, S. & Weinberg, R. (1977). Intellectual similarities within families of both adopted and biological children. *Intelligence*, 1(2), 170-191.

Scarr, S. & Weinberg, R. (1978). The influence of "family background" on intellectual attainment. *American Sociological Review*, 43, 674-692.

Sullivan, P. F., Neal, M. C., & Kendler, K. S. (2000). Genetic epidemiology of major depression: review and meta-analysis. *American Journal of Psychiatry*, 157, 1552-1562.

Torgersen, S. (1986). Genetic factors in moderately severe and mild affective disorders. *Archives of General Psychiatry*, 43, 222-226.

Uher, R. (2014). Gene-environment interactions in severe mental illness. *Frontiers in Psychiatry*, 15, 9.

Wahlberg, K., Wynne, L. C., Oja, H., Keskitalo, P., ..., & Pykalainen, L. (1997). Gene-environment interaction in vulnerability to schizophrenia: findings from the Finnish Adoptive Family Study of Schizophrenia. *American Journal of Psychiatry*, 154, 355-362.

Wong, M-L., Arcos-Burgos, M., Liu, S., Vélez, J. I., Yu, C., ..., & Baune, B. T. (2016) The PHF21B gene is associated with major depression and modulates the stress response. *Molecular Psychiatry*. 00, 1-11.

Zuckerman, M. (1999). *Vulnerability to psychopathology: A biosocial model*. Washington, DC: American Psychological Association.

4 感知觉

4.1 感知觉加工 / 101
 4.1.1 概述 / 101
 4.1.2 视觉 / 102
 4.1.3 听觉 / 103
 4.1.4 嗅觉 / 105
4.2 视知觉 / 106
 4.2.1 低级视觉加工阶段 / 107
  视觉拥挤效应 / 107
  视觉显著度图 / 107
  拓扑性质知觉理论 / 108
 4.2.2 高级视觉加工阶段 / 108
  注意与意识 / 108
  客体识别 / 109
  生物运动 / 111
 4.2.3 视知觉中的跨脑区相互作用 / 112
  预测编码 / 112
  知觉组织 / 113
  特征整合 / 114
  视错觉 / 115
 4.2.4 知觉学习 / 115
  知觉学习发生的皮质位置 / 116
  大脑可塑性的实际应用 / 118
4.3 听觉 / 119
 4.3.1 鸡尾酒会问题 / 119
  听觉场景分析 / 119
  选择性注意 / 120
 4.3.2 听觉掩蔽 / 122
  能量掩蔽/信息掩蔽 / 122
  信息掩蔽的亚成分 / 123
  掩蔽的释放/去掩蔽 / 125
 4.3.3 鸡尾酒会效应的神经生理学 / 126
  来自动物的研究 / 126
  来自事件相关电位的研究 / 128
  来自脑成像的研究 / 130

4.3.4 应用：人工耳蜗与机器言语识别 / 134
　　人工耳蜗 / 134
　　机器言语识别 / 134
4.4 嗅觉 / 135
　4.4.1 气味的源起 / 136
　4.4.2 对化学分子的嗅觉编码 / 136
　4.4.3 嗅知觉 / 139
　4.4.4 嗅觉、情绪与记忆 / 140
　4.4.5 信息素 / 142
本章小结 / 143
关键术语 / 145

我们所生活的外部世界中充斥着海量的信息，这些丰富的外部信息似乎总能被我们轻而易举地捕获，这有赖于我们所拥有的强大的感知系统。换句话说，我们对外部世界的感知是从外部世界信息输入到感觉系统开始的。我们的感知系统包括视觉、听觉、嗅觉、触觉、味觉、痛觉、温觉、前庭觉、痒觉和本体感觉等感觉通道。在这些感觉通道中，视觉提供了约80%的外在信息，可以告诉我们物体的亮度、颜色、形状、结构、大小、距离和运动情况等，是主要的感觉信息来源。感觉通道分工、协作，使得我们对于外部世界有了清晰的认知。

4.1　感知觉加工

20世纪初兴起的格式塔流派主张"整体大于部分之和"。例如，我们对一朵花的感知，并非仅仅等于花的形状、颜色和气味等感官信号相加，还包括我们对花过去的经验和记忆，这些全部加起来才形成了我们对一朵花的感知。格式塔流派的兴起导致了视觉领域的蓬勃发展。在这之后，20世纪50年代认知科学崛起，这为我们理解感知觉加工提供了新的框架，同时随着认知科学与多学科的交叉融合，我们也将感知觉过程视为信息加工的过程。

4.1.1　概述

感觉是个体对外界感官信息的接收、转导与传递过程。知觉则是大脑对输入的感觉信息的组织、辨识和解释过程。感知觉为认知过程提供信息，是诸如记忆、决策等高级认知过程的基础。正如我们在本章开头讲到的，感知觉可以被细分为许多不同的感觉通道，而在这一部分中，我们就将重点介绍其中研究最为丰富的视觉、听觉和嗅觉。

视觉与听觉是人类在通常情况下获得感觉信息最主要与最有效的两个渠道。视觉神经科学的研究主要集中在视皮质功能的精确分区定位、视觉通路中的神经元感受野的反应特性、视皮质神经环路和神经网络,以及各级皮质间的相互作用上。尤其需要指出的是,脑成像技术近几年来的飞速发展,使我们对高级视皮质的功能分布和组织结构定位有了较全面的认识,并使我们能够在此基础上对物体表征机制和大脑可塑性等方面进行进一步的探索。研究视觉信号是如何在高等哺乳动物的视觉系统中进行加工和处理的,不仅能够帮助人类理解并努力攻克眼科疾病,并且能够帮助我们认识大脑进而揭开大脑的奥秘。

听觉神经科学不仅要致力于揭示大脑对基本声音信号的诸如音频、音强、音质、时程、空间位置等特征的神经表达及工作机制,还要研究大脑对诸如语言等复杂通信声音信号的神经加工及认知机理。近年来,随着脑功能成像等实验手段的引进和行为学实验方法与神经电生理实验技术的更新,干扰环境下的语言识别问题在基础研究和实践应用方面都取得了显著的进展。其研究成果正逐步被应用于医疗、神经仿生、国防等多个领域和人们的日常生活。

本章将重点介绍近年来在视听觉和其他感知通道研究领域中应用心理物理学方法、电生理法、脑成像方法和计算模型所开展的重要工作以及所获得的成果。

4.1.2 视觉

视觉是哺乳动物感知觉系统中最为重要的一个通道,人类的感觉信号中有约80%是通过视觉获得的。人类的视觉系统高度复杂而有序,各个视觉功能区不仅具有一定的功能特异性,而且彼此连通,形成了复杂的神经环路。我们每天处于信息爆炸的状态中,周围充斥着各种各样的视觉刺激,正是视觉系统使我们能在极短的时间内识别和处理海量的信息,进而形成视知觉。人类的视觉系统具有无限的潜能,但由于信息加工系统的注意资源有限,人类个体的知觉能力也变得非常有限,比如我们很难同时集中注意多个物体,因而会出现非注意盲视(inattentional blindness),产生错觉性结合等。同时,视觉系统对于感觉刺激的解读并不总是精准而正确的,视知觉有时也会出现模棱两可的情况,比如经典的两可图形:花瓶还是人脸、尼克尔立方体等,甚至视觉系统也会产生错觉,如艾宾浩斯错觉、庞佐错觉、大小错觉等。

视觉研究是感知觉研究中最重要的一个领域。俗话说,眼睛是心灵的窗口。研究视觉信号如何在视觉系统中被加工和处理,揭示视知觉的神经机制是人类认识大脑进而揭开大脑奥秘的最重要的一个窗口。当然视觉研究并不仅仅只是帮助我们了解大脑的手段,其研究成果也有极大的应用价值,比如,在医疗卫生领域,视觉研究成果可以应用于弱视、眼盲、皮质盲等疾病的治疗,帮助人类最终战胜眼科疾病。在人工智能领域,通过借鉴人类大脑视皮质对于视觉信息的编码加工机制,人们研究出了图像压缩、物体识别等方面的计算机算法。

视觉研究是一个非常宽泛的领域,物体识别是视觉研究的核心问题之一,同时也是人工智能领域最为关心的问题之一。对于人类来说,认出桌子上杂乱无章的可乐、杯子、键盘和1角硬币完全不费力气,而这对计算机来说却很困难。对于更"复杂"的面孔的识别,人类更是表现出计算机完全无法企及的天赋。无论观察角度如何,人类的物体识别都可以在100毫秒左右完成。此外,人类对物体的识别精细度也非常高,可以精细区分类似的物体,比如面孔。那么,这么非凡的物体识别能力究竟是如何实现的,其背后的神经机制又是怎样的?这些引人入胜的问题一直吸引着研究者不断探索。注意和意识是认知科学的热点领域,也是视觉研究领域的又一核心问题。在庆祝 Science 创刊125周年时,杂志社公布了125个最具挑战性的科学问题,发表在2005年7月1日出版的专刊上,"意识的生物学基础是什么?"是其中被认为最重要的25个科学问题之一。英国卫报亦在2013年9月将"意识是什么?"这个问题归入20个最大的科学问题之一。意识问题慢慢从17世纪笛卡尔"我思故我在"的哲学式思辨过渡到了如今实证科学的层面上。除以上这些,视觉研究还有诸多领域等待我们去探索,如立体视觉、颜色视觉、运动和知觉学习等。

从古希腊一直到今天,人类对于视觉的探索从未停止,从最初的视觉来自于眼睛发出的射线照射到物体的表面的模糊认识,到今天人们所取得的诸多令人鼓舞和振奋的进展,人们对于视觉已经形成了一个科学的认识。但是在视觉功能脑区内部、神经环路和网络进而在整体及系统的水平上的视觉信息的编码、加工和处理,以及人类的行为反应与大脑视知觉相联系的神经机制方面仍然存在许多谜团。

4.1.3 听觉

听觉是生物系统除视觉外又一种重要的感觉通道。无论是对人还是对动物来说,听觉都扮演着重要的角色。在动物界,很多动物会借助听觉寻找配偶、发现猎物或捕食者,蝙蝠和海豚等动物甚至可以用听觉完成诸如定位等更为复杂的活动。而对人类来说,听觉系统的作用更为突出,主要原因在于人类演化出了复杂的语言系统。借助于言语和听觉系统,人类可以实现高度复杂的信息交流,而这一过程又在很大程度上促进了文明的演进。

在自然条件下,听觉系统所面临的场景往往是非常复杂的,即当我们在听一个特定的目标声音时,同时存在的其他声音往往会干扰我们对目标声音的知觉。听觉系统必须克服这些干扰实现对目标声音的加工。从工程的角度来看,这是一个复杂的问题。英国科学家Collin Cherry将这一问题称为鸡尾酒会问题。自鸡尾酒会问题被提出以来,其一直是心理、生理和人工智能等领域研究的热点问题之一。

具体地说,鸡尾酒会问题的复杂性不仅体现在听者需要将进入听觉系统的众多声音成分进行整合和分离(听觉场景分析),还体现在这一过程需要高级认知功能(如知觉、注意、记忆等)的参与,从而帮助听者在众多声源中进行选择和识别。整个过程中的任何一个环节如果出现问题,都会导致最后对特定目标声音加工效能的下降或对特定目标声音加工的失败。在心理物理学上,我们将这一现象称为听觉掩蔽。研究者们认识到听觉掩蔽可以发生在听觉系统的不同阶段,他们把发生在听觉外周的叫做能量掩蔽,把发生在更高级的听觉中枢的称为信息掩蔽。近年来,越来越多的研究者们开始认识到这种划分掩蔽的框架存在问题,特别是,信息掩蔽的概念过于笼统了。因此,有研究者认为,可以根据发生机制的不同将信息掩蔽进行进一步的区分,比如分为知觉掩蔽和认知掩蔽。

但正如我们所知,在现实生活中,人类的听觉系统是非常高效的,即便是在非常嘈杂的环境下,听者依然可以相对有效地实现对特定目标声音的识别。换言之,听觉系统具有很强的抗掩蔽性能。根据Collin Cherry的观点,这是因为听觉系统可以利用各种线索促进对目标声音的选择和加工。早期的研究更多地关注诸如空间位置、频率、音色等物理线索的作用,近年来越来越多的研究者开始关注内容、语境、甚至是目标和掩蔽说话人的嗓音等更为"高层"线索在去掩蔽中的作用。需要说明的是,研究发现空间线索,比如目标声和掩蔽声之间在声源位置上的分离,除了会导致双耳声强差、时间差和相位差等物理效应之外,其本身也起着重要的去掩蔽作用。依据听觉加工的优先效应(precedence effect, Litovsky等,1999)原理,Freyman等(1999)设计了一种知觉空间分离(perceived spatial separation)技术,该技术表明即使目标声和掩蔽声物理属性是融合的,主观的空间分离依旧可以具有很强的去掩蔽作用。并且,这种去掩蔽效应主要出现在信息掩蔽而不是能量掩蔽中。

同人类一样,动物们也会面临各种各样的"鸡尾酒会问题",解决这些问题对它们的生存和求偶都具有重要的意义。而在漫长的演化过程中,很多动物也都进化出了良好的技能以解决这一难题。蛙类在求偶季可能需要在成百上千的叫声中分辨出特定异性的声音,帝企鹅可能需要在数万只同类群体中分辨幼雏或父母的叫声以完成喂食行为。它们究竟是如何做到的?这是一个有意思的问题。很多以动物为被试的电生理研究试图揭示其背后的机制,也得到了很多有益的发现。比如,有研究发现初级听皮质的锁相反应(phase locking response)对于复杂听觉场景中的声音编码有重要的作用。

另一方面,无损伤脑探测技术的发展使得研究者们能通过很多手段考察人类解决鸡尾酒会问题的脑机制。事件相关电位(event-related potential, ERP)可以在很小的时间尺度上考察大脑对于听觉刺激的反应,而正电子发射断层扫描技术、功能性核磁共振成像技术等技术具有良好的空间分辨率,可以考察大脑不同区域在听觉掩蔽中的作用。这些研究获得了很多非常重要的发现。比如,Zhang 等人(2014)运用事件相关电位发现主观空间分离去掩蔽的作用依赖于注意的参与,而且其作用在听觉加工的早期阶段(100—200 ms)已经出现。另一方面,应用对脑电信号的频域分析技术,Ding 等人(2012)研究发现大脑皮质能够实现对特定声音流的追踪以及注意调节。这对于我们最终解决鸡尾酒会问题具有重要的意义。应用正电子发射断层扫描技术和功能性核磁共振成像技术等脑成像技术的研究也得到了很多有意思的发现。虽然不同的研究因为具体实验设计、材料等的不同而结果不尽相同,但是较多研究比较一致地发现了相对于安静条件,在有干扰条件下的言语加工会导致额区、顶区和颞区更多的激活,而且这些脑区在能量掩蔽和信息掩蔽下的激活模式也有所不同。具体地,同噪声掩蔽相比,言语掩蔽条件(这种条件被认为会导致更多的信息掩蔽)会导致左侧背外侧前额叶和左上颞回的更多的激活。反之,噪声掩蔽言语条件比言语掩蔽言语条件导致了左侧额极、左背外侧前额叶和右后顶叶的更高激活。然而,总体而言,当前关于听觉掩蔽脑机制的研究尚处于起步阶段,现有的各种证据还不能被整合成一个相对合理的模型。

鸡尾酒会问题的解决具有重要的实际应用价值。比如,相关的技术可以被用于开发功能性和抗干抗性更强的人工耳蜗和人工言语识别设备,前者可以用于改善失聪人群的听力,后者可以应用于人工智能设备。虽然在过去的数十年中研究者在这些领域取得了显著的进展,但是当听觉场景嘈杂而非安静时,不论是人工耳蜗,还是机器言语识别,都仍面临着很大的挑战。鸡尾酒会问题的研究将会促成这些实际问题的解决。

4.1.4 嗅觉

神经元通过离散的动作电位序列传递信息。而神经科学一个核心问题就是研究动作电位序列如何表征各种不同的信息。即大脑的神经编码是什么?目前我们可以从四个方面来理解这个问题:一、为了区分出感觉系统的神经编码,人们必须先观察特定刺激能激发何种特定的神经反应(例如,调谐曲线),其中的一个关键问题是神经活动的哪些方面(比如,发放率、反应时间)携带了关于刺激的可靠信息,但是,理解第一方面还不足以支持建立起一个神经编码系统(DeCharms 和 Zador, 2000)。二、人们需要理解某种刺激转换为某种激活模式的机制(即编码)。三、神经表征(或神经代码)如果是有效的,那么其必须能被下游神经元读取(即解码),也就是说,最终神经代码必须被读取且用来指导动物的行为。四、人们常常会问,为什么这个系统会用这种编码方式?或这种编码方式有什么优势(计算上的优点)?不同的脑区可能会使用不同的编码方式,这是受它们的进化、结构和功能限制的。

为了理解上述四个方面,我们首先需要理解这个系统的目标,特别是在复杂的现实世界中。比如,想象一只老鼠在野外寻找食物,它必须发现且识别出环境中特殊的气味,并与记忆中食物的气味相比较。为了定位到食物的位置,它还必须在不同的浓度中识别出气味且将目标气味与复杂的背景气味区分开来。这些任务需要在有各种干扰的环境下被完成(比如,感觉或神经噪声)。另外,老鼠需要很快做出决策。考虑到嗅觉环境的限制和自然嗅觉场景的复杂度,哪一种编码方式是最有优势的呢?从进化的观点来看,Barlow(1961)提出感觉系统的目标就是要用最小数量的激活编码最大数量的相关信息(效率编码假设)。最终,人们就可以解释,为何某种编码会比其他编码方式更适应上述的要求。

辨认出嗅觉感受器和阐明早期嗅觉环路的连接模式透露出大脑中嗅觉信息处理过程的基本逻辑(Axel,1995;Mori 等,1999)。几乎所有的挥发性化学物质,甚至包括最新合成的分子,都能够被知觉并被从其他分子中区分开来。为了处理如此多不同的分子,嗅觉系统发展出了一套独特的策略,即使用一系列的嗅觉感受器(Buck 和 Axel,1991),有些感受器的反应受很多分子调节,而有些感受器只对某几种特定的分子反应(Hallem 和 Carlson,2006;Nara 等,2011;Saito 等,2009)。嗅觉感受器的种类数量在不同物种间有差异,啮齿类动物约有 1000 种嗅觉感受器,而人类约有 300 种,昆虫约有 60—350 种(Go 和 Niimura,2008;Olender 等,2013;Touhara 和 Vosshall,2009)。

每个嗅觉神经元只表达一种嗅觉感受器,表达相同感受器的嗅觉神经元的轴突会投射到嗅球中具有双球形结构的嗅小球(约 50—100 μm)。每种气味会激活特定于这种气味的嗅小球发放模式(Friedrich 和 Korsching,1997;Meister 和 Bonhoeffer,2001;Rubin 和 Katz,1999;Uchida 等,2000)。因此,气味的识别和区分可以看作是对嗅球中二维的嗅小球面的激活模式的解码。气味的识别是一个由约 1000 个输入通道定义的模式识别问题的过程(在啮齿类动物中)。

4.2 视知觉

柏拉图有个著名的洞穴寓言:有一群囚徒从小住在洞穴中,手脚都被绑住,使得他们不能走动也不能转头往后看,只能看着眼前的洞穴内壁。在他们背后较远较高处有东西燃烧着发出光亮,他们谈论着火光产生的影子。这些人终其一生只能看到这些倒影,然而他们却深深相信这些都是真实的事物。粗浅地来看,这里的洞穴内壁就像是视网膜,洞穴内的人在讨论的倒影就像是大脑在加工编码这些内壁上呈现的影像。感知觉中一个非常重要的部分即是将映入视网膜的光信号转换加工成客体表征的过程。

1981 年的诺贝尔生理学或医学奖颁发给了哈佛大学的 David Hubel 与 Torsten Wiesel,以表彰他们在视觉领域做出的里程碑式的贡献。他们找到了猫的大脑枕叶中对视觉线段敏感的神经元。这意味着我们所看到的影像存在着物质基础。这个工作架起了一座桥梁,连接了外部世界的光影像与内部世界(脑内)的知觉表征。视觉加工是一个具有层级结构的过程,包含了低级视觉加工与高级视觉加工,而部分视觉加工过程是由低级视觉皮质与高级视觉皮质协同完成的。本节将重点介绍这三部分以及视觉的可塑性。

4.2.1 低级视觉加工阶段

视觉拥挤效应

视觉拥挤效应是指外周视野的一个目标刺激,如果在其周围增加几个侧翼干扰物(flanker),会使得目标刺激更难辨认的现象。这种现象在空间视觉中普遍存在。该效应被认为源于客体识别和视觉意识的瓶颈。然而,目前人们仍然不清楚该效应的神经机制。2014 年方方课题组通过事件相关电位和功能性核磁共振成像测量人类被试对于目标刺激和侧翼干扰物间的皮质相互作用(Chen 等, 2014)。他们发现,拥挤效应的大小与一个早期抑制性皮质反应紧密联系。皮质的抑制反映在起源于初级视觉皮质(V1)的最早期的事件相关电位成分 C1 与 V1 的血氧水平依赖信号(BOLD),但在其他更高级脑区并没有发现这个效应。另一个有趣的发现是,抑制现象仅在空间注意分配在外周刺激时出现,而当注意分配在中央注视点时,抑制现象则会消失。这些发现揭示了注意依赖的 V1 抑制对拥挤效应的贡献发生在视觉加工的早期阶段。

拥挤效应可以通过知觉训练减弱甚至消除。且这个过程分为两个阶段,第一阶段是总体减弱阶段,拥挤效应减弱迅速且可以迁移到其他朝向与其他运动方向。第二阶段是特异性减弱阶段,拥挤效应减弱缓慢且无法迁移到其他朝向(Zhu 等, 2016)。Xiong 等人发现知觉训练之所以能削弱拥挤效应,可能是由于其降低了辨别误差,而非位置误差(Xiong 等, 2015)。

视觉显著度图

视觉显著度图由自下而上的外源性注意刺激构成,但自上而下的信号的污染使得其神经基础的研究十分困难。2012 年方方课题组采用了阈限下的刺激从而避免了自上而下信号的干扰(Zhang, Li, Zhou 和 Fang, 2012),并且前景和背景的角度差定义刺激的朝向对比度。他们发现,当朝向对比度增加时,其吸引注意的程度也会增加,同时他们还测量了两种生理指标:与 V1 有关的最早期的事件相关电位成分 C1 的幅值,与 V1—V4 脑区的功能性核磁共振成像的血氧水平依赖信号。结果表明,吸引注意的程度与 C1 的幅值相关,且仅与 V1 的血氧水平依赖信号相关。这些发现强有力地支持了一个自下而上的显著度图在 V1 处产生的观点,挑战了显著度图在顶叶处产生的学界主流观点。

拓扑性质知觉理论

1982 年陈霖通过三个心理物理学实验证明了视觉系统对整体拓扑特性敏感,这一结果表明提取整体拓扑特性是知觉组织中一个基本要素(Chen, 1982)。"什么是一个知觉物体"这个问题是认知科学中最重要且饱受争议的问题之一。从拓扑角度来理解知觉组织,即一个物体的核心直观定义就是在形状改变后整体的同一性仍然保留。2010 年陈霖课题组通过研究一系列多物体追踪任务发现,当移动物体大量的特征改变时,个体的行为并没有受到影响。但是,当改变物体的拓扑属性时,个体的行为受到了显著的干扰(Zhou 等, 2010)。这证明了拓扑不变性在定义什么是一个物体中应为最关键的因素。与之前研究一致,功能性核磁共振成像实验亦发现前颞叶参与物体拓扑属性的表征。

4.2.2 高级视觉加工阶段

注意与意识

人类时时刻刻处在海量信息的轰炸中,选择性注意可以帮助我们快速地处理重要的信息并忽略不相关的信息。2006 年蒋毅、方方和何生等人证明了没有进入被试意识的信息,比如受对侧眼抑制的意识下的色情图片,能够引导空间注意的分配(Jiang 等, 2006)。意识下的色情图像信息是会吸引还是排斥被试的空间注意取决于被试的性别和性取向。当被试对被抑制的图片没有意识时,男异性恋的注意会被意识下的裸女吸引,女异性恋的注意会被意识下的裸男吸引,男同性恋的行为与女异性恋的行为相似,而女同性恋和女双性恋的行为处于男异性恋和女异性恋之间。

灵长类的视觉系统被认为由两条主要通路组成:一条主管意识内知觉的腹侧通路和一条能够在无意识状态加工视觉信息和引导行为的背侧通路。这个理论的实验证据主要来自于对神经病学的病人和动物的研究。而 2005 年方方与何生通过功能性核磁共振成像实验,证明了在跨眼抑制情况下,即使被试完全没有意识到测试的物体图像,他们的背侧皮质区也会被不同类型的物体激活,相对于人类面孔图片,其对工具图片的反应更强(Fang 和 He, 2005a)。这个结果亦表明了在双眼竞争情况下,被抑制眼的视觉信息能够挣脱对侧眼的抑制,到达背侧皮质。

面孔知觉对社会交流是至关重要的。实验证据暗示了不同的神经通路负责加工面孔的不同身份或者表情信息。通过使用功能性核磁共振成像技术,蒋毅与何生于 2006 年在意识上和意识下两种条件下测量被试对中性、恐惧和打乱的面孔的大脑反应(Jiang 和 He, 2006)。结果他们发现,右侧梭状回面孔区(fusiform face area, FFA)、右侧上颞叶沟(superior temporal sulcus, STS)和杏仁核对意识上的面孔反应强烈。但是,当面孔图像变成意识下时,梭状回面孔区对中性和恐惧面孔的反应大大降低,但依然可以测量到;上颞叶沟对意识下的恐惧面孔反应,但不对意识下的中性面孔反应;杏仁核对意识上和意识下的恐惧面孔反应一样强烈,但对意识下的中性面孔反应降低。意识下的研究结果支持了存在特定加工面孔身份和表情信息的分离的神经系统的假设。当图像在意识下时,皮质的激活反映了最开始的前馈的视觉信号加工过程,这允许我们去揭示梭状回面孔区与上颞叶沟不同的功能,而尽量免受皮质间相互反馈的干扰。

当两种等亮度的颜色在大于等于 25 Hz 频率下交替闪烁时,被试只会知觉出一种颜色。快于融合频率的色彩闪烁在人类被试和猴了的 V1 神经元上会造成闪烁适应。2007 年蒋毅和何生等人通过功能性核磁共振成像技术发现很多人类视觉皮质,除了腹侧枕叶(ventral occipital lobe, VO),都能够分辨出融合色彩闪烁和它对应的静止控制条件(Jiang 等,2007)。这个结果表明大脑中存在明显的对高频色彩信息进行时间过滤的皮质。同时,这个结果也表明,很多视觉皮质区域激活的差异并不直接导致不同的意识体验。在这个实验中,腹侧枕叶的激活强度反映了意识体验。张朋课题组通过快速闪现融合范式,证明了双眼竞争并不需要注意与意识的参与(Zou 等,2016)。

客体识别

IBM 的超级计算机"深蓝"在 1997 年 5 月 11 日战胜了当时的国际象棋世界冠军卡斯帕罗夫,当时科学家们很乐观地预期人工智能全面超越人类的时代即将要到来,而电影小说等也对这块新大陆浮想联翩。但十多年过去了,这个问题没有人们想象得那么简单,一朵笼罩在人们头顶的乌云就是客体识别问题。

经验可以重塑人类腹侧视觉通路的高级知觉区的功能特性:相对于不熟悉面孔,梭状回面孔区对熟悉面孔的反应更强,而视觉字形区仅受熟悉的字形调节。这些区域是仅受学习期间自下而上的刺激的影响,还是与学习期间对刺激信息使用的方式有关? 2010 年刘嘉课题组证明了自上而下的影响(比如任务内容)调节高级视觉皮质的功能选择性(Song 等,2010)。同时,他们更进一步证明了视觉字形区对联系性学习任务中有意义的新颖视觉刺激会作出更大的反应,而形状加工区域则会对区分学习任务的刺激作出更大反应,而且学习还会迁移到与训练物体共享部分信息的新颖物体上。因此,高级视觉皮质的对刺激的选择性依赖于任务的内容,即学习过程中刺激物体被编码的方式。总而言之,训练的任务类型(联系性学习或区分性学习)可以决定训练刺激编码的皮质区域。

功能性核磁共振成像研究发现人类左侧中部梭状回会被文字激活,这个区域因而被称为视觉字形区(visual word form area, VWFA)。最近有一种名为交互假设的理论认为为了有效地分析自下而上的文字的视觉属性,视觉字形区会接收来自加工与文字相关的声音、意义和行为的更高级区域的预测性反馈。为了证明这个假设,刘嘉实验组于2012年通过功能性核磁共振成像技术检测了一个符号化的非词物体(比如,埃菲尔铁塔的图片)能否激活视觉字形区(Song 等,2012),这类物体会表征一些超越本身的象征性的含义(比如,巴黎)。他们发现,与没有符号化意义的场景相比,具有符号化意义的场景会激活一个更大的视觉字形区反应,并且这些对视觉字形区的自上而下的调节能够通过短时程的联系性学习得以建立,甚至还可以跨通道建立。另外,视觉字形区上观察到的符号化效应的大小与被试对符号—对象的连接强度的主观体验呈正相关。因此,视觉字形区就像是自上而下加工符号化意义与自下而上分析感觉输入的视觉特征的交互神经平台,这使得视觉字形区能够同时表征词语物体与非词语物体的符号化意义。

是什么使一个人社交活跃但是数学能力堪忧,而使另一个人极具音乐天赋但却是个路痴呢?一般来说,认知能力的个体差异被认为受很多认知能力的"通才基因"的调控,但不受影响特定认知能力的特殊基因的调控。2010年刘嘉课题组发现了一种认知的"专家基因":在面孔知觉这种特殊的认知能力上,同卵双胞胎比异卵双胞胎相似度更高(Zhu 等,2010)。三种面孔特殊加工能力都是可遗传的:面孔特殊再认能力、面孔倒置效应、混合面孔效应。关键问题在于,这个效应来自面孔加工的遗传力,而不是来自更普遍的认知层面,比如智商或整体注意。因此可以证明至少一种特殊的心理能力的个体差异是独立可遗传的。这个结果引导出另外一些问题,其他特殊的认知能力是否是独立可遗传的? 这个研究可以用于解释为何阅读障碍和自闭症等可遗传的障碍会有那么不均匀的认知特性,即其在某些心理加工过程丧失的同时,其他部分保持完好,甚至还有选择性的提升。

Hubel 等人早在1959年就发现猫的初级视觉皮质有表征线段朝向的神经元(Hubel 和 Wiesel,1959),而另一个有趣的问题是,物体的朝向是否由专门的神经元表征? 答案是肯定的,2005年方方与何生通过视觉选择性适应范式解答了这个问题(Fang 和 He,2005b)。在适应一个由正面旋转15度或30度的物体后,当你再看到这个物体的正面时,你所知觉到的物体的朝向会偏向适应方向的相反方向。即使适应刺激与测试刺激在空间是没有重叠的,这个后效依然存在,而且这个后效依赖于适应刺激的整体表征。物体朝向后效只存在于类别内刺激中,而不能在类别间迁移(面孔、汽车、线构成的三维物体)。后效的大小依赖于适应物体朝向与测试物体朝向的角度差,并且随着适应时间的延长而增强。这些结果证明了人类视觉系统中存在受不同视角朝向调谐的物体选择性神经元。

近年来研究者对脑区间的静息态血氧水平依赖信号的关注度持续升温,但人们对脑区间的相关的生理功能仍知之甚少。2011年刘嘉课题组测试了枕叶面孔区(occipitcl face area, OFA)和梭状回面孔区之间的静息态相关与行为的关系(Zhu等,2011),结果发现该静息态相关的大小(后面称为功能连接性)与个体一系列的面孔加工能力相关,而与非面孔加工能力无关。他们还发现该行为与梭状回面孔区与枕叶面孔区间的功能连接性相关的实验效应与梭状回面孔区和枕叶面孔区各自的功能性激活和解剖大小皆无关。这表明面孔加工不仅仅依靠个体的面孔选择性脑区的局部激活,也依赖于这些脑区间的同步性自发神经活动。这些发现证明了脑区间的静息态血氧水平依赖信号功能性相关,反映了皮质的加工特性。人类对面孔特异性反应的皮质组成的面孔加工网络具有聚集性与分离性,且面孔加工网络内的功能连接显著高于面孔加工网络内的节点与网络外的连接(Wang等,2016)。右侧梭状回面孔区更强的面孔加工网络内连接与右侧枕叶面孔区更弱的面孔加工网络外连接都预测了更强的面孔加工能力。从儿童到青少年时期,面孔加工网络内的重要节点梭状回面孔区与枕叶面孔区的功能连接会随着年龄的增长而增强(Song等,2015)。

面孔识别也是人类视觉系统最重要的研究课题之一,刘嘉与Kanwisher等人于2002年通过脑磁图(magnetoencephalograph, MEG)探索了人类面孔知觉加工的不同阶段(Liu等,2002)。他们发现一个面孔选择性的脑磁图反应在刺激呈现后的100毫秒出现('M100'成分),且这个M100的反应幅值与正确将刺激归类为面孔相关,而与成功认出某个个体的脸无关。著名的面孔选择性成分M170(与事件相关电位的N170同源)与这两种过程都相关。这些结果说明面孔的加工分为两个阶段:首先是对面孔进行分类(是不是面孔),然后是对每个面孔身份的识别(是谁)。

人类的面孔的识别能力不是一成不变的,而是可以通过训练得到提高的。2014年方方课题组通过训练被试对面孔朝向的辨别,降低了被试对训练朝向的辨别阈限,增强了被试的左侧梭状回面孔区的表征稳定性,同时他们还发现表征稳定性的增强与行为的进步显著相关,训练前的左侧梭状回面孔区的皮质厚度可以预测被试的学习进步量(Bi等,2014)。这些研究更凸显了左侧梭状回面孔区在面孔加工中的核心地位。

生物运动

点定义的生物运动携带着多种不同的生物实体属性,包括特定的时空属性,这使得它们可以被人类视觉系统高效地加工。2012 年蒋毅课题组证明了生物运动信号会自动地延长其知觉的时间长度。这个效应与刺激的整体构形无关,且不需要被试意识的参与(Wang 和 Jiang,2012)。他们使用时长辨别范式发现,相对于倒立的非生物运动序列,相同的生物运动序列被知觉的时间会更长。进而,不管被试是否意识到刺激,这个时长放大效应都能够扩展到点空间位置打乱的生物信号,而使其整体构形被完全扰乱(但生物特性仍然保留)。但是,当关键的生物特性被去除时(比如每个点运动的加速度和运动相位),这个效应会完全消失。这些证据证明了存在一种对生物运动调谐的时间知觉的特殊机制,为研究生物运动的时间编码带来了新的启示。

4.2.3 视知觉中的跨脑区相互作用

视觉加工需要人们从周围环境中获取感觉信息,然后将这些信息传送入大脑,大脑经过对简单特征的提取编码,组织整合,以及辨认识别,最终帮助人们获得一个对外部刺激稳定而有序的知觉。这样的一系列加工过程不仅仅需要各个脑区完成好各自的"分内之事",更需要多脑区之间的相互协作,需要自下而上的感觉信息输入与自上而下的反馈调节。

预测编码

在我们的周围充斥着海量的信息,但是人类个体的认知资源却是有限的。想要在极短的时间内完成对这些复杂视觉刺激的加工。就需要我们的大脑对输入信息进行非常高效的编码。目前,在高效编码方面主要存在两种理论:一个是稀疏编码(sparse coding),另一个是预测编码(predictive coding)。稀疏编码的概念源自于视神经网络的研究,这种编码方式并不是减少了输入信息的维度,而是减少了参与编码的神经元数目,让小部分神经元同时处于发放状态从而进行信息编码。依据稀疏编码模型所提取的基函数能够很好地模拟初级视皮质神经元感受野的反应特性(Olshausen 和 Field, 1996)。稀疏编码得到了大量的神经生理学实验支持(Young 和 Yamane, 1992;Rolls 和 Tovee, 1995;Ferster 等,1996)。与之相对的预测编码则是一种根据认知任务的不同,使尽量少的脑区参与加工的编码方式(Srinivasan, 1982;Rao 和 Ballard, 1999)。虽然在理论上,这种方式能够高效地编码视觉信息,但支持预测编码的实验证据却是寥寥无几。方方等研究者运用心理物理学的研究方法,通过测量知觉组织对高级和低级视觉后效的调节作用为预测编码理论提供了实验证据支持,填补了这方面的空白(He 等,2012)。研究发现,当人类视觉系统将多个简单的局部视觉特征组织为一个复杂的整体视觉形状时,高级的形状后效(shape aftereffect)增强了,但低级的倾斜后效(tilt aftereffect)和对比度阈限升高后效(contrast threshold elevation aftereffect)却降低了。当高级形状加工脑区知觉到整体的视觉形状时,高级加工脑区会向负责加工简单局部视觉特征的低级视皮质发送一个抑制性的预测性反馈,从而降低低级视皮质的神经活动,实现多脑区间的高效编码。双眼间的迁移实验进一步表明,这种来自高级视皮质的抑制性反馈可以传递到初级视皮质的单眼神经元。

知觉组织

客体识别领域的一个核心问题是视觉系统如何利用视网膜上接收到的二维信息重新组建还原出三维的世界,进而识别出三维世界中的客体。这个过程的第一步就是边缘提取,第二步是确定这个边缘是属于哪一个客体的,即确定边缘归属权。在此基础上,视觉系统才能将分属不同物体的边缘连接起来,进行轮廓整合,从而形成客体知觉。在过去的 20 年中,边缘归属与轮廓整合一直是视觉研究的热点问题,但人们对其神经机制的研究结果仍然存有争议。

对于边缘归属的神经机制,不同的研究者持有不同的观点,Qiu 等人(2007)通过灵长类动物的电生理实验发现边缘归属的神经表征位于早期视皮质,但是人类功能性核磁共振研究(Kourtzi 和 Kanwisher,2001)却认为该表征位于高级视皮质。针对这一争论,方方课题组利用功能性核磁共振适应(fMRI adaptation)技术对边缘归属进行了研究。结果显示,人类次级视皮质(V2)可以对边缘所有权进行编码,除此之外,视觉注意在这种编码过程中起到了关键作用。方方等人发现人类早期视皮质可以表征边缘所有权,并将这种表征传递到高级视皮质,这个结果很好地融合了前人的不同观点,使边缘归属的神经机制问题得到了回答。

轮廓整合是知觉组织过程中的又一个重要中间环节,它将属于同一客体的局部线条片段整合为全局轮廓线,进而识别出客体。传统理论认为,轮廓整合基于 V1 提取的线段信息,随后这些局部信息被整合为全局的轮廓信息,最后由较为高级的脑区(如 V4)形成整体的复杂图形的表征。但是李武课题组的一项研究成果却挑战了这一传统的自下而上的层级理论(Chen 等,2014),他们通过电生理研究发现,局部信息与知觉整体并非只有自下而上的前馈连接,物体及其组成部分几乎同时在皮质环路中得到加工,换句话说,轮廓整合的过程不仅有自下而上的前馈加工过程,同时存在自上而下的反馈过程。通过使用植入式微电极阵列,研究人员同时记录了猕猴两个不同等级的视觉脑区的神经元放电活动(V1 和 V4)。他们发现,当猕猴对复杂背景中的轮廓线进行检测时,全局轮廓相关的神经活动首先出现在高级的视觉皮质中,随即轮廓信号在不同等级的皮质中同时被放大。进一步分析发现,脑区之间的前馈和反馈连接在轮廓整合中分别起不同的作用:前馈连接负责快速组装局部片段,形成一个粗略的全局模板;反馈连接则负责调控低级皮质中的信息加工,增强图形信号并抑制背景噪音。这种同时进行的双向加工过程使得全局轮廓信息在不同脑区组成的环路中快速被放大。这项研究揭示了不同视觉脑区是如何协同完成轮廓整合过程的,也为未来研究者们揭示其他复杂认知过程的神经机制带来了很大启发。而且,轮廓整合不仅存在于空间中,也存在于时程中(Kuai 等,2016)。

特征整合

生活中的场景往往是由各种各样的客体组成的,这些客体都可以被拆分成基本视觉特征,比如,颜色、形状、大小、位置、运动等。这些特征在视觉信息加工的早期阶段是相对独立的,也就是说,在大脑的不同位置进行表征,比如,颜色信息在 V4 进行表征,运动信息在 V5 进行表征(Felleman 等,1991;Livingstone 等,1988)。但是实际生活中,我们知觉到的客体往往是一个整体,而并非这些零散的特征。那么这就引出了视觉研究领域里一个最基本的问题——特征绑定。视觉系统到底是如何把感觉刺激里各种各样的特征精确快速地整合在一起,进而形成一个统一而稳定的知觉的,这不仅是视觉系统面临的一个根本挑战,也是广大研究者争论的焦点。

关于这个问题的一个经典理论是由 Anne Treisman 于 1980 年(Treisman 和 Gelade,1980)提出的特征整合理论(feature integration theory)。该理论认为,特征的整合依赖于注意,并且高级加工阶段如顶叶以及额叶在特征绑定中起着至关重要的作用。这一理论得到了大量的实验证据的支持(Treisman 等,1982;Friedman-Hill 等,1995;Koivisto 和 Silvanto,2012)。然而,也有研究者认为注意在特征绑定的过程中并没有那么重要,一些研究结果也表明,特征绑定可以发生在视觉加工的早期阶段,甚至是在缺乏注意的状态下(Wolfe,1999;Seymour 等,2009)。由此可见,对于特征绑定的神经机制问题,研究者们依然有较大的争论。

针对特征绑定神经机制问题方面的争论,方方课题组借助 Wu 等人(2004)在 Nature 杂志报道的一种罕见的稳态颜色和运动错误绑定现象,进行了一系列脑电、核磁共振成像和心理物理学实验(Zhang 等,2014;2016)。这种稳态错误绑定的优点是可以在视觉系统中长时间诱发出主动特征绑定,规避了以往研究中时空重叠,记忆失败或者视觉失败等混淆因素,有利于揭示出特征绑定的内在机制。心理物理学实验发现,对颜色和运动错误绑定的适应可以产生颜色依赖的运动后效(color contingent motion aftereffect),这个结果表明视皮质确实参与了这种错误绑定的编码。在随后的脑电实验中,事件相关电位结果显示最早期的 C1 成分可表征颜色—运动特征绑定。此外,功能性核磁共振成像实验发现了 V2 编码的错误绑定。进一步地,研究者通过运用动态因果模型的数据分析技术发现,对这种错误绑定的编码依赖于 V4 和 V5 对 V2 的下行反馈调节。综上,通过一系列的实验和分析,研究者们借助这种稳态的颜色运动特征错误绑定为我们揭示了特征绑定的神经机制,特征绑定可以由早期视皮质完成,并且,中级视皮质对早期视皮质的反馈连接(reentrant connection)在特征绑定中起到了关键作用,这些研究结果为一直以来的争论提供了较为系统全面的回答。然而特征绑定这一领域并未因此就画上圆满的句号,注意在特征绑定中的作用依然是悬而未决的问题,有待于未来的研究者继续深入探讨。

视错觉

对于复杂刺激的知觉除了进行我们上面所提到的知觉组织、特征绑定等加工过程外,还有一种知觉过程我们不得不提,那就是视错觉。视知觉的主要目的是获得一个对外部世界的稳定的感知,但是实际上对环境中客体的准确知觉有时并不总是那么容易得到的。我们对于模糊的、两可的刺激以及视错觉刺激的加工过程是怎样的?是怎样的神经机制使在感觉水平上单一的刺激到了知觉水平却出现了多种解释,甚至是错误的解释?方方课题组利用高分辨率核磁共振技术,通过对三维空间中的大小错觉的研究从一个侧面为我们揭示了错觉的神经机制(Fang 等,2008)。视觉系统对于物体大小的识别往往需要结合物体本身在视网膜上投影的大小信息以及其所处的三维环境信息来进行。方方课题组利用高分辨率核磁共振技术测量人类视皮质加工大小错觉刺激的神经活动时发现,人类的 V1 就可以表达物体的实际大小,然而这种表达依赖于被试的注意状态,受到高级视皮质的调节。这些发现一方面揭示了大小错觉形成的神经机制;另一方面,也挑战了物体大小知觉发生在高级视皮质的传统观点。国外研究者通过电生理实验(Ni 等,2014)对猴子进行细胞外记录,进一步验证了方方等人的发现,同时该课题组更进一步发现了大小错觉的形成与 V1 神经元群体感受野的位置有关,当大小相同的物体出现在三维空间中的不同位置时,其对应激活的 V1 神经元的感受野位置也会发生相应的变化。但这部分结论仅仅来自于电生理研究,在人类视觉系统中感受野位置是否也会发生类似的变化还未可知。

4.2.4 知觉学习

知觉学习是一种感知觉过程中的学习,即通过长期训练被试学习某个简单的知觉任务,从而提高被试的知觉能力,同时可能有大脑某些相关区域的神经元功能属性的变化,或者神经环路的改变。知觉学习反映了大脑的可塑性,这种可塑性包括了发育和成熟过程中的可塑性(Hubel 和 Wiesel,1970)以及损伤修复过程中的可塑性(Kaas 等,1990)等。因此,知觉学习已成为目前认知神经科学领域的一个热点问题并广受关注。知觉学习的研究已有一百多年的历史,这种伴随着训练而产生的知觉能力的提高在不同的感知通道均有研究涉及,但是关于知觉学习的神经机制研究者仍存在争议,比如知觉学习发生在神经加工的哪个位置,参与学习过程的神经元发生了怎样的变化,学习过程中不同的脑区是如何相互协调的,是否包含了高级认知加工过程的调节等,这些问题目前仍然是研究者争论的焦点。

视知觉学习作为知觉学习研究领域中最重要的组成部分,经过研究者们过去几十年的努力,已经获得了许多令人兴奋的进展。大量的心理物理学研究发现知觉学习可以提高人类对朝向与空间频率(Schoups 等,1995)、形状(Sigman 和 Gilbert,2000)、运动方向(Ball 和 Sekuler, 1987)、纹理(Karni 和 Sagi, 1991)、视敏度(Poggio 等,1992)、面孔(Bi 等,2014)等一些基本视觉特征的辨别敏感度。这些研究向我们展示了大脑的可塑性,证明了知觉学习确实可以提高我们的感知觉能力,但是遗憾的是,它们并没能彻底解决视知觉学习的神经机制问题,学习究竟发生在视觉系统中的哪个阶段仍然需要进一步的探索研究。

知觉学习发生的皮质位置

研究者对于视知觉学习发生的位置主要持以下两种观点:一种观点认为知觉学习的改变发生在相对低级的视知觉加工阶段,认为知觉学习改变了视皮质神经元活动的属性,这体现在视皮质上单个神经元调谐曲线的变化或神经元群间连接的变化上。这种观点得到了心理物理实验的极大支持,大量研究发现视知觉学习表现出视网膜位置或特征的特异性,即学习效果局限于训练的位置或训练的特征,并不会迁移到未经训练的空间位置或视觉特征。这些特异性和电生理研究发现的 V1 神经元的视网膜拓扑性和朝向选择性相似,因此一部分研究者认为这暗示了视知觉学习发生在 V1(Karni 和 Sagi, 1991)。而与之相对的另一种观点则认为,知觉学习发生在相对高级的加工阶段,高级认知过程也参与了视知觉学习过程,学习改变了视觉神经元向高级脑区传输过程中的权重或者直接影响了高级皮质神经元的活动模式。持有这种观点的研究者认为知觉学习的网膜和特征特异性是大脑工作效率低下的表现,知觉学习应该是可以泛化的学习,在实际应用中我们不可能穷尽所有的位置和特征,因此知觉学习发生的神经位点应该是在高级加工阶段。

针对以上争论,国内的研究者们展开了许多研究工作,试图解决知觉学习发生位置的难题。方方课题组通过对人类被试进行长达 30 天的对比度探测任务知觉训练,于国际上首次揭示了知觉学习最早可以发生在皮下的外侧膝状体(Yu 等,2016)。蒲慕明课题组通过电生理学的方法在麻醉猫、大鼠以及清醒大鼠的 V1 时发现了基于时序信息的回忆现象(reactivation)(Han 等,2008;Xu 等,2012),此外,他们还在清醒猴的 V1 发现了早期视环路的短时程可塑性,这被认为是知觉学习的细胞生理基础。李武课题组近期的一项研究发现,在视觉检测任务训练过程中,大脑视觉皮质神经元的群体编码能力逐渐被优化,该过程与视觉感知能力的逐渐提高密切相关(Yan 等,2014),该研究在猕猴大脑 V1 区植入了微电极阵列,在猴子接受视觉任务的强化训练过程中,对 V1 区大量神经元的反应进行了跟踪记录。运用神经信息解码的分析方法,该研究发现 V1 神经元对视觉信息的群体编码能力随着每天的训练不断提高,这表现为神经元所携带的与任务相关的信息逐渐增加,而与任务无关的信息则被逐渐滤除。目前人们对视知觉学习脑机制的认识仍存在较大的争议,尤其是关于学习的效果是否能够被 V1 区编码这一问题。尽管上述实验证据表明初级视皮质编码能力的提高在知觉学习中起着重要的作用,但是关于知觉学习与 V1 关系的生理证据并不一致,而国外研究者形成的比较一致的结论是学习引起 V4 的改变多于 V1(Raiguel 等,2006;Yang 和 Maunsell,2004),但 V4 的改变也远不足以解释行为水平知觉能力的改变(Raiguel 等,2006)。基于此,重新加权(reweighting)理论认为知觉学习是在视觉皮质内的决策单元通过对不同 V1 输入的重新加权实现的(Dosher 和 Lu,1998)。方方课题组结合多种研究手段,对知觉学习的神经机制进行了全方位的探讨,发现了朝向、面孔、运动等的知觉学习的特异性和持久性,揭示了视觉系统神经可塑性的神经机制。该课题组的研究反映出知觉学习的可塑性不仅存在于 V1,视皮质的腹侧和背侧的高级区域也在参与知觉学习的过程中表现出了可塑性(Bi 等,2010;Chen 等,2011,2012,2013,2016;Su 等,2012,2013)。此外他们以面孔为切入点,利用结构性核磁共振成像技术首次从脑功能和脑结构两个方面提供了收敛的证据,这表明左侧梭状回面孔区在面孔加工可塑性中发挥着关键作用。其研究发现,在结构上,训练虽然不能使皮质厚度发生长期的改变,但是训练前的左侧梭状回面孔区的灰质厚度可以预测个体的行为进步(Bi 等,2010,2014)。知觉学习不仅可以增强特定脑区的激活、提高解码正确率,甚至可以改变皮质的反应偏好。Chen 等人通过经颅磁刺激技术,在 5 天的运动方向训练前后分别抑制 V3A 与另一个运动知觉中枢内侧颞叶(medial temporal lobe,MT)(Chen 等,2016),因为如果抑制某个脑区,可以从行为阈限反推该脑区的作用。结果他们发现在训练前,V3A 主要加工无噪声运动(所有点运动方向一致),而内侧颞叶主要加工有噪声运动(40%点运动方向一致,其余点方向随机)。而训练后无噪声运动与有噪声运动都由 V3A 加工,而不由内侧颞叶加工。V3A 的多体素模式分析对两种运动正确解码率也都得到了提高,而内侧颞叶保持不变。该实验结果证明,知觉学习能极大地改变大脑皮质的偏好。

与基于视觉皮质的主流知觉学习理论相反,有学者提出知觉学习发生在高级脑区。余聪课题组应用创新的双训练(double training,DT)范式消除了传统知觉学习中存在的位置特异性,这一发现从根本上挑战了知觉学习的位置特异性及其支持的具有网膜拓扑对应性的视觉脑区是知觉学习发生位置的主流观点,表明知觉学习的神经机制可能与影响知觉注意与决策的高级脑过程有关(Xiao 等,2008)。除了位置特异性,余聪课题组运用新的刺激训练(training + exposure,TPE)实验范式,证明了如果通过一个无关任务(如对比度辨别任务)反复呈现迁移朝向(exposure),训练朝向的知觉学习(如朝向辨别学习)也可以完全迁移到迁移朝向(Zhang 等,2010a,

2010b)与不同的物理特征定义的朝向上(Wang 等,2016),从而挑战了知觉学习的特征特异性,该范式在运动学习上亦消除了方向特异性(Yin 等,2016)。Xiong 等人发现自上而下的注意与自下而上的刺激同样能显著帮助学习效应的迁移(Xiong 等,2016)。根据以上实验证据,余聪初步提出了一个基于规则的知觉学习(rule-based learning, RBL)理论来解释知觉学习及其特异性与迁移的脑机制。

综上,一个相对较为融合的观点认为知觉学习不仅改变了基于视网膜位置的编码机制,而且改变了基于非网膜位置的信息加工(Zhang 等,2010)。研究者有关知觉学习发生在 V1 的诸多研究并不能引导我们得出知觉学习就是发生在视觉加工的早期阶段的结论,V1 的改变可能只是整个大脑可塑性的一个缩影(Gilbert 等,2012)。

大脑可塑性的实际应用

对于知觉学习的研究除了可以帮助我们了解大脑的可塑性,理解人类的知觉过程之外,还有重要的临床意义。如,知觉学习可以应用于对弱视的治疗,改善优势眼和非优势眼间的差距,提高视敏度等。因此,知觉学习对促进人类感知康复有着重大意义。

方方课题组报道了一个特殊病人的个案研究(Cheung 等,2009),该病人由于眼球病变导致弱视,只能看见低频空间信息(模糊信息),而看不见高频空间信息(精确信息),但他的触觉能力远超正常人。利用功能性核磁共振成像技术对其进行扫描发现,他的视皮质中原本应用于加工低频信息的对应于外周视野的区域被用于加工视觉信息,而原本应用于加工高频信息的对应于中央视野的区域被用于加工触觉信息。由于该病人看不见高频空间信息,他的大脑中对应中央视野的视觉区就被触觉加工"占用"了。这一案例改变了人们对弱视治疗存在关键期的原有认知,即 7 岁—8 岁之后很难改善的传统观点。近年的研究发现通过一些简单视觉任务的知觉学习,青少年和成人弱视都可以得到改善(Huang 等,2009)。余聪课题组运用 DT—TPE 实验范式对中轻度弱视群体进行训练发现,知觉学习对中轻度弱视的确有较好的治疗效果(Zhang 等,2014)。

除了眼科疾病之外,知觉学习还可以应用于运动康复训练中,魏坤琳课题组为这一应用的实现提供了理论支持(Wei 等,2014)。其课题组以电脑的使用为切入点,探讨了长期和电脑屏幕的运动交互对运动学习泛化的影响。通过一系列心理物理学实验,研究者发现无论被试是否有电脑使用经验,他们对感知运动映射的学习速率是一样的,但是他们的运动学习的方向性泛化(从一个方向上学习到的运动技能泛化到其他方向上)有很大的差别。有电脑使用经验的被试的泛化幅度和广度超过没有电脑使用经验的被试,而没有电脑使用经验的被试的运动泛化仅仅经过短短 2 周的电脑训练(特别是使用鼠标的训练)就可以得到提高。

4.3 听觉

在感知世界的过程中,听觉发挥着特殊而重要的作用,从某些特定的角度来看,听觉甚至比视觉更加重要。当你的朋友在黑夜中或是在你的背后喊你的名字时,听觉可能是你唯一可以依赖的感知通道。接下来就让我们共同了解听觉是如何帮助我们来感知世界的。

4.3.1 鸡尾酒会问题

同视知觉加工一样,听觉系统在很多情况下都需要面对嘈杂的加工场景。想象一下,在一个同学聚会上,你想同你的一位朋友谈话,但是周围存在很多干扰声——有其他人大声说话的声音,有餐厅里播放的背景音乐等,在这种情况下你是否还能和这位朋友进行有效的交流呢?

现实经验告诉我们,即使身处较嘈杂的环境中,我们仍能在一定程度上克服这种嘈杂环境的干扰而进行有效的言语交流。不仅如此,我们甚至能对背景声音进行一定程度的监测,进而调节我们的注意状态。例如,同样是在上述嘈杂的环境中,当你在和朋友交谈时,如果有别人提到你的名字或是其他你所特别关心的事情,你通常会很敏感地捕捉到这些信息,并将注意力转移。

"为什么我们可以在多个人说话的条件下能听懂某个人所说的话?"自 20 世纪 50 年代 Collin Cherry 提出这一鸡尾酒会问题以来(Cherry, 1953, 1957),研究者针对这一问题从多个角度展开了大量的研究。早期的研究主要集中在听觉场景分析、听觉掩蔽和选择性注意等方面。近年来,越来越多的研究开始触及鸡尾酒会问题的神经机制。虽然我们离最终揭示这一重要科学问题的机制仍有很长的路要走,但经过半个多世纪的研究,研究者们已经在宏观与微观的不同层面以及理论和应用不同方向上都取得了令人瞩目的进展。

听觉场景分析

同所有的感觉系统一样,听觉系统有其特异的刺激类型,那就是声波。声波是由物体振动所产生的。这种振动经空气或其他介质传递到人的耳后,就会引起听觉系统的活动进而激发声音的主观感觉。声波有三种物理属性,即声强、频率和波形。相应地,听觉系统对这三种属性的感受分别为响度、音高和音色。Brian Moore 在 *An Introduction of Psychology of Hearing* 一书中对听觉系统如何加工声音刺激的各种属性从而形成对应的主观感觉作了详尽的描述(Moore, 2004)。

然而,在现实生活中听觉系统很少有加工单一声音的情况。在多数情况之下,声学环境中会存在由诸多声源所发出的声波,这些声波共同构成了一个听觉场景(auditory scene)。在一个复杂的听觉场景中能够听出一个特定的目标声音的前提是听者能够将来自于每个声源的各种不同特征成分进行整合(integration 或 grouping)而形成一个听觉客体(auditory object),与此同时,将来自于不同声源的成分分成(segregate)不同的客体或流(stream)。Bregman 将这一加工称为听觉场景分析(auditory scene analysis, ASA)(Bregman, 1990)。具体地来说,Bregman 认为听觉场景分析包含以下三个过程,分别是分割(segmentation)、整合(integration)和分离(segregation)。分割是指听者将声音成分在时间上分成相对独立的成分,整合是指个体将来自于同一个声源的不同频率成分知觉为一个整体,而分流则是指个体将来自于不同声源的成分知觉为不同的声音流。这也表明,格式塔学派所提出的一系列组织原则起着非常重要的作用。比如,时间上的能量低谷或空白有助于个体将声音在时间上分割,声音在时间上的同步或是频率成分上的接近有助于整合,而在频率成分或音色上的差别则有助于分流。另一方面,个体已有的认知图式在场景分析中也起着重要的作用。一个明显的例子来自于指挥家。在交响乐团演奏时,大部分听音乐的观众可能都会把所有的声音知觉成一个整体的声音流,但一位好的指挥家可以很精细地区分出其中每一种乐器的声音(Bregman, 1990)。

选择性注意

值得一提的是,从鸡尾酒会问题衍生出来的一个重要的研究领域是选择性注意的研究。同视觉系统不同,听觉系统的双耳通道在空间上具有一定的相对独立性。借助于双耳分听技术,人们可以很方便地考察不同听觉通道中信息的加工情况。

瓶颈理论。Broadbent(1958)最先提出了一个认知模型以解释听觉领域中的选择性注意现象。他假定我们的认知系统类似一个过滤器,这个过滤器包含若干通道。在某个特定的时刻,只有一个通道处于开放状态,而其他通道则被关闭。也就是说,在我们对信息进行筛选的时候,会有一个类似于瓶颈的装置,对通过的信息的数量进行限制。因而,我们在某一特定时刻只能加工来自一个通道的信息,如果要加工其他通道的信息,则需要在不同的通道间进行切换。利用这一理论可以解释一些听觉现象。比如,在进行双耳分听任务时,当人们注意其中一只耳中所播放的信息时,对于另外一只耳中信息的加工就会降低。甚至当另外一只耳中信息的语言由英语转变为法语时,听者也不会注意到。

然而,也有研究者注意到了 Broadbent 模型的一些问题。例如,当你和别人在进行认真的交谈时,如果有其他人突然提到你的名字,你仍可以快速地将注意转移。这说明在非注意通道中的信息也可以得到一定程度的加工。因此,在一些实验中,那些被认为是未被注意到的信息并不是真的完全没有被注意到。如果通过实验设计使得被试完全不能注意某些信息,那么这些信息在后续的测验中应当完全没有启动效应。因而,研究者们还需要对 Broadbent 的过滤器模型作进一步考察。

基于这些以及其他一些实验证据的支持,Treisman 等人对 Broadbent 模型进行了修正,提出了衰减理论(attenuation theory)(Treisman, 1969)。之后又有 Deutsch 等人提出了反应选择模型以增加模型的解释效力(Deutsch 和 Deutsch, 1963)。然而,前述这些模型本质上都是对 Broadbent 模型的一种细节上的修正。这些模型都直接吸收了 Broadbent 所提出的两个基本假定:第一,大脑的加工资源是有限的,这就使得我们有必要在大量的信息输入中作出选择。这一假定已经被所有心理学家和脑科学家视为是大脑的一种基本属性。第二,这种选择可能是基于通道(或信息流)的,大脑对信息的选择性注意都是借助于某种瓶颈机制对不同信息流进行选择。因此,我们可以将 Broadbent 模型和其后一系列的修正模型都统称为瓶颈模型或通道模型。这种模型直到现在依然有很强的解释力(Latcher 等,2004)。

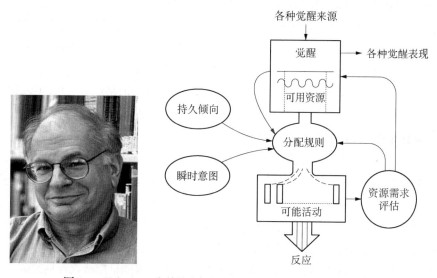

图 4.1　Kahneman 和他的中枢能量模型(来源:Kahneman, 1973)

中枢能量模型。Kahneman(1973)提出了一种不同的途径来解释注意现象。在他看来,影响注意效能的不是加工通道的限制,而是可获得的中枢加工资源(central capacity)的有限性。在任务所要求的总体资源量不超过可获得的总体资源的情况下,神经系统可以相对灵活地在不同的任务间分配加工资源。然而,可获取的中枢资源数量并不是固定不变的,而是会受到一些因素的调节,比如唤醒水平、药物作用等。因而,按照 Kahneman 的假定,在一个复杂的声学场景中,决定知觉加工效果的不是声音流的数目,而应该是场景中所包含的总体信息量以及中枢可用的加工资源总量。

很显然,Kahneman所提出的有限能量模型与Broadbent等人所提出的通道选择模型有所不同。那么,注意的选择究竟是基于通道的还是基于能量的呢?一种解决的思路是两种选择机制都存在,但是它们是在心理加工的不同阶段实现的,我们将在稍后的章节中更详细地讨论这样的可能性。

4.3.2 听觉掩蔽

在鸡尾酒会场景中,当听者因为背景或干扰声音的存在而不能有效地检测或识别目标声音时,听觉掩蔽现象就发生了。从另一个角度来说,听觉掩蔽现象可以被视为是场景分析的失败。如前所述,针对场景分析的研究主要考察听觉系统是如何借助各种知觉和认知线索实现场景分析的,而针对听觉掩蔽的研究则主要考察听者为何在听某特定的目标声音时会出现失败。听觉场景分析涉及到将听觉场景中的不同声音成分解析成来自于不同声源的声音流,但听觉掩蔽却涉及在加工一个特定声音流时其他声音会在何种程度上以及以何种机制对加工过程造成干扰。我们假定听觉场景中存在来自于不同声源的若干声音流 S_1、S_2、……S_n,每个声音流都包含一系列频率成分,那么听觉场景分析关注的是听觉系统如何将来自不同声音的特定频率成分整合和分流,而听觉去掩蔽所关注的是,听者如何在这样一个听觉场景中检测或识别出特定的声音流。显然,听觉掩蔽和听觉场景分析的失败是相关的,但是场景分析的失败并非听觉掩蔽发生的唯一条件。因此,场景分析可以被看作是去掩蔽过程中的一种。

能量掩蔽/信息掩蔽

对于听觉掩蔽为什么会发生这一问题,研究者认为并不存在一种单一的机制可以解释所有的掩蔽现象。早期研究者只关注听觉外周,认为掩蔽之所以会发生,是因为掩蔽声和目标声在听觉外周部分发生了相互干扰(Fletch, 1953)。具体地说,就是当掩蔽声和目标声在时间和频率上存在相互重叠时,掩蔽声的存在会使得耳蜗或听神经阶段特定神经元对目标声音成分不能作出响应或是响应范围缩小。换言之,掩蔽声消除了目标声音在外周表达的能量,因而这种掩蔽常被称为能量掩蔽或外周掩蔽。

在能量掩蔽机制的假定中,一个最重要的概念就是听觉滤波器。支持这一概念的最直接的证据来自于频带拓宽实验(band-widening experiment, Fletcher, 1953)。在实验中,研究者会测量被试在窄带噪声所掩蔽的条件下对纯音的觉察阈限。窄带噪声的带宽是实验的自变量。噪声的中心频率与纯音的频率相同,并且其功率密度(power density)保持恒定。这样,当噪音的带宽增加时,噪声的总功率就会随之增加。实验结果发现,在开始阶段,随着掩蔽噪声带宽的增加,被试对纯音的觉察阈限也会提高。但是当噪音带宽增加到一定程度时,被试的觉察阈限会达到一个相对稳定的水平,即进一步增加带宽对阈限的影响很小。许多后续的研究也都得到了相似的结果

(Hamilton, 1957; Spiegel, 1981; Schooneveldt 和 Moore, 1989)。Fletcher(1953)认为，当听者在噪声背景中听一个纯音信号时，会用到一个特征频率与信号频率相同的听觉滤波器。这一滤波器可以在使信号通过的同时，滤去大量的噪声。只有那些通过了滤波器的噪声成分才会对信号的觉察阈限带来影响。这些滤波器的带宽是依频率变化的，它决定听觉系统的频率分辨能力。基于对能量掩蔽的机制的认识，研究者们已经提出了一些概念或计算层面的模型，如功率谱模型(power spectrum model, Patterson 和 Moore, 1986)、清晰度模型(articulation index)和语音可懂度模型(s speech intelligibility index)等。借助这些模型人们能够对能量掩蔽进行比较成功的解释和预测。

然而研究者还发现，能量掩蔽并不能解释所有的听觉掩蔽现象。例如在通过一些手段排除掉能量掩蔽的作用后，听觉掩蔽依然可以发生。Arbogast 等人(2002，2005)在研究中对刺激材料进行处理，使得目标声音和掩蔽声音处于不同的频率带上。结果他们发现，当掩蔽声音为噪声时，掩蔽量很小。这证明在没有频谱重叠的情况下，能量掩蔽的效果很小。但是当掩蔽声音为与目标语句相似的言语时，尽管它们之间在频谱上没有重叠，还是有相当大的掩蔽效果发生。这表明，除了耳蜗和听神经处神经兴奋模式的重叠之外，掩蔽声音还可以对目标声源的加工造成额外的干扰。人们把这种掩蔽称为信息掩蔽(Freyman 等,1999,2001,2004; Kidd 等,1998,2002; Brungart 等,2001,2002)或知觉掩蔽(Carhart 等,1968)。

与能量掩蔽不同，信息掩蔽被认为受到一些高级认知过程的调节，比如先验知识和注意等高级过程。已有大量研究表明，当掩蔽声和目标声之间存在空间分离时，目标声音的识别效果更好。并且，这种空间分离所带来的去掩蔽效应在噪声掩蔽条件下和言语掩蔽下是不同的。当掩蔽声音是言语信息(信息掩蔽主导)时，空间去掩蔽效果更好。特别是，Freyman 等人(1999)的研究表明，即便目标和掩蔽声音之间不存在真实的分离，而只是存在知觉上的空间分离(perceived spatial separation)，这种效应依然存在。因为这种知觉上的空间分离可以在很大程度上排除头影效应(head shadow)和双耳交互作用(binaural interaction)，这一发现更清楚地说明了空间注意在抗信息掩蔽中的作用。

信息掩蔽的亚成分

然而，如果我们观察听觉系统的加工通路，就会发现将听觉掩蔽分为能量掩蔽和信息掩蔽这种二分法似乎是有些过于简单了。特别是，我们将所有不能用能量掩蔽所解释的听觉掩蔽现象都称为信息掩蔽，这导致信息掩蔽成了一个行李箱式的词汇(suitcase word)(Watson, 2005; Shin-Cunningham, 2008, 2013)。这种认识会阻止我们对于听觉掩蔽机制的更为深入的探索，因而，近年来已有越来越多的研究者认识到这种二分法的不足(杨志刚等,2014)。

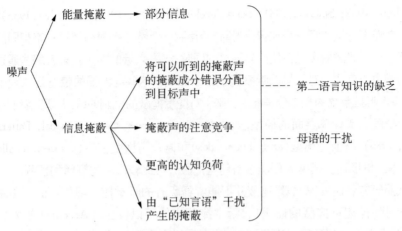

图 4.2　Cooke 的掩蔽框架(来源：Cooke 等,2008)

Cooke 等人认为听觉掩蔽除了分为能量掩蔽和信息掩蔽两个主层次外,信息掩蔽还可以继续划分出一些不同的亚成分(图 4.2)(Cooke 等,2008)。Mattys 等也提出了类似的观点,他们认为信息掩蔽包含三种成分。第一种成分为掩蔽声对注意资源的竞争,或者说是听者为忽视掩蔽声音的存在而消耗的注意资源;第二种成分为当掩蔽声音本身为可识别的语言时对目标声音造成的干扰;第三种成分为认知负载,是指掩蔽声音作为一种附加任务对听者加工目标声音所造成的认知资源消耗,这种附加任务并不一定是听觉的,视觉的附加任务同样会增加个体的认知负载(Mattys 等,2009,2010)。然而,不论是 Cooke 还是 Mattys 的观点,都面临着一些共同挑战。第一,他们所提出的几种不同信息掩蔽成分间的区分界限还不是很清晰。比如注意资源竞争和语义干扰被认为是两种不同的掩蔽类型,但语义相关性也同样会带来注意竞争,依据什么标准将二者区分开呢? 第二,目前还缺乏足够的实证证据以证明这些成分的独立性。

杨志刚等人提出了一个更简洁的框架来描述信息掩蔽的亚成分(杨志刚等,2014)。他们认为信息掩蔽中含有知觉掩蔽和认知掩蔽两种成分。知觉掩蔽是由掩蔽声音流和目标声音流之间的知觉竞争所导致的。作为一个独立的知觉客体,掩蔽声音会和目标声音竞争注意资源,从而导致个体对目标声音加工的效能下降。知觉掩蔽和掩蔽声音的数目以及掩蔽和目标声音之间的相似度有关。掩蔽声音和目标声音之间的相似度越高,掩蔽效果就越强。与知觉掩蔽不同的另外一种掩蔽是认知掩蔽,它是由干扰声音的内容或可懂度造成的。来自 Stroop 范式的研究表明,人类对于语义信息会有一种自动化的加工倾向。因而,当掩蔽声音中包含具有可懂度的信息时,它会自动地受到加工,从而干扰对目标声音的加工,这种掩蔽被称为认知掩蔽。这种分类框架的一个优点是,它可以整合前述两种经典的注意模型。知觉选择发生在较早的加工阶段,而内容选择发生在较后的加工阶段。在知觉选择阶段,当目标声音流和掩蔽声音流同时到达听觉系统时,个体要在不同掩蔽声音流之间进行选择。但是当不同的声音流同时进入到更高级的加工中枢时,来自不同声音流中的信息都会受到统一的加工,因为总体的中枢加工资源是有限的,所以掩蔽声音中的信息会和目标声音形成竞争。

掩蔽的释放/去掩蔽

如上所述,在一个有多人说话以及其他声音的环境中,我们需要从这个复杂的"鸡尾酒会"环境中提取我们需要关注的信息。因此,我们需要对所有声音进行筛选,将选择性注意放在目标声音上,同时抑制对无关声音和信息的有意注意,从而实现对目标语句的识别。这一场景分析的过程,就是所谓的将目标信号从掩蔽中释放(release)的过程,也是对目标听觉信息去掩蔽(unmask)的过程(Helfer 和 Freyman, 2005; Du, Kong, Wang 和 Li, 2011)。

前面也提到,听觉的掩蔽类型分为两种,一种是能量掩蔽,另一种是信息掩蔽。二者的去掩蔽机制有所不同。对于能量掩蔽,掩蔽噪音的能量越大,则掩蔽效果越强,这是任何知觉和认知过程都难以克服的。然而对于信息掩蔽,人们在识别所关注的言语信息时却可以利用各种知觉线索和认知线索来提高对目标声音的选择性注意以消除信息掩蔽的作用。这些线索包括目标声音与掩蔽声音之间的知觉分离、目标说话人的嗓音特征(包括情绪特征)、目标说话人的唇读线索、对目标语句内容的期待(内容启动线索)等。下面我们将以唇读信号这类去掩蔽线索为例,对去掩蔽的作用作进一步分析。

在实际的交流和沟通中,说话人的面部表情及其动作可作为视觉信息进入我们的大脑,而这些视觉线索恰恰为去掩蔽提供了条件(Helfer 和 Freyman, 2005)。其中,唇读有着重要的含义。唇读包含了重要的声学信息,如包括元音、双元音、辅音音节的节奏信息(Summerfield, 1992)。而且,目标说话人嘴张开的大小程度和整个目标语音的声音大小(也就是声音的振幅)有着显著的正相关。而唇读的节奏信息也会给听者有效的时间线索(Grant 和 Seitz, 2000; Summerfield, 1992)。这样,视听联合的同步性以及大脑对视听的相关信息的整合可以达到"所听"和"所看"的统一。视听信息中目标语音的音节在时间轴上的动态表征还可以帮助听者形成有效的"预期",促进听者对于目标语句和信息的识别(Wright 和 Fitzgerald, 2004)。当听者将选择性注意投放在这些唇读所包含的知觉线索上时,其对目标流的追随就会得到强化,其对目标语音的识别会因此得到提高。此外,已有研究表明,在我们尝试识别和理解特定的目标言语时,我们的运动中枢也在一定程度上被激活,这表明运动系统也参与了听觉认知的多感觉通路的整合工作。在听到目标言语的时候,我们的发声器官(喉、下巴、软腭、嘴唇、舌头等)也会出现说话的模仿动作,这种运动系统的激活可能在去掩蔽过程中发挥着重要的作用(Wu 等,2014)。

4.3.3 鸡尾酒会效应的神经生理学
来自动物的研究

考虑到动物的生存环境则不难预见,与人类一样,它们也时常需要面对鸡尾酒会效应带来的感知觉加工挑战。从嘈杂的背景声中区分来自天敌或同类的声音并确定其方位,这对动物的生存与繁衍来说极为关键,具有重要生态学意义。

对于一些利用鸣声进行交流的物种来说,鸡尾酒会效应的影响尤为显著。例如,在交配季,大量雄蛙会聚集在一起通过鸣叫来进行求偶并宣示领土主权,而雌蛙可能需要在数以百计的同种或不同种鸣声当中探测、选择并定位适合的对象(Gerhardt 和 Huber, 2002)。一个帝企鹅群落的成员可多达 30 万对,帝企鹅幼雏和父母必须在如此庞杂喧闹的环境中识别出对方的鸣声,喂食养护行为才能得以完成(Aubin 和 Jouventin, 1998)。除此之外,鸣禽(Busnel 和 Mebes, 1975; Hulse, 2002)、部分昆虫(Römer, 2013; Schmidt 和 Römer, 2011)和哺乳动物均显现出了处理此类复杂听觉场景的能力。

大量行为实验证明,在类似鸡尾酒会的环境当中,动物所展现出来的信号加工方式与特性与人类有着诸多共同点。与人类一样,动物能够依据多种物理线索——如基频、谐波结构、起始时间、调幅频率以及空间分布等,实现对听觉客体的分离与整合,且同样会有自上而下的调节过程在其中发挥作用;许多应用于人类被试的实验范式在动物身上也能得到类似的结果(Bee 和 Michel, 2008)。因此,动物模型可作为研究鸡尾酒会问题的一个有力手段,对人类行为学实验数据进行补充,更进一步地说,研究人员还可利用体内电生理记录等方法,揭示行为表现背后的神经机制。

当面对外界复杂的声音刺激时,听觉系统中各个脑区会采取不同的编码策略(Nelken, 2008)。较为底层的听觉中脑活动精确反映了声音信号具体的声学物理属性,但在保持精确性的同时也付出了一些代价,例如,当存在干扰信号(或掩蔽声)时,对目标信号的加工会受到严重影响。考虑人类与动物听觉系统在应对"鸡尾酒会"场景上卓越的表现,中脑的加工策略可能并非解决方案的全部。与之相对应,更为高级的皮质反应不再是单纯的物理属性的表达,而是非线性的、更具适应性与可塑性的表达,与知觉也有着更为紧密的联系,这就为处理复杂听觉场景提供了基础。

有越来越多的实验证明,在与鸡尾酒会问题相关的多种感知觉加工过程中,听觉皮质都起着关键的作用。其中一个重要的观点即为,听觉皮质可以表征听觉客体。例如,在 2007 年的一项研究中,研究者将自然条件下录制的原始鸟鸣音频分解为前景声(鸟鸣)、回音和背景噪声三个部分,并将之分别呈现给处于麻醉状态的猫。尽管前景的鸟鸣声与背景噪声之间的信噪比高达 29 dB,猫初级听觉皮质中部分神经元仍能特异性地对声强较弱的背景声发生反应,即原始音频引发的神经反应与背景噪声单独呈现时引发的神经反应相似度仍然很高,该相似性既体现在神经元发放率上,也体现在整体发放时间模式上(Bar-Yosef 和 Nelken, 2007)。值得注意的是,在上例中,初级听觉皮质在表征听觉客体(上例中的背景声)的同时,还具备了一定的"抗干扰"能力,这使得个体对背景声的加工较少受前景声的影响。

在噪声中加入一个弱的纯音刺激后,听觉系统神经元对噪声包络成分的锁相反应会受到抑制,研究人员将该现象称为"锁相抑制"(locking suppression),并认为其与强背景噪声下的弱目标刺激探测有关(Nelken, Rotman 和 Yosef, 1999)。麻醉猫的电生理记录表明,当信噪比足够低时,下丘(inferior colliculus, IC)的锁相抑制十分微弱,而内侧膝状体(medial geniculate body, MGB)一部分神经元与初级听觉皮质的全部神经元却依旧保持了显著的锁相抑制(Las, Stern 和 Nelken, 2005)。那么,皮质又是如何实现抗干扰的呢? 一种解释是,与脑干核团的快速瞬时的加工方式不同,听觉皮质更多地关注声音刺激的长时程特性,如能量的均值与方差。当环境中存在一个长时稳定的背景噪声时,初级听觉皮质能更好地适应该噪声的统计学特性,从而能够更加敏感地探测出相对较小的波动(如弱纯音的加入),并通过神经元群体编码的作用实现独立于噪声的听觉客体表达(Rabinowitz, Willmore, King 和 Schnupp, 2013)。

听觉皮质的高级区域在编码策略上与低级区域更具本质的差异。最近一项研究在斑胸草雀(zebra finch)的尾内侧巢皮质区(caudomedial nidopalliam, NCM,相当于哺乳动物的高级听觉皮质)中发现了一群特殊的神经元:当呈现其他斑胸草雀鸣声刺激时,与中脑和初级听觉皮质相比,这些神经元的发放率更低,但其发放模式对单个鸣声刺激的特异性更高;而在多个鸣声共同呈现时,中脑和初级听觉皮质的神经元发放率增高,尾内侧巢皮质区的神经元发放率反而下降,说明其反应受到非特异性刺激的抑制,且抑制效果与信噪比之间的关系与行为结果相符(Schneider 和 Woolley, 2013)。高级听觉皮质神经元以稀疏编码的形式形成了对特定刺激的表征,当信噪比在阈值以上时,该表征的精确性几乎不受或很少受背景噪声的影响。同样以斑胸草雀为研究对象的另一项研究表明,初级听觉皮质的神经元在有干扰刺激下的反应与掩蔽声类型有关(Narayan 等,2007)。

复杂听觉场景中声音流的知觉分离机制也可在动物电生理研究中找到部分解释。例如,在经典的"ABAB"分流知觉范式中,如果所交叉呈现的两个纯音 A 和 B 之间的频率差别较小且呈现频率较低,则被试更有可能将之知觉为一个由 A 和 B 共同组成的声音流。反之,则更可能知觉为"AAA……"和"BBB……"这样两个声音流

(Miller 和 Heise，1950)。研究者在猕猴(Fishman，Reser，Arezzo 和 Steinschneider，2001)与欧椋鸟(Bee 和 Klump，2004)的听觉皮质记录中发现，由于前向掩蔽的作用，纯音 A 与纯音 B 能够引起不同的神经反应模式，且当呈现频率高和频率差别大时，处于神经元特征频率范围之外的纯音刺激引起的神经反应将受到大幅度抑制，从而增大对二者表征的差异，这对应行为实验中的后一种分流的情况。除短时程内的前向抑制效应外，神经元对 AB 声音对的反应还会因适应而出现整体的下降(Micheyl，Tian，Carlyon 和 Rauschecker，2005)。这些电生理研究共同提示了听觉客体的形成在去掩蔽过程中扮演着重要的角色。

鸡尾酒会问题的动物电生理研究也面临着多重挑战。第一，研究者还不清楚单个神经元的反应如何被整合为可被下游脑区读出的群体反应；第二，神经元反应如何能够与动物行为数据、甚至人类行为数据建立联系还需要进一步的探索；其三，如何在动物实验中体现自上而下调节与高级认知加工过程的作用还需要更加精巧的实验设计，以及更多的数据和计算模型的支持。

来自事件相关电位的研究

事件相关电位有毫秒级的时间分辨率，有利于人们理解特定认知过程引起的皮质活动，尤其是探索神经活动的时程问题。听神经损伤患者在安静条件下的听觉时间加工受损特征与正常人在噪音环境下的听觉加工机理相似。因此不少研究者认为事件相关电位可以作为衡量听觉系统加工功能的客观指标(Martin 等，1997，1999，2005；Billings 等，2009；Michalewski 等，2009；Muller-Gass 等，2001)。在研究鸡尾酒会问题时，为了适应事件相关电位技术的特点，研究者通常会选取较为简单的声音信号作为目标刺激。例如纯音(Billings 等，2009；Androulidakis 等，2006；Michalewski 等，2009；Salo 等，1995；Polich 等，1985；Billings 等，2001)和以辅音—元音构成的单音节语音(Martin 等，1997，1999，2005；Whiting 等，1998；Kaplan-Neeman 等，2006；Muller-Gass 等，2001；Billings 等，2011；Zhang 等，2014)。而掩蔽刺激的选取则相对较为复杂，多数研究采用白噪音或语谱噪音为掩蔽刺激，并改变信噪比，来研究目标刺激的可听度(audibility)的变化对事件相关电位的影响(Billings 等，2009；Androulidakis 等，2006；Michalewski 等，2009；Salo 等，1995；Polich 等，1985；Martin 等，1997，1999，2005；Whiting 等，1998；Kaplan-Neeman 等，2008；Muller-Gass 等，2001)。近年来，也有研究者开始关注言语掩蔽环境下的听觉加工过程(Billings 等，2001；Zhang 等，2014)。例如，Billings 等人(2011)的研究采用了四个说话人的语音(4-talker babble)作为一类掩蔽刺激，比较了安静、连续的语谱噪音、断续的语谱噪音以及语音这四种不同的掩蔽类型对目标刺激的皮质表达的影响，并发现当信噪比相同时，目标音节在噪音掩蔽下的事件相关电位大于在语音掩蔽下的事件相关电位。Zhang等人(2014)的研究也发现了相似的结果。

在经典的行为研究范式中,为了衡量被试对目标言语的加工程度,常常以被试对目标语句复述的正确率作为指标。因此,为了完成复述的任务,在实验过程中被试的注意会无可避免地指向听觉刺激,这使得研究者无法操纵被试的注意指向。然而,如果以目标言语诱发的事件相关电位作为指标来衡量被试对目标言语的加工程度,研究者就可以对被试的注意指向进行操纵。按照被试注意指向的不同可以分为听觉刺激范式(active-listening)和无关视觉刺激范式(passive-listening)两种研究范式,研究者可以借助这两种范式研究选择性注意在去掩蔽过程中的作用及其神经机制。在听觉刺激范式下,被试的选择性注意指向听觉刺激或目标刺激,并进行简单的听觉任务以保持注意,例如当新异刺激出现时按键反应(Martin等,2005;Billings等,2011;Zhang等,2014),或默数目标刺激出现的次数(如Polich等,1985),或判断目标刺激的类型(如Kaplan-Neeman等,2006)。而在无关视觉刺激范式中,被试的任务是看无声电影或看书,并忽略听觉刺激(Zhang等,2014;Billings等,2011;Martin等,1999;Whiting等,1998;Salo等,1995)。例如,Zhang等人(2014)的研究采用音节/bi/作为目标刺激,分别采用噪音和两个说话人的语音作为掩蔽刺激,并将被试的注意指向作为自变量进行操纵,发现将注意从指向无关视觉刺激转到指向听觉刺激可以显著地提高目标音节在语音掩蔽下诱发的P1-N1-P2复波,但无法显著地提高目标音节在噪音掩蔽下诱发的P1-N1-P2复波。此外,Zhang等人的研究第一次采用了事件相关电位的方法研究不同注意条件下主观空间分离去信息掩蔽的神经机制,他们发现主观空间分离去信息掩蔽的作用依赖于主动注意的参与,且主观空间分离去信息掩蔽的作用在听觉加工的早期阶段(N1成分,100—200 ms)就已经出现。

在采集事件相关电位波形并进行分析时,有的研究会采用P1-N1-P2复波作为分析指标(Billings等,2009,2011;Androulidakis等,2006),有的研究则会单独记录N1(Martin等,1999;Kaplan-Neeman等,2006;Michalewski等,2009)、N2(Martin等,1997)、P3(Martin等,1999;Kaplan-Neeman等,2006;Polich等;1985)等成分,还有的研究会分析差异波(Martin等,1999;Muller-Gass等,2001;Salo等,1995)。这些事件相关电位成分的峰值和潜伏期的变化能够反映可听度的改变所诱发的神经活动的变化模式。

在听觉掩蔽环境下,信噪比(signal-to-noise ratio, SNR)的变化能够引起目标可听度的变化,而可听度的改变又影响着对目标信号最终的加工深度。研究发现,掩蔽条件下可听到的声音刺激能够诱发N1,但只有可识别的声音刺激才能诱发N2和P3,并诱发失匹配负波(mismatch negative potential, MMN)(Martin等,1997;Martin等,1999;Martin等,2005)。也就是说,早期的N1成分反映了听觉刺激的能量;而稍晚的MMN成分仅在听觉刺激能够被辨别的情况下出现,很可能反映了前注意水平的加工过程;其他两个成分,即 N2 和 P3 则反映了被试在意识水平上对听觉刺激的辨别能力。另外,噪音造成的可听度下降对不同事件相关电位成分造成的影响不同,对 N1、N2 和 P3 来说,发生越早的成分,目标刺激强度增强引起的潜伏期的缩短越显著,这也体现了听觉去掩蔽中不同时间阶段的神经加工过程(Whiting 等,1998)。

除单独分析不同时间窗的事件相关电位成分外,也有研究者分析多个事件相关电位成分组成的复合波。例如 Billings 等人在 2009 年的研究发现,随着干扰信号的增强即信噪比的降低,P1-N1-P2 复波的峰值增大,潜伏期减小。但有趣的是,目标刺激本身的声强(60 dB 和 70 dB)并不会对 P1-N1-P2 复波造成显著的影响,也就是说,P1-N1-P2 的形态主要取决于信噪比而非目标刺激的强度。在研究听觉去掩蔽的问题时,P1-N1-P2 复波作为一项重要的生理指标,反映着噪声对听觉皮质诱发电位的影响,在测量听觉损伤等方面具有非常重要的作用。

以上的研究主要采用短时间的声音信号作用目标刺激,利用叠加平均原理提取目标刺激开始后诱发的事件相关电位成分。这样的分析方法能够一定程度上反映与听觉去掩蔽的不同加工过程相关的神经活动。但在真实的鸡尾酒会场景下,从目标说话人处捕获到的往往是长时间的连续的语音信号。那么,被试是如何在干扰声音中注意并加工目标说话人的连续不断的语音流的呢? 通过分析脑电信号(electroencephalography, EEG)及颅内皮质脑电信号(electrocorticographic, ECoG),研究者尝试记录了有多个竞争说话人的场景中注意其中一个说话人时个体大脑的神经活动,通过分析被注意的说话人和被忽略的说话人(即干扰说话人)两种声音本身的信号与脑电信号间在时域及频域上的相关关系,研究者发现,人们能够更好地编码注意的说话人的声音流信号,而干扰说话人的声音流信号则被抑制,这从神经活动的角度进一步解释了自上而下的选择性注意在鸡尾酒会场景中的作用(Ding 和 Simon,2012;Kong,Mullangi 和 Ding,2014;Zion Golumbic 等,2013)。

来自脑成像的研究

近年来,随着脑成像技术的快速发展,已经有越来越多的研究者开始将研究焦点放在应用这些技术考察听觉加工的脑机制问题上。虽然这些技术都各有其局限性,但是当前的技术水平已经可以使我们得到毫米级的激活模式结果。并且正电子发射断层扫描技术和功能性核磁共振成像技术都可以对全脑(既包括皮质,又包括皮质下结构)成像,因而,这些技术可以帮助我们构建听觉掩蔽问题的神经活动网络。

如前面所述,说话人的唇读信号是一种有效的去掩蔽线索。1997 年 Calvert 等人第一次将功能性核磁共振成像技术引入到唇读的研究当中。功能性核磁共振成像技术清晰地显示,即使没有声音刺激,仅含有语言信息的视觉线索也可以激活正常被试的听觉皮质。进一步的实验还显示,非语言相关的面部动作并不能激活这些脑区,这说明视觉线索对于听觉认知的影响可能先于语义的通达过程。唇读本身是一项复杂的认知任务,因此存在显著的个体差异。Ludman 等(2000)建立了对唇读能力进行探究的范式。实验中研究者将九个被试按明显的唇读能力分为三组,并使用说话者的静止面部作为基线,对动态的唇读语句进行功能性核磁共振成像测量。该实验结果一方面肯定了 Calvert 的发现,另一方面还发现与言语加工有密切关系的颞中回和颞上回的激活与被试本身的唇读能力显著相关,即唇读能力差的一组脑区激活程度显著低于另外两组。Calvert 与 Campbell(2003)还发现,用动态的人脸与静止的一系列面部图片作对比(分别代表具有和缺乏自然的时间相关性的视觉线索)时,在一部分脑区,如布洛卡区、上颞叶沟等部位,更容易被动态的人脸所激活。Capek 等人(2008)对聋人与正常人的唇读进行了研究结果发现,在先天耳聋的被试中,颞上回的中、后侧的激活与唇读能力相关;而在正常被试中则是颞下回的激活。除唇读线索以外,身体语言(body language)和手势语(gesture language)也对目标语音的识别有重要的促进作用。Xu 等人(2014)利用功能性核磁共振成像技术研究手势语和真实的言语之间的关系结果发现,双侧颞上回对声音信息敏感,而颞中回对手势语表现出明显的激活。同时,手势语和真实的语音信息均可以激活左侧前额叶和颞叶的后部之间的功能连接。

值得一提的是,唇读的作用也可以发生在脑干加工阶段。通过记录脑干的事件相关电位,Musacchia 等人发现唇读对言语认知的影响早在声学加工阶段就已经开始了。他们的实验结果表明,视听整合在声音刺激后的 11 ms 就已经产生,并能持续响应 30 ms(Musacchia 等,2006)。从时间进程上来说,这些早期的整合应当发生在脑干加工阶段。

当目标声音受到掩蔽时,其加工会受到干扰。这种干扰所对应的脑机制是怎样的? 近年来,也有很多研究者开始运用脑成像技术考察这个问题。Salvi 等人用正电子发射断层扫描技术考察了不同刺激条件下的大脑激活模式,他们发现相对于单独呈现言语条件而言,多个说话人声音组成的杂语(multi-talker babble)条件下的句子加工会导致右侧小脑前叶和右侧靠近扣带回的额内侧回(medial frontal gyrus)更显著的激活。研究者认为有噪声条件下的言语识别会激活更多的注意和运动控制相关脑区。但是在 Salvi 等人的研究中可能存在一个混淆变量,即在言语加工条件下(言语和噪声掩蔽条件下的言语),被试要复述出听到句子的最后一个词。因而,他们所发现的脑激活模式可能和这个附加的行为任务而不是单纯的言语加工有关(Salvi 等,2002)。Hwang 等(2006)应用功能性核磁共振成像技术考察被试在听故事材料时的神经系统激活模式:实验过程中故事材料单独播放或者在持续白噪音背景下播放(信噪比 = 5 dB),被试需要报告他们是否理解所播放的材料。结果他们发现与单独播放言语材料的条件(需要指出的是,他们的实验采用了连续的功能性核磁共振成像扫描,因此所谓的单独播放言语条件其实伴随着梯度磁场的声音)相比,外加白噪声会导致左半球上颞叶回中部(middle parts of the superior temporal gyrus, mSTG)、中颞叶回中部(middle temporal gyri, MTG)、旁海马回(parahippocampal gyrus, PHG)、楔叶(cuneus)和丘脑的激活显著减少。此外,右半球舌回(lingual gyrus, LG)、上颞叶回中前部和下额叶回等部位的激活也有显著的减少。在之后以老年人为被试的一项后续研究中,他们也得到了类似的结果(Hwang 等,2007)。

然而,Wong 等人在其研究中却得到了与 Hwang 等人相矛盾的结果。他们在功能性核磁共振成像研究中采用了一种稀疏设计(sparse design)以克服梯度磁场所带来的外部噪声,在三种不同的条件下,即分别让被试在安静条件、+ 20 dB 和 - 5 dB 信噪比的多个说话人声音掩蔽条件下听特定的目标词,之后通过图片匹配任务检验其成绩,结果发现,被试行为和脑激活发生了分离。在行为表现上,安静条件下的识别和 + 20 dB 信噪比条件下的没有差异,均显著高于 - 5 dB 信噪比条件下的。但功能性核磁共振成像扫描的结果表明两种噪声掩蔽条件下大脑具有更相似的激活模式,相对于安静条件,噪声掩蔽条件导致了双侧颞上回中部的更显著的激活。通过两种掩蔽条件间的对比他们发现,左半球上颞叶回后部在 - 5 dB 信噪比条件下比 20 dB 信噪比条件下的激活更显著(Wong 等,2008)。

显然,Hwang 等(2006)和 Wong 等(2008)的研究结果是互相矛盾的。前者发现掩蔽导致左上颞叶回更弱的激活,而后者却发现更大的掩蔽导致该区域更强的激活。这种明显的差异可能源于两个研究在材料、任务及程序设计方式等方面的差异。特别是,在 Hwang 等(2006)的研究中,被试需要关注一个比较长的故事,而在 Wong 等(2008)的研究中被试则需要听一些特定的词并将其和几个备选图片作匹配。假定左上颞叶回是与言语内容加工相关的脑区的话,实验设计和任务上的差异可能导致了被试在完成相应任务时这些脑区的卷入。比如,在 Hwang 等(2006)的研究中,任务要求被试对所呈现的句子进行理解,因而被试需要运用工作记忆来保持和加工先前所呈现的句子。在没有噪声干扰(指没有实验设置的白噪声,梯度磁场的噪声是持续存在的)的条件下,被试还有可能努力完成这些任务,因而我们看到有和言语加工(上颞叶回)、记忆(海马旁回)等相关的脑区的参与。但在噪声掩蔽条件下(实际上既有实验操纵的白噪声也有梯度磁场的声音),因为掩蔽条件更复杂,被试很可能感到完成任务十分困难。因而导致其言语加工和记忆加工相关的脑区反而激活更弱。但遗憾的是,Hwang 等(2006)并没有报告被试的行为结果。

在 Wong 等(2008)的研究中,由于采用了稀疏设计,被试的听觉场景相对更简单一些。而且,研究所用的刺激材料也只是一些词。被试需要在反复听几次这些词之后在图片匹配任务中将目标词和一个特定的图片相匹配。这种任务从绝对的意义上说可能难度很低,因此言语加工的主要脑区(上颞叶回)和记忆相关的脑区(海马旁回)等的激活相对较少,只是在外部噪声相对较强时,这些脑区才有必要更深入地介入。因而在 Wong 等的实验中,出现了噪声增大上颞叶回等区域的激活也增加的结果。然而,得出结论还需要进一步的分析。由此可见,用脑成像来研究掩蔽以及去掩蔽的脑机制还有很长的路要走。

Scott 等人在一系列研究中深入考查了信息掩蔽和能量掩蔽的区别(Scott 等,2004s,2009a,2009b)。在控制总体识别率的基础上,Scott 等人(2004)比较了持续的语谱和异性说话人声音对于一个目标女性声音的掩蔽效果,这两种条件分别用于形成能量掩蔽和信息掩蔽(实际上,言语对言语的掩蔽中应该同时包含能量掩蔽和信息掩蔽,但在与语谱噪声相比时,它所造成的信息掩蔽被认为是后者所不具备的),结果发现,相对于噪声掩蔽言语条件,言语掩蔽言语导致了背外侧颞叶的大面积激活,并且这种激活是和信噪比没有关系的。反之,噪声掩蔽言语条件比言语掩蔽言语条件导致了左侧额极、左背外侧前额叶和右后顶叶的更强激活。在噪声掩蔽言语条件下,当信噪比降低时,左前额叶和辅助运动区(supplementary motor area, SMA)的激活会出现增加。然而,在该实验中,研究者所使用的噪声是稳态的语谱噪声,同言语信息相比,它不仅缺乏可懂度,也缺乏调幅信息。因此,作者认为无法推断两种条件之下脑激活模式的差异的具体机制是什么。在后续的一项研究中,他们使用了用言语包络信息(即其调幅信息)所调制的噪声——他们称之为信号相关噪声(signal correlated noise)——代替了稳态语谱噪声,并引入了一种新的频谱倒转言语(spectrally rotated speech)作为掩蔽刺激,这种声音保留了言语信号的音高、频谱结构和时间调制特性,但完全没有可懂度。结果再次发现,言语掩蔽言语与噪声掩蔽言语相比导致了双侧上颞叶回的激活,但同 2004 年的研究相比,激活区域更小了。这说明 2004 年的研究中所发现的双侧颞叶的大面积激活可能与听者在言语掩蔽条件下利用掩蔽声音在时间上的调幅缝隙(glimpse)对目标言语进行加工相关。如果在噪声掩蔽条件下也引入这种调幅缝隙,那么言语掩蔽条件和噪声掩蔽条件间的差异就可以更具体地限制在言语可懂度的差异上。因而,这个研究更为可靠地证明了双侧上颞叶回和具有可懂度的言语加工的关系。此外,该研究还发现不仅是正常的言语,频谱倒转言语相对于噪声掩蔽也可以导致右侧上颞叶回的激活增加。研究者认为这表示言语可懂度并非信息掩蔽的必要条件,泛语言特征也可以导致信息掩蔽。

Davis 等人(2004)应用稀疏设计与功能性核磁共振成像技术比较了言语包络调制的和稳态的语谱噪声掩蔽下有意义和无意义语句的加工。他们除了发现言语加工对左后上颞叶回的激活外,还发现语义的整合提取可能与左下额叶回和左前上颞叶回有关。当目标语句是正常的言语时,上述两个区域的激活会随着信噪比的增加而增加,但是当信噪比继续增加时激活反而会下降。当目标刺激是无意义语句时,这些区域的激活呈一种单调增加的趋势。研究者解释说这是因为这些区域可能对应着对语义的整合。信噪比的操纵改变了自下而上的刺激属性,这是语义整合的基础,因此,当它从较小值开始增加时,相应的脑活动也会增加。但是对于有意义语句而言,当信噪比足够高,也即自下而上的线索非常充分时,语义整合变得很容易,因而左下额叶回和左前上颞叶回激活会开始减小。但对于无意义语句而言,即使在信噪比足够高的条件下,个体依然需要努力去整合句子的意义,因而表现出相关区域的持续激活。然而这种推测还需要进一步的证据来说明,因为在此前的有关听觉掩蔽的研究中,大多数研究都是只采用无意义语句作为目标刺激,并没有深入考察更高层的语义整合的机制。

总之,现有的证据比较一致地表明了上颞叶回(superior temporal gyrus, STG)在言语加工中的作用,在言语掩蔽言语的条件下至少是左侧上颞叶回会表现出更强的激活。而在能量掩蔽条件下,额叶的一些区域包括背外侧和腹前额叶,左下额叶回以及下顶叶等区域会有激活,这些区域可能与噪声掩蔽下听者需要较多的注意资源去加工目标声音有关,在某些条件下辅助运动区的激活可能与被试试图使用发声策略对目标语句进行追踪有关。

由此可见,用脑成像来研究掩蔽以及去掩蔽的脑机制还有很长的路要走。现有的数据还远不能帮助我们最终理解听觉掩蔽的脑机制。该领域许多问题仍是悬而未解的,比如,如何区分不同掩蔽条件下注意的选择和对目标信息的认知加工?泛语言信息的加工和正常言语的加工间的具体区别是什么?两半球的上颞回的功能是否有所不同?上颞回的不同部分间功能是否有所不同?这些问题都有待进一步的研究。

4.3.4 应用:人工耳蜗与机器言语识别

人工耳蜗

目前人工耳蜗在安静环境中对耳聋患者的听力改善作用显著,但是在噪声背景下的作用明显下降。未来人工耳蜗抗噪问题和人工耳蜗佩戴者的个性化训练将成为研究热点。同时,人工耳蜗的技术更新和产品优化依赖于对听觉机理、听觉场景分析等基础问题的研究,尤其是专门针对汉语的相关研究会为中国人工耳蜗佩戴者提供很多帮助。

机器言语识别

苹果公司 Siri 的面世使得机器言语识别走进了人们的日常生活中,Siri 被亲切地称为聊天机器人。用户可以像和人聊天一样,与手机、电脑等智能设备展开对话,而这背后依靠的技术主要是机器言语识别。机器言语识别指的是机器或者计算机对人类言语的自动识别。随着信息技术的发展,机器言语识别技术已从最早的文字识别发展到如今的语言识别乃至人机对话。不过,尽管最先进的言语识别算法可以在安静条件下稳定准确地识别言语,但是其在噪声背景下言语识别的成绩显著下降,尤其是在有多个说话人的条件下,机器识别某个说话人言语的正确率非常低。如何使机器在复杂的混合声波中识别并选择性地跟踪某个人的语音是为实现机器和人自如运用语言交流这一目标需解决的关键问题,也是听觉场景分析所关注的核心问题。

计算听觉场景分析离不开对听觉感知机理的研究。在鸡尾酒会环境中人类利用多种知觉线索去除信息掩蔽和能量掩蔽可以为计算听觉场景分析提供参考。例如,对目标言语的主观空间位置的先验知识可以帮助听者把选择性注意集中到目标语句上进而减少信息掩蔽,提高对目标信号的识别(Freyman 等,1991)。当干扰声音是言语时(主要产生信息掩蔽),利用优先效应所形成的主观空间分离虽然不会改变信号的频谱与强度,但可以帮助听者将注意分配到目标言语上,进而提高对目标言语的识别(Wu 等,2005)。但当干扰声音是语谱噪声时(主要产生能量掩蔽),主观空间分离的作用却很小。另外,研究者发现在嘈杂的鸡尾酒会环境中,当目标本身的一些特性稳定时,听者可以利用这些与目标语句相关的各种知觉线索来觉察、捕捉和追随目标语句流,以达到减少信息掩蔽的目的。例如,对语句的节奏特征、目标言语的内容以及目标说话人嗓音的先验知识可以帮助听者把选择性注意集中到目标语句上进而减少信息掩蔽,提高对目标信号的识别(徐李娟等,2009)。这也表明,在鸡尾酒会这个重要的问题中,人类高级认知加工过程起了关键的作用。对各种知觉线索的利用是一个复杂的动态过程。在不同情况下,各个线索的显现程度会随时间发生波动,因而听者会在不同的条件下选择利用不同的线索组合来减少信息掩蔽。这样,各个线索之间一定会存在复杂的交互作用。

听觉系统利用线索去掩蔽的研究结果除了可以应用在听觉场景分析的研究中,以及为实现机器自动言语识别提供理论基础外,还可以进一步应用在科技领域的其他方面,例如语音通信、航空通信、军用通信和社会安保系统等。在语音通信系统中,采用虚拟听觉的方法保留声源的空间信息,或者利用双通道造成虚拟声源与背景噪音的主观空间分离,将能有效提高声音信号的可懂度。在航空通信中,声频导航(audio navigation)系统将全球定位系统和虚拟听觉技术结合,可进行民用或军用救援搜索等。同样,在公共场合中也可以利用听觉线索实现声源的快速定位和救援的迅速执行。

4.4 嗅觉

花朵的芬芳、美酒的醇冽、小宝宝的奶香气……这些美妙的体验都源自我们的嗅觉。嗅觉更可以警示危险,例如失火、煤气泄漏、食物变质等等。作为进化史上最古老的感官之一,嗅觉肩负着探测环境中的化学物质的职责。

4.4.1 气味的源起

当生命还只是在其最初形态时,嗅觉的基本功能就是帮助生命找寻环境中的营养物质并远离环境中的有害物质。在生命演化的漫长历程中,对环境中化学物质的探测始终对生存和繁衍起着至关重要的作用,化学感官也因此成为了进化历程中最古老的感官。嗅觉系统对化学分子编码加工的结果就是我们所感知到的气味。显然,并非所有的化学分子都能带来嗅觉体验,能引起气味感知的大都是易于挥发的小分子化合物,它们被称作嗅质(odorant)。当我们吸气时,嗅质可以随着吸入的空气进入鼻腔(鼻前通路,orthonasal pathway),在我们进食时,食物所释放的嗅质则可以随着呼出的空气从口腔进入鼻腔(鼻后通路,retronasal pathway),这两种方式都能有效地诱发嗅觉反应。我们日常所说的菜肴的味道很大程度上就来自于鼻后通路的嗅觉体验,这也是为什么我们在感冒的时候对平时喜欢的食物也食之无味了。

4.4.2 对化学分子的嗅觉编码

如图4.3所示,我们的嗅觉编码开始于嗅上皮(olfactory epithelium),它位于鼻腔后部离开口约7cm的地方,左右各一。嗅上皮上随机分布着不同种类的嗅觉感觉神经元(olfactory sensory neuron)。每类嗅觉感觉神经元表达同一种可以与气味分

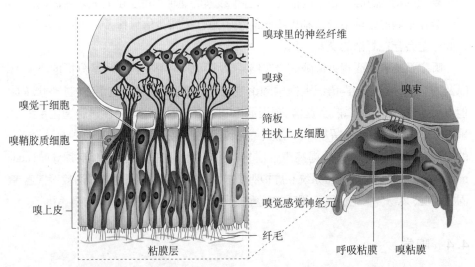

图4.3 示意嗅觉神经系统的人头部矢状切面图(右)及嗅上皮和嗅球部分的细节展示(左)(来源:Thuret, Moon 和 Gage, 2006)

子进行特异性结合的 G 蛋白——即嗅觉受体(olfactory receptor)。一般认为人类嗅觉受体有 300 多种,而老鼠的嗅觉受体则约有 1000 种。这些受体及其下游神经网络的一个突出特点就是其复杂的空间编码模式。

一般认为,每种嗅觉受体识别气味分子的部分化学特征,因此给定气味的表征是通过一系列嗅觉受体及其对应的嗅觉感觉神经元的组合编码来实现的(图 4.4)。有些嗅觉感觉神经元对功能基团敏感,如苯环、羧基、醛基等;有些嗅觉感觉神经元则编码碳链长度等其他结构特征。嗅觉感觉神经元的轴突汇聚到一起,构成了 12 对脑神经中的第一对——嗅神经,并经过筛板(cribriform plate)进入颅腔内的一对火柴头大小的结构——嗅球(olfactory bulb),左右各一。嗅觉的初级传导是同侧的,也就是说左侧的嗅球接收的信息来自左侧鼻孔,而右侧的嗅球接收的信息来自右侧鼻孔。

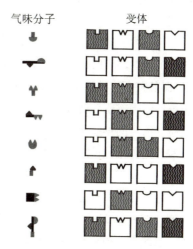

图 4.4 组合编码模型

注:不同的气味分子包含不同的化学特征,对应着图中左侧的彩色几何图形;每种受体识别特定的化学特征,如功能基团、碳链等,如图中右侧所示。气味分子随着空气进入鼻腔与相应嗅觉受体结合时,诱发嗅觉感觉神经元对其特征作出反应。一个气味由一组编码不同化学特征的嗅觉感觉神经元共同识别。(改编自 Malnic, Hirono, Sato 和 Buck, 1999)

嗅球内存在着许多被称作嗅小球(olfactory glomerulus)的球状聚合体,在这里,嗅觉感觉神经元的轴突通过突触与僧帽细胞(mitral cell)和丛毛细胞(tufted cell)的树突相连。基于小鼠的分子遗传学研究显示,所有表达同一种嗅觉受体的嗅觉感觉神经元,不论它们分布在嗅上皮的什么位置,其轴突都汇聚到嗅球中的同一对嗅小球(一个位于嗅球内侧,另一个位于嗅球外侧)。僧帽细胞和丛毛细胞是嗅球的输出细胞,它们的轴突聚合成了嗅束(olfactory tract)。经嗅球加工过的嗅觉信息顺着同侧的嗅束投射至位于腹侧前额叶后部以及颞叶内侧的一系列脑区,这些结构包括前嗅核(anterior olfactory nucleus)、嗅结节(olfactory tubercle)、梨状皮质(piriform cortex)、杏仁核(amygdala)以及内嗅皮质(entorhinal cortex)等,它们之间紧密相连,并且大部分都与嗅球间存在反馈的神经连接。从嗅球接收输入的脑区,譬如梨状皮质,由此可以获得关于气味结构的信息。由于不同的气味分子与不同组合的受体结合并激活其下游神经元,相应的神经活动往往表现出气味特异性的空间分布模式。这些灵活多变的神经空间信息构成了气味性质及其他嗅觉信息编码的基础。

上述提到的每一个初级嗅觉区域都会进一步投射到眶额皮质(orbitofrontal

cortex)、脑岛(insular)、下丘脑(hypothalamus)、背内侧丘脑(dorsal medial thalamus)以及海马(hippocampus)等次级嗅觉区域。这一复杂的联接网络与负责情绪加工的边缘系统高度重叠,是嗅觉对人类行为、摄食、情绪、自主神经状态和记忆进行调节的基础。

另一种嗅觉信息编码的途径是神经活动的时间特性。最基本的嗅觉时间参数对应于个体对环境信息的采样,即呼吸周期。呼吸周期可以被看作嗅觉加工的基本单元,调节整个嗅觉系统的活动,并形成对气味环境的离散表征。在啮齿动物的嗅球输出神经元中,丛毛细胞的活动主要发生在呼吸的早期相位,而僧帽细胞则在晚期相位反应。给定的神经元集群与呼吸节律之间的相位关系比较稳定,很少受呼吸速率的影响。这种相位锁定可能增强了相关神经元之间的同步性,优化了嗅觉编码的时间结构,从而提升了信息在不同神经结构间传递的有效性和可靠性。

呼吸相关的神经活动表现为 θ 波(4—9 Hz)或慢波(<1.5 Hz)震荡,其中往往又内嵌 β(15—30 Hz)或 γ(40—100 Hz)频段的波动。尽管 β 波和 γ 波在大部分嗅觉及相邻脑区都能被观察到,它们的机制和功能可能存在区别。明显的 β 波和 γ 波通常不同时产生,β 波的增强往往伴随着 γ 波的减弱;在呼吸周期内,它们会交替出现于不同相位段,前者主要在呼气阶段出现并延续到下个呼吸周期,而后者开始于吸气和呼气的转折点且持续较短的时间。γ 波可以在嗅球内局部产生,而 β 波则需要额外的嗅皮质到嗅球的反馈信号。在相应的行为功能上,γ 波一般在需要精细分辨和注意的任务中有增强,而 β 波则更多地参与嗅觉学习、记忆和对刺激的预期。神经震荡本身可能并不直接编码嗅觉信息,但不同频段的波动可以调控神经元间活动的相关性和去相关性,从而影响信息的编码、加工和存储。

嗅觉时间编码还表现在毫秒级的神经元集群活动的同步性和相对时间差上。不同的气味通常激活不同的但部分重叠的神经元集群,它们活动的时间进程是气味特异的。通过对这些相对时间信息的解读,嗅觉中枢可以区分在空间分布上重叠的神经活动。这种追踪神经元活动动态特质的能力促进了嗅觉系统对信息的加工,不仅有利于个体对气味性质的快速反应,而且有利于个体对混合气味中不同成分的检测。

值得注意的是,上述对气味分子的空间和时间编码机制并不能解释所有的嗅觉现象,嗅觉的恒常性就是其中之一。一方面,我们接触的气味通常是许多分子的混合物,它们的组成成分以及各成分的比例在不同的条件下会有差异,比如,不同种类的咖啡成分不尽相同,但是,我们却能很容易的辨识出它们都是咖啡,而且气味的浓淡变化在一定范围内也不会影响我们对它的辨识。另一方面,个体对同一个气味的反应又往往随着经验发生变化;当我们第二次接触一个气味时,所获得的嗅觉体验通常会不同于第一次接触该气味时的体验。基于这些现象,有观点认为经验是嗅觉感知形成的关键。在行为层面上,Stevenson等人(2001)用一系列实验证明了基于经验的自上而下的加工可以改变人们对气味的感知和辨别。从解剖层面上看,嗅觉系统存在大量的反馈性投射,自上而下的信息可以通过嗅球中的颗粒细胞(granule cell)影响到早期嗅觉加工;此外,梨状皮质中的连接性神经纤维(association fiber)在对不同输入敏感的锥形细胞(pyramidal neuron)间架起了桥梁,使得锥形细胞的激活不仅仅依靠外周信息的输入,也受横向信息和反馈信息的调控。

综上所述,嗅觉系统的神经活动具有丰富的时空特性。这些编码方式灵活可靠,同时也受到经验与更广泛的认知活动的调控。我们可以辨别数以万亿计的气味,每个个体有着丰富、独特的嗅觉体验。

4.4.3 嗅知觉

古语说"入鲍鱼之肆,久而不知其臭;入幽兰之室,久而不闻其香",说的就是嗅知觉中一种常见的现象——嗅觉适应(olfactory adaptation)。嗅觉适应是指长时间暴露在某种气味中,相应的嗅觉受体对该气味的反应性降低,而导致的个体对该气味探测能力的下降。嗅觉适应使得嗅觉系统的神经活动"滤除"了周遭环境中恒定的气味,从而能帮助个体有效地感知环境中新异气味的出现或气味浓度的变化。嗅觉适应的快慢取决于多个因素,不同个体对同一气味产生适应的时程不尽相同,同一个体对不同气味产生适应的时程也有差异。一般而言,我们在4分钟内就会对碘酒的气味产生适应,但适应大蒜的气味则需要40—50分钟。

在一些情形下,暴露在某种气味中会导致对另一种不同的气味的探测能力的降低,这种现象被称为交叉适应(cross adaptation)。例如,对樟脑、桉树醇和丁香油酚这三种物质中任一种物质的适应,都会影响到对另两种物质的探测阈限。通常,适应现象可以泛化至与适应的气味在分子结构或知觉特征上相类似的气味,而且气味浓度越高,交叉适应的效应就越明显。但值得注意的是,交叉适应的效果通常是不对等的,比如戊醇对正丙醇会产生明显的交叉适应,但调换两者的先后顺序,即先闻正丙醇,却不会对个体对戊醇的敏感性产生显著的影响。目前尚缺乏对嗅觉的交叉适应现象清晰一致的理论解释。

嗅觉适应发生在气味编码的外周层面,也发生在嗅觉加工的中枢层面。给一侧鼻孔呈现气味会导致同侧和对侧鼻孔对该气味的嗅觉适应,其中,同侧鼻孔适应程度更大,恢复更慢。外周层面的嗅觉适应与嗅觉感觉神经元中钙离子对环磷酸腺苷(cAMP)门控的反馈调节有关;中枢层面的嗅觉适应则与对输入突触的抑制有关。

嗅觉适应还带来了嗅觉系统内的一种称作双鼻竞争(binaral rivalry)的知觉竞争现象。具体而言,当向两侧鼻孔分别同时呈现结构和气味都不相同的两个气味分子时,就嗅觉输入而言,进入鼻子的气味是恒定不变的,但个体主观知觉到的气味会发生变化,有时主要知觉到左侧鼻孔传入的气味,有时则主要知觉到右侧鼻孔闻到的气味。这一现象同时依赖于外周和中枢水平的嗅觉适应。

与嗅觉适应相对应的另一个现象是嗅觉的知觉学习。反复暴露在同一个气味中能够增加个体对该气味的探测力和分辨力。将一对互为镜像异构体的气味分子分别与奖赏和厌恶刺激建立联结,可使个体对该气味对的分辨能力获得提升。此外,通过嗅觉学习增加气味的熟悉度,能使个体学会分辨双气味混合物的不同成分,不过即使受过长时间训练的专家(如调香师)也很难辨认出由 3 种以上气味组成的混合气味的成分。

嗅觉学习体现了嗅觉系统各层面上的可塑性。通过知觉学习,嗅球内部突触连接会发生变化、僧帽细胞和丛毛细胞的放电模式也会发生改变;梨状皮质、杏仁核以及海马等皮质组织同样表现出经验依赖的可塑性变化。嗅球内部的颗粒细胞终生可以再生,有研究显示这种神经细胞的再生也在嗅觉学习中扮演着重要的角色。

一些偏头痛患者和精神疾病患者(如精神分裂、帕金森氏症)会经历幻嗅现象(olfactory hallucination),即在没有客观嗅觉输入的情况下主观体验到气味。这些气味通常是不好闻的,如焦煳味、腐臭味等,同时可伴随皱鼻、拒食等行为反应。

4.4.4 嗅觉、情绪与记忆

嗅觉天然是情绪性的。作为进化历程中最早形成的感官,外界环境中的化学信息通过嗅觉通道刺激了原始鱼类的神经演化,使得一部分鱼类嗅神经束进化为大脑;嗅觉也借此成为了社会情绪信息交流的原始手段,并进一步促进了大脑情绪系统的演化。

在神经通路上,嗅觉与情绪和社会行为紧密相连。前文提到,杏仁核接收来自嗅球的直接投射,它负责加工气味的效价和强度,并与海马共同编码情绪性的气味,在个体回忆对自身有重要意义的气味时,海马也得到显著激活。眶额皮质是次级嗅皮质的重要组成部分,它与杏仁核间存在大量的双向联结,在表征气味的情绪效价、气味的辨别与记忆中扮演关键角色。而关于情绪加工的大量研究显示,杏仁核能够迅速探测情绪性信号,特别是对生存具有重要意义的威胁和恐惧信号,并和海马协同在情绪记忆中起重要作用。眶额皮质对于加工在特定情境中行为产生的奖励或惩罚尤为重要,它与情绪背景下的自主神经系统反应以及决策过程中的情绪因素紧密相关。上述这些结构还与抑郁、焦虑等情绪障碍的病理相关。此外,脑岛也是初级嗅皮质的组成部分,正性和负性的嗅觉刺激都能激活脑岛,特别是厌恶性气味,更能激活脑岛;而脑岛还参与厌恶情绪的加工,并且在评估情绪状态中负责整合身体感觉。

气味能够影响人的自主神经系统活动、认知和行为。即使对很低浓度的嗅觉刺激新生儿也会表现出显著的面部和呼吸的变化,并且能区分好闻和难闻的气味,对难闻的气味表现出厌恶(皱鼻子、噘嘴)。成人实验表明不同的气味能诱发不同的生理反应模式。具体来说,心率和气味的愉悦度相关,而皮肤电则和气味的唤醒程度有关,所谓唤醒程度又与受试者主观的强度评价紧密联系。有研究比较口头表达的情绪和由气味导致的情绪唤醒,发现好闻的气味可以诱发正性情绪状态,而难闻的气味则导致负性情绪状态的出现。

正如丹麦哲学家克尔凯郭尔(Søren Aabye Kierkegaard)在《生命的阶段》中写道的——"回忆的瓶子在封存之前就已保留了经验的芬芳",比起视觉和听觉线索,嗅觉线索更能有效地诱发个人自传性回忆。在嗅觉线索的引导下,人们所能提取的记忆往往在时间上更久远,在内容上也更情绪化。

有趣的是,气味对情绪的调控并不依赖于人们主观意识上对气味的觉知,最典型的例子是气味的效价可以影响梦境的情绪。通过在快速眼动睡眠阶段给受试者呈现不同气味,研究者发现好闻的气味使得梦境中经历的情绪更积极,难闻的气味则使得梦境情绪更消极,且效果显著。这一效应的根源正是嗅觉系统与情绪系统间千丝万缕的联系。前文提到嗅球不直接投射至丘脑,这就意味着嗅觉不需要经由丘脑中转就可直接投射至大脑皮质(事实上,嗅觉是唯一一个这样的感官)。同时,嗅觉刺激与情绪信息的加工都直接涉及边缘系统。伴随着睡眠中的呼吸,嗅觉刺激可以进入鼻腔并获得一定程度的加工,其效价在边缘系统中得到表征,也就影响到了梦境的情绪。

嗅觉传导的这一特性还被研究者用来在睡眠中建立新的记忆。与气味相关的联系可以在睡眠中被无意识习得,并能够影响受试者清醒时的行为,这种影响甚至可以是长期的。

不同效价的嗅觉输入能够调节人类的情绪状态,反之,情绪对嗅觉感受也颇具影响。有研究显示个体在观看消极图片后嗅觉阈限显著降低,并倾向于把中性气味知觉为更难闻;而在观看积极图片后,同样的气味则被评价为更好闻。此外,临床上关于酒精和药物成瘾、抑郁症以及神经性厌食症等情绪相关障碍的报道也涵盖了嗅觉功能损伤:酒精和药物成瘾患者的嗅觉分辨能力显著低于正常人群;抑郁症患者在包括探测、阈限和分辨的嗅觉测验中的得分都显著低于正常人群,并且不能有效确认一个气味是否好闻/令人愉悦;神经性厌食症患者嗅觉阈限高,但会对气味的强度评价过高,对气味的愉悦度评价过低。嗅觉与情绪系统的紧密联系使得嗅觉障碍成为了一些情绪障碍和精神疾病最早的临床症状。

4.4.5 信息素

在广大的动物世界中,嗅觉是社会性信息交流的重要途径。不同于视觉与听觉,嗅觉的社会性信息交流是一种化学感觉交流(chemosensory communication)过程,是以信息素(pheromone)为物质载体的。信息素于1959年由Karlson和Luscher定义为"由个体分泌到外部世界中,能够为种群内其他个体接收并引起个体特定反应的物质"。

信息素的化学结构多样,包括小分子、蛋白质、甚至是分子量很大的多肽物质。这种分子量大小以及极性上的区别,影响着它们在空气中的可挥发性以及在液体中的可溶解性,同时与功能也有着紧密关系。例如,吸引性信息素(attractant pheromone)和警报信息素(alarm pheromone)多为易挥发的小分子,有利于它们在空气中快速传播,从而达到迅速传递关于交配对象或危险来源等信息的目的。相反,用于标记领地的信息素则需要具有稳定和不易挥发的化学性质从而保证它们的局域性和长时性。

动物向外界环境释放信息素的方式有很多种。如,可以通过排泄物,如小鼠等啮齿类动物的粪便或尿液;也可以通过生物性分泌物,如仓鼠的阴道分泌物、野猪的唾液;此外,一些动物还具有特异性的气味分泌腺,能够直接向外界释放信息素,如仓鼠的侧腺。

探索解码信息素的神经通路经过了一个漫长的过程,并仍在进行中。传统的观点认为:包含特定社会性信息的信息素信号是通过犁鼻器(vomeronasal organ)借由副嗅觉系统(accessory olfactory system)进入大脑进行深度加工的。然而随着研究的丰富和深入,研究者在猪和兔子身上都发现:一些社会性的嗅觉信息是单纯由主嗅觉系统负责解码的,与副嗅觉系统无关,而对于另一些化学刺激,则能同时在主嗅上皮和犁鼻器上观察到感觉神经元的反应,并经由内侧杏仁核(medial amygdala),进一步直接或间接地投射到下丘脑,从而影响动物的内分泌、自主神经系统以及行为。可见,无论是从主嗅觉系统还是副嗅觉系统进入加工通路,下丘脑都在其中扮演着中枢角色。

信息素对动物的行为的影响可分为两方面:一是调节生物体天生的行为反应,二是传递个体的身份信息。第一类信息素包括性信息素(sex pheromone)、哺乳信息素、攻击信息素、警报信息素等。从信息素的名称就可以判断出,它们分别可以引起性唤起及特定性行为、寻找哺乳源、攻击行为以及僵直反应。第二类信息素主要用于标记领地,如小鼠种群中的主尿蛋白(major urinary proteins, MUPs),以及用于识别种群中其他个体免疫系统特征的主要组织相容性复合物(major histocompatibility complex, MHC)。有趣的是,信息素所传递的信息,仅局限于同一种群的个体之间。

家鼠体内存在的 MUPs 多样性,即便在其近亲原生鼠身上也没有发现。

不同于大多数哺乳动物,人类的副嗅觉系统已经退化,犁鼻器缺少有效输出投射且不具备成熟的感觉神经元,已经丧失功能,所以人类一度被认为无法编码加工社会性化学信号。但事实并非如此。重要证据之一即广为人知的"月经同步"(menstrual synchrony)现象:生活在一起的女性,月经周期趋于同步。研究揭示其原因在于月经周期不同阶段的女性,腋下会分泌不同的物质,这种物质能够以不同的方式引起闻到它的女性的月经周期长短发生变化。此外,有证据显示人体在经历不同情绪状态时分泌的汗液可以传递情绪信息,比如恐惧性汗液可以在表情知觉过程中诱发恐惧偏向,并使得认知反应更慢更准确。而焦虑性汗液则被发现能够消除阈下积极面部表情所产生的情绪启动效应,并增强惊跳反射。个体具备分辨自我和他人体味的能力,即便是婴儿也可以区分母亲与陌生妇女的体味。体味中所传递出来的信息,来自于其携带的化学信号,而不能简单地解释成它的气味特征。影像学实验显示体味可以激活杏仁核、下丘脑、后扣带回、眶额皮质等与情绪和唤起相关的脑区,同时社会性嗅觉信息的编码可能依赖于特异性的神经通路。

在体味的众多成分中,雄甾二烯酮(androstadienone)和雌甾四烯(estratetraenol)是目前较为公认的人类性信息素。这两种类固醇具有明显的性别特异性。雄甾二烯酮主要存在于男性的精液、腋下皮肤及毛发中。不同于男性,对于女性而言,雄甾二烯酮可以提高其交感神经兴奋性、改变皮质醇水平、激发正性情绪。雌甾四烯最初发现于女性的尿液中。虽然存在争议,但这种物质被发现会影响男性的自主神经反应及情绪。作为性信息素,这两种类固醇物质还被证明可以依据接收者的性别以及性倾向,有效地在个体间传递性别信息:雄甾二烯酮向女性异性恋者和男性同性恋者传递男性的性别信息,而雌甾四烯则向男性异性恋者传递女性的性别信息;对于女性同性恋者而言,由于这个群体多具有双性恋倾向,闻取这两种类固醇物质并没有明显的效果。与行为效应相对应,针对特定的群体,雄甾二烯酮和雌甾四烯都可以有效地激活下丘脑这一对于基本生理活动及繁衍行为具有重要意义的脑区。

本章小结

我们的感知觉系统就像柏拉图寓言中洞穴内的人,对洞内的岩壁上的影像进行推理解释。当然,这个系统有时候会出错,比如出现视错觉。简单地归纳,感知觉加工过程像是个逆问题,仿佛在方程组中存在大量的未知量,然而我们却不能用少量的数据求解出大量的未知量。为此,视觉系统内加入了很多优化参数,比如对面孔特别敏感,这使得整个系统能最大化地高效运转。从某种程度上看,我们像洞内的人一样,永远无法完全准确全面感知客体。但从日常生活需要看,这个系统仍然是非常高效的,计算机识别面孔的能力要超越人类还有很长的路要走。虽然 deep learning 技术将计算机对面孔的识别率提高到接近 100%,但人类可识别的面孔的条件限制少得多,比如不同角度的面孔,脸上有不同的阴影,加上遮挡等。

日常生活中的听觉场景通常是由多个声源组成的复杂听觉场景。如何从复杂听觉场景中选择性地加工目标听觉客体就是所谓的鸡尾酒会问题。实现这一选择性加工的前提是将复杂听觉场景中的声音整合和分离为不同的听觉客体,即听觉场景分析。注意在目标听觉客体的选择性加工过程中起到了重要的作用。瓶颈理论和中枢能量模型是解释选择性注意过程的两个主要理论。目标听觉客体的加工受到的无关听觉刺激的干扰被称为听觉掩蔽。根据无关刺激性质的不同,听觉掩蔽主要分为能量掩蔽和信息掩蔽。能量掩蔽会导致不可逆的目标加工的损伤,而信息掩蔽则可以通过利用一些知觉和认知的线索降低。这一听觉掩蔽程度降低的现象也被称为掩蔽释放或者去掩蔽。与位于脑干的听觉中枢核团相比,听觉皮质在听觉客体加工、听觉场景分析和去掩蔽的过程中起到了更加关键的作用。

神经生理学研究揭示了言语加工和听觉掩蔽相关的皮质活动区域,并且证明了注意在听觉去掩蔽相关的皮质活动中的重要作用。复杂听觉场景下的作业成绩已经成为制约当前人工耳蜗设计和机器言语识别算法开发的重大瓶颈。对于复杂听觉场景下的听觉加工的心理和神经生理机理的探索将为突破这一瓶颈提供支持。

嗅觉编码环境中的化学物质,但并非所有的化学分子都能诱发嗅觉。能够诱发嗅觉体验的化学分子被称作嗅质,嗅质既可以通过鼻前通路,在吸气时经由鼻腔接触嗅上皮诱发嗅觉,也可以通过鼻后通路,在咀嚼并呼气时经由口腔接触嗅上皮诱发嗅觉反应。在后者的情形下,我们体验到的是食物的风味。

嗅上皮上分布着嗅觉感觉神经元,嗅觉受体位于其树突末端,它们选择性地与不同结构的嗅质结合,并诱发动作电位。嗅觉感觉神经元的轴突进入嗅球中的嗅小球,与僧帽细胞和丛毛细胞接触,这两类细胞的轴突汇聚成嗅束,进一步将嗅觉信息传递至包括杏仁核、梨状皮质在内的初级嗅觉皮质。初级嗅觉传导是同侧化的,即鼻左侧的嗅觉信息主要传导至大脑左侧的初级嗅觉皮质,而鼻右侧的嗅觉信息则主要传导至大脑右侧的初级嗅觉皮质。初级嗅觉皮质进一步向包括眶额皮质、脑岛、下丘脑在内的整个边缘系统投射。

嗅球中存在着对嗅质化学结构的空间编码和时间编码,一方面,嗅小球激活的空间模式在一定程度上对应嗅质的化学结构;另一方面,在一个呼吸周期中,僧帽细胞和丛毛细胞动作电位发放的相位也因嗅质的不同而不同。除了嗅质本身的化学结构,我们的嗅知觉还显著地受到经验的影响。对恒常的刺激,嗅觉系统会很快表现出适应,而学习和训练则可提升个体对气味探测和分辨的敏感度。嗅知觉的可塑性伴随着嗅觉加工通路各层级神经活动的可塑性。

由于嗅觉系统和表征情绪的边缘系统的紧密联系,气味显著地影响着个体的情绪体验,同时也是诱发自传体回忆最有力的线索。此外,嗅觉输入在脑内不直接经过丘脑中继,有研究显示气味的效价甚至可以作用于梦境,调节个体在梦中的情绪体验。

对于人类而言,嗅觉加工开始于嗅上皮,在主嗅觉系统中进行。人类的犁鼻器已经退化,并且不具有多数爬行类和哺乳类动物具有的副嗅觉系统。尽管一般认为副嗅觉系统主要负责对信息素的编码和加工,从而保障同种群内动物个体间的社会交流,但主嗅觉系统也可以加工信息素。越来越多的证据显示人类也可以通过体味等化学线索传递情绪、性别和生殖状态等社会信息。

感知觉研究已经持续了几十年,并取得了长足的进步。2014年的诺贝尔生理学或医学奖颁给了John O'Keefe、May-Britt Moser和Edvard I. Moser,以表彰他们找到海马中的位置细胞,昭示着该领域的探索仍然十分活跃。事实上,我们对大脑如何感知世界仍然知之甚少,有太多的奥秘仍等待我们去探索。要正确理解大脑的加工方式,必须运用多个学科的知识和技术。比如未来的纳米技术将帮助我们获取更多更纯净的神经信号,更深刻更简洁的数学计算模型与理论将协助我们解释采集到的信号。这是最坏的时代,因为大脑给予我们的困惑实在太多,至今人们仍未能建立起像牛顿力学体系之于物理那样的大框架;但同时,这又是最好的时代,因为这些问题给未来带来了无限可能,也给你我留下了探索的舞台。

关键术语

感知觉
感觉
知觉
视觉
听觉
嗅觉
低级视觉加工
拥挤效应
显著度图
拓扑性
高级视觉加工

注意

意识

客体识别

生物运动

预测编码

知觉组织

特征绑定

视错觉

知觉学习

鸡尾酒会问题

听觉场景分析

选择性注意

瓶颈理论

中枢能量模型

听觉掩蔽

掩蔽释放

去掩蔽

能量掩蔽

信息掩蔽

鼻后通路

鼻前通路

丛毛细胞

幻嗅

交叉适应

气味效价

双鼻竞争

僧帽细胞

嗅觉感觉神经元

嗅觉受体

嗅觉适应

嗅球

嗅上皮

嗅小球

信息素

嗅质

嗅知觉学习

参考文献

Araneda, R. C. , Kini, A. D, & Firestein, S. (2000). The molecular receptive range of an odorant receptor. *Nature Neuroscievcs* 3(12),1248–1255.

Arzi, A. , Shedlesky, L. , Ben-Shaul, M. , Nasser, K. , Oksenberg, A. , Hairston, I. S. , & Sobel, N. (2012). Humans can learn new information during sleep. *Nature Neurosci ence*, 15(10),1460–1465.

Atanasova, B. , Graux, J. , El Hage, W. , Hommet, C. , Camus, V. , & Belzung, C. (2008). Olfaction: A potential cognitive marker of psychiatric disorders. *Neuroscience & Biobehavioral Reviews*, 32(7),1315–1325.

Axel R. (1995). The molecular logic of smell. *Scientific American*, 273,154–159.

Ball, K. & Sekuler, R. (1987). Direction-specific improvement in motion discrimination. *Vision Resarch*, 27,953–965.

Barlow H. (1961). *Possible principles underlying the transformations of sensory messages*. In Sensory Communication, ed. W Rosenblith, pp. 217–234. Cambridge, MA: MIT Press.

Bi T. , Chen J. , Zhou T. , He Y. , & Fang F. (2014). Function and structure of human left fusiform cortex are closely associated with perceptual learning of faces. *Current Biology*, 24(2),222–227.

Bi T. , Chen N. , Weng Q. , He D. , & Fang F. (2010). Learning to discriminate face views. *Journal of Neurophysiology*, 104(6),3305–3311.

Bregman, A. S. (1990). *Auditory scene analysis*. Cambridge, MA: MIT Press.

Brennan, P. A. & Zufall, F. (2006). Pheromonal communication in vertebrates. *Nature*, 444(7117),308–315.

Broadbent, D. E. (1958). *The selective nature of learning*. Perception and communication. Elmsforn, NY: Pergamon Press. 244–267.

Buck L & Axel R. (1991). A novel multigene family may encode odorant receptors: a molecular basis for odor recognition. *Cell*, 65,175–187.

Cain, W. S. (1977). Bilateral interaction in olfaction. *Nature*, 268(5615),50–52.

Chen, J. , He, Y. , Zhu, Z. , Zhou, T. , Peng, Y. , Zhang, X. , & Fang, F. (2014). Attention-dependent early cortical suppression contributes to crowding. *Journal of Neuroscience*, 34(32),10465–10474.

Chen, L. (1982). Topological structure in visual perception. *Science*, 218(4573),699.

Chen, M. , Yan, Y. , Gong, X. , Gilbert, C. D. , Liang, H. , & Li, W. (2014). Incremental integration of global contours through interplay between visual cortical areas. *Neuron*, 82,682–694.

Chen, N. , Bi, T. , Liu, Z. , & Fang, F. (2012). Neural mechanisms of motion perceptual learning. *Journal of Vision*, 12(9),1126–1126.

Chen, N. , Cai, P. , Zhou, T. , Thompson, B. , & Fang, F. (2016). Perceptual learning modifies the functional specializations of visual cortical areas. *Proceedings of the National Academy of Sciences*, 113(20),5724–5729.

Chen N. & Fang F. (2011). Tilt aftereffect from orientation discrimination learning. *Experimental Brain Research*, 215(3),227–234.

Chen, N. , Shao, H. , Weng, X. , & Fang, F. (2013). Motion perceptual learning in noise improves neural sensitivity in human MT+ and IPS. *Journal of Vision*, 13(9),908–908.

Cherry, E. C. (1953). Some experiments on the recognition of speech, with one and with two ears. *The Journal of the Acoustical Society of America*, 25(5),975–979.

Cherry, E. C. (1957). *On human communication: A review, survey, and a criticism*. Cambridge,

Cheung S. , Fang F. , He S. , & Legge G. E. (2009) Retinotopically specific reorganization of visual cortex for tactile pattern recognition. *Current Biology*, 19(7),596–601.

Chu, S. & Downes, J. J. (2002). Proust nose best: Odors are better cues of autobiographical memory. *Memory & Cognition*, 30(4),511–518.

Cooke, M. , Lecumberri, M. , & Barker, J. (2008). The foreign language cocktail party problem: Energetic and informational masking effects in non-native speech perception. *The Joumal of the Acoustical Society of America*, 123(1),414–427.

Cury, K. M. & Uchida, N. (2010). Robust odor coding via inhalation-coupled transient activity in the mammalian olfactory bulb. *Neuron*, 68(3),570–585.

Davis, M. H. , Ford, M. A. , Kherif, F. , & Johnsrude, I. S. (2011). Does semantic context benefit speech understanding through "top-down" processes? Evidence from time-resolved sparse fMRI. *Journal of Cognitive Neuroscience*, 23(12),3914–3932.

DeCharms RC & Zador A. (2000). Neural representation and the cortical code. *Annual Review of Neuroscience*, 23,613–647.

Deutsch, J. A. & Deutsch, D. (1963). "Attention: Some Theoretical Considerations.". *Psychological Review*, 70(1),80–90.

Ding, N. & Simon, J. Z. (2012). Emergence of neural encoding of auditory objects while listening to competing speakers. *Proceedings of the National Academy of Sciences*, 109(29),11854 – 11859.

Ding, N. & Simon, J. Z. (2012). Emergence of neural encoding of auditory objects while listening to competing speakers. *Proceedings of the National Academy of Sciences*, 109(29),11854 – 11859.

Dosher, B. A. & Lu, Z. L. (1998). Perceptual learning reflects external noise filtering and internal noise reduction through channel reweighting. *Proceedings of the National Academy of Sciences*, 95,13988 – 13993.

Fang F., Boyaci H., & Kersten D. (2009). Border ownership selectivity in human early visual cortex and its modulation by attention. *Journal of Neuroscience*, 29(2),460 – 465.

Fang F., Boyaci H., Kersten D. & Murray S. O. (2008). Attention-dependent representation of a size illusion in human V1. *Current Biology*, 18(21),1707 – 1712.

Fang, F. & He, S. (2005a). Cortical responses to invisible objects in the human dorsal and ventral pathways. *Nature Neuroscience*, 8(10),1380 – 1385.

Fang, F. & He, S. (2005b). Viewer-centered object representation in the human visual system revealed by viewpoint aftereffects. *Neuron*, 45(5),793 – 800.

Fellaman, D. J. & Van Essen, D. C. (1991) Distributed hierarchical processing in the primate visual cortex. Cereb. *Cortex*, 1,1 – 47.

Ferster, D., Chung, S., & Wheat, H. (1996). Orientation selectivity of thalamic input to simple cells of cat visual cortex. *Nature*, 380(6571),249 – 252.

Fletcher, M. L. & Wilson, D. A. (2003). Olfactory bulb mitral-tufted cell plasticity: Odorant-specific tuning reflects previous odorant exposure. *Journal of Neuroscience*, 23(17),6946 – 6955.

Fontanini, A. & Bower, J. M. (2006). Slow-waves in the olfactory system: An olfactory perspective on cortical rhythms. *Trends in Neuroscience*, 29(8),429 – 437.

Freyman, R. L., Helfer, K. S., McCall, D. D, & Clifton, R. K. (1999). "The role of perceived spatial separation in the unmasking of speech," *Journal of the acoustical Society of America*, 106,3578 – 3588.

Friedman-Hill, S. R., Robertson, L. C., & Treisman, A. (1995). Parietal contributions to visual feature binding: evidence from a patient with bilateral lesions. *Science*, 269(5225),853 – 855.

Friedrich, R. W. & Korsching, S. I. (1997). Combinatorial and chemotopic odorant coding in the zebrafish olfactory bulb visualized by optical imaging. *Neuron*, 18,737 – 752.

Friedrich, R. W. & Laurent, G. (2001). Dynamic optimization of odor representations by slow temporal patterning of mitral cell activity. *Science*, 291(5505),889 – 894.

Gilbert, C. D. & Li, W. (2012). Adult visual cortical plasticity. *Neuron*, 75,250 – 264.

Gire, D. H., Restrepo, D., Sejnowski, T. J., Greer, C., De Carlos, J. A., & Lopez-Mascaraque, L. (2013). Temporal processing in the olfactory system: Can we see a smell? *Neuron*, 78(3),416 – 432.

Gottfreid, J. A. Winston, J. S., & Dolan, R. J. (2006). Dissociable codes of odor quality and odorant structure in human piriform cortex. *Neuron*, 49(3),467 – 479.

Gottfried, J. A., & Zald, D. H. (2005). On the scent of human olfactory orbitofrontal cortex: Meta-analysis and comparison to non-human primates. *Brain Research Reviews*, 50(2),287 – 304.

Go, Y. & Niimura. Y. (2008). Similar numbers but different repertoires of olfactory receptor genes in humans and chimpanzees. *Molecular Biology and Evolution*, 25,1897 – 1907.

Haddad, R., Lanjuin, A., Madisen, L., Zeng, H., Murthy, V. N., & Uchida, N. (2013). Olfactory cortical neurons read out a relative time code in the olfactory bulb. *Nature Neuroscience*, 16(7),949 – 957.

Hallem, E. A. & Carlson, J. R. (2006). Coding of odors by a receptor repertoire. *Cell*, 125,143 – 160.

Han, F., Caporale, N., & Dan, Y. (2008). Reverberation of recent visual experience in spontaneous cortical waves. *Neuron*, 60(2),321 – 327.

Huang, C. B., Lu, Z. L., & Zhou, Y. (2009). Mechanisms underlying perceptual learning of contrast detection in adults with anisometropic amblyopia. *Journal of Vision*, 9(24),21 – 14.

Hubel, D. H. & Wiesel, T. N. (1959). Receptive fields of single neurones in the cat's striate cortex. *The Journal of Physiology*, 148(3),574 – 591.

Hubel, D. H. & Wiesel, T. N. (1970). The period of susceptibility to the physiological effects of unilateral eye closure in kittens. *The Journal of Physiology*, 206(2),419 – 436.

Hwang, J.-H., Wu, C.-W., Chen, J.-H., Liu, T.-C. (2006). The effects of masking on the activation of auditory-associated cortex during speech listening in white noise. *Acta Oto-Laryngologica*, 126,916 – 920.

Hwang, J. H., Li, C.-W., Wu, C.-W. Chen, J.-H., Liu, T.-C. (2007). Aging effects on the activation of the auditory cortex during binaural speech listening in white noise: an fMRI study. *Audiology and Neurotology*, 12, 285 – 294.

Jiang, Y., Costello, P., Fang, F., Huang, M., & He, S. (2006). A gender-and sexual orientation-dependent spatial attentional effect of invisible images. *Proceedings of the National Academy of Sciences*, 103(45),17048 – 17052.

Jiang, Y. & He, S. (2006). Cortical responses to invisible faces: dissociating subsystems for facial-information processing. *Current Biology*, 16(20),2023 – 2029.

Jiang, Y., Zhou, K., & He, S. (2007). Human visual cortex responds to invisible chromatic flicker. *Nature*

Neuroscience, *10*(5), 657–662.

Kaas, J. H., Krubitzer, L. A., Chino, Y. M., Langston, A. L., Polley, E. H., & Blair, N. (1990). Reorganization of retinotopic cortical maps in adult mammals after lesions of the retina. *Science*, *248*(4952), 229–231.

Kadohisa, M. & Wilson, D. A. (2006). Olfactory cortical adaptation facilitates detection of odors against backgroud. *J Neuroscience*, *95*(3), 1888–1896.

Kang, N., Baum, M. J., & Cherry, J. A. (2009). A direct main olfactory bulb projection to the 'vomeronasal' amygdala in female mice selectively responds to volatile pheromones from males. *European Journal of Neuroscience*, *29*(3), 624–634.

Karni, A. & Sagi, D. (1991). Where practice makes perfect in texture discrimination: evidence for primary visual cortex plasticity. *Proceedings of the National Academy of Sciences*, *88*, 4966–4970.

Kay, L. M., Beshel, J., Brea, J., Martin, C., Rojas-Libano, D., & Kopell, N. (2009). Olfactory oscillations: The what, how and what for. *Trends Neurosci*, *32*(4), 207–214.

Koivisto, M. & Silvanto, J. (2012). Visual feature binding: The critical time windows of V1/V2 and parietal activity. *NeuroImage*, *59*, 1608–1614.

Kourtzi, Z. & Kanwisher, N. (2001). Representation of perceived object shape by the human lateral occipital complex. *Science*, *293*(5534), 1506–1509.

Kuai, S. G., Li, W., Yu, C., & Kourtzi, Z. (2016). Contour Integration over Time: Psychophysical and fMRI Evidence. *Cerebral Cortex*, bhw147.

Litovsky, R. Y., Colburn, H. S., Yost, W. A., & Guzman, S. J. (1999). The precedence effect. *The Journal of the Acoustical Society of America*, *106*, 1633.

Liu, J., Harris, A., & Kanwisher, N. (2002). Stages of processing in face perception: an MEG study. *Nature Neuroscience*, *5*(9), 910–916.

Livingstone, M. & Hubel, D. (1988) Segregation of form, color, movement & depth: anatomy, physiology and perception. *Science*, *240*, 740–749.

Li, W., Howard, J. D, Parrish, T. B., & Gottfried, J. A. (2008). Aversive learning enhances perceptual and cortical discrimination of indiscriminable odor cues. *Science*, *319*(5871), 1842–1845.

Li, W., Luxenberg, E., Parrish, T., & Gottfried, J. A. (2006). Learning to smell the roses: Experience-dependent neural plasticity in human piriform and orbitofrontal cortices. *Neuron*, *52*(6), 1097–1108.

Lundstrom, J. N., Boyle, J. A., Zatorre, R. J., & Jones-Gotman, M. (2008). Functional neuronal processing of body odors differs from that of similar common odors. *Cereb Cortex*, *18*(6), 1466–1474.

Malnic, B., Hirono, J., Sato, T., & Buck, L. B. (1999). Combinatorial receptor codes for odors. *Cell*, *96*, 713–723.

Meister, M. & Bonhoeffer, T. (2001). Tuning and topography in an odor map on the rat olfactory bulb. *Journal of Neuroscience*, *21*, 1351–1360.

Moore, B. C. J. (2004). *An Introduction to the Psychology of Hearing*, 5th Ed. London, Elsevier Academic Press

Mori, K., Nagao, H., & Yoshihara, Y. (1999). The olfactory bulb: coding and processing of odor molecule information. *Science*, *286*, 711–715.

Nara, K., Saraiva, L. R, Ye, X., & Buck, L. B. (2011). A large-scale analysis of odor coding in the olfactory epithelium. *Journal of Neuroscience*. *31*, 9179–9191.

Narayan, R., Best, V., Ozmeral, E., McClaine, E., Dent, M., Shinn-Cunningham, B., & Sen, K. (2007). Cortical interference effects in the cocktail party problem. *Nature Neuroscience*, *10*(12), 1601–1607.

Nelken, I. (2008). Processing of complex sounds in the auditory system. *Current Opinion in Neurobiology*, *18*(4), 413–417.

Nelken, I., Rotman, Y., & Yosef, O. B. (1999). Responses of auditory-cortex neurons to structural features of natural sounds. *Nature*, *397*(6715), 154–157.

Ni, A. M., Murray, S. O., & Horwitz, G. D (2014). Object-centered shifts of receptive field positions in monkey primary visual cortex. *Current Biology*, *24*(14), 1653–1658.

Nissant, A., Bardy, C., Katagiri, H., Murray, K., & Lledo, P.-M. (2009). Adult neurogenesis promotes synaptic plasticity in the olfactory bulb. *Nature Neuroscience*, *12*(6), 728–730.

O'Connell, R. J., Stevens, D. A., & Zogby, L. M. (1994). Individual differences in the perceived intensity and quality of specific odors following self- and cross-adaptaion. *Chem Senses*, *19*(3), 197–208.

Olender, T., Nativ, N., & Lancet, D. (2013). HORDE: comprehensive resource for olfactory receptor genomics. *Methods Mol. Biol*, *1003*, 23–38.

Olshausen, B. A., & Field D. J. (1996). Emergence of simple-cell receptive field properties by learning a sparse code for natural images. *Nature*, *381*(6583), 607–609.

Poggio, T., Fahle, M., & Edelman, S. (1992). Fast perceptual learning in visual hyperacuity. *Science*, *256*, 1018–1021.

Qiu, F. T., Sugihara, T., & von der Heydt, R. (2007). Figure-ground mechanisms provide structure for selective attention. *Nature Neuroscience*, *10*(11), 1492–1499.

Raiguel, S., Vogels, R., Mysore, S. G., & Orban, G. A. (2006). Learning to see the difference specifically alters the most informative V4 neurons. *Journal of Neuroscience*, *26*, 6589–6602.

Rao, R. P. & Ballard, D. H. (1999). Predictive coding in the visual cortex: a functional interpretation of some extraclassical receptive-field effects. *Nature Neuroscience*, 2(1), 79-87.

Rasch, B., Buechel, C., Gais, S., & Born, J. (2007). Odor cues during slow-wave sleep prompt declarative memory consolidation. *Science*, 315(5817), 1426-1429.

Rokni, D., Hemmelder, V., Kapoor, V., & Murthy, V. N. (2014). An olfactory cocktail party: Figure-ground segregation of odorants in rodents. *Nature Neuroscience*, 17(9), 1225-1232.

Rolls, E. T. & Tovee, M. J. (1995). Sparseness of the neuronal representation of stimuli in the primate temporal visual cortex. *Journal of Neurophysiology*, 73(2), 713-726.

Rubin, B. D. & Katz, L. C. (1999). Optical imaging of odorant representations in the mammalian olfactory bulb. *Neuron*, 23, 499-511.

Russell, M. J. (1976). Human olfactory communication. *Nature*, 260(5551), 520-522.

Saito, H., Chi, Q., Zhuang, H., Matsunami, H., & Mainland, J. D. (2009). Odor coding by a mammalian receptor repertoire. *Science Signaling*, 2, 109.

Savic, I., Berglund, H., Gulyas, B., & Roland, P. (2001). Smelling of odorous sex hormone-like compounds causes sex-differentiated hypothalamic activations in humans. *Neuron*, 31(4), 661-668.

Savic, I., Berglund, H., & Lindstrom, P. (2005). Brain response to putative pheromones in homosexual men. *Proceedings of the National Academy of Science of the United States of America*, 102(20), 7356-7361.

Schoups, A., Vogels, R., & Orban, G. A. (1995). Human perceptual learning in identifying the oblique orientation: retinotopy, orientation specificity and monocularity. *Journal of Physiology*, 483, 797-810.

Seymour, K., Clifford, C. W. G., Logothetis, N. K., & Bartels, A. (2009). The coding of color, motion, and their conjunction in the human visual cortex. *Current Biology*, 19, 177-183.

Shusterman, R., Smear, M. C., Koulakov, A. A., & Rinberg, D. (2011). Precise olfactory responses tile the sniff cycle. *Nature Neuroscience*, 14(8), 1039-1044.

Sigman, M. & Gilbert, C. D (2000). Learning to find a shape. *Nature Neuroscience*, 3(3), 264-269.

Smear, M., Shusterman, R., O'Connor, R., Bozza, T., & Rinberg, D. (2011). Perception of sniff phase in mouse olfaction. *Nature*, 479(7373), 397-400.

Song, Y., Hu, S., Li, X., Li, W., & Liu, J. (2010). The role of top-down task context in learning to perceive objects. *Journal of Neuroscience*, 30(29), 9869-9876.

Song, Y. Y., Tian, M. Q., & Liu, J. (2012). Top-down processing of symbolic meanings modulates the visual word form area. *Journal of Neuroscience*, 32(35), 12277-12283.

Song, Y., Zhu, Q., Li, J., Wang, X., & Liu, J. (2015). Typical and atypical development of functional connectivity in the face network. *Journal of Neuroscience*, 35(43), 14624-14635.

Srinivasan, M. V., Laughlin, S. B., & Dubs, A. (1982). Predictive coding: a fresh view of inhibition in the retina. *Proceedings of the Royal Society of London B: Biological Sciences*, 216(1205), 427-459.

Stern, K. & McClintock, M. K. (1998). Regulation of ovulation by human pheromones. *Nature*, 392(6672), 177-179.

Stevenson, R. J. (2001). Perceptual learning with odors: Implications for psychological accounts of odor quality perception. *Poychonomic Bulletin & Review*. 8(4), 708-712.

Stevenson, R. J., Bookes, R. A., & Prescott, J. (1998). Changes in odor sweetness resulting from implicit learning of a simulaneous odor-sweetness association: An example of learned synesthesia. *Learning & Motivation*, 29(2), 113-132.

Stevenson, R. J. & Oaten, M. (2008). The affect of appropriate and inappropriate stimulus color on odor discrimination. *Perception & Psychophysics*, 70(4), 640-646.

Su, C.-Y., Martelli, C., Emonet, T., & Carlson, J. R. (2011). Temporal coding of odor mixtures in an olfactory receptor neuron. *Proceedings of the National Academy of Science of the United States of America*, 108(12), 5075-5080.

Su J., Chen C., He D., & Fang F. (2012). Effects of face view discrimination learning on N170 latency and amplitude. *Vision Research*, 61, 125-131.

Su J., Tan Q. & Fang F. (2013) Neural correlates of face gender discrimination learning. *Experimental Brain Research*, 225(4), 569-578.

Thuret, S., Moon, L. D. F., & Gage, F. H. (2006). Therapeutic interventions after spinal cord injury. *Nature Reviews Neuroscience*, 7(8). 628-643.

Touhara, K. & Vosshall, L. B. (2009). Sensing odorants and pheromones with chemosensory receptors. *Annual Review of Physiology*, 71, 307-332.

Treisman, A. M. (1969). "Strategies and models of selective attention." *Psychological Review*, 76(3), 282-299

Treisman, A. M. & Gelade, G. (1980). A feature-integration theory of attention. *Cognitive Psychology*, 12(1), 97-136.

Treisman, A. & Schmidt, H. (1982). Illusory conjunctions in the perception of objects. *Cognitive Psychology*, 14, 107-141.

Uchida, N., Takahashi, Y. K., Tanifuji, M., & Mori, K. (2000). Odor maps in the mammalian olfactory bulb: domain organization and odorant structural features. *Nature Neuroscience*, 3, 1035-1043.

Vernet-Maury, E., Aloaui-Ismaïli, O., Dittmar, A., Delhonme, G., Chanel, J. (1999). Basic emotions induced by odorants: A new approcach based on autonomic pattern results. *Journal of the Autonomic Nervous System*, 75(2-3), 176-183.

Wang, Li & Jiang, Yi. (2012). Life motion signals lengthen perceived temporal duration. *Proceedings of the National*

Academy of Sciences, 109(11), E673 - E677.

Wang, R., Wang, J., Zhang, J. Y., Xie, X. Y., Yang, Y. X., Luo, S. H., ... & Li, W. (2016). Perceptual learning at a conceptual level. *Journal of Neuroscience*, 36(7), 2238 - 2246.

Wang, X., Zhen, Z., Song, Y., Huang, L., Kong, X., & Liu, J. (2016). The hierarchical structure of the face network revealed by its functional connectivity pattern. *Journal of Neuroscience*, 36(3), 890 - 900.

Wei, K., Yan, X., Kong, G., Yin, C., Zhang, F., Wang, Q., & Kording, K. (2014). Computer use changes generalization of movement learning. *Current Biology*, 24(1), 82 - 85.

Wilson, D. A. & Sullivan, R. M. (2011). Cortical processing of odor objects. *Neuron*, 72(4), 506 - 519.

Wolfe, J. M. & Cave, K. R. (1999). The psychophysical evidence for a binding problem in human vision. *Neuron*, 24, 111 - 125.

Wong, P. C. M., Uppunda, A. K., Parrish, T. B., Dhar, S. (2008). Cortical Mechanisms of cpeech perception in Noise. *Journal of Speech, Language, and Hearing Research*, 51, 1026 - 1041.

Wu, D. A., Kanai, R., & Shimojo, S. (2004). Vision: steady-state misbinding of colour and motion. *Nature*, 429, 262.

Wu, X. H., Wang, C., Chen, J., Qu, H. W., Li, W. R., Wu, Y. H., ... Li, L. (2005). The effect of perceived spatial separation on informational masking of Chinese speech. *Hearing Research*, 199, 1 - 10.

Wyatt, T. D (2009). Fifty years of pheromones. *Nature*, 457(7227), 262 - 263.

Xiao, L. Q., Zhang, J. Y., Wang, R., Klein, S. A., Levi, D. M., & Yu, C. (2008). Complete transfer of perceptual learning across retinal locations enabled by double training. *Current Biology*, 18, 1922 - 1926.

Xiong, Y. Z., Yu, C., & Zhang, J. Y. (2015). Perceptual learning eases crowding by reducing recognition errors but not position errors. *Journal of Vision*, 15(11), 16 - 16.

Xiong, Y. Z., Zhang, J. Y., & Yu, C. (2016). Bottom-up and top-down influences at untrained conditions determine perceptual learning specificity and transfer. *eLife*, 5, e14614.

Xu, S., Jiang, W., Poo, M. M., & Dan, Y. (2012). Activity recall in a visual cortical ensemble. *Nature Neuroscience*, 15(3), 449 - 455.

Yang, T. & Maunsell, J. H. (2004). The effect of perceptual learning on neuronal responses in monkey visual area V4. *Journal of Neuroscience*, 24, 1617 - 1626.

Yan, Y., Rasch, M. J., Chen, M., Xiang, X., Huang, M., Wu, S., & Li, W. (2014). Perceptual training continuously refines neuronal population codes in primary visual cortex. *Nature neuroscience*, 17(10), 1380 - 1387.

Yin, C., Bi, Y., Yu, C., & Wei, K. (2016). Eliminating Direction Specificity in Visuomotor Learning. *Journal of Neuroscience*, 36(13), 3839 - 3847.

Young, M. P. & Yamane, S. (1992). Sparse population coding of faces in the inferotemporal cortex. *Science*, 256 (5061), 1327 - 1331.

Yu, Q., Zhang, P., Qiu, J., & Fang, F. (2016). Perceptual Learning of Contrast Detection in the Human Lateral Geniculate Nucleus. *Current Biology*, 26(23), 3176 - 3182.

Zald, D. H. & Pardo, J. V. (1997). Emotion, olfaction, and the human amygdala: Amygdala activation during aversive olfactory stimulation. *Proceedings of the National Academy of Science of the United States of America*, 94(8), 4119 - 4124.

Zhang, C., Lu, L., Wu, X., & Li, L. (2014). Attentional modulation of the early cortical representation of speech signals in informational or energetic masking. *Brain and Language*, 135, 85 - 95.

Zhang, E. & Li, W. (2010). Perceptual learning beyond retinotopic reference frame. *Proceedings of the National Academy of Sciences*, 107, 15969 - 15974.

Zhang, J. Y., Cong, L. J., Klein, S. A., Levi, D. M., & Yu, C. (2014). Perceptual Learning Improves Adult Amblyopic Vision Through Rule-Based Cognitive Compensation. *Investigative Ophthalmology & Visual Science*, 55, 2020 - 2030.

Zhang, J. Y., Zhang, G. L., Xiao, L. Q., Klein, S. A., Levi, D. M., & Yu, C. (2010). Rule-based learning explains visual perceptual learning and its specificity and transfer. *Journal of Neuroscience*, 30, 12323 - 12328.

Zhang, T., Xiao, L. Q., Klein, S. A., Levi, D. M., & Yu, C. (2010). Decoupling location specificity from perceptual learning of orientation discrimination. *Vision Research*, 50, 368 - 374.

Zhang, X. l., Li Z. P., Zhou, T. G., & Fang, F. (2012). Neural activities in V1 create a bottom-up saliency map. *Neuron*, 73(1), 183 - 192.

Zhang, X., Qiu, J., Zhang, Y., Han, S., & Fang, F. (2014). Misbinding of Color and Motion in Human Visual Cortex. *Current Biology*, 24(12), 1354 - 1360.

Zhang Y., Zhang X., Wang Y., & Fang F. (2016). Misbinding of color and motion in human early visual cortex: Evidence from event-related potentials. *Vision Research*, 122, 51 - 59.

Zhou, K., Luo, H., Zhou, T. G., Zhuo, Y., & Chen, L. (2010). Topological change disturbs object continuity in attentive tracking. *Proceedings of the National Academy of Sciences*, 107(50), 21920 - 21924.

Zhou, W. & Chen, D. (2009). Fear-related chemosignals modulate recognition of fear in ambiguous facial expressions. *Psychological Science*, 20(2), 177 - 183.

Zhou, W., Yang, X., Chen, K., Cai, P., He, S., & Jiang, Y. (2014). Chemosensory communication of gender through two human steroids in a sexually dimorphic manner. *Current Biology*, 24(10), 1091 - 1095.

Zhu, Q., Song, Y., Hu, S., Li, X., Tian, M., Zhen, Z., ... & Liu, J. (2010). Heritability of the specific cognitive ability of face perception. *Current Biology*, 20(2), 137-142.

Zhu, Q., Zhang, J., Luo, Y. L., Dilks, D. D, & Liu, J. (2011). Resting-state neural activity across face-selective cortical regions is behaviorally relevant. *Journal of Neuroscience*, 31(28), 10323-10330.

Zhu, Z., Fan, Z., & Fang, F. (2016). Two-stage perceptual learning to break visual crowding. *Journal of Vision*, 16(6), 16-16.

Zou, J., He, S., & Zhang, P. (2016). Binocular rivalry from invisible patterns. *Proceedings of the National Academy of Sciences*, 113(30), 8408-8413.

徐李娟,黄莹,吴玺宏,吴艳红,李量.(2009)."鸡尾酒会"环境中的知觉线索的去掩蔽作用.心理科学进展,17,261—267.

杨志刚,张亭亭,李西营.(2008).人工耳蜗抗掩蔽性能的研究与进展.中国组织工程研究与临床康复,12(30),5945—5948.

杨志刚,张亭亭,宋耀武,李量.(2014).听觉信息掩蔽的亚成分:基于行为和脑成像研究的证明.心理科学进展,22(3),400—408.

5 学习记忆与情绪的生物心理学

5.1 学习记忆的神经生物学 / 154
    5.1.1 多重记忆系统 / 155
    5.1.2 内侧颞叶系统 / 157
        内侧颞叶的结构和神经通路 / 157
        脑损伤病人的研究 / 158
        动物实验研究 / 163
        人类脑成像研究 / 164
        小结 / 167
    5.1.3 间脑系统 / 167
    5.1.4 前额叶系统 / 168
        前额叶的解剖和功能特点 / 168
        工作记忆 / 168
        情节记忆 / 170
        记忆的顺序组织与源记忆 / 172
        内隐记忆 / 172
        小结 / 174
    5.1.5 其他新皮质系统 / 174
        脑损伤病人的研究 / 174
        脑功能成像的研究 / 175
        程序性记忆 / 175
5.2 学习记忆的巩固 / 176
    5.2.1 系统巩固 / 176
        标准巩固理论 / 177
        多重痕迹理论 / 178
    5.2.2 突触巩固 / 179
        外显记忆的细胞巩固 / 179
        内隐记忆的细胞巩固 / 181
5.3 情绪的神经生物学 / 182
    5.3.1 情绪概述 / 182
        情绪的定义 / 182
        有关情绪的理论 / 183
    5.3.2 情绪的脑机制 / 184
        Papez's 环路和边缘系统 / 184
        杏仁核在情绪加工中的作用 / 184
        其他与情绪相关的脑区 / 188

  5.4 情绪与记忆 / 188
     5.4.1 恐惧性条件反射 / 188
     5.4.2 情绪对记忆的调节 / 190
        调节假说 / 190
        情绪记忆的编码 / 191
        情绪记忆的提取 / 193
        线索性情绪记忆 / 193
     5.4.3 情绪与情绪记忆的调节 / 194
本章小结 / 196
关键术语 / 196

5.1 学习记忆的神经生物学

  "对我来说,每天都是孤立的,不论我曾经多么高兴,或多么痛苦……而现在我在想,我是否做了什么不恰当的事或说了什么不恰当的话?你看,在当下一切对于我来说都是清晰的,但是刚才发生了什么?那才是我所忧虑的。它像是一个梦,而我已不记得了。"

  上述描述的不是戏剧或电影中的片段,它是一个著名的记忆障碍病人 H. M. 对自己记忆能力的陈述。学习是获得新知识的过程,而记忆是对新知识的保持,使它在其后的时间内被提取出来的过程,因而包括巩固、储存和提取等不同的阶段。人们的日常生活时时刻刻都离不开学习记忆能力,例如我们需要记住今天将要做的事,之前发生过的重要事件,通过提取之前学习过的信息来帮助我们完成当下的决策等等。但是直到对遗忘症病人进行系统研究之后,人们才逐渐弄清楚记忆的关键脑结构是什么,以及当记忆能力受到损伤时,它会对我们的日常生活有怎样的影响。

  H. M. 生于 1926 年,高中毕业。他在 7 岁时被自行车撞倒,曾失去意识几分钟。十几岁时他被诊断患有癫痫,在二十多岁时严重的癫痫症状用药物已经无法控制。由于在 20 世纪 50 年代,神经外科手术曾经非常盛行,包括前额叶切除术、胼胝体切除术、杏仁核切除术和颞叶切除术等,因此医生对他实施了双内侧颞叶切除术。术后他的癫痫症状得到了有效的缓解,但是,他形成新的长时记忆的能力却被永久破坏了。在 H. M. 手术 30 年之后,研究者们确定了他脑内的金属钳不是铁磁性的,因而可以对他进行核磁共振成像扫描。结果发现,H. M. 的双侧海马后半部分仍保留,内侧颞叶(medial temporal lobe, MTL)被切除了 5 cm,海马周围的皮质也被切除,包括杏仁核、内嗅皮质、围嗅皮质、海马前部,而海马旁皮质的大部分仍保留(图 5.1)。

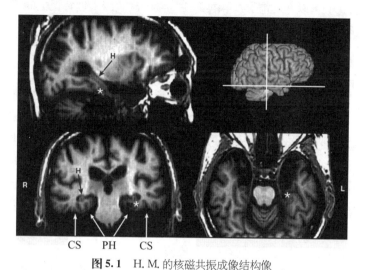

图 5.1 H. M. 的核磁共振成像结构像

注：内侧颞叶的大部分结构缺失，但其后部有部分保留（来源：Corkin, 2002）

在手术后第 20 星期，医生对 H. M. 进行了神经心理学评定，惊奇地发现他的情节记忆完全丧失，他只能将新信息保持很短的时间，一旦受到干扰或时间延迟，他对新信息的记忆将不存在。他不记得自己的年龄，现在的日期，找不到房间的位置，记不住周围人的名字，他对术前一段时间内（3 年左右）的事情也忘记了。但是，他的短时记忆正常，数字广度正常，有关儿时事件的记忆也保留较好。后来研究者对 H. M.（Corkin, 2002）以及其他相似的遗忘症病人进行了深入细致的研究，并由此给我们带来了对学习记忆的神经机制的全新的认识。

5.1.1 多重记忆系统

H. M. 所患的认知功能障碍被称为遗忘综合征（amnesic syndrome, amnesia），即指脑受损后（疾病、损伤、应激等）引起的记忆障碍，其主要表现是学习新知识的能力明显下降，及（或）以前知识的丧失，即有顺行性遗忘（anterograde amnesia）和（或）逆行性遗忘（retrograde amnesia），但短时记忆和智力等均正常（图 5.2）。通过对遗忘症

图 5.2 顺行性和逆行性遗忘的示意图

注：图中红色部分为受损的记忆功能。

病人的研究,我们可以在功能层次和神经生物学层次上深入理解记忆的组织,包括短时记忆与长时记忆、情节记忆与语义记忆、外显记忆与内隐记忆等。

再来看 H. M. 的表现,尽管他不能形成新的情节记忆,但是他之前学会的技能习惯并未受到影响,而且他仍可以学会很多新的技能操作,如镜像学习,其作业成绩与正常被试无异。H. M. 这些所保留的记忆功能与他所损伤的记忆功能同样令人惊奇。至少在 20 世纪 80 年代之前,人们对于记忆的认识还不能解释存在于遗忘症病人身上的这些看似矛盾的实验结果。对这些病人的研究,以及采用几乎同时代出现的多种研究方法,如脑功能成像技术、神经心理学方法和计算机模型的研究等,促进了人们对学习记忆的认识。人们发现,记忆并不是先前所认为的那样是一个统一体,而是存在着结构和功能不同的多个记忆系统,它们分别中介于不同的记忆形式,如情节记忆系统中介对事实和事件的回忆,相关脑区为内侧颞叶—间脑系统,而知觉表征系统中介一部分启动效应,相关脑区为后皮质区。

以上就是多重记忆系统(multiple memory system, MMS)的基本观点。多重记忆系统研究不同记忆系统的特征及神经基础,以实验性分离为依据,虽然有关记忆系统的分类不统一,但各分类系统都认为脑内存在着结构和功能不同的多个记忆系统。

记忆分为短时记忆和长时记忆两大类。短时记忆又称工作记忆。Schacter(1987)将长时记忆分为外显记忆和内隐记忆两种,而 Zola-Morgan 和 Squire(1993)则将长时记忆分为陈述性记忆和非陈述性记忆两大类,它们又分别包括不同的记忆形式(见图 5.3)。陈述性记忆是长时记忆的一种,它是指需要有意识提取的记忆,又称外显记忆。情节记忆是指有关个人的自传性质的记忆形式,而语义记忆则是指事实和有关世界的知识。非陈述性记忆是指被试不需要有意识回忆的一部分记忆,又称为内隐记忆,如习惯技能等。测定陈述性记忆和非陈述性记忆需采用不同的测验方

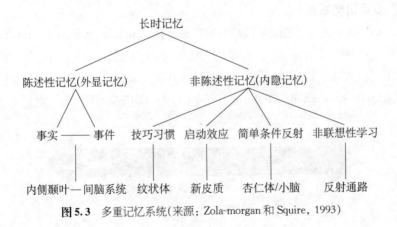

图 5.3 多重记忆系统(来源:Zola-morgan 和 Squire, 1993)

法。对于前者,通常采用要求被试回忆之前学习过的事件的方法,而对于后者,则会采用要求被试完成一定的任务的方法,通过比较对学习过的刺激和未学习过的刺激之间行为上的不同(如反应时、正确率等)可以观察到内隐记忆效应。例如,在测验时快速呈现语词,要求被试判断它们所代表物体是否有生命性,通常会发现学习过的语词会被更快地进行判断。条件反射和非联想性学习也属于内隐记忆。

Tulving(1994)依各种记忆发生的先后和进化的早晚,提出了记忆五系统的分类,他把记忆分为程序性记忆、知觉表征系统(perceptual representation system, PRS)、语义记忆、初级记忆及情节记忆系统。这两种分类方法都体现了不同的记忆系统分别依赖于不同的神经结构和机制的多重记忆系统的观点。例如程序性记忆依赖于基底神经节,知觉表征系统与后皮质区的活动相关,语义记忆和情节记忆依赖于内侧颞叶系统,而工作记忆与前额叶关系密切。非联想性学习是更为基本的学习方式。

下面我们将从不同脑结构系统的角度阐述它们和不同记忆系统之间的关系,包括内侧颞叶系统、间脑系统、前额叶系统和其他新皮质系统。其中内侧颞叶系统和前额叶系统将会重点介绍。

5.1.2 内侧颞叶系统

这一部分我们将介绍内侧颞叶系统的组成结构及其它们在记忆中的作用,并总结有关脑损伤病人、动物实验和人类脑功能成像的主要研究结果。

内侧颞叶的结构和神经通路

H. M. 的手术损伤部位位于大脑的内侧颞叶,这使研究者们相信,内侧颞叶是记忆形成的关键结构(见图 5.4)。内侧颞叶包括海马及其周围的皮质,即海马、齿状回(dentate gyrus, DG)、海马下脚(subicular region)、内嗅皮质(entorhinal cortex, EC)、围嗅皮质(perirhinal cortex, PRC)和海马旁皮质(parahippocampal cortex, PHC),前

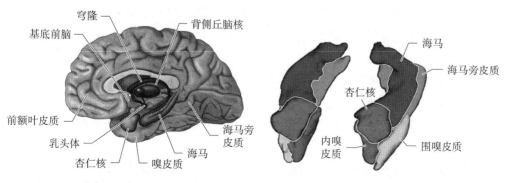

图 5.4 内侧颞叶的结构组成(来源:Purves 等,2008. Dolcos 等,2004)

三个区域合称为海马区,后三个区域合称为海马旁区。内侧颞叶的这些结构之间有密切的纤维联系,并和其他脑结构之间也有广泛的纤维联系。如图5.5所示,海马位于纤维联系的最终端,内嗅皮质是其主要的投射输入。在猴子脑内,内嗅皮质的输入信息中有2/3来自于围嗅皮质和海马旁皮质,它们接近来自前额叶、颞叶和顶叶的输入信息。

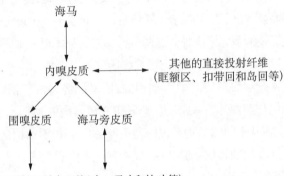

图5.5 内侧颞叶结构的纤维投射(来源:Zola-Morgan和Squire,1993)

脑损伤病人的研究

脑损伤病人的研究是记忆研究的重要途径之一。这方面的研究包括个案研究(case study)和成组研究(group study),二者各有特点,相互补充。H. M. 是其中著名的个案。个案报道通过对局部脑损伤的患者的研究,揭示局部脑损伤对认知功能的影响。而成组研究是指通过对相似脑结构损伤的一组病人进行研究,通常以被试的病因或受损部位进行分组。成组分析的被试数量较多,结果有一定的代表性,但不能保证被试之间的同质性。在这一点上,对脑受损病人的研究与动物实验有很大的不同,后者可以有效地控制动物的种属、受损程度、部位等。通过对记忆障碍病人的个案和成组研究,我们可以发现遗忘症病人所损伤的记忆的特点,所保留的记忆的功能等,从而了解多重记忆系统间的分离机制。

情节记忆障碍。H. M. 表现出严重的情节记忆障碍,又称顺行性遗忘。他不认识回家的路,记不住刚刚发生过的事件或见过的人。当他见过的人离开房间5分钟再返回来时,H. M. 就已不记得之前见过他,对他来说,信息只能保留短暂的时间。他甚至不知道自己的父亲已去世多年。他的脑损伤部位涉及海马及海马旁区的大部。

那么海马和海马旁区在其中的作用是否相同?海马损伤是否足以引起长时记忆障碍?另一遗忘症病人(R. B.)也是在手术后出现了记忆障碍,损伤局限在海马,顺行性遗忘严重,逆行性遗忘较轻。术后几年死亡,尸检研究发现其损伤在双侧海马CA1区,这表明,海马是形成新的记忆的关键结构,但具有时间性。研究也表明,CA1区之外的海马区域损伤,也会造成严重的顺行性遗忘。除海马外,内侧颞叶的其他结构损伤也会引起记忆障碍,如围嗅区和海马旁回等。阿尔茨海默病和单纯疱疹性脑炎后也会造成内侧颞叶受损,从而引起记忆障碍。

语义记忆障碍和部分恢复。语义记忆是指有关世界的一般知识和概念,它并不与特定的时间和地点相联系。例如,情节记忆是指可以记得去某地旅游(如北京)的情景,而语义记忆则是指知道北京是中国的首都。在研究语义记忆时,常采用著名事件或人物为材料进行记忆测验。

语义记忆也依赖于内侧颞叶—间脑系统,但情节记忆与语义记忆可以分离。遗忘症病人虽然情节记忆受损,但他们的语义知识保留相对较好。例如,在著名人物或事件的回忆和再认测验中,他们的记忆正确率受损小,但和正常被试仍有明显差别。一般认为,遗忘症病人的情节记忆和语义记忆都会受到损害,但前者的受损伤程度更大。这是因为情节记忆通常是指不重复的事件,而获得语义知识依赖于信息的重复。另外,它们之间的比较还依赖于对语义记忆的定义,遗忘症病人有些语义知识受损(如学习新知识的能力),而有些语义记忆保留(如学习人工语法的能力等)。在这方面,目前仍存在较大争论。一项研究表明,在儿童时双侧海马损伤后,情节记忆明显受损,而语义记忆保持正常水平,提示海马与情节记忆的关系更为密切,而语义记忆可能依赖于海马周围皮质的完整(Vargha-Khadem 等,1997)(图 5.6A,5.6B)。相反,一例内侧颞叶前部损伤的病人可以记住某一特定的事件情节,但在理解一般词汇的意义上却存在困难,而且丧失了对历史事件的知识。老年人也有相似的表现,如有语义痴呆,但情节记忆保留。这提示,语义记忆与情节记忆可以部分地分离,而语义记忆与内侧颞叶受损的程度和部位密切相关。

值得注意的是,遗忘症病人可以学习一些新的语义知识,如有关其他人的知识、新的词汇、句子中的目标词等。但是,他们却记不住这些知识的来源,这种现象被称作源遗忘症(source amnesia)。K. C. 在 30 岁时由于车祸导致硬膜下出血。核磁共振成像发现其大脑的广泛区域受损,包括内侧颞叶、额叶、顶叶和枕叶,左侧损伤大于右侧。其 IQ 为 94,但在有关额叶功能的测验中表现出损伤,而且语词流畅性降低。他有严重的顺行性和逆行性遗忘,后者可涵盖其人生的大部分时间。但是他知道有关他的生活事件。因此,尽管 K. C. 有严重的源遗忘症,他在车祸前获得的有关世界的一般知识——语义记忆却得到了保留。而且他可以学习新的知识,尤其是重复多次的刺激,但不记得是如何得到的。O'Kane 等(2004)对 H. M. 进行研究发现,当呈现给 H. M. 著名人物名字的部分信息后,H. M. 可以补全其中部分名字,如以 John F 提示,他可以说出 Kennedy,而对于这位美国总统,虽然是他在病后多年才闻名于世,H. M. 还能描述出他"是美国总统,被刺杀"等细节(图 5.6C)。H. M. 还可以准确地画出在他手术后搬入的房间的结构,并标示出每个部分的功能(图 5.6D)。

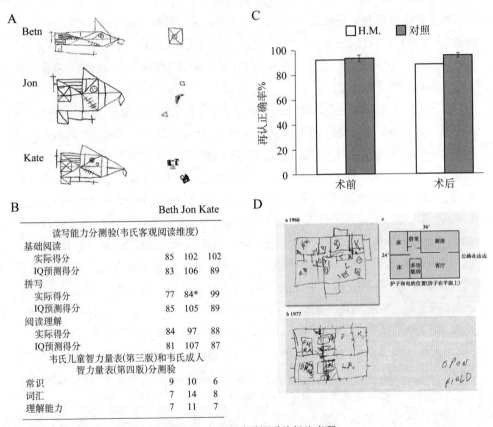

图 5.6 内侧颞叶受损后的行为表现

A: 情节记忆明显受损 B: 语义记忆相对正常 C: H. M. 的语义记忆表现相对正常 D: H. M. 可以习得新的语义知识(来源: Vargha-Khadem 等,1997;O'Kane 等,2004)

逆行性遗忘。H. M. 在内侧颞叶损伤前的记忆有部分丧失,可持续到损伤前的 3 至 5 年的记忆。在另一项研究中(Bayley 等,2006),对于海马损伤的被试,当要求他们对损伤前不同年代的新闻事件进行回忆时,结果发现,与正常组相比,他们对损伤前的 10 年内的事件的记忆成绩明显下降,更远期的记忆成绩正常。但是,如果海马周围的皮质同时受损,如 E. P. 和 G. P. ,则他们的回忆成绩下降的时间范围延伸到损伤前的几十年(图 5.7)。

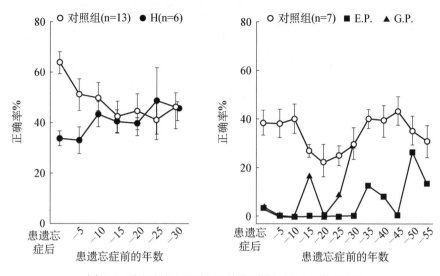

图 5.7 遗忘症病人的逆行性遗忘(来源:Bayley 等,2006)

一些病人具有逆行性遗忘症,范围可长达数年,甚至终生;但他们仍可以形成新的长时记忆,即单纯的(isolated)逆行性遗忘症,尤其是损伤内侧颞叶前部和外侧部及海马之外的内侧颞叶结构时。这一部位与记忆存贮有关,但对于获得新知识并不重要,而且它并不是长时记忆存贮新知识的唯一部位。总之,海马是短时记忆向长时记忆转化的关键结构,在记忆巩固过程中,海马可以在不同的刺激之间形成一定的联系,并激活以往贮存的知识。但随着时间的推移,新皮质贮存的记忆表征便不再依赖于内侧颞叶。

内隐记忆。遗忘症病人的内隐记忆受损伤通常较少。如前所述,内隐记忆是指被试不需要有意识回忆的一部分记忆,如程序性记忆和简单条件反射等。H. M. 可以学会一些运动技能。一系列研究表明,遗忘症病人所保留的记忆并不仅仅限于动作技能,他们在补笔等测验中也表现正常(要求他们填出首先想到的词),但其再认成绩较差。镜像书写是比较著名的技能学习的实验。在实验中,H. M. 可以看到他面前镜子中的图形,并可以照着画下来,但他看不到自己所画的图形(图 5.8)。H. M. 可以很快地学会镜像书写,而且作业成绩越来越好,与正常人之间没有明显差别。但是他不记得自己曾经学习过。这样就出现了遗忘症病人外显记忆受损而内隐记忆正常的分离现象,提示这两种记忆系统依赖于不同的神经机制。

另一种常见的内隐记忆形式是重复启动效应(repetition priming),即指由于之前呈现相同或相似刺激而引起的行为上的促进效应。H. M. 等遗忘症病人的启动效应保留较好,虽然他并不记得自己是否见过那些刺激。例如,在 Manns 和 Squire

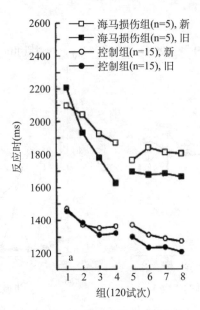

图 5.8 遗忘症病人的程序性学习(来源：Purves 等，2008；Manns 和 Squire, 2001)

(2001)的研究中,采用经典的视觉搜索任务,要求被试找出朝右或朝左的"T"。实验操控不同位置的"T"会出现在不同的 pattern 中。正常被试表现为在之前呈现过的图案中找到"T"的时间明显快于新的图案类型。海马损伤的病人表现出相同的趋势,提示他们的知觉学习过程并未受损(图 5.8)。遗忘症病人对非词、假词和不熟悉的物体等新异信息的启动效应也正常。因此,知觉启动可能发生在知觉加工过程的早期阶段,也就是说,知觉启动在语义分析和海马结构参与记忆形成之前,其脑结构与支持外显记忆的内侧颞叶—间脑系统相分离(Squire, Knowlton 和 Musen, 1993)。

近年来的研究发现,内侧颞叶损伤后某些形式的内隐记忆也会受到影响,尤其当记忆对象是那些需要建立项目间联系的刺激时,如非相关词对或复杂的线索与刺激间联系。脑成像的研究证实,在完成这些任务时,海马旁区的活动明显,而海马的作用较小。

短时记忆。遗忘症病人的短时记忆功能保留较好。有研究发现,如果给 H. M. 读一系列的数字之后要求他立即重复,H. M. 的数字记忆广度达到 7。但是,如果在学习和记忆之间出现间隔,那么他就不再能够复述,甚至不记得他曾经学习过数字。这提示,H. M 在短时记忆向长时记忆转化时出现障碍。这也提示了短时记忆和长时记忆是不同的。短时记忆通常可保持 30 秒,当复述不再进行时,信息很快便消退。短时记忆还具有容量有限性,只有5—7个单位的信息可储存在短时记忆中。相反,长时记忆可持续几小时,几天甚至许多年,而且具有相当大的容量。

由以上对遗忘症病人的研究可以发现,内侧颞叶主要影响外显记忆,尤其是新的情节记忆形成。遗忘症病人的短时记忆正常,内隐记忆相对保留,而较久远的情节记忆也保存较好。另外,他们还可以学会一些新的语义知识。

动物实验研究

更为深入地了解内侧颞叶系统在记忆中的作用,需要建立遗忘症的动物模型。因为动物没有意识,因此相关研究需要依据陈述性记忆的特点,如灵活性等。下面介绍几种不同的实验模型及相关的研究结果。

猴子延缓不匹配任务。动物实验与对遗忘症的研究结果非常一致。这方面的研究有两类,一类是研究与情节记忆相关的内侧颞叶结构,如采用猴子延缓不匹配任务(delayed non-matching to sample task, DNMS)研究海马和杏仁核在记忆中的作用。在实验中,当猴子看过一个物体后,经过不同的时间间隔再呈现两个物体,猴子需要识别出面前的两个物体哪一个是之前没有见过的。他们发现当样本和测验之间的间隔延长时,猴子的记忆障碍更为严重,而且只有海马和杏仁核两个脑区同时受损才会引起记忆障碍。但这与Zola等的研究结果有所不同。Zola等的研究表明,上述记忆障碍只有在杏仁核周围的皮质受损时才会发生,因而杏仁核不是长时记忆获得的必要结构。另外,损毁内侧颞叶的不同部位对记忆的影响并不完全相同,记忆障碍的程度与损伤部位和损伤大小均有密切关系(Zola-Morgan和Squire,1994),仅仅损伤海马会引起较弱的记忆障碍,但如果损伤海马周围的皮质,则会引起较强的记忆障碍。

认知地图模型。另一类是研究与海马等结构相关的大鼠的认知过程特点,如O'Keefe和Nadel、Eichenbaum等的工作。O'Keefe等曾针对空间认知能力提出了"图认知"理论(cognitive mapping theory),认为正常大鼠在完成空间学习记忆任务时会运用图认知加工方式,形成认知地图是海马的基本功能,也就是形成对物理环境的有组织的神经表征。损毁海马会造成图认知精确性的永久损害。后来的Morris迷宫就是以此为理论基础的。研究表明,海马中存在对特定空间信息反应的位置细胞(place cell),当大鼠在某一环境中处于某一位置时或转向某一方向时放电增多,而且不依赖于方位和正在进行的行为(O'Keefe和Dostrovsky,1971)。位置细胞主要在海马及齿状回中,在背侧的细胞有更为相似的视野,而在腹侧的细胞的视野相对较大。其他对空间位置表征的细胞包括边界细胞(boundary cell)、坐标细胞(grid cell)和方位细胞。

嗅觉联想模型。海马的作用并不仅仅限于对空间关系的加工。嗅觉联想学习的实验范式(odor paired associate learning)可以研究在不同刺激之间形成项目间联系(relational representation)与海马的关系。他们认为,陈述性记忆的主要特性是表征的灵活性。在一项研究中,大鼠学习不同气味的序列顺序,这样在测验时,呈现两种不同的气味,需要辨别哪个是较早呈现的。其结果也表明,海马损伤后,如果只需记住单个刺激,大鼠表现正常;但如果需要形成项目间联系,大鼠则会受到影响。而且,即使它们能够学会这种任务,在判断项目的先后呈现的顺序时也会出现障碍,提示海马在形成项目间联系及灵活性方面起重要作用(Fortin 等,2002)。另外,对海马进行细胞电活动的记录也表明其放电增多与形成空间关系或时间顺序有关。

人类脑成像研究

脑功能成像的研究也揭示了内侧颞叶在情节记忆中的作用。它的优势之一在于它可以在被试进行认知活动时进行实时的脑功能探测,因而可以对不同的认知过程进行区分。这一点对于记忆研究非常适合,因为记忆过程包括了编码和提取等过程,行为研究只能从记忆成绩看到整体的变化但无法区分是哪一过程参与。脑成像的研究结果表明,海马在编码、储存和提取中均起着重要的作用,它主要与新异信息的编码、信息的早期贮存、信息间的联系形成以及信息的有意识回想等有关。

记忆编码。通过采用随后记忆效应(subsequent memory paradigm)的实验范式,研究者可以将在回忆中记住的和没有记住的项目区分开来,观察这两种刺激在编码时的激活特点,从而推知编码时的活动如何影响其后的记忆成绩(图5.9)。采用这种范式,研究者发现内侧颞叶在记忆编码中的重要作用。例如,Brewer等(1998)在研究中给被试呈现一系列的图片并要求其判断它是属于室内还是室外。30分钟后,旧图片与新图片随机呈现,被试需要判断哪些是旧图片,哪些是新图片。结果发现

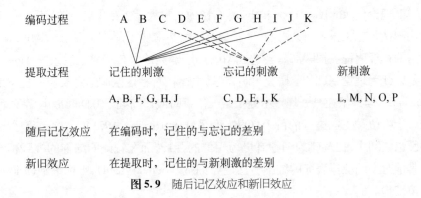

图 5.9 随后记忆效应和新旧效应

(图 5.10A),那些之后被再认正确的图片,在编码时能引起更强的右侧海马旁皮质和右侧前额叶的激活。当采用语词为刺激材料时(Wagner 等,1998,图 5.10B),随后记忆效应表现为左侧海马旁皮质和左侧前额叶的激活。这些研究有两方面的提示,一是在编码时如果某些刺激引起内侧颞叶和前额叶的活动增强,则可预测这些项目之后能够被更好地记住;二是语词与非语词刺激可能分别引起左侧和右侧半球的激活。

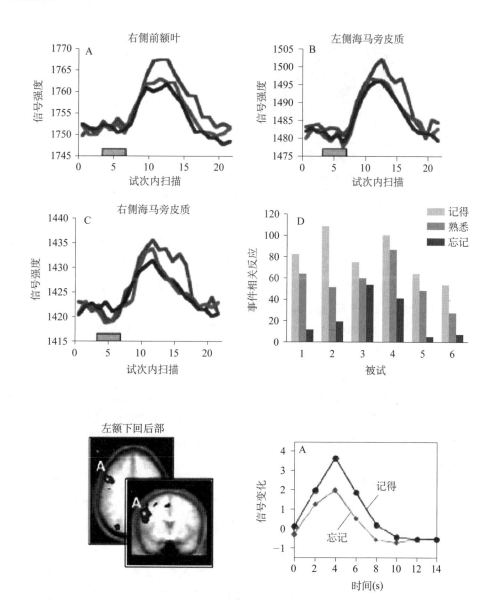

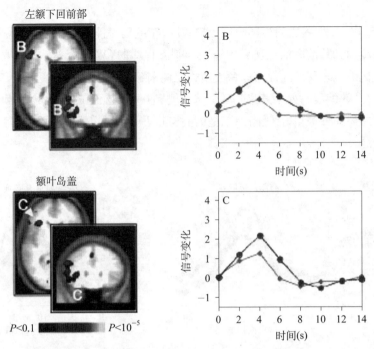

图 5.10 随后记忆效应的神经机制(来源：Brewer 等,1998；Wagner 等,1998)

此外,在内侧颞叶内部,海马和海马旁区在记忆编码时起的作用也有所不同。如果在记忆测验时,不仅要求被试进行新旧判断,而且要求被试对所做判断进行自信度评价或是回想/熟悉性判断,那么就可以进一步将所记住的项目区分为以回想性为基础或以熟悉性为基础。研究表明,在编码时,之后依赖于回想性的记住的项目更多地激活了海马,而之后依赖于熟悉性的记住的项目更多地激活了围嗅皮质。例如,在 Ranganath 等(2004)的研究中,被试在编码中对所学的词依颜色分别进行大小(绿色词)或有无生命性(红色词)的判断。在之后的提取阶段,被试对所呈现的词进行 1—6 的自信度判断(1 为肯定为新词,6 为肯定为旧词),并完成源记忆判断(之前呈现的颜色)。实验结果表明,在源记忆正确的试次中,海马在编码时的激活程度更高,而围嗅皮质的活动强度依熟悉度的增强而增强。这提示,内侧颞叶的不同分区在记忆编码中的作用是不同的。

记忆提取。与记忆编码时所采用的研究范式不同,在研究记忆提取过程时,需要直接比较旧项目和新项目在回忆或再认时的脑活动变化(图 5.9)。研究表明,与新项目相比,内侧颞叶对旧项目的记忆提取有更强的激活。而且,海马和海马旁区的作用也有所差异,其中海马更多地与回想性提取有关,而围嗅皮质与熟悉性提取相关。例如,在 Montaldi 等(2006)的研究中,被试学习一系列的图片后,在提取时进行新/旧及回想性/熟悉性判断,结果发现,海马的活动在回想性提取时增强,而在其他条件下的激活程度相似;海马旁区的前部则表现为随着熟悉度的增大而激活减弱,这与熟悉项目引起更强的重复抑制有关。由此,有研究者提出,海马与海马旁区,尤其是围嗅皮质之间存在功能分离,这表现在编码和提取两个方面。但也有研究者发现,海马的作用可能不仅局限于对回想性项目的编码和提取,而是以一种更为普遍的方式参与在记忆过程中。当记忆强度或其他变量得到控制后,海马表现为对回想性和熟悉性项目的同等激活。

记忆的联想性。记忆的重要功能之一是在不相关的刺激之间建立联系。脑成像的研究与动物研究的结果基本一致,提示海马及其他内侧颞叶结构在项目间建立联系过程中起着重要作用。Davachi 等(2003)比较了项目记忆和联想记忆的脑机制差异,在实验中,被试在编码时被要求对语词进行室内或室外的判断,之后在测验时,被试除了要对语词进行新旧判断外,还需要对旧词进行室内或室外的线索判断。结果发现,海马的活动能预测之后被试可以更多地记住项目的线索。海马的激活还在其他采用刺激材料时被普遍证实,如非相关词对、语词—颜色、面孔—姓名联系等。海马在项目间联系形成中的作用与它在回想性过程中的作用一致,因为通常认为回想性过程需要提取项目的细节信息与相关的线索信息。

小结

总之,海马是与学习记忆有关的重要部位,单纯的双侧海马损伤就会导致遗忘症,但其邻近皮质对学习记忆也有影响,如内嗅区、围嗅区和海马旁回等,而且记忆障碍的程度与损伤部位和大小均有密切关系。内侧颞叶的作用主要有以下三个方面:(1)暂时储存信息,参与短时记忆向长时记忆的转化;但随着时间的推移,新皮质贮存的记忆表征便不再依赖于内侧颞叶;(2)在无关的刺激或特性之间建立联系,即将新皮质中分散贮存的表征连接在一起;(3)灵活地运用记忆表征。近年的研究进一步区分了海马与海马旁区的功能。新皮质与内侧颞叶是通过海马旁区连接的,海马旁区支持皮质的信息表征,并进一步加工信息(如区分信息的熟悉性、建立一定的联系),而海马的主要功能则是在信息间建立丰富的联系,并使信息的表达更加灵活。

5.1.3 间脑系统

除内侧颞叶外,间脑系统(diencephalon)也是记忆的重要结构。它包括乳头体(mamillary bodies)、丘前核(anterior thalamic nucleus)和背内侧丘脑核(dorsomedial)等。19 世纪后半叶,俄国精神病学家 Sergei Korsakoff 报告了一例由于饮酒所致的顺行性和逆行性遗忘症病人,即 Korsakoff 综合征(Korsakoff's syndrome, KS),主要是间脑系统受损所致。Korsakoff 综合征病人也在回忆发生的事件方面存在障碍,但是与内侧颞叶损伤的病人不同,这类病人通常会否认他们有记忆方面的问题,他们会虚构所发生过的事件。但他们并不是对所有的记忆都进行虚构,而是对那些他们认为他们知道的,尤其是有关自己的、家庭的和其他熟悉的话题进行虚构。所虚构的答案对于过去是正确的,但对于现在则是错误的,如"我昨天去看了电影","我最小的孩子20岁了"。病人通常会记住他们所虚构的答案并重复它们。

Korsakoff综合征的原因在于长期饮酒导致的维生素缺乏,而补充维生素会阻止记忆障碍的进一步发展,但不能恢复已受损的记忆。脑结构成像的研究表明,Korsakoff综合征病人的海马部位正常,其受损伤部位位于间脑的乳头体和背内侧丘脑核外。其中乳头体是连接颞叶和额叶的结构,因此其虚构症状可能与基底前脑的损伤有关。此外,Korsakoff综合征病人会表现出前额叶损伤导致的记忆障碍,如对记忆的顺序组织成绩较差。

5.1.4 前额叶系统

这一部分我们将介绍前额叶(prefrontal cortex, PF)系统的组成结构,以及它在工作记忆、情节记忆和内隐记忆中的作用等。

前额叶的解剖和功能特点

前额叶与学习记忆的关系密切。虽然前额叶损伤不会引起严重的遗忘症,但会引起工作记忆障碍,以及源记忆等过程的障碍。额叶是大脑发育中最高级的部分,它占大脑皮质的大约1/3,随着进化程度的不同,不同哺乳动物的额叶大小有明显不同。前额叶又分为眶部、背部、内侧部和外侧部,其中眶部和内侧部、背部和外侧部的结构和功能较为接近(图5.11A)。研究证实前额叶与记忆功能有密切关系,包括工作记忆和情节记忆。近年的研究还提示前额叶参与内隐记忆中的启动效应,并与启动效应的大小成因果关系。因此,我们将重点从这三个方面来说明前额叶与学习记忆的关系。

工作记忆

人类被试的研究。人类被试的研究表明,前额叶是工作记忆的神经基础。额叶损伤病人的延缓反应和延缓交替反应受损,尤其是双侧损伤时,受损更为严重。坚持性反应数增多是额叶损伤后的明显表现之一,常出现在威斯康星卡片分类任务(Wisconsin card sorting task, WCST)中。其与延缓反应的相似之处在于仅仅识别出刺激是不足以使被试进行正确反应的,被试必须将前次的反应与现在所需要的反应相联系。脑损伤病人的研究还证实了长时记忆与工作记忆的双分离现象(图5.11B)。当损伤颞叶后部后,K. F.记忆广度明显下降,但其长时记忆能力保持完好。这与H. M.等病人的表现相反,提示它们依赖于不同的神经机制。例如,1969年,Tim Shallice和Elizabeth Warrington报道了病人K. F.,其左侧外侧裂周区损伤引起数字广度减小(两位),在自由回忆中没有近因效应,其长时回忆能力正常。但H. M.

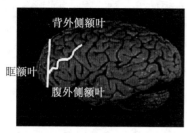
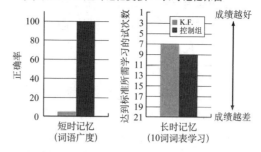
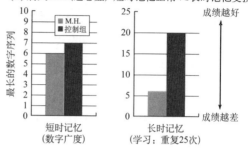

图 5.11 A：前额叶的分区；B：短时记忆与长时记忆的双分离（来源：Fletcher 等，2001；Purves 等，2008）

等病人的短时记忆正常，而长时记忆受损，这种双分离现象表明短时记忆和长时记忆是存在相对独立性的。

  工作记忆的概念来自一种假设：某种形式的信息储存对于许多认知活动，如学习记忆和推理等，是必需的，它可以在短时间内贮存和保持信息。工作记忆是一个位于知觉、记忆和计划交界面的重要系统。Baddeley 等（1992）提出的工作记忆模型包括三个部分，即中央执行系统（central executive system）、语音回路（phonological loop）和视觉空间储存（visuospatial sketchpad）。中央执行系统是命令和控制中心，负责两个子系统间的相互作用及与长时记忆进行联系。它是容量有限的、通道非特异性的，协调工作记忆和行为。其中中央执行系统依赖于前额叶，而语音回路则与后皮质区有关。随后，Baddeley（2000）又在工作记忆模型中加入了情节缓冲这一子系统，以扩展工作记忆中将不同信息结合的功能。

  脑功能成像研究进一步揭示了工作记忆的神经基础。研究表明，被试在完成工作记忆和长时记忆任务时，都可以激活额叶、顶叶和小脑等部位，但和长时记忆相比，完成工作记忆任务时，前额叶的激活程度较大。当任务需要对刺激进行加工和组织，如将所呈现的字母以升序排列等时，背外侧前额叶的活动增强尤其明显。这些结果提示我们，前额叶尤其是背侧前额叶皮质在工作记忆中起重要作用，在记忆负荷增大、注意力分散及延迟时间长时，背侧前额叶皮质活动尤为明显。

动物实验研究。动物研究的结果与人类脑损伤被试研究及脑成像研究相似。在实验中测定猴子及大鼠等动物的工作记忆常采用延迟反应（delayed-response）任务等。在延迟反应中，没有任何外在的线索，左右两侧随机放置食物。因此，动物必须在延迟阶段记住刚才放置食物的位置。动物需要保持足够的信息，以便完成延迟之后的任务。研究发现损毁布罗德曼46区和9区后，动物在工作记忆任务中的表现会受到影响，但它们的再认成绩正常，与额叶损伤人类被试相似。

细胞活动记录的结果也表明，在延迟阶段，尽管动物并没有接受任何刺激，但是在前额叶可探测到强于基线值的前额叶神经细胞的活动。而且，前额叶存在对不同刺激都有反应的细胞，如对物体和其位置。Rao等（1997）在研究中通过记录猴子在完成工作记忆时的前额叶活动发现，一些细胞在保持物体信息时活动增强，另一些则在保持空间信息时活动增强，还有一些则在同时保持两个信息时活动增强（图5.12）。这提示，前额叶可以将不同来源的信息结合在一起进行短时储存和加工。

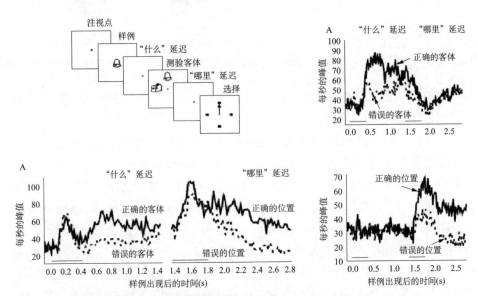

图5.12 前额叶细胞对有关物体和空间信息的不同反应（来源：Rao等，1997）

情节记忆

前额叶损伤后，并不会表现出任何知觉功能障碍，其语言等也常常流利而连贯，常规的神经心理学检查发现，这类病人的再认等情节记忆的成绩也与正常被试没有差异。但通过细致而特殊的检查，还是可以发现这类病人的认知功能障碍。这些障碍具体表现为选择与任务相关的信息，将语义和时空信息结合成稳定的记忆痕迹，计划、组织复杂行为等方面的问题。脑成像的研究进一步揭示了前额叶在情节记忆编码和提取中的独特作用。

HERA 模型与刺激相关性模型。研究者们发现,前额叶两侧在情节记忆的编码和提取中所起的作用不同,左侧前额叶更多地参与从语义记忆系统中提取信息并同时对其新异之处编码,右侧前额叶则主要与情节记忆的信息提取有关。这就是Tulving 等所提出的有关前额叶功能的 HERA 模型(hemispheric encoding/retrieval asymmetry model)(图 5.13A)。例如,Petersen 等第一次提供了左前额叶参与词的语义加工的功能成像证据。他们的研究表明,左下前额叶(Brodmann 10、45、46 和 47 区)在产生词时的脑血流量比被动看词时多。当要求被试听觉再认一些旧字时,右背侧前额叶、左前扣带回和双侧顶叶(7,40 区)的血流明显增多。右背侧前额叶和双侧顶叶参与了有意识回忆过去发生的事件的网络系统,它们二者相互作用可以使被试感知到事件在时间、空间的变化,而这正是情节记忆系统与其他系统的区别所在。当采用重复经颅磁刺激技术短暂使左、前前额叶功能缺失时,也得到了相似的结果(图 5.13B)。

许多对前额叶的研究都支持这一模型,但也有一些与之不符的实验。例如,在一项研究中(Kelley 等,1998),当向被试分别呈现物体、面孔和字词后发现,在编码字词时更多地激活左侧前额叶,编码面孔时更多地激活右侧前额叶,而在编码物体时两侧均有激活(图 5.13C)。这提示左右前额叶的功能分离与特定的实验材料和任务等有关。

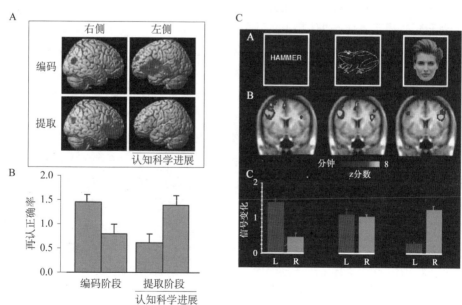

图 5.13 HERA 模型与刺激相关性模型(来源:Rossi 等,2001;Kelley 等,1998;Habib 等,2003)

记忆的顺序组织与源记忆

源记忆障碍是额叶损伤后的另一种表现。例如,我们会记住一个好电影的名字,但却忘记了是谁告诉的这个信息,以及发生在什么时候、什么地点。前额叶损伤之后,并不会引起如内侧颞叶损伤后的遗忘症,但会引发源记忆障碍,患者记不得事件发生的时间、地点。另外,他们在判断刺激呈现先后顺序时也存在困难。在老年人中也常会出现上述症状,因为老年人的额叶和颞叶障碍的表现比较明显。近事判断任务(recency discrimination task)可用于研究顺序回忆,结果发现颞叶损伤的病人在此任务中表现正常,但额叶损伤的病人在这方面有明显的障碍。

内隐记忆

前额叶除了在情节记忆的提取中起重要作用外,也参与了语义启动的产生,即无意识提取经过语义加工的信息的过程(Schacter 等,2007)。但是,目前尚没有与启动效应相关的动物模型。研究者在动物细胞记录的研究中发现重复抑制现象(repetition suppression)与启动效应的机制有相似之处,但它们之间的关系还需进一步研究。

脑损伤病人的研究。前额叶与概念启动密切相关。阿尔茨海默病的病理特点是除了内侧颞叶受损外,额叶、颞叶、顶叶及联合皮质等受损也很严重,但枕叶损伤不明显,表现为记忆、言语、思维等高级认知功能下降。Keane 等(1991)发现阿尔茨海默病人在补笔任务中表现正常,而在类别范例产生时的成绩较差,知觉启动保留而语义启动受损,这提示语义启动依赖于额颞联合区。

采用经颅磁刺激技术短暂损伤前额叶后会显著地影响启动效应。在实验中被试被要求对所呈现的图片进行有生命/无生命判断,结果在提取时,被试的旧图片的判断正确率明显高于新图片。但是当采用经颅磁刺激技术短暂损伤前额叶后,被试的行为启动效应明显降低,同时在前额叶所表现出的新旧图片的激活差异也减小了(图 5.14)。

脑成像的研究。Demb 等(1995)的研究表明,当对词进行重复语义加工时(抽象词/具体词判断),左下前额叶区域血流减少,提示其与语义启动有关。内隐记忆和外显记忆所引起的脑区变化是不同的,当被试无意识提取信息时,其相应脑区的活动会减少。Buckner 等(1998)的研究也得到了类似的结果,在采用补笔的实验中,后皮质区和前额叶的激活程度均出现降低(图 5.15)。他们的研究还提示,语义启动没有情节记忆提取过程的半球不对称性,参与语义加工和语义启动中介的脑区均为左下前额叶,同一脑区在语义加工时活动增加,而在语义启动时活动减少,两者相关系数为 0.70。另外,前额叶中的脑激活水平减弱的程度与行为的启动效应大小成正相关。结合前面的重复经颅磁刺激的研究结果可以发现,前额叶与启动效应之间存在着密切的关系。

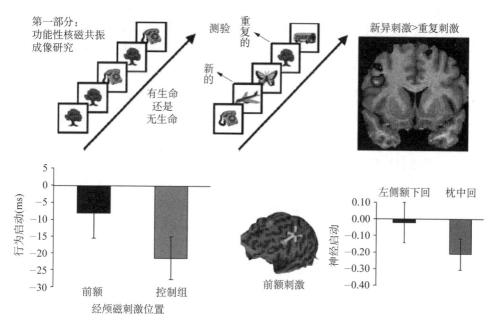

图 5.14 前额叶参与行为和神经启动效应(来源：Wig 等,2005)

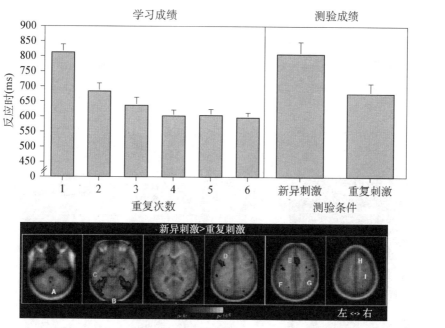

图 5.15 启动效应的行为和神经活动(来源：Buckner 等,1998)

5 学习记忆与情绪的生物心理学

小结

总之,除内侧颞叶之外,前额叶是参与记忆的主要脑区之一,它在工作记忆、情节记忆和内隐记忆中都起着重要作用,包括将信息短时储存、将不同的信息来源在短时储存中相联系,将编码的信息与长时记忆中的信息相匹配,在提取时进行信息搜索和选择、提取努力等。前额叶在内隐记忆中的作用拓展了我们对于多重记忆系统的认识,在不需要内侧颞叶参与的记忆形式中,前额叶可能与语义信息的储存与提取密切相关。

5.1.5 其他新皮质系统

由于遗忘症患者的外显记忆障碍主要由内侧颞叶—间脑系统受损所致,因此研究者推测参与内隐记忆的脑结构在内侧颞叶—间脑系统之外,如知觉启动与后皮质区相关,情绪性条件反射的相关脑区是杏仁体,技能学习与新纹状体和小脑有关等。这里主要介绍与知觉启动和程序性学习有关的脑机制研究。

脑损伤病人的研究

通过采用多种方法相结合的研究途径,我们对知觉型启动效应的脑机制有了比较清晰的认识,其要点是知觉启动依赖于知觉表征系统,其脑基础是后皮质区,且发生在知觉加工的早期阶段。知觉表征系统是多重记忆系统中的重要组成部分,它是指对形式和结构的加工及表征系统,与词或物体的意义或联系无关,是知觉启动的神经机制。

研究者采用个案分析的方法发现,在一例双侧枕叶受损病人 L. H. 和一例双内侧颞叶受损病人 H. M. 间出现了内隐记忆和外显记忆的双分离现象,其中 H. M. 外显记忆受损而知觉启动完好, L. H. 的知觉启动受损,外显记忆正常(Keane 等,1995)。Fleischman 等(1997)也报道了一右侧枕叶切除的病例 M. S. ,其知觉型和语义型外显记忆及语义启动(如类别范例产生)均正常,而知觉辨认和词干补笔成绩均比对照组低(图 5.16)。M. S. 在 14 岁时因癫痫接受了右侧枕叶切除术,切除了包括

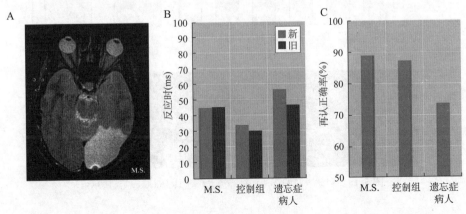

图 5.16 枕叶受损病人的受损部位及行为表现(来源:Fleischman 等,1997)

18区和19区的大部分区域,其左侧视野缺损。M. S. 的智商以及记忆商均高于正常人。双分离的实验证据表明内隐记忆和外显记忆依赖于不同的脑结构或记忆系统。枕叶视皮质参与了视知觉启动,并和内侧颞叶—间脑系统、参与语义启动的前额叶皮质相分离。

脑功能成像的研究

脑功能成像研究的结果与神经心理学研究的基本吻合,同时,还有进一步的阐明。Squire 等(1992)首先利用正电子发射断层扫描技术,采用词干补笔任务为右侧外纹皮质区参与词启动提供了直接证据。研究发现在补笔任务中,被试右侧外纹皮质及舌状回的血流量显著减少,而与线索回忆相关的脑区表现为血流量明显增多。这一结果提示,知觉启动和外显记忆所依赖的脑区及脑区活动是不同的。如果刺激已在编码时学习过,那么再加工同一刺激时就只需要较少的神经活动,这是内隐记忆与外显记忆的明显区别。电生理学的研究也表明,在加工熟悉的信息时皮质活动减少,这是因为对熟悉刺激反应的细胞群更具有选择性,所以参与活动的神经元数量减少了。

新近的一项研究表明,重复启动之后局部活动是增多还是减少与项目的熟悉性也有关(Henson 等,2000)。他们在研究中为被试呈现熟悉和不熟悉的面孔或符号刺激,要求被试对某一特写的面孔或符号,如叹号)进行反应。结果发现,熟悉刺激与非熟悉刺激相比,被试在梭状回的反应增多(面孔为左侧,符号为双侧)。更重要的是,在熟悉性和重复次数、刺激间间隔之间有显著的交互作用。当熟悉刺激重复2次或5次时,右侧梭状回的激活程度减弱;而以不熟悉的刺激为材料时,局部活动表现为增多。当间隔延长时,对重复的熟悉刺激反应增加,对不熟悉的刺激反应都减少,即随着时间延长,重复增强和重复抑制效应减少。

程序性记忆

程序性记忆是指对技能和习惯的获得,即知道"怎么做"而不是知道"是什么"。除启动效应外,遗忘症病人还能习得一些程序性知识,包括知觉、运动、认知技能、习惯和有关序列(serial reaction time task)的内隐知识等,并与外显记忆分离。正常人服用安定(tranquilizer)或东莨菪碱(scoplamine)后也会经历这种分离现象。这提示内侧颞叶并不是程序性记忆的必要脑区,相反,运动区、基底神经节等脑区在程序性记忆中起着重要作用。

有研究通过双任务范式研究了序列学习相关的脑机制问题。研究中被试对刺激序列进行反应,同时要数在声音序列中低频的数目,这是为了排除被试外显学习序列的可能。研究结果表明,双任务条件激活了被试运动前区、左侧辅助运动区和双侧壳核。当听觉干扰任务去除后,7/12 的被试意识到序列的存在,右背侧前额叶、右侧运动前区、右侧壳核及双侧顶枕皮质均被激活。二者的不同在于右侧颞叶、两侧顶叶、右侧运动前区和扣带回前部的激活程度不同。这提示,运动区参与运动模式的程序性学习。在对亨廷顿舞蹈病病人的研究中,研究者也发现了与遗忘症相似的双分离的现象,即他们的程序性学习受损,而补笔等内隐记忆正常。

5.2 学习记忆的巩固

回到内侧颞叶与学习记忆的关系,遗忘症病人虽然有正常的短时记忆,但他们形成新的情节记忆的能力却受到了破坏,短时记忆向长时记忆转化出现了障碍。而对于已形成的记忆,海马损伤只影响5—10年内的长时记忆。脑损伤的病人近期记忆的障碍总是大于远期记忆(Frankland等,2005)。这些都提示,记忆巩固可能是一个复杂的多阶段的过程。巩固(consolidation)是指记忆由不稳定状态转变为稳定状态的过程。记忆巩固又分为突触巩固和系统巩固(Dudai等,2004),突触巩固(synaptic consolidation)发生较快,包括新突触连接的形成、原有突触连接的重建、新的蛋白质合成等(Frankland等,2005);而系统巩固则是一种逐渐的、缓慢的包括脑结构之间重新组织的过程(Dudai等,2004)。以下分别介绍系统巩固和细胞巩固的基本理论和相关研究。

5.2.1 系统巩固

标准巩固理论(standard consolidation theory, SCT)(Squire和Bayley,2007)和多重痕迹理论(multiple trace theory, MTT)(Moscovitch等,2006,2016;Dudai等,2015)是有关记忆巩固的两大理论(图5.17)。标准巩固理论认为,海马及内侧颞叶系统的其他脑区对于记忆痕迹的保持和恢复是必要的,但其作用是与时间有关的,随着时间增长会越来越小;相反,随着时间增长,新皮质(包括前额叶、外侧颞叶等知识表征区)在记忆保持中的作用越来越大,并成为记忆痕迹的最终储存地。而多重痕迹理论强调,内侧颞叶尤其是海马,在记忆保持中不随时间而改变的作用。当需要提取的信息包含有关的细节时,海马的活动在近期和远期记忆中均有活动且强度相似。在多重痕迹理论的基础上,Winocur等进一步提出了痕迹转换理论(Trace transformation theory, TTT)(Winocur和Moscovitch,2011;Moscovitch等,2016)。这一理论认为,人们对事件的记忆包括一般性的中心信息和细节信息,随着时间推移,一些记忆由细节性丰富,依赖于海马的形式转换为缺少细节的语义化的记忆,它们依赖于新皮质,不具有线索特异性,但当需要回忆细节时仍需海马的活动。因此,由图5.17可以看出,近期记忆与远期记忆之间的差别,也就是随着时间推移,记忆的变化模式的变化,标准巩固理论和多重痕迹理论的预测不同。标准巩固理论认为,当损伤海马后,无论情节记忆还是语义记忆,受损的只有近期记忆,但因为远期记忆不再依赖于海马,因此远期记忆保持正常。而多重痕迹理论则认为上述的模式只适用于语义记忆,当需要提取包含细节信息的情节记忆时,海马受损会使得近期和远期记忆同时受损。

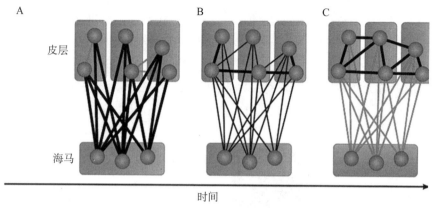

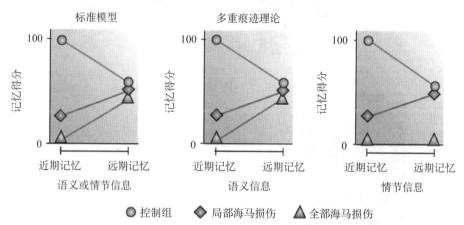

图 5.17 标准巩固理论和多重痕迹理论(来源:Frankland 和 Bontempi,2005)

标准巩固理论

脑损伤病人的研究结果支持标准巩固理论,研究发现当损伤部位局限在海马时,病人对过去新闻事件的回忆成绩仅在 10 年内与正常对照组有明显差异(Bayley 等,2004)。受损限于内侧颞叶的病人在远期自传体记忆测验中表现正常,而内侧颞叶以外有受损的病人表现得则很差(Bayley 等,2005)。在动物研究中,通常采用恐惧条件反射和食物偏好任务,在学习完成后损伤海马,观察动物近期和远期记忆的表现(Frankland 等,2005)。结果发现,在学习后较远的时间点切除海马,控制组和海马切除组的动物的记忆无显著差异,但在较近时间点时海马切除组成绩明显下降。这提示,海马并不是记忆的储存地,但海马是记忆巩固的关键脑结构。当学习了新知识后,需要海马参与进行系统巩固,但经过一段时间之后这些知识的储存便不再依赖于海马。

在一些脑成像的研究中,也证实了上述基本理论。Takashima 等(2006)采用功能性核磁共振成像技术,要求被试学习一系列的图片,之后分别在当天、1 天后、1 个月后和 3 个月后进行再认测验,结果发现被试海马的活动随时间的推移下降,而内侧前额叶的活动随时间的推移增强(图 5.18)。同样,Yamashita 等人(2009)采用不熟悉的图片作为实验材料,并分别在 1 周和 8 周后测验被试,发现右侧海马在近期学习的任务中有激活,而前颞叶在远期的记忆提取中有激活(图 5.18)。

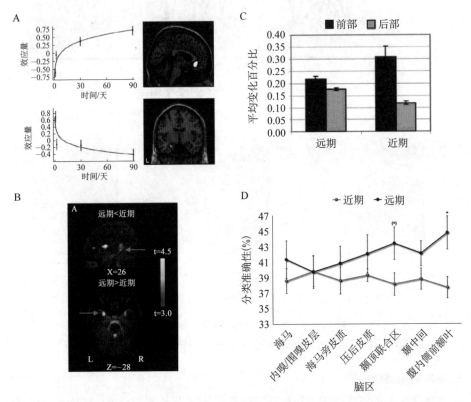

图 5.18 远期记忆中海马和新皮质的不同变化模式(来源:Takashima 等,2006;Yamashita 等,2009;Giboa 等,2004;Bonnici 等,2012)

多重痕迹理论

支持多重痕迹理论的证据大多来自对自传体记忆的研究。例如,Cipolotti 等人(2001)的研究表明,双侧海马受损会引起严重的逆行性遗忘,包括非个人的以及个人的事件和情节记忆,这种记忆损伤没有时间梯度。Moscovitch 认为 Squire 和 Bayley

对脑损伤病人的测验不够精细,导致其未发现海马损伤后对细节记忆的影响(Moscovith等,2006,2016)。有研究通过对22名单侧颞叶损伤的病人和22名匹配的正常组被试的对比研究发现,在包含了人的一生的四个时间段的自传体记忆中,病人的记忆的生动性和自知意识均比正常组低,因而他们认为双侧内侧颞叶系统对终生的自传体记忆至关重要。

在动物实验中,研究表明随着时间推移,记忆形式将经历一个由线索或细节丰富到信息主旨化或一般化的过程,细节信息的保持将显著减少,此时损伤海马并不会影响记忆成绩。但是如果在记忆巩固过程中向被试呈现一个记忆的线索,该记忆就会被再次激活,会变得易受影响,这时的记忆又恢复了线索特定化,因此该记忆的巩固又依赖于海马,而随着记忆巩固的进行,当特定的线索变得一般化时,这段记忆的提取将不易受到海马活动的影响(Winocur和Moscovitch,2011)。

在脑成像研究方面研究者也有类似的发现,提取细节信息,无论其时间远近,均需要海马的参与。例如,Gilboa等(2004)采用功能性核磁共振成像技术对自传体记忆的提取进行了研究,实验材料为被试从5岁起至今的5个时期的照片,每个时期包括5张家庭照片,照片中没有被试本人。结果发现被试楔前叶的活动只与记忆的丰富程度有关而与年龄无关,而压后皮质则在近期记忆的提取时会有更多的激活,海马的活动也仅与记忆的细节性和生动性有关而与记忆年龄无关,这说明细节的记忆总是依赖于海马(图5.18C)。Bonnici等(2012)使用多体素模式分析的方法考察了海马和腹内侧前额叶皮质在近期和远期自传体记忆提取中的作用,结果发现近期记忆和远期记忆在海马中都有表征,而且在海马后部对远期记忆的表征要比对近期记忆表征的更多,但在海马前部并无差异;而在腹内侧前额叶皮质中对远期记忆的表征要大于对近期记忆的表征,而且差异显著,从而支持了多重痕迹理论(图5.18D)。

5.2.2 突触巩固

突触巩固又称细胞巩固。在19世纪末,Cajal提出了一种假说,认为学习不会引起新的神经细胞的生长,而是引起原有细胞的突起增多,联结强度发生改变。学习记忆会伴随神经元之间突触可塑性的变化,包括突触强度、数量的改变,甚至神经元形态的变化。1973年研究者发现了海马部位的长时程增强(long-term potentiation, LTP)现象,其被认为是与学习记忆相关的机制,与记忆的储存有关。

外显记忆的细胞巩固

海马的突触联结。海马的突触联系包括三条通路:(1)穿通通路(perforant

pathway),在海马旁回与齿状回的颗粒细胞间的兴奋性联系;(2)苔藓纤维通路(mossy fibers pathway),从颗粒细胞到 CA3 区;(3)谢弗侧支(schaffer collaterals),从 CA3 的锥体细胞到 CA1 区(图 5.19A)。当刺激兔子的穿通通路时,会导致兴奋性突触后电位幅度的长时间增强,也就是说,穿通通路的突触强度增强,使其后的刺激在颗粒细胞引起更大的兴奋性突触后电位。这符合赫布(Hebb)定律,即如果一个突触的突触后膜不断被激活,那么这一突触会得到加强。当细胞 A 的轴突距离细胞 B 足够近,近到可以激活它,并重复多次,那么在细胞 A 和细胞 B 中会出现代谢变化的现象,使得细胞 A 和细胞 B 的效率都得到了加强。这就是细胞 A 和细胞 B 之间的突触由于学习得以改变的机制。

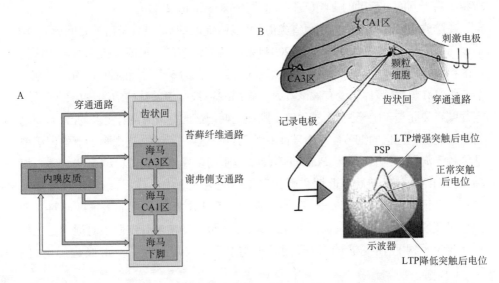

图 5.19 海马的内部结构和 LTP 现象(来源:Purves 等,2008;Gazzaniga 等,2004)

LTP 现象。LTP 现象是突触效率提高的表现。细胞受到连续刺激后,在刺激停止一段时间(20—30 分钟)后,可以记录到的近场电位幅值增加的现象(图 5.19B)。(脑电为远场电位)。联想性 LTP 具有三个主要特性,(1)协同性(cooperativity),即要同时有一个以上的刺激输入;(2)联想性(associativity),即弱输入要同时伴有强输入;(3)特定性(specificity),即只有被刺激的突触表现出增强现象。

LTP 现象首先在 1973 年兔子的海马中被发现,此后它在不同动物种类,以及不同脑区都被证实存在。LTP 有三个特性使它可能是记忆储存的机制:首先它可以发生在海马的三条通路中;而且它可以被很快地诱发;一旦产生,它可以持续 1 小时,甚至几天。这些特性使不少研究者认为 LTP 是记忆的细胞巩固的机制。但是 LTP 形式具有多样性,因此不可能是学习记忆的一般机制,它仅对一些学习记忆过程是重要的,但这点也还需要实验证实。

长时记忆与蛋白质的合成。 LTP 也有短时和长时阶段,前者持续 1—3 小时,没有蛋白质合成,后者持续至少 24 小时,有蛋白质合成,需要即早基因表达等过程。新近研究表明,长时的 LTP 有新的突触形成。澳大利亚心理学家 Gibbs 和 Ng(1977)以小鸡为研究对象,对记忆不同阶段的分子机制进行了研究。实验采用小鸡的一次性被动回避反射,小鸡啄一个小的彩色球,球上有苦味。仅一次刺激之后,小鸡对于相似的球都会回避。他们将记忆分为短时记忆、中时记忆和长时记忆,同时他们发现蛋白质合成抑制剂阻碍长时记忆的形成。其中作用于 CaM 酶(calcium-calmodulin kinase)的抑制剂影响中时记忆,而蛋白激酶抑制剂则影响长时记忆。

研究表明,训练增加了树突的分枝和突触接触的数量。而且,对大鼠皮质内的蛋白质的直接测量发现在丰富环境下皮质内的蛋白质明显增多。训练小鸡之后,如果切除它的一部分脑组织,训练引起的蛋白质合成增加会占据切除的空间。而蛋白质合成抑制剂会阻碍长时记忆形成,但不会影响短时或中时记忆。

LTM 中的蛋白质合成包括两个阶段:训练后 1 小时和训练后 5—8 小时。蛋白质合成抑制剂通过作用于这两个阶段影响 LTM。在这两个阶段合成的蛋白质中,糖蛋白类—神经细胞黏附分子(neural cell adhesion molecules, NCMAs)参与突触可塑性形成。NCMAs 在小鸡和大鼠的神经系统发育过程中或是训练后 6—8 小时后产生,它与新突触脊的出现和巩固有关。

内隐记忆的细胞巩固

对非陈述性记忆细胞机制的研究是从 Kandel 对海兔和 Benzer 对果蝇的研究开始的。其后也有采用其他非脊椎动物来研究的,如蜜蜂等。这些动物的大脑结构比较简单,神经元较少,因而适于用来研究细胞和分子机制。

对海兔的缩鳃反射等的研究表明,非陈述性记忆的储存并不依赖于特定的神经元,而是主要依赖于信息的加工,贮存于产生行为的神经通路中。同一突触联结强度可以在敏感化和条件反射形成时增强,也可以在习惯化时减弱。另外,在中间神经元中也有上述变化,因此,即使是简单的非陈述性记忆也是分布式贮存的。

与陈述性记忆相同,非陈述性记忆的长时贮存也需要新的蛋白质的合成。当刺激重复 5 次以上时,可以触发长时记忆依赖的蛋白质合成过程,其中需去除记忆抑制基因(memory suppressor gene)的作用。因此,短时记忆是对已存在的蛋白质和突触联结的调制,而长时记忆则是蛋白质合成和突触联结的增强。

5.3 情绪的神经生物学

5.3.1 情绪概述

情绪是我们日常生活的重要组成部分。我们会因为一本书而感动,会因为一个故事而悲伤,会因为一次相聚而快乐,会因为一次争吵而愤怒。有时情绪会不知不觉地发生,比如我们在精神紧张时会心跳加快、手心出汗,但在当时我们却有可能完全没有意识到。到底什么是情绪?情绪的神经基础是什么?它如何影响我们的认知过程呢?

本节我们将首先介绍有关情绪的定义、维度等基本概念,然后介绍情绪的神经机制研究,主要是杏仁核的功能,以及情绪与记忆关系的研究。

情绪的定义

什么是情绪? 仅仅用喜怒哀乐来定义情绪是不够的,首先在情绪发生时,除了主观的感受外,还会伴有一定的生理反应和行为反应。例如,当你在野外宿营时,突然看到一条眼镜蛇在朝自己爬过来。这时,你会感到非常害怕,你会觉得浑身冒汗,或许会大哭,会准备棒子准备与蛇斗争,还可能会悄悄地一跑了之。其次,即使在没有明显主观感受的情况下,也有情绪发生,例如说谎者虽然看上去表情自若,但如果此时测量其生理反应,可以发现与未说谎时相比,个体的生理反应有明显变化。因此,情绪通常包括三个方面,一是个体的主观感受,如高兴、害怕、悲伤等;二是行为反应,例如对于有威胁性的刺激采取"战斗或逃跑"的行为;三是生理反应,情绪区别于其他行为的特点之一是情绪不仅改变心理过程,而且会引起身体的反应,如当受惊吓时心跳加快、出汗等自主神经系统的反应。采用皮肤电测量、惊吓反射等方法是研究情绪生理反应的重要手段。还有研究者认为情绪还包括第四个方面,即动机,情绪可以使得人们产生有效的动机去完成适应性的行为。

基本情绪。我们对客观世界所发生的各种事件有着复杂的情绪感受,其中面部表情是最主要的。研究认为,存在跨越种族、跨越年龄、跨越文化的基本面孔表情,包括快乐、恐惧、悲伤、生气、厌恶和惊奇。也有研究者认为有 8 种基本表情,还包括满足和尴尬或热爱和期待。例如,给位于新几内亚的部落的人们呈现面孔表情图片,他们可以识别出现代社会中的人们的基本表情(除了惊奇和厌恶)。另外,文化对情绪也具有独特的影响,例如东方文化倡导内化的情绪表达,因而他们在评价情绪时与西方文化的人们有所不同。婴儿出生后很早就可以识别基本表情,在 3 岁左右就可以识别出成年人所表达的大部分情绪。例如,3 个月大的婴儿会对熟悉的人微笑。悲伤和厌恶情绪也在很早就出现,例如他们会将不合口的食物吐出来。生气情绪出现在 4—6 个月时,尤其当他们的要求得不到满足时。惊奇出现在 6 个月时,而恐惧出现在 7—8 个月时。也就是说在出生后的 1 年内,婴儿已可以表达基本的情绪。

情绪的维度。当我们看到一幅情绪图片如车祸现场时,我们会有负性的情绪,而且会产生强烈的生理反应。当描述情绪的主观感受时,通常要在不同的维度说明它的特点。首先,被试在负性和正性的连续维度上判断主观情绪的程度(如 1—9,或称愉悦度),这一维度称为情绪的效价(valence)。其次被试在受激惹的连续维度上(平静—激动)判断主观情绪的强烈程度(如 1—9),这一维度称为情绪的唤醒度(arousal)。而且,被试在是否受到情绪刺激控制的维度上也可定义情绪(如 1—9),这一维度称为情绪的受控性(dominance)。研究表明,情绪的三个维度是独立的,例如同样是负性图片,我们看到蛇会有较高唤醒度,但看到墓地则有较低唤醒度。通过对情绪不同维度的定义可以使情绪的实验室研究成为可能。

通常情绪的唤醒度可以影响生理反应的大小(图 5.20),当唤醒度增高时,汗腺分泌会增多,因此在皮肤电的测量中表现为波幅增高。瞳孔和心率的变化只有在中高度唤醒度时才呈明显的线性变化,高唤醒度引起惊吓反射中的瞳孔增大,以及心率明显加快,但在低唤醒度条件时甚至会引起心率明显减慢。

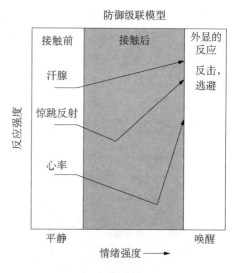

图 5.20 情绪的生理反应(来源:Lang 等,2000)

有关情绪的理论

虽然情绪包括三个方面,但它们之间的关系在不同的理论中却有不同的阐述。例如 James-Lange 学说认为,情绪的产生是因为身体的变化,也就是说,刺激会先引起生理性的反应,之后才会产生主观的情绪感受。这强调的是外周自主神经系统在情绪中的作用。这一理论的不足在于不同的主观感受可能源于相似的生理反应,因而生理反应与情绪感受之间并没有很好的对应关系。Cannon-Bard 学说则认为,情绪刺激唤起情绪感受与生理变化,它们是独立的两个过程,因而生理反应与情绪无关。情绪生理反应是自主神经系统活动的表现。

Stanley 的认知调控学说认为,情绪感受依赖于个体对刺激事件的认知解释。在一项实验中,研究者给被试注射了肾上腺素,但一半被试被告知可能会有反应,另一半并未被告知。结果发现,被告知的被试没有情绪反应,而另一组则主诉有身体的反应。并且他们更容易将他们的情绪反应归因为同时呈现的生气或快乐的场景。因此,情绪状态是生理反应与认知解释共同作用的结果。日常生活中我们也看到对于同一事件,不同的人反应不一,是同样的道理。

5.3.2 情绪的脑机制

Papez's 环路和边缘系统

1937年,Papez 从情绪障碍的脑损伤病人的解剖学研究结果出发,提出可能存在一些脑结构组成的环路,而这环路正是情绪的神经机制。Papez 环路包括乳头体、丘脑前核、扣带回、海马和穹隆(图 5.21)。这些结构位于大脑的中线部位,它们之间存在密切的纤维联系。MacLean 在此基础上提出了边缘系统的概念,指出边缘系统除了包括 Papez 环路中的结构外,还包括杏仁核、眶额叶和基底神经节。然而此后的大部分研究都证实这一系统中的一部分脑区,如海马和基底神经节等,与情绪加工的关系较小,但是边缘系统却作为一个历史名词被保留了下来,而且其中的杏仁核、眶额叶等结构得到了广泛而深入的研究。

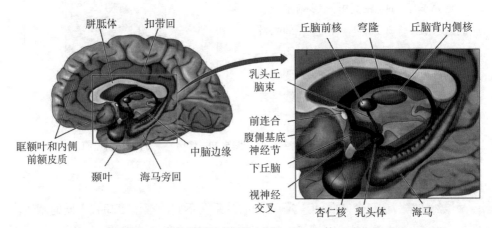

图 5.21 边缘系统的结构(来源: Purves 等,2008)

杏仁核在情绪加工中的作用

研究表明杏仁核在情绪加工中起着非常重要的作用。杏仁核位于海马的前方和海马旁回钩的深部,侧脑室下角的前方。它与内侧颞叶、前额叶皮质、前扣带回、丘脑和下丘脑等许多脑区有着广泛的纤维联系。下面我们将从不同方面来讲述它的功能。

动物实验研究。猴子的双侧杏仁核损伤后,会出现很多异常的行为表现,包括变得非常温顺,对于具有威胁性的刺激不再害怕等。此外,它们还会表现出多食,甚至会吃不合口的食物的行为,以及出现社会性活动增多和焦虑减少等症状。这一现象被称为 Kluver-Bucy 综合征。

脑损伤病人的研究。双侧杏仁核损伤的人类被试相比双侧内侧颞叶损伤的病人要少,也没有动物被试的障碍严重,但仍有一些相关的研究报道。比如 S. M.,是一位 20 岁的女性,由于癫痫而进行了 CT 和 MRI 扫描,结果显示她的双侧杏仁核明显萎缩了,但其他脑结构表现正常(图 5.22)。S. M. 没有异常的认知障碍,也可以识别大部分的面孔表情,如对于悲伤、快乐的表情,她可以说出面孔所表达的情绪,并分辨它们。但是当呈现恐惧面孔时,她不能说出这种表情的意义。她在识别恐惧情绪时的问题仅限于视觉通道,当听觉呈现恐惧的声音时,她的表现又与正常人无异。这提示,杏仁核在加工恐惧表情时具有特异性作用。后来的眼动研究表明,这是由于 S. M. 的眼动功能出现异常。当正常人识别面孔时,会有较多的时间加工双眼和鼻子部分的三角区域,但是 S. M. 的眼动落在这部分的概率明显少于正常人。而相对于其他面孔表情来说,识别恐惧面孔需要获取更多来自眼部的信息,如瞳孔变大,因此 S. M. 会表现出特异性的识别恐惧面孔障碍。

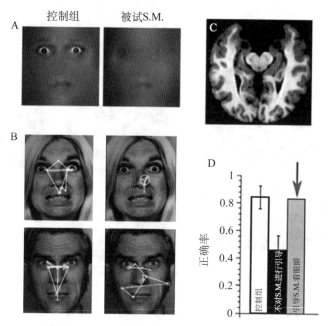

图 5.22 杏仁核与眼动模式(来源:Adolphs 等,2005)

双侧杏仁核损伤的被试还表现出对陌生人的信任程度增高,在一项研究中,当给被试呈现陌生人不同情绪面孔的图片要求被试进行信任度判断或大学生/中学生判断时,正常被试在两种测验都表现出杏仁核的激活增强,信任度较低,而双侧杏仁核损伤的被试对陌生人有较高的信任度,但单侧损伤的被试没有表现出类似的障碍

(Winston等,2002)。但是在总体上,杏仁核损伤病人在对社会性刺激反应的能力上并没有表现出总体性的减退。他们可以正确解释情绪情景、对情绪音韵(指明情绪的语音)作出正常评价,甚至可以正确分辨别人使用的恐惧语气。

人类脑成像研究。早期的脑成像研究显示,杏仁核对负性,尤其是恐惧性刺激的反应强烈。在 Morris 等(1998)的研究中,当给被试呈现恐惧面孔和快乐面孔时,杏仁核对前者的反应强于后者。杏仁核对恐惧性刺激的反应可以是无意识的。在一项研究中(Morris 等,1998),研究者用后向掩蔽的方法呈现生气和快乐的面孔,并在呈现目标刺激时给予其中一半的被试电击(图 5.23a),结果发现,虽然被试没有意识到情绪面孔的呈现,但其杏仁核已有不同于基线的反应水平,以右杏仁核为主(图 5.23b)。而在有意识条件下,伴随电击与未伴随电击的生气面孔相比,主要引起左侧杏仁核的激活。杏仁核是作为无意识情绪加工网络的一部分被激活的,另外的脑区包括丘脑枕核和中脑上丘等(Morris 等,1999)。Williams 等(2006)在研究中分析了情绪加工时的脑区间联系的模型,证实了存在意识和无意识加工的不同网络组织。杏仁核参与两者的活动,但有意识的加工依赖于它与后皮质区的联系,而无意识加工依赖于它与皮质下结构间的联系。

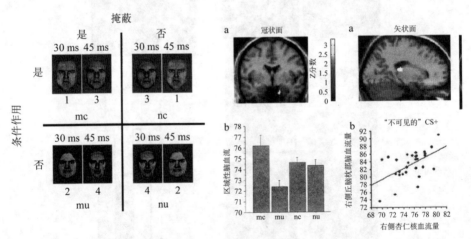

图 5.23 杏仁核参与无意识情绪加工(来源: Morris 等,1998,1999)

杏仁核不仅会对恐惧性刺激作出反应,在后来的研究中研究者还发现,与基线相比,杏仁核对正性刺激的反应也比较强,该反应可能与刺激的唤醒度相关,唤醒度越高,反应越强。研究还发现杏仁核对不同的基本面孔表情均有反应,虽有程度上的差别,但杏仁核都得到了激活。这使得研究者进一步思考杏仁核的作用是什么,是什么造成了杏仁核激活程度的差异。例如,虽然恐惧和生气都是负性的表情,但前者会引起杏仁核更强的激活。而中性面孔虽没有明显的情绪表达,也会引起杏仁核的活动。一种解释是恐惧面孔的威胁来源是不定的,而生气面孔的威胁来源是面孔所代表的人。因为杏仁核是作为信息加工的监控在活动,在一种更为普遍的认知基础上为机体提供警觉性信号,所以包含不确定危险来源的信息,如恐惧和中性面孔,会引起杏仁核更强的激活。Sanders 等(2003)还提出杏仁核对具有生物学意义的信号均有反应。

杏仁核还对社会性刺激反应强烈,即使这一刺激并没有明显的情绪特性。例如,当呈现正视或侧视的眼睛时,或动点组成的运动等刺激时,都引发了杏仁核的活动。

有研究认为,杏仁核的活动与刺激中的频率信息有关。当给予被试高频和低频过滤后的恐惧和中性的面孔表情时,研究者发现对于负性面孔,杏仁核和皮质下结构对低频面孔的反应更强,且与中性面孔有明显差别,但对于高频面孔,恐惧和中性的面孔表情在杏仁核的激活程度相似。

杏仁核与刺激类型。除了刺激的唤醒程度和效价水平等属性外,刺激类型也是影响情绪加工的重要因素之一。刺激类型是指刺激在概念范畴上属于不同的类别,如人、动物和无生命物体等。Seligman 等提出的预存加工理论认为,与无生命物体相比,恐惧性动物(如蛇)对人类及其远古祖先的威胁已存在了相当长的时间,如对于早期的哺乳动物而言,蛇预示着致命的危险,因而人类对于它们的恐惧更容易获得,更难以消除。也就是说,我们会更容易学会和记住那些引起恐惧的人和动物等有生命的物体。新近的脑成像研究发现,当呈现负性和中性的面孔、动物和物体图片时,人类被试的杏仁核对面孔的反应最强,对动物的次之,对物体图片的反应最弱(图5.24)。而且,杏仁核对于负性刺激的反应强于中性。这一特点在面孔和动物图片中

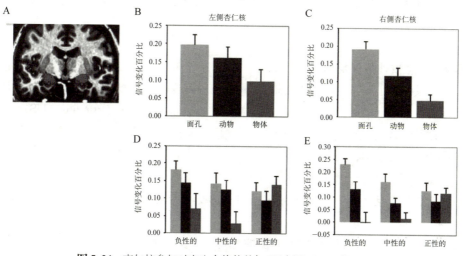

图5.24 杏仁核参与对有生命物体的加工(来源:Yang 等,2012)

表现明显。这提示在对情绪信息的提取过程中,有生命的刺激会引起杏仁核更强的激活。这一神经机制使得人们可以更好地加工与对生存和社会交往有关的刺激信息,并对相应刺激做好应对(如抗击或逃跑)的行为准备。

杏仁核作为情绪加工的重要脑结构,其作用并不是简单地对于负性的刺激起反应,尽管相比于其他刺激,负性刺激所引起的杏仁核的反应通常要更强,其受到损伤后,个体对于负性面孔的加工变差。脑损伤的研究和脑成像的研究结果提示,杏仁核是机体对于外界刺激进行警觉和分析的结构,当刺激对于个体具有意义时,尤其是当刺激具有生命性特征或包含社会性信息时,杏仁核的活动明显增强。

其他与情绪相关的脑区

S. M. 选择性地对恐惧性表情的识别障碍提示我们,不同的情绪加工在脑结构上可能是分离的,杏仁核对于其他情绪加工也许并不是必要的。研究发现,对于厌恶表情,脑岛的活动非常重要,它不仅参与对厌恶情绪的加工,还参与对厌恶表情的体验。脑岛损伤病人在各个感觉通道上都无法识别厌恶情绪。对于愤怒表情,眶额皮质的参与程度较高,当中性脸连续变化为愤怒脸时,眶额叶皮质的活动随之加强。目前研究者对于悲伤、惊奇等表情的研究尚未得出比较一致的结论。

5.4 情绪与记忆

生活中的事件多带有一定的情绪色彩,而人们对情绪色彩强的事件的记忆往往更深刻,这被称为情绪信息对记忆的增强效应。从广义来讲,人的情绪状态(也称心境,mood)会对记忆产生影响,但此处重点讲述的是恐惧性条件反射和对情绪刺激/线索的记忆。

5.4.1 恐惧性条件反射

有关情绪记忆的经典研究是恐惧性条件反射,它是指在中性的条件刺激(conditioned stimulus, CS)与恐惧性的非条件刺激(unconditioned stimulus, US)之间建立联结后,CS 单独出现也会引起与 US 相关的恐惧性反应,如出汗、退缩和皮肤电增强等。研究表明,杏仁核在恐惧性条件反射的建立、存储、表达和消退等过程中起着关键作用,是恐惧产生的关键脑结构。

杏仁核包括几大核团,如外侧核团和中央核团,它们之间存在着纤维联系。当中央核团受损后会引起恐惧条件反射消失,同时血压上升等生理性反应也会消失。例如,当听觉刺激作为条件刺激时,听觉信息首先会到达杏仁核的外侧核团,将听觉信息与电击信息联系起来,建立 CS—US 之间的核系。之后杏仁核的外侧核团会激活基底外侧核团和基底内侧核团,最后激活中央核团。中央核团会激活脑干的不同核团,如外侧下丘脑和红核等,从而引起恐惧条件反射的不同生理反应。在 Bechara 等(1995)的研究中(图 5.25A),双侧杏仁核损伤的被试不能形成正常的对声音或灯光的恐惧性条件反射,但他们能够说出声音或灯光与电击之间的关系。相反,双侧海马损伤的被试具有正常的恐惧性条件反射,但他们并不知道声音或灯光与电击之间的关系。杏仁核和海马损伤后的被试表现出双向分离症状,提示它们分别在恐惧性条件反射和外显记忆中起着重要作用。

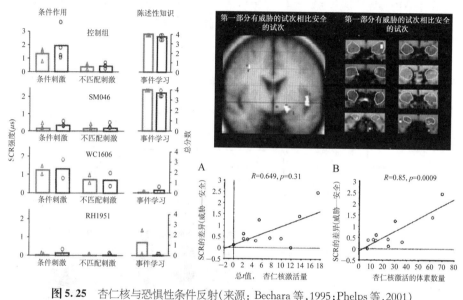

图 5.25 杏仁核与恐惧性条件反射(来源:Bechara 等,1995;Phelps 等,2001)

除了经典的恐惧性条件反射外,还存在另外的恐惧性条件反射。我们的日常生活经验也告诉我们,我们害怕蛇并不总是因为我们被蛇咬过。我们可以通过观察到蛇咬人,获得对蛇的恐惧性反应,也可以通过文字或言语的输入,学习到蛇是一种具有相当威胁性的刺激,当再次看到蛇的刺激时,就会有恐惧的行为和生理性的反应。

观察和指导语形成的恐惧性反应的神经基础仍然是杏仁核。在 Phelps 等(2001)的研究中,主试告诉被试当呈现红色方块时会给予微弱的电击,但呈现蓝色方块时没有电击。实际情况是在两种条件下均没有电击。但是被试的杏仁核在红色方块条件下有更强的激活,而且和皮肤电反应的强度成正比(图 5.25B)。值得注意的是,指导语形成的恐惧性反应是依赖于意识的。

恐惧性条件反射的消除并不容易,当呈现 CS 而不给予 US 后,经过多次,再呈现

CS时,动物就不再表现出僵直等行为反应和相应的生理反应。但是消除的条件性反射有可能会自然恢复,或在给予US时,再次出现。一些新近的研究表明,在恐惧性条件反射建立后,可以通过再巩固窗口,将恐惧性条件反射消除,使之不再出现。具体操作步骤如下(图5.26A):在恐惧性条件反射建立后,给予线索刺激(如CS),此时已巩固的记忆再次回到不稳定状态,需要一定时间(如6小时)完成再巩固条件性反射才能再次稳定下来。如果在给予线索刺激的6小时以内,呈现安全刺激,则会打断CS—US之间的联系,这样再次呈现CS,将不再引起恐惧性条件反射。这一实验范式已在大鼠和人类被试中得到应用,并获得了相似的结果。此外,脑成像的结果表明,与恐惧性条件反射消除的条件相比,未消除的条件引起杏仁核更强的激活(图5.26B)。

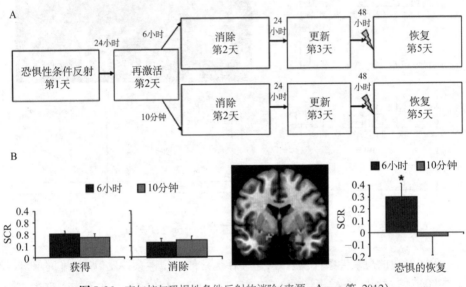

图5.26　杏仁核与恐惧性条件反射的消除(来源:Agren等,2012)

5.4.2　情绪对记忆的调节

调节假说

情绪调节记忆的重要途径之一是通过激素的释放促进记忆的巩固过程,而杏仁核在其中起着重要作用。情绪对记忆的调节假说(memory-modulation hypothesis)认为(McGaugh,2006,2015),与中性刺激相比,情绪刺激引起机体的应激激素(stress hormones),即肾上腺素和糖皮质激素释放增多,从而引起杏仁核的活动增强。由于杏仁核和记忆相关的脑区(如内侧颞叶)有往返的纤维联系,杏仁核的活动增强会促进这些脑区的记忆巩固过程(图 5.27)。也就是说,虽然杏仁核在恐惧性条件反射中起着关键作用,但对于其他的情绪信息,其作用主要是对一般记忆过程的巩固阶段进行调节(Yonelinas 和 Ritchey, 2015)。这一假说得到了神经化学和脑损伤等方面的证据支持。比如,在大鼠建立场景性恐惧条件反射(contextual fear conditioning)后,立即在双侧基底外侧杏仁核注射去甲肾上腺素可增强长时记忆,而 3 小时后注射不影响记忆。损毁杏仁核或其传出纤维,会阻断大鼠对恐惧信息的记忆增强过程。这些研究提示,应激激素可促进有关情绪的记忆过程,干扰杏仁核的活动可减弱情绪刺激的记忆效应,而记忆已经形成后再使杏仁核失活,并不会使情绪记忆的成绩下降。

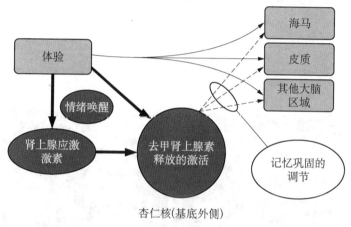

图 5.27 情绪的调节假说(来源:McGaugh, 2006)

在一项人类被试的研究中,被试被要求学习由 12 个片段组成的故事,其中前 4 个和后 4 个为中性片段,而中间 4 个在一半被试中为情绪片段,另一半为中性片段。被试在学习前 1 小时被注射普萘洛尔(β受体阻滞剂)或安慰剂。一星期后,被试在未被事先告知的情况下被要求回忆之前学习过的故事,结果被注射安慰剂的被试对于中间情绪性的片段记忆优于前 4 个和后 4 个。而注射普萘洛尔组却没有表现出相似的效应,但其前 4 个和后 4 个片段的记忆没有组间差异。

情绪记忆的编码

情绪还可以通过调节注意加强记忆的编码过程。研究表明,与中性刺激相比,情绪性刺激可以吸引更多的注意资源,引起更高概率的初始眼动和更多的眼动停留。这一调节通过杏仁核对后皮质区的反馈通路得以实现,情绪刺激激活杏仁核后,会通过反馈调节,增强后皮质区对情绪刺激的加工,包括 V1 和梭状回等。杏仁核损伤后,情绪刺激便不能再引起更强的后皮质区的活动。人类正常被试脑成像的结果也表明,杏仁核参与多种编码条件下的情绪记忆。例如,Dolcos 等(2004)采用随后记忆效应的实验范式,研究者要求被试判断负性、正性和中性图片的愉悦程度,并在 45 分钟之后进行回忆测验。结果表明,杏仁核、内嗅皮质和海马头部的活动增强,可以预测之后的情绪刺激的记忆成绩高于中性刺激(图 5.28A)。由于记忆调节假说强调的是应激激素和杏仁核对长时记忆巩固过程的影响,其影响要在较长的时间间隔后才会表现出来。上述研究表明,杏仁核对记忆的影响在学习后几十分钟的测验中已经表现出来,而且 Dm 效应本身就表明情绪对记忆的最初编码加工阶段已经产生影响,这两点是对记忆调节假说的补充。Dolcos 等的实验还发现,左侧杏仁核与左侧海马旁回前部的交互作用与情绪性 Dm 效应相关,但与中性图片的 Dm 效应不相关。这提示杏仁核与内侧颞叶的相互作用是情绪调节记忆的关键。另外,Ritchey 等(2008)通过测定被试学习 20 分钟和 1 周后的再认水平发现,情绪材料的记忆在长时间间隔后的下降小于中性材料,而且杏仁核与内侧颞叶的功能联结能更好地预测长时间间隔后的 Dm 效应。

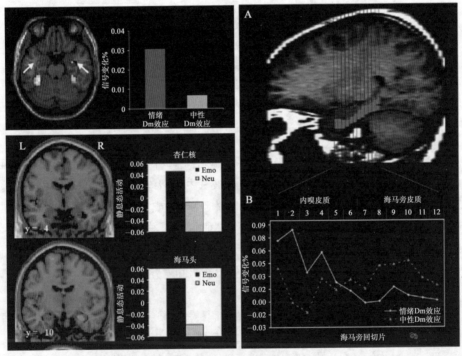

图 5.28 情绪记忆编码的神经机制(来源:Dolcos 等,2004,2005)

情绪记忆的提取

经过在编码时注意中介的调节,以及巩固阶段激素中介的调节,情绪性刺激的记忆大大得到了增强。直至提取阶段,仍可以发现杏仁核活动的增强,以及杏仁核与内侧颞叶之间的密切关系。在 Dolcos 等(2005)的研究中,他们发现在学习 1 年之后,被试对情绪刺激的记忆成绩仍高于中性刺激(图 5.28B)。情绪图片比中性图片的成功提取更多地激活了右侧杏仁核和海马等脑区,而且杏仁核和海马的激活还与被试确信自己记住了情绪图片有关。在 Sharot 等(2004)的研究中,研究者要求被试回忆 3 年前"9·11"事件发生时自己所做的事,结果发现他们在事件发生时距离出事地点越近,回忆成绩越好,同时其左侧杏仁核的激活越强。另外,被试在提取情绪图片的信息时,杏仁核与海马的激活存在显著的正相关。

线索性情绪记忆

由于测验项目有情绪信息,情绪内容的再认可能会受情绪知觉的干扰,而线索记忆范式(contextual memory paradigm)则可较好地避免这种干扰。在这种范式中,研究者要求被试将中性内容与情绪性背景线索相结合进行学习,随后在测验中,研究者要求被试提取中性内容,从而间接考察情绪线索的影响。相关研究结果显示,与情绪线索相关的中性内容被更多地记住了。而且杏仁核、杏仁核与内侧颞叶的相互作用与情绪线索的提取有关。在 Smith 等(2005)的实验中,被试学习的是中性物体(负性或中性图片为背景线索),研究者在测验时呈现物体,让被试判断物体对应的背景线索是负性还是中性(情绪性任务),或判断背景线索中是否包含人(中性任务)。研究者采用功能联结的动态因果模型分析发现,与中性线索相比,情绪线索的提取增强了海马到杏仁核的功能联结;与中性任务相比,在情绪性提取任务中,杏仁核与海马的双向功能联结都出现增强,这可能是由于情绪促进了记忆提取,或是杏仁核对提取的信息重新进行了情绪评价。另一方面,进行情绪性任务时眶额皮质活动的增强,促进了海马和杏仁核的激活,这可能反映了认知定势通过皮质对杏仁核和海马进行自上而下的调节。

近年来有研究者将惩罚和奖励作为线索来考察它们对于其后刺激记忆的影响。例如在 Murty 等(2012)的研究中,被试被告知,若在刺激之前出现闪电样的线索,那么记不住这一刺激将会遭到电击。其结果发现,在编码这些刺激时,杏仁核的激活显著增强,并且其活动强度与之后的记忆成绩呈正相关(图 5.29)。

情绪线索还可以分为来自中心信息和背景信息的线索,如情绪信息本身的细节(如咬人的蛇是眼镜蛇)或是其周围线索的细节(如蛇旁边有一块灰色的石头)。个体对这两种来源的信息加工机制有所不同。研究表明,被试对情绪刺激本身的细节记忆得到了加强,但如果情绪信息是周围线索(细节)而非情绪信息的关键成分,那么对

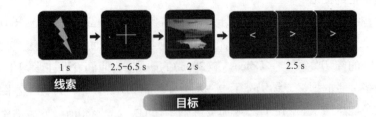

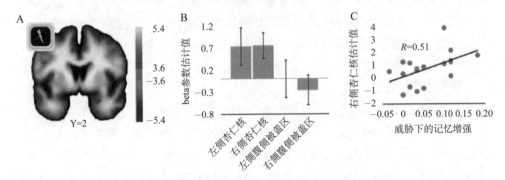

图 5.29　惩罚线索调节记忆编码(来源：Murty 等,2012)

个体的记忆成绩并没有明显的促进效应。在一项实验中,被试在学习阶段判断图片的大小/类别,在再认阶段判断所呈现的图片是与学习阶段相同的、相似的还是新的图片。若被试对于旧的图片判断为相同的,则反映了中心和细节信息都得到了较好保持,若被试对旧图片判断为相似的,则反映了被试仅保留了中心信息而遗忘了部分(关键的)细节信息。脑成像的结果显示,被试右侧杏仁核的活动与负性细节的成功编码和提取有关,但与线索信息的编码(如编码时所完成的任务)无关。

5.4.3　情绪与情绪记忆的调节

情绪反应是多种多样的,也因人而异,不可预测。但是在日常生活中,我们总是在有意识地调节我们的情绪使之符合当下的情境,但有时我们的情绪也会无意识地受到影响。我们会把金钱或欲望看作奖赏,会受到广告效应的影响,会试图取悦或激怒某人。那么情绪是否可以被调节呢？情绪调节背后的神经机制又是怎样的呢？

在一项研究中(Cunningham 等,2004),研究者给白人被试呈现黑人或白人面孔 30 ms 或 525 ms,结果发现当面孔被呈现 30 ms 时,白人被试的杏仁核对黑人面孔的反应远远强于对白人面孔的反应。但是当面孔被呈现 525 ms 时,杏仁核对它们的反应差异大大减小了,同时背外侧前额叶、腹外侧前额叶和扣带回的活动增强了。这提示杏仁核在自动化的群组效应中起着很重要的作用,但是当时间足够长时,前额叶皮质会对这一自动化反应进行调控,使得群组效应减弱。

通过有效的情绪调节可以降低被试在加工负性刺激时的情绪反应,包括主观感受和脑活动变化。在一项研究中(Ochsner等,2004),当呈现给被试恐惧场景后,要求被试或被动地看,或是进行情绪调节,如采用第三者的角度来评价图片,采用正性的结果来缓解负性情绪等,结果发现情绪调节有效地降低了杏仁核的激活程度,同时,与被动地看相比,经过评价调节的图片有更低的效价评分(图5.30)。

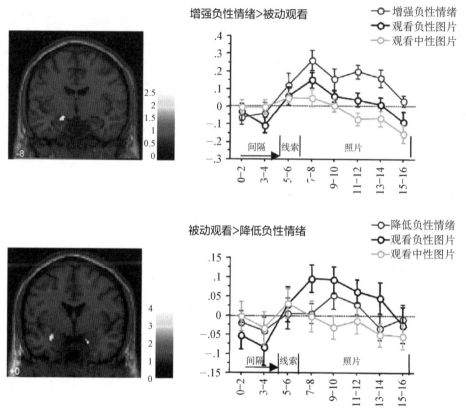

图5.30 情绪调节与杏仁核(来源:Ochsner等,2004)

我们还可以通过抑制的方式来调节情绪记忆。在想—不想(think-no think)的实验范式中,被试需要记忆一些刺激,而遗忘另外一些刺激。其后在记忆提取时发现,那些被要求遗忘的刺激的记忆成绩低于要求被记住的。被抑制的记忆引起了杏仁核和前额叶更强的激活(Depue等,2007)。

最近的动物研究和人类研究都提示,通过在记忆的不同阶段进行操控,有可能有效地消除情绪记忆。这方面的研究对创伤后应激障碍综合征病人的治疗具有指导意义。创伤后应激障碍综合征的特征之一是患者对创伤性事件的记忆具有闪回和侵入性,严重影响生活和情绪。在创伤后可以尽早地为患者注射β受体阻滞剂以阻止对情绪性事件的强烈记忆的形成。另外,还可以通过操纵再巩固过程,对患者的创伤性事件的记忆进行消除。

本章小结

学习记忆和情绪是高级的认知过程,研究表明,以多重记忆系统为基础,不同的记忆形式依赖于不同的神经机制,其中内侧颞叶—间脑系统与外显记忆关系密切,而前额叶和新皮质与内隐记忆关系密切。前额叶还是工作记忆的神经基础。

情绪研究表明,杏仁核是情绪加工的重要结构,它参与恐惧性条件反射,调节外显记忆的编码和提取。情绪刺激或情绪线索均可调节记忆。人们对情绪可以进行调节,甚至可以消除恐惧性记忆,这会引起杏仁核等相应的脑区活动的变化,这些研究成果对于治疗情绪障碍具有重要的指导作用。

关键术语

多重记忆系统
陈述性记忆
非陈述性记忆
遗忘综合征
顺行性遗忘
逆行性遗忘
内侧颞叶
重复启动效应
工作记忆
程序性记忆
认知地图
随后记忆效应
长时程增强
HERA 模型
经典记忆巩固理论
多重痕迹理论

基本情绪

边缘系统

杏仁核

恐惧性条件反射

情绪的调节假说

参考文献

Adolphs, R., Gosselin, F., Buchanan, T. W., Tranel, D., Schyns, P., & Damasio, A. R. (2005). A mechanism for impaired fear recognition after amygdala damage. *Nature*, *433*(7021), 68-72.

Agren, T., Engman, J., Frick, A., Bjorkstrand, J., Larsson, E.-M., Furmark, T., & Fredrikson, M. (2012). Disruption of reconsolidation erases a fear memory trace in the human amygdala. *Science*, *337*(6101), 1550-1552.

Baddeley, A. (1992). Working memory. *Science*, *255*(5044), 556-559.

Baddeley, A. (2000). The episodic buffer: a new component of working memory? *Trends in Cognitive Sciences*, *4*(11), 417-423.

Bayley, P. J., Hopkins, R. O., & Squire, L. R. (2006). The fate of old memories after medial temporal lobe damage. *Journal of Neuroscience*, *26*(51), 13311-13317.

Bechara, A., Tranel, D., Damasio, H., Adolphs, R., Rockland, C., & Damasio, A. R. (1995). Double dissociation of conditioning and declarative knowledge relative to the amygdala and hippocampus in humans. *Science*, *269*(5227), 1115-1118.

Bliss, T. V. P. & Lømo, T., (1973), Long-lasting potentiation of synaptic transmission in the dentate area of the anaesthetized rabbit following stimulation of the perforant path. *The Journal of Physiology*, *232*: 331-356

Bonnici, H. M., Chadwick, M. J., Lutti, A., Hassabis, D., Weiskopf, N., & Maguire, E. A. (2012). Detecting Representations of Recent and Remote Autobiographical Memories in vmPFC and Hippocampus. *Journal of Neuroscience*, *32*(47), 16982-16991.

Brewer, J. B., Zhao, Z., Desmond, J. E., Glover, G. H., & Gabrieli, J. D. E. (1998). Making memories: Brain activity that predicts how well visual experience will be remembered. *Science*, *281*(5380), 1185-1187.

Buckner, R. L., Goodman, J., Burock, M., Rotte, M., Koutstaal, W., Schacter, D., ..., & Dale, A. M. (1998). Functional-anatomic correlates of object priming in humans revealed by rapid presentation event-related fMRI. *Neuron*, *20*(2), 285-296.

Cipolotti, L., Shallice, T., Chan, D., Fox, N., Scahill, R., Harrison, G., et al. (2001). Long-term retrograde amnesia...the crucial roles of the hippocampus. *Neuropsychologia*, *39*, 151-172.

Corkin, S. (2002). What's new with the amnesic patient HM? *Nature Reviews Neuroscience*, *3*(2), 153-160.

Cunningham, W. A., Johnson, M. K., Raye, C. L., Gatenby, J. C., Gore, J. C., & Banaji, M. R. (2004). Separable neural components in the processing of black and white faces. *Psychological Science*, *15*(12), 806-813.

Davachi, L., Mitchell, J. P., & Wagner, A. D (2003). Multiple routes to memory: Distinct medial temporal lobe processes build item and source memories. *Proceedings of the National Academy of Sciences of the United States of America*, *100*(4), 2157-2162.

Demb, J. B., Desmond, J. E., Wagner, A. D., Vaidya, C. J., Glover, G. H., & Gabrieli, J. D. E. (1995). Semantic encoding and retrieval in the left inferior prefrontal cortex - a functional mri study of task-difficulty and process specificity. *Journal of Neuroscience*, *15*(9), 5870-5878.

Depue, B. E., Curran, T., & Banich, M. T. (2007). Prefrontal regions orchestrate suppression of emotional memories via a two-phase process. *Science*, *317*(5835), 215-219.

Dolcos, F., LaBar, K. S., & Cabeza, R. (2004). Interaction between the amygdala and the medial temporal lobe memory system predicts better memory for emotional events. *Neuron*, *42*(5), 855-863.

Dolcos, F., LaBar, K. S., & Cabeza, R. (2005). Remembering one year later: Role of the amygdala and the medial temporal lobe memory system in retrieving emotional memories. *Proceedings of the National Academy of Sciences of the United States of America*, *102*(7), 2626-2631.

Dudai, Y. (2004). The neurobiology of consolidations, or, how stable is the engram? *Annual Review of Psychology*, *55*, 51-86.

Dudai, Y., Karni, A., & Born, J. (2015). The Consolidation and Transformation of Memory. *Neuron*, *88*(1), 20-32.

Fleischman, D. A., Vaidya, C. J., Lange, K. L., & Gabrieli, J. D. E. (1997). A dissociation between perceptual explicit and implicit memory processes. *Brain and Cognition*, *35*(1), 42-57.

Fortin, N. J., Agster, K. L., & Eichenbaum, H. B. (2002). Critical role of the hippocampus in memory for sequences of events. *Nature Neuroscience*, *5*(5), 458-462.

Frankland, P. W. , & Bontempi, B. (2005). The organization of recent and remote memories. *Nature Reviews Neuroscience*, 6(2),119-130.
Gazzaniga, M. S, Ivry, R. B. , & Mangun, G. R. (2004). Cognitive Neuroscience: The Biology of the Mind (2nd Edition). W. W. Norton & Company, Inc.
Gazzaniga, M. S. , Ivry, R. B. , & Mangun, G. R. (2009). *Cognitive neuroscience: The biology of the mind* (3rd ed.). New York: W. W. Norton.
Gibbs, M. E. & Ng, K. T. (1977). Psychobiology of memory - towards a model of memory formation. *Biobehavioral Reviews*, 1(2),113-136.
Gilboa, A. , Winocur, G. , Grady, C. L. , Hevenor, S. J. , & Moscovitch, M. (2004). Remembering our past: Functional neuroanatomy of recollection of recent and very remote personal events. *Cerebral Cortex*, 14(11),1214-1225.
Habib, R. , Nyberg, L. , & Tulving, E. (2003). Hemispheric asymmetries of memory: the HERA model revisited. *Trends in Cognitive Sciences*, 7(6),241-245.
Henson, R. , Shallice, T. , & Dolan, R. (2000). Neuroimaging evidence for dissociable forms of repetition priming. *Science*, 287(5456),1269-1272.
Keane, M. M. , Gabrieli, J. D. E. , Mapstone, H. C. , Johnson, K. A. , & Corkin, S. (1995). Double dissociation of memory capacities after bilateral occipital-lobe or medial temporal-lobe lesions. *Brain*, 118,1129-1148.
Keane, M. M. , Gabrieli, J. D, Fennema, A. C. , Growdon, J. H. , & Corkin, S. (1991). Evidence for a dissociation between perceptual and conceptual priming in alzheimer's disease. *Behavioral Neuroscience*, 105(2),326.
Kelley, W. M. , Miezin, F. M. , McDermott, K. B. , Buckner, R. L. , Raichle, M. E. , Cohen, N. J. , . . . , & Petersen, S. E. (1998). Hemispheric specialization in human dorsal frontal cortex and medial temporal lobe for verbal and nonverbal memory encoding. *Neuron*, 20(5),927-936.
Manns, J. R. & Squire, L. R. (2001). Perceptual learning, awareness, and the hippocampus. *Hippocampus*, 11(6),776-782.
McGaugh, J. L. (2006). Make mild moments memorable: add a little arousal. *Trends in Cognitive Sciences*, 10(8),345-347.
McGaugh, J. L. (2015). Consolidating Memories. In S. T. Fiske (Ed.), *Annual Review of Psychology*, 66,1-24.
Montaldi, D. , Spencer, T. J. , Roberts, N. , & Mayes, A. R. (2006). The neural system that mediates familiarity memory. *Hippocampus*, 16(5),504-520.
Morris, J. S, Frith, C. D, Perrett, D. I. , Rowland, D. , Young, A. W. , Calder, A. J. , & Dolan, R. J. (1996). A differential neural response in the human amygdala to fearful and happy facial expressions. *Nature*, 383(6603),812-815.
Morris, J. S. , Ohman, A. , & Dolan, R. J. (1998). Conscious and unconscious emotional learning in the human amygdala. *Nature*, 393(6684),467-470.
Morris, J. S. , Ohman, A. , & Dolan, R. J. (1999). A subcortical pathway to the right amygdala mediating "unseen" fear. *Proceedings of the National Academy of Sciences of the United States of America*, 96(4),1680-1685.
Moscovitch, M. , Cabeza, R. , Winocur, G. , & Nadel, L. (2016). Episodic memory and beyond: the hippocampus and neocortex in transformation. In S. T. Fiske (Ed.), *Annual Review of Psychology*. 67,105-134.
Moscovitch, M. , Nadel, L. , Winocur, G. , Gilboa, A. , & Rosenbaum, R. S (2006). The cognitive neuroscience of remote episodic, semantic and spatial memory. *Current Opinion in Neurobiology*, 16(2),179-190.
Murty, V. P. , LaBar, K. S. , & Adcock, R. A. (2012). Threat of punishment motivates memory encoding via amygdala, not midbrain, interactions with the medial temporal lobe. *Journal of Neuroscience*, 32(26),8969-8976.
Ochsner, K. N. , Ray, R. D. , Cooper, J. C. , Robertson, E. R. , Chopra, S. , Gabrieli, J. D. E. , & Gross, J. J. (2004). For better or for worse: neural systems supporting the cognitive down- and up-regulation of negative emotion. *Neuroimage*, 23(2),483-499.
O'Kane, G. , Kensinger, E. A. , & Corkin, S. (2004). Evidence for semantic learning in profound amnesia: An investigation with patient HM. *Hippocampus*, 14(4),417-425.
O'Keefe, J. & Dostrovsky, J. (1971). The hippocampus as a spatial map: preliminary evidence from unit activity in the freely-moving rat. *Brain Research*, 34(1),171-175.
O'Keefe, J. , Nadel, L. , Keightley, S. , & Kill, D. (1975). Fornix lesions selectively abolish place learning in the rat. Experimental Neurology, 48(1),152-166.
Phelps, E. A. , O'Connor, K. J. , Gatenby, J. C. , Gore, J. C. , Grillon, C. , & Davis, M. (2001). Activation of the left amygdala to a cognitive representation of fear. *Nature Neuroscience*, 4(4),437-441.
Purves, D. , Brannon, E. M. , Cabeza, R. , Huettel, S. A. , LaBar, K. S. , Platt, M. L. , & Woldorff, M. G. (2008). Principle of Cognitive Neuroscience. Sinauer Associates, Inc. Sunderland, Massachusetts U. S. A.
Ranganath, C. , Yonelinas, A. P. , Cohen, M. X. , Dy, C. J. , Tom, S. M. , & D'Esposito, M. (2004). Dissociable correlates of recollection and familiarity within the medial temporal lobes. *Neuropsychologia*, 42(1),2-13.
Rao, S. C. , Rainer, G. , & Miller, E. K. (1997). Integration of what and where in the primate prefrontal cortex. *Science*, 276(5313),821-824.
Ritchey, M. , Dolcos, F. , & Cabeza, R. (2008). Role of amygdala connectivity in the persistence of emotional memories over time: an event-related fmri investigation. *Cerebral Cortex*, 18(11),2494-2504.
Rossi, S. , Cappa, S. F. , Babiloni, C. , Pasqualetti, P. , Miniussi, C. , Carducci, F. , . . . , & Rossini, P. M. (2001).

Prefontal cortex in long-term memory: an "interference" approach using magnetic stimulation. *Nature Neuroscience*, 4(9), 948–952.

Sander, D., Grafman, J., & Zalla, T. (2003). The human amygdala: an evolved system for relevance detection. *Reviews In The Neurosciences*, 14(4), 303–316.

Schacter, D. L. (1987). Implicit memory - history and current status. *Journal of Experimental Psychology-Learning Memory and Cognition*, 13(3), 501–518.

Sharot, T. & Phelps, E. A. (2004). How arousal modulates memory: Disentangling the effects of attention and retention. *Cognitive Affective and Behavioral Neuroscience*, 4(3), 294–306.

Smith, A. P. R., Henson, R. N. A., Rugg, M. D, & Dolan, R. J. (2005). Modulation of retrieval processing reflects accuracy of emotional source memory. *Learning & Memory*, 12(5), 472–479.

Squire, L. R. (1992). Memory and the hippocampus-a synthesis from findings with rats, monkeys, and humans. *Psychological Review*, 99(2), 195–231.

Squire, L. R. & Bayey, P. J. (2007). The neuroscience of remote memory. *Current Opinion in Neurobiology*, 17(2), 185–196.

Squire, L. R., Knowlton, B., & Musen, G. (1993). The structure and organization of memory. *Annual Review of Psychology*, 44(44), 453–495.

Takashima, A., Petersson, K. M., Rutters, F., Tendolkar, I., Jensen, O., Zwarts, M. J., . . . Fernandez, G. (2006). Declarative memory consolidation in humans: A prospective functional magnetic resonance imaging study. *Proceedings of the National Academy of Sciences of the United States of America*, 103(3), 756–761.

Vargha-Khadem, F., Gadian, D. G., Watkins, K. E., Connelly, A., VanPaesschen, W., & Mishkin, M. (1997). Differential effects of early hippocampal pathology on episodic and semantic memory. *Science*, 277(5324), 376–380.

Wagner, A. D, Schacter, D. L., Rotte, M., Koutstaal, W., Maril, A., Dale, A. M., . . ., & Buckner, R. L. (1998). Building memories: Remembering and forgetting of verbal experiences as predicted by brain activity. *Science*, 281(5380), 1188–1191.

Wig, G. S, Grafton, S. T., Demos, K. E., & Kelley, W. M. (2005). Reductions in neural activity underlie behavioral components of repetition priming. *Nature Neuroscience*, 8(9), 1228–1233.

Williams, L. M., Das, P., Liddell, B. J., Kemp, A. H., Rennie, C. J., & Gordon, E. (2006). Mode of functional connectivity in amygdala pathways dissociates level of awareness for signals of fear. *Journal of Neuroscience*, 26(36), 9264–9271.

Winocur, G. & Moscovitch, M. (2011). Memory Transformation and Systems Consolidation. *Journal of the International Neuropsychological Society*, 17(5), 766–780.

Yamashita, K., Hirose, S., Kunimatsu, A., Aoki, S., Chikazoe, J., Jimura, K., . . ., & Konishi, S. (2009). Formation of long-term memory representation in human temporal cortex related to pictorial paired associates. *Journal of Neuroscience*, 29(33), 10335–10340.

Yang, J., Bellgowan, P. S F., & Martin, A. (2012). Threat, domain-specificity and the human amygdala. *Neuropsychologia*, 50(11), 2566–2572.

Yonelinas, A. P. & Ritchey, M. (2015). The slow forgetting of emotional episodic memories: an emotional binding account. *Trends in Cognitive Sciences*, 19(5), 259–267.

Zola-Morgan, S. & Squire, L. R. (1993). Neuroanatomy of memory. *Annual Review of Neuroscience*, 16, 547–563.

6　成瘾的精神依赖与奖赏环路

6.1　成瘾的精神依赖性 / 202
    6.1.1　成瘾行为形成的基本过程 / 202
    6.1.2　成瘾的躯体依赖和精神依赖 / 203
6.2　成瘾行为的奖赏环路基础 / 205
    6.2.1　以伏隔核为核心的中脑边缘多巴胺系统是自然奖赏与成瘾药物奖赏的共同神经基础 / 205
    6.2.2　外侧下丘脑参与自然奖赏与成瘾药物奖赏的调控 / 206
    6.2.3　外侧下丘脑到中脑边缘多巴胺系统的双向神经联系调节自然奖赏与成瘾奖赏 / 208
    6.2.4　前额叶皮质—中脑边缘多巴胺系统的神经联系是奖赏行为的核心调控环路 / 209
6.3　精神依赖行为的记忆机制 / 210
    6.3.1　成瘾记忆的形成与奖赏环路 / 210
    6.3.2　成瘾记忆的长期性与表观遗传机制 / 211
    6.3.3　成瘾记忆的再巩固机制 / 215
    6.3.4　成瘾记忆与习惯 / 216
本章小结 / 218
关键术语 / 218

    成瘾是指个体长期持续冲动与强迫性参与对自身身体、心理和社会功能有害的活动。根据国际疾病分类(ICD)和美国精神障碍诊断与统计手册(DSM)的相关诊断标准,成瘾行为的核心要素包括四项：(1)失控。控制使用精神活性物质或进行某一成瘾行为活动的能力受损,尽管明知有严重不良后果,仍然持续沉溺其中；(2)强烈的渴求。持久强烈、迫不及待使用精神活性物质或进行某一成瘾行为活动的欲望；(3)社会功能受损。为了满足和进行成瘾相关的行为活动,而不能履行家庭、学习、工作和社会交往等社会职责；(4)耐受性与戒断状态。耐受性指继续使用同等剂量的成瘾药物或同等程度的成瘾行为活动不能产生期望的奖赏效应,或者需要明显增加物质的使用量或行为频率与强度才能达到预期的奖赏效果;戒断状态是指当成瘾相关行为活动减少或终止时出现的心理和身体功能紊乱的特殊症状群,心理上的主要表现是焦虑、易激惹和抑郁心境,而身体症状的表现则依不同类型的成瘾药物而有所不同,主要表现为交感神经系统的过度激活,如流涕流泪、出汗、瞳孔散大、心跳过速、血压升高,腹痛腹泻、失眠等。研究人员根据以上核心要素制定了11个症状条目来区分诊断成瘾行为的严重程度,个体符合2个及以上条目即可被诊断为成瘾,符合4个—5个条目为中度成瘾,符合6个及以上条目为重度成瘾。

成瘾行为可分为物质成瘾和非物质成瘾两大类。物质成瘾或依赖(substance abuse)是指长期使用成瘾药物导致中枢神经系统结构和功能改变,是以强迫性使用药物、对用药行为失去控制能力为主要特征的慢性复发性脑疾病。根据使用物质的类型,可分为兴奋剂(可卡因、咖啡因和苯丙胺类物质)成瘾、阿片类物质成瘾、致幻剂成瘾、尼古丁成瘾和酒精成瘾等。非物质成瘾,主要指行为成瘾,是指与化学物质(如成瘾性药物或酒精)无关的一种成瘾形式,症状表现和脑结构功能损害特征与药物成瘾近似,行为特点为反复出现具有强迫性质的冲动行为,产生躯体、心理、社会功能损害等严重不良后果,尽管成瘾者深知其行为所产生的不良后果,仍然执意坚持。这些行为包括不可控制的赌博、暴食、性行为、观看色情作品、玩电子游戏、上网、购物等,甚至还包括工作、运动、慈善活动等。病理性赌博(pathological gambling, PG)在诊断标准、现象学、流行病学、遗传及其他生物学表现等方面与药物成瘾极为相似,因此许多研究者将其视为一种典型的行为成瘾(Petry, 2006; Potenza, 2008)。在最新发布的美国精神障碍诊断与统计手册第五版(DSM-5)中,病理性赌博已经被正式划归到物质使用与成瘾障碍(substance use and addictive disorders)的范畴之内,成为第一个被正式承认的非物质性成瘾行为(Holden, 2010)。上述其他类型的行为虽然在现象和症状学上的表现与药物成瘾行为高度相似,但其神经生物学机制还需要进一步的研究确认,因而目前尚未被确定为行为成瘾。

成瘾行为的形成是由药物或某一行为活动通过正、负强化产生的奖赏效应驱动的,人脑的奖赏系统涉及几条主要的多巴胺通路,包括中脑边缘多巴胺系统(mesolimbic dopamine system, MLDS)、中脑皮质多巴胺系统(mesofrontal dopamine system, MFDS),以及黑质—纹状体多巴胺系统和海马—杏仁核系统等。其中,中脑边缘多巴胺系统中多巴胺释放的增加是产生奖赏效应的关键神经基础。该系统的多巴胺神经纤维从中脑腹侧被盖区(ventral tegmental area, VTA)的多巴胺神经元投射到伏隔核(nucleus accumbens, NAc),成瘾药物或成瘾性的行为活动直接或间接激活中脑腹侧被盖区的多巴胺神经元,或阻断中脑腹侧被盖区多巴胺神经元投射终末多巴胺的重摄取,导致伏隔核内的多巴胺含量增加,从而使个体产生奖赏效应等主观感受。中脑边缘多巴胺系统属于古旧结构,与摄食、饮水、性爱等本能行为产生的奖赏有关。从行为的发生进程来看,不同的成瘾行为(如吸毒、酗酒、抽烟、赌博、性爱等)通过不同的途径直接或间接激活中脑边缘多巴胺系统产生奖赏效应和愉悦感而得以继续。

尽管行为成瘾与药物成瘾具有一致的特征、表现和结果,但两者的形成过程存在明显的差异:药物成瘾主要是药物的化学成分直接作用于大脑,从而系统地改变了大脑神经系统的结构和功能,最终导致了成瘾状态的出现。病理性赌博这一类行为成瘾则是经由反复的外部行为刺激引起大脑内部的生理状态失衡,进而导致成瘾状态的出现。这种成瘾形成过程的差异提示,药物成瘾与赌博成瘾的发生机制可能存在着不同。换言之,虽然两种成瘾行为的最终结果相同(即成瘾状态),但这两种行为的成瘾路径尤其是潜在的神经机制可能是不一样的。揭示药物成瘾和行为成瘾二者神经机制的异同可为研究成瘾行为的核心机制提供新的思路和切入点。

6.1 成瘾的精神依赖性

成瘾是慢性复发性脑疾病,精神依赖是成瘾的核心特征,也是诱发复吸的关键原因,更是成瘾治疗的难点。在成瘾行为的发生发展的不同阶段,成瘾药物作用于奖赏环路引发奖赏效应,通过正、负性强化作用促使与成瘾相关的记忆的产生,是精神依赖形成的关键。随着成瘾进一步发展,奖赏系统的结构和功能将发生适应性变化,特别是前额叶皮质功能的损害,会导致不可控的强迫性觅药行为。研究者从成瘾行为发展形成的不同阶段出发,研究了奖赏系统的适应性变化和成瘾精神依赖的关系,这不仅是成瘾行为脑机制研究的关键,也可为成瘾行为的干预和治疗提供依据。

6.1.1 成瘾行为形成的基本过程

成瘾行为的形成是一个渐进的过程,一般会经历三个阶段:(1)偶尔的、没有规律的、可以控制的娱乐性行为阶段;(2)有一定规律性的、逐渐增加行为频次或药物剂量的阶段;(3)不可控制的、强迫性与自动化行为阶段。

第一阶段中,绝大多数人使用成瘾药物或进行某一成瘾行为活动的时候都会体验到药物或某一行为活动带来的奖赏体验,可能是正强化直接产生的愉悦或兴奋性奖赏,也可能是负强化效应去除了当前的负性情绪带来的释放性(relief)的奖赏体验。同时,通过经典条件反射和操作性条件反射等不同类型的奖赏学习,相关伴随药物使用的体内和体外环境线索可成为条件化线索。条件化线索既可以预测行为的发生,又可以引发条件性奖赏效应,更重要的是,条件线索可以成为诱因(incentive),即具有强大的吸引力而具有动机作用的因素,诱发、激励并维持成瘾行为。这一阶段正、负强化引发的奖赏效应是推进成瘾行为发展的主要动力,其中的关键因素是奖赏效应体验的强度,受个体遗传、早期的应激经历与当下的情绪状态等因素的影响,如果个体在第一阶段体验到前所未有强度的奖赏体验,并且随着药物使用次数的增加,出现奖赏效应敏感化,即相同剂量的药物随着使用次数的增加引发越来越强的奖赏体验,则会增加使用药物的次数和行为的频率,推进成瘾行为向第二个阶段发展。

在第二阶段早期,由于个体规律性使用药物或进行某一行为活动,奖赏敏感化效应会继续留存一段时间,但随着时间推移,奖赏耐受现象开始出现,即同等剂量的药物或同等强度的行为活动引发的奖赏体验强度下降,这时,个体便会不断增加药物的剂量和行为活动的强度和频次以维持相应的奖赏体验,这一过程会导致奖赏体验的阈限逐渐上移,个体需要不断增加药物剂量和行为强度维持相应的奖赏体验,当减少或停止药物使用时,便会产生强烈的负性情绪体验,最终进入依赖状态。这一阶段的另一个重要现象是诱因敏感化(incentive sensitization),即在奖赏体验耐受的同时,条件化线索对成瘾行为的支配作用逐渐增强。这一阶段维持和推进成瘾行为发展的动力是奖赏体验耐受和诱因敏感化。

第三阶段是成瘾行为最终形成阶段,具备以下几个特征:(1)不可控制性,(2)强迫性,(3)迫不及待的渴求,(4)强烈的身体或心理依赖及相应的戒断反应,(5)成瘾相关的线索诱导的自动化行为反应。出现上述核心成瘾特征的主要原因是,中枢神经系统的适应性变化,尤其是脑的结构和功能在成瘾药物或成瘾行为长期作用下发生了适应性改变,形成了一种新的异常的平衡状态,一旦处于失平衡状态下,只有成瘾药物或成瘾相关的行为活动才能恢复和维持平衡状态,即进入了依赖状态。类似于人在饥饿状态下只有通过进食才能消除饥饿感。在这一阶段,个体所有行为活动的目标都是为了恢复和维持这种异常的平衡状态,这导致了个体的控制能力和其他社会功能的丧失。失平衡状态下体内的内感受线索会自动化地驱动觅药动机行为,成瘾相关的外部环境线索会进一步增强内部感受线索诱发的动机强度,导致强迫性的不可控制的成瘾行为的产生。

在成瘾行为形成发展的各个阶段中,都伴随着中枢和外周神经系统的适应性变化,从而使个体逐步进入了一个病理性的异常的平衡适应状态,而这个状态一旦失平衡,就将会导致身体依赖和精神依赖,从而推进成瘾行为往下一个阶段发展,即最终产生强迫性觅药行为。

6.1.2 成瘾的躯体依赖和精神依赖

药物成瘾行为的最终形成标志就是一种依赖状态,包括躯体依赖与精神依赖两种类型,这种依赖状态的神经基础就是中枢和外周神经系统的适应性变化,躯体依赖的产生主要是由于周围神经系统的变化,精神依赖的产生则主要是大脑结构和功能适应性变化的结果。不同类型的成瘾药物对周围神经系统作用的药理学特征存在差异,因而可导致不同的躯体依赖反应,有些成瘾药物甚至没有明显的躯体依赖反应。但是,药物成瘾的精神依赖具有一些共同的特征,即强烈的不可控制的渴求状态和负性情绪反应,冲动性决策与强迫性觅药行为,线索诱发的注意偏向与习惯性自动化行为反应等,精神依赖的产生是大脑奖赏系统在药物或成瘾相关行为的反复作用下发生异常的适应性变化的结果。

躯体依赖症状的产生是药物的长期作用下交感神经系统的结构和功能发生异常的适应性变化的结果,减少或停止使用药物后,会导致交感神经系统高度激活,引起全身脏器的过度反应,主要表现为,心悸心慌、心跳加速、血压升高、窒息感、气促与呼吸困难,腹痛腹泻、尿频、恶心与胃部不适,出汗、冷热交替、寒战、毛发竖立、起鸡皮疙瘩,流涕、流泪、流涎,全身酸痛,情绪低落、易激惹、坐立不安、失眠等。其中以阿片类物质成瘾后的戒断反应最为严重,如没有及时处理甚至会导致死亡。因此,在规律性用药阶段,躯体戒断反应是维持阿片物质滥用的最重要因素。相对而言,苯丙胺类与可卡因等兴奋剂成瘾产生的躯体戒断症状较弱,甚至没有典型的躯体戒断反应,主要的戒断反应是不良情绪反应,如,心境低落、全身乏力、易激惹、嗜睡等。不论是阿片类物质成瘾产生的强烈戒断反应,还是兴奋剂成瘾相关的负性情绪反应为主的相对较弱的戒断反应,经过 1 个月—3 个月的脱毒治疗后,躯体的戒断症状都会基本消失。即便如此,药物成瘾仍然存在很高的复吸率,因此,精神依赖是药物成瘾长期存在以及诱发复吸的关键原因。

精神依赖问题是成瘾的核心问题和治疗的难点。精神依赖的直接表现是强烈的迫不及待的渴求状态,在这种状态下个体所有的心理与行为活动都指向如何获取药物,而不能有效地进行其他任何心理或行为活动,并产生不顾一切失去控制的强迫性觅药与用药行为。多种因素可诱发渴求状态,可以是成瘾相关的内部或外部的条件化线索,也可以是应激或其他负性情绪状态。

在成瘾行为形成的早期阶段,条件化线索或负性情绪状态诱发的渴求在一定程度上是可以控制的,但是随着成瘾药物的长期慢性作用,负责抑制控制的前额叶皮质的功能或结构将会受损,削弱个体对渴求反应的抑制能力;同时,纹状体,尤其是背外侧纹状体功能的异常增强,会导致习惯性与自动化的觅药与用药行为的产生。另外,腹侧纹状体与杏仁核的结构和功能也会发生相应的适应性变化,导致药物引发的愉悦的奖赏体验强度逐渐下降,导致个体对天然奖赏物的奖赏体验强度也下降,停止使用药物后产生的心境低落等负性情绪体验因此越来越强,个体对环境的应激刺激反应更敏感,摆脱停止使用药物后带来的强烈负性情绪成为维持成瘾行为的主要驱力。

综上,精神依赖主要包括:(1)迫不及待的渴求状态,(2)成瘾相关的记忆的长期性和习惯化,(3)奖赏下降及负性情绪反应增强,(4)行为抑制和执行控制能力下降。精神依赖的产生是长期慢性药物作用下奖赏相关的神经环路发生适应性变化的结果。

6.2 成瘾行为的奖赏环路基础

成瘾研究中的一个重要问题是成瘾药物的奖赏效应是如何产生的。从进化的角度来看,大脑不太可能存在只对成瘾药物作出特异反应的神经机制,因此成瘾物质很可能是通过自然奖赏系统引发奖赏效应的。因此,自然奖赏与药物奖赏过程至少存在部分共同的神经基础。第二个重要问题是既然自然奖赏物与成瘾药物都通过自然奖赏系统起作用,为什么自然奖赏物质一般情况下没有致瘾性,而成瘾药物一旦使用便极容易引发成瘾行为。这说明成瘾药物不只通过自然奖赏机制起作用,很可能改变了自然奖赏系统的结构和功能,从而导致成瘾的产生。因此,自然奖赏与成瘾药物奖赏过程应该存在分离的神经机制。研究药物成瘾的神经机制可以帮助我们更深入了解自然奖赏的作用机理。由此可知,自然奖赏与成瘾药物奖赏过程,既有共同的神经通路,在具体的神经环路上又存在分离。相关研究的主要目的就是,找出二者作用机制中相同与分离的部分,然后选择性地干预成瘾药物的奖赏机制而尽量减少对自然奖赏功能的影响,为药物成瘾的临床治疗提供依据。

6.2.1 以伏隔核为核心的中脑边缘多巴胺系统是自然奖赏与成瘾药物奖赏的共同神经基础

伏隔核多巴胺释放的增加是产生奖赏效应的神经基础,绝大多数成瘾药物,如阿片类物质、酒精、尼古丁及可卡因等精神兴奋剂都能增加伏隔核多巴胺的浓度从而引发奖赏效应;新异的可口食物也能激活伏隔核释放多巴胺引发奖赏效应。相反,损毁或阻断中脑边缘多巴胺系统则会降低自然奖赏物与成瘾药物的奖赏效应强度。此外,自然奖赏物或成瘾药物相关的环境线索可通过内侧前额叶、基底外侧杏仁核、海马的谷氨酸神经投射调节伏隔核多巴胺的浓度引发奖赏效应。并且伏隔核还接受蓝斑(locus coeruleus, LC)去甲肾上腺素神经元、中缝背核5-羟色胺神经元以及中央杏仁核谷氨酸神经元的神经投射,上述核团与情绪变化有密切关系,是情绪调节自然奖赏与成瘾药物奖赏效应的重要环路。应激因素也可通过下丘脑的室旁核及弓状核(POMC神经元)到伏隔核的神经联系调节成瘾药物的奖赏效应。由此可知,自然奖赏物与成瘾药物都可以通过直接或间接途径增加伏隔核多巴胺的浓度引发奖赏效应。无论是从结构还是功能方面看，伏隔核多巴胺的变化都是奖赏效应产生的神经基础。

总体而言，尽管大量研究认为在中脑边缘多巴胺系统内，自然奖赏与成瘾药物奖赏过程存在许多共同的神经机制，但越来越多的研究发现，在局部的神经环路中二者也存在明显的分离。电生理实验表明在伏隔核内存在特异性对成瘾药物(如，可卡因)及自然奖赏物(如，水或食物)反应的神经元；此外，虽然初次接触可口的食物或成瘾药物都会增加伏隔核多巴胺的浓度，但是随着次数的增加，二者会出现相反的反应趋势，随着接触次数的增加自然奖赏物会导致个体出现适应(或习惯化)从而使多巴胺释放减少，而成瘾药物随着接触次数的增加会导致个体出现敏感化从而使多巴胺的释放增加。另外，损毁或者失活丘脑底核(该核团接受伏隔核的神经支配)可增强自然奖赏(如，食物)的动机同时抑制成瘾药物(如，可卡因)的觅药动机。以上证据充分表明，自然奖赏与成瘾药物奖赏过程存在分离的神经机制。下丘脑是自然奖赏调控的关键脑区，分布有大量的肽能神经元，其通过与以伏隔核为中心的中脑边缘多巴胺系统的神经联系，参与调控成瘾行为的形成与发展。

6.2.2 外侧下丘脑参与自然奖赏与成瘾药物奖赏的调控

长期以来，外侧下丘脑一直被认为是自然奖赏系统的重要组成部分。早期的损毁研究表明，外侧下丘脑损毁不仅会降低动物的摄食量而且会减弱动物对奖赏物的反应；颅内电刺激实验发现，在排除内侧前脑束的影响后，外侧下丘脑不仅能形成颅内自我刺激奖赏(intracranial self-stimulation, ICSS)，而且该区域产生的奖赏效应最强。这说明除了内侧前脑束外，外侧下丘脑本身的神经元也参与自然奖赏的产生过程。此外，有研究证明在外侧下丘脑内注射吗啡或可卡因能够促进条件性位置偏爱(CPP)以及自身给药行为的形成；在外侧下丘脑内注射D2拮抗剂也能促进条件性位置偏爱的形成，同时可以检测到伏隔核的多巴胺水平升高。以上结果说明外侧下丘脑参与成瘾药物的奖赏效应的形成。慢性使用成瘾药物(如，可卡因)能够改变外侧下丘脑的结构，这种结构的改变是产生强迫性觅药动机的原因之一。此外，外侧下丘脑的自然奖赏与成瘾药物奖赏效应还存在交叉敏感化现象，即成瘾药物能够增加颅内自我刺激奖赏产生的奖赏效应，而食物剥夺状态(外侧下丘脑处于激活状态)能够增强成瘾药物的奖赏效应。以上事实表明，外侧下丘脑既参与自然奖赏过程又参与成瘾药物的奖赏过程，并且在外侧下丘脑中，自然奖赏与成瘾奖赏过程至少存在部分共同的神经机制。

下丘脑神经肽食欲素是调节自然与药物奖赏作用的重要的神经肽，是下丘脑特有的神经肽,下丘脑的食欲素神经元主要分布在穹隆附近的外侧下丘脑、背内侧下丘脑(dorsal medial hypothalamus,DMH)以及围穹区(perifornix area,PFA)。从神经联系来看,下丘脑的食欲素神经元可以广泛投射到动机与奖赏相关的脑区,包括中脑腹侧被盖区、内侧前额叶皮质、杏仁中央核、伏隔核在内的中脑边缘多巴胺系统,同时食欲素神经元也接受中脑腹侧被盖区多巴胺神经元与伏隔核γ-氨基丁酸神经元的支配,从而形成相互调节的神经环路。食欲素神经元投射到中脑腹侧被盖区,其纤维末梢与中脑腹侧被盖区的神经元胞体和树突靠近,且中脑腹侧被盖区的多巴胺神经元表达食欲素受体。研究者通过体内微透析分析发现,在中脑腹侧被盖区内注射食欲素会使前额叶皮质与伏隔核内的多巴胺水平升高。体外实验也证明食欲素能增加中脑腹侧被盖区的多巴胺神经元放电率,使多巴胺神经元胞内 Ca^{2+} 浓度升高。可见,食欲素可引发中脑腹侧被盖区中多巴胺神经元的兴奋,使多巴胺的释放增加,从而参与奖赏与动机行为的调节。

食欲素参与摄食行为相关奖赏的调控,在侧脑室、下丘脑室旁核、背内侧下丘脑、伏隔核部位注射食欲素均可显著增加个体摄食量,而摄食量的增加可能是由食物的奖赏性增加导致的,在伏隔核壳区注射阿片受体激动剂可显著增加个体对可口食物的摄食量,该区域的神经元投射到下丘脑食欲素神经元,将促进食欲素释放到中脑腹侧被盖区从而使食物的奖赏性增加,同时与食物奖赏相关的环境线索也能显著激活外侧下丘脑的食欲素神经元。此外,食欲素神经元还参与性行为的调节,与性奖赏相关的环境线索能显著激活食欲素神经元,在中脑腹侧被盖区注射食欲素受体拮抗剂能显著抑制性交配条件性位置偏爱的形成与表达。这些证据表明,食欲素神经元参与食物奖赏与性相关奖赏的调控。

近年来,食欲素与药物成瘾之间的关系逐渐受到关注。研究发现敲除动物的食欲素基因,会使动物对成瘾药物的反应性下降。人类缺失食欲素神经元将患上嗜睡症,应用安非他明进行治疗可改善嗜睡症状,但患者很少对安非他明成瘾。安非他明或吗啡慢性给药可使食欲素神经元内 cAMP-CREB 通路得到激活,提示食欲素参与成瘾行为。进一步的研究发现食欲素神经元参与自然与药物奖赏寻求,研究者发现大鼠外侧下丘脑内的食欲素神经元激活程度与吗啡及食物诱导的奖赏效应值呈正相关,且直接激活外侧下丘脑内的食欲素神经元或在中脑腹侧被盖区内给予食欲素都可使大鼠恢复觅药行为,而阻断食欲素1(食欲素1受体),则以上与成瘾有关的行为都会明显减弱或消失(Harris 等,2005),表明食欲素神经元参与食物与吗啡觅药行为的调控。此外,食欲素也通过激活中脑边缘多巴胺通路而直接参与吗啡的奖赏和精神运动效应(Narita 等,2006)。还有研究发现食欲素参与应激诱发大鼠的可卡因复吸行为(Boutrel 等,2005)。经过记忆消退训练后的大鼠用吗啡点燃(morphine priming)诱发复吸时,外侧下丘脑内的食欲素神经被激活,在中脑腹侧被盖区内直接注射食欲素多肽(作用于中脑腹侧被盖区的γ-氨基丁酸和多巴胺神经元)可以直接恢复觅药。这些证据表明外侧下丘脑内的食欲素神经元在奖赏寻求以及药物诱发的复吸中有重要作用。

综上所述,越来越多的证据表明下丘脑的食欲素神经元不仅在自然奖赏过程中起重要作用,而且参与药物成瘾过程,但具体机制尚不明确。特别是食欲素神经元与中脑多巴胺系统之间的相互神经联系在自然奖赏与药物奖赏过程中作用机制的异同仍有待进一步研究。

6.2.3 外侧下丘脑到中脑边缘多巴胺系统的双向神经联系调节自然奖赏与成瘾奖赏

迄今为止,绝大多数研究都是分别考察外侧下丘脑或中脑边缘多巴胺系统在自然奖赏或成瘾药物奖赏中的作用,关注两个系统之间的神经联系在其中作用的研究极少。黑色素浓集素(melanin-concentrating hormone,MCH)及食欲素神经元是外侧下丘脑特有的肽能神经元,并且有丰富的神经纤维投射到中脑边缘多巴胺系统。研究表明黑色素浓集素与食欲素两种神经肽都能增加动物的摄食量,并且摄食量的变化至少部分是通过激活伏隔核的黑色素浓集素与食欲素受体实现的,这提示两种神经肽有可能参与食物奖赏效应的调节。尽管大量研究证明外侧下丘脑参与药物成瘾过程,但研究者并不清楚具体的神经通路及递质系统。直至最近才有实验相继发现,外侧下丘脑的食欲素神经元可能通过调节中脑腹侧被盖区多巴胺神经元的活动参与药物成瘾过程。此外,食欲素也可能通过HPA轴调节应激系统参与药物成瘾过程。以上结果表明,外侧下丘脑到中脑边缘多巴胺系统的神经联系参与自然奖赏与药物成瘾过程,但作用机制比较复杂。有证据表明分布在外侧下丘脑、围穹隆区、背内侧下丘脑三个区域的食欲素神经元在功能上可能存在异质性。外侧下丘脑内的食欲素神经元可能参与奖赏行为的调节,围穹隆区和背内侧下丘脑内的食欲素神经元可能参与应激诱发的觅药行为。然而这一结论目前仍需要更多实验证据的支持。

下丘脑的肽能神经元与伏隔核之间的神经联系是调节奖赏的关键神经环路。伏隔核是中脑边缘多巴胺系统的枢纽,它将大脑皮质的认知信息、边缘结构的情绪信息及下丘脑的机体内部平衡状态的信息加以整合然后使个体进入某种动机状态,进而将动机转化为主动行为。因此,伏隔核在自然奖赏物与成瘾药物渴求的表达过程中起重要作用。研究发现成瘾药物反复作用下外侧下丘脑内部结构的神经适应性变化可能是导致个体对成瘾药物渴求程度增加、对自然奖赏物渴求降低,最终过渡到强迫性觅药行为的重要原因。外侧下丘脑神经元既可以通过到伏隔核的直接投射,也可以通过到中脑腹侧被盖区的间接投射调节伏隔核神经元的活动;反过来,伏隔核的神经元既可以通过到外侧下丘脑的直接投射,也可以通过腹侧苍白球的间接投射调节外侧下丘脑神经元的活动。因此,外侧下丘脑与伏隔核之间的双向神经联系在药物奖赏和自然奖赏中的作用可能是成瘾机制研究的一个重要的突破口。在成瘾行为的形成过程中,除下丘脑参与成瘾行为奖赏效应调控外,前额叶皮质在奖赏系统的调控中的参与对成瘾行为的最终形成起到更为关键的作用。

6.2.4 前额叶皮质—中脑边缘多巴胺系统的神经联系是奖赏行为的核心调控环路

以伏隔核为中心的中脑边缘多巴胺系统是奖赏效应产生的核心环路,在成瘾药物的作用下,它通过整合来自不同渠道的调控信息,最终引发正、负性强化效应,通过经典条件反射和操作条件反射促进成瘾记忆的形成。其中前额叶皮质到伏隔核的谷氨酸神经投射在成瘾行为的形成过程中起最关键的作用。前额叶皮质的调控环路包括两个部分,一是腹内侧前额叶皮质和眶额皮质,二是背外侧前额叶皮质。

内侧前额叶和眶额皮质主要参与内外界环境刺激的奖赏效价的评估和更新,并且参与对不同环境下不同刺激的利弊的风险评估,帮助个体根据评估结果进行决策;在成瘾行为形成的早期,成瘾行为是基于成瘾药物奖赏效应大小的目标导向行为,眶额皮质参与调控;随着成瘾的逐渐发展,成瘾者眶额皮质和腹内侧皮质的结构和功能受损,这会导致其风险决策功能下降,只注重短期成瘾药物产生的强化效应,而忽略其带来的严重后果,最终甚至逐渐形成刺激—反应的自动习惯化行为。另一方面,腹内侧前额叶皮质还参与情绪调节,在成瘾的发展过程中,成瘾者腹内侧前额叶皮质功能受损,将会逐渐出现奖赏效应强度下降,负性情绪和应激反应增加的现象,这种情绪调控失控是推进成瘾行为发展的重要因素之一。

背外侧前额叶皮质主要参与认知控制过程,在成瘾形成的早期,成瘾药物的奖赏效应和环境线索反复匹配促进成瘾相关的情绪记忆的形成,相关的环境线索不仅具有条件性奖赏和强化效应,而且能诱发渴求状态引发觅药动机行为,但背外侧前额叶皮质能够抑制成瘾线索诱发渴求,或者抑制渴求行为转换为觅药行为,这个阶段成瘾者可以根据环境的情况使用药物或停止使用药物,成瘾行为总体上是可以控制的。随着成瘾的发展,背外侧前额叶结构和功能受损,同时由于背侧纹状体功能多巴胺系统功能的增强,成瘾相关的线索诱发的行为不再是基于强化效应的目标导向行为,而是变成了自动化的觅药行为,背外侧前额叶皮质不再能抑制线索诱发的自动化觅药行为,最终导致不可控制的强迫性觅药行为的产生。

总之,成瘾药物产生的强化效应是成瘾行为形成的前提,前额叶皮质在成瘾行为的发展过程中起关键的调控作用,前额叶功能受损是强迫性不可控制的成瘾行为形成的最关键的原因。而在这一过程中,奖赏环路结构功能的变化,伴随着成瘾记忆的形式和内容上发生质的变化,从早期的目标导向记忆发展成自动化的习惯化记忆,并且这种病理性成瘾记忆将长期保存难以消退。成瘾记忆的形成是精神依赖最核心的特征。

6.3 精神依赖行为的记忆机制

6.3.1 成瘾记忆的形成与奖赏环路

中脑边缘多巴胺系统是大多数成瘾药物奖赏效应产生的神经基础,中脑腹侧被盖区与伏隔核之间的神经通路是这一奖赏系统的核心。中脑边缘多巴胺神经通路起源于中脑腹侧被盖区,主要投射至伏隔核,直接或间接增加伏隔核内多巴胺的释放是多种成瘾药物引起奖赏效应的共同通路。此外,其他边缘结构如杏仁核和前额叶皮质等脑区也直接接受中脑腹侧被盖区多巴胺能神经纤维的投射,从中脑腹侧被盖区投射到前脑的多巴胺系统是参与奖赏及学习的重要结构。

伏隔核是腹侧纹状体的主要部分,与背侧纹状体(dorsal striatum, DS)共同参与形成皮质—基底神经节—丘脑神经环路,接受来自前额叶皮质、海马、杏仁核和背侧丘脑等脑区的谷氨酸能神经纤维投入。同时,纹状体内 D1 受体和 D2 受体为主的 γ-氨基丁酸能神经纤维分别投向苍白球的内侧和外侧。而起始于中脑腹侧被盖区的多巴胺能神经纤维投射到伏隔核和其他边缘结构如杏仁核和前额叶皮质等脑区。这样就构成了药物成瘾记忆的神经环路。此外,伏隔核还接受蓝斑的去甲肾上腺素神经元、中缝背核 5-羟色胺神经元以及中央杏仁核的谷氨酸能纤维投射,这些核团与情绪的变化密切相关,是参与情绪调节成瘾药物诱导奖赏效应的关键脑区。

由此可见,参与学习记忆的关键脑区如前额叶皮质、海马、杏仁核与调控瘾药物奖赏效应的脑区如中脑腹侧被盖区、伏隔核等有十分密切的纤维联系。多巴胺能和谷氨酸能神经元在此发挥至关重要的作用。多巴胺主要参与药物的奖赏作用,谷氨酸则主要参与突触可塑性的形成,两者间存在大量直接和间接的神经纤维投射,彼此间相互作用、互相调节,是成瘾药物的成瘾性及突触可塑性改变的解剖学基础。这就使得成瘾药物的奖赏效应与学习记忆机制融为一体。成瘾性药物通过异常的学习记忆使个体形成强烈、持久的成瘾记忆。

成瘾记忆相关神经环路的突触可塑性改变不仅是正常学习记忆形成的基础,更是成瘾药物相关刺激与特殊的学习行为相联系的前提。突触可塑性的改变使神经元间信息的传递效能增强或减弱,是记忆形成的结构基础。在形态上,突触可塑性表现为树突分支和树突棘密度的增加。在功能上,则是突触传递的长时程增强和长时程抑制等的变化。一般情况下,成瘾药物会导致大脑产生两种不同类型的改变:神经元的适应性改变和突触的神经可塑性改变。神经元对药物的适应性变化是药物依赖改变的重要特征,以及戒断症状产生的基础,然而其很难对强迫性用药的本质和持续的复吸倾向作出解释。突触可塑性改变模式的不断变化很有可能是成瘾记忆持续性和牢固性形成的根本原因。

成瘾可塑性改变发生的脑区主要在伏隔核的壳区、前额叶皮质、海马 CA1 及中脑腹侧被盖区等。如,多次使用可卡因处理大鼠背侧纹状体内的自发型兴奋性突触后电流及微小型兴奋性突触后电流的频率均显著增加,提示慢性药物处理后的背侧纹状体区神经元的兴奋性增强。药物相关线索会引起海洛因自身给药,训练大鼠前额叶皮质突触膜上 AMPA 受体 GluA2 亚基内吞,同时 AMPAR/NMDAR 的比率降低,这些结果表明在成瘾药物作用下,前额叶皮质内突触膜上的受体发生了重排。最新的研究表明,可卡因自身给药大鼠在戒断第 7 天时前额叶皮质内的突触密度降低且树突分支也明显减少,提示此时前额叶皮质内的突触传递效能减弱。单次给予可卡因可在中脑腹侧被盖区多巴胺能神经元的兴奋性突触上诱导出长时程增强,这与学习记忆过程中海马长时程增强形成的机制是一致的。成瘾相关脑区长时程增强的形成是一个复杂、机制多样的过程,其与 NMDA、AMPA 等谷氨酸受体及一系列的信号转导通路关系密切。海马突触前神经元接受强直刺激后,突触后膜去极化,位于 NMDA 受体通道内的 Mg^{2+} 开放,Ca^{2+} 内流,导致胞内 Ca^{2+} 浓度升高,进而活化 cAMP-PKA(环磷酸腺苷/蛋白激酶 A)及 Ras-MAPK(大鼠肉瘤蛋白/丝裂原活化蛋白激酶)信号通路,最终激活 CREB,并调控相应靶基因的表达从而改变神经元的可塑性。这不仅是成瘾记忆的细胞机制同时也是成瘾记忆牢固、持久的根本原因。成瘾药物通过作用于奖赏环路的多巴胺递质系统,开启一系列的细胞通路的级联反应,通过 CREB 调控靶基因的乙酰化和甲基化过程,从而影响基因的表达。成瘾药物对记忆相关基因的表观遗传修饰可能是成瘾记忆长期存在的关键分子机制。

6.3.2 成瘾记忆的长期性与表观遗传机制

成瘾记忆相关的长期性及条件线索诱发的复吸一直是药物成瘾治疗的难题。ΔFosB 是目前成瘾与学习记忆相关领域内发现保持时间最长的分子,但其时间长度显然无法与成瘾行为及成瘾记忆的长期性相匹配。成瘾记忆长期性的分子机制有待进一步探索。神经细胞中唯一保持稳定的就是染色体组,研究表明 DNA 甲基化等表观遗传学的改变是发育过程中细胞记忆的重要分子基础,进而帮助细胞在分裂过程中保持表型的相对稳定。表观遗传学的变化,尤其是基因的甲基化能使基因永久沉默和不再激活,有可能是细胞分化结束后记忆长期保持的重要分子机制。

表观遗传学与药物成瘾存在的内在一致性表现为:(1)表观遗传变异的可获得性与成瘾的后天获得性。食物、性的作为本能需求的奖赏性是先天必需的,而成瘾药物的奖赏性则是后天获得的。成瘾行为是一种精神病理状态,这种病理状态经历由偶然用药到强迫性用药的过渡,存在着神经适应性的变化,这些变化都存在基因功能对于外界刺激反应的适应性的变化;(2)表观遗传变异的可遗传性与成瘾易感性的个体差异,大规模流行病学研究的数据显示,在影响酒精成瘾患病风险的因素中,遗传因素的影响比例约为40%—60%,在对鸦片类成瘾药物和可卡因的调查中也得到了类似的数据,研究者在动物模型中同样发现了对成瘾药物的易感性的个体差异,这说明对于成瘾药物的反应性是可以遗传的;(3)表观遗传变异的稳定性与成瘾相关记忆的长期存在。目前发现的药物成瘾相关分子最长存在时间不超过2个月,研究者仍未找到成瘾记忆长期存在的物质基础。亲代哺育行为引起的子代DNA甲基化变化可以持续数年,这提示表观遗传变异的长时稳定性也许可作为非常重要的候选机制。因此,表观遗传学为成瘾记忆长期存在的脑机制研究提供了新视角,并且为药物成瘾的临床治疗提供了新思路。

学习记忆的异常改变是药物成瘾长期存在的重要原因。药物成瘾的形成是从偶尔或控制性使用药物发展到不可控制的强迫性使用药物的过程,其主要特征是产生不惜一切代价的觅药行为并长期保持这一行为。这一过程伴随着学习记忆功能的变化。大量研究表明,不论学习记忆还是成瘾过程都是通过使相应脑区结构和功能发生长时程变化从而导致行为改变的。药物成瘾过程与学习记忆可能存在相同的神经生物学基础。行为学实验表明二者作用于相同的脑区,学习记忆过程中起关键作用的相关脑区(如,海马)参与成瘾药物的强化效应,在药物成瘾过程中起关键作用的中脑多巴胺系统也参与学习记忆过程;电生理实验证明二者有相同的细胞机制,尽管成瘾药物主要通过中脑多巴胺系统产生强化作用,学习记忆过程主要发生于海马、杏仁核、前额叶皮质等脑区,但两个过程都会使相应脑区出现细胞突触长时程增强或长时程抑制现象;分子生物学研究表明,学习记忆和成瘾的形成无论发生在哪一脑区,不论是通过何种信号转导机制,最终大多汇聚于CREB,通过CREB调控相应的靶基因改变细胞的可塑性(Nestler,2002)。此外,某些个体初次接触成瘾药物就能产生深刻记忆从而形成和维持强迫性用药行为。在个体记忆消退后很长一段时间,其成瘾行为仍能由条件线索诱发(Weiss等,2000)。以上事实表明学习记忆功能的异常改变及长期保持是药物成瘾产生的重要原因。

成瘾药物进入体内会导致海马、前额叶皮质、中脑腹侧被盖区及伏隔核等学习记忆相关的脑区的多巴胺、谷氨酸等神经递质释放的异常变化,通过作用于相应的受体激活细胞内信号转导通路,改变神经营养因子、转录因子、即刻早期基因或染色体的结构等一系列分子事件,最终引起突触的可塑性、甚至神经元的形态结构发生变化,从而导致成瘾记忆长期存在。阐明成瘾记忆长期性与顽固性的分子机制是研究药物成瘾治疗的关键。

CREB 是目前研究者关注最多的与成瘾记忆密切相关的分子机制之一,大多数成瘾药物都可以通过直接或间接途径促进多巴胺的释放,然后通过作用于 D1 受体增加 cAMP 的释放从而活化 PKA,使 CREB 磷酸化调控靶基因的转录。CREB 也是哺乳动物长时记忆形成的必要环节,研究发现杏仁核 CREB 过度表达的动物的学习记忆能力比正常个体强。因此,CREB 在药物成瘾与学习记忆相关基因表达过程中起枢纽作用,参与成瘾记忆的形成。长期慢性成瘾药物处理可使 cAMP-PKA-CREB 通路的功能上调,从而导致异常的记忆形成。毋庸置疑,cAMP-PKA-CREB 通路的变化是成瘾记忆产生的关键分子机制之一,但是 CREB 的变化在停止药物使用后几天内便可恢复正常,因此它不能解释药物戒段后很长一段时间内(甚至终身)成瘾记忆长期存在这一客观事实。针对这一问题,可能的解释是 CREB 的变化是启动而不是维持成瘾记忆长期存在的更加稳定的分子机制的必要环节。

ΔFosB 是目前成瘾与学习记忆领域内保持时间最长的分子,在成瘾药物急性作用下通过 cAMP-PKA-CREB 通路诱发即刻早期基因 c-fos、c-jun 的表达,但在数小时后便恢复到正常水平;ΔFosB 也是 Fos 蛋白家族成员之一,但对药物的急性效应无明显的反应。相反在成瘾药物的反复作用下,ΔFosB 的表达会逐渐增加,而 c-fos、c-jun 的表达则会逐渐减少。ΔFosB 蛋白具有较高的稳定性,在停止药物后数月内都保持相对稳定(郑明岚,2005)。ΔFosB 一旦形成便能调节许多靶基因表达,cdk5 基因便是其调控的最重要的靶基因之一,参与神经元的生长。因此,ΔFosB 的高表达能够增强突触的可塑性,甚至改变神经元的形态,维持成瘾记忆的长期性。但是 ΔFosB 蛋白的变化在停止药物后只能保持几个月,其时间长度仍然无法与成瘾行为及成瘾记忆的长期性相匹配。

DNA 甲基化等表观遗传学的改变可以维持终身,可能是成瘾记忆长期存在的分子基础。表观遗传学指在基因的 DNA 序列没有发生改变的情况下,染色体结构变化导致基因功能发生可遗传的变化,并最终导致表型的变化。主要包括 DNA 甲基化、组蛋白乙酰化(两者都可造成染色体结构变化)和非编码 RNA(如 RNAi)三种作用方式。表观遗传学的改变可以稳定存在,其中 DNA 甲基化的改变一般不可逆转,是发育过程中细胞记忆的重要分子基础,帮助细胞在分裂过程中保持表型的相对稳定(Cavalli,2006;Feng 等,2006)。由此可以推测表观遗传学的变化,尤其是基因甲基化所导致的该基因永久沉默,即不再能被激活,有可能是细胞分化结束后记忆长期保持的重要分子机制(Feng 等,2006；Levenson 和 Sweatt, 2005；Wood 等,2006)。

成瘾药物会导致中脑腹侧被盖区、伏隔核和其他相关脑区的 mRNA 水平的改变。这些基因表达的变化在戒断后可维持数月。这些长时程的变化使人们开始将研究染色质重塑作为长时程甚至终身持续影响大脑奖赏区域的基因表达的分子基础。最近的研究表明,不改变基因编码而调控基因活性的表观遗传学机制对成熟的神经元具有长效作用,并且在急性或慢性接触药物的不同处理下会表现出不同的作用机制。

急性可卡因注射可导致纹状体的 c-fos 和 ΔFosB 表达,并且这个现象与给药后 30 分钟内的 H4 乙酰化的短暂增加有关。CBP 内在的组蛋白乙酰化的活性在药物导致的 ΔFosB 基因组蛋白乙酰化过程中起了重要的介导作用,并且可能在其他基因中也起了类似的作用。急性可卡因注射也能诱导出 c-fos 基因启动子的 H3 的乙酰化,并且这种作用需要蛋白激酶 MSK1。

相较于急性处理,慢性可卡因处理和自我给药可以激活或者抑制许多不同的基因。比如急性或者慢性处理都会产生 ΔFosB 基因,但是急性暴露会使 H4 产生乙酰化,而慢性处理则会使 H3 产生乙酰化。慢性成瘾药物处理后特异性诱导的基因,比如 Cdk5 和 Bdnf 基因,也会表现出 H3 的乙酰化。并且这种表观遗传学的变化会引起特定基因表达的变化。慢性处理后的戒断期会出现可卡因引起的 Bdnf 启动子的组蛋白乙酰化,而组蛋白修饰的变化是先于这个区域 Bdnf mRNA 和蛋白质的增加的。

在急性和慢性给药引起的表观遗传学修饰不同,存在着由 H4 乙酰化向 H3 乙酰化的转变。在海马急性和慢性电休克之后也会有这种类似的转变。这提示 H3 乙酰化可能象征着一种染色质变化的信号,代表持久稳固或者重复激活的基因的。研究者目前对 HATs 和 HDACs 对于 H3 和 H4 的特定乙酰基残余的催化反应的特异性知之甚少。急性或慢性处理之后,HATs 或 HDACs 对于基因调控的截然相反的作用可能介导了 H4 乙酰化向 H3 乙酰化的转变。

全基因组水平的表观遗传修饰的检测手段使相关基因的筛查更为有效。可卡因调控 Cdk5 和 Bdnf 基因的组蛋白乙酰化,启发研究者应用染色体免疫沉淀芯片或串联染色质片断分析的方法探索全基因组层面的染色质结构,并帮助研究者发现了染色质水平的失调可能导致可卡因成瘾。基因组层面的表观遗传学方法在发育和肿瘤生物学领域的应用为我们带来了许多令人振奋的结果,而现在其在成瘾研究中也显示出越来越重要的作用。目前 Nestler 的实验室已初步鉴定了数百个慢性可卡因处理后显著过高或过低乙酰化的基因。

尽管在许多成瘾关键因子中都发现了表观遗传学修饰,但有证据表明,这些修饰可能通过不同的作用机制起作用。转录因子 ΔFosB 与成瘾状态的转换有关,在伏隔核能显示出在可卡因作用下大于 25% 的 mRNA 稳定状态所有变化。染色体免疫沉淀能显示其中一种 mRNA 的反应,可卡因能引起 Cdk5 基因 14 的 ΔFosB 的直接激活,而 Bdnf 基因则不是直接激活 ΔFosB,说明这些基因转录调控的变化借助不同的机制。Cdk5 基因的激活部分介导了慢性可卡因引起的伏隔核中的树突可塑性。这些发现都支持这样一个模型:ΔFosB 的积累和特定启动子的染色体重塑因子相互作用在成瘾的发展和维持中发挥重要作用。

近年来,研究者相继发现组蛋白的乙酰化与 DNA 的甲基化等表观遗传学的变化参与长时记忆的形成。而成瘾过程中也伴随着表观遗传学的改变,急性可卡因作用可引起纹状体 c-fos 基因组蛋白 H4 乙酰化与磷酸化,而慢性可卡因处理则会导致 Cdk5 与 Bdnf 基因组蛋白 H3 乙酰化,对 H4 乙酰化无明显影响。说明组蛋白 H3 乙酰化可能在成瘾药物形成过程中发挥关键作用,并且组蛋白去乙酰化酶抑制剂能显著增强药物的成瘾行为效应;而可卡因能降低青龄期动物前额叶皮质组蛋白甲基化水平,促进成瘾相关基因的表达从而增强成瘾行为效应。此外,慢性可卡因处理可引起甲基化 CPG 岛结合蛋白 2MeCP2 与甲基化 CPG 岛结合蛋白 MBD1 的高表达,通过蛋白去乙酰化酶抑制下游基因的表达参与成瘾过程。以上结果提示染色体重塑(组蛋白乙酰化与 DNA 甲基化)可能在成瘾记忆的形成与保持过程中起关键作用,从而为成瘾记忆长期性的分子机制提供了新的研究思路。目前研究初步发现组蛋白去乙酰化酶抑制剂参与苯丙胺行为敏感化的联想性学习记忆过程,上述结果表明表观遗传学的变化参与维持成瘾过程中神经适应性的变化。

表观遗传学和药物成瘾都不是新兴的研究领域,但是从表观遗传学角度研究成瘾问题,是近几年兴起的一个研究热点。从表观遗传变异解释药物成瘾的神经可塑性变化和精神依赖,为成瘾药物奖赏性的后天获得和成瘾相关记忆长时存在都提供了很有力的解释机制。目前研究者对于成瘾进程中的一些关键因子的组蛋白乙酰化已经有了初步的研究,研究的结果使我们看到了更多表观遗传机制在药物成瘾研究领域的前景。表观遗传机制参与成瘾记忆的长期性的调控,如何消除或削弱顽固的成瘾记忆是成瘾行为干预和治疗的关键。记忆的再巩固理论为如何有效干预成瘾记忆的形成提供了一个新的视角。

6.3.3 成瘾记忆的再巩固机制

传统的记忆巩固理论认为长时记忆的巩固只需要发生一次,实际上稳定的记忆需要多次巩固过程才能形成。Misanin 在 1968 年的实验中发现了再巩固现象,即记忆的激活使原有的长时记忆进入一段不稳定的时期,需要特殊的过程恢复至稳定状态。如果在这个过程施加干预(电击或者药物)就会使原有的记忆改变,既可以增强,也可以消除原有的记忆。成瘾相关的记忆每次被提取激活后,在再巩固的时间窗内,相关线索与成瘾药物的奖赏效应再次匹配,便会产生异常牢固的病理性记忆。但是,当成瘾记忆被提取激活后,在再巩固时间窗内,通过药物或行为的方法也可以削弱或者消除成瘾记忆。因此,记忆的再巩固理论为成瘾的治疗提供了新的思路。

近几年来,记忆再巩固是学习记忆领域里的一个研究热点,众多研究结果表明记忆再巩固与记忆巩固存在部分共同的神经机制,但它不是巩固过程的延续,而是记忆过程中的一个独立现象,存在特有的神经机制。再巩固理论为成瘾记忆的长期性提供了一种新的解释机制,在特定环境使用成瘾药物会激活已经形成的成瘾记忆,被激活的记忆会变得不稳定,成瘾药物能够促进记忆的再巩固过程,使原有的记忆痕迹更加牢固,多次结合后便会促进病理性记忆的产生,这种异常的再巩固机制可能是成瘾记忆长期存在的原因。

记忆再巩固过程需要合成新的蛋白质来维持原有记忆的稳定,相关动物研究发现,记忆提取激活后在外周或记忆相关脑区(如,海马、基底外侧杏仁核、伏隔核)注射蛋白合成抑制剂,去甲肾上腺素受体阻断剂,或者谷氨酸受体的拮抗剂都能阻断成瘾记忆的巩固,从而削弱甚至消除原有记忆。临床研究也进一步证实了,在成瘾记忆被提取激活后,注射去甲肾上腺受体拮抗剂普洛纳尔可以削弱与海洛因、尼古丁、酒精相关的成瘾记忆。在记忆的再巩固窗口,不使用药物,通过记忆提取唤醒—消退这种行为模式也能削弱成瘾记忆。ERK 是参与成瘾记忆再巩固过程的重要分子,药物相关的环境线索在唤醒成瘾记忆时能够激活 ERK 的表达,记忆唤醒后抑制 ERK 通路可阻断记忆的再巩固过程,从而消除或减弱原来的成瘾记忆,抑制 ERK 通路下游的锌指蛋白(Zif268)的表达同样能干扰记忆的再巩固。说明 ERK 通路是成瘾记忆再巩固的关键环节,这种反复的再巩固过程和其积累效应会导致一段时间内相关记忆不容易消退,即使成瘾记忆长期存在。这种信号通路的改变产生的表观遗传机制变化可能是记忆再巩固的重要分子机制。成瘾记忆提取激活后,成瘾相关的环境线索和药物的奖赏效应的多次匹配不仅会使得成瘾记忆变得异常牢固,而且会促进刺激—反应的自动化习惯性觅药行为的形成。

6.3.4 成瘾记忆与习惯

药物成瘾的形成过程是从最初基于对奖赏的预期而发动的觅药和用药行为向具有自动化、僵化和对行为结果不敏感等特点的觅药及用药行为的过渡。即成瘾者的用药行为从目标导向性(goal-directed)向习惯化(habitual)发展的过程。药物使用初期,药物的强化(奖赏)效应使用药行为持续发生(反应—强化),形成早期的以目标为导向的行为。在此过程中，药物(非条件刺激)又与用药相关线索(条件刺激：如环境、人物、工具等)产生联结，形成条件反射。随着药物的长期使用，用药行为已经慢慢地不再依赖于奖赏效应，到用药后期或成瘾期，目标导向的用药行为逐渐变成"刺激(用药相关线索)—反应(用药)"模式：只要出现相关线索，个体就会产生自动化的用药行为，而不会顾及反应的结果。此时，用药相关线索下的操作性条件反射已经建立，即使对强化物(药物)进行贬值或对用药行为处以惩罚，也难以消除个体对药物的寻求反应。这说明成瘾后，刺激—反应式的习惯化用药行为已经建立，奖赏敏感性已经降低。

但是，这种习惯性觅药及用药行为与一般的习惯性行为又存在本质的区别：后者具有适应性，个体依然具备调整行为策略的能力；而前者对药物相关的条件线索保持着持久的高敏感性，且不受外在环境的调控、不计后果，难以控制，即表现出"强迫性"的特征。因此，成瘾行为可被视为一种适应不良的习惯(maladaptive habit)。

综上所述，成瘾者的用药行为基本建立在两个学习记忆过程之上：经典的条件反射和操作性条件反射。经典的条件反射使药物的奖赏效应与用药相关线索形成联结，导致目标导向性的觅药、用药过程；而操作性条件反射使用药行为转变成一种"刺激—反应"式的用药行为，并最终使相关线索条件下的用药行为演变成一种自动化、强迫性的习惯性行为。上述两个学习记忆过程的完成是基于不同的神经结构：目标导向用药行为的神经基础是背内侧纹状体，相当于灵长类的尾状核(caudate)。背内侧纹状体属于联合纹状体(associative striatum)，接受大脑联合皮质(主要是内侧前额叶皮质)的谷氨酸能投射，这一神经通路主要参与行为—结果连接(action-outcome association, A-O)介导的目标导向行为；而习惯性行为的神经基础则是背外侧纹状体，相当于灵长类的壳核(putamen)。背外侧纹状体属于感觉运动纹状体(sensorimotor striatum)，接受来自感觉运动皮质(包括初级运动皮质和躯体感觉皮质)的谷氨酸能投射，这一神经环路主要参与刺激—反应连接(stimulus-response association, S-R)介导的习惯性行为。内侧前额叶皮质—背内侧纹状体和感觉运动皮质—背外侧纹状体是两条平行的、解剖和功能上分离的信息处理通路，并且存在竞争关系，因为损毁其中一个通路，另一个通路所介导的行为过程并不受影响，相反会主导对行为的控制。但是，两者也存在一定的交互作用。由此可见，随着用药时程的延长，药物的影响逐渐从背内侧纹状体扩展到背外侧纹状体，这种神经控制基础的转变也正是成瘾的条件性适应不良理论机制的关键所在。

此外，前额叶皮质下行控制功能的减弱也是自动化、强迫性觅药及用药行为产生的重要神经基础之一。前额叶皮质包括内侧前额叶皮质和眶额皮质，负责控制多种认知过程以保证复杂行为被有序、适度地执行。其中，行为抑制是一种重要的控制机制,它通过调整认知和运动过程最终阻止行为的执行,如果前额叶不能正常启动行为抑制过程,则会导致冲动、强迫及注意缺陷等症状出现。大量的研究表明,成瘾者的前额叶功能受损是其用药行为失去控制的重要原因。前额叶皮质向背侧纹状体的投射部位主要是背内侧纹状体,那么长期用药导致的前额叶损害就可能使那些控制习惯建立的神经过程占主导,或者是启动 A-O 过程抑制 S-R 过程来调整行为的能力下降,从而促进强迫性觅药及用药行为的形成。

总之,从初始用药到强迫性用药是成瘾者的觅药行为从目标导向性向习惯化发展的过程。强迫性觅药和用药行为是依赖于背外侧纹状体的习惯化行为。同时,前额叶皮质—背内侧纹状体通路对行为的控制减弱,导致感觉运动皮质—背外侧纹状体通路对行为的控制占主导地位,是成瘾行为具有强迫性特征的重要神经基础。

本章小结

在成瘾行为的形成发展过程中,以伏隔核为中心的奖赏环路及相关的调节环路结构和功能的适应性变化,是成瘾行为产生的关键原因。在成瘾行为形成的早期,成瘾药物通过伏隔核产生的强化效应,以及在此基础上形成的奖赏记忆,是成瘾行为产生的基础,并推动成瘾行为的发展。随着成瘾药物继续使用,纹状体、下丘脑、泛杏仁核和前额叶皮质等奖赏环路结构和功能发生适应性变化,奖赏环路的功能增强从腹侧纹状体转移到背侧纹状体,前额叶皮质对奖赏环路逐渐失去控制。一方面,成瘾药物本身的强化效应下降,成瘾相关线索诱发的奖赏预期增强,并且成瘾记忆从目标导向记忆转换成线索诱发的习惯记忆,产生自动化觅药行为;另一方面,应激和情绪相关的调节环路功能发生改变,成瘾者对负性情绪刺激敏感性增加。前额叶皮质功能下降,不能有效抑制成瘾线索诱发的自动化强迫性觅药行为,同时不能有效调控负性情绪,个体因此产生应激与负性情绪诱发的觅药行为。总之,奖赏环路及其调节环路在成瘾药物作用下发生的适应性变化是导致不可控制的强迫性觅药行为的关键环节。在研究成瘾行为形成过程中,奖赏环路结构和功能的变化特征和规律是揭示成瘾产生脑机制的关键切入点,并且可为成瘾行为的早期识别和干预提供依据。

关键术语

奖赏环路
中脑边缘多巴胺系统
药物成瘾

行为成瘾

精神依赖

躯体依赖

强化

成瘾记忆

记忆再巩固

习惯化

表观遗传

参考文献

郑明岚, 朱永平. (2005). 精神活性物质成瘾的学习记忆机制. 毒理学杂志, 1, 61-63.
Ahmed, S. H., Lutjens, R., van der Stap, L. D., Lekic, D., Romano-Spica, V., Morales, M., ... & Sanna, P. P. (2005). Gene expression evidence for remodeling of lateral hypothalamic circuitry in cocaine addiction. *Proceedings of the National Academy of Sciences of the United States of America*, 102(32), 11533-11538.
Balleine, B. W., Liljeholm, M., & Ostlund, S. B. (2009). The integrative function of the basal ganglia in instrumental conditioning. *Behavioural Brain Research*, 199(1), 43-52.
Bardo, M. T. (1998). Neuropharmocological mechanisms of drug reward: beyond dopamine in the nucleus accumbens. *Critical Reviews in Neurobiology*, 12(1-2).
Bassareo, V. & Di Chiara, G. (1999). Modulation of feeding - induced activation of mesolimbic dopamine transmission by appetitive stimuli and its relation to motivational state. *European Journal of Neuroscience*, 11(12), 4389-4397.
Belin, D., Jonkman, S., Dickinson, A., Robbins, T. W., & Everitt, B. J. (2009). Parallel and interactive learning processes within the basal ganglia: relevance for the understanding of addiction. *Behavioural Brain Research*, 199(1), 89-102.
Borgland, S. L., Taha, S. A., Sarti, F., Fields, H. L., & Bonci, A. (2006). Orexin A in the VTA is critical for the induction of synaptic plasticity and behavioral sensitization to cocaine. *Neuron*, 49(4), 589-601.
Boutrel, B., Kenny, P. J., Specio, S. E., Martin-Fardon, R., Markou, A., Koob, G. F., & de Lecea, L. (2005). Role for hypocretin in mediating stress-induced reinstatement of cocaine-seeking behavior. *Proceedings of the National Academy of Sciences of the United States of America*, 102(52), 19168-19173.
Caine, S. B. & Koob, G. F. (1994). Effects of mesolimbic dopamine depletion on responding maintained by cocaine and food. *Journal of the Experimental Analysis of Behavior*, 61(2), 213-221.
Carelli, R. M., Ijames, S. G., & Crumling, A. J. (2000). Evidence that separate neural circuits in the nucleus accumbens encode cocaine versus "natural" (water and food) reward. *Journal of Neuroscience*, 20(11), 4255-4266.
Carelli, R. M., & Wondolowski, J. (2003). Selective encoding of cocaine versus natural rewards by nucleus accumbens neurons is not related to chronic drug exposure. *Journal of Neuroscience*, 23(35), 11214-11223.
Cavalli, G. (2006). Chromatin and epigenetics in development: blending cellular memory with cell fate plasticity. *Development*, 133(11), 2089-94.
Cazala, P. (1984). Electrical self-stimulation of the mesencephalic central gray area: facilitation by lateral hypothalamic stimulation. *Physiology & Behavior*, 32(5), 771-777.
Di Chiara, G., Tanda, G., Cadoni, C., Acquas, E., Bassareo, V., & Carboni, E. (1997). Homologies and differences in the action of drugs of abuse and a conventional reinforcer (food) on dopamine transmission: an interpretative framework of the mechanism of drug dependence. *Advances in Pharmacology*, 42, 983-987.
DiLeone, R. J., Georgescu, D., & Nestler, E. J. (2003). Lateral hypothalamic neuropeptides in reward and drug addiction. *Life Science*, 73(6), 759-768.
Dube, M. G., Kalra, S. P., & Kalra, P. S. (1999). Food intake elicited by central administration of orexins/hypocretins: identification of hypothalamic sites of action. *Brain Research*, 842(2), 473-477.
Everitt, B. J. & Robbins, T. W. (2005). Neural systems of reinforcement for drug addiction: from actions to habits to compulsion. *Nature Neuroscience*, 8(11), 1481-1489.
Fadel, J. & Deutch, A. Y. (2002). Anatomical substrates of orexin - dopamine interactions: lateral hypothalamic projections to the ventral tegmental area. *Neuroscience*, 111(2), 379-387.
Feng, Z., Hu, W., Hu, Y., & Tang, M. S. (2006). Acrolein is a major cigarette-related lung cancer agent: Preferential binding at p53 mutational hotspots and inhibition of DNA repair. *Proceedings of the National Academy of Sciences of the United States of America*, 103(42), 15404-15409.

George, O., Mandyam, C. D., Wee, S., & Koob, G. F. (2008). Extended access to cocaine self-administration produces long-lasting prefrontal cortex-dependent working memory impairments. *Neuropsychopharmacology*, *33*(10), 2474–2482.

Georgescu, D., Zachariou, V., Barrot, M., Mieda, M., Willie, J. T., Eisch, A. J., ... DiLeone, R. J. (2003). Involvement of the lateral hypothalamic peptide orexin in morphine dependence and withdrawal. *Journal of Neuroscience*, *23*(8), 3106–3111.

Germeroth, L. J., Carpenter, M. J., Bake,r N. L., Froeliger, B., LaRowe, S. D., & Saladin, M. E. (2017). Effect of a Brief Memory Updating Intervention on Smoking Behavior: A Randomized Clinical Trial. *JAMA Psychiatry*, *74*(3), 214–223.

Goldstein, R. Z., & Volkow, N. D. (2002). Drug addiction and its underlying neurobiological basis: neuroimaging evidence for the involvement of the frontal cortex. *American Journal of Psychiatry*, *159*(10), 1642–1652.

Goldstein, R. Z. & Volkow, N. D. (2011). Dysfunction of the prefrontal cortex in addiction: neuroimaging findings and clinical implications. *Nature Review Neuroscience*, *12*(11), 652–669.

Harris, G. C., Wimmer, M., & Aston-Jones, G. (2005). A role for lateral hypothalamic orexin neurons in reward seeking. *Nature*, *437*(7058), 556–559.

Hellemans, K. G., Everitt, B. J., & Lee, J. L. (2006). Disrupting reconsolidation of conditioned withdrawal memories in the basolateral amygdala reduces suppression of heroin seeking in rats. *Journal of Neuroscience*, *26*(49), 12694–12699.

Hernandez, L. & Hoebel, B. G. (1988). Food reward and cocaine increase extracellular dopamine in the nucleus accumbens as measured by microdialysis. *Life Science*, *42*(18), 1705–1712.

Hester, R. & Garavan, H. (2004). Executive dysfunction in cocaine addiction: evidence for discordant frontal, cingulate, and cerebellar activity. *Journal of Neuroscience*, *24*(49), 11017–11022.

Holden, C. (2008). Behavioral addictions debut in proposed DSM-V. *Science*, *327*(5968), 935.

Kelley, A. E. & Berridge, K. C. (2002). The neuroscience of natural rewards: relevance to addictive drugs. *Journal of Neuroscience*, *22*(9), 3306–3311.

Kelley, A. E. (2004). Ventral striatal control of appetitive motivation: role in ingestive behavior and reward-related learning. *Neuroscience and Biobehavioral Reviews*, *27*(8), 765–776.

Kumar, A., Choi, K. H., Renthal, W., Tsankova, N. M., Theobald, D. E., Truong, H. T., ... Neve, R. L. (2005). Chromatin remodeling is a key mechanism underlying cocaine-induced plasticity in striatum. *Neuron*, *48*(2), 303–314.

Koob, G,F. & Volkow, N. D. (2016). Neurobiology of addiction: a neurocircuitry analysis. *Lancet Psychiatry*, *3*(8), 760–773.

Lee, J. L., Di Ciano, P., Thomas, K. L., & Everitt, B. J. (2005). Disrupting reconsolidation of drug memories reduces cocaine-seeking behavior. *Neuron*, *47*(6), 795–801.

Levenson, J. M. & Sweatt, J. D. (2005). Epigenetic mechanisms in memory formation. *Nature Reviews Neuroscience*, *6*(2), 108–118.

Luo, Y. X., Xue, Y. X., Liu, J. F., Shi, H. S., Jian, M., Han, Y., Zhu, W. L., ..., & Lu, L. (2015). A novel UCS memory retrieval-extinction procedure to inhibit relapse to drug seeking. *Nature Communication*, *6*: 7675.

McBride, W. J., Murphy, J. M., & Ikemoto, S. (1999). Localization of brain reinforcement mechanisms: intracranial self-administration and intracranial place-conditioning studies. *Behavioral Brain Research*, *101*(2), 129–152.

Miller, C. A. & Sweatt, J. D. (2007). Covalent modification of DNA regulates memory formation. *Neuron*, *53*(6), 857–869.

Milton, A. L. & Everitt, B. J. (2012). The persistence of maladaptive memory: addiction, drug memories and anti-relapse treatments. *Neuroscience and Biobehavioral Reviews*, *36*(4), 1119–1139.

Muschamp, J. W., Dominguez, J. M., Sato, S. M., Shen, R. Y., & Hull, E. M. (2007). A role for hypocretin (orexin) in male sexual behavior. *Journal of Neuroscience*, *27*(11), 2837–2845.

Narita, M., Nagumo, Y., Hashimoto, S., Narita, M., Khotib, J., Miyatake, M., ..., & Suzuki, T. (2006). Direct involvement of orexinergic systems in the activation of the mesolimbic dopamine pathway and related behaviors induced by morphine. *Journal of Neuroscience*, *26*(2), 398–405.

Nestler, E. J. (2002). Common molecular and cellular substrates of addiction and memory. *Neurobiology of Learn Memory*, *78*(3), 637–647.

Olds, J. & Milner, P. (1954). Positive reinforcement produced by electrical stimulation of septal area and other regions of rat brain. *Journal of Comparative Physiological Psychology*, *47*(6), 419–427.

Olds, J. (1958). Self-stimulation of the brain: its use to study local effects of hunger, sex, and drugs. *Science*, *127*(3294), 315–324.

Petry, N. M. (2006). Should the scope of addictive behaviors be broadened to include pathological gambling? *Addiction*, *101* Suppl 1, 152–160

Potenza M. N. (2008). The neurobiology of pathological gambling and drug addiction: an overview and new findings. *Philosophical Transactions of the Royal Society of London Series B Biological sciences*, *363*(1507), 3181–3189.

Pujara, M. S., Philippi, C. L., Motzkin, J. C., Baskaya, M. K., & Koenigs, M. (2016). Ventromedial Prefrontal

Cortex Damage Is Associated with Decreased Ventral Striatum Volume and Response to Reward. *Journal of Neuroscience*. 36(18),5047-5054.

Robinson, T. E. & Berridge, K. C. (1993). The neural basis of drug craving: an incentive sensitization theory of addiction. *Brain Research. Reviews*, 18,247-291.

Schroeder, B. E., Binzak, J. M.,& Kelley, A. E. (2001). A common profile of prefrontal cortical activation following exposure to nicotine- or chocolate associated contextual cues. *Neuroscience*, 105, 535-545.

Schultz, W. (1998). Predictive reward signal of dopamine neurons. *Journal of Neurophysiology*, 80, 1-27.

Singh, J., Desiraju, T., & Raju, T. R. (1996). Comparison of intracranial self-stimulation evoked from lateral hypothalamus and ventral tegmentum: analysis based on stimulation parameters and behavioural response characteristics. *Brain Research Bulletin*, 41(6),399-408.

Sutton, M. A. & Beninger, R. J. (1999). Psychopharmacology of conditioned reward: evidence for a rewarding signal at D1-like dopamine receptors. *Psychopharmacology*, 144,95-110.

van der Kooy, D., Mucha, R. F., O'Shaughnessy, M., & Bucenieks, P. (1982). Reinforcing effects of brain microinjections of morphine revealed by conditioned place preference. *Brain Research*, 243(1),107-117.

Vittoz, N. M. & Berridge, C. W. (2006). Hypocretin/orexin selectively increases dopamine efflux within the prefrontal cortex: involvement of the ventral tegmental area. *Neuropsychopharmacology*, 31(2),384-395.

Volkow, N. D., Wang, G. J., Fowler, J. S., Tomasi, D., Telang, F., & Baler, R. (2010). Addiction: decreased reward sensitivity and increased expectation sensitivity conspire to overwhelm the brain's control circuit. *Bioessays*, 32(9),748-755.

Volkow, N. D., Koob, G. F., & McLellan, A. T. (2016). Neurobiologic Advances from the Brain Disease Model of Addiction. *The New England Journal of Medicine*, 374(4),363-371.

Weiss, F., Maldonado-Vlaar, C. S., Parsons, L. H., Kerr, T. M., Smith, D. L., & Ben-Shahar, O. (2000). Control of cocaine-seeking behavior by drug-associated stimuli in rats: effects on recovery of extinguished operant-responding and extracellular dopamine levels in amygdala and nucleus accumbens. *Proceedings of the National Academy of Sciences of the United States of America*, 97(8),4321-4326.

Wise, R. A. (2004). Dopamine, learning and motivation. *Nature Review Neuroscience*, 5,483-494.

Wise, R. A. (1997). Drug self-administration viewed as ingestive behaviour. *Appetite*, 28,1-5.

Wood, C. C., Robertson, M., Tanner, G., Peacock, W. J., Dennis, E. S., & Helliwell, C. A. (2006). The Arabidopsis thaliana vernalization response requires a polycomb-like protein complex that also includes VERNALIZATION INSENSITIVE 3. *Proceedings of the National Academy of Sciences of the United States of America*, 103(39),14631-14636.

Wu, Y., Li, Y. H., Yang, X. Y., & Sui, N. (2014). Differential effect of beta-adrenergic receptor antagonism in basolateral amygdala on reconsolidation of aversive and appetitive memories associated with morphine. *Addiction Biology*, 19(1),5-15.

Xue, Y. X., Luo, Y. X., Wu, P., Shi, H. S., Xue, L. F., Chen, C., Zhu, W. L., ..., & Lu, L. (2012). A memory retrieval-extinction procedure to prevent drug craving and relapse. *Science*, 336(6078),241-245.

Xue, Y. X., Deng, J. H., Chen, Y. Y., Zhang, L. B., Wu, P., Huang, G. D., ...,& Lu, L. (2017). Effect of Selective Inhibition of Reactivated Nicotine-Associated Memories With Propranolol on Nicotine Craving. *JAMA Psychiatry*, 74(3),224-232.

Yan, W., Li, Y. H., & Sui, N. (2014). Working memory and affective decision-making in addiction: a neurocontive comparison between heroin addicts, pathological gamblers and healthy controls. *Drug and Alcohol dependence*, 134: 194-200.

Yin, H. H., Knowlton, B. J.,& Balleine, B. W. (2006). Inactivation of dorsolateral striatum enhances sensitivity to changes in the action-outcome contingency in instrumental conditioning. *Behavioral Brain Research*, 166(2),189-196.

Yonghui, L., Xigeng, Z., Yunjing, B., Xiaoyan, Y., & Nan, S. (2006). Opposite effects of MK-801 on the expression of food and morphine-induced conditioned place preference in rats. *Journal of Psychopharmacology*, 20(1), 40-46.

Zapata, A., Minney, V. L.,& Shippenberg, T. S. (2010). Shift from goal-directed to habitual cocaine seeking after prolonged experience in rats. *Journal of Neuroscience*, 30(46),15457-15463.

7 语言

7.1 语言的神经生物学：概述 / 223
    7.1.1 语言加工与语言神经生物学概述 / 223
    7.1.2 语言加工的认知模型与神经科学模型：以句子理解为例 / 224
    7.1.3 语言神经生物学的研究方法 / 225
        韵律加工的事件相关电位相关物 / 225
        名词、动词等词类加工的事件相关电位相关物 / 225
        词汇语义整合过程的事件相关电位相关物 / 226
        动词论元结构加工的事件相关电位相关物 / 226
        话语指代加工的事件相关电位相关物 / 226
    7.1.4 语言神经生物学的研究进展与热点：本章主要内容概观 / 227
7.2 语音与词汇加工的脑机制 / 227
    7.2.1 语音加工的脑机制 / 227
        声调加工 / 227
        语调加工 / 229
        不同层级的韵律边界加工 / 230
        韵律与其他信息之间的相互作用 / 232
    7.2.2 词汇加工的脑机制 / 233
        汉语字词加工的事件相关电位研究 / 233
        汉字加工的功能性核磁共振成像研究 / 235
        汉语词汇加工的功能性核磁共振成像研究 / 236
7.3 句法与语义等非句法过程的脑机制 / 238
    7.3.1 句法与语义过程的神经相关物：来自电生理学和脑成像的证据 / 238
    7.3.2 句法与语义等非句法过程相互作用的神经时间动态性 / 242
        词类加工与词汇语义整合的相互作用 / 243
        短语结构加工与话语指代加工的相互作用 / 248
        动词及物性加工与语义加工的相互作用 / 249

7.4 双语者第二语言句法加工的脑机制 / 251
    7.4.1 双语者第二语言句法加工：概述 / 251
    7.4.2 双语者第二语言句法加工的脑机制：
          一些代表性研究 / 252
本章小结 / 256
关键术语 / 256

7.1 语言的神经生物学：概述

7.1.1 语言加工与语言神经生物学概述

语言作为一种符号刺激，携带语音(如声调、语调、韵律等)、形态(如性、数、格、时态、人称等方面的形态变化)、语义和句法等多种不同层面的、大量的信息。相应地，语言加工可以根据所加工信息的类型分成语音、词汇、句法和语义等多个不同层面的加工。另外，从加工方向来看，语言加工既包括语言理解，又包括语言产生。

理解和产生语言是人脑具有的一种高级认知功能。揭示语言现象背后的本质，对于哲学、语言学、心理学和神经科学以及其他相关学科而言，既是一项重要使命，也是必须面对的一个挑战。长期以来，语言加工机制一直是认知心理学和认知科学研究的中心课题，也一直有专门的分支学科——心理语言学(Psycholinguistics)或语言心理学(Psychology of Language)对此进行系统探讨。近几十年，随着认知神经科学的出现和不断发展，语言加工机制的研究不仅关心语言加工的认知机制，也越来越多地关心语言加工的神经机制，因而逐渐形成一个新的交叉学科——神经语言学(Neurolinguistics)或语言神经生物学(Neurobiology of Language)。有趣的是，语言认知领域的一个重要国际学术期刊《语言与认知过程》(Language and Cognitive Processes)，最近更名为《语言、认知和神经科学》(Language, Cognition and Neuroscience)，实际上也反映了语言加工研究越来越多地结合神经科学手段这种变化趋势。这标志着，语言的神经生物学已经成为生物心理学的一个越来越重要的分支。

世界上各种不同的语言可根据语音、词汇和句法等方面的特性，进行语言类型上的划分。不同类型的语言是否使用相同的加工机制，包括认知和神经机制，是近年来语言神经生物学领域一个十分有趣的问题(有关综述，参见 Zhou 等，2009；张亚旭等，2011)。以句法层面为例，德语和法语等印欧语言属于屈折语(inflectional language)，拥有高度发展的显性语法范畴体系。例如，德语使用屈折变化或派生词缀等语法形态学手段来标记词类(如动词)和句法特征(性、数、格、时态、人称等)。相比之下,汉语作为一种非屈折语(non-inflectional language)或孤立语(isolating language),既不使用外显的语法形态学手段来标记词类,一般来说也不使用外显的形态学手段来标记句法特征。上述两类语言在句法特性上的差别,是否会导致句法加工性质的不同,是近年来研究者关注的一个问题。关于这一点,我们将在 7.3 一节中详细讨论。

最后,随着全球化进程的日益加快,越来越多的人开始使用两种甚至两种以上语言,成为双语者(bilinguals)或多语者(multilinguals)。第二语言与第一语言加工在认知神经机制上是否有差别?如果有差别,有何差别?哪些因素会影响这些差别?这些问题已经吸引了越来越多研究者的兴趣。我们将在 7.4 一节中讨论双语者第二语言句法加工的神经机制。

7.1.2 语言加工的认知模型与神经科学模型:以句子理解为例

像前文所提到的那样,语言加工包含众多不同的层面,因而相关的理论也非常多。这里,我们仅以句子理解为例,简要介绍语言加工模型从认知模型到神经科学模型的发展。

句子理解是人类借助语言加工系统利用各种信息所完成的一种高水平认知操作,其目的是获得句子水平的意义。这些信息既包括词类(名词、动词等)、形态句法(性、数、格、时态、人称等形态标记)和词序等句法信息,也包括词汇语义和话语语境等非句法信息。

在句子理解领域,经典的认知模型包括句法优先模型(syntax-first models, Ferreira 和 Clifton, 1986; Frazier 和 Fodor, 1978; Frazier 和 Rayner, 1982)、约束满足理论(constraint satisfaction theory, MacDonald 等, 1994)、同时作用模型(concurrent model, Boland, 1997)等信息加工模型。这些认知模型的主要分歧在于看待词汇语义、话语语境等各种非句法信息使用的时间进程的方式。例如,句法优先模型假设,基于词类的短语结构建构过程在时间和功能上优先于词汇语义整合以及话语语境加工等非句法过程,而约束满足理论和同时作用模型都并未假设这一点。

与认知模型并未涉及神经机制不同,句子理解的神经科学模型不仅描述了句子加工的认知机制——句法和非句法等过程如何发生,也描述了相应的神经机制。这些神经科学模型包括三阶段神经认知模型(three-phase neurocognitive model, Friederici, 2002, 2011; Friederici 和 Weissenborn, 2007)、统一模型(unification model, Hagoort, 2003a, 2005)、非句法中心的动态模型(non-syntactocentric, dynamic model, Kuperberg, 2007)以及扩展的依靠论元模型(extended argument dependency model, eADM, Bornkessel 和 Schlesewsky, 2006; Bornkessel-schlesewsky 和 Schlesewsky,

2008,2009)。其中一些神经科学模型实际上继承了经典认知模型的核心争论。例如,三阶段神经认知模型和扩展的依靠论元模型性质上都属于句法优先模型。按照这些模型,基于名词、动词等词类信息的短语结构建构在第一个阶段完成,而词汇语义整合在第二个阶段完成,词汇语义整合必须以基于词类的、成功的短语结构建构为基础。相比之下,统一模型假设句法和非句法过程平行进行。我们将在 7.3 一节讨论支持或反对这些模型的神经科学证据。

7.1.3 语言神经生物学的研究方法

对脑损伤患者进行神经心理学测验,运用正电子发射断层扫描技术和功能性核磁共振成像技术等脑成像技术、事件相关电位和脑电信号时频分析技术等认知神经科学常用的手段,并与语言认知研究常用的实验范式结合在一起,就构成了语言神经生物学的研究方法体系。有关上述神经科学手段和认知实验范式的详细介绍,读者可参考专门介绍这些内容的相关书籍。这里,我们简要介绍一下事件相关电位和脑电信号时频分析这两种高时间分辨率的神经科学技术在语言神经生物学研究中的应用。

与眼动记录这种高时间分辨率的行为研究手段一样,事件相关电位和脑电信号时频分析也都可以揭示非常微妙的实验效应,例如,句法加工在句子的什么位置出现困难。然而,像眼动记录这样的行为手段更多地揭示出加工困难的程度,而事件相关电位和脑电信号更多地揭示加工困难的性质(Foucart 和 Frenck-Mestre,2012)。

近年来,在语言加工领域,研究者已经找到了韵律加工、词类加工、词汇语义整合、动词论元结构加工以及话语指代加工等一些基本的语言加工成分的事件相关电位相关物。

韵律加工的事件相关电位相关物

韵律加工的事件相关电位研究发现,语调短语边界(intonational phrase boundary, IPB)会引发一个持续 500 毫秒—1000 毫秒,主要分布于头皮中后部的正波,称作闭合正偏移(closure positive shift, CPS)(Steinhauer 等,1999)。有证据表明,CPS 依赖于纯粹的韵律信息,而与其他音段信息无关(有关综述,参见 Li 和 Yang,2009)。

名词、动词等词类加工的事件相关电位相关物

名词、动词等词类异常,例如,句子的某个位置要求名词,但实际上出现的却是动词,可引发 100 毫秒—300 毫秒早期左前负波(ELAN)(如 Friederici 等,1999;Ye 等,2006),或 300 毫秒—500 毫秒左前负波(LAN)(如 Friederici 等,2004)。尽管上述这些研究中所观察到的 ELAN/LAN 效应可能存在基线伪迹问题(详细的讨论,参见 Steinhauer 和 Drury,2012),另外一些研究所观察到的 300 毫秒—500 毫秒前部负波则清楚地反映了词类违反效应(汉语:Yu 等,2015;荷兰语:Hagoort 等,2003)。这些负波通常后跟 P600,即 600 毫秒左右开始的晚期后部正波(如 Friederici 等,2004; Hahne 和 Friederici,2002; Isel 等,2007; Yu 等,2015; Zhang 等,2010,2013)。

词汇语义整合过程的事件相关电位相关物

词汇语义整合是一种最基本的句子水平的非句法过程。与这一过程相关联的典型的事件相关电位成分是 N400。该成分典型分布在头皮中后部,峰潜伏期大约为 400 毫秒,时间窗口通常为 300 毫秒—500 毫秒。语义整合难度越大,N400 波幅越大(最近的综述,见 Kutas 和 Federmeier,2011)。汉语语义违反稳定地引发 N400 效应(如 Li 等,2006; Wang 等,2013; Ye 等,2007; Yu 和 Zhang,2008; Zhang 和 Zhang,2008; Zhang 等,2010, 2013; Zhou 等,2010)。

动词论元结构加工的事件相关电位相关物

动词论元结构提供了与动词一起出现的句法成分的类型信息,如主语、宾语等语法角色和施事、受事等主题角色。例如,在句子"王师傅修理汽车"中,"王师傅"与"汽车"分别充当"修理"的施事和受事。动词论元结构信息处于句法与语义的交界面。

动词论元结构信息包括动词论元数目(及物动词可以有两个或两个以上论元,而不及物动词只能有一个论元)和论元类型两类。德语和汉语动词论元数目异常均引发 N400 - P600 模式(德语: Friederici 和 Frisch, 2000; Frish 等,2004; 汉语: Wang 等,2013),而德语论元类型异常引发 LAN - P600 模式(Friederici 和 Frisch, 2000)。

话语指代加工的事件相关电位相关物

话语指代加工是一种重要的超句子水平的非句法过程。话语指代歧义,如话语材料 1 中第三个句子的宾语名词"girl",通常会引发 300 毫秒左右开始的持续前部负波,即 Nref 效应(如 van Berkum 等,1999; 有关综述,参见 van Berkum 等,2007)。

材料 1: David had told the two girls to clean up their room before lunch time. But one of the girls had stayed in bed all morning, and the other had been on the phone all the time. David told the **girl**...

尽管事件相关电位为揭示实时的语言加工过程提供了重要数据,但是,仅仅分析事件相关电位是不够的,我们还非常有必要进行脑电信号时频分析。这是因为,事件相关电位仅仅代表了事件相关脑电信号中某些方面的信息(Buzsáki, 2006)。具体地说,事件相关电位仅仅反映了事件相关脑电信号中的非振荡活动或锁相到刺激或反应的振荡活动,而忽视了非严格锁相的振荡活动。相比之下,脑电信号节律或频谱变化反映了节律性的或振荡性的、锁时但未必锁相的活动。近年来,脑电信号时频分析技术已经越来越多地被用于句法和语义加工的电生理学研究。总的来说,这些研究发现,句法与语义过程均与多个频段(包括 θ、α、β 和 γ)能量变化相联系。此外,有趣的是,不同方面的句法(如性、数)和语义加工(如语义整合、预期)与不同频段振荡活动相联系(详细的综述,参见王琳等,2007;蔡林,张亚旭,2014)。我们将在 7.2.1 一节中具体介绍采用脑电信号时频分析技术的汉语语音加工方面的研究。

7.1.4　语言神经生物学的研究进展与热点：**本章主要内容概观**

近年来,在语音、词汇、语义、句法以及双语语言加工等语言加工的各个层面,语言神经生物学研究都取得了长足的进步。在 7.2—7.4 三节内容中,我们将以一些与汉语语言加工相关的、代表性研究为例,分别介绍近年来语言神经生物学在语音与词汇加工脑机制、句法与语义等非句法过程脑机制,以及双语者第二语言句法加工脑机制三个方面的研究进展。

在 7.2 一节中,我们将首先讨论语音加工脑机制方面的研究,其中涉及汉语声调加工、语调加工、不同层级的韵律边界加工以及韵律与其他信息之间的相互作用。然后,我们将讨论词汇加工脑机制方面的研究,其中涉及汉语字词加工的事件相关电位和功能性核磁共振成像研究。

在 7.3 一节中,我们将讨论有关句法与语义等非句法过程脑机制方面的研究。其中,我们将首先讨论汉语句法与语义过程的神经相关物。然后,我们将着重讨论汉语句法与非句法过程相互作用的神经时间动态性。这方面的讨论涉及词类加工与词汇语义整合、短语结构加工与话语指代加工以及动词及物性加工与语义加工等多种句法与非句法过程之间的相互作用。

最后,在 7.4 一节中,我们将讨论双语者第二语言句法加工脑机制方面的相关研究。

总的来看,应该说,这些研究进展能够让我们看到一种语言的语言学特点,即如何在约束语言加工神经机制的基础上,更好地理解语言加工的本质以及生物学基础。

7.2　语音与词汇加工的脑机制

本节中,我们首先讨论语音加工的脑机制,然后讨论词汇加工的脑机制。

7.2.1　语音加工的脑机制
声调加工

一些研究者采用事件相关电位技术,证明了汉语声调信息的快速和自动激活。例如,Wang 和 Gu 等人(2012)采用事件相关电位技术和非注意 oddball 范式,通过测量失匹配负波发现,母语为汉语的听者能够自动或者前注意地抽取言语中与汉语声调有关的、抽象的听觉规则。失匹配负波通常在刺激呈现之后 100 毫秒—250 毫秒达到峰值,是研究听觉语言输入自动加工的一种有力工具。Wang 和 Gu 等人向母语为汉语的被试连续呈现由共振峰、强度和音高不同的汉语韵母(/a/、/e/、/i/或/u/)所组成的声音流。这个声音流中,作为标准刺激(standard stimuli)的大多数(概率为 90%)声音都是平调(一声),形成一个内嵌的、抽象的听觉规则,但被试没有得到任何外显的提醒。偶尔地,随机出现一个二声或四声的声音作为偏差刺激(deviant stimuli,出现概率为 10%)。实验时,要求被试忽视听觉刺激,观看带有字幕的无声电影。

Wang 和 Gu 等人发现,不符合抽象的听觉(声调)规则的声音(二声或四声)引发了很强的前注意的听觉反应,即失匹配负波。有趣的是,失匹配负波后面并未跟着一个 P3a 成分——一般认为,该成分反映不自主的注意切换(如 Horvath, Winkler 和 Bendixen, 2008; Polich, 2007)。此外,被试并没有关于这个听觉规则的外显的知识,也没有意识到规则的违反。Wang 和 Gu 等人认为,这些事实都说明声调规则的抽取是完全自动的和前注意的。不过,值得注意的是,Wang 和 Gu 等人是将二声或四声(偏差刺激)与一声(标准刺激)进行比较,因此,研究者并不清楚所观察到的事件相关电位效应多大程度上归因于二声或四声与一声之间声调上的差异,多大程度上归因于研究者所关心的抽象听觉/声调规则的违反。

与 Wang 和 Gu 等人(2012)通过比较偏差刺激与标准刺激来考察声调加工的事件相关电位效应不同,Gu 等人(2012)在两种偏差刺激之间进行比较发现,与声调相联系的词汇特异性神经活动在词汇识别点之后 164 毫秒就达到了峰值。在该研究中,标准刺激为汉语音节/huo4/和/kuo4/,偏差刺激为汉语双音节/huo4 da2/、/kuo4 da4/、/huo4 da4/和/kuo4 da2/(其中前两个双音节均构成一个真词,而后两个双音节构成一个假词)。实验时,要求被试忽视所有的听觉刺激,观看带有字幕的无声电影。结果发现,与假词相比,真词所引发的事件相关电位更负性,表明被试激活了词汇声调信息。更有趣的是,这一效应在双音节呈现 524 毫秒(相当于词汇识别点之后 164 毫秒)后达到峰值,表明声调信息以及相关联的词汇记忆痕迹能够快速激活。

声调与非声调两种不同类型语言的言语理解过程可能与不同的神经活动相联系。例如,最近,Ge 等人(2015)使用功能性核磁共振成像技术和动态因果模型(dynamic causal modeling, DCM),在 30 名母语为汉语(声调语言)和 26 名母语为英语(非声调语言)的被试中,考察了左侧颞上回后部、颞上回前部和额下回等脑区之间的皮质动态性。实验时,Ge 等人用被试的母语向被试呈现可理解或不可理解的、由男性或女性说出的言语,要求被试判断说话者的性别,实验期间扫描被试的大脑活动。他们发现,在言语理解过程中,母语为汉语和英语的被试都借助颞叶从后到前的信息流。更加有趣的是,母语为英语的被试额下回接受来自左侧颞皮质后部的神经信号,而母语为汉语的被试额下回接受来自双侧颞皮质前部的神经信号。必须强调的是,右侧颞皮质前部对于声调加工非常关键。

除了言语听觉过程之外,词汇阅读过程也涉及声调加工。如果词汇声调加工的神经机制具有通道普遍性,那么,词汇阅读与言语听觉两种过程中的声调加工,应该激活额区和颞叶中类似的脑区。反之,如果词汇声调加工的神经机制具有通道特异性,那么,听觉和视觉两种过程中的词汇声调加工应该激活不同的脑区。与以往研究主要关注口语中的声调加工不同,Kwok 等人(2015)探讨了词汇阅读过程中声调加工的脑机制。他们在计算机屏幕中心呈现简单或复杂汉字(平均笔画数分别为 9 和 14,如"骂"和"嘴"),要求被试判断所看到的汉字是否为四声。此外,他们还将箭头方向(上或下)判断作为基线任务。结果显示,与基线任务相比,声调知觉任务激活了多个脑区,包括双侧额区、左侧顶下小叶、左侧颞中回和内侧颞叶后部、左侧颞下回、双侧视觉系统以及小脑。有趣的是,Kwok 等人并没有观察到颞上回的激活,而该脑区参与言语声调加工。此外,他们对先前发表的有关听觉词汇声调加工的 7 个脑成像研究进行元分析发现,听觉词汇声调加工的关键脑区是左侧颞上回和壳核,而非上述视觉实验中所观察到的那些颞叶脑区。在上述这些结果基础上,Kwok 等人提出,词汇声调加工的神经机制具有通道特异性,有必要进一步对听觉和视觉领域中词汇声调加工的神经机制进行直接比较研究。

语调加工

声调与语调这两种音高模式具有不同的心理功能。声调能够帮助人们区分词汇意义,而语调主要传达态度意义、推论意义和语法意义,如陈述、疑问和祈使等(Cruttenden, 1997)。关于音高模式加工的神经机制,言语加工的声学假设(acoustic hypothesis)认为,与心理功能无关,所有的音高模式都单侧化到右半球(Klouda 等,1988; Zatorre 和 Belin, 2001; Zatorre 等,2002)。而功能假设(functional hypothesis)则认为,音高模式的半球优势由其心理功能决定,具体地说,像词汇声调这样的携带更多语言学负荷的音高模式具有左半球加工优势,而像语调这样的携带较少语言学负荷的音高模式具有右半球加工优势(Van Lancker, 1980;有关这两种假设及其实验证据的讨论,见 Ren 等,2009)。

为了检验上述两种假设,Ren 等人(2009)利用失匹配负波和低分辨率电磁断层法(low-resolution electromagnetic tomography, LORETA)这种源定位技术,考察了汉语词汇声调和语调早期前注意加工的神经机制。他们采用 oddball 范式,设计了以下四种条件:(1)正常声调条件:标准刺激为音节/gai3/,偏差刺激为音节/gai4/,二者均为陈述语调;(2)嗡嗡声声调(hummed tone,指消除了辅音和元音信息而保留了声调信息)条件:标准刺激和偏差刺激分别为正常声调条件所用刺激的嗡嗡声版本(因而声调出现在非语言背景中);(3)正常语调条件:标准刺激为陈述语调的音节/gai4/,偏差刺激为疑问语调的音节/gai4/;(4)嗡嗡声语调(hummed intonation,指消除了辅音和元音信息而保留了语调信息)条件:标准刺激和偏差刺激分别为正常语调条件所用刺激的嗡嗡声版本(因而语调出现在非语言背景中)。按照功能假设,正常声调条件下应该观察到左半球单侧化的结果模式,而无论是嗡嗡声声调条件,还是两个语调条件下,都应该观察到右半球单侧化的结果模式。相比之下,声学假设则预期,所有四个条件下都应该出现右半球优势的结果模式。Ren等人的源定位结果显示,所有四个条件下的失匹配负波都显示出右半球优势,这一结果与言语加工的声学假设一致。

失歌症(amusia)患者存在音乐音高加工上的障碍,包括辨别音高之间细微差异上的困难(有关失歌症的详细介绍,参见蒋存梅和杨玉芳,2012)。问题是,除此之外,失歌症患者是否还存在言语语调加工方面的障碍?为了回答这一问题,Jiang等人(2012)采用事件相关电位技术,比较了母语为汉语的先天性失歌症患者与正常被试之间,汉语言语理解过程中语调异常所引发的事件相关电位效应的差别。实验材料为由问答句对构成的话语,其中,答句句尾为陈述或疑问语调。Jiang等人操纵了语调的合适性——句尾的语调或者合适,或者不合适。需要说明的是,一个给定的话语,如果从语义角度应该以陈述语调结尾,而实际上却以疑问语调结尾,那么,就会导致语调异常。被试的任务是判断话语在语义上是否可以接受,即语调是否合适。结果发现,在正常被试中,与语调合适材料相比,语调不合适材料导致N100减小,P600增大。按照Jiang等人的解释,N100与基于句法和语义语境的语调预期有关。与不合适语调相比,合适的语调符合预期,因而会引发更大的N100。不合适语调所引发的更大的P600效应则可能反映了语调不合适条件下,语调与疑问/陈述这样的句法结构之间的不匹配。研究发现,失歌症患者没有显示出语调合适与不合适两种条件之间N100或P600上的差异。这一发现表明失歌症患者不仅存在音高加工障碍,也存在言语语调加工上的障碍。

不同层级的韵律边界加工

像我们在7.1.3一节中已经提到过的那样,IPB会引发CPS,即持续500毫秒—1000毫秒,主要分布于头皮中后部的正波,它依赖于纯粹的韵律信息,而与其他音段信息无关(Pannekamp等,2005;Steinhauer,2003;Steinhauer等,1999)。最近,通过测量CPS,Li和Yang(2009)考察了汉语听觉句子加工过程中,不同层级韵律边界加工的事件相关电位效应。实验设计了音节边界(syllable boundary, SB)、韵律词边界(prosodic word boundary, PWB)、语音短语边界(phonological phrase boundary, PPB)以及IPB等四个条件。句子2a—2d分别是这四个条件的例句。其中,各种边界均位于音节/xian1/和/hua1/之间。

(2a)商店里的/**鲜花**/散发出/阵阵/浓郁的/芳香。(SB 条件)
(2b)小华/最好/**先**/花/点/时间/学习一下/弹/钢琴。(PWB 条件)
(2c)养/这盆/水仙/**花**了/我/大量的/时间/和/精力。(PPB 条件)
(2d)想/保持/领**先**/花/时间/进行/练习/非常/必要。(IPB 条件)

  Li 和 Yang 发现,IPB 和 PPB 均可引发 CPS 这种反映韵律加工的事件相关电位效应,尽管 PPB 所引发的 CPS 相对更早。这些结果表明无论是对 IPB,还是对 PPB,听者都非常敏感。有趣的是,当韵律边界附近的停顿完全移除时,IPB 和 PPB 所引发的 CPS 在潜伏期上不再存在差异,说明停顿影响韵律边界加工。

  然而,值得注意的是,Li 和 Yang(2009)对事件相关电位数据进行分析时,使用了 200 毫秒前刺激基线校正的方法,尽管边界前音节之前的听觉刺激并不相同(见 2a—2d)。这样,Li 和 Yang 所观察到的事件相关电位效应多大程度上受基线伪迹的影响并不清楚(有关基线伪迹问题及其解决办法,可参见 Osterhout 等,2004; Steinhauer 和 Drury,2012; Tanner 等,2016; Widmann 等,2014; Yu 等,2015)。此外,他们支持停顿影响韵律边界加工的实验证据来自于跨不同实验的比较——韵律边界附近的停顿,在实验 1 中被正常保留,结果发现与 IPB 相比,PPB 所引发的 CPS 更早,而在实验 2 中该停顿被完全移除,结果发现 IPB 和 PPB 所引发的 CPS 在潜伏期上不再存在差异。更理想的设计是在同一个实验中,对正常保留和完全移除韵律边界附近的停顿进行比较。

  在诗歌这种介于语言和音乐之间的材料中,韵律边界加工是否也可以引发 CPS,以及不同层级的韵律边界是否引发潜伏期和波幅不同的 CPS,是一个非常有趣的问题。Li 和 Yang(2010)使用听觉呈现的唐诗(七言绝句)为实验材料,探讨了上述问题。在该研究中,韵律边界从低到高依次包括以下四个不同层级:(1)韵脚边界(foot boundary, FB),一个诗句的前四个字包含两个韵脚,这两个韵脚之间的边界即为 FB;(2)PPB,位于一个诗句前四个字和后三个字之间;(3)IPB,位于两个诗句之间;(4)对句边界(couplet boundary, CB),位于两个对句之间。实验时,诗句材料以听觉信号呈现,被试的任务是判断一个纯韵律句与刚刚听到的一首诗中的某一个诗句在韵律上是否一致。结果显示,这四种层级的韵律边界均引发反映韵律短语切分的 CPS。更有趣的是,层级越高,其所诱发的 CPS 潜伏期越长。Li 和 Yang(2010)认为,更长的潜伏期反映了对前面信息的回溯性加工。此外,在早期(600 毫秒—1000 毫秒)窗口,与 CB 相比,PPB 所诱发的 CPS 波幅值更高。而在晚期(1100 毫秒—1400 毫秒)窗口,与 PPB 和 CB 这两种韵律边界相比,IPB 所诱发的 CPS 波幅值更高。这些结果说明,尽管不同层级的韵律边界都能诱发 CPS,但是,不同层级韵律边界对注意和记忆系统的要求不同,所引发的 CPS 潜伏期和波幅就不同。

除听觉领域外,视觉领域也涉及韵律边界加工。Luo 和 Zhou(2010)使用句子可接受性判断任务,考察了汉语动宾短语的韵律模式影响句子阅读的认知神经机制。他们在操纵动宾短语中动词和宾语名词音节数量([1+1]或[2+1])的基础上,设计了韵律模式正常(如 3a 中的"种/蒜")和异常(如 3b 中的"种植/蒜")两种条件的句子。

3a. 技术员/建议/村民/**种**/蒜。
3b. 技术员/建议/村民/**种植**/蒜。

实验时,研究者逐区段以视觉信号的形式呈现句子,被试的任务是判断句子是否可以被接受。结果显示,韵律模式异常引发了 400 毫秒—600 毫秒、头皮前中部分布的、类似 N400 的效应,以及晚期正活动效应。有趣的是,听觉句子加工过程中韵律异常也会引发类似的负活动和晚期正活动(如 Eckstein 和 Friederici, 2005;Magne 等,2007)。这些负活动可能反映了韵律模式异常所导致的语义通达或整合困难,而这些晚期正活动则可能反映了韵律上的重新分析或修复过程。在上述实验发现基础上,Luo 和 Zhou 提出,即使是在句子阅读过程中,韵律模式也能很快使用并制约语义通达和/或整合。

此外,Luo 等人(2010)对 Luo 和 Zhou(2010)的脑电信号数据进行时频分析发现,韵律模式异常引发早期窗口(0 毫秒—200 毫秒)θ(4 赫兹—6 赫兹)和 α(10 赫兹—15 赫兹)频段能量增加,以及晚期窗口(400 毫秒—657 毫秒)α 和高频 β 频段(20 赫兹—24 赫兹)能量减少。有趣的是,尽管语义异常也与晚期窗口 α 频段能量减少相联系,但是,与韵律模式异常所引发的脑电信号能量变化不同,语义异常还与早期和晚期时间窗口低频 β 频段(16 赫兹—20 赫兹)能量减少相联系。这些发现说明韵律模式加工与语义加工有着不同的神经认知过程。

韵律与其他信息之间的相互作用

一些研究者探讨了语言理解过程中,韵律与其他信息之间的相互作用。例如,Li 和 Yang(2013)同时采用事件相关电位和脑电信号时频分析两种技术,使用汉语话语材料,考察了口语理解过程中,从长时记忆中所提取的信息与重读之间如何相互作用。她们操纵了关键词(如 4a 中的"做饭"和 4b 中的"听歌")可预期的程度,以及是否重读。研究结果显示,对于包含新信息的、可预期程度低的词(如 4a 中的"做饭")来说,与重读(属于一致性重读,因为是新信息重读)相比,不重读引发了更大的 N400 和更大的(4 赫兹—6 赫兹)频段能量增加。有趣的是,θ 频段能量增加通常与语义异常相联系(如 Davidson 和 Indefrey, 2007;Hagoort 等, 2004;Hald 等, 2006;

Penolazzi 等,2009;Wang, Zhu,等,2012;Willems 等,2008;有关综述,见蔡林和张亚旭,2014)。Li 和 Yang 认为,上述 N400 以及 θ 频段能量变化效应反映了缺乏重读所表达的信息状态与话语语境所指示的信息状态之间语义上的不匹配。

4a. 明明在课余时间会选择什么活动来放松?他说明明常选择<u>做饭</u>来放松。
4b. 明明在课余时间会选择什么活动来放松?他说明明常选择<u>听歌</u>来放松。

相比之下,对于包含新信息的、可预期程度高的词(如 4b 中的"听歌")来说,与不重读相比,重读引发了更大的 N400 和更大的 α(8 赫兹—14 赫兹)频段能量减少——后者通常与更多的注意相联系(如 Shahin 等,2009)。不过,也有研究发现语义违反会引发 α 能量减少(如 Luo 等,2010;Wang, Jensen,等,2012;有关综述,见蔡林和张亚旭,2014)。Li 和 Yang 认为,高预期条件下的 N400 以及 α 频段能量变化效应反映出重读的词被分配了更多的注意资源,因而得到了深加工。在上述结果基础上,Li 和 Yang 提出,在听觉语言理解过程中,信息重读的效应与从长时记忆中提取的信息之间能够立即相互作用。

上面我们讨论了语音加工脑机制的研究进展,下面我们来看词汇加工的脑机制。

7.2.2 词汇加工的脑机制

这里,我们首先讨论汉语字词加工的事件相关电位研究,然后分别讨论汉字和汉语词汇的功能性核磁共振成像研究。

汉语字词加工的事件相关电位研究

在拼音文字中,正字法(如字母和字母组合)与语音之间存在系统的对应关系。因此,甚至是在非语音性质的任务中,正字法刺激(词和假词、非词)也可能会自动激活语音加工,导致正字法与语音加工难以分离。这样,在拼音文字中发现的与视觉词汇加工相关联的左侧单侧化 N170,实际上既可以解释为与正字法加工相关联,也可以解释为与语音加工相关联。这意味着,与视觉词汇加工相关联的左侧单侧化的 N170 究竟是反映正字法加工,还是反映语音加工,在采用拼音文字进行研究时很难作出回答。相比之下,汉字正字法与语音之间任意的对应关系能够将正字法与语音加工分离开来,因而是用来理解与视觉词汇加工相关联的左侧单侧化 N170 的性质的理想材料。

基于上述考虑,Lin 等人(2011)考察了真字、假字、错字和笔画组合等四种类型的目标刺激所引发的事件相关电位效应。在该研究中,四类刺激结构匹配。更重要的是,在这四类刺激中,只有真字可以发音。此外,真字和假字拼写都合乎规则,因而都符合正字法。相比之下,错字和笔画组合都不符合正字法。实验时,被试的任务是判断目标刺激与先前呈现的网格颜色是否一致。如果左侧单侧化 N170 反映的是语音加工,那么,与其他三类刺激相比,真字会诱发更大的 N170(因为只有真字才可以发音)。然而,如果左侧单侧化 N170 反映的是正字法加工,那么,与错字和笔画组合相比,真字和假字会诱发更大的 N170(因为只有真字和假字才符合正字法)。结果表明,在头皮的左后部,相对于错字和笔画组合,真字与假字诱发了更大的 N170。此外,与不可发音的假字相比,真字并未引发更大的 N170——两种刺激所引发的 N170 均呈现出左侧单侧化的头皮分布特征,且波幅值相同。上述发现表明左侧单侧化 N170 反映的是正字法而非语音加工。

视觉词汇识别领域以一个有趣的现象被称作中央凹分割(foveal splitting),该现象是指呈现在屏幕中心、落在中央凹范围内的词,在注视点左右两侧的信息最初分别投射到对侧大脑半球,即右半球和左半球,在两个半球分别进行加工(有关综述,见 Hsiao 等,2007)。为了考察汉字识别过程中的中央凹分割效应,Hsiao 等人(2007)采用事件相关电位记录技术,比较了形旁在左、声旁在右(以下简称"SP 汉字",如"採")与声旁在左、形旁在右(以下简称"PS 汉字",如"彩")两种不同结构的汉字。实验时,被试的任务是对相继呈现的两个汉字进行同音判断。该任务可以保证汉字的语音得到激活。实验结果发现,在 N1 波幅上,字的类型和半球之间存在显著的交互作用:在左半球头皮上,SP 汉字比 PS 汉字诱发了更大的 N1,而右半球头皮上的模式则刚好相反。Hsiao 等人认为,这些发现与中央凹分割的观点一致,汉字的左右两部分最初可能分别投射至不同的大脑半球,在两个半球分别进行加工。

有关词汇识别的一些研究发现,在词汇判断、命名等多种任务中,与抽象词(指代表抽象概念的词,如"诚实")相比,被试对具体词(指代表具体概念的词,如"汽车")的加工更快、更准确,这种效应被称作具体性效应(concreteness effects,有关综述,见 Zhang 等,2006)。该效应有两种不同的理论解释。其中一种理论被称作双重编码理论(dual-coding theory, Paivio, 1986, 1991),它假设存在两个独立的语义系统,分别基于语言和表象。按照该理论,尽管具体词和抽象词最初都激活了基于语言的语义系统中的表征,但是只有具体词能够激活基于表象的语义系统中的表征。另一个理论是背景可用性模型(context-availability model, Schwanenflugel, 1991)。该模型假设,词汇的理解受人们的知识基础(语义记忆)的影响。按照该模型,与抽象词相比,具体词在语义记忆中存在更多的联系,因而可以被更有效地加工。

采用事件相关电位技术和词汇判断任务,Zhang 等人(2006)考察了汉语双字名词或动词具体性加工的事件相关电位效应发现,无论是在高频词,还是在低频词中,与抽象名词相比,具体名词在 200 毫秒—300 毫秒和 300 毫秒—500 毫秒时间窗口均引发了更负的活动。其中,尽管 300 毫秒—500 毫秒时间窗口的 N400 效应在头皮上广泛分布,但在左前部最大。此外,与名词相比,动词的具体性效应更小,且主要分布在头皮左侧中后部。最近,一些研究者把 N400 的功能含义解释为反映词汇语义提取过程(如 Brouwer 等,2012)。这种观点实际上可以解释 Zhang 等人所观察到的具体性加工的 N400 效应:无论是按照双重编码理论,还是按照背景可用性模型,与抽象词相比,具体词都会激活更多的语义信息,从而引发更大的 N400。

汉字加工的功能性核磁共振成像研究

在脑成像领域,一些研究者较早地考察了与汉字阅读相关联的脑区。例如,Tan 等人(2001)采用功能性核磁共振成像技术,设计了语义相关判断和同音判断两种实验任务。前一种任务要求被试判断两个同时呈现的汉字,如"阅"和"看",语义是否相关,后一种任务则要求被试判断两个同时呈现的汉字,如"画"和"话",是否同音。他们发现,汉字阅读激活了分布式神经系统。语义和语音两种任务均激活了左侧额中回(BA 9)。Tan 等人推测,左侧额中回可能负责协调和整合语义(语音)与视空间等方面的加工。此外,左侧额下回也调节汉字加工。非常有趣的是,与阅读英文相比,阅读汉语激活了更多的右半球脑区,包括 BA 17/45、BA7、BA40/39 以及右半球视觉系统。Tan 等人认为,这些右半球系统与汉字特殊的字形(方块形状)要求分析构成汉字的各个笔画的空间信息有关。

书写系统和语言经验是否可以塑造语言表征的功能神经建构?一些来自汉语的脑成像证据给出了肯定的回答。例如,Wu 等人(2012)对有关汉字字形、语音和语义加工的功能性核磁共振成像研究进行元分析发现,字形、语音和语义任务均激活左侧额中回、左侧顶上小叶以及左侧梭状回中部。更有趣的是,左侧顶下小叶和右侧颞上回专门参与语音加工,而左侧颞中回参与语义加工。他们还发现,左侧额下回显示出有趣的功能分离:后部的背侧部分参与语音加工,前部的腹侧部分参与语义加工。此外,语音和语义加工均激活双侧的腹侧枕颞区。Wu 等人认为,这些元分析结果巩固了有关汉字加工神经网络特殊性的研究发现,即汉字加工利用了左侧颞中回和右侧腹侧枕颞区。

的确,汉语与拼音文字这两种不同书写系统在形音之间关系上的差异——拼音文字形音之间存在系统的对应关系,而汉字形音之间不存在系统的对应关系,可以解释汉字与拼音文字之间在加工神经机制上的差异。最近,为了考察汉语阅读过程中不同脑区之间的相互作用,Xu 等人(2015)使用功能性核磁共振成像和动态因果模型,要求 17 名母语为汉语的被试完成声调判断任务,即判断视觉呈现的汉字发音是否为第四声。该研究表明,汉语视觉词汇识别使用从视皮质到左侧腹侧枕颞皮质的腹侧通路,这一通路与顶上小叶和左侧额中回相连接,形成一个动态神经网络。在汉语视觉词汇识别过程中,信息从视皮质到左侧腹侧枕颞皮质,再到顶叶,最后到左侧额中回。有趣的是,汉语视觉词汇识别并不使用从视皮质到左侧顶区的背侧通路。拼音文字的词汇加工则使用起源于视皮质的腹侧和背侧两条通路(如 Booth 等,2008;Carreiras 等,2014;Levy 等,2009;Price,2012;Richardson 等,2011;Seghier 等,2012)。Xu 等人将上述汉字与拼音文字之间的差异解释为这两种不同书写系统在形音之间关系上的差异。

汉语词汇加工的功能性核磁共振成像研究

为了考察与汉语词汇加工相关联的脑区,Liu 等人(2009)采用功能性核磁共振成像技术,以母语为汉语、平均年龄为 22.8 岁的成年人为被试,使用汉语双字词,操纵实验任务和刺激呈现通道两个变量进行了研究。其中,被试任务包含两种,即判断相继呈现的两个双字词,如"金钱"与"钞票",语义是否相关(语义任务),或词中的后一个字,如"兴奋"中的"奋"与"承认"中的"认",是否押韵(语音任务)。通道变量包含视觉和听觉通道两个水平。之所以使用双字而非单字词,是因为单字词中有大量的同音词。无论是在语义,还是在语音任务中,研究者对视觉与听觉两个通道之间的比较均发现,视觉呈现刺激导致左侧梭状回出现更强的激活,而听觉呈现刺激则导致左侧颞上回出现更强的激活。这些通道特异性的脑区激活表明左侧梭状回参与正字法加工,而左侧颞上回参与语音加工。此外,研究者通过对语义和语音两种任务之间的比较发现,语义任务导致了腹侧额下回更强的激活,而语音任务导致了背侧额下回更强的激活。有趣的是,语义联系较弱的词所伴随的左侧腹侧额下回的激活更强,而音段和声调不一致的词所伴随的左侧背侧额下回的激活更强。这些发现表明腹侧额下回可能参与语义表征的提取和选择,而背侧额下回可能参与策略性的语音加工。最后,Liu 等人还发现,左侧额中回兼具任务特异性和通道特异性——与语义任务相比,语音任务导致了该脑区更强的激活,而与听觉呈现刺激相比,视觉呈现刺激导致该脑区更强的激活。据此,他们提出,左侧额中回参与汉字的视空间分析以及音节水平上的从正字法到语音的整合。

阅读汉语词汇时,儿童与成年熟练读者脑激活模式是否存在差异? 为了回答这一问题,Cao 等人(2009)采用功能性核磁共振成像技术,比较了儿童(平均年龄为 11.2 岁,年龄范围为 9.7 岁—12.4 岁)与成人(平均年龄为 22.3 岁,年龄范围为 20 岁—30 岁)阅读汉语双字词时的脑激活模式。实验中,被试需完成两种任务。一种任务为押韵判断,即判断所看到的、连续呈现的三个双字词中,第三个词是否与前面呈现的两个词中的某一个押韵。该任务包含以下三个条件:(1)形似音似,如"中枢—黑板—早饭"(其中,"饭"与"板"共用相同的声旁和韵母);(2)形异音似,如"自然—兴奋—承认"(其中,"奋"与"认"声旁不同,但共用相同的韵母);(3)形异音异,如

"连续—罪行—掌握"(其中,"行"与"握"声旁不同,韵母也不同)。另一种任务为语义关联性判断,即判断连续呈现的三个双字词中,第三个词是否与前面呈现的两个词中的某一个有关联。该任务包含三个条件:(1)高关联,如"金钱—周末—钞票";(2)低关联,如"孤独—好奇—伤心";(3)无关联,如"沙发—雨水—服从"。实验结果表明:无论是在语音任务,还是在语义任务中,与儿童相比,成人都显示出右侧枕中回更强的激活。Cao 等人认为,这一结果表明成人能够更有效地利用右半球脑区来对汉字进行视空间分析。此外,与语义任务相比,在押韵判断任务上,与儿童相比,成人左侧顶下小叶显示出更强的激活,这一结果表明成人语音加工神经机制的专门化更强。Cao 等人还发现,在押韵判断任务中,那些在字形与语音信息冲突的材料(如,"奋"与"认",二者声旁不同,但共用相同的韵母)上成绩更好(与两种信息不冲突的材料相比)的儿童,左侧额中回显示出更强的激活,提示该脑区参与形音整合。

最近,有关汉语词汇加工的功能性核磁共振成像研究还探讨了汉语合成词词汇表征通达的认知神经机制。例如,Zhan 等人(2013)使用功能性核磁共振成像技术,要求被试对汉语双字同音假词(pseudohomophones)进行词汇判断。这些同音假词是通过将双字合成词中的一个或两个成分字用字形不相似的同音字替换而形成的。他们操纵了同音假词的类型,其中一类为混合同音假词(与对应的真词第一个字相同,如"严革"、"范唯"),另一类为单纯同音假词(与对应的真词两个字均不同,如"研革"、"饭唯")。结果发现,与作为控制的假词(非同音假词,如"严唯"、"范革")相比,被试对混合同音假词更难做出"非词"的判断(反应时更长)。更有趣的是,通过对上述两种刺激之间的比较,研究者发现,混合同音假词伴随着双侧额下回、左侧顶下小叶以及左侧角回更强的激活。相比之下,单纯同音假词与作为控制的假词无论是在词汇判断的反应时还是在脑激活上都没有差异。此外,被试在加工混合同音假词时,从左侧顶下小叶到左侧额下回的语音通路的功能连接增强,而在加工单纯同音假词时则没有出现这种增强。这些发现表明,单独的语音激活并不足以驱动汉语合成词词汇表征通达,词形与语音信息之间的相互作用在汉语合成词识别过程中起门控作用。

在词汇加工的脑成像研究领域,另一个有趣的问题是名词与动词加工的神经机制是否有差别。这方面的实验证据主要来自屈折变化丰富的语言,如英语。问题是,在屈折变化丰富的语言中,名词与动词之间既在语义上有差别——分别代表客体和动作,也在屈折变化的操作方式上有差别。例如,名词有数的变化,动词有时态的变化。这样会导致研究者分不清楚所观察到的名词与动词加工神经机制上的差别,究竟来自哪个因素。针对这种局限,Yu 等人(2011)使用汉语(屈折变化贫乏的语言)进行了实验。他们采用2(词类:名词、动词)×2(具体性:具体、抽象)设计和词对语义相关性判断任务,设计了以下四种条件:(1)高想象力名词(均为具体名词),如"种子—果实";(2)高想象力动词(均为具体动词),如"追逐—奔跑";(3)低想象力名词(均为抽象名词),如"信念—意志";(4)低想象力动词(均为抽象动词),如"诅咒—痛恨"。动词与名词之间,Yu等人匹配了词频、笔画数与获得年龄等额外变量。在他们的实验材料中,尽管与高想象力动词相比,高想象力名词可想象性高,但是,在低想象力组中,名词与动词可想象力相匹配。结果发现,与名词词对相比,无论是具体动词词对,还是抽象动词词对,都引起了左侧后部颞中回和颞上回以及左侧额下回等脑区的特异性激活。此外,汉语名词与动词的脑激活模式与印欧语言中所观察到的激活模式一致。

Yu等人认为,由于汉语名词与动词存在语义维度上的差别,而并没有屈折变化上的差异,因而,实验所观察到的动词和名词之间语义加工的不同的神经相关物,是合理的,也的确符合预期。Yu等人指出,先前Li等人(2004)的功能性核磁共振成像研究没有发现名词或动词特异的脑区激活,可能是因为该研究所使用的词汇判断任务较少涉及语义水平表征。

上面我们讨论了词汇加工脑机制研究的一些进展,下面我们将讨论句子理解过程中句法和语义等非句法过程的神经机制。

7.3 句法与语义等非句法过程的脑机制

无论是句法过程的认知神经机制,还是句法与语义等非句法过程之间相互作用的性质,都是近年来语言神经生物学研究中十分热点的中心问题(有关综述,参见张亚旭等,2011;Friederici, 2011)。本节中,我们首先将讨论有关句法与语义过程神经相关物的研究,然后将讨论语言神经生物学领域有关句法与语义等非句法过程相互作用性质的研究。

7.3.1 句法与语义过程的神经相关物:来自电生理学和脑成像的证据

汉语与印欧语言在句法特性上差别非常大。印欧语言拥有高度发展的显性语法范畴体系。例如,德语使用屈折变化或派生词缀等语法形态学手段来标记词类或句法特征,包括性、数、格、时态、人称等。相比之下,汉语总体上属于非屈折语,不使用外显的语法形态学手段来标记词类或句法特征。不过,汉语也使用一些非常有限的语法标记来标记数、语法体(grammatical aspect)等句法特征,如指人名词复数标记"们"、表示事件时间结构的语法体标记"了"、"着"和"过"。

有两项研究考察了汉语完成体语法体标记"了"加工的神经相关物(Tsai等,2012;Zhang和Zhang, 2008)。其中,Zhang和Zhang(2008)采用事件相关电位技术,设计了正确、语法体违反和语义违反三种条件。5a—5c分别是这三种条件的例句。

其中,语法体违反由"正在"与完成体标记"了"之间的不匹配实现,而语义违反则通过宾语名词违反动词对宾语的选择性限制实现。

5a. 苏君/已经/预备/了/水果/和/甜点。
5b. 苏君/正在/预备/了/水果/和/甜点。
5c. 苏君/已经/问候/了/水果/和/甜点。

实验时,母语为汉语的被试阅读汉语句子,并对句子进行可接受性判断。如图7.1所示,与其他一些汉语句子阅读的事件相关电位研究(如 Wang 等,2015;Yu 和

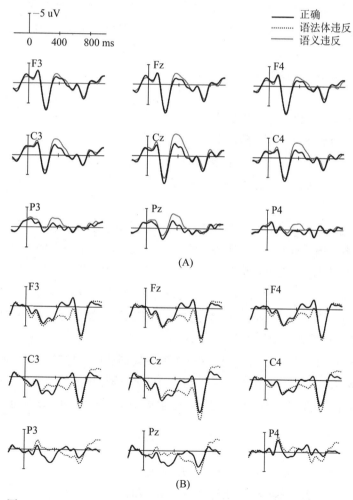

图7.1 语义(A)与语法体违反(B)所引发的事件相关电位效应(来源:Zhang 和 Zhang, 2008)

Zhang,2008;Zhang等,2010,2012,2013)所发现的一样,语义违反在300毫秒—500毫秒时间窗口,引发了头皮上广泛分布的更大的负活动(N400)。更重要的是,与出现在"已经"后面的、正确的"了"(如5a中的"了")相比,出现在"正在"后面的、包含语法体违反的"了"(如5b中的"了")引发了200毫秒—400毫秒头皮后部和左侧中部分布的、更大的负活动,以及450—800毫秒更大的P600。值得注意的是,这个负活动在时空特征上不同于与语义违反相联系的N400。据此,Zhang和Zhang提出,汉语语法体标记"了"的加工,至少不完全是语义性质的。他们认为,这个负活动可能反映了体标记捆绑失败或者语法体错误觉察,而P600可能反映了句法修复,或者由体不一致所引发冲突的监控和解决。

Tsai等人(2013)采用脑磁图技术,考察了被试阅读汉语句子时,完成体标记"了"以及否定极项(negative polarity item)"任何"加工的神经相关物。他们设计了四种类型的句子:(1)完成体正确句,如6a;(2)完成体违反句,如6b;(3)否定极项正确句,如6c;(4)否定极项违反句,如6d。

6a. 面包师傅/已经/**预备了**/甜点。
6b. 面包师傅/正在/**预备了**/甜点。
6c. 派对上/没有人/吃/**任何**/蛋糕。
6d. 派对上/每个人/吃/**任何**/蛋糕。

结果显示,完成体违反在500毫秒—600毫秒时间窗口引发了一个波幅值更大的、类似于事件相关电位研究中所报告的P600的成分。该成分可能反映了句法重新分析的过程。相比之下,否定极项违反句诱发了一个波幅值更大的M350(类似于事件相关电位研究中所报告的N400)。该成分可能反映了语义整合代价。基于上述实验结果,Tsai等人提出,汉语语法体标记"了"的加工在性质上主要是句法的,而否定极项的加工在性质上主要是语义的。

为了考察汉语句子阅读过程中,另一个完成体语法体标记"过"加工的事件相关电位相关物,Qiu和Zhou(2012)在操纵句首时间名词短语的基础上,设计了语法体正确(如7a)或错误(如7b),以及时间副词正确(如7c)或错误(如7d)等四种不同类型的句子。

7a. 上个月/联合国/**派出过**/特别/调查组。
7b. 下个月/联合国/**派出过**/特别/调查组。
7c. 下个月/联合国/**将要**/派出/特别/调查组。

7d. 上个月/联合国/**将要**/派出/特别/调查组。

实验时,句子以词或短语为单位呈现在计算机屏幕中央,被试的任务是判断句子是否可以被接受。结果表明,语法体错误(如 7b 中的"派出过")引发了头皮中后部分布的 P600 效应。相比之下,时间名词短语与时间副词之间的不一致(如 7d 中的"将要")除了引发 P600 效应之外,还引发了头皮广泛分布的、通常与语义异常相联系的 N400 效应。这些发现说明,尽管语法体标记"过"与时间副词均标记了时间,但二者在句子加工过程中经历了不同的神经认知过程。

除了"了"、"过"等语法标记之外,短语或句子中的词序也提供了基本的句法信息。Luke 等人(2002)采用功能性核磁共振成像技术和组块设计,以 7 名母语为汉语、第二语言为英语、20 岁—31 岁的男性成年人为被试,考察了汉语动词短语理解过程中词序和语义加工的神经机制。① 他们设计了三种实验任务:(1)句法可接受性判断,其中所使用的短语材料包括词序错误的短语,如"离开匆匆"、"笑礼貌地",也包括词序正确的短语,如"匆匆离开"、"礼貌地笑";(2)语义合理性判断,其中所使用的短语材料既包括语义异常的短语,如"伤了门"、"唱了字",也包括语义正常的短语,如"唱了歌";(3)字体大小判断,即判断是否短语中的所有汉字字体大小相同,为基线任务。Luke 等人通过将句法判断任务与字体大小判断任务相减,分离与外显的句法分析相关联的脑区;通过将语义判断任务与字体大小判断任务相减,分离参与外显的语义加工的脑区。结果他们发现,句法和语义判断任务激活了大量重叠的脑区,包括左侧额下回中部(BA 9、46、47、45 和 44)、左侧内侧额上回(BA 10)、右侧前额叶下部、右侧额上回中部、左侧颞中回和双侧颞上回前部等。不过,句法和语义判断两种任务也引发了不同的脑激活模式。具体地说,句法判断任务中,额中回的激活体积是前额叶下部激活体积的 5.5 倍,而语义判断任务中则出现了相反的激活模式——额下回的激活体积是额中回激活体积的 8 倍。据此,Luke 等人提出,额中回对于句法分析来说更加重要,而额下回对于语义分析来说更加重要。值得注意的是,在 Luke 等人(2002)的研究中,实验背景是短语而非句子阅读。因此研究者并没有办法确定该研究的结论能否推广到句子阅读。

运用事件相关功能性核磁共振成像技术,Zhu 等人(2009)考察了左侧额下回和颞皮质前部在汉语句子水平的语义整合中的作用。研究中他们要求被试阅读汉语句子,并判断句子在语义上是否可以被接受。句子分为三种类型:正常句子(如 8a)、语

---

① 在 Luke 等人(2002)的研究中,汉英双语者不仅阅读了汉语短语材料,也阅读了英语短语材料。相应的结果,我们将在 7.4.2 一节中讨论。

义违反程度低的句子(如 8b)和语义违反程度高的句子(如 8c)。

  8a. 施工人员用水泵抽取地下水。
  8b. 施工人员用钢铁抽取地下水。
  8c. 施工人员用食盐抽取地下水。

  研究结果显示,与语义违反程度高的句子相比,被试更难以对语义违反程度低的句子做出语义上不可接受的判断("不可接受"判断的百分比相对要低)。Zhu 等人认为,这一结果表明,被试对语义违反程度低的句子进行了更多的语义整合。更重要的是,研究者通过对两种句子之间的比较发现,语义违反程度低的句子引起了左侧额下回更强的激活,而两种句子之间颞皮质前部的脑活动并无差异。在 Zhu 等人看来,这一结果与研究者的左侧额下回在语义整合中起重要作用的观点相一致,而与语义整合依赖于颞皮质前部的观点不一致。然而,值得注意的是,就判断句子在语义上是否可以接受这种任务而言,语义违反程度低的句子可能更难被判断为"不可接受"。这样,语义违反程度低的句子所伴随的左侧额下回的更强的激活,未必反映了语义整合过程,而可能仅仅反映了被试判断这种句子更加困难,因而要求更多的执行控制过程。这意味着,实际上研究者并不清楚左侧额下回是否真的参与了汉语句子水平的语义整合过程,因此我们针对这一问题仍需要进行进一步探讨。
  上面我们讨论了汉语句法与语义过程神经相关物研究的一些进展,下面我们将讨论汉语句子理解过程中,句法与语义等非句法过程相互作用的认知神经机制。

7.3.2 句法与语义等非句法过程相互作用的神经时间动态性

  在句子加工领域,为了说明句法和语义等非句法信息加工的机制,研究者提出了许多理论模型。其中,句法优先理论,包括经典的句法优先模型(如 Frazier, 1987),以及最近的三阶段神经认知模型(Friederici, 2002;Friederici, 2011)均假设,基于词类的短语结构建构在时间和功能上优先于词汇语义整合、动词论元结构加工以及话语语境加工等非句法过程。换句话说,语义整合等非句法过程必须以基于词类的、成功的句法结构建构为基础。相比之下,约束满足理论(MacDonald 等,1994)、同时作用模型(Boland, 1997)、统一模型(Hagoort, 2003a, 2005)和非句法中心模型(Kuperberg, 2007),都不是假设词类加工优先,而是假设句法和非句法过程平行进行。
  事件相关电位技术作为一种高时间分辨率的神经科学技术,为解决上述理论争论提供了重要的实验数据。下面我们将分别讨论词类加工与词汇语义整合、短语结构加工与话语指代加工,以及动词及物性加工与语义加工相互作用的认知神经机制。

词类加工与词汇语义整合的相互作用

为了考察基于词类的短语结构计算与词汇语义整合之间是如何相互作用的,Friederici 和同事采用事件相关电位技术和 2(词类:正确或错误)×2(语义:正确或错误)设计,在德语和法语中进行了一系列实验(Friederici 等,1999,2004;Hahne 和 Friederici,2002;Isel 等,2007)。实验的关键材料包括正确、句法违反、语义违反与词类与语义双重违反四种条件的句子(9a—9d 分别为四个条件的德语例句及相应的英文翻译)。

9a. Das Brot wurde **gegessen**. (The bread was **eaten**.)
9b. Der Vulkan wurde **gegessen**. (The volcano was **eaten**.)
9c. Das Eis wurde im **gegessen**. (The ice cream was in-the **eaten**.)
9d. Das Türschloß wurde im **gegessen**. (The door lock was in-the **eaten**.)

实验时,被试阅读或听这些句子,并完成句子可接受性判断等实验任务。实验结果显示,包含词类与语义双重违反的关键词,如 9d 中的"gegessen"(eaten),引发了 ELAN(或 LAN)后跟 P600 的双相模式。然而,双重违反条件并未引发 N400 效应,除非实验任务强制被试进行语义整合。例如,外显地要求被试忽视句法,而只是判断句子意义是否连贯(Hahne 和 Friederici,2002,实验 2;类似的英文研究见 Thierry 等,2008)。双重违反没有引发 N400 这一现象似乎表明,词类违反阻断了语义整合过程。这意味着,至少对德语和法语句子理解来说,像三阶段神经认知模型等句法优先理论所假设的那样,基于词类的、成功的短语结构建构是语义整合过程发生的必要的前提条件(对缺乏 N400 效应的其他几种不同解释,参见 Kutas 等,2006;Steinhauer 和 Drury,2012;Zhang 等,2010)。

有趣的是,与德语等印欧语言不同,汉语并不使用屈折变化或派生词缀等语法手段来外显地标记词类。汉语的这些语言学特性使得一些研究者推测,同印欧语言相比,汉语语言理解过程中,语义分析可能扮演更加重要的角色,甚至将汉语视作"语义型语言"(如徐通锵,1997)。这意味着汉语词汇语义整合可能具有一定的独立性,它不以基于词类的、成功的短语结构建构为先决条件。一些研究采用事件相关电位技术,讨论了这一有趣的可能性(如 Ye 等,2006;Yu 和 Zhang,2008;Zhang 等,2010,2013)。其中,Ye 等人(2006)设计了正确、词类违反、语义违反与词类与语义双重违反四种条件的把字句(10a—10d 分别是这四种条件的例句)。

10a. 设计师制作新衣,把布料**裁**了。
10b. 伐木工开采森林,把松树**裁**了。
10c. 设计师制作新衣,把**裁**了。
10d. 伐木工开采森林,把**裁**了。

实验时,句子以听觉形式呈现,被试的任务是判断每个句子总体上是否正确。研究发现,包含词类与语义双重违反的关键词(如 10d 中的"裁")引发了 ELAN 和广泛分布的负活动。然而,在该研究中,关键词位于句尾,而句尾位置的收尾效应(wrap-up effects,指全句的整合加工)、反应或决策过程,可能影响研究者对所感兴趣事件相关电位效应的准确测量(有关讨论,参见 Hagoort, 2003b; Martín-Loeches 等,2006; Osterhout 和 Nicol, 1999)。此外,由于句子以听觉形式呈现,而汉语中大量的同音词所导致的词汇歧义使得对上述负活动的解释变得更加复杂。总之,难以判断 Ye 等人所观察到的广泛分布的负活动中是否包含 N400(有关评论,参见张亚旭等,2011; Yu 和 Zhang, 2008; Zhang 等,2010,2013)。这样,Ye 等人所观察到的、词类与语义双重违反所引发的事件相关电位效应模式,实际上不能用来回答词类加工功能上是否优先于词汇语义整合。

针对上述研究所存在的局限,Zhang 和同事们以句子阅读为背景,使用主语—谓语—宾语(SVO)、宾语—主语—谓语(OSV)和主语—宾语—谓语(SOV)等多种不同结构的汉语句子,在一系列实验中考察了词类与语义双重违反所引发的事件相关电位效应,在此基础上讨论了基于词类的短语结构建构在功能上是否优先于词汇语义整合(Yu 和 Zhang, 2008; Zhang 等,2010, 2013)。其中,Yu 和 Zhang(2008)设计了正确、语义违反以及词类与语义双重违反等三种条件的把字句(11a—11c 分别为这三种条件的例句)。

11a. 清洁工/把/大厦的/窗户/全部/**擦**了/一遍。
11b. 清洁工/把/大厦的/窗户/全部/**赢**了/一遍。
11c. 清洁工/把/大厦的/窗户/全部/**糖**了/一遍。

结果发现,在 300 毫秒—500 毫秒时间窗口,与正确条件相比,语义违反条件引发了中后部分布的更大的负活动(N400),而词类与语义双重违反条件引发了以中后部为焦点的、广泛分布的更大的负活动(如图 7.2 所示)。这个负活动不能完全用词类违反效应或者名词与动词之间事件相关电位波形差异来解释。这是因为,词类违反所引发的负活动通常分布在头皮前部(如 Hagoort 等,2003; Yu 等,2015)。另外,在300毫秒—500毫秒时间窗口,与动词相比,名词所引发的更大的负活动也分布在头皮前部(Ma等,2007;Zhang等,2003)。因此,双重违反条件所引发的广泛分布但以中后部为主的负活动包含N400,而这样的N400效应表明词类违反并未阻断词汇语义整合过程,因此词类加工在功能上并不优先于语义整合。

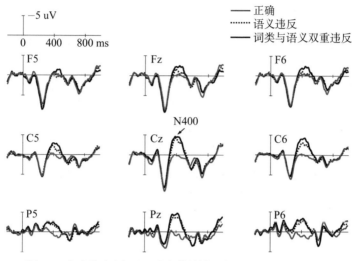

图7.2　九个代表电极上三个条件关键词所引发的事件相关电位

(来源:Yu和Zhang,2008)

与Yu和Zhang(2008)使用SOV结构的把字句不同,Zhang等人(2013)使用OSV结构的句子进行了实验,结果仍然发现,在300毫秒—500毫秒时间窗口,与正确句子中的关键词(如12a中的"开发")相比,包含词类与语义双重违反的关键词(如12b中的"条件")引发了广泛分布的负活动。像我们上面所讨论过的那样,这个广泛分布的负活动包含N400,而不能完全用词类违反效应或者名词与动词之间事件相关电位波形差异来解释。

12a. 房地产/这家集团/最近几年/**开发**/了/三处。

12b. 房地产/这家集团/最近几年/**条件**/了/三处。

为了从实验设计上直接避免测量双重违反事件相关电位效应时,名词与动词之间事件相关电位波形差异所带来的潜在的混淆,Zhang等人(2010,实验1)比较了同样包含词类与语义双重违反,但语义违反程度强弱不同的两种句子。例如,例句13a中语义违反较弱,而例句13b中语义违反较强。值得注意的是,两种条件事件相关电位关键词(如 13a 中的"刀子"与 13b 中的"钢琴")均为名词。

13a. 李薇/把/新鲜的/鸭梨/慢慢地/**刀子**/了/两个。
13b. 李薇/把/新鲜的/鸭梨/慢慢地/**钢琴**/了/两个。

将上述两种条件之间进行比较的逻辑是,如果基于词类的短语结构建构在功能上优先于语义整合,而词类违反阻断语义加工,那么,语义违反强弱不同的两个条件之间就应该没有 N400 上的差异。相反,如果在短语结构建构失败的情况下,语义加工仍然可以进行,那么,语义违反强弱不同的两个条件之间就应该出现 N400 上的差异。Zhang 等人观察到了后面这种结果模式,这显示词类违反并未阻断语义加工。

Zhang 等人(2010,实验 2)注意到,在德语研究中,词类违反的参照点为事件相关电位关键词的前一个词,如德语句子"*Das Türschloß wurde im gegessen.*"(*The door lock was in-the eaten.*)中的介词"*im*"(*in-the*),而语义违反的参照点为关键词前面的第三个词,如上面德语句子中的"*Türschloß*"(*door lock*)。有趣的是,远近不同的参照点设计可能会造成在被试加工包含双重违反的关键词时,与语义违反相比,词类违反更加处于被试的注意焦点的结果,尽管两种违反都没有超出被试的工作记忆广度。相比之下,上述汉语实验中,词类和语义两种违反的参照点在设计上并没有表现出这一特点。这样,有关双重违反是否引发 N400,上述汉语实验与德语实验中不同的发现,也许与参照点的设计有关,而未必反映汉语与德语两种不同类型语言之间句法优先性上的跨语言差别。为此,Zhang 等人(2010,实验 2)采用 2(词类:正确或错误)×2(语义:正确或错误)设计,设计了正确、语义违反、词类违反以及词类与语义双重违反四种条件的 SVO 结构的句子(14a—14d 分别为四种条件的例句,"裙子"为事件相关电位关键词)。其中,语义违反通过宾语名词违反动词对宾语的选择性限制实现,词类违反通过程度副词"很"后面紧接名词实现,两种违反相结合实现了词类与语义双重违反。

14a. 女孩/买/了/**裙子**/和/手套。
14b. 女孩/吃/了/**裙子**/和/手套。
14c. 女孩/买/了/很/**裙子**/和/手套。
14d. 女孩/吃/了/很/**裙子**/和/手套。

有趣的是,词类违反的参照点为关键词的前一个词,即副词"很",而语义违反的参照点为关键词前面的第三个词(如 14d 中的"吃")。这一点与先前德语实验中参照点的特点相同。实验结果仍然表明,与词类违反条件相比,词类与语义双重违反条件引发了更大的 N400(如图 7.3 所示)。这一结果与上述德语研究中双重违反没有引发 N400 效应的结果形成鲜明对照。该实验的价值是排除了用参照点设计上的差异解释不同研究之间结果差异的可能性,因而汉语与德语实验结果之间的差异更可能是反映了跨语言差异。

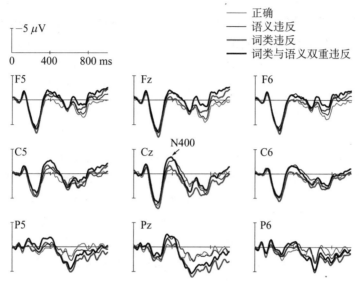

图 7.3　九个代表电极上四个条件关键词所引发的事件相关电位
(来源:Zhang 等,2010)

总的来看,上述来自多种不同结构(SVO、SOV 与 OSV)汉语句子的实验结果表明,汉语句子理解过程中,成功的短语结构建构并非语义整合过程发生的先决条件,语义过程有一定的独立性。问题是,这是否意味着在汉语句子理解过程中,语义信息总是能够被快速使用? 为了回答这个问题,Zhang 等人(2012)使用事件相关电位技术,探讨了汉语句子量名组合过程中,量词所携带的生命性信息是否能被立即使用。他们设计了以下三种条件的句子:(1)量名匹配,如 15a;(2)量名不匹配,但生命性匹配,如 15b;(3)量名与生命性均不匹配,如 15c。其中,数量词是事件相关电位关键词。

15a. 汽车/赵庆丰/看见/一辆/黑色的。
15b. 台灯/赵庆丰/看见/一辆/便宜的。
15c. 海豹/赵庆丰/看见/一辆/笨拙的。

实验结果表明,在 300 毫秒—550 毫秒时间窗口,相比于量名匹配条件,两个量名不匹配条件均引发了更大的、分布更广泛的负波(N400)。更重要的是,两个不匹配条件之间的 N400 没有差别,这一结果显示生命性不匹配并未引发更大的 N400。值得注意的是,实验中所使用的句子句式或语序并不典型:宾语前置,且包含了"分裂式"句法移位(宾语发生移位,而修饰宾语的形容词处于原位),这导致在句子可接受性判断任务中,部分被试甚至把量名匹配的句子判断为不可接受。因此,为了分别考察是否接受非典型句式与是否调整三个条件之间 N400 差异的模式,Zhang 等人根据将正确的、量名匹配的句子判断为可接受的百分比,把全部被试分为"接受句式组"和"不接受句式组"(每组各 15 名被试)。结果表明,在接受非典型语序的被试组中,两种不匹配条件均引发了更大的、分布更广泛的 300 毫秒—550 毫秒负波(N400)。然而,两个不匹配条件之间,N400 没有差异,表明在接受非典型语序的被试中,生命性信息没有被立即使用。此外,仅仅量名不匹配的条件没有引发 P600 效应,而量名与生命性均不匹配条件引发了 P600 效应。该效应可能反映了生命性加工与词类加工之间的冲突:前者不允许量词和名词组合在一起,而后者允许二者进行句法组合。

相比之下,在不接受非典型语序的被试组中,量名与生命性均不匹配条件所引发的 N400 显著大于量名不匹配但生命性匹配条件所引发的 N400。然而,量名不匹配但生命性匹配与量名匹配两个条件所引发的 N400 差异不显著。这些结果说明,在不接受非典型语序,因而句子加工可能有困难的被试中,生命性信息能够很快被使用,从而导致生命性违反的 N400 效应的产生。

短语结构加工与话语指代加工的相互作用

除了上面讨论的词类加工与语义整合如何相互影响之外,另一个有趣的问题是在话语理解过程中,短语结构加工与话语指代加工之间如何相互影响,特别是短语结构建构在功能上是否优先于话语指代加工。

为了探讨上述问题,Yu 等人(2015)使用事件相关电位技术,设计了以下四种条件的话语材料:控制条件、指代歧义条件、短语结构错误条件与双重问题(短语结构错误+指代歧义)条件(16a—16d 分别是这四种条件的材料举例)。其中,短语结构错误通过程度副词"很"紧接名词来实现。

16a. 小明/有/一个/弟弟/和/一个/妹妹。/弟弟/很/胖,/妹妹/很/瘦。/那个/**弟弟**/昨天/刚来过。

16b. 小明/有/两个/弟弟。/其中/一个/弟弟/很/胖,/另一个/很/瘦。/那个/**弟弟**/昨天/刚来过。

16c. 小明/有/一个/弟弟/和/一个/妹妹。/弟弟/很/胖,/妹妹/很/瘦。/那个/很/**弟弟**/昨天/刚来过。

16d. 小明/有/两个/弟弟。/其中/一个/弟弟/很胖,/另一个/很/瘦。/那个/很/**弟弟**/昨天/刚来过。

该研究利用了先前一系列研究所报告的指代歧义加工的事件相关电位相关物——指代负波(Nref)(如 Van Berkum 等,1999;有关综述,参见 Van Berkum 等,2007)。如图 7.4 所示,Yu 等人最关键的发现是,19 名指代歧义条件引发 Nref 效应的被试中,在早期(400 毫秒—550 毫秒)时间窗口,双重问题条件没有引发 Nref 效应。此外,双重问题条件所引发的事件相关电位效应,与短语结构错误所引发的事件相关电位效应相同,均为 LAN—P600 的双相模式。这些结果说明,短语结构错误阻断了话语指代歧义加工。因此,在汉语话语理解过程中,话语指代加工在功能上并不独立于局部的短语结构建构。上述发现揭示了汉语语言理解过程中话语指代加工的性质。特别是,研究发现否定了相对于局部短语结构加工,话语指代加工在功能上的优先性,因而也从实时语言加工的角度,一定程度上约束了汉语语言理解依赖于话语语境的程度。

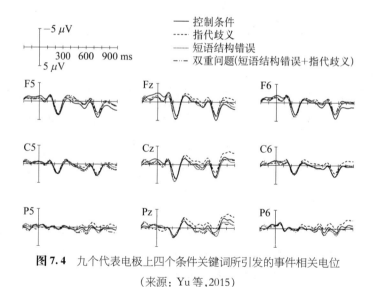

图 7.4 九个代表电极上四个条件关键词所引发的事件相关电位
(来源:Yu 等,2015)

动词及物性加工与语义加工的相互作用

为了考察汉语句子理解过程中,动词及物性这种句法信息与语义信息加工的相对的时间进程,Wang 等人(2013)采用事件相关电位技术,要求母语为汉语的被试阅读以下三种条件的句子:(1)正确,如 17a;(2)语义违反,如 17b;(3)语义和动词及物性双重违反,如17c,并判断这些句子语义是否合理。事件相关电位关键词为句子中的动词(如a中的"发放")。

17a. 村委会把生活补助**发放**到了老人手中。
17b. 村委会把生活补助**移植**到了老人手中。
17c. 村委会把生活补助**衰落**到了老人手中。

实验结果显示,两种违反条件下的关键词引发了同等程度的N400效应,尽管双重违反所引发的P600效应相对更大。Wang等人认为,两种违反条件之间N400效应没有差异表明双重违反句子中所包含的动词及物性违反,并未影响语义违反所伴随的N400效应。据此,Wang等人认为,汉语句子阅读过程中句法(动词及物性)加工并不必然早于语义加工。

然而,需要注意的是,在Wang等人的正确和语义违反两个条件中,关键词均为及物动词,如a中的"发放"和b中的"移植",而双重违反条件下的关键词为不及物动词,如c中的"衰落"。这意味着,在考察语义违反条件所引发的N400效应时,比较在及物动词之间进行,而在考察双重违反条件所引发的N400效应时,比较在不及物动词与及物动词之间进行。研究者尚不清楚不及物动词与及物动词所引发的事件相关电位波形是否有差异,以及如果有差异,这种差异在多大程度上影响对N400效应的准确测量。

最近,Wang等人(2015)报告了类似的事件相关电位效应模式。与Wang等人(2013)类似,Wang等人(2015)也设计了正确(如18a)、语义违反(如18b)以及语义和动词及物性双重违反(如18c)三种条件的句子。然而,与Wang等人(2013)不同,Wang等人(2015)以名词(如18a—18c中的"骗局"),而非(及物或不及物)动词为关键词。

18a. 警方揭穿**骗局**之后人群就散去了。
18b. 警方掀起**骗局**之后人群就散去了。
18c. 警方交战**骗局**之后人群就散去了。

值得注意的是,尽管三种条件关键词均为名词,但关键词的前一个词不同:正确和语义违反两个条件中为及物动词,如18a中的"揭穿"和18b中的"掀起",而双重违反条件中为不及物动词,如18c中的"交战"。Wang等人(2015)在分析事件相关电位数据时,采用了200毫秒前刺激基线校正的方法。在这种分析方法中,及物动词与不及物动词之间在事件相关电位波形上的潜在差异,可能会导致关键词的事件相关电位数据分析存在基线伪迹问题(我们在 7.2.1 一节中也讨论过类似的基线伪迹问题)。这样也就导致了动词及物性与语义加工之间相对的时间进程尚需进一步研究。

上面我们讨论了句法与语义等非句法过程脑机制研究的一些进展,以及其中存在的问题。下面我们将讨论双语者第二语言句法加工的脑机制。

7.4 双语者第二语言句法加工的脑机制

7.4.1 双语者第二语言句法加工:概述

2005 年 7 月 1 日,美国 *Scieace* 杂志社公布了下一个 25 年 125 个最具挑战性的科学问题(Kennedy 和 Norman, 2005)。其中一个问题便是"语言学习为什么存在关键期"。这一科学问题涉及的一个中心课题是,晚期双语者,如 10 岁以后获得第二语言(以下简称 L2)的双语者,在多大程度上能够以类似于母语(即第一语言,以下简称 L1)的方式加工 L2。

双语者 L2 加工既涉及语言产生,也涉及语言理解,特别是句子理解。本节中,我们将以句子理解为背景,着重讨论双语者中的 L2 句法加工。

近年来,双语者中 L2 句法加工的研究采用事件相关电位技术(如 Chen 等,2007;Dowens 等,2009,2011;Foucart 和 Frenck-Mestre, 2012;Guo 等,2009;Kotz 等,2008;Weber 和 Lavric, 2008),或功能性核磁共振成像技术(如 Kovelman 等,2008;Luke 等,2002;Saur 等,2009;Weber 和 Indefrey, 2009),探讨了 L2 句法加工本身的性质,特别是 L2 的获得年龄与熟练水平,以及其与 L1 之间句法相似性等因素如何影响 L2 句法加工。上述这些 L2 句法加工研究,从神经动态性和功能脑区等角度,部分地揭示了 L2 句法加工多大程度上与 L1 句法加工相似。

在双语语言加工领域,为了说明 L2 句法加工的性质,研究者提出了一些假设。按照失败的功能特征假设(failed functional features hypothesis,如 Hawkins, 2001),对于那些 L1 中不存在的、抽象的语法特征,如语法性,在超过关键期之后,L2 学习者就不能像母语者那样进行实时加工。浅结构假设(shallow structure hypothesis,Clahsen 和 Felser, 2006)则认为,语言理解过程中,晚期习得 L2 的双语者对 L2 所做的句法分析,不会像母语者那样深。L2 语言理解依靠词汇语义等其他可用的信息。此外,陈述/程序模型(declarative/procedural models, Ullman, 2001)假设,L1 使用者使用陈述性系统加工词汇信息,使用程序性系统加工基于规则的句法信息。而在 L2 使用者,特别是熟练度低的 L2 学习者或 L2 的初学者中,程序性系统的适用性则非常有限。L2 熟练度增加会导致所进行的加工的类型以及相应神经机制上的质变。

相比之下,其他一些模型并未假设 L1 与 L2 之间句法加工存在质的差异。例如,完全迁移完全通达模型(White, 2003)假设,无论 L2 获得年龄早晚,L2 学习者都能够获得与母语者一样的、抽象的语法特征表征。竞争模型(如 MacWhinney, 2008)也把 L1 和 L2 加工之间的差异只看成是在量上的差异。此外,功能同一性假设(Hopp, 2007)认为,母语者和非母语者之间语法表征和加工类似。如果有差别,那些差别并不是由语言获得的关键期,而是一些与 L2 获得有关的因素造成的。

下面,我们将详细讨论有关双语者 L2 句法加工脑机制的一些代表性研究。

7.4.2 双语者第二语言句法加工的脑机制:一些代表性研究

近年来,一些研究通过测量 L2 句子理解过程中短语结构和形态句法违反所引发的事件相关电位效应,考察了 L2 句法加工的神经动态性。这些研究考察了 L2 的获得年龄与熟练程度,以及 L1 和 L2 之间句法相似性或差异性等因素对 L2 句法加工事件相关电位相关物的影响,包括与短语结构违反相关联的早期负活动 ELAN(如 Hahne, 2001; Kotz 等, 2008),与语法性(如 Dowens 等, 2009, 2011; Foucart 和 Frenck-Mestre, 2012)、数(如 Chen 等, 2007; Dowens 等, 2009, 2011)和动词屈折变化(如 Weber 和 Lavric, 2008)等形态句法违反相关联的 LAN 和/或 P600,以及与动词亚范畴违反相关联的 P600(Guo 等, 2009)。

这些研究的主要发现有两点(有关综述见 Kotz, 2009)。第一,L2 熟练程度是影响 L2 句法加工事件相关电位效应的一个重要因素。L2 熟练程度低会导致 L2 句法加工过程中,与 L1 句法加工相关联的 ELAN、LAN 或 P600 等典型的效应消失或延迟;第二,存在从 L1 到 L2 的、或正或负的语言迁移效应(取决于 L1 和 L2 句法结构是否相似),即 L2 句法违反所引发的事件相关电位效应受 L1 句法特性(如有无语法性或数的形态变化)的影响(如 Dowens 等, 2009, 2011)。

在 L2 句法加工领域,研究者已经考察过的 L2 主要是印欧语系语言,包括英语(如 Chen 等, 2007; Guo 等, 2009; Weber 和 Lavric, 2008)、法语(如 Foucart 和 Frenck-Mestre, 2012; Osterhout 等, 2006)、德语(Hahne 等, 2006; Rossi 等, 2006)、西班牙语(如 Dowens 等, 2010, 2011)和意大利语(Rossi 等, 2006)等。例如,Weber 和 Lavric(2008)操纵英语动词的过去分词违反,如"Her book was reviews",或不定式违反,如"The postgraduate tried to assists",他们在德英双语者中进行实验发现,这些与英语动词屈折变化有关的形态句法违反,均引发 N400 而非 P600 效应,这提示 L2 形态句法问题可能主要依靠词汇语义加工得以解决。

最近,使用事件相关电位技术,Foucart 和 Frenck-Mestre(2012)以 14 名法语母语者和 14 名英法双语者为被试,考察了英法双语者能否实时加工法语语法性,以及英语与法语之间的句法相似性是否影响这种实时加工能力。他们发现,在典型语序法语句子中,形容词与名词之间语法性的不一致,无论是在法语母语者,还是在英法双语者中,均引发 P600 效应,表明 L2 学习者能够像母语者那样加工典型语序中的语法性。不过,非典型语序中名词与形容词之间语法性的不一致在法语母语者中引发了 P600,但在英法双语者中则引发了 N400,这一现象说明非典型语序中 L2 与 L1 语法性加工性质不同。

迄今为止,语言组合涉及汉语的双语研究仅有几项,并且汉语均作为 L1 而非 L2 (Chen 等,2007;Dowens 等,2011;Guo 等,2009;Xue 等,2013;Deng 等,2015)。其中,Chen 等人(2007)在汉英双语者中发现,英语(L2)主谓一致违反(如例句 19 中的 "were")引发了 500 毫秒—700 毫秒晚期负活动。而对于英语母语者来说,同样的违反则引发了经典的 LAN—P600 双相模式。

19. The price of the cars **were** too high.

Guo 等人(2009)使用事件相关电位技术,以 28 名汉英双语者和 17 名英语母语者为被试,考察了被试在阅读英语句子过程中,动词亚范畴违反的事件相关电位相关物。在下面的句子 20b 中,"drive"违反了动词"show"的亚范畴,而 20a 中的"drive"则没有违反动词"let"的亚范畴。

20a. Joe's father didn't let him **drive** the car.
20b. Joe's father didn't show him **drive** the car.

Guo 等人发现,动词亚范畴违反在英语母语者中,引发了 P600 效应,而在汉英双语者中则引发了 N400 效应。这些发现扩展了先前在德英双语者中的发现,即与英语动词屈折变化有关的形态句法违反引发 N400 而非 P600 效应(Weber 和 Lavric,2008),提示双语者可能主要依靠词汇语义加工解决 L2 句法问题。Guo 等人还认为,上述母语者与二语习得者之间事件相关电位模式的差异可以用浅结构假设(Clahsen 和 Felser,2006)解释。

最近,Dowens 等人(2011)让 26 名汉语—西班牙语双语者阅读西班牙语句子。这些双语者 18 岁以后才开始学习西班牙语,但西班牙语熟练水平高。被试所阅读的、错误的西班牙语句子,在形容词和名词之间,以及冠词和名词之间,存在数(单数或复数)或语法性(阳性或阴性)的一致性违反。实验结果显示,这两种形态句法违反引发了波幅和潜伏期均相同的、在母语者中经常发现的 P600 效应。据此,Dowens 等人认为，获得年龄不是影响L2形态句法加工的唯一重要因素，熟练水平也是一个重要因素。他们还解释说，由于汉语作为一种孤立语，缺乏性和数这样的形态句法特征（本章作者注：指人名词复数标记"们"是一个例外），所以，无论是性，还是数，实际上都不存在从L1到L2的迁移。这样，对于汉语—西班牙语双语者来说，西班牙语性和数违反应引发相同的事件相关电位反应。

在汉语作为第一语言的双语者中，L2与L1之间的语言/句法相似性，是否会影响L2句法加工的机制或性质呢？Xue等人（2013）针对这一问题进行了探讨。他们以19名汉英双语者为被试（这些被试9.5岁开始接触英语，学习英语的平均时间为14年），操纵了L2与L1的语言相似性（不同、相似或独特）与句法正确性（正确或错误）。按照Xue等人的设计，L2与L1句法不同是指英语（L2）中有主谓一致的语法规则（例如，句子21a合乎规则，而21b不合乎规则），而汉语（L1）中没有类似这样的规则。语言相似是指，无论是汉语，还是英语，作为谓语动词的集合动词（如"讨论"）都能够提供主语数量方面的信息。这样，汉语（L1）的语言经验可能有助于汉英双语者加工句子22b中"were"所包含的句法违反。此外，所谓"独特"是指表达一个事件正在进行时，英语使用助动词（句子23a正确，而23b错误），而汉语并不使用。

21a. The cats **eat** the food that Mary gives them.

21b. The cat **eat** the food that Mary gives them.

22a. Several rules **were** difficult to understand.

22b. One rule **were** difficult to understand.

23a. These grapevines **grow** well in sandy regions.

23b. These grapevines **growing** well in sandy regions.

实验结果显示，句子21b中的句法违反引发了N400效应，但没有引发P600效应——这一模式重复了先前Chen等人（2007）在汉英双语者中有关英语主谓一致违反事件相关电位效应的发现，表明这种情况下双语者可能主要依靠词汇语义加工解决L2句法问题。然而，无论是句子22b，还是句子23b中的句法违反，都引发了经常在母语者中观察到的、与句法异常相关联的P600效应。总的来说，上述结果说明L2与L1之间的语言/句法相似性，的确影响L2句法加工的机制。因为Xue等人（2013）没有直接操纵L2的获得年龄以及熟练水平等因素，所以，我们无法确定上述发现在多大程度上受这些因素影响。

在L2中，与主谓一致违反相关联的P600效应，能否通过接受主谓一致方面的专门的训练而产生？最近，Deng等人（2015）探讨了这个问题。他们采用前后测设计,将40名汉英双语者随机分派到实验组和控制组。前测和后测都记录被试阅读英语句子时的事件相关电位,实验期间50%的句子后面会出现需要被试回答的理解问题,并在前测之后的第一天和第二天进行训练。实验组接受主谓一致方面的训练,而控制组接受其他句法结构方面的训练。训练期间,两组被试都采用自定步速的方式阅读句子,并对每个句子进行语法判断(每个判断完成之后都有反馈)。训练共两次,每次持续1小时—1.5小时。第二次训练结束之后3天—4天进行后测。结果显示在前测中,对于两组被试来说,包含主谓一致违反的关键词,如24c和24d中的"were",都没有引发任何事件相关电位效应。然而,在训练之后的后测中,在实验组被试身上观察到主谓一致违反引发了P600效应(母语者中典型的事件相关电位反应),而在控制组中则没有出现这一现象。

24a. The gift under the book **was** very special.
24b. The gift under the books **was** very special.
24c. The gift under the book **were** very special.
24d. The gift under the books **were** very special.

上述这些研究结果说明,与L2句法加工相关联的神经活动模式,可以经由特定句法结构的训练而产生。值得注意的是,无论是在前测还是在后测中,Deng等人都没有观察到与L2主谓一致违反相关联的N400效应,尽管在我们前面讨论过的另外两项研究(Chen等,2007;Xue等,2013)中研究者都观察到了该效应。一个有趣的可能是,如果操纵特定句法结构训练的强度,那么就可能会发现较弱强度的训练产生N400——提示双语者主要靠词汇语义加工来解决L2形态句法问题,而更高强度的训练则会产生P600。

在双语者语言组合涉及汉语的L2句法加工脑机制研究中,除了采用事件相关电位技术之外,采用功能性核磁共振成像技术等脑成像技术的研究也获得了非常有趣的实验结果。例如,Luke等人(2002)采用功能性核磁共振成像技术和组块设计,以汉英双语者为被试,考察了汉语和英语动词短语理解过程中词序和语义加工的神经机制。我们在7.3.1一节中讨论了该研究汉语(L1)部分的实验结果,此处不再重述,而关于英语(L2)部分的实验结果,有趣的是,Luke等人发现,这些汉英双语者在对英语短语材料进行句法和语义可接受性判断时,使用了阅读汉语时所使用的大脑系统。例如,在对英语短语进行句法可接受性判断时,与左侧额下回和颞皮质相比,左侧额中回起更大的作用,而在进行语义可接受性判断时,大脑激活模式则相反。此外,布洛卡区(BA 44)这个对于英语母语者来说主要负责句法分析的脑区,在汉英双语者阅读英语短语时，并没有被专门用于进行句法加工。

本章小结

近年来，借助电生理学和脑成像等神经科学手段，语言神经生物学研究在语言加工的各个层面，如语音和词汇加工、语义和句法加工，以及双语语言加工等，都取得了长足的进步。

汉语作为一种声调语言在语音上的特性，以及作为一种非屈折变化语言在句法上的特性，为揭示语音加工、句法与语义加工和双语者第二语言句法加工神经机制的性质，作出了独特的贡献。例如，来自汉语句子加工事件相关电位研究的证据提示，在句子理解过程中，句法加工和语义加工的相互作用，可能受一种语言的句法特性的影响。此外，与句法和语义过程相关联的功能脑区多大程度上可以分离，也可能与一种语言的句法特性有关。

最后，我们需要看到，相关研究在方法学上还存在不足。例如，在使用事件相关电位测量技术研究句子加工时，一些研究可能存在基线伪迹问题。这是今后相关领域研究应该注意重点解决的问题。

关键术语

闭合正偏移
词汇加工
词序
第二语言
第一语言
动词及物性
动词论元结构
短语结构
功能假设
孤立语
话语语境
获得年龄
基线伪迹
句法

句法优先理论
扩展的依靠论元模型
量词
屈折变化
屈折语
三阶段神经认知模型
神经语言学
声调
声学假设
失歌症
双语
统一模型
嗡嗡声声调
嗡嗡声语调
心理语言学
形态句法
音节边界
语法体
语调
语调短语边界
语义
语义整合
语音短语边界
韵律
韵律边界
韵律词边界
指代负波
指代歧义
中央凹分割
重读
主谓一致

参考文献

蔡林,张亚旭.(2014).句子理解过程中句法与语义加工的 EEG 时频分析.心理科学进展,22(7),1112—1121.
蒋存梅,杨玉芳.(2012).失歌症者对音乐和言语音高的加工.心理科学进展,20,159—167.
李晓庆,杨玉芳.(2005).不一致性重读对口语语篇加工中信息激活水平的影响.心理学报,37,285—290.
王琳,张清芳,杨玉芳.(2007).EEG 相干分析在语言理解研究中的应用.心理科学进展,15,865—871.
徐通锵.(1997).语言论.长春:东北师范大学出版社.
张亚旭,朴秋虹,喻婧,杨燕萍.(2011).句子理解过程中词类加工的功能性质.心理科学进展,19(12),1741—1748.
Boland, J.E. (1997). The relationship between syntactic and semantic processes in sentence comprehension. *Language and Cognitive Processes*, 12, 423–484.
Bornkessel, I. & Schlesewsky, M. (2006). The extended argument dependency model: A neurocognitive approach to sentence comprehension across languages. *Psychological Review*, 113, 787–821.
Bornkessel-schlesewsky, I. & Schlesewsky, M. (2008). An alternative perspective on 'semantic P600' effects in language comprehension. *Brain Research Reviews*, 59, 55–73.
Bornkessel-schlesewsky, I. & Schlesewsky, M. (2009). The role of prominence information in the real-time comprehension of transitive constructions: A cross-linguistic approach. *Language and Linguistics Compass*, 3, 19–58.
Brouwer, H., Fitz, H., & Hoeks, J. (2012). Getting real about semantic illusions: Rethinking the functional role of the P600 in language comprehension. *Brain Research*, 1446, 127–143.
Cao, F., Peng, D., Liu, L., Jin, Z., Fan, N., Deng, Y., & Booth, J. (2009). Developmental differences of neurocognitive networks for phonological and semantic processing in Chinese word reading. *Human Brain Mapping*, 30, 797–809.
Chen, L., Shu, H., Liu Zhao, J., & Li, P. (2007). ERP signatures of subject-verb agreement in L2 learning. *Bilingualism: Language and Cognition*, 10, 161–174.
Deng, T., Zhou, H., Bi, H., & Chen, B. (2015). Input-based structure-specific proficiency predicts the neural mechanism of adult L2 syntactic processing. *Brain Research*, 1610, 42–50.
Dowens, G., M., Guo, T., Guo, J., Barber, H., & Carreiras, M. (2011). Gender and number processing in Chinese learners of Spanish-evidence from event related potentials. *Neuropsychologia*, 49, 1651–1659.
Ferreira, F. & Clifton, C. (1986). The independence of syntactic processing. *Journal of Memory and Language*, 25, 348–368.
Foucart, A. & Frenck-Mestre, C. (2012). Can late L2 learners acquire new grammatical features? Evidence from ERPs and eye-tracking. *Journal of Memory and Language*, 66, 226–248.
Frazier, L., & Fodor, J.D (1978). The sausage machine: a new two-stage model of the parser. *Cognition*, 6, 291–325.
Frazier, L. & Rayner, K. (1982). Making and correcting errors during sentence comprehension: Eye movements in the analysis of structurally ambiguous sentences. *Cognitive Psychology*, 14, 178–210.
Freiderici, A.D., Steinhuaer, K., & Frish, S. (1999). Lexical integration: Sequential effects of syntactic and semantic information. *Memory & Cognition*, 27, 438–453.
Friederici, A.D. (2002). Towards a neural basis of auditory sentence processing. *Trend in Cognitive Science*, 6, 78–84.
Friederici, A.D. (2011). The brain basis of language processing: From structure to function. *Physiological Reviews*, 91, 1357–1392.
Friederici, A.D. & Frisch, S. (2000). Verb argument structure processing: The role of verb-specific and argument-specific information. *Journal of Memory and Language*, 43, 476–507.
Friederici, A.D., Gunter, T.C., Hahne, A., & Mauth, K. (2004). The relative timing of syntactic and semantic processes in sentence comprehension. *NeuroReport*, 15, 165–169.
Friederici, A.D. & Weissenborn, Y. (2007). Mapping sentence form onto meaning: The syntax-semantic interface. *Brain Research*, 1146, 50–58.
Frisch, S., Hahne, A., & Friederici, A.D. (2004). Word category and verb-argument structure information in the dynamics of parsing. *Cognition*, 91, 191–219.
Ge, J., Peng, G., Lyu, B., Wang, Y., Zhuo, Y., & Niu, Z., et al. (2015). Cross-language differences in the brain network subserving intelligible speech. Proceedings of the National Academy of Sciences, 112(10), 2972–2977.
Gu, F., Li, J., Wang, X., Hou, Q., Huang, Y., & Chen, L. (2012). Memory traces for tonal language words revealed by auditory event-related potentials. *Psychophysiology*, 49, 1353–1360.
Guo, J., Guo, T., Yan, Y., Jiang, N., & Peng, D. (2009). ERP evidence for different strategies employed by native speakers and L2 learners in sentence processing. *Journal of Neurolinguistics*, 22, 123–134.
Hagoort, P. (2003a). How the brain solves the binding problem for language: A neurocomputational model of syntactic processing. *Neuroimage*, 20, 18–19.
Hagoort, P. (2003b). Interplay between Syntax and Semantics during Sentence Comprehension: ERP Effects of Combining Syntactic and Semantic Violations. *Journal of Cognitive Neuroscience*, 15, 883–899.
Hagoort, P. (2005). On Broca, brain, and binding: a new framework. *Trends in Cognitive Sciences*, 9, 416–423.
Hagoort, P., Wassenaar, M., & Brown, C.M. (2003). Syntax-related ERP-effects in Dutch. *Cognitive Brain Research*, 16, 38–50.
Hahne, A. & Friederici, A.D. (2002). Differential task effects on semantic and syntactic processes as revealed by

ERPs. *Cognitive Brain Research*, 13, 339-356.

Hsiao, J. H., Shillcock, R., & Lee, C. (2007). Neural correlates of foveal splitting in reading: Evidence from an ERP study of Chinese character recognition. *Neuropsychologia*, 45, 1280-1292.

Isel, F., Hahne, A., Maess, B., & Friederici, A. D. (2007). Neurodynamics of sentence interpretation: ERP evidence from French. *Biological Psychology*, 74, 337-346.

Jiang, C., Hamm, J. P., Lim, V. K., Kirk, I. J., Chen, X., & Yang, Y. (2012). Amusia results in abnormal brain activity following inappropriate intonation during speech comprehension. *Plos One*, 7, e41411.

Kuperberg, G. R. (2007). Neural mechanisms of language comprehension: Challenge to syntax. *Brain Research*, 1146, 23-49.

Kutas, M. & Federmeier, K. D. (2011). Thirty years and counting: Finding meaning in the N400 component of the event-related brain potential (ERP). *Annual Review of Psychology*, 62, 621-647.

Kwok, V. P., Wang, T., Chen, S., Yakpo, K., Zhu, L., & Fox, P. T., et al. (2015). Neural signatures of lexical tone reading. *Human Brain Mapping*, 36, 304-312.

Lin, S. E., Chen, H. C., Zhao, J., Li, S., He, S., & Weng, X. C. (2011). Left-lateralized N170 response to unpronounceable pseudo but not false Chinese characters—the key role of orthography. *Neuroscience*, 190, 200-206.

Liu, L., Deng, X., Peng, D., Cao, F., Ding, G., & Jin, Z., et al. (2009). Modality- and task-specific brain regions involved in Chinese lexical processing. *Journal of Cognitive Neuroscience*, 21, 1473-1487.

Li, W. & Yang, Y. (2009). Perception of prosodic hierarchical boundaries in Mandarin Chinese sentences. *Neuroscience*, 158, 1416-1425.

Li, W. & Yang, Y. (2010). Perception of Chinese poem and its electrophysiological effects. *Neuroscience*, 168, 757-768.

Li, X., Shu, H., Liu, Y., & Li, P. (2006). Mental representation of verb meaning: Behavioral and electrophysiological evidence. *Journal of Cognitive Neuroscience*, 18, 1774-1787.

Li, X. & Yang, Y. (2013). How long-term memory and accentuation interact during spoken language comprehension. *Neuropsychologia*, 51, 967-978.

Luke, K., Liu, H., Wai, Y., Wan, Y., & Tan, L. (2002). Functional anatomy of syntactic and semantic processing in language comprehension. *Human Brain Mapping*, 16, 133-145.

Luo, Y., Zhang, Y., Feng, X., & Zhou, X. (2010). Electroencephalogram oscillations differentiate semantic and prosodic processes during sentence reading. *Neuroscience*, 169, 654-664.

Luo, Y. & Zhou, X. (2010). ERP evidence for the online processing of rhythmic pattern during Chinese sentence reading. *Neuroimage*, 49, 2836-2849.

MacDonald, M. C., Pearlmutter, N. J., & Seidenberg, M. S (1994). Lexical nature of syntactic ambiguity resolution. *Psychological Review*, 101, 676-703.

Ren, G. Q., Yang, Y., & Li, X. (2009). Early cortical processing of linguistic pitch patterns as revealed by the mismatch negativity. *Neuroscience*, 162, 87-95.

Steinhauer, K, Alter, K, & Friederici, A. D. (1999). Brain potentials indicate immediate use of prosodic cues in natural speech processing. *Nature Neuroscience*, 2, 191-196.

Steinhauer, K. & Drury, J. E. (2012). On the early left-anterior negativity (ELAN) in syntax studies. *Brain and Language*, 120, 135-162.

Tan, L. H., Liu, H., Perfetti, C. A., Spinks, J. A., Fox, P. T., & Gao, J. (2001). The neural system underlying Chinese logograph reading. *NeuroImage*, 13, 836-846.

Tanner, D., Norton, J. J., Morgan-Short, K., & Luck, S. J. (2016). On high-pass filter artifacts (they're real) and baseline correction (it's a good idea) in ERP/ERMF analysis. *Journal of Neuroscience Methods*, 266, 166-170.

Tsai, P., Tzeng, O., Hung, D., & Wu, D. (2013). Using magnetoencephalography to investigate processing of negative polarity items in Mandarin Chinese. *Journal of Neurolinguistics*, 26, 258-270.

Ullman, M. T. (2001). The neural basis of lexicon and grammar in first and second language: The declarative/procedural model. *Bilingualism: Language and cognition*, 4, 105-122.

van Berkum, J. J. A., Brown, C. M., & Hagoort, P. (1999). Early referential context effects in sentence processing: Evidence from event-related brain potentials. *Journal of Memory and Language*, 47, 147-182.

van Berkum, J. J. A., Koornneef, A. W., Otten, M., & Nieuwland, M. S. (2007). Establishing reference in language comprehension: An electrophysiological perspective. *Brain Research*, 1146, 158-171.

Wang, F., Ouyang, G., Zhou, C., & Wang, S. (2015). Re-examination of Chinese semantic processing and syntactic processing: evidence from conventional ERPs and reconstructed ERPs by residue iteration decomposition (RIDE). *PLoS One*, 10, e0117324-e0117324.

Wang, L., Jensen, O., van den Brink, D., Weder, N., Schoffelen, J. M., Magyari, L., Hagoort, P., & Bastiaansen, M. (2012). Beta oscillations relate to the N400m during language comprehension. *Human Brain Mapping*, 33, 2898-2912.

Wang, L., Zhu, Z., & Bastiaansen, M. (2012). Integration or predictability? A further specification of the functional role of gamma oscillations in language comprehension. *Frontiers in Psychology*, 3, 187.

Wang, S., Mo, D., Xiang, M., Xu, R., & Chen, H. -C. (2013). The time course of semantic and syntactic processing in reading Chinese: Evidence from ERPs. *Language, Cognition and Neuroscience*, 28, 1-20.

Wang, X., Gu, F., He, K., Chen, L., & Chen, L. (2012). Preattentive extraction of abstract auditory rules in speech sound stream: A mismatch negativity study using lexical tones. *PLoS One*, 7, e30027.

Weber, K. & Lavric, A. (2008). Syntactic anomaly elicits a lexico-semantic (N400) ERP effect in the second language but not the first. *Psychophysiology*, 45, 920–925.

Widmann, A., Schröger, E., & Maess, B. (2014). Digital filter design for electrophysiological data - a practical approach. *Journal of Neuroscience Methods*, 250, 34–46.

Wu, C. Y., Ho, M. H. R., & Chen, S. H. A. (2012). A meta-analysis of fMRI studies on Chinese orthographic, phonological, and semantic processing. *Neuroimage*, 63, 381–391.

Xue, J., Yang, J., Zhang, J., Qi, Z., Bai, C., & Qiu, Y. (2013). An erp study on Chinese natives' second language syntactic grammaticalization. *Neuroscience Letters*, 534, 258–263.

Xu, M., Wang, T., Chen, S., Fox, P. T., & Tan, L. H. (2015). Effective connectivity of brain regions related to visual word recognition: an fmri study of Chinese reading. *Human Brain Mapping*, 36, 2580–2591.

Ye, Z., Luo, Y., Friederici, A. D., & Zhou, X. (2006). Semantic and syntactic processing in Chinese sentence comprehension: Evidence from event-related potentials. *Brain Research*, 1071, 186–196.

Ye, Z., Zhan, W., & Zhou, X. (2007). The semantic processing of syntactic structure in sentence comprehension: An ERP study. *Brain Research*, 1142, 135–145.

Yu, J. & Zhang, Y. (2008). When Chinese semantics meets failed syntax. *NeuroReport*, 19, 745–749.

Yu, J., Zhang, Y., Boland, J. E., & Cai, L. (2015). The interplay between referential processing and local syntactic/semantic processing: ERPs to written Chinese discourses. *Brain Research*, 1597, 139–158.

Yu, X., Law, S. P., Han, Z., Zhu, C., & Bi, Y. (2011). Dissociative neural correlates of semantic processing of nouns and verbs in Chinese — A language with minimal inflectional morphology. *NeuroImage*, 58, 912–922.

Zhang, Q., Guo, C., Ding, J., & Wang, Z. (2006). Concreteness effects in the processing of Chinese words. *Brain and Language*, 96, 59–68.

Zhang, Y., Li, P., Piao, Q., Liu, Y., Huang, Y., & Shu, H. (2013). Syntax does not necessarily precede semantics in sentence processing: ERP evidence from Chinese. *Brain and Language*, 126, 8–19.

Zhang, Y., Yu, J., & Boland, J. E. (2010). Semantics does not need a processing license from syntax in reading Chinese. *Journal of Experimental Psychology: Learning, Memory, and Cognition*, 36, 765–781.

Zhang, Y. & Zhang, J. (2008). Brain responses to agreement violations of Chinese grammatical aspect. *NeuroReport*, 19, 1039–1043.

Zhang, Y., Zhang, J., & Min, B. (2012). Neural dynamics of animacy processing in language comprehension: ERP Evidence from the interpretation of classifier-noun combinations. *Brain and Language*, 120, 321–331.

Zhan, J., Yu, H., & Zhou, X. (2013). fMRI evidence for the interaction between orthography and phonology in reading Chinese compound words. *Frontiers in Human Neuroscience*, 7, 753.

Zhou, X., Jiang, X., Ye, Z., Zhang, Y., Lou, K., & Zhan, W. (2010). Semantic integration processes at different levels of syntactic hierarchy during sentence comprehension: An ERP study. *Neuropsychologia*, 48, 1551–1562.

Zhou, X., Ye, Z., Cheung, H., & Chen, H-C. (2009). Processing the Chinese language: An introduction. *Language and Cognitive Processes*, 24, 929–946.

Zhu, Z., Zhang, J. X., Wang, S., Xiao, Z., Huang, J., & Chen, H-C. (2009). Involvement of left inferior frontal gyrus in sentence-level semantic integration. *Neuroimage*, 47, 756–763.

8　神经与精神疾病的生物心理学

8.1　神经精神疾病模型 / 262
　　8.1.1　神经发育模型 / 262
　　8.1.2　精神疾病连续体模型 / 262
　　8.1.3　生物学指标/内表型 / 263
8.2　精神分裂症谱系的神经软体征及神经机制 / 264
　　8.2.1　神经软体征的概念 / 264
　　8.2.2　精神分裂症谱系神经软体征的行为研究 / 265
　　8.2.3　精神分裂症谱系神经软体征的脑功能和结构基础 / 267
8.3　神经精神疾病的快感缺失与社会认知缺陷的神经机制 / 268
　　8.3.1　精神分裂症谱系的快感缺失 / 268
　　　　快感缺失的概念及评估方法 / 268
　　　　行为研究 / 269
　　　　神经机制 / 270
　　8.3.2　精神分裂症谱系的社会认知缺陷的神经机制 / 272
　　　　社会认知的概念及常用实验范式 / 272
　　　　精神分裂症谱系社会认知的缺损 / 272
　　　　精神分裂症谱系社会认知缺陷的神经机制 / 273
　　8.3.3　抑郁症社会认知缺陷的神经机制 / 275
　　　　面孔知觉 / 276
　　　　心理理论 / 277
　　　　社会决策 / 278
本章小结 / 280
关键术语 / 281

　　本章主要对神经与精神疾病及其神经机制进行介绍,以精神分裂症为主,也包括一些抑郁症的相关研究。首先介绍的是神经精神疾病的模型;其中生物学指标/内表型目前受到较多的关注,因此我们对目前较为主要的内表型指标进行了介绍,包括神经软体征、快感缺失和社会认知缺陷等。

8.1 神经精神疾病模型

本部分主要对神经精神疾病的模型进行介绍。我们首先介绍了比较传统的神经发育模型;Kraepelin 认为神经精神疾病分为精神分裂症和情感障碍,但越来越多的研究者认为精神疾病是一个连续体,因此我们也将对精神疾病的连续体模型进行介绍;目前越来越多的研究开始采用生物学指标/内表型途径对神经精神疾病的遗传机制进行探讨,我们也简述了相关原理。

8.1.1 神经发育模型

精神分裂症是一种严重的、复杂的疾病,其病因和病理生理学基础至今仍未得到很好的阐述。近 30 年来,神经发育模型(Weinberger,1986)得到了广泛的关注。该模型认为,精神分裂症是由神经发育异常导致的行为改变,而这种异常在临床症状发作之前很早就已有表现(Rapoport 等,2005;Rapoport 等,2012)。神经发育模型得到了临床医学、流行病学、神经影像学以及遗传学等方面研究的支持。

Rapoport 及其合作者在 2005 年和 2012 年对精神分裂症与神经发育模型进行了综述研究(Rapoport 等,2005;Rapoport 等,2012)。精神分裂症患者,尤其是早发性患者,在发病前就表现出了许多细微的认知、运动和行为方面的异常(Lawrie 等,2011;Dickson 等,2012)。

精神分裂症与环境因素有关。Brown 和 Derkits(2010)对胚胎期感染与精神分裂症的研究进行了综述,发现两者存在关联。另外,大量研究发现产科并发症、出生体重较轻与精神分裂症发病有关(Rapoport 等,2005;Rapoport 等,2012)。城市环境、儿童期创伤经历以及迁徙等因素也与精神分裂症有关(Rapoport 等,2012)。

儿童期发病的精神分裂症患者(childhood onset schizophrenia,COS)大脑发育的变化受疾病和药物的影响较少,其原发病患和兄弟姐妹更年轻,为神经发育的研究提供了独特的视角。Greenstein 等(2006)发现在各个年龄段 COS 皮质厚度都比对照组更薄。COS 的后顶叶区域在发育过程中逐渐趋于正常,而额叶和颞叶一直存在异常,这种模式与在成人中的研究结果类似。与灰质结果类似,白质完整性在整个精神分裂症病程中都存在异常,尤其是前额叶。另外,精神分裂症易感基因和染色体异常与发病前神经发育异常有关(Rapoport 等,2005;Rapoport 等,2012)。

8.1.2 精神疾病连续体模型

Kraepelin 提出了两分论(Kraepelinian dichotomy),认为功能性精神病分为精神分裂症和躁郁症。两分论提出之后,被学界广泛接受,对临床实践、研究以及公众对精神疾病的认知产生了深远的影响(Craddock 和 Owen, 2010)。然而,受谱系疾病与分裂情感性精神病等概念的影响,连续体学说出现了,两分论模型因此受到了挑战。连续体学说认为,精神分裂症和情感性障碍处于连续体的两端,严重的一端为精神分裂症,轻的一端为情感性障碍,而分裂情感性精神病位于中间地带(Crow, 1986)。

Kendell 和 Gourlay(1970)采用鉴别函数分析法(discriminant function analysis)分析了美/英联合研究项目(U.S.-U.K. diagnostic project)的数据,结果发现精神病症状呈三峰分布(trimodal)(即在精神分裂症和情感性障碍中间存在一个最大值),而非双峰分布(bimodal)。

近些年,已有充分的证据表明精神分裂症和情感性障碍具有重叠的易感性基因和发病机制(Craddock 和 Owen, 2010)。大多数证据来自大规模的分子遗传分析(Ferreira 等,2008;Purcell 等,2009),而对于这两种疾病的家系研究也支持了分子研究的结果。Lichtenstein(2009)对瑞典 200 多万个家庭进行的调查发现,精神分裂症和情感障碍患者的一级家属均具有更高的发病风险。另外,来自异父同胞和被收养亲属的证据也进一步证明了遗传的影响(Lichtenstein 等,2009;Owen 和 Craddock, 2009)。

8.1.3 生物学指标/内表型

在多基因遗传的复杂疾病中,理论上临床表现型和基因的复杂程度越大,与表现型有关的易感基因越多,因而破解与之相关基因的难度越大。基于这种理念,如果有些表现型是某一疾病特异的,而且比外在行为表现更直接和更基本,那么引起这些性状变异所需要的基因数量就比导致精神疾病临床表现所需要的基因数量少(见图 8.1)(陈楚侨等,2008)。因此,探索高度特异的与某一疾病相关联的表现型,有助于发现传递疾病易感性的、假定的多基因体系中的可能基因(Gottesman 和 Gould, 2003),内表型的概念也应运而生。

图 8.1 对有复杂遗传机制的疾病的基因分析的内表型途径的原理
(来源:Gottesman 和 Gould,2003;陈楚侨等,2008)

内表型的概念最初由 Gottesman 和 Shields 在 20 世纪 70 年代提出,他们将其描述为不能通过肉眼直接观察到的,介于基因型和外在症状之间的内在表现型(Gottesman 和 Gould,2003)。内表型可以是任一揭示疾病分子遗传学的神经生物学指标,包括生物化学的、内分泌学的、神经生理的、神经解剖的,或者神经心理的测量(Gottesman 和 Gould,2003)。另外,有一些术语与内表型具有相似的意义,比如"中间表现型"、"生物学标记"、"亚临床特征"及"易感性指标"(陈楚侨等,2008)。

关于内表型,不同的研究者或研究团队提出了不同的标准(Gottesman 和 Gould,2003;Braff 等,2007)。目前最常用的标准是 Gottesman 和 Gould(2003)提出的,具体如下:(1)与疾病共同存在;(2)可遗传的;(3)状态独立的(无论疾病是否处于发作状态都能表现出来);(4)在受疾病影响的家庭中,其未患病家属内表型的表现比一般人群中的比率要高;(5)在受疾病影响的家庭中,原发病患的患病家属比未患病家属内表型的表现率更高(和疾病共分离);(6)是一种可测量的特质,在一段时间内表现出相对的稳定性,并且理论上与某一感兴趣疾病的关联程度比其他疾病大。

内表型受到外界环境的影响较少,与遗传基因的联系更为紧密,在研究遗传机制复杂的精神疾病方面具有独特的优势,因此得到了越来越多研究者的关注。陈楚侨及其研究团队在 2008 年综述了认知内表型在精神分裂症、多动症和抑郁症中的研究进展(陈楚侨等,2008)。在多动症中,反应抑制和工作记忆可能是多动症的潜在认知内表型;在抑郁症中,注意和记忆等认知功能也被建议作为内表型;在精神分裂症患者中,持续性注意、言语记忆和工作记忆表现出明显的缺损,并且这些认知功能在测量中表现出稳定性和可遗传性,因此这些认知测量指标被认为是精神分裂症的潜在内表型。

近年来,有越来越多的研究认为神经软体征、快感缺失和社会认知缺陷可能是精神分裂症的内表型。因此,本章将重点对精神分裂症的神经软体征、快感缺失和社会认知的行为缺陷及其神经机制进行探讨。

8.2 精神分裂症谱系的神经软体征及神经机制

研究者认为神经软体征是精神分裂症谱系的一个重要的内表型指标,本部分主要介绍了神经软体征的概念,简述了精神分裂症的神经软体征相关的行为和脑成像研究。

8.2.1 神经软体征的概念

神经体征有"硬"和"软"之分。神经硬体征通常反映的是基本的运动和感觉的异常,涉及椎体系统(Woods 等,1991)和椎体外系统(Schröder 等,1991),与特定的脑区相联系。而神经软体征(neurological soft signs,NSS)与硬体征相对应,通常指的是细微的神经异常,这些异常在行为上是可观测的,但却很难找到与之相对应的脑解剖基础(Heinrichs 和 Buchanan,1988;Chen 等,1995)。

目前评估 NSS 的量表主要有:Woods 量表(Smith 等,1999)、Rossi 量表(Rossi 等,1990)、剑桥神经检查表(*Cambridge Neurological Inventory*,CNI)(Chen 等,1995)、Buchanan 和 Heinrichs 的神经评估量表(*The Neurological Evaluation Scale*,NES)(Buchanan 和 Heinrichs,1989)、Heidelberg 量表(Schröder 等,1991)和 Kreb 量表(Krebs 等,2000)。其中,CNI 和 NES 主要用于评估精神疾病患者的神经软体征(Boks 等,2004)。NES 包括运动协调(motor coordination)、感觉整合(sensory integration)和复杂动作序列(complex motor sequencing)三个维度(Buchanan 和 Heinrichs,1989)。CNI 把复杂的动作序列归类为动作协调功能,并把一些抑制功能单独列为一个分量表,因此分为运动协调、感觉整合和抑制功能(inhibition)三个维度(Chen 等,1995)。

8.2.2 精神分裂症谱系神经软体征的行为研究

神经软体征的研究历史可追溯到 1976 年,最早是由 Heinrichs 和 Buchanan(1988)系统提出的,为精神疾病的研究提供了一个日益重要的视角。有研究显示,97.1%的精神分裂症患者至少会表现出 NES 中一个软体征项目的缺损,有 63%的患者至少表现出两个以上软体征项目的缺损。而正常人 NSS 的表现率大约只有 5%—50%(Dazzan 和 Murray,2002)。Chan 和 Chen 发现在中国样本中,精神分裂症患者 NSS 表现率大约为 59%,而健康被试仅为 5%(Chan 和 Chen,2007)。到目前为止,已有许多研究表明神经软体征在精神分裂症患者中的表现与在正常人中的表现存在很大的差异(Bombin 等,2005)。Chan 等(2010c)对过去近 30 年有关精神分裂症患者 NSS 的行为研究进行了元分析,以期量化估计精神分裂症患者与健康被试之间的差异。该元分析纳入了 33 篇文章,结果显示,精神分裂症患者与健康被试两组被试 NSS 总分差异的效应值为 1.59,NSS 分量表差异的效应值均大于 0.8。一般来说,效应值在 0.2—0.5 代表效应值小,0.5—0.8 代表中等程度的效应值,0.8 以上代表效应值较大。因此,可以判断出精神分裂症患者与健康被试之间存在非常显著的差异。另外,NSS 与阴性症状(Chan 等,2010b;Chan 等,2010c)和紊乱症状(Arango 等,2000;Compton 等,2007)的严重程度有关,而与阳性症状无关(Bombin 等,2005)。

神经软体征在精神分裂症患者一级亲属中的表现率也高于正常人,为 20%—40%左右(如表 8.1)(徐婷,2012)。目前大多数研究表明,与正常人相比,神经软体征在精神分裂症未患病的一级家属上也表现明显,两组人群在 NSS 总分上有显著的差异(Chen 等,2000;Gabalda 等,2008)。Chan 等(2010b)对现有研究进行元分析发现,精神分裂症患者与未患病家属 NSS 差异的效应值为 0.81,未患病家属与健康控制组 NSS 差异的效应值为 0.97。

表 8.1　NSS 在精神分裂症病人、亲属和健康对照中的表现率(来源: 徐婷,2012)

第一作者 (出版年份)	NSS 量表	分数	被试类别与 NSS 表现率					
			患者		亲属		对照组	
Kinney 等(1986)	Screened signs	≥1	24 SZ	50%	21 R	38.1%	24 C	12.5%
Griffiths 等(1998)	45 items	Prim ≥1	32 FSZ	37.5%	63 FR	30.2%	47 C	7%
			28 SSZ	57.1%	44 SR	22.7%		
Flyckt 等(1999)	Neurological examination protocol	≥1	39 SZ	78%	33 R	27%	55 C	7%
Ismail 等(1998)	44 items	5	60 SZ	82%	21 Si	38%	75 C	5%
Yazici 等(2002)	NES	≥15	99 SZ	68.7%	80 Si	27.7%	59 C	5%
Gourion 等(2003)	23 items from Kerbs	≥10	18 SZ	73.9%	36 P	83.3%	42 C	2.3%
Schubert 和 McNeil(2004)	44 items	>7	—		28 SZO	32.1%	88 C	10%
Niemi 等(2005)	—		88 SZ	9%	149 PO	11%	97 C	3%

注: SZ=精神分裂症病人;R=精神分裂症病人直系亲属;C=健康对照组;Si=精神分裂症病人的兄弟姐妹;P=精神分裂症病人双亲;SZO=母亲患精神分裂症的健康子女;FSZ=家族性精神分裂症病人;FR=家族性精神分裂症病人亲属;SSZ=散发性精神分裂症病人;SR=散发性精神分裂症病人亲属;Prim=primary function 即基本功能;Inte=integrative function,即整合功能。

分裂型人格特质(schizotypy)人群作为精神分裂症高危群体之一,其神经软体征也存在异常(Barrantes-Vidal 等,2003;Kaczorowski 等,2009;Chan 等,2010a;Mechri 等,2010)。另外,Barrantes-Vidal 等(2003)发现,与阳性分裂型人格特质人群和对照组相比,阴性分裂型人格特质人群的 NSS 存在更严重的缺损。Kaczorowski 等(2009)还发现阴性分裂型人格特质与 NSS(运动协调、复杂运动序列、眼球运动及记忆回溯)的缺损有关。Mechri 等(2010)发现 NSS 总分与分裂型人格问卷(*Schizotypal Personality Questionnaire*, SPQ)总分和紊乱分量表得分均呈正相关,而运动协调和感觉整合的异常与 SPQ 总分及 SPQ 感知觉分量表得分呈正相关。Chan 等(2010a)也发现 SPQ 分量表与运动协调、感觉整合以及 NSS 总分呈显著的相关。Theleritis 等(2012)发现 SPQ 人际分量表得分与复杂运动序列和 NSS 总分均呈显著的相关。综上,阴性分裂型人格特质与 NSS 异常有关,与精神分裂症患者的结果类似。

Chan等(2016)通过毕生发展的大样本数据描绘了神经软体征的发展轨迹,并通过与其他疾病如抑郁症、双相障碍等的对比发现了神经软体征对精神分裂症谱系障碍具有特异性。另外,Xu等(2016)以健康双生子为被试对神经软体征进行了遗传度分析发现,神经软体征具有显著的遗传度;且精神分裂症患者和一级亲属的神经软体征得分显著相关,这说明神经软体征是可遗传的。

通过对NSS这种"特征标志"的研究,一方面有助于我们认识精神疾病的行为表现,另一方面也有助于我们识别与精神疾病相关的基因。从基因遗传的角度来看,神经软体征很可能是精神分裂症的一种内表型(Chan和Gottesman,2008)。

8.2.3 精神分裂症谱系神经软体征的脑功能和结构基础

传统上一般认为,神经硬体征与特定的脑区相联系,而神经软体征则很难找到相应的脑区定位。然而,随着脑成像技术的发展,近年来的研究获得了一些初步的证据,表明某些大脑结构也与运动协调、感觉整合及抑制功能相对应。NSS高分的精神分裂症患者与NSS低分的患者相比,其皮质下结构的灰质较少(Dazzan等,2004)。另有研究发现,个体NSS分数越高,其基底神经节、丘脑和小脑的体积越小(Bottmer等,2005;Thomann等,2009)。

除了对结构像的研究,一些脑功能影像研究也对NSS的神经机制进行了探讨。有研究发现精神疾病患者在进行手指敲击任务时,其初级运动皮质、小脑和尾状核等区域的活动比正常对照组的激活更弱(Kodama等,2001;Rogowska等,2004)。另有研究采用按键/不按键(Go/No-go)任务考察NSS中的抑制功能项目发现,当精神病人作出抑制反应时,激活异常的脑区包括前扣带回(BA24、BA31、BA32)(Rubia等,2001;Arce等,2006)、左侧海马旁回(BA34)、中脑(Joyal等,2007)以及杏仁核(Kaladjian等,2009)等。Chan等(2015)采用运动协调任务对神经软体征的神经机制进行了探讨,研究结果表明健康被试右侧额叶与感觉运动皮质存在显著的功能连接,而首发精神分裂症患者和一级亲属这两个脑区的功能连接不显著。

Zhao等(2014)从脑结构和功能两个角度对现有精神疾病NSS神经机制的研究进行了元分析。对NSS相关脑结构的分析显示,与NSS相关的脑区主要包括小脑、中央前回(BA4/6)、额下回和丘脑。Mouchet-Mages(2011)认为小脑是NSS"额叶—丘脑—小脑"结构模型中非常重要的组成部分。小脑接受从皮质以及感觉系统输入的信号,对运动进行监控,通过比较运动计划和运动实际结果,从而减小运动错误(Ho等,2004;Bersani等,2007)。因此,NSS的行为表现受损可能是由于小脑萎缩导致运动监控和调整能力降低。另外,中央前回(BA4/6)是运动皮质区域,是运动信息在小脑、前额叶皮质、基底神经节以及感觉皮质之间进行传递的重要环节。

Zhao等(2014)对功能性核磁共振成像研究的元分析结果显示,精神疾病患者在额下回(BA45)、额上回(BA34)、小脑以及壳核的激活异常与NSS有关。结合脑结构和脑功能元分析的结果我们可以发现,NSS涉及的脑区应该包括小脑、额叶、颞叶、中央前后回、海马旁回和丘脑等多个脑区,这进一步验证了NSS的"额叶—丘脑—小脑"模型,尤其是额叶和小脑。

8.3 神经精神疾病的快感缺失与社会认知缺陷的神经机制

本部分对精神分裂症谱系的另外两个重要的内表型指标快感缺失和社会认知缺陷进行了介绍,包括相关的概念、测量方法、行为及脑成像研究等。由于社会认知缺陷也是抑郁症的核心表现之一,本部分也对相关的研究进行了介绍。

8.3.1 精神分裂症谱系的快感缺失

快感缺失的概念及评估方法

快感缺失指的是体验愉快的能力降低,最初由Ribot在1896年提出(Ribot,1897)。快感缺失被认为是精神分裂症阴性症状中的核心表现之一(Pelizza和Ferrari,2009)。已有研究表明,快感缺失与精神分裂症患者的生活质量(Ritsner等,2011)、社会功能缺陷(Tully等,2012)、人际交往(Kwapil等,2009)和增多的攻击行为(Fanning等,2012)有关。

目前,研究精神分裂症快感缺失的方法主要有三类:基于临床访谈的方法、基于自我报告问卷的方法和基于实验室实验的方法(Horan等,2006b)。

基于临床访谈的方法。临床上主要通过半结构化的访谈评估快感缺失。常用的量表主要包括:阴性症状量表(*Scale for Assessment of Negative Symptoms*,SANS)(Andreasen,1984)、阳性和阴性症状评估量表(*Positive and Negative Syndrome Scale*,PANSS)(Kay等,1987)、缺损症状量表(*Schedule for Deficit Syndrome*,SDS)(Kirkpatrick等,1989)和情感淡漠量表(*the Scale for Emotional Blunting*,SEB)(Abrams和Taylor,1978)。其中,SANS是研究者使用最频繁的精神分裂症阴性症状的评估量表(Horan等,2006a)。在SANS中,快感缺失—社会退缩分量表(*Anhedonia-Asociality Subscale*)主要用于评估体验愉快或者兴趣的降低减退。在PANSS中,共有7个项目测量阴性症状,其中主要用来评估快感缺失症状的项目有情感退缩(emotional withdrawal)和被动/淡漠社交退缩(passive/apathetic social withdrawal)。在SDS中,临床医生通过询问患者在12个月中对于某些社会交往情境或者其他情境中的情绪体验来评估患者的快感缺乏程度,分数越高表示症状程度越严重(Kirkpatrick等,1989)。SEB则从对家人的感情缺失以及对于目前情境和未来的漠不关心三个方面评估淡漠程度,因为这些行为表现可能是快感缺失的结果(Abrams和Taylor,1978)。

基于自我报告问卷的方法。采用自我报告的方式评估快感缺失,常用的问卷包括Chapman精神疾病倾向量表(*Chapman Psychosis Proneness Scales*,CPPS)(Chapman等,1976)、时间性愉快体验量表(*Temporal Experience of Pleasure Scale*,TEPS)(Gard等,2006)、Fawcett-Clark愉快量表(*Fawcett-Clark Pleasure Scale*,FCPS)(Fawcett等,1983)、Snaith-Hamilton愉快量表(*Snaith-Hamilton Pleasure Scale*,SHAPS)(Snaith等,1995)和一般气质问卷(*General Temperament Survey*,GTS)(Clark和Watson,1990)。其中,Chapman精神疾病倾向量表可以评估躯体快感缺失和社会快感缺失。时间性愉快体验量表可以评估预期性和即时性愉快体验。此外,Gooding和Pflum(2014)近期还编制了预期和即时性人际愉快体验量表(*Anticipatory and Consummatory Interpersonal Pleasure Scale*,ACIPS)用以评估人际和社会愉快体验。

基于实验室实验的方法。实验室主要采用情绪唤起的实验范式测量情绪体验,测量范围包括视觉、味觉、嗅觉和听觉等多重感觉通道。至今,研究者采用视觉刺激的实验范式最多,刺激种类包括图片(Paradiso等,2003)、电影(Henry等,2007)、面部表情(Habel等,2000)、金钱等(Simon等,2010)。另外,味觉刺激主要包括饮料和食物(Horan等,2006b),嗅觉和听觉刺激分别为气味(Crespo-Facorro等,2001)和声音(Burbridge和Barch,2007)。

Knutson发展了金钱奖励延迟任务(monetary incentive delay task,MID)以测量金钱带来的期待性情绪体验和即时性情绪体验成分(Knutson等,2001)。另外,Spreckelmeyer等(2009)在MID任务的基础上,发展了社会奖励延迟任务,用以测评社会刺激引起的期待和即时愉快体验。

行为研究

根据测试手段的不同,愉快体验可分为两类:一类是特质性愉快体验能力(trait hedonic capacity),主要通过临床访谈和自我报告问卷的方式测量;一类是状态性愉快体验水平(state hedonic experience),主要通过实验室实验测量(Cohen等,2011)。

已有大量研究表明,精神分裂症患者特质性愉快体验能力存在损伤(Cohen等,2011),而状态性愉快体验能力完好(Kring和Moran,2008;Cohen和Minor,2010)。另外,存在于健康人群的效价—唤醒度的情绪环路同时也存在于精神分裂症患者中(Kring和Moran,2008),但是研究者对精神分裂症情绪体验唤醒度的研究结果并不一致。有些研究发现精神分裂症患者和健康对照组状态性情绪唤醒水平没有显著差异(Burbridge和Barch,2007;Hempel等,2007)。然而,另外一些研究却表明精神分裂症患者主观的唤醒水平和生理唤醒反应(如皮肤电)存在异常(Simon等,2010)。基于此,Yan等(2012)对精神分裂症患者特质和状态性愉快体验进行了元分析,结果发现,精神分裂症患者特质性愉快体验能力比健康对照组低,且对正性刺激报告了更多的负性体验。然而,精神分裂症患者的状态性愉快体验在效价和唤醒度上都没有表现出异常。此外,Yan等(2012)发现阴性症状和性别会影响精神分裂症患者特质愉快体验能力。

对于精神分裂症在特质—状态愉快体验上的分离现象,Yan等(2012)认为,Kring的情绪时间进程模型(Kring和Elis,2013)可能是解释这一现象的一个理论模型。如前文所述,特质性愉快体验主要通过自我报告问卷测量,而状态性愉快体验主要通过实验室实验测量。人们在加工特质性愉快体验时,需要诸如表征、预测和记忆等认知加工的参与,而在加工状态性愉快体验时则不需要。由于精神分裂症患者的情绪记忆、表征和预测功能存在缺损(Heerey等,2007;Gold等,2008;Cohen等,2011),因此可能会影响到与这些认知加工有关的情绪体验,导致精神分裂症患者表现出更少的特质性愉快体验。而状态愉快体验即即时愉快体验不需要过多的认知加工参与,因此精神分裂症患者在这方面没有损伤。

目前,快感缺失的研究已经扩展到高危人群,如患者未患病一级家属和分裂型人格特质群体。研究未服药的高危人群,有助于研究者理解精神分裂症患者快感缺失的本质。在Meehl的精神分裂症模型中,快感缺失被认为是精神分裂症重要的基因易感性指标,高危人群也表现出了愉快体验能力的缺损(Meehl,1962)。已有研究发现社会快感缺失与阴性分裂型人格特质有关(Knutson和Greer,2008)。Martin等人(2011)以及Gooding和Pflum(2012)都发现阴性分裂型人格特质群体在TEPS问卷中的预期和即时性愉快体验得分都更低。但是阳性分裂型人格特质群体与对照组相比没有显著差异。Shi等(2012)也发现分裂型人格特质组并不存在期待愉快体验的异常,但当把分裂型人格特质群体区分为阳性和阴性特质两类时,阴性分裂型人格特质组表现出了期待愉快体验的异常。遗憾的是,目前关于分裂型人格特质群体愉快体验的实验研究还比较少。Yan等(2011)发现分裂型人格特质群体存在快感缺失,尤其是预期未来发生事件的愉快体验。Lui等(2016)发现精神分裂症患者和分裂型人格特质群体期待性愉快体验的情绪与动机的分离(emotion-volition decoupling)比即时性愉快体验缺损更严重。

神经机制

随着脑成像技术的发展,研究发现纹状体(Kringelbach和Berridge,2009)、内侧前额叶(Tzschentke,2000)、眶额叶(Barch和Dowd,2010)、杏仁核(LeDoux,2003)和脑岛(Craig,2009)等脑区与正性情绪或奖赏的加工有关。

目前,越来越多的研究开始关注精神分裂症加工正性情绪的神经机制。然而,目前相关的研究结果并不一致。纹状体在情绪体验和奖赏预测过程中起着重要作用(Groenewegen和Trimble,2007)。有些研究发现,与健康对照组相比,精神分裂症患者在期待奖赏时左侧腹侧纹状体的激活出现减弱(Juckel等,2006;Schlagenhauf等,2009),然而另一些研究却发现纹状体的激活没有异常(Simon等,2010;Waltz等,2010)。

杏仁核在情绪加工中也扮演着重要的角色。有研究发现精神分裂症患者加工正性刺激时,双侧杏仁核激活减弱(Schneider等,2007;Gradin等,2011),也有研究观察到激活增强(Reske等,2007)。另外,还有研究发现精神分裂症患者在加工愉快刺激时,激活降低的区域包括内侧前额叶(Waltz等,2008)和眶额叶(Rauch等,2010),然而另一些研究却发现这两个区域的表现没有异常(Dowd和Barch,2010,2012)。

由于现有结果不一致,Yan等(2015)利用激活似然估计(activation likelihood estimation,ALE)做了一个量化的元分析研究,以探讨精神分裂症患者愉快体验的神经机制。他们发现在体验正性情绪时,纹状体和杏仁核的激活只在健康被试中被观察到。进一步比较两组被试后他们发现,与健康组相比,精神分裂症患者前额叶区域,如内侧前额叶、右侧额上回、左侧中央前回和右侧中央旁回以及皮质下区域如左侧壳核的激活减弱,而在右侧枕下回和右侧小脑激活增强。在加工即时性愉快体验时,左侧杏仁核和右侧尾状核头在健康被试中被激活,而在精神分裂症中则没有。在加工期待性愉快体验时,由于研究数量有限,只发现健康被试中右侧尾状核头和左外侧苍白球激活。

Yan等(2015)的研究结果表明,尽管在行为层面精神分裂症的消费性愉快体验能力正常,而其在加工正性情绪时,大脑活动依然存在异常,特别是在前额叶和边缘系统区域。Yan等(2015)认为,精神分裂症加工正性情绪时,前额叶与边缘系统的神经活动降低,而小脑的过度激活可能起到一定的代偿作用。

另外,Harvey等(2007)首次探讨了大学生群体特质性愉快体验的脑功能和结构基础,其中对特质性愉快体验的评估采用了Chapman躯体快感缺失量表。该研究结果发现,双侧的前尾状核灰质体积与特质性快感缺失呈负相关。然而,特质性快感缺失与加工正性图片时腹内侧前额叶的激活呈正相关。研究进一步发现分裂型特质群体在消费性愉快体验时内侧眶额皮质存在异常激活,而在体验负性情绪时内侧眶额皮质的激活则没有异常(Yan等,2016)。

8.3.2 精神分裂症谱系的社会认知缺陷的神经机制

社会认知的概念及常用实验范式

社会认知指的是个体在社会环境中如何看待自己和他人(Penn等,2008)。美国国立精神卫生研究院指出社会认知包括心理理论、社会知觉、社会知识、归因倾向和情绪加工五种成分(Green等,2008)。社会认知各成分及其常用实验范式如表8.2所示。

表8.2　社会认知及其常用实验范式(来源:Savla等,2013)

种类	描述	常用的实验方法
心理理论	定义:指个体对自己或他人的心理状态的认识和理解,即"阅读他人的心理"的能力(Green等,2008)。 "一阶"心理理论:理解他人心理状态的能力。 "二阶"心理理论:理解他人对另一个人心理状态理解的能力。	从眼读心任务(reading the mind in the eyes task)(Baron-Cohen等,1997):要求被试仅通过照片中人物的眼神判断其心理状态。
社会知觉	定义:理解和评价社会规则、角色和情境的能力。	PONS测试(profile of nonverbal sensitivity)(Rosenthal等,1979):给被试观看包含面部表情、语调以及身体姿态的视频片段,让被试从两个场景中选择符合的一个。
社会知识	定义:个体知晓并理解社会角色、规则和目标的能力(Addington等,2006)。	情境特征识别任务(situational feature recognition test)(Corrigan和Green,1993):在特定的情境下,要求被试从一系列的行为中选择合适的行为。
归因倾向	定义:个体对积极和消极事件的原因解释为内部的、他人的还是环境的。	内在、他人及环境归因问卷(Kinderman和Bentall,1996):要求被试对一些事件的原因进行选择,是内在的、他人的还是环境的。
情绪加工	定义:个体对自己和他人的情绪表达的感知及运用(Green等,2008)。	面孔情绪识别任务(the face emotion identification test):要求被试判断情绪图片所代表的情绪(快乐、悲伤、愤怒、恐惧、惊奇或害羞)。

精神分裂症谱系社会认知的缺损

在精神分裂症中,社会功能缺陷是核心症状之一,对其发展和预后有着重要影响。而社会认知在基本认知功能和功能结局之间起调节作用(Schmidt等,2011),并且社会认知能够解释功能结果的变异量超过了基本认知功能和临床症状(Pinkham和Penn,2006)。已有大量研究表明,精神分裂症患者存在社会认知缺损。有两项元分析表明精神分裂症存在心理理论方面的缺损(Sprong等,2007;Bora等,2009)。另外,有一项元分析发现精神分裂症存在面孔情绪加工功能的缺损(Kohler 等,2009)。进一步地,Savla 等(2013)系统地对精神分裂症患者社会认知的各个层面进行了元分析,其分析结果验证了精神分裂症患者在心理理论和情绪加工方面的缺损,并且还发现了精神分裂症患者的社会知觉和社会知识也存在缺损。

另外,对精神分裂症高危人群的研究已表明,其社会认知功能也受到了不同程度的损伤,如心理理论(Chung 等,2008;Kim 等,2011)、情绪加工(Eack 等,2010)以及归因偏差(An 等,2010)等。因此,社会认知的缺陷可能是一种稳定的特质性缺陷,在患者发病之前就已存在,并能预测疾病发展。

精神分裂症谱系社会认知缺陷的神经机制

心理理论。已有研究发现正常个体与心理理论有关的脑区包括:内侧前额叶(medial prefrontal cortex, MPFC)、旁扣带回前部(anterior paracingulate cortex, BA 9/32)、颞上回(superior temporal sulcus)以及颞极(temporal poles)等(Frith 和 Frith, 2003;Gallagher 和 Frith, 2003)。与正常人相比,精神分裂症患者在标记心理状态任务中错误率更高,且其左侧额中/下回(BA9、44、45)的激活显著减弱(Russell 等, 2000;Brüne 等,2008)。Sugranyes 等(2011)的元分析研究发现精神分裂症患者的内侧前额叶在心理理论任务中的激活水平显著低于正常被试,并发现扣带回和丘脑等脑区的异常活动可能与心理理论缺陷有关。然而,关于精神分裂症在心理理论任务中颞—顶叶联合区的活动,已有研究结果并不一致。有一些研究显示精神分裂症患者的颞—顶叶联合区活动减弱(Walter 等,2009a;Vistoli 等,2011),而另有研究却发现精神分裂症患者颞上沟与颞—顶叶联合区/下顶叶的活动增强(Brüne 等,2008)。朱叶等(2014)在最近的综述中指出该结果的不一致可能是由被试和实验设计不同导致的。偏执型分裂症患者的心理理论功能相对完好,而阴性或紊乱症状明显的患者则缺乏基本的表征心理状态的能力(Bora 等,2009)。另外,采用 on-line 任务与 off-line 任务所得出的实验结果可能不同,即使同为 off-line 任务,实验材料的类型以及心理理论条件与控制条件之间的差异程度也不同。

此外,还有研究考察了前驱期高危群体和分裂型人格倾向群体在心理理论任务中的大脑活动。Brüne 等(2011)发现,与精神分裂症患者及健康被试相比,前驱期高危人群前额叶皮质、后扣带皮质以及颞顶皮质表现出更强的激活。Modinos 等(2010)对高精神病倾向群体的研究发现,尽管在行为结果上没有显著差异,但是高精神病倾向组在前额叶皮质前部(anterior prefrontal cortex)、背内侧前额叶皮质(dorsomedial and lateral prefrontal regions, BA 46/9)等脑区比低倾向组表现出更强的激活。上述研究结果提示前驱期和分裂型人格被试在完成实验任务时可能存在脑区激活的补偿机制。

情绪加工。大量研究表明有些脑区与精神分裂症情绪加工有关,如杏仁核、海马、梭状回、内侧前额叶皮质和眶额皮质等。然而,已有的研究并没有得到一致的结果。杏仁核是神经系统中情绪加工的核心区域。一些研究者发现在加工面孔情绪识别和强度任务时,双侧杏仁核在健康对照被试中被激活,而在精神分裂症患者中则未被激活(Onitsuka等,2006;Brüne等,2008)。另一些研究发现这些异常只存在偏执型精神分裂症患者中(Johnston,2005)。此外,有些研究发现精神分裂症患者的左侧杏仁核激活减弱(Yoon等,2006;Habel等,2010),而又有些研究发现右侧杏仁核减弱(Marwick和Hall,2008;Wynn等,2008)。更有甚者,还有些研究发现精神分裂症患者在面孔情绪加工任务时杏仁核激活增强(Taylor等,2005)。同样地,有研究发现海马的激活减弱(Taylor等,2005;Wynn等,2008),另一些研究却发现其激活增强(Johnston等,2005)。

梭状回与面孔信息加工有关。Crespo-Facorro等(2000)在面孔情绪辨别与识别任务中,发现精神分裂症患者梭状回没有被激活,而健康被试右侧梭状回被激活。但是精神分裂症患者在加工中性图片时,双侧梭状回激活出现增强(Johnston等,2005)。

针对精神分裂症患者情绪加工时的研究中所发现的眶额皮质和内侧前额叶皮质的激活情况也不一致。一些研究报告在面孔情绪感知时精神分裂症眶额皮质激活减弱(Taylor等,2005),在观看负性情绪刺激时内侧前额叶皮质激活也减弱(Gur等,2007b;Wynn等,2008)。然而,Onitsuka等(2006)却发现精神分裂症患者加工负性情绪时内侧前额叶皮质激活增强。

由于研究结果不一致,Li等(2009)采用ALE元分析方法对精神分裂症面孔情绪加工的神经机制进行了研究,他们发现精神分裂症患者和健康对照组被试在加工面孔情绪时双侧杏仁核和右侧梭状回都得到了激活。与健康对照组相比,精神分裂症的双侧杏仁核、海马旁回、梭状回、右侧额上回及豆状核激活减弱。另外,Li等(2009)发现左侧脑岛只在精神分裂症患者中被激活,而在健康对照组中则未被激活。

此外,精神分裂症临床高危人群和患者未患病家属情绪加工的大脑活动也存在异常。Seiferth等(2008)发现尽管精神分裂症临床高危人群与健康对照组相比行为结果没有差异,但高危人群在情绪辨别任务中右侧舌回、右侧梭状回以及左侧枕中回出现过度激活。另外,精神分裂症高危人群在观看中性情绪刺激时额下回、额上回、楔状叶、丘脑以及海马会出现过度激活。Li等(2012)发现精神分裂症患者未患病家属与患者在加工面孔情绪时中央前回和额上回激活也会表现出类似的异常。

归因偏差。目前对精神分裂症谱系归因方式的神经机制研究还比较少。Park

等(2009)对稳定期精神分裂症患者在快乐、愤怒以及中性三种条件归因任务时的大脑激活情况进行了研究。该研究发现,在快乐条件下,精神分裂症患者额下回(BA44)和腹前运动皮质(BA6)的激活减弱,并且其信号变化的百分率与阴性症状相关;在愤怒条件下,精神分裂症患者组楔前叶/后扣带回(BA7/31)激活增强,并且其信号变化百分率与阳性症状相关。上述发现表明精神分裂症患者在进行正性行为归因时,可能存在镜像神经系统的功能缺陷,这可能与内在的模仿和共情缺乏及阴性症状有关;而在进行负性行为归因时,精神分裂症患者自我表征相关的楔前叶/后扣带回激活增强,这可能与自我和来源监控的缺失以及阳性症状有关。

社会知觉和社会知识。朱叶等(2014)对精神分裂症社会知觉和社会知识的影像研究进行了综述,认为与精神分裂症社会知觉和社会知识功能缺陷有关的主要脑区包括颞上沟、颞—顶叶联合区以及内侧前额叶。在社会情境中,与正常被试相比,精神分裂症患者知觉复杂生物性运动或行为目标时,颞上沟和下顶叶/颞—顶叶联合区的活动增强;在知觉非生物运动时,患者的颞上沟有更强的激活,并且两组被试在视觉区域的激活没有显著差异(Farrer等,2004;Hooker 和 Park,2005)。Wible 等(2009)发现,精神分裂症患者在社会知觉任务中对社会情境无法作出恰当的反应并且不能正确地对社会困境进行推理,脑成像结果显示其前额叶的激活下降。最近一项社会知觉研究发现,精神分裂症患者加工社会性图片时枕叶和颞叶区域的激活减弱,扣带回激活增强,预示着精神分裂症患者在社会信息的视觉加工早期阶段的神经反应有异常(Bjorkquist 和 Herbener,2013)。

8.3.3 抑郁症社会认知缺陷的神经机制

由于社会认知功能对情感障碍患者的康复有重要作用,近来研究者开始关注情感障碍患者社会功能有关的神经认知加工过程(Cusi等,2012)。情感障碍患者的社会认知功能损伤较多发生在心境异常时期,然而有一些异常在康复期也可能存在。面孔知觉、心理理论和社会决策是社会认知加工常见研究领域,下面我们将对情感障碍患者在这些方面的研究近况进行介绍。社会认知神经基础由负责加工认知和情感过程的复杂的大脑网络组成。其中,前额叶皮质中的腹内侧前额叶皮质涉及情感调节和奖励评估,背外侧前额叶皮质涉及认知控制和执行功能等高级的认知过程,这两个区域是社会认知神经网络中重要组成部分。同时,前扣带回皮质涉及冲突监测,同时整合激励行为有关信息,也与这一网络有关。另外,对情感刺激的加工和评价十分重要的杏仁核区域,以及在奖励信息加工有重要作用的腹侧纹状体区域,也都构成了社会认知网络的关键节点。最后,颞叶区域负责记忆功能的部位也在社会认知活动中起到了一定作用。

面孔知觉

人类面孔的一个重要的特点是表现情绪。在社会交往中,有能力去识别其他人表现出来的情绪状态是非常重要的。

面孔知觉的影像研究中研究者常用的研究范式包括面孔识别或面孔鉴别任务。在面孔识别任务中,研究者呈现静态图片要求被试识别这些面孔表情。有些面孔识别任务也可能要求被试去识别一些经过渐变处理后的动态面孔图片。比如,经过处理后一张面孔可以由中性表情渐变至100%的快乐或100%的悲伤面孔。呈现动态面孔图片可以更逼真地模拟现实社会。因为在现实生活中人的面部表情是比较复杂的,有时很可能会是模棱两可的表情,如半喜半忧,而如何识别这类情绪会极大地影响人们的社会交往活动。另一类常用范式是面孔鉴别任务。在这类任务中,图片通常成对出现,人们需要去判断这两张图片中的人表达的是同类或不同类情绪,或者要求人们判断这些面孔情绪的强度。

针对抑郁症患者的行为研究显示,患者表现出来的情绪识别障碍主要特点是对情绪识别的负性偏向。抑郁症病人似乎不太容易识别快乐面孔,也容易将中性面孔当成悲伤面孔(Leppanen等,2004)。同时,患者容易将注意力转向悲伤面孔(Gotlib等,2004a,2004b)。这种情绪识别偏向主要表现于患者的发作期,而在症状缓解之后,患者身上是否仍然存在这些情绪偏向,现有研究结果是不一致的。

脑成像研究显示,对于情绪面孔识别,重症抑郁症患者会呈现出一种特定的脑激活模式,杏仁核、腹侧纹状体以及眶额皮质区域都表现为激活增加,尤其是在面对悲伤面孔时(Fuentes等,2012;Townsend等,2010;Victor等,2010)。在这些激活脑区中,杏仁核与情绪反应关系最受研究者重视。在检查抑郁症患者加工情绪面孔的杏仁核活动时,一部分研究显示杏仁核对情绪面孔的反应弱于中性面孔(Lawrence等,2004;Ritchey等,2011),另一部分研究却显示杏仁核对情绪面孔的反应较强(Suslow等,2010;Victor等,2010),另外,还有些研究并没有发现抑郁症患者与正常人群在杏仁核激活方面存在差别(Almeida等,2010)。出现上述不一致部分程度上可能是由于抑郁症是一种异质性很高的疾病,另外也与实验采用的任务有关。最近一项研究通过给未服药的抑郁症患者呈现恐惧、快乐和中性目标面孔图片,同时还呈现与目标图片一致、不一致和中性干扰物图片发现,抑郁症患者杏仁核在面对正性刺激时激活降低,而对负性情绪刺激表现增强的反应仅仅在注意目标刺激的状态下才出现(Greening等,2013)。从这些结果可以看出,杏仁核与情绪反应之间的关系是复杂的,影响杏仁核区域情绪加工反应的因素也较多(Greening等,2013)。另外研究也显示,杏仁核对负性情绪,尤其是悲伤面孔的过度活跃的反应,是可以被抗抑郁药物扭转的,同时,在康复期未用药患者身上不存在杏仁核的这种过度反应(Arnone等,

2012；Fu 等，2004）。上述研究表明了杏仁核对负性情绪的反应与情绪状态有密切联系。

前额叶在面孔识别中也起着重要作用。研究已经显示，在一些需要情绪调节和情绪期待的任务中，急性期的心境障碍患者通常表现出降低的背外侧前额叶活动（Chechko 等，2013；Feeser 等，2013；Lee 等，2008）。比如 Lee 等人的研究显示，在呈现一些负性情绪面孔刺激图片时，抑郁症患者的背外侧前额叶皮质活动降低（Lee 等，2008）。同时，Fales 和他的同事们（2008）发现，在一项情绪干扰任务中，对于未留意的（unattended）恐惧面孔，重症抑郁症患者杏仁核的激活增强，然而，这些刺激并没有能够像正常人群一样激活背外侧前额叶。有趣的是，康复期患者却表现出背外侧前额叶活动增强（Norbury 等，2010）。对此，研究者认为康复期患者中前额叶皮质活动增强很可能是一种补偿性的皮质控制机制，这一区域在抑制皮质下活动（如杏仁核反应），以及在情绪评估和产生过程中起着重要作用（Norbury 等，2010）。

近来研究者开始重视在面孔识别过程中前额叶和皮质下区域之间的交互作用。Frodl 等人的研究显示，未用药的抑郁症患者在加工负性情绪面孔（如悲伤和愤怒）的任务中，眶额皮质与背侧前扣带回和楔前叶这些区域连接受损（Frodl 等，2010）。楔前叶功能主要在于加工与自我有关表征，如自传体记忆等，眶额皮质和楔前叶之间的连接下降可能导致患者在加工与自我有关的信息方面存在障碍；而背侧前扣带回与眶额皮质的连接下降很有可能是患者在情绪信息加工的认知控制方面存在障碍的原因（Cusi 等，2012）。另一方面，研究同时也发现眶额皮质与右侧背外前额叶皮质（right dorsolateral prefrontal cortex）连接增强，研究者认为这很可能是抑郁症状增强了个体对负性刺激加工的神经基础（Frodl 等，2010）。其他研究也显示出皮质和皮质下区域连接受损的类似结果。如一项研究显示，降低的眶额皮质与杏仁核区域的连接与疾病复发病程相关（Dannlowski 等，2009），同时，另一项研究表明未服药的抑郁症患者在面孔加工的任务中也表现出杏仁核与扣带回膝下（subgeneual cingulate）连接损伤（Matthews 等，2008）。而前扣带回喙和海马这两个大脑默认网络（default mode network, DMN）中的重要部位，却表现出功能连接增加（de Kwaasteniet 等，2003）。从这些结果可以看出，抑郁症患者的前额叶在一些涉及社会评估以及情绪产生的皮质或皮质下区域调节功能存在一定程度的损伤。

心理理论

行为研究显示，双相障碍患者（Bora 等，2009；Lahera 等，2008）和单相抑郁症患者（Lee 等，2005；Wang 等，2008）在心理理论任务中表现出损伤。同时，慢性重症抑郁症患者（Zobel 等，2010）以及康复期患者（Montag 等，2010）都表现出这种心理理论加工的损伤。抑郁程度较轻的患者在心理理论任务中的损伤表现与抑郁程度有关

(Cusi等,2013)。同时,心理理论加工损伤表现已被研究者认为很可能会增加重症抑郁症疾病复发风险(Inoue等,2006)。

心理理论研究中常用研究范式包括错误信念、手势势态等识别任务,研究者借助这些范式探讨相关脑区活动。大量涉及加工认知(如背外侧前额叶皮质)、情感(内侧前额叶皮质)和记忆(如后扣带、颞叶)功能的脑区在加工心理理论任务时都有不同程度激活,同时,后颞上回(posterior superior temporal sulcus)加工与运动有关的活动,颞顶联合区(temporo-parietal junction)负责对他人信念归因,也是执行心理理论任务的重要脑区(Cusi等,2012)。

在心理理论脑成像研究方面,较少有研究报道单相抑郁症患者的损伤情况。一些初步研究主要针对康复期双相情感障碍患者(Malhi等,2008)。Malhi和他的同事们招募了20名康复期双相情感障碍患者(euthymic bipolar patients)以及20名健康对照人群,要求这些被试完成计算机上以动画呈现的心理理论任务,这些任务主要是描述复杂的心理状态,如虚张声势、说服、令人惊讶和嘲笑等。在这个任务中,患者表现的心理理论能力比正常对照人群差。同时,研究者还发现,双相情感障碍患者在缘、角回和中颞脑回这些区域表现出降低的激活模式。这些区域与颞顶联合区和颞上沟有较强的功能连通性(Aichhorn等,2009)。此外,在观看这些刺激的过程中,患者脑岛和双侧额下回也明显表现出激活降低,这些区域与负责解码他人的行动和意图的镜像神经元系统有密切关联。另一方面,健康人群却表现出涉及心理理论推理能力的广泛脑区域的激活,如脑岛、额下皮质、缘上回、角回和颞叶皮质等。另外一项研究也显示康复期双相情感障碍患者在社会认知任务中表现出一些与镜像神经元系统有关联的脑区域中活动减少,如右侧额下回、右侧脑岛和右前运动皮质(Kim等,2009)。

这些研究说明,康复期的双相情感障碍患者虽然在各方面都表现正常,能够理解并进行心理理论任务,然而并未能达到精神上完全康复的状态。患者在理解其他人的情绪和心理状态的功能上仍存在损伤,这很可能也会影响他们的疾病恢复。

社会决策

在现实生活中,人们常常面临一些不确定的事情,这时就需要进行决策。这需要人们有能力基于先前学习的经验,对积极或消极的结果进行预测,选择行为并适应变化。在决策过程中,中脑边缘奖励系统(mesolimbic reward system)将会被激活,这一系统在预期奖励是否能够达成方面扮演着重要角色(O'Doherty, 2004)。这一系统编码奖励意义,计算获得奖励的概率和变化可能性,当奖励预期达成时神经活动增加,预期没有达到时活动降低(Schultz, 2007)。近来一些研究已经开始使用基于游戏理论的任务,如囚徒困境(prisoner's dilemma)和最后通牒游戏(ultimatum game),

来探讨抑郁症相关人群在社会交互状态下的决策表现。

囚徒困境任务通常是安排两人合作完成任务,测量被试在不知道对方如何选择的情况下选择是否相互信任。对于一方来讲,最大的收益是当另一方选择合作时,自己选择背叛;最糟糕的结果是自己选合作而另一方选择背叛。从经济学的角度来看,人们更应该做出更多对自己有利的决策,也就是说自己这一方选择背叛。然而,基于正常人的实验室研究显示,这个假设不断地被违背,人们实际上经常选择合作。有趣的是,大多数参与者都报告说,他们发现相互合作可获得个人最大满足感,虽然这种策略对他们个人来讲并不是最有利的。相应地,神经科学研究结果显示,只有相互合作才可以同时激活腹侧纹状体和腹内侧前额叶这两个重要的与奖励关联的脑区(Rilling 等,2004)。同时,腹侧纹状体的激活仅限于在社会交往的相互合作中,这一区域在被试与电脑同伴进行游戏时并未得到激活(Declerck 等,2013;Fehr 和 Camerer,2007)。对抑郁症患者在这些任务表现方面研究者也有一些有趣的发现。比如,与健康对照人群不同的是,非临床较高抑郁症状的个体倾向于做出个人利益最大化的选择(Hokanson 等,1980)。事实上,在其他任务中抑郁个体也倾向于以更理性的方式调整他们的行为。

另外一个例子是使用最后通牒游戏。在这一任务中研究者安排两人分一笔总数固定的钱,其中一人是提议者(proposer),另一人为响应者(responder)。由提议者提出方案,响应者表决是否同意。如果同意,则按照方案分,如果不同意,两人将一无所有。Harle 等人在非临床抑郁症个体中的研究显示,抑郁症个体扮演响应者时倾向接受不公正的分配(unfair offers),而正常对照人群倾向于拒绝它(Harle 等,2010)。从理性经济学角度来讲,接受不公正的分配很可能表明是更理性和更明智的决定。事实上,抑郁症患者在游戏中得到了更多的钱。同时研究显示,这种不公正分配的接受率与外周测量的情绪变化心脏迷走神经机制相关联,实际上抑郁症患者在收到不公正的分配之后产生了更高的厌恶、愤怒和惊讶等情绪反应(Harle 等,2010)。从这个研究结果看来,抑郁个体能够在社会交互活动中使用情绪调节策略来帮助他们管理情绪,从而促成更多的接受。在健康人群中,诱发悲伤心境的范式引发了一种相反的行为表现,即更多地拒绝不公正的分配,与此同时健康人群伴随着更强的前脑岛激活以及腹侧纹状体激活下降(Harle 和 Sanfey,2007)。然而,当使用认知重评策略要求健康人群将刺激评估得更为积极时,他们表现出可以接受更多不公正的分配,同时,这些人群的背外侧前额叶和脑岛区域激活增强(Grecucci 等,2013)。

然而,抑郁严重程度可能影响个体在最后通牒游戏中的反应。研究显示,这种对不公正分配的拒绝率与临床症状严重程度相关(Wang 等,2014)。上述 Harle 等人的研究中被试都来自大学生群体,被试都非常年轻,而且也没有服药。一些研究评估了非常严重的临床抑郁症患者,结果是不一致的。临床抑郁症患者表现出与健康人群同等(Destoop 等,2012)或者更多(Radke 等,2013;Wang 等,2014)的对不公正分配的拒绝。比如,Scheele 等人在 2013 年一项研究中发现,相较健康对照人群,抑郁症病人拒绝了更多不公正的分配,同时也表现出更多负性情绪反应(Scheele 等,2013)。另外,Destoop 等人研究显示,当作为响应者时,重症抑郁症患者与健康对照人群有类似的低接受率,然而,作为一个提议者时,抑郁症患者给予对方更多(Destoop 等,2012)。研究者认为这一结果说明,在进行社会决策的活动中,当考虑到公平性时,抑郁症患者和健康对照人群的思考方式是接近的。抑郁症患者作为提议者时,给予对方的反而比健康对照人群更多,这表明抑郁症患者很可能更在意对方的拒绝行为,从而努力避免它。而这一点也非常符合现实情况中抑郁症患者的表现(Destoop 等,2012)。

社会认知功能损伤在抑郁症患者中可能存在较大个体差异性。比如,我们并不能确定抑郁症首发和复发患者、年轻的和年老的个体、有较高和较低精神疾病风险个体的社会认知损伤是否相同。尽管近来一些研究开始关注发展性的神经心理过程,但是我们对大样本群体中社会认知加工的变化,以及一些重要的精神加工过程的发展都知之甚少。

到目前为止,并没有研究明确发现某种社会认知加工损伤是抑郁症易感性的关键,但是,社会认知的整合功能对保持精神健全是必需的。大脑对来自外界情绪刺激有意义的识别、加工并作出反应,有助于防止精神功能的低效率。抑郁症的发生很可能是由于一个或多个涉及外界刺激加工系统的损伤。在将来,我们可以使用更精细的实验任务和良好的设计,进一步理解抑郁症的社会认知加工过程的神经机制。

本章小结

本章首先介绍了神经精神疾病的相关模型,然后以生物学标记/内表型为主线阐述了精神分裂症谱系的重要内表型指标,包括神经软体征、快感缺失和社会认知缺陷等,接着又对这些指标的概念和测量工具,以及精神分裂症谱系中相关的行为研究和脑成像研究进行了概述。精神分裂症患者在这些领域普遍存在缺损,相关脑区也存在激活异常(升高或者降低)。目前已有研究在其神经机制研究上所得结果仍存在不一致,因此我们需要在以后的工作中以更加精细的研究设计进一步的考察和说明,并在这些研究的基础上探讨相关疾病的遗传机制。

关键术语

内表型

神经软体征

运动协调

感觉整合

抑制功能

快感缺失

期待性愉快体验

即时性愉快体验

社会认知

心理理论

社会知觉

社会知识

归因倾向

情绪加工

社会决策

参考文献

陈楚侨,杨斌让,王亚.(2008).内表型方法在精神病研究中的应用.心理科学进展 16,378—391.

徐婷.(2012).精神分裂症谱系神经软体征遗传性研究.中国科学院博士毕业论文.

朱叶,方菁,张蓓,罗英姿,赵伟,王湘.2014.精神分裂症社会认知功能缺陷的功能影像研究.中国临床心理学杂志,22(2),232—239.

Abrams, R. & Taylor, M. A. (1978). A rating scale for emotional blunting. *The American Journal of Psychiatry*, 135(2),226-229.

Addington, J., Saeedi, H., & Addington, D. (2006). Influence of social perception and social knowledge on cognitive and social functioning in early psychosis. *The British Journal of Psychiatry*, 189,373-378.

Aichhorn, M., Perner, J., Weiss, B., Kronbichler, M., Staffen, W., & Ladurner, G. (2009). Temporo-parietal junction activity in theory-of-mind tasks: falseness, beliefs, or attention. *Journal of Cognitive Neuroscience*, 21,1179-1192.

Almeida, J. R., Versace, A., Hassel, S., Kupfer, D. J., & Phillips, M. L. (2010). Elevated amygdala activity to sad facial expressions: a state marker of bipolar but not unipolar depression. *Biological Psychiatry*, 67,414-421.

Andreasen, N. C. (1984). *Scale for the assessment of positive symptoms*. Iowa City: University of Iowa.

An, S. K., Kang, J. I., Park, J. Y., Kim, K. R., Lee, S. Y., & Lee, E. (2010). Attribution bias in ultra-high risk for psychosis and first-episode schizophrenia. *Schizophrenia research*, 118,54-61.

Arango, C., Kirkpatrick, B., & Buchanan, R. W. (2000). Neurological signs and the heterogeneity of schizophrenia. *The American Journal of Psychiatry*, 157,560-565.

Arce, E., Leland, D. S., Miller, D. A., Simmons, A. N., Winternheimer, K. C., & Paulus, M. P. (2006). Individuals with schizophrenia present hypo-and hyperactivation during implicit cueing in an inhibitory task. *Neuroimage*, 32,704-713.

Arnone, D., McKie, S., Elliott, R., Thomas, E. J., Downey, D., Juhasz, G., ... Anderson, I. M. (2012). Increased amygdala responses to sad but not fearful faces in major depression: relation to mood state and pharmacological treatment. *The American Journal of Psychiatry*, 169,841-850.

Barch, D. M. & Dowd, E. C. (2010). Goal representations and motivational drive in schizophrenia: the role of prefrontal-striatal interactions. *Schizophrenia Bulletin*, 36, 919–934.

Baron-Cohen, S., Jolliffe, T., Mortimore, C., & Robertson, M. (1997). Another advanced test of theory of mind: Evidence from very high functioning adults with autism or Asperger syndrome. *Journal of Child Psychology and Psychiatry*, 38, 813–822.

Barrantes-Vidal, N., Fañanás, L., Rosa, A., Caparrós, B., Dolors Riba, M., & Obiols, J. E. (2003). Neurocognitive, behavioural and neurodevelopmental correlates of schizotypy clusters in adolescents from the general population. *Schizophrenia research*, 61, 293–302.

Bersani, G., Paolemili, M., Quartini, A., Clemente, R., Gherardelli, S., Iannitelli, A., ... Pancheri, P. (2007). Neurological soft signs and cerebral measurements investigated by means of MRI in schizophrenic patients. *Neuroscience letters*, 413, 82–87.

Bjorkquist, O. A. & Herbener, E. S. (2013). Social perception in schizophrenia: evidence of temporo-occipital and prefrontal dysfunction. *Psychiatry Research: Neuroimaging*, 212, 175–182.

Boks, M. P., Liddle, P. F., Burgerhof, J. G., Knegtering, R., & Bosch, R. J. (2004). Neurological soft signs discriminating mood disorders from first episode schizophrenia. *Acta Psychiatrica Scandinavica*, 110, 29–35.

Bombin, I., Arango, C., & Buchanan, R. W. (2005). Significance and meaning of neurological signs in schizophrenia: two decades later. *Schizophrenia Bulletin*, 31, 962–977.

Bora, E., Yucel, M., & Pantelis, C. (2009). Theory of mind impairment: a distinct trait-marker for schizophrenia spectrum disorders and bipolar disorder? *Acta Psychiatrica Scandinavica*, 120, 253–264.

Bora, E., Yucel, M., & Pantelis, C. (2009). Theory of mind impairment in schizophrenia: meta-analysis. *Schizophrenia Research*, 109, 1–9.

Bottmer, C., Bachmann, S., Pantel, J., Essig, M., Amann, M., Schad, L. R., ... Schroder, J. (2005). Reduced cerebellar volume and neurological soft signs in first-episode schizophrenia. *Psychiatry Research: Neuroimaging*, 140, 239–250.

Braff, D. L., Freedman, R., Schork, N. J., & Gottesman, I. I. (2007). Deconstructing schizophrenia: an overview of the use of endophenotypes in order to understand a complex disorder. *Schizophrenia Bulletin*, 33, 21–32.

Brüne, M., Lissek, S., Fuchs, N., Witthaus, H., Peters, S., Nicolas, V., ... Tegenthoff, M. (2008). An fMRI study of theory of mind in schizophrenic patients with "passivity" symptoms. *Neuropsychologia*, 46, 1992–2001.

Brüne, M., Özgürdal, S., Ansorge, N., von Reventlow, H. G., Peters, S., Nicolas, V., ... Lissek, S. (2011). An fMRI study of "theory of mind" in at-risk states of psychosis: comparison with manifest schizophrenia and healthy controls. *Neuroimage*, 55, 329–337.

Brown, A. S. & Derkits, E. J. (2010). Prenatal infection and schizophrenia: a review of epidemiologic and translational studies. *The American Journal of Psychiatry*, 167, 261–280.

Buchanan, R. W. & Heinrichs, D. W. (1989). The Neurological Evaluation Scale (NES): a structured instrument for the assessment of neurological signs in schizophrenia. *Psychiatry research*, 27, 335–350.

Burbridge, J. A. & Barch, D. M. (2007). Anhedonia and the experience of emotion in individuals with schizophrenia. *Journal of Abnormal Psychology*, 116, 30.

Chan, R. C. & Chen, E. Y. (2007). Neurological abnormalities in Chinese schizophrenic patients. *Behavioural neurology*, 18, 171–181.

Chan, R. C. & Gottesman, I. I. (2008). Neurological soft signs as candidate endophenotypes for schizophrenia: a shooting star or a Northern star? *Neuroscience & Biobehavioral Reviews*, 32, 957–971.

Chan, R. C. K., Huang, J., Zhao, Q., Wang, Y., Lai, Y. Y., Hong, N., ..., & Dazzan, P. (2015). Prefrontal cortex connectivity dysfunction in performing the Fist-Edge-Palm task in patients with first-episode schizophrenia and non-psychotic first-degree relatives. *NeuroImage: Clinical*, 9, 411–417.

Chan, R. C. K., Xie, W., Geng, F. L., Wang, Y., Lui, S. S., Wang, C. Y., ..., & Rosenthal, R. (2016). Clinical utility and lifespan profiling of neurological soft signs in schizophrenia spectrum disorders. *Schizophrenia Bulletin*, 42(3), 560–570.

Chan, R. C., Wang, Y., Zhao, Q., Yan, C., Xu, T., Gong, Q. Y., Manschreck, T. C. (2010a). Neurological soft signs in individuals with schizotypal personality features. *Australian and New Zealand Journal of Psychiatry*, 44, 800–804.

Chan, R. C., Xu, T., Heinrichs, R. W., Yu, Y., & Gong, Q. y. (2010b). Neurological soft signs in non-psychotic first-degree relatives of patients with schizophrenia: a systematic review and meta-analysis. *Neuroscience & Biobehavioral Reviews*, 34, 889–896.

Chan, R. C., Xu, T., Heinrichs, R. W., Yu, Y., & Wang, Y. (2010c). Neurological soft signs in schizophrenia: a meta-analysis. *Schizophrenia Bulletin*, 36, 1089–1104.

Chan, R. C., Yan, C., Wang, Y., Yin, Q.-f., Lui, S. S., & Cheung, E. F. (2014). Anticipatory and Consummatory Anhedonia in Individuals with Schizotypal Traits. In M. S. Ritsner (eds). *Anhedonia: A Comprehensive Handbook Volume II* (pp. 227–245): Springer.

Chapman, L. J., Chapman, J. P., & Raulin, M. L. (1976). Scales for physical and social anhedonia. *Journal of Abnormal Psychology*, 85, 374.

Chechko, N., Augustin, M., Zvyagintsev, M., Schneider, F., Habel, U., & Kellermann, T. (2013). Brain circuitries involved in emotional interference task in major depression disorder. *Journal of Affective Disorders*, 149, 136–145.

Chen, E., Shapleske, J., Luque, R., McKenna, P., Hodges, J., Callloway, S., ..., & Berrios, G. E. (1995). The Cambridge Neurological Inventory: a clinical instrument for soft neurological signs and the further neurological examination for psychiatric patients. *Psychiatry Research*, 56, 183–202.

Chung, Y. S., Kang, D.-H., Shin, N. Y., Yoo, S. Y., & Kwon, J. S. (2008). Deficit of theory of mind in individuals at ultra-high-risk for schizophrenia. *Schizophrenia Research*, 99, 111–118.

Clark, L. & Watson, D. (1990). The general temperament survey. Unpublished manuscript, Southern Methodist University, Dallas, TX.

Cohen, A. S. & Minor, K. S. (2010). Emotional experience in patients with schizophrenia revisited: meta-analysis of laboratory studies. *Schizophrenia Bulletin*, 36, 143–150.

Cohen, A. S., Najolia, G. M., Brown, L. A., & Minor, K. S. (2011). The state-trait disjunction of anhedonia in schizophrenia: potential affective, cognitive and social-based mechanisms. *Clinical Psychology Review*, 31, 440–448.

Compton, M. T., Bollini, A. M., McKenzie Mack, L., Kryda, A. D., Rutland, J., Weiss, P. S., ... Walker, E. F. (2007). Neurological soft signs and minor physical anomalies in patients with schizophrenia and related disorders, their first-degree biological relatives, and non-psychiatric controls. *Schizophrenia Research*, 94, 64–73.

Corrigan, P. W. & Green, M. F. (1993). The Situational Feature Recognition Test: A measure of schema comprehension for schizophrenia. *International Journal of Methods in Psychiatric Research*, 3(1), 29–35.

Craddock, N. & Owen, M. J. (2010). The Kraepelinian dichotomy - going, going... but still not gone. *The British Journal of Psychiatry*, 196, 92–95.

Craig, A. D, (2009). How do you feel—now? the anterior insula and human awareness. *Nature Reviews Neuroscience*, 10(1), 59–70.

Crespo-Facorro, B., Kim, J.-J., Andreasen, N. C., O'Leary, D. S., Bockholt, H. J., & Magnotta, V., (2000). Insular cortex abnormalities in schizophrenia: a structural magnetic resonance imaging study of first-episode patients. *Schizophrenia Research*, 46, 35–43.

Crow, T. J. (1986). The continuum of psychosis and its implication for the structure of the gene. *The British Journal of Psychiatry*, 149, 419–429.

Cusi, A. M., Nazarov, A., Holshausen, K., Macqueen, G. M., & McKinnon, M. C. (2012). Systematic review of the neural basis of social cognition in patients with mood disorders. *Journal of Psychiatry and Neuroscience*, 37, 154–169.

Cusi, A. M., Nazarov, A., Macqueen, G. M., & McKinnon, M. C. (2013). Theory of mind deficits in patients with mild symptoms of major depressive disorder. *Psychiatry Research*, 210, 672–674.

Dannlowski, U., Ohrmann, P., Konrad, C., Domschke, K., Bauer, J., Kugel, H., ..., & Suslow, T. (2009). Reduced amygdala-prefrontal coupling in major depression: association with MAOA genotype and illness severity. *International Journal of Neuropsychopharmacology*, 12, 11–22.

Dazzan, P., Morgan, K. D., Orr, K. G., Hutchinson, G., Chitnis, X., Suckling, J., ... Murray, R. M. (2004). The structural brain correlates of neurological soft signs in AESOP first-episode psychoses study. *Brain*, 127, 143–153.

Dazzan, P. & Murray, R. M. (2002). Neurological soft signs in first-episode psychosis: a systematic review. *The British Journal of Psychiatry*, 43, s50–57.

Declerck, C. H., Boone, C., & Emonds, G. (2013). When do people cooperate? The neuroeconomics of prosocial decision making. *Brain and Cognition*, 81, 95–117.

de Kwaasteniet, B., Ruhe, E., Caan, M., Rive, M., Olabarriaga, S., Groefsema, M., ..., & Denys, D. (2013). Relation between structural and functional connectivity in major depressive disorder. *Biological Psychiatry*, 74, 40–47.

Destoop, M., Schrijvers, D., De Grave, C., Sabbe, B., & De Bruijn, E. R. (2012). Better to give than to take? Interactive social decision-making in severe major depressive disorder. *Journal of Affective Disorders*, 137, 98–105.

Dickson, H., Laurens, K., Cullen, A., & Hodgins, S. (2012). Meta-analyses of cognitive and motor function in youth aged 16 years and younger who subsequently develop schizophrenia. *Psychological Medicine*, 42, 743–755.

Dowd, E. C. & Barch, D. M. (2010). Anhedonia and emotional experience in schizophrenia: neural and behavioral indicators. *Biological Psychiatry*, 67, 902–911.

Dowd, E. C. & Barch, D. M. (2012). Pavlovian reward prediction and receipt in schizophrenia: relationship to anhedonia. PloS ONE, 7, e35622.

Eack, S. M., Mermon, D. E., Montrose, D. M., Miewald, J., Gur, R. E., Gur, R. C., ..., & Keshavan, M. S. (2010). Social cognition deficits among individuals at familial high risk for schizophrenia. *Schizophrenia Bulletin*, 36, 1081–1088.

Fales, C. L., Barch, D. M., Rundle, M. M., Mintun, M. A., Snyder, A. Z., Cohen, J. D., ..., & Sheline, Y. I. (2008). Altered Emotional Interference Processing in Affective and Cognitive-Control Brain Circuitry in Major Depression. *Biological Psychiatry*, 63, 377–384.

Fanning, J. R., Berman, M. E., & Guillot, C. R. (2012). Social anhedonia and aggressive behavior. *Personality and Individual Differences*, 53, 868–873.

Farrer, C., Franck, N., Frith, C. D., Decety, J., Georgieff, N., d'Amato, T., & Jeannerod, M. (2004). Neural correlates of action attribution in schizophrenia. *Psychiatry Research: Neuroimaging*, 131, 31–44.

Fawcett, J., Clark, D. C., Scheftner, W. A., & Gibbons, R. D. (1983). Assessing anhedonia in psychiatric patients: The Pleasure Scale. *Archives of General Psychiatry*, 40, 79–84.

Feeser, M., Schlagenhauf, F., Sterzer, P., Park, S., Stoy, M., Gutwinski, S., ..., & Bermpohl, F. (2013). Context insensitivity during positive and negative emotional expectancy in depression assessed with functional magnetic resonance imaging. *Psychiatry Research*, 212, 28–35.

Fehr, E. & Camerer, C. F. (2007). Social neuroeconomics: the neural circuitry of social preferences. *Trends in Cognitive Sciences*, 11, 419–427.

Ferreira, M. A., O'Donovan, M. C., Meng, Y. A., Jones, I. R., Ruderfer, D. M., Jones, L., ..., & Craddock, N. (2008). Collaborative genome-wide association analysis supports a role for ANK3 and CACNA1C in bipolar disorder. *Nature Genetics*, 40, 1056–1058.

Flyckt, L., Sydow, O., Bjerkenstedt, L., Edman, G., Rydin, E., & Wiesel, F.-A. (1999). Neurological signs and psychomotor performance in patients with schizophrenia, their relatives and healthy controls. *Psychiatry Research*, 86, 113–129.

Frith, U. & Frith, C. D. (2003). Development and neurophysiology of mentalizing. *Philosophical Transactions of the Royal Society of London. Series B: Biological Sciences*, 358, 459–473.

Frodl, T., Bokde, A. L., Scheuerecker, J., Lisiecka, D., Schoepf, V., Hampel, H., ..., & Meisenzahl, E. (2010). Functional connectivity bias of the orbitofrontal cortex in drug-free patients with major depression. *Biological Psychiatry*, 67, 161–167.

Fu, C. H., Williams, S. C., Cleare, A. J., Brammer, M. J., Walsh, N. D., Kim, J., ..., & Bullmore, E. T. (2004). Attenuation of the neural response to sad faces in major depression by antidepressant treatment: a prospective, event-related functional magnetic resonance imaging study. *Archieves of General Psychiatry*, 61, 877–889.

Fuentes, P., Barros-Loscertales, A., Bustamante, J. C., Rosell, P., Costumero, V., & Avila, C. (2012). Individual differences in the Behavioral Inhibition System are associated with orbitofrontal cortex and precuneus gray matter volume. *Cognitive, Affective and Behavieral Neuroscience*, 12, 491–498.

Gallagher, H. L. & Frith, C. D. (2003). Functional imaging of 'theory of mind'. *Trends in cognitive sciences*, 7, 77–83.

Gard, D. E., Gard, M. G., Kring, A. M., & John, O. P. (2006). Anticipatory and consummatory components of the experience of pleasure: a scale development study. *Journal of Research in Personality*, 40, 1086–1102.

Gold, J. M., Waltz, J. A., Prentice, K. J., Morris, S. E., & Heerey, E. A. (2008). Reward processing in schizophrenia: a deficit in the representation of value. *Schizophrenia Bulletin*, 34, 835–847.

Gooding, D. C. & Pflum, M. J. (2012). The nature of diminished pleasure in individuals at risk for or affected by schizophrenia. *Psychiatry Research*, 198, 172–173.

Gooding, D. C. & Pflum, M. J. (2014). The assessment of interpersonal pleasure: introduction of the Anticipatory and Consummatory Interpersonal Pleasure Scale (ACIPS) and preliminary findings. *Psychiatry Research*, 215, 237–243.

Gotlib, I. H., Kasch, K. L., Traill, S., Joormann, J., Arnow, B. A., & Johnson, S. L. (2004a). Coherence and specificity of information-processing biases in depression and social phobia. *Journal of Abnormal Psychology*, 113, 386–398.

Gotlib, I. H., Krasnoperova, E., Yue, D. N., & Joormann, J. (2004b). Attentional biases for negative interpersonal stimuli in clinical depression. *Journal of Abnormal Psychology*, 113, 121–135.

Gottesman, I. I. & Gould, T. D. (2003). The endophenotype concept in psychiatry: etymology and strategic intentions. *The American Journal of Psychiatry*, 160, 636–645.

Gourion, D., Goldberger, C., Bourdel, M.-C., Bayle, F. J., Millet, B., Olie, J.-P., & Krebs, M. O. (2003). Neurological soft-signs and minor physical anomalies in schizophrenia: differential transmission within families. *Schizophrenia Research*, 63, 181–187.

Gradin, V. B., Kumar, P., Waiter, G., Ahearn, T., Stickle, C., Milders, M., ..., & Steele, J. D. (2011). Expected value and prediction error abnormalities in depression and schizophrenia. *Brain*, 134 (6), 1751–1764.

Grecucci, A., Giorgetta, C., Van't Wout, M., Bonini, N., & Sanfey, A. G. (2013). Reappraising the ultimatum: an fMRI study of emotion regulation and decision making. *Cerebral Cortex*, 23, 399–410.

Greening, S. G., Osuch, E. A., Williamson, P. C., & Mitchell, D. G. (2013). Emotion-related brain activity to conflicting socio-emotional cues in unmedicated depression. *Journal of Affective Disorders*, 150, 1136–1141.

Green, M. F., Penn, D. L., Bentall, R., Carpenter, W. T., Gaebel, W., Gur, R. C., ..., & Heinssen, R. (2008). Social cognition in schizophrenia: an NIMH workshop on definitions, assessment, and research opportunities. *Schizophrenia Bulletin*, 34, 1211–1220.

Greenstein, D., Lerch, J., Shaw, P., Clasen, L., Giedd, J., Gochman, P., ..., & Gogtay, N. (2006). Childhood onset schizophrenia: cortical brain abnormalities as young adults. *Journal of Child Psychology and Psychiatry*, 47, 1003–1012.

Griffiths, T., Sigmundsson, T., Takei, N., Rowe, D., & Murray, R. (1998). Neurological abnormalities in familial and sporadic schizophrenia. *Brain*, 121, 191–203.

Groenewegen, H. J. & Trimble, M. (2007). The ventral striatum as an interface between the limbic and motor systems. *CNS Spectrums*, 12(12), 887–892.

Gur, R. E., Loughead, J., Kohler, C. G., Elliott, M. A., Lesko, K., Ruparel, K., ..., & Gur, R. C. (2007). Limbic activation associated with misidentification of fearful faces and flat affect in schizophrenia. *Archives of General Psychiatry*, 64, 1356–1366.

Habel, U., Chechko, N., Pauly, K., Koch, K., Backes, V., Seiferth, N., ..., & Kellermann, T. (2010). Neural correlates of emotion recognition in schizophrenia. *Schizophrenia Research*, 122, 113–123.

Habel, U., Gur, R.C., Mandal, M.K., Salloum, J.B., Gur, R.E., & Schneider, F. (2000). Emotional processing in schizophrenia across cultures: standardized measures of discrimination and experience. *Schizophrenia Research*, 42, 57-66.

Harle, K.M., Allen, J.J., & Sanfey, A.G. (2010). The impact of depression on social economic decision making. *Journal of Abnormal Psychology*, 119, 440-446.

Harle, K.M. & Sanfey, A.G. (2007). Incidental sadness biases social economic decisions in the Ultimatum Game. *Emotion*, 7, 876-881.

Harvey, P., Pruessner, J., Czechowska, Y., & Lepage, M. (2007). Individual differences in trait anhedonia: a structural and functional magnetic resonance imaging study in non-clinical subjects. *Molecular Psychiatry*, 12, 767-775.

Heerey, E.A., Robinson, B.M., McMahon, R.P., & Gold, J.M. (2007). Delay discounting in schizophrenia. *Cognitive Neuropsychiatry*, 12, 213-221.

Hempel, R.J., Tulen, J.H., van Beveren, N.J., Mulder, P.G., & Hengeveld, M.W. (2007). Subjective and physiological responses to emotion-eliciting pictures in male schizophrenic patients. *International Journal of Psychophysiology*, 64, 174-183.

Henry, J.D., Green, M.J., de Lucia, A., Restuccia, C., McDonald, S., & O'Donnell, M. (2007). Emotion dysregulation in schizophrenia: reduced amplification of emotional expression is associated with emotional blunting. *Schizophrenia Research*, 95, 197-204.

Ho, B.-C., Mola, C., & Andreasen, N.C. (2004). Cerebellar dysfunction in neuroleptic naive schizophrenia patients: clinical, cognitive, and neuroanatomic correlates of cerebellar neurologic signs. *Biological psychiatry*, 55, 1146-1153.

Hokanson, J.E., Sacco, W.P., Blumberg, S.R., & Landrum, G.C. (1980). Interpersonal behavior of depressive individuals in a mixed-motive game. *Journal of Abnormal Psychology*, 89, 320-332.

Hooker, C. & Park, S. (2005). You must be looking at me: The nature of gaze perception in schizophrenia patients. *Cognitive Neuropsychiatry*, 10, 327-345.

Horan, W.P., Green, M.F., Kring, A.M., & Nuechterlein, K.H. (2006a). Does anhedonia in schizophrenia reflect faulty memory for subjectively experienced emotions? *Journal of Abnormal Psychology*, 115, 496-508.

Horan, W.P., Kring, A.M., & Blanchard, J.J. (2006b). Anhedonia in schizophrenia: a review of assessment strategies. *Schizophrenia Bulletin*, 32, 259-273.

Inoue, Y., Yamada, K., & Kanba, S. (2006). Deficit in theory of mind is a risk for relapse of major depression. *Journal of Affective Disorders*, 95, 125-127.

Ismail, B.T., Cantor-Graae, E., Cardenal, S., & McNeil, T.F. (1998). Neurological abnormalities in schizophrenia: clinical, etiological and demographic correlates. *Schizophrenia Research*, 30, 229-238.

Johnston, P.J., Stojanov, W., Devir, H., & Schall, U. (2005). Functional MRI of facial emotion recognition deficits in schizophrenia and their electrophysiological correlates. *European Journal of Neuroscience*, 22, 1221-1232.

Joyal, C.C., Putkonen, A., Mancini-Marïe, A., Hodgins, S., Kononen, M., Boulay, L., ..., & Aronen, H.J. (2007). Violent persons with schizophrenia and comorbid disorders: a functional magnetic resonance imaging study. *Schizophrenia Research*, 91, 97-102.

Juckel, G., Schlagenhauf, F., Koslowski, M., Filonov, D., Wüstenberg, T., Villringer, A., ..., & Heinz, A. (2006). Dysfunction of ventral striatal reward prediction in schizophrenic patients treated with typical, not atypical, neuroleptics. *Psychopharmacology*, 187, 222-228.

Kaczorowski, J.A., Barrantes-Vidal, N., & Kwapil, T.R. (2009). Neurological soft signs in psychometrically identified schizotypy. *Schizophrenia Research*, 115, 293-302.

Kaladjian, A., Jeanningros, R., Azorin, J.-M., Nazarian, B., Roth, M., & Mazzola-Pomietto, P. (2009). Reduced brain activation in euthymic bipolar patients during response inhibition: an event-related fMRI study. *Psychiatry Research: Neuroimaging*, 173, 45-51.

Kay, S.R., Flszbein, A., & Opfer, L.A. (1987). The positive and negative syndrome scale (PANSS) for schizophrenia. *Schizophrenia Bulletin*, 13, 261-276.

Kendell, R. & Gourlay, J. (1970). The clinical distinction between the affective psychoses and schizophrenia. *The British Journal of Psychiatry*, 117, 261-266.

Kerr, N., Dunbar, R.I., & Bentall, R.P. (2003). Theory of mind deficits in bipolar affective disorder. *Journal of Affective Disorders*, 73, 253-259.

Kim, E., Jung, Y.C., Ku, J., Kim, J.J., Lee, H., Kim, S.Y., ..., & Cho, H.S. (2009). Reduced activation in the mirror neuron system during a virtual social cognition task in euthymic bipolar disorder. *Progress of Neuropsychopharmacology and Biological Psychiatry*, 33, 1409-1416.

Kim, H.S, Shin, N.Y., Jang, J.H., Kim, E., Shim, G., Park, H.Y., ..., & Kwon, J.S. (2011). Social cognition and neurocognition as predictors of conversion to psychosis in individuals at ultra-high risk. *Schizophrenia Research*, 130, 170-175.

Kinderman, P. & Bentall, R.P. (1996). A new measure of causal locus: the internal, personal and situational attributions questionnaire. *Personality and Individual Differences*, 20, 261-264.

Kinney, D.K., Woods, B.T., & Yurgelun-Todd, D. (1986). Neurologic abnormalities in schizophrenic patients and their families: II. Neurologic and psychiatric findings in relatives. *Archives of General Psychiatry*, 43, 665.

Kirkpatrick, B., Buchanan, R.W., McKenny, P.D., Alphs, L.D., & Carpenter Jr, W.T. (1989). The Schedule for the Deficit Syndrome: an instrument for research in schizophrenia. *Psychiatry research*, 30,119-123.

Knutson, B., Adams, C. M., Fong, G. W., & Hommer, D. (2001). Anticipation of increasing monetary reward selectively recruits nucleus accumbens. *The Journal of Neuroscience*, 21, RC159.

Kodama, S., Fukuzako, H., Fukuzako, T., Kiura, T., Nozoe, S., Hashiguchi, T., ..., & Nakajo, M. (2001). Aberrant brain activation following motor skill learning in schizophrenic patients as shown by functional magnetic resonance imaging. *Psychological Medicine*, 31,1079-1088.

Kohler, C. G., Walker, J. B., Martin, E. A., Healey, K. M., & Moberg, P. J. (2009). Facial emotion perception in schizophrenia: a meta-analytic review. *Schizophrenia Bulletin*, 36(5),1009-1019.

Krebs, M.-O., Gut-Fayand, A., Bourdel, M.-C., Dischamp, J., & Olié, J.-P. (2000). Validation and factorial structure of a standardized neurological examination assessing neurological soft signs in schizophrenia. *Schizophrenia Research*, 45,245-260.

Kring, A. M. & Elis, O. (2013). Emotion deficits in people with schizophrenia. *Annual Review of Clinical Psychology*, 9,409-433.

Kring, A. M. & Moran, E. K. (2008). Emotional response deficits in schizophrenia: insights from affective science. *Schizophrenia Bulletin*, 34,819-834.

Kringelbach, M. L. & Berridge, K. C. (2009). Towards a functional neuroanatomy of pleasure and happiness. *Trends in Cognitive Sciences*, 13,479-487.

Kwapil, T. R., Silvia, P. J., Myin-Germeys, I., Anderson, A., Coates, S. A., & Brown, L. H. (2009). The social world of the socially anhedonic: Exploring the daily ecology of asociality. *Journal of Research in Personality*, 43,103-106.

Lahera, G., Montes, J. M., Benito, A., Valdivia, M., Medina, E., Mirapeix, I., & Saiz-Ruiz, J. (2008). Theory of mind deficit in bipolar disorder: is it related to a previous history of psychotic symptoms? *Psychiatry Research*, 161,309-317.

Lawrence, N. S., Williams, A. M., Surguladze, S., Giampietro, V., Brammer, M. J., Andrew, C., ..., & Phillips, M. L. (2004). Subcortical and ventral prefrontal cortical neural responses to facial expressions distinguish patients with bipolar disorder and major depression. *Biological Psychiatry*, 55,578-587.

Lawrie, S. M., Olabi, B., Hall, J., & McIntosh, A. M. (2011). Do we have any solid evidence of clinical utility about the pathophysiology of schizophrenia? *World Psychiatry*, 10,19-31.

LeDoux, J. (2003). The emotional brain, fear, and the amygdala. *Cellular and Molecular Neurobiology*, 23,727-738.

Lee, B. T., Seok, J. H., Lee, B. C., Cho, S. W., Yoon, B. J., Lee, K. U., ..., & Ham, B. J. (2008). Neural correlates of affective processing in response to sad and angry facial stimuli in patients with major depressive disorder. *Progress in Neuropsychopharmacology and Biological Psychiatry*, 32,778-785.

Lee, L., Harkness, K. L., Sabbagh, M. A., & Jacobson, J. A. (2005). Mental state decoding abilities in clinical depression. *Journal of Affective Disorders*, 86,247-258.

Leppanen, J. M., Milders, M., Bell, J. S., Terriere, E., & Hietanen, J. K. (2004). Depression biases the recognition of emotionally neutral faces. *Psychiatry Research*, 128,123-133.

Lichtenstein, P., Yip, B. H., Björk, C., Pawitan, Y., Cannon, T. D., Sullivan, P. F., Hultman, C. M. (2009). Common genetic determinants of schizophrenia and bipolar disorder in Swedish families: a population-based study. *The Lancet*, 373,234-239.

Li, H., Chan, R. C., Gong, Q., Liu, Y., Liu, S.-m., Shum, D., Ma, Z. L. (2012). Facial emotion processing in patients with schizophrenia and their non-psychotic siblings: A functional magnetic resonance imaging study. *Schizophrenia Research*, 134,143-150.

Li, H., Chan, R. C., McAlonan, G. M., & Gong, Q.-y. (2009). Facial emotion processing in schizophrenia: a meta-analysis of functional neuroimaging data. *Schizophrenia Bulletin*, 36(5),1029-1039.

Lui, S. S. Y., Shi, Y.-F., Au, A. C. W., Li, Z., Tsui, C. F., Chan, C. K. Y., ..., & Yan, C. (2016). Affective experience and motivated behavior in schizophrenia spectrum disorders: Evidence from clinical and nonclinical samples. *Neuropsychology*, 30(6),673-684.

Malhi, G. S., Lagopoulos, J., Das, P., Moss, K., Berk, M., & Coulston, C. M. (2008). A functional MRI study of Theory of Mind in euthymic bipolar disorder patients. *Bipolar Disorders*, 10,943-956.

Martin, E. A., Becker, T. M., Cicero, D. C., Docherty, A. R., & Kerns, J. G. (2011). Differential associations between schizotypy facets and emotion traits. *Psychiatry Research*, 187,94-99.

Marwick, K. & Hall, J. (2008). Social cognition in schizophrenia: a review of face processing. *British Medical Bulletin*, 88,43-58.

Matthews, S. C., Strigo, I. A., Simmons, A. N., Yang, T. T., & Paulus, M. P. (2008). Decreased functional coupling of the amygdala and supragenual cingulate is related to increased depression in unmedicated individuals with current major depressive disorder. *Journal of Affective Disorders*, 111,13-20.

Mechri, A., Gassab, L., Slama, H., Gaha, L., Saoud, M., & Krebs, M. O. (2010). Neurological soft signs and schizotypal dimensions in unaffected siblings of patients with schizophrenia. *Psychiatry Research*, 175,22-26.

Meehl, P. E. (1962). Schizotaxia, schizotypy, schizophrenia. *American psychologist*, 17,827.

Müller, J. L., Röder, C., Schuierer, G., & Klein, H. E. (2002). Subcortical overactivation in untreated schizophrenic patients: A functional magnetic resonance image finger-tapping study. *Psychiatry and Clinical Neurosciences*, 56,77-84.

Modinos, G., Renken, R., Shamay-Tsoory, S. G., Ormel, J., & Aleman, A. (2010). Neurobiological correlates of theory of mind in psychosis proneness. *Neuropsychologia*, 48,3715-3724.

Montag, C., Ehrlich, A., Neuhaus, K., Dziobek, I., Heekeren, H. R., Heinz, A., Gallinat, J. (2010). Theory of mind impairments in euthymic bipolar patients. *Journal of Affective Disorders*, 123,264-269.

Mouchet-Mages, S., Rodrigo, S., Cachia, A., Mouaffak, F., Olie, J., Meder, J., ..., & Krebs, M. O. (2011). Correlations of cerebello-thalamo-prefrontal structure and neurological soft signs in patients with first-episode psychosis. *Acta Psychiatrica Scandinavica*, 123,451-458.

Niemi, L. T., Suvisaari, J. M., Haukka, J. K., & Lönnqvist, J. K. (2005). Childhood predictors of future psychiatric morbidity in offspring of mothers with psychotic disorder Results from the Helsinki High-Risk Study. *The British Journal of Psychiatry*, 186,108-114.

Norbury, R., Selvaraj, S., Taylor, M. J., Harmer, C., & Cowen, P. J. (2010). Increased neural response to fear in patients recovered from depression: a 3T functional magnetic resonance imaging study. *Psychological Medicine*, 40,425-432.

O'Doherty, J. P. (2004). Reward representations and reward-related learning in the human brain: insights from neuroimaging. *Current Opinions in Neurobiology*, 14,769-776.

Onitsuka, T., Niznikiewicz, M. A., Spencer, K. M., Frumin, M., Kuroki, N., Lucia, L. C., ..., & McCarley, R. W. (2006). Functional and structural deficits in brain regions subserving face perception in schizophrenia. *The American Journal of Psychiatry*, 163,455-462.

Owen, M. J. & Craddock, N. (2009). Diagnosis of functional psychoses: time to face the future. *The Lancet*, 373,190-191.

Park, K.-M., Kim, J.-J., Ku, J., Kim, S. Y., Lee, H. R., Kim, S. I., & Yoon, K. J. (2009). Neural basis of attributional style in schizophrenia. *Neuroscience Letters*, 459,35-40.

Pelizza, L. & Ferrari, A. (2009). Anhedonia in schizophrenia and major depression: state or trait. *Annals of General Psychiatry*, 8,22.

Penn, D. L., Sanna, L. J., & Roberts, D. L. (2008). Social cognition in schizophrenia: an overview. *Schizophrenia Bulletin*, 34,408-411.

Purcell, S. M., Wray, N. R., Stone, J. L., Visscher, P. M., O'Donovan, M. C., Sullivan, P. F., ..., & Sklar, P. (2009). Common polygenic variation contributes to risk of schizophrenia and bipolar disorder. *Nature*, 460,748-752.

Radke, S., Schafer, I. C., Muller, B. W., & de Bruijn, E. R. (2013). Do different fairness contexts and facial emotions motivate 'irrational' social decision-making in major depression? An exploratory patient study. *Psychiatry Research*, 210,438-443.

Rapoport, J. L., Addington, A. M., Frangou, S., & Psych, M. R. (2005). The neurodevelopmental model of schizophrenia: update 2005. *Molecular Psychiatry*, 10,434-449.

Rapoport, J. L., Giedd, J. N., & Gogtay, N. (2012). Neurodevelopmental model of schizophrenia: update 2012. *Molecular Psychiatry*, 17,1228-1238.

Rauch, A. V., Reker, M., Ohrmann, P., Pedersen, A., Bauer, J., Dannlowski, U., ..., & Suslow, T. (2010). Increased amygdala activation during automatic processing of facial emotion in schizophrenia. *Psychiatry Research: Neuroimaging*, 182,200-206.

Reske, M., Kellermann, T., Habel, U., Jon Shah, N., Backes, V., Von Wilmsdorff, M., ..., & Schneider, F. (2007). Stability of emotional dysfunctions? A long-term fMRI study in first-episode schizophrenia. *Journal of Psychiatric Research*, 41,918-927.

Ribot, T. (1897). The Psychology of the Emotions. (Trans.) Contemp. Sc. Ser.

Rilling, J. K., Sanfey, A. G., Aronson, J. A., Nystrom, L. E., & Cohen, J. D. (2004). Opposing BOLD responses to reciprocated and unreciprocated altruism in putative reward pathways. *Neuroreport*, 15,2539-2543.

Ritchey, M., Dolcos, F., Eddington, K. M., Strauman, T. J., & Cabeza, R. (2011). Neural correlates of emotional processing in depression: changes with cognitive behavioral therapy and predictors of treatment response. *Journal of Psychiatric Research*, 45,577-587.

Ritsner, M. S, Arbitman, M., & Lisker, A. (2011). Anhedonia is an important factor of health-related quality-of-life deficit in schizophrenia and schizoaffective disorder. *The Journal of Nervous and Mental Disease*, 199,845-853.

Rogowska, J., Gruber, S. A., & Yurgelun-Todd, D. A. (2004). Functional magnetic resonance imaging in schizophrenia: cortical response to motor stimulation. *Psychiatry Research: Neuroimaging*, 130,227-243.

Rosenthal, R., Hall, J. A., DiMatteo, M. R., Rogers, P. L., & Archer, D. (1979). *Sensitivity to nonverbal communication: The PONS test*. Johns Hopkins University Press: Baltimore.

Rossi, A., De Cataldo, S., Di Michele, V., Manna, V., Ceccoli, S., Stratta, P., & Casacchia, M. (1990). Neurological soft signs in schizophrenia. *The British Journal of Psychiatry*, 157,735-739.

Rubia, K., Russell, T., Bullmore, E. T., Soni, W., Brammer, M. J., Simmons, A., ..., & Sharma, T. (2001). An fMRI study of reduced left prefrontal activation in schizophrenia during normal inhibitory function. *Schizophrenia Research*, 52,47-55.

Russell, T. A., Rubia, K., Bullmore, E. T., Soni, W., Suckling, J., Brammer, M. J., ..., & Sharma, T. (2000). Exploring the social brain in schizophrenia: left prefrontal underactivation during mental state attribution. *The American Journal of Psychiatry*, 157,2040-2042.

Savla, G. N., Vella, L., Armstrong, C. C., Penn, D. L., & Twamley, E. W. (2013). Deficits in domains of social cognition in schizophrenia: a meta-analysis of the empirical evidence. *Schizophrenia Bulletin*, 39, 979 - 992.

Scheele, D., Mihov, Y., Schwederski, O., Maier, W., & Hurlemann, R. (2013). A negative emotional and economic judgment bias in major depression. *European Archieves of Psychiatry and Clinical Neuroscience*, 263, 675 - 683.

Schlagenhauf, F., Sterzer, P., Schmack, K., Ballmaier, M., Rapp, M., Wrase, J., ..., & Heinz, A. (2009). Reward feedback alterations in unmedicated schizophrenia patients: relevance for delusions. *Biological Psychiatry*, 65, 1032 - 1039.

Schneider, F., Habel, U., Reske, M., Toni, I., Falkai, P., & Shah, N. J. (2007). Neural substrates of olfactory processing in schizophrenia patients and their healthy relatives. *Psychiatry Research: Neuroimaging*, 155, 103 - 112.

Schröder, J., Niethammer, R., Geider, F.-J., Reitz, C., Binkert, M., Jauss, M., & Sauer, H. (1991). Neurological soft signs in schizophrenia. *Schizophrenia Research*, 6, 25 - 30.

Schubert, E. W. & McNeil, T. F. (2004). Prospective study of neurological abnormalities in offspring of women with psychosis: birth to adulthood. *The American Journal of Psychiatry*, 161, 1030 - 1037.

Schultz, W. (2007). Behavioral dopamine signals. *Trends in Neuroscience*, 30, 203 - 210.

Seiferth, N. Y., Pauly, K., Habel, U., Kellermann, T., Jon Shah, N., Ruhrmann, S., ..., & Kircher, T. (2008). Increased neural response related to neutral faces in individuals at risk for psychosis. *Neuroimage*, 40, 289 - 297.

Sheline, Y. I., Barch, D. M., Donnelly, J. M., Ollinger, J. M., Snyder, A. Z., & Mintun, M. A. (2001). Increased amygdala response to masked emotional faces in depressed subjects resolves with antidepressant treatment: an fMRI study. *Biological Psychiatry*, 50, 651 - 658.

Shi, Y.-f., Wang, Y., Cao, X.-y., Wang, Y., Wang, Y.-n., Zong, J.-g., ..., & Chan, R. C. K. (2012). Experience of pleasure and emotional expression in individuals with schizotypal personality features. *PloS ONE*, 7, e34147.

Simon, J. J., Biller, A., Walther, S., Roesch-Ely, D., Stippich, C., Weisbrod, M., & Kaiser, S. (2010). Neural correlates of reward processing in schizophrenia—relationship to apathy and depression. *Schizophrenia Research*, 118, 154 - 161.

Smith, R. C., Kadewari, R. P., Rosenberger, J. R., & Bhattacharyya, A. (1999). Nonresponding schizophrenia: differentiation by neurological soft signs and neuropsychological tests. *Schizophrenia Bulletin*, 25, 813.

Snaith, R., Hamilton, M., Morley, S., Humayan, A., Hargreaves, D., & Trigwell, P. (1995). A scale for the assessment of hedonic tone the Snaith-Hamilton Pleasure Scale. *The British Journal of Psychiatry*, 167, 99 - 103.

Spreckelmeyer, K. N., Krach, S., Kohls, G., Rademacher, L., Irmak, A., Konrad, K., ..., & Gründer, G. (2009). Anticipation of monetary and social reward differently activates mesolimbic brain structures in men and women. *Social Cognitive and Affective Neuroscience*, 4, 158 - 165.

Sprong, M., Schothorst, P., Vos, E., Hox, J., & Van Engeland, H. (2007). Theory of mind in schizophrenia Meta-analysis. *The British Journal of Psychiatry*, 191, 5 - 13.

Sugranyes, G., Kyriakopoulos, M., Corrigall, R., Taylor, E., & Frangou, S. (2011). Autism spectrum disorders and schizophrenia: meta-analysis of the neural correlates of social cognition. *PloS ONE*, 6, e25322.

Surguladze, S. A., El-Hage, W., Dalgleish, T., Radua, J., Gohier, B., & Phillips, M. L. (2010). Depression is associated with increased sensitivity to signals of disgust: a functional magnetic resonance imaging study. *Journal Psychiatric Research*, 44, 894 - 902.

Surguladze, S., Brammer, M. J., Keedwell, P., Giampietro, V., Young, A. W., Travis, M. J., ..., & Phillips, M. L. (2005). A differential pattern of neural response toward sad versus happy facial expressions in major depressive disorder. *Biological Psychiatry*, 57, 201 - 209.

Suslow, T., Konrad, C., Kugel, H., Rumstadt, D., Zwitserlood, P., Schoning, S., ..., & Dannlowski, U. (2010). Automatic mood-congruent amygdala responses to masked facial expressions in major depression. *Biological Psychiatry*, 67, 155 - 160.

Taylor, S. F., Phan, K. L., Britton, J. C., & Liberzon, I. (2005). Neural response to emotional salience in schizophrenia. *Neuropsychopharmacology*, 30, 984 - 995.

Theleritis, C., Vitoratou, S., Smyrnis, N., Evdokimidis, I., Constantinidis, T., & Stefanis, N. C. (2012). Neurological soft signs and psychometrically identified schizotypy in a sample of young conscripts. *Psychiatry research*, 198, 241 - 247.

Thomann, P., Wüstenberg, T., Santos, V. D., Bachmann, S., Essig, M., & Schröder, J. (2009). Neurological soft signs and brain morphology in first-episode schizophrenia. *Psychological Medicine*, 39, 371 - 379.

Townsend, J. D., Eberhart, N. K., Bookheimer, S. Y., Eisenberger, N. I., Foland-Ross, L. C., Cook, I. A., ..., & Altshuler, L. L. (2010). fMRI activation in the amygdala and the orbitofrontal cortex in unmedicated subjects with major depressive disorder. *Psychiatry Research*, 183, 209 - 217.

Tully, L. M., Lincoln, S. H., & Hooker, C. I. (2012). Impaired executive control of emotional information in social anhedonia. *Psychiatry Research*, 197, 29 - 35.

Tzschentke, T. (2000). The medial prefrontal cortex as a part of the brain reward system. *Amino Acids*, 19, 211 - 219.

Victor, T. A., Furey, M. L., Fromm, S. J., Ohman, A., & Drevets, W. C. (2010). Relationship between amygdala responses to masked faces and mood state and treatment in major depressive disorder. *Archieves of General Psychiatry*,

67,1128-1138.

Vistoli, D., Brunet-Gouet, E., Lemoalle, A., Hardy-Baylé, M.-C., & Passerieux, C. (2011). Abnormal temporal and parietal magnetic activations during the early stages of theory of mind in schizophrenic patients. *Social Neuroscience*, 6,316-326.

Walterfang, M., McGuire, P. K., Yung, A. R., Phillips, L. J., Velakoulis, D., Wood, S. J., ..., & Pantelis, C. (2008a). White matter volume changes in people who develop psychosis. *The British Journal of Psychiatry*, 193,210-215.

Walterfang, M., Wood, A. G., Reutens, D. C., Wood, S. J., Chen, J., Velakoulis, D., ..., & Pantelis, C. (2008b). Morphology of the corpus callosum at different stages of schizophrenia: cross-sectional study in first-episode and chronic illness. *The British Journal of Psychiatry*, 192,429-434.

Walter, H., Ciaramidaro, A., Adenzato, M., Vasic, N., Ardito, R. B., Erk, S., & Bara, B. G. (2009). Dysfunction of the social brain in schizophrenia is modulated by intention type: an fMRI study. *Social Cognitive and Affective Neuroscience*, 4(2),166-176.

Waltz, J. A., Schweitzer, J. B., Gold, J. M., Kurup, P. K., Ross, T. J., Salmeron, B. J., ..., & Stein, E. A. (2008). Patients with schizophrenia have a reduced neural response to both unpredictable and predictable primary reinforcers. *Neuropsychopharmacology*, 34,1567-1577.

Waltz, J. A., Schweitzer, J. B., Ross, T. J., Kurup, P. K., Salmeron, B. J., Rose, E. J., ..., & Stein, E. A. (2010). Abnormal responses to monetary outcomes in cortex, but not in the basal ganglia, in schizophrenia. *Neuropsychopharmacology*, 35,2427-2439.

Wang, Y. G., Wang, Y. Q., Chen, S. L., Zhu, C. Y., & Wang, K. (2008). Theory of mind disability in major depression with or without psychotic symptoms: a componential view. *Psychiatry Research*, 161,153-161.

Wang, Y., Liu, W.-H., Li, Z., Wei, X.-H., Jiang, X.-Q., Neumann, D. L., ..., & Chan, R. C. K. (2015). Dimensional schizotypy and social cognition: an fMRI imaging study. *Frontiers in Behavioral Neuroscience*, 9,133.

Wang, Y., Zhou, Y., Li, S., Wang, P., Wu, G. W., & Liu, Z. N. (2014). Impaired social decision making in patients with major depressive disorder. *BMC Psychiatry*, 14,14-18.

Weinberger, D. R. (1986). The pathogenesis of schizophrenia: a neurodevelopmental theory (Vol. 1). Amsterdam: Elsevier.

Wible, C. G., Preus, A. P., & Hashimoto, R. (2009). A cognitive neuroscience view of schizophrenic symptoms: abnormal activation of a system for social perception and communication. *Brain Imaging and Behavior*, 3,85-110.

Woods, B. T., Kinney, D. K., & Yurgelun-Todd, D. A. (1991). Neurological "hard" signs and family history of psychosis in schizophrenia. *Biological Psychiatry*, 30,806-816.

Wynn, J. K., Lee, J., Horan, W. P., & Green, M. F. (2008). Using event related potentials to explore stages of facial affect recognition deficits in schizophrenia. *Schizophrenia Bulletin*, 34,679-687.

Xu, T., Wang, Y., Li, Z., Huang, J., Lui, S. S. Y., Tan, S.-P., ..., & Chan, R. C. K. (2016). Heritability and familiality of neurological soft signs: evidence from healthy twins, patients with schizophrenia and non-psychotic first-degree relatives. *Psychological Medicine*, 46(1),117-123.

Yan, C., Cao, Y., Zhang, Y., Song, L. L., Cheung, E. F., & Chan, R. C. (2012). Trait and state positive emotional experience in schizophrenia: a meta-analysis. *PLoS ONE*, 7,e40692.

Yan, C., Liu, W. H., Cao, Y., & Chan, R. C. (2011). Self-reported pleasure experience and motivation in individuals with schizotypal personality disorders proneness. *East Asian Archives of Psychiatry*, 21,115-122.

Yan, C., Wang, Y., Su, L., Xu, T., Yin, D.-Z., Fan, M.-X., ..., & Chan, R. C. K. (2016). Differential mesolimbic and prefrontal alterations during reward anticipation and consummation in positive and negative schizotypy. *Psychiatry Research: Neuroimaging*, 254,127-136.

Yan, C., Yang, T., Yu, Q.-j., Jin, Z., Cheung, E. F. C., Liu, X., & Chan, R. C. K. (2015). Rostral medial prefrontal dysfunctions and consummatory pleasure in schizophrenia: A meta-analysis of functional imaging studies. *Psychiatry Research: Neuroimaging*, 231(3),187-196.

Yazici, A. H., Demir, B., Yazıcı, K. M., & Gögü, A. (2002). Neurological soft signs in schizophrenic patients and their nonpsychotic siblings. *Schizophrenia Research*, 58,241-246.

Yoon, J. H., D'Esposito, M., & Carter, C. S (2006). Preserved function of the fusiform face area in schizophrenia as revealed by fMRI. *Psychiatry Research: Neuroimaging*, 148,205-216.

Zhao, Q., Li, Z., Huang, J., Yan, C., Dazzan, P., Pantelis, C., ..., & Chan, R. C. K. (2014). Neurological soft signs are not "soft" in brain structure and functional networks: evidence from ALE meta-analysis. *Schizophrenia Bulletin*, 40(3),626-641.

Zobel, I., Werden, D., Linster, H., Dykierek, P., Drieling, T., Berger, M., & Schramm, E. (2010). Theory of mind deficits in chronically depressed patients. *Depression and Anxiety*, 27,821-828.

9 应激与健康的生物学基础

9.1 应激概述 / 291
    9.1.1 应激动物模型 / 291
    9.1.2 应激的生理系统 / 292
        脑区和神经环路 / 292
        HPA 轴 / 294
        SNS / 294
        神经递质系统 / 295
        多系统交互作用 / 298
    9.1.3 应激与遗传 / 298
9.2 应激与认知的生理基础 / 299
    9.2.1 应激与注意 / 299
        应激对注意的影响 / 299
        应激影响注意的神经机制 / 302
    9.2.2 应激与学习记忆 / 302
        应激对学习记忆的影响 / 302
        应激影响学习记忆的神经机制 / 305
    9.2.3 应激与认知转换 / 305
    9.2.4 应激与 PPI / 309
        应激对 PPI 的影响 / 309
        应激影响 PPI 的神经机制 / 310
9.3 应激与情绪的生理基础 / 311
    9.3.1 应激与抑郁 / 311
    9.3.2 应激与焦虑和恐惧 / 319
        应激对焦虑和恐惧的影响 / 319
        应激影响恐惧和焦虑的神经机制 / 321
9.4 应激研究的未来发展 / 321
    9.4.1 基础与应用研究的转化 / 321
    9.4.2 多学科研究的整合 / 322
本章小结 / 322
关键术语 / 322

9.1 应激概述

应激是指机体对抗各种内外环境因素变化引起的体内平衡不协调或内环境稳定受到威胁时的反应过程。机体的正常生理活动依赖于内环境的稳定,而动态变化中的各种内外环境因素可能破坏这种平衡状态,使得机体处于"非稳态"。非稳态会促发体内存在的维持和恢复稳定性的能力。现有研究表明个体体内存在多种调节因子相互作用的复杂系统,包括交感神经系统(sympathetic nervous system, SNS)、下丘脑—垂体—肾上腺皮质轴(hypothalamus-pituitary-adrenal axis, HPA 轴)和免疫系统等,这些系统都参与了非稳态的适应性调节过程,可使机体得到保护从而避免损伤。但当非稳态负荷持续或者过度时(非稳态反应延长和不恰当)仍然会引起不适应和机体健康损害。本章节从应激概念、应激动物模型的建立、应激所涉及的神经生理系统以及应激与遗传等几个方面阐述了应激的相关内容。

9.1.1 应激动物模型

为深入研究应激对行为的影响及其相关的神经机制,研究者有必要开展动物模型的研究工作。目前已经建立的拟人类应激的动物模型主要包括以下几种。

首先是慢性不可预知温和应激(chronic unpredictable mild stress, CUMS)。CUMS 模拟的是自然生活环境中各种持续和不确定发生的刺激因素,如环境温度、湿度、明暗、摄食、饮水、噪音、新异物体、气味和同伴等,使用多种刺激组合使得动物持续处于一种厌恶性的、不舒适的、无规律变动的和无法适应的环境中。模型具有较好的拟人类抑郁症的表面效度、结构效度和预测效度(Willner, 1997)。

其次是各种社会性应激。个体在生活中面临的大部分应激源都是社会属性的。在争夺各种资源,如食物、配偶、领地或者群体中社会地位的过程中,个体间的冲突是不可避免的。目前研究者已经建立了社会冲突、社会隔离、社群关系变更以及复合型拟人类社会应激动物模型(McCormick 和 Mathews, 2010; Watt 等, 2009)。相较于雌性动物,雄性动物的等级关系在各物种中表现得更为明显。其中,"居留者—入侵者"模型(resident-intruder paradigm)是一种常用的实验动物社会击败应激(Buwalda 等, 2005; Golden 等, 2011)。在该模型中,实验雄性动物"入侵者"(intruder)被放置在一个更大的具有攻击性的雄性同类或其他种系动物"居留者"(resident)的饲养笼中。"入侵者"将经历"居留者"对其发动的攻击和击败等一系列应激过程,相关研究发现从啮齿类到灵长类动物,经历社会击败应激都会使个体表现出明显的抑郁样行为。

第三是早期应激模型及社会隔离模型。早期应激是指个体在成年前遭遇的各种应激性事件,按发生时间主要包括出生前(孕期)(prenatal period)、新生期(哺乳期)(neonatal period)、儿童期(childhood)和青少期(adolescence)(Lupien 等,2009)。临床和动物研究都表明早期应激持续影响个体的心理和生理活动,尤其是应激反应(Kjær 等,2010;Pryce 等,2005)。早期应激会导致后期抑郁症易感性和抗抑郁药物难治性增加(Lupien 等,2009;Ellenbroeka 和 Riva,2003)。在目前研究者已建立的多种拟人类早期应激动物模型中,母婴隔离是广泛使用的特异性的哺乳期应激动物模型(Lupien 等,2009)。以啮齿类动物为例,出生后 1 天—21 天(postnatal day, PND 1—21)为其哺乳期。在这一阶段,仔鼠与母鼠和同窝仔鼠的关系构成了影响其早期发展的主要环境因素(Pryce 等,2005;Weiss 等,2001)。母婴隔离是目前研究者最常用的扰乱正常母婴关系的应激范式。一般方法是在哺乳期将母鼠和幼鼠隔离一段时间。隔离的类型有两种,一种是母婴隔离(maternal separation, MS),隔离的方式既可以是将母鼠移出放入隔离笼而使幼鼠不受干扰,也可以是将幼鼠移出放入隔离笼而使母鼠不受干扰。这种应激的特点是幼鼠保持群养,只是与母鼠隔离。另一种强度更大的应激被称为早期剥夺(early deprivation, ED),即幼鼠不但与母鼠而且与其他的幼鼠隔离。为了控制在母婴隔离应激过程中躯体接触以及转移操作等因素的影响,实验设计通常包括:单纯控制组(no handling, NH):正常饲养,除了日常清洁工作,不受其他因素干扰;早期干预组(early handling, EH):短暂地隔离母亲和仔鼠(一般少于 15 分钟)以保持与隔离应激一致的操作过程;隔离应激组:将仔鼠和母亲长时间地(3 小时—24 小时)隔离(Levine, 2005)。大量研究证实早期应激与遗传因素交互作用共同影响个体脑与行为发展(EI Khoury 等,2006)。

一般而言,啮齿类动物社会隔离(social isolation, SI)模型采用的是断乳至成年阶段的隔离饲养的方法(Fone 等,2008),但此应激持续时间较长,经历了幼年—青少期—成年阶段,很难明确某一年龄阶段隔离对动物的影响。因此,近年来越来越多的研究开始关注某一年龄阶段社会隔离如青少期对成年动物行为、认知功能的影响。

9.1.2 应激的生理系统

与应激相关的生理系统主要涉及脑的神经环路、内分泌系统、交感神经系统、神经递质系统及神经营养因子等方面。

脑区和神经环路

人类和动物研究表明,应激激活的神经环路主要涉及边缘—下丘脑—垂体—肾上腺皮质轴系统(limbic-hypothalamic-pituitary- adrenal axis, LHPA轴)。应激性刺激通过作用于前脑结构如前额叶、海马、杏仁核,然后通过这些脑结构与下丘脑之间的纤维联系,继而调节下丘脑激活状态,最终影响应激的内分泌反应(López 等,

1999)。人类的功能性核磁共振成像研究表明,应激主要是抑制 LHPA 轴相关脑结构。例如,正常大学生被试对蒙特利尔脑成像应激任务(montreal imaging stress task, MIST)的功能性核磁共振成像反应结果显示,负性社会评价会引起内侧眶额叶皮质和海马的激活降低(Dedovic 等,2009)。与正常被试相比,精神分裂症被试在情绪认知任务时功能性核磁共振成像表现出外侧前额叶皮质的激活降低(Tully 等,2014)。人类的 PTSD 患者对恐惧面孔的情绪应激的功能性核磁共振成像反应显示,其杏仁核反应增强但其与前额叶皮质间的功能性联系受损(Stevens 等,2013)。动物的功能性核磁共振成像研究结果同样发现,应激会诱发动物的边缘系统结构的功能降低。例如,以灵长类动物为被试的研究表明,出生前物理应激引起青少年期猕猴的海马体积缩小,抑制齿状回的神经再生(Coe 等,2003);母婴分离的成年猕猴表现出左侧背外侧前额叶皮质的激活下降(Rilling 等,2001)。一项长达 7 年的追踪研究发现,高应激反应和高皮质醇基线水平的猕猴表现出前额叶皮质、海马、杏仁核和下丘脑的体积减小和组织密度降低(Willette 等,2012)。一项结合大鼠的功能性核磁共振成像和微观染色的研究表明,连续 10 天的慢性束缚应激引起了 Wistar 大鼠的侧脑室扩大,以及杏仁核神经元树突的增生和海马、前额叶皮质的树突萎缩(Henckens 等,2015)。另一项大鼠的功能性核磁共振成像研究则观察了急性应激对大鼠脑内活动的影响,研究结果表明,遭遇单独一次急性应激的 Long-Evans 成年大鼠在 7 天后表现出前额叶皮质—杏仁核之间功能性联系的下降,与人类 PTSD 患者的表现类似(Liang 等,2014)。

即刻早基因(immediate early genes, IEGs)指的是细胞受到外部刺激后最先表达的一组基因,参与细胞的信号转导过程,包括 c-fos、c-jun 等基因。啮齿类动物的神经元激活状态可以通过 IEGs 蛋白表达水平来表示。不同强度的急、慢性应激对不同种系的大小鼠 IEGs 表达影响的一系列研究结果并不一致。例如,社会隔离 SD 大鼠表现出海马和前额叶皮质的 IEGs 蛋白表达的显著下降以及海马的代谢功能降低(Bonab 等,2012)。母婴隔离(出生后 2 天—14 天,每天 3 小时)的成年 SD 大鼠表现出前额叶皮质的 IEGs 蛋白表达失调(Benekareddy 等,2011)。出生前应激的 BALB/c 小鼠在青少年期表现出海马 c-fos 基因表达增加(Bielas 等,2014)。这些研究结果的不一致性可能与应激类型、动物种系等实验参数相关。1999 年的一项研究观察了单独一次的急性和连续 14 天的慢性束缚应激对 Lister Hooded 大鼠下丘脑和杏仁核 c-fos 和 c-jun 基因表达的影响,结果表明,急性应激诱发下丘脑 IEGs 表达增加,而慢性应激动物的下丘脑和杏仁核的 IEGs 表达下降(Stamp 和 Herbert,1999)。2006 年的另一项研究则观察了束缚应激对两个不同种系大鼠 IEGs 表达的影响,结果表明,与 SD 大鼠相比,Lewis 大鼠表现出内侧前额叶、内侧杏仁核和下丘脑的 c-fos 表达减少(Trnečková 等,2006)。

成年动物海马齿状回的神经元发生现象已被许多研究所证实。而 BrdU 可以作为成年动物神经发生的有丝分裂细胞的主要标记物。应激对啮齿类动物海马神经发生影响的研究结果比较一致,即应激会显著地降低海马神经元发生。例如,SD 孕鼠的心理应激显著抑制青少年期的仔鼠(出生后 35 天)海马的神经发生现象(Odagiri 等,2008);长达 21 天的足底电击会引起雌性 Wistar 大鼠的海马 Brdu 阳性细胞数的显著下降(Kuipers 等,2006);出生后 1 天—14 天,每天 3 小时的母婴隔离诱发了成年 Wistar 大鼠海马齿状回的神经再生细胞数显著下降(Hulshof 等,2011)。

以上人类和动物研究结果提示,LHPA 轴相关脑结构是参与应激激活的主要神经环路,包括前额叶皮质、海马、杏仁核及下丘脑。各种急、慢性应激包括早期生活应激可能通过表观遗传学调控机制而干扰特异性脑区内的神经递质及其受体、神经营养因子、即刻早基因等的合成,继而影响上述脑区的激活状态和神经再生,从而诱发情绪和认知行为的异常,增加个体成年后患各种精神相关疾病的可能性。

HPA 轴

HPA 轴是人体内最重要的神经内分泌应激反应系统,主要由下丘脑、垂体和肾上腺皮质构成。当个体经历应激时,下丘脑(hypothalamus)分泌促肾上腺皮质激素释放素(corticotropin-releasing hormone, CRF),CRF 进而作用于垂体(pituitary)使其分泌促肾上腺皮质激素(adrenocorticotropin, ACTH),而 ACTH 则又作用于肾上腺皮质,促使其分泌糖皮质激素(glucocorticoid, GC)。HPA 轴的活动由其他脑区控制,包括海马对下丘脑的 CRF 能神经元发挥抑制性影响,杏仁核主要发挥兴奋性作用。GC 通过 I 型盐皮质激素受体(mineralocorticoid receptor, MR)和 II 型糖皮质激素受体(glucocorticoid receptor, GR)两种胞内核受体发挥生物学效应(McEwen,2000)。MR 对 MC 和 GC 有同等的亲和力,在低 GC 水平如节律波动中发挥主要作用。GR 是一种低亲和力受体,似乎参与高水平 GC 和负反馈反应的调节。高水平 GC 又通过作用于下丘脑、垂体和海马的 GC 受体负反馈抑制下丘脑 CRF 和垂体 ACTH 的进一步释放,从而避免 HPA 轴持续和过度激活。

SNS

已知 SNS 是应激主要激活的外周神经系统。应激状态下,SNS 激活,并释放各类儿茶酚胺类神经递质,参与应激反应。目前该领域的研究热点是 SNS 在应激免疫调节中的作用。应激引起的儿茶酚胺类神经递质释放可通过作用于免疫细胞上的受体而影响免疫应答的各个环节。而且在应激状态下,HPA 轴和 SNS 在中枢和外周水平上可以相互作用,同时 HPA 轴还会参与 SNS 的免疫调节作用,提示二者在应激的免疫调节中亦存在相互作用(邵枫等,2003)。

神经递质系统

在个体大脑中,神经递质的调节对应激生理和相关心理疾病的发生、发展有着十分重要的作用;而改变个体脑内神经递质的含量,也是很多心理疾病治疗药物其药理干预的主要目标。本部分将根据神经递质的种类,选择性地介绍与心理应激反应有关的主要递质的相关研究。

单胺类神经递质。 单胺类神经递质主要有儿茶酚胺和吲哚烷基胺,前者主要包括去甲肾上腺素(norepinephrine, NE)和多巴胺(dopamine, DA),后者主要是指5-羟色胺(5-hydroxy tryptamine, 5-HT),又称血清素(serotonin)。中枢 NE 系统神经元主要分布于蓝斑,5-羟色胺系统神经元主要分布于中缝背核,多巴胺系统神经元包括9个细胞群,主要分布于黑质致密带(substantia nigra parscompacta)、腹侧被盖区(ventral tegmental area)和弓状核(arcuate nucleus)。单胺能神经递质的神经纤维投射广泛分布于前额叶、杏仁核、海马、纹状体等部位,参与应激诱发的情绪和认知调节。

在正常个体中,肾上腺素和去甲肾上腺素是心理应激反应的基本内容。但应激反应如果强度过高或持续时间过长,肾上腺素和去甲肾上腺素也是导致机体在应激条件下发生病理变化甚至罹患疾病的重要影响因素。例如,临床研究表明男性退伍军人脑脊液中去甲肾上腺素的含量显著高于正常男性(Geracioti 等,2001)。去甲肾上腺素能神经元的胞体位于蓝斑,可以投射到杏仁核、海马、前额叶皮质等与恐惧应激反应密切相关的脑区,因此有研究认为,PTSD 患者呈现持续警觉性增高,尤其是当创伤线索出现之后表现出比正常人过度的警觉性、极端恐惧以及失眠等症状,与去甲肾上腺素水平的提高密切相关(Zhang 等,2010)。动物研究表明,社会隔离能显著地增高腹侧纹状体的去甲肾上腺素水平(Brenes 等,2008);母婴隔离同样诱发伏隔核内去甲肾上腺素的显著升高(Zimmerberg 等,1998)。最新的一项研究指出,青少期的不确定性应激所引起的腹侧海马的长时程增强异常改变与去甲肾上腺素系统功能密切相关(Grigoryan 等,2015)。

已知中脑—皮质—边缘多巴胺系统的神经元胞体主要集中在中脑腹侧被盖区,纤维主要投向伏隔核、杏仁核、海马和内侧前额叶,主要参与情绪、学习、记忆和认知活动。其中伏隔核分布着来自海马、内侧前额叶皮质、杏仁核、扣带回的谷氨酸能纤维,以及腹侧被盖的多巴胺能纤维,处理与情感和认知有关的信息,与精神分裂症的发生密切相关,可以说是连接前脑和边缘结构(控制认知和行为)的关键性皮质下脑区(Björklund 和 Dunnett, 2007)。而且,多巴胺模型是研究最早、最广泛的一个拟精神分裂症动物模型。已有研究表明,早期应激能影响中枢多巴胺系统的功能。如早期应激能引起内侧前额叶皮质和伏隔核的多巴胺释放增加,那么将会造成海马神经元细胞的死亡,继而阻碍前额叶的正常发育。由于皮质多巴胺系统的成熟要到成年的早期阶段,因此早期应激对多巴胺系统的影响将导致皮质功能的异常,有可能引起成年后精神分裂症认知障碍的出现。一系列研究指出,青少期社会隔离显著损害 LI 并会增加前额叶和伏隔核中多巴胺 D2 受体表达(Han 等,2012);母婴隔离导致青春期大鼠的前脉冲抑制(prepulse inhibition, PPI)显著降低、焦虑样行为增加以及多巴胺 D2 受体在伏隔核和海马中的表达增高(Li 等,2013)。

5-羟色胺主要分布在下丘脑、丘脑内侧核、中脑和脑干等处,在大脑皮质、海马和纹状体中也有分布。5-羟色胺系统是哺乳动物脑内首先发育形成的神经递质系统之一,从出生到断奶(21 天)这个阶段脑内 5-羟色胺系统会经历重要的发育变化。已有的研究已经证实,内侧前额叶皮质和海马内的 5-羟色胺系统在早期生活应激的神经生物机制中发挥了关键性作用(Fone 等,2008)。Kuramochi 等(2009)的研究发现,PND28—48 天的社会隔离在诱发抑郁样行为的同时引起了大鼠杏仁中央核和外侧核、海马 CA3 区的 5-羟色胺轴突密度的显著降低;Lukkes 等(2012)的报道指出,PND21—41 天的社会隔离能提高大鼠中缝核—杏仁背外侧核的 5-羟色胺神经元投射对应激刺激的敏感性。一项研究分别观察了母婴隔离对幼年、青少年和成年大鼠 5-羟色胺系统发育的影响,结果发现,随着神经系统发育成熟,母婴隔离对 5-羟色胺神经系统的影响表现得越明显,尤其是在内侧前额叶皮质和伏隔核(Xue 等,2013)。

氨基酸类神经递质。中枢神经系统内存在着大量的游离氨基酸,有些氨基酸可作为兴奋性神经递质发挥效应而被称为兴奋性氨基酸(excitatory amino acid, EAA),主要包括谷氨酸和天冬氨酸;作为抑制性神经递质发挥效应的抑制性氨基酸主要指 γ-氨基丁酸。

谷氨酸:在应激与谷氨酸的动物研究方面,研究者主要探讨了谷氨酸在应激对认知影响中的作用。例如,急性应激能持续增强前额叶皮质内谷氨酸的传导并促进大鼠的工作记忆(Yuen 等,2011);反复应激会显著减少青少期雄性大鼠前额叶谷氨酸受体的表达及谷氨酸 AMPA 受体和 NMDA 受体调节的突触传递,并损害前额叶的认知功能,如时间顺序识别记忆、物体识别记忆等(Yuen 等,2012)。社会隔离应激能显著地改变皮质中谷氨酸 NMDA 受体的结合能力(Toua 等,2010),并引起个体社会互动行为的显著减少和自主行为的显著增多(Möller 等,2011);重复母婴隔离应激会显著改变海马中谷氨酸受体的表达,甚至引起谷氨酸系统功能障碍(Pickering 等,2006)。

γ-氨基丁酸(γ-amino butyric acid, GABA):最新的研究发现,长达 14 天的束缚应激可影响海马 CA1 椎体细胞的 γ-氨基丁酸反转电流(Mackenzie 和 Maguire,

2015);母婴隔离能增强青少期大鼠第5层大脑皮质内锥体细胞的 γ-氨基丁酸电流并促进成年大鼠分子层 γ-氨基丁酸神经元的生成(Feng 等,2014)。而 Venzala 等(2013)提出,慢性不确定性应激和社会击败应激在诱发抑郁行为的同时,能显著地降低大鼠前额叶皮质内的 γ-氨基丁酸水平,而且兴奋/抑制(谷氨酸/γ-氨基丁酸)比率呈显著上升,提示兴奋性氨基酸和抑制性氨基酸之间的平衡关系破坏可能参与了慢性应激诱发的情绪障碍。与此一致,Martisova(2012)的母婴隔离研究也证实了早期应激能通过改变不同年龄大鼠海马的谷氨酸和 γ-氨基丁酸之间的平衡关系而诱发精神疾病。社会隔离的深入研究则发现,5-羟色胺参与谷氨酸和 γ-氨基丁酸之间的调节作用,最终通过引起谷氨酸的去抑制作用而诱发精神相关症状(Marsden 等,2011)。根据生物学方面报告的最新发现,一直以来研究者们对 γ-氨基丁酸的认知可能存在错误,他们发现了 γ-氨基丁酸与 HPA 轴相关神经细胞突触连结的、与应激相关的、新形式的双向可塑性,并认为这对机体神经内分泌应激反应的经验依赖性微调存在尚未知晓的重要作用(Inoue 和 Bains,2014)。未来 γ-氨基丁酸与应激的研究还有更大的发展空间。

神经营养因子(Neurotrophic factors,NTs)。神经营养因子是直接作用于神经元的生长因子,主要包含了神经生长因子、脑源性神经营养因子和神经营养因子-3等。在个体发育过程中,神经营养因子调节细胞的凋亡、突触的连接、神经纤维的传导以及树突的形态。此外,神经营养因子还使大脑可塑性成为可能,并参与神经功能依赖性活动。应激对应激生理结构可塑性的影响,包括 HPA 轴、信号通路的各级分子、神经突触和应激相关神经递质,如乙酰胆碱、多巴胺等的神经内分泌细胞的生长和发育依赖于神经营养因子的支持(Cirulli 和 Alleva,2009)。

神经生长因子(nerve growth factor,NGF):已有研究指出,焦虑和高度唤醒会提高个体血液中 NGF 水平。早期的一项经典研究发现,第一次跳伞的伞兵和控制组相比,血液中 NGF 浓度显著提高。而且,NGF 的上升出现在跳伞的前一天晚上,而皮质醇和促肾上腺皮质激素则是在着陆后才上升的,表明是预期性焦虑导致了 NGF 水平的上升,提示 NGF 也许参与了与内稳态调节相关的机体预警机制(Aloe 等,1994)。动物研究也已经证实,应激能影响啮齿类动物脑内的 NGF 水平。例如,急性或持续性足底电击应激以及习得性无助应激会显著降低大鼠海马和前额叶皮质中 NGF 的水平(Schulte-Herbrüggen 等,2006)。此外,对于灵长类和啮齿类动物的研究发现,早期母爱剥夺应激导致 NGF 水平上升,并与应激反应下产生的其他经典的神经内分泌激素,如皮质醇、生长激素呈正相关(Cirulli 等,2009)。

脑源性神经营养因子(brain-derived neurotrophic factor,BDNF):大量动物研究已经证实,应激,尤其是发育早期应激能够诱发脑内 BDNF 表达持续改变。例如,急性束缚应激会导致海马中 BDNF mRNA 含量在应激开始后 60 分钟迅速升高,到了 180 分钟,mRNA 则会迅速地降低到显著低于正常大鼠的水平,而 BDNF 蛋白质含量也出现了一致的变化——在 180 分钟时和正常大鼠相比,海马中 BDNF 水平显著升高,到了 300 分钟时则显著低于正常大鼠(Marmigère 等,2003)。一系列研究还发现,早期应激接触与神经发育事件交互作用影响脑内 BDNF 表达。例如,出生前 7 天—10 天的产前应激,会导致海马中 BDNF mRNA 的上升和 BDNF 蛋白质水平的下降。产前应激还会影响大鼠成年期应激时 BDNF 的变化——产前应激的大鼠在成年期遭受急性束缚应激后,BDNF 的表达相较于正常大鼠会被显著抑制(Neeley 等,2011)。母婴隔离可引起大鼠前额叶内 BDNF 蛋白表达水平的显著降低(Xue 等,2013)。此外,青少期的社会隔离(PND21—48)会显著提高前额叶皮质的 BDNF mRNA 和蛋白表达水平(Meng 等,2011),而社会挫败则会显著降低前额叶皮质的 BDNF mRNA 和蛋白表达水平(Xu 等,2016;Zhang 等,2016)。最新研究进一步表明,出生后 21 天—34 天的社会隔离会引起成年大鼠海马内 BDNF 蛋白表达、BDNF mRNA 含量及表观遗传学调控能力的显著降低以及内侧前额叶内 BDNF 蛋白表达、BDNF mRNA 含量及表观遗传学调控能力的显著升高(Li 等,2016)。

多系统交互作用

应激刺激能引起体内多系统参与的复杂生理活动改变,包括边缘脑区、HPA 轴、SNS,以及多种神经递质、神经营养因子和神经肽等,它们共同构成了应激反应的生理基础。了解各系统间相互作用的关系将促进我们对应激生理及应激相关疾病病理过程和治疗的认识。

9.1.3 应激与遗传

进化使得生物种群能够适应自然界各种动态环境变化。一方面,跨物种研究发现多数应激刺激都能引起生物体相同或类似的全身性反应(非特异性反应),主要包括 SNS 应激反应和 HPA 轴激活及其终产物糖皮质激素释放增加等。另一方面,应激反应非常复杂,具有明显的个体差异性(特异性反应)。应激反应个体差异受多种因素的影响。首先,躯体性和心理性应激的发生机制最重要的区别在于后者需要高位中枢尤其是前额叶皮质参与应激的认知评价和应对策略等调节,因而个体心理活动差异可能造成个体对应激刺激的差异性反应。其次,对同一应激刺激个体表现出易感和耐受不同表型可能与个体的遗传倾向和早期环境因素有关。应激更容易导致部分遗传易感群体的心理和生理的异常反应。近年来,越来越多的研究证据显示表观遗传修饰改变可能是应激,尤其是生命早期应激造成易感性个体差异的介导机制之一。

表观遗传学是指在基因的核苷酸序列没有改变的情况下,基因的功能发生了可遗传的遗传信息变化,最终导致了表型的变化。它是将环境因素的影响转化为特定的基因表达模式的重要机制,主要包括 DNA 甲基化和组蛋白修饰,而这两个过程相互抑制、相互协同,共同调节基因的表达。一般来说,DNA 的甲基化阻碍了基因的表达,而组蛋白高乙酰化则是染色质转录活性增高的主要标志(Egger 等,2004)。

一系列的动物和人类研究表明,表观遗传学改变在负性环境刺激诱发的神经生物学和行为异常中发挥着关键性作用。例如,Lutz 的综述指出,母婴隔离等早期生命应激可干扰啮齿类动物海马、下丘脑和前额叶皮质内的糖皮质激素受体基因、谷氨酸受体基因、BDNF 基因和 c-fos 基因的 DNA 甲基化过程;人类的早期生活事件应激可显著提高海马内糖皮质激素受体基因的 DNA 甲基化水平(Lutz 和 Turecki,2014)。Peta 的综述则综合阐述了慢性社会击败应激对动物特异性脑区表观遗传学调节的影响,即慢性社会击败应激可干扰前额叶皮质、海马、杏仁核和伏隔核内的组蛋白乙酰化、甲基化和 DNA 甲基化过程,继而引起抑郁样行为和认知障碍(Peña 等,2014)。此外,针对人类、灵长类和啮齿类动物的 PTSD 相关研究也发现,早期社会应激遭遇可提高人类和动物的应激反应敏感性,从而增加个体成年后精神相关疾病的发病可能性,而 DNA 甲基化过程在其中发挥了关键性的调节作用(Klengel 等,2014)。

9.2 应激与认知的生理基础

目前有关应激与认知的研究主要集中于应激对注意、学习记忆、认知转换和前脉冲抑制功能的影响及神经机制。下面我们将对相关人类研究和动物研究分别展开详细阐述。

9.2.1 应激与注意

应激对注意的影响

目前关于应激与注意的人类研究主要集中在以下几个方面。首先是观察轻度心理应激(情绪激活)对正常被试注意加工的影响。与注意控制理论(attentional control theory, ACT)一致,即负性情绪状态可影响注意控制系统的调节过程(Eysenck 等,2007),许多人类研究表明,实验程序诱发的情绪激活(心理应激)能影响正常被试的听觉或视觉的选择性注意加工能力(Hoskin 等,2014)。第二是观察继发于严重的应激性事件后的正常和 PTSD 患者的注意功能的改变。例如,行为,事件相关电位和功能性核磁共振成像的研究均指出,与同年龄的正常被试相比,遭遇过创伤性应激事件如地震的被试无论其是否表现出 PTSD 相关症状,其在完成注意加工任务中都表现出了对威胁相关刺激的注意偏好,提示创伤性应激事件对注意加工具有影响(Fani 等,2012;Zhang 等,2014)。第三是观察注意改变对应激反应的影响如 ADHD 患者的应激反应的改变。例如,许多研究证实,与正常被试相比,ADHD 成年患者既会表现出对日常生活事件应激源的反应易感性增加,又会表现出由实验室条件下的情绪激活诱发的生理反应如唾液皮质醇、心率的降低以及更为强烈的主观性心理应激(Lackschewitz 等,2008)。此外,儿童 ADHD 患者的唾液皮质醇的基线水平与正常儿童相比无差异,但在情绪激活的情况下,则表现出皮质醇反应的显著性降低(Pesonen 等,2011)或增高(Palma 等,2012)。最近的一项研究指出,经过注意训练的被试表现与情绪激活有关的三个不同的指标包括皮质醇、α 淀粉酶和心理应激反应的异常增高(Pilgrim 等,2014)。以上人类研究结果表明,注意与应激之间存在相互作用。一方面,不同程度的应激都会对注意加工产生影响;另一方面,注意能力也会对应激反应发挥调节作用。尽管注意缺陷的被试应激反应的生理指标如唾液皮质醇的基线没有变化,但对情绪激活诱发的心理应激的生理反应却出现了明显改变。同时,注意训练也能增强被试的应激反应。

Schneider 等通过一系列研究观察了孕期应激对灵长类子代认知、情绪、运动及其内分泌功能的影响。其研究结果表明,与正常和孕中晚期遭遇噪音物理应激的动物子代相比,孕早期被给予应激刺激的动物子代表现出了注意功能的显著降低。此外,应激动物的探究和社会行为的基线水平与正常动物相比无差异,但在遭遇新的应激刺激如社会隔离后则会表现出更为明显的改变(Schneider 等,2002)。

研究应激对啮齿类动物注意功能的影响主要通过观察不同类型的应激源对不同模式的注意功能的影响。常用的应激模式主要包括物理应激、母婴隔离和社会隔离。常用于研究注意的行为范式以听觉或视觉注意任务为主,包括 2 项交替选择任务(alternative choice task, ACT),5 项选择连续反应时间任务(5-choice serial reaction time task, 5C-SRTT)以及潜伏抑制(latent inhibition, LI)。ACT 通过训练动物将高频或低频声音与左或右触屏相结合,观察动物的听觉选择性注意能力(Pérez 等,2013)。5C-SRTT 则是采用听觉或视觉范式,训练动物在限定时间内连续辨别在 5 个不同位置上随机出现的单个短暂的视觉或听觉信号,观察动物的持续性主动注意力(Wilson 等,2012)。潜伏抑制(latent inhibition, LI)现象普遍存在,是指反复前呈现一种刺激而不进行强化,与非前呈现的对照组相比,前呈现对随后该刺激的条件化学习造成干扰的现象(Lehmann 等,1998)。Gray 等(1995)综合多个研究得出结论:LI 缺失是人类精神分裂症阳性症状的特征之一,它与脑内多巴胺活性的增高密切相关(Gray 等,1995)。啮齿动物的 LI 模型主要包括三种:主动回避反应(active avoidance response, AAR)、条件反射性情绪反应（conditioned emotional response, CER)和条件反射性味觉厌恶（conditioned taste aversion, CTA）。

物理应激对啮齿类动物注意影响的研究发现以降低为主，即各种物理应激主要引起动物注意功能降低。例如，连续 21 天每天 6 小时的慢性束缚应激可使雄性成年 SD 大鼠的 AAR 正确次数显著降低，即损伤其听觉注意功能（Pérez 等，2013）。出生前的慢性不确定性应激会损害 SD 大鼠的 5C-SRTT 成绩（Wilson 等，2012）。连续 3 天每天 5 分钟的不可逃避性游泳应激可显著降低成年 SD 大鼠味觉厌恶性 LI 现象（Smith 等，2008）。相反，也有部分研究提出物理应激可提高动物的注意能力。例如，出生前应激（孕期最后一周每天的束缚应激）能引起子代成年雄性 Wistar 大鼠 LI（CTA 模式）的显著增高，但不影响雌性小鼠的 LI（Bethus 等，2005）。连续 3 天每天 1 小时的束缚应激也可增强成年小鼠的 LI（CER 模式）（Mongeau 等，2007）。已知应激研究结果的不一致性可能与应激源类型、应激强度以及动物种系等实验参数有关。根据现有的研究结果，与 Wistar 大鼠相比，物理应激更容易引起 SD 大鼠的注意功能下降。

目前关于母婴隔离对啮齿类动物注意功能影响的研究以 LI 行为范式为主。已有研究中关于母婴隔离对啮齿类动物 LI 影响的研究结果并不一致。例如，有研究表明，出生后 12 天、14 天、16 天和 18 天每天 6 小时的母婴隔离可诱发成年 Wistar 大鼠的上述三种 LI 现象的增强（Lehmann 等，1998）。出生后 1 天—21 天每天 4 小时的母婴隔离能引起成年 SD 大鼠的 LI（ACT 模式）增强（Weiss 等，2001）。而 Ellenbroek 的一系列研究则发现，出生后第 9 天 24 小时的母婴隔离诱发了成年 Wistar 大鼠的 LI 缺失（Ellenbroek 等，2003）。这些研究结果提示，长时间的、反复的母婴隔离主要引发大鼠的 LI 增强，而单独一次的母婴隔离则会引起 LI 缺失。

与束缚应激的研究结果类似，社会隔离对注意功能的影响也主要表现为降低。例如，如果对出生后 4 周的小鼠实施 1 周的社会隔离饲养，就会发现它们表现出空间注意能力的缺失（训练小鼠寻找旷场环境中的水源）（Ouchi 等，2013）。LI 研究发现，出生后 21 天至成年的社会隔离会导致成年雄性 SD 大鼠的 LI（CER 模式）缺失，但不影响雌性大鼠的 LI（Marriott 等，2014）。断乳至成年阶段的长期的社会隔离跨越了动物的幼年、青少年和成年阶段，目前的社会隔离研究关注某一特定年龄阶段的社会隔离对动物认知功能的影响。研究指出，出生后 21 天—34 天及出生后 38 天—51 天的青少期社会隔离也可诱发成年 Wistar 大鼠的 LI（ACT 模式）缺失（Han 等，2012；Shao 等，2009）。这些结果提示，关键阶段内短期的社会隔离即能诱发注意的异常改变。

综合啮齿类动物的研究结果，应激对动物注意能力的影响与许多实验参数相关，包括应激模式、应激的强度、应激的作用时间以及动物种系。其中,物理应激和社会隔离对注意功能的影响以降低为主,而母婴隔离则以增强为主;对于物理应激,SD大鼠较 Wistar 大鼠对应激刺激更敏感;对于母婴隔离,长期反复的母婴隔离主要引发 LI 增强,而单独一次的母婴隔离则会引起 LI 缺失;对于社会隔离,与断乳至成年阶段的隔离相比,发育关键阶段如青少期的短期社会隔离对注意能力的影响更明显。

应激影响注意的神经机制

对人类的注意神经机制(以视觉加工为前提)的研究发现,涉及注意的神经调节环路主要包括前额叶、上丘、背内侧丘脑、外侧膝状体、内侧颞叶和颞下皮质等脑区。皮质结构如前额叶传送自上而下的视觉信息的信号至感觉区,再融合奖励和情绪信号对注意进行调节。皮质下结构也通过与奖赏系统的密切联系而对注意信号发挥影响(Baluch 和 Itti,2011)。应激可通过作用于该神经环路影响注意加工。例如,PTSD 患者的脑成像研究发现,与正常被试相比,PTSD 患者在完成注意加工任务时除了表现出了对威胁相关刺激的注意偏好以外,还表现出了背外侧前额叶皮质的显著激活(Fani 等,2012)。

动物的注意神经机制研究以 LI 模式为主,神经解剖学和药理学研究证实,中脑—伏隔核多巴胺投射是 LI 神经环路的主要成分,包括内侧前额叶、海马、杏仁核的基底外侧核、内嗅皮质、伏隔核和腹侧被盖区。其中伏隔核发挥着关键性作用(邵枫,2008)。Schiller(2006)等的研究指出,眶额叶皮质、杏仁核的基底外侧核和伏隔核损毁会引起 LI 异常,并能被抗精神分裂症药物逆转。邵枫等的一系列研究还表明,青少期社会隔离在诱发成年大鼠 LI 缺失的同时,引起了伏隔核内多巴胺水平的显著升高(Shao 等,2009)以及内侧前额叶和伏隔核内多巴胺 D2 受体的显著升高(Han 等,2012)。

9.2.2 应激与学习记忆

应激对学习记忆的影响

在对人类应激与学习记忆的研究中,研究者主要以冷加压和特里尔社会应激作为应激源。目前关于人类应激与学习记忆的研究主要集中在以下几个方面。第一,观察学习后给予短暂应激对学习记忆的影响。Cahill 等人采用冷加压的方式作为应激源,对应激组和非应激组进行比较发现,学习后给予短暂应激可以增强情景记忆(Cahill 等,2003)。Smeets 等人的研究显示,学习后的应激对记忆固化有增强作用(Smeets 等,2008)。其他研究同样表明,学习后给予的短暂应激可以增强情景记忆和空间记忆(Roozendaal 等,2009),进一步的研究还显示短暂应激后个体唾液内的皮质醇含量增高,提示应激对记忆任务巩固的增强作用与皮质醇相关(Smeets 等,

2008)。第二,在记忆力保持测验之前给予应激。Kuhlmann 等人采用特里尔社会应激测试对应激组和正常控制组进行比较发现,应激组明显表现出记忆提取的损伤(Kuhlmann 等,2005)。第三,研究学习之前的应激对记忆的影响。Schwabe 等人的研究指出,学习一列单词之前给予被试一定的应激可以提高被试随后的记忆力测验成绩(Schwabe 等,2008),相反,另有研究发现,学习之前的应激会对空间和情景记忆造成损伤(Elzinga 等,2005)。综合以上人类应激与学习记忆的研究,我们发现,在学习后给予应激会对个体的学习记忆产生正向作用,但是对于记忆提取来说,应激主要产生负向作用,即应激会损伤记忆提取。而在对于应激出现在学习之前的研究中,众多研究的结论并不一致,原因可能是应激源不同,以及测验记忆时所用的方法不一致等。此外,性别差异也会导致应激对学习记忆的不同影响,例如在学习之后给予男女被试冷压刺激,男性在随后的刺激—反应测试中表现出损伤,而对于女性来说,受到损伤的则是空间记忆能力(Guenzel 等,2013),这提示应激对学习记忆的影响可能与人体内的激素变化相关。

Ohl 等人对树鼩的研究发现,经过社会心理应激刺激后的树鼩在记忆测验中作出的错误选择比正常树鼩多,说明应激会导致树鼩一定程度的记忆能力损伤(Ohl 等,2000)。Arnsten 等人在对恒河猴的研究中,采用了 105 dB 的噪音作为应激源,考察其对猴子空间记忆能力(采用延迟反应测量)的影响,研究结果显示,噪音应激会损伤恒河猴在延迟反应测验中的表现,即急性而温和的物理应激会影响恒河猴的空间记忆,而且进一步研究显示恒河猴前额叶内的多巴胺分泌增多,提示应激导致的空间记忆受损与前额叶中多巴胺神经元相关(Arnsten 和 Goldman-Rakic,1998)。这些研究表明,社会心理应激和物理应激都会对非啮齿类动物的学习记忆功能产生不良影响,且这种不良影响可能与脑内的某些神经递质如多巴胺等相关。

应激对啮齿类动物学习记忆能力的研究主要关注不同应激源对不同模式的学习记忆能力的影响。常用的应激模式包括物理应激、社会隔离和母婴隔离。学习记忆功能的研究主要采用迷宫范式,其中包括 T 迷宫、Y 迷宫、放射状迷宫以及水迷宫。T 迷宫、Y 迷宫以及放射状迷宫都是将食物作为动物探究的动力,考察动物的空间记忆能力。水迷宫最早是由英国心理学家 Morris 设计并应用于脑学习记忆机制研究的,利用的是大鼠厌恶在水中游行的状态而渴望寻求舒适休息场所的原理。经典的水迷宫测试程序主要包括定位航行试验(place navigation)和空间探索试验(spatial probe)两个部分。定位航行试验历时数天,研究者每天将大鼠面向池壁分别从 4 个入水点放入水中若干次,记录其寻找到隐藏在水面下平台的时间(逃避潜伏期,escape latency)。空间探索试验是在定位航行试验后去除平台,然后任选一个入水点将大鼠放入水池中,记录其在一定时间内的游泳轨迹,从而考察大鼠对原平台的记忆。水迷宫被广泛用于对啮齿类动物的视觉相关的空间记忆和工作记忆的测量中(Morris,1984)。

物理应激对大鼠学习记忆的影响以损伤为主。先前的众多研究揭示海马与多种记忆能力相关,Magarin 等人采用不同的应激手段观察了应激对大鼠海马神经元的影响,研究结果显示无论是连续 21 天每天 6 小时的束缚应激还是多种应激(包括震动、束缚和强迫游泳)均使海马 CA3c 区的神经元出现了萎缩(McEwen,2000)。早期的研究已经证实,连续 21 天的束缚应激导致大鼠的八臂放射状迷宫和 Y 型迷宫测验成绩下降,即慢性长期的束缚应激会导致大鼠学习记忆能力受损(Luine 等,1994)。Wistar 大鼠在经过 4 周每天 1 次 21℃的水浴应激后,在随后的 T 迷宫测验中表现出空间记忆能力的衰退(Mizoguchi 等,2000)。此外,研究发现,将大鼠置于不熟悉的环境或者将其与天敌猫放在一起时均会对大鼠的空间记忆能力造成损伤(Farmer 等,2014)。综合已有研究结果可以发现,物理应激和环境应激对啮齿类动物学习记忆的影响以损伤为主。

已有的研究表明,母婴隔离损伤了成年大鼠的空间学习能力(Garner 等,2007)。另一项研究发现母婴隔离对动物空间能力的影响与年龄有关,在青春期之前(22 天—24 天),母婴隔离大鼠会表现出空间学习能力损伤,而在成年期(92 天—94 天)这种损伤不仅可逆转而且母婴隔离组动物的空间学习能力优于对照组(Frisone 等,2002)。Oitzl 等利用 Brown Norway 大鼠进行的纵向研究表明,对于老年大鼠(30 天—32 个月),母婴隔离并没有引起普遍的空间学习能力损伤,仅造成了隔离组内个体差异的扩大(Oitzl 等,2000)。对出生后 1 天—14 天每天 3 小时母婴隔离的大鼠的恐惧记忆的研究发现,母婴隔离会导致青春期大鼠恐惧学习记忆能力受损,且这种损伤会一直延续到成年(Chocyk 等,2010)。研究表明,出生后 1 天—14 天每天 3 小时的母婴隔离会诱发不同年龄阶段(幼年、青少年和成年)大鼠在水迷宫任务中的空间学习能力和颠倒学习能力的异常改变(Wang 等,2015)。综合众多研究结果我们可以发现,母婴隔离对大鼠学习记忆能力的影响是以负向为主,但影响的程度不一致,主要原因是由母婴隔离中分离的时间长短、温度、湿度以及行为测验的时间点不同所导致。

在社会隔离对学习记忆的影响方面,已有研究的结果并不一致。Ibi 等人对 3 周和 8 周大的小鼠进行了为期 4 周的社会隔离,并通过水迷宫测试发现社会隔离导致了小鼠空间学习记忆能力的降低(Ibi 等,2008)。Lu 等人用雄性 SD 大鼠分别于 PND22—49 和 PND22—77 进行了为期 4 周和 8 周的社会隔离后发现,成年后大鼠在水迷宫中找到平台的潜伏期明显长于控制组,说明经过社会隔离的大鼠的空间学习能力受到了损伤(Lu 等,2003)。另有研究发现,青少期社会隔离(PND21—34)并不影响成年和青少期大鼠的水迷宫空间学习记忆能力(Han 等,2011)。各研究结果不一致的原因可能是隔离时间长短的差异。

研究发现不同的应激模式对啮齿类动物空间学习能力的影响不同。物理应激对空间学习记忆能力的影响以损伤为主,而母婴隔离则与隔离时间长短、年龄等因素相关,社会隔离通常会对成年期啮齿类动物产生负性影响,但对青春期的动物影响较小。

应激影响学习记忆的神经机制

已知海马结构如齿状回、CA1 和 CA3 在学习记忆如空间记忆中发挥重要的作用(Kesner 等,2015)。进一步的研究还发现,海马内多种神经递质系统参与了这一过程。例如,da Silva 等(2012)发现,海马的多巴胺 D1/D5 受体在大鼠的空间记忆加工中发挥关键性作用;Watson 等(2009)的研究指出,海马内注射 NMDA 受体拮抗剂会损伤大鼠的空间记忆,这提示了多巴胺系统和谷氨酸系统的作用。研究显示,海马 BDNF 激活的细胞内信号通路参与了大鼠的空间记忆(Bechara 等,2014),而组胺 H1 受体基因敲除小鼠表现出空间学习能力受损以及海马的神经再生的显著降低(Ambrée 等,2014)。

大量的人类和动物研究已经证实,应激刺激能激活海马,急性应激和慢性应激包括社会隔离及母婴隔离等环境应激都能引起海马的异常改变,并诱发学习记忆损伤。例如,Cazakoff 等(2010)的一篇综述文章指出,不同类型、不同强度的急性应激会对动物的空间学习记忆能力产生不同的影响,海马内的糖皮质激素受体、NMDA 受体以及长时程增强改变在其中发挥了一定的调节作用。2014 年的一项研究发现,生命早期的癫痫发作会抑制海马锥体细胞的树突生长,继而引起海马的 NMDA 受体生长受抑以及信号转导因子 CREB 的激活下降,最终使个体成年阶段的学习记忆能力受损。出生后 1 天—14 天每天 3 小时的母婴隔离诱发了成年 Wistar 大鼠海马齿状回的神经再生细胞数显著下降(Hulshof 等,2011)。最近的一项研究指出,丰富生活环境能引起大鼠海马内谷氨酸和 γ-氨基丁酸水平的显著增高,以及腹侧纹状体内多巴胺转化率的增高(Mora-Gallegos 等,2015)。研究同时发现,出生后 1 天—14 天每天 3 小时的母婴隔离诱发了大鼠学习记忆功能的改变,并引起了海马 BDNF 蛋白表达的显著增加(Wang 等,2015)。这些研究结果提示,负性应激通过干扰海马的正常功能损伤学习记忆,而正性应激能增强海马的功能。

9.2.3 应激与认知转换

认知转换是指个体能够觉察不同环境变化,并能根据环境变化的要求作出适应性改变的过程,如策略转换、跨维度注意定势转移等,是反映个体适应环境动态变化的高级脑功能。认知转换依赖于前额叶皮质及皮质下相关脑区和神经通路的调节。应激影响前额叶皮质功能,多种与应激相关的精神疾病如精神分裂症、抑郁症和焦虑症等伴随着前额叶认知转换异常(Millan 等,2012)。

WCST 测试可以检测三种认知成分:记忆当前策略的能力、通过推理拒绝先前策略的能力(逆反学习)、测试维度改变时迅速转变现有策略的能力(跨维度定势转移)。研究者后来发现它能够敏感地检测出人类前脑损伤、抑郁症及其他精神疾病患者前额叶皮质功能异常。为了更好地研究认知转换过程相关的神经生理学机制,目前科学家已在啮齿类动物身上建立起一种类似人类 WCST 测试的模型——注意定势转移任务(attentional set-shifting task, AST)(Birrell 和 Brown, 2000)。与 WCST 测试类似,在测试任务中,大鼠需要学会在不同维度(如嗅觉、视觉和触觉等)的几对刺激中辨别与奖赏物相关联的正性刺激线索,并建立与之相应的策略以寻找奖赏物,形成随着奖赏物和线索关系的转变调整已习得的策略或建立新策略的能力。AST 任务包括了一系列相互关联的从简单辨别学习到习得策略转换以及建立跨维度新策略的认知任务,按照训练顺序一般分为:简单辨别(simple discrimination, SD)、复杂辨别(compound discrimination, CD)、内维度转换(intra-dimensional shift, IDS)、逆反学习(reversal learning, REL)和外维度转换(extra-dimensional shift, EDS)五种不同成分(Lapiz-Bluhn 等,2008)。其中逆反学习和外维度转换是关键性测量成分。

一系列研究证据表明前额叶皮质和单胺能系统在认知转换中发挥着重要作用(详见综述 Robbins, 2009)。前额叶皮质是调控情绪和认知等高级脑功能的关键区域,由多个结构紧邻但功能不同的亚区组成,主要分为眶额叶皮质、背外侧前额叶皮质和内侧前额叶皮质等。这些亚区之间由复杂的神经纤维连结形成不同的调节通路,在认知转换功能调节中发挥不同的作用。人类和灵长类研究表明逆反学习的发生与眶额叶皮质神经元电生理变化过程一致,而跨维度转换与背外侧前额叶皮质激活有关。与此一致,神经毒性剂或定位损毁研究也发现大鼠眶额叶皮质和内侧前额叶皮质(与人类和灵长目背外侧前额叶皮质同源脑区)在认知灵活性不同成分的调节中的作用是分离的,内侧前额叶皮质损伤特异性地损伤外维度定势转移但不影响逆反学习过程,而眶额叶皮质损伤则特异性地损伤逆反学习但不影响过程外维度定势转移。近期的研究还表明其他皮质下结构,如杏仁核、背内侧纹状体和丘脑等以及与前额叶皮质间的神经联系共同参与了认知灵活性不同成分的调节。前额叶皮质接受来自脑干中缝背核的 5-羟色胺能和蓝斑的 NE 能神经投射。神经药物学研究表明,前额叶皮质 NE 和 5-羟色胺神经递质系统分别参与调节跨维度转换和逆反学习。例如,使用 6-OHDA 阻断去甲肾上腺素背侧束至前额叶投射或损毁前额叶皮质去甲肾上腺素能神经末梢,会导致前额叶皮质 NE 水平降低,进一步选择性耗竭内侧前额叶皮质去甲肾上腺素也会特异性地损伤外维度注意转换,但不影响逆反学习。类似地,利用腹腔注射对苯丙氨酸甲酯盐酸盐(4-chloro-DL-phenylalanine methyl esterhydrochloride, PCPA)降低个体脑内 5-羟色胺水平,前额叶皮质 5-羟色胺能神经末梢将被损毁并消除皮质 5-羟色胺释放,以及选择性地耗竭眶额叶皮质内 5-羟色胺都特异性地损害逆反学习,但不影响外维度转换能力。上述损毁研究提示正常的内侧前额叶皮质 NE 和眶额叶皮质 5-羟色胺神经传导分别是外维度定势转换和逆反学习的必要条件。另一方面,采用药物或电刺激等手段诱发前额叶皮质不同程度的 NE 释放增加,外维度定势转换成绩呈现出倒 U 型的剂量依赖关系,即内侧前额叶皮质 NE 水平适度增加带来神经元适度激活以及认知转换功能的改善,然而随着 NE 水平过度增加,神经元激活水平反而会降低,同时认知转换能力也会降低。

应激影响认知转换能力,但其影响与应激的类型、时程、强度等因素有关。一般来说,急性或适度的应激会改善认知转换能力,而慢性或过度的应激则会损害认知转化能力(Robbins, 2009; Snyder, 2012; 王玮文, 2009)。新近的一项研究通过侧脑室或蓝斑注射 CRF 诱发脑内急性应激反应发现,低剂量的 CRF 可明显改善外维度认知转换,该作用随着剂量的升高逐渐减弱甚至变得更差,呈现一种倒 U 型的量效关系。与行为研究结果一致,内侧前额叶皮质兴奋性 c-fos 蛋白表达也呈现出了类似的变化(Snyder 等, 2012),证明适度应激可改善认知转换能力,而过度应激则会损害认知转换能力。多种慢性应激都可以诱发前额叶皮质介导的认知转换功能障碍,但其特征存在差异。例如,慢性不可预测性应激引发以 EDS 损害为主的认知灵活性缺失(Bondi 等, 2008);慢性间歇性冷应激选择性地损害 REL(Lapiz-Bluhm 等, 2009);而慢性社会击败应激同时诱发大/小鼠 EDS 或 REL 损害,尤以前者的改变最为稳定(王琼, 2012)。

应激对认知转换的影响可能与前额叶皮质对应激刺激非常敏感有关。例如单次强迫游泳加上条件化恐惧电击足以使小鼠产生内侧前额叶皮质的边缘下区(infralimbic area, IL)顶突回缩(Izquierdo 等, 2006)。相对短暂的重复束缚应激(连续 7 天每天 10 分钟)可以引起内侧前额叶皮质的边缘前区(prelimbic area, PL)和前扣带区(anterior cingulate area, AC)树突回缩(Brown 等, 2005),其变化模式与更长束缚模式(3—6 小时)产生的效应类似只是程度更低(Cook 和 Wellman, 2004)。短暂的应激也影响内侧前额叶皮质神经元的突触可塑性。单次 30 分钟高台应激就会损害大鼠前额叶及神经通路的可塑性,表现为 PL(Maroun 和 Richter-Levin, 2003)以及海马—内侧前额叶皮质(Mailliet 等, 2008)的长时程增强降低,这一作用与慢性束缚应激的作用是类似的(Cerqueira 等, 2007)。Sousa 等的研究表明,慢性给予皮质酮或慢性不确定性温和应激都可导致 IL、和 AC 体积和顶突长度类似的减少或细胞损失,提示应激诱导的树突回缩在内侧前额叶皮质亚区普遍存在(Cerqueira 等,2007)。总的来说,这些发现表明内侧前额叶皮质对各种应激刺激的形态学和生理学反应都很敏感。关于其功能影响,一项直接的研究证据显示,慢性束缚应激特异性地损害 EDS 同时选择性地减少内侧前额叶顶树突分支且二者显著相关,而应激既不影响 REL 也不影响眶额叶皮质顶树突形态改变(Liston 等,2006)。考虑到前额叶皮质不同亚区在不同认知转换过程中的选择性作用,应激诱导的特定认知灵活性成分损伤可能反映了前额叶皮质相应亚区结构或功能异常。

  单胺能神经系统是目前抗抑郁药物主要的作用靶标。抑郁症患者普遍存在前额叶介导的认知转换功能损伤。多种抗抑郁治疗可同时改善抑郁症患者的情绪症状和认知转换异常,且抗抑郁药物对患者认知障碍的治疗作用对其预后效果有着预测性作用。临床研究证据还显示前额叶功能异常导致的固着性认知和情感偏误可能是抑郁症和焦虑症的一个重要病因学指标(Millan 等,2012)。抗抑郁药物对认知转换的影响日益成为评价疗效的重要指标。动物实验研究也发现,2 周慢性间歇性冷应激可导致动物逆反学习能力损害并伴随眶额叶皮质的 5-羟色胺浓度降低(Lapiz-Bluhm,等,2009),上述改变可通过慢性西酞普兰治疗增加眶额叶皮质 5-羟色胺浓度逆转(Danet 等,2010)。选择性 NE 再摄取抑制剂地昔帕明(Desipramine)和选择性 5-羟色胺再摄取抑制剂依他普仑(Escitalopram)可逆转慢性不确定性应激诱导的外维度转换和逆反学习损伤(Bondi 等,2008)。α1 受体可能介导了地昔帕明对慢性不确定刺激诱导的认知缺损的逆转作用(Bondi 等,2010)。上述研究提示 NE 和 5-羟色胺神经递质系统在应激诱导的各种认知转换功能缺损中发挥重要作用。值得注意的是,尽管微透析研究发现急性(单次)和慢性(21 天)给予地昔帕明都可以明显升高大鼠内侧前额叶皮质的 NE 水平,但只有慢性给药使内侧前额叶皮质中 NE 水平稳定升高并改善了大鼠在 AST 外维度转换阶段的认知表现(Lapiz,等,2007)。慢性而不是急性抗抑郁药物治疗改善抑郁症状的现象在临床和实验动物研究中都得到了证实。抗抑郁药物治疗能够迅速(2 天—3 天内)提升突触间隙 5-羟色胺/NE 水平,然而抑郁症状和认知功能的改善则通常需 2 周—3 周(Taylor 等,2005),提示这些神经递质释放的增加并不对临床疗效直接起作用,可能需要通过其他下游分子事件发挥治疗作用。最新的研究证据也表明,应激,尤其是前额叶皮质快速发育的青少期阶段发生的应激接触会对成年个体认知转换能力产生长期损害,该效应与这一部位单胺能系统调控的胞内信号转导分子和神经可塑性分子的异常表达有关(Xu 等,2016;Zhang 等,2017)。

9.2.4 应激与PPI

应激对PPI的影响

PPI是前脉冲抑制的简称。惊跳反射是指多种物种对突然出现的强的听觉、触觉和其他刺激等感觉刺激时，整个身体发生的屈曲和伸直反射。PPI是对惊跳反射的一种调节，是指出现在强的惊反射刺激之前30 ms—500 ms 内给出一个弱刺激则该弱刺激能降低之后由强刺激所诱发的惊跳反射的波幅；通常惊跳反射的波幅能被抑制约50%以上。评估不同条件下的弱刺激(如弱刺激的强度、弱刺激到强刺激的不同刺激间隔等)对强刺激诱发的惊跳反射的幅度大小的影响可以反映PPI的大小。PPI的计算公式如下：PPI = 100(1 - pp/p)。pp 表示在有弱刺激的条件下，强刺激诱发的惊反射的波幅值，p表示单独强刺激引起惊跳反射的波幅值，PPI值表示由弱刺激导致惊跳反射波幅的下降值。PPI具有以下几个特点：(1)跨种属存在。(2)多种感觉形式和多种刺激参数下稳定地出现。(3)可以精确地定量描述(李量和邵枫，2004)。以人类为被试的PPI的研究通常采用对眼轮匝肌的肌电描记法，而以动物为被试的PPI的研究通常采用惊反射仪。

针对人类的研究表明，几个月大的正常婴儿就会表现出PPI，而且年龄、性别对PPI有一定的影响，例如，男性的PPI值比女性的更高，且这一差异甚至在8岁的男童和女童中同样存在。有关PPI异常的研究主要来自精神分裂症病人和创伤后应激障碍患者。精神分裂症病人的研究通常采用听觉、触觉或是皮肤电刺激的PPI模式，已有结果比较一致，即精神分裂症病人表现出PPI的降低(Braff等，2001)。Cadenhead等人的研究发现，相对于正常人而言，精神分裂症病人的PPI损伤呈现左右大脑半球的不对称性，即在通过眨眼反射测量的PPI中，右眼的PPI值比左眼的高(Cadenhead等，2000)。有关PTSD患者的PPI研究结果并不一致，研究表明PTSD患者的惊反射幅度或增加，或减少，抑或没有发生变化，而对于PPI，也存在PPI降低或者无影响的不一致的研究结论(Braff等，2001)，诸多研究结果不一致的原因可能是PPI实验参数的不同。综合以上研究内容，人类在应激状态下PPI会表现出一定程度的损伤。

有关应激对啮齿类动物的PPI影响的研究主要采用物理应激、社会隔离和母婴隔离三种方式。

物理应激。物理应激对啮齿类动物PPI影响的相关研究结果并不一致。Sutherland等人的研究发现，给予12周大的Wistar-Kyoto(WKY)大鼠和Brown Norway(BN)大鼠连续10天每天2小时的束缚应激后，应激大鼠的PPI均显著降低，且BN大鼠对束缚应激的反应更敏感(Sutherland等，2010)。相反，成年的Wistar大鼠被给予连续5天每天10分钟的足底电击后PPI值出现明显增加(Pijlman等，

2003),而连续 7 天间歇性的震动应激并未引起成年 C57BL/6J 小鼠 PPI 缺失(Dubovicky 等,2007)。已知 PPI 研究结果的不一致可能与应激源类型、持续时间、动物种系及年龄等实验参数相关。

社会隔离。社会隔离对啮齿类动物 PPI 影响的相关研究结果比较一致,即社会隔离会导致 PPI 降低。例如,给予断乳后的雄性 SD 和 Lister Hooded 大鼠社会隔离 8 周后,成年大鼠表现出显著的 PPI 损伤。隔离 12 周的雄性 Wistar 大鼠也表现出了 PPI 的损伤(Fone 和 Porkess,2008)。与以上断乳至成年阶段的社会隔离相比,某一发育阶段的社会隔离也能诱发同样的结果。例如,青少期(PND38—51)的社会隔离能诱发成年大鼠的 PPI 缺失(Shao 等,2014;Li 等,2016)。上述研究结果表明,社会隔离可导致成年大鼠的 PPI 缺失,且这种缺失不受大鼠种系、隔离时间等因素的影响。

母婴隔离。母婴隔离对啮齿类动物 PPI 影响的研究结果主要与动物种系相关。例如,Ellenbroek 的一系列研究表明,PND9 的 24 小时母婴隔离可导致 Wistar 大鼠 PPI 显著降低,且该损伤作用不受性别影响,并在青春期之后(69 天)才表现出来,而在青春期之前(34 天)表现正常(Ellenbroek 和 Cools,2002)。在 PND9 和 PND11 分别给予 Wistar 大鼠 12 小时的母婴隔离可以导致 PPI 显著降低(Garner 等,2007)。在 PND12、PND14、PND16 和 PND18 分别给予 4 小时母婴隔离可以逆转由孕前刺激导致的 Wistar 大鼠的 PPI 异常升高,即这一模式的母婴隔离可诱发 PPI 的降低(Lehmann 等,2000)。PND1—21 每天 4 小时的母婴隔离并不影响成年 SD 大鼠的 PPI(Garner 等,2007),然而,有研究发现,PND1—21 每天 4 小时的母婴隔离会导致成年 Wistar 大鼠 PPI 的显著降低(Li 等,2013)。同样,Ellenbroek 和 Cools 等人的研究指出,出生 9 天时给予仔鼠 24 小时的母婴隔离会诱导成年后 Wistar 大鼠的 PPI 降低,但不影响 Fisher 344 和 Lewis 大鼠的 PPI(Ellenbroek and Cools,2000)。综合以上研究结果,母婴隔离对 PPI 的影响主要与动物种系相关,Wistar 大鼠相较于其他种系更容易表现出 PPI 的缺失。

综上所述,应激主要对啮齿类动物 PPI 产生抑制作用,但具体的影响可能与不同的应激源类型、持续时间、动物种系及年龄等实验参数相关。

应激影响 PPI 的神经机制

PPI 的基本通路位于脑干,主要包括下丘、上丘深层及桥脚被盖核等结构,由于它们与感觉系统、运动系统、上行激活系统以及边缘系统有着广泛的神经联系,这就成为在感觉运动门控过程中表现中枢神经系统的一些异常活动的功能结构基础。对大鼠的研究表明 PPI 由一个复杂的神经环路调节,主要涉及的脑区有边缘皮质(包括内侧前额叶和海马)、腹侧纹状体、腹侧苍白球和脑桥被盖区等,统称为 CSPP 环路

(李量,邵枫,2004)。一系列的动物研究表明,利用环境因素建立的 PPI 缺失是一种较理想的建模方法,如母婴隔离和社会隔离。关于早期应激诱发动物 PPI 异常的神经机制,目前的理论认为,早期应激可能造成海马神经元细胞的死亡。由于前额叶的正常发育是建立在与海马的交互作用的基础上,因而海马结构的早期损伤会阻碍前额叶的正常发育。然而前额叶发育异常的后果,如 PPI 的缺失、应激反应的失调等,只在动物的性成熟后才有显著的表现,这与精神分裂症的神经发展模型相一致(李量,邵枫,2004)。Bartesaghi 等(2006)的研究发现,40 天的社会隔离会降低豚鼠海马的内嗅皮质—齿状回—CA1—CA3 通路的突触功能;Day-Wilson 等(2006)指出,8 周的社会隔离会引起大鼠 PPI 缺失以及内侧前额叶皮质体积 7% 的下降。Schubert 等(2009)的研究同样发现,30 天的社会隔离会诱发大鼠 LI 损伤以及内侧前额叶皮质的体积减小。研究指出,母婴隔离在导致青春期大鼠的 PPI 显著降低、焦虑样行为增加的同时,引起多巴胺 D2 受体在伏隔核和海马中的表达增加(Li 和 Xue 等,2013)。

9.3 应激与情绪的生理基础

应激与情绪的研究目前主要关注应激对抑郁、焦虑及恐惧情绪表达的影响及其神经机制,下面我们将着重阐述这几个方面的研究成果。

9.3.1 应激与抑郁

抑郁症是全球范围内发病率最高的一类精神疾病,终生患病率高达 10%—20%(Lack 和 Green,2009)。抑郁症以持续的情绪低落和/或兴趣缺乏为主要特征,通常还伴有精神运动迟滞、体重下降、失眠、疲劳、无望感以及认知功能障碍,严重者可出现自杀念头和自杀行为(DSM-IV)。应激与抑郁的发病和治疗密切相关。目前研究者已经建立了多种拟人类应激动物模型研究抑郁症发生的心理生理机制。抑郁症患者和抑郁模型动物研究都发现,应激性事件与抑郁症状的发生、恶化和复发密切相关,部分抑郁症患者的 HPA 轴活动异常,HPA 轴反应调节药物可以改善抑郁症状,这些构成了应激—抑郁症假说的基础(Stetler 和 Miller,2011)。目前认为,应激诱发的复杂的信号网络改变可能与抑郁症发病有关,包括单胺类神经递质系统、HPA 轴、神经营养因子、神经免疫系统和表观遗传修饰等。这些分子网络引发缓慢的"神经可塑性"改变,从而导致抑郁发生。目前临床常用的主要以单胺能系统为靶标的抗抑郁药物能够有效改善抑郁症状。尽管如此,无论人群还是实验动物研究都发现应激并不是抑郁症发病的必要和充分条件。应激的人类和动物只有部分表现出明显的抑郁症状。抗抑郁药物治疗对 20%—30% 的抑郁症患者缺乏疗效(难治性抑郁症)。目前国际上较为一致的观点认为抑郁症是环境因素与遗传因素相互作用的结果。最新的研究证据表明早期不良应激事件对表观遗传、神经发育和可塑性的影响与抑郁症发病易感性密切相关,也与临床药物治疗的疗效有关。

慢性应激,尤其是不可控制和不可预测的应激与抑郁症状密切相关。目前广泛使用的诱发抑郁症状的拟人类慢性应激模型主要有慢性不可预知温和刺激,社会冲突应激。

与人类抑郁症状类似,兴趣缺乏或快感缺失也是抑郁模型动物的核心症状之一,研究者通常采用糖水偏好测试、自身给药和食/性欲减退等手段检测动物快感缺失程度。抑郁症患者通常会表现出主动应对策略减少而消极应对策略增加的应激应对特点。不可逃避应激诱导的习得性无助以及强迫游泳或悬尾测试诱发的不动行为(又称绝望行为)常用于检测抑郁动物的消极应对策略。此外,还有一些其他的症状,如睡眠障碍、体重减轻、社交行为、探索行为和自发活动性减少等行为异常(Cryan和Slattery,2007)。目前已建立的拟人类抑郁症慢性应激模型效度评价通常包括表面效度、结构效度和预测效度三个方面(表面效度是指现象的相似性,即动物模型中动物的情绪表现应该与人类疾病发生的原因、发病过程和症状具有相似性;结构效度建立在一个合理的理论构想基础上,是指动物模型与疾病临床症状的相关性,是否具有相似的行为和神经生物学反应特征;预测效度主要指模型动物对于临床有效治疗药物或干预的反应性。例如经典的抗抑郁药能够对模型动物产生显著缓解反应,而非抗抑郁药则不产生有效的缓解反应,则该动物模型被认为具有较好的预测效度)。

大量研究调查了慢性不可预知温和刺激和社会冲突应激对成年动物抑郁样行为的影响。总的来说,上述慢性应激都可以诱导一系列抑郁样特征行为改变:包括糖水偏好和/或颅内自身刺激测试中快感缺乏(对奖赏自身和奖赏水平变化的敏感性降低)、习得性无助(当个体受到无法逃避的应激刺激,如电击,随后产生的逃避或回避有害刺激的行为欠缺,但在同等的可以逃避的应激刺激下则不产生行为欠缺)和FST和/或TST绝望行为增加,以及社交行为减少、体重降低、精神运动迟滞、睡眠紊乱如快相睡眠时间增加或慢相睡眠时间缩短等(Grønli,2004;Buwalda等,2005)。依据实验条件的不同,应激对上述行为指标的影响程度和持续时间也不同,且在刺激停止后动物一般可出现适应性自然恢复,并可以通过重复应激再次诱发抑郁样行为。另外,与人类应激情况下只有部分个体受影响类似,慢性不可预知温和刺激或社会冲突应激建模过程中,也只有部分易感动物表现出阳性结果即出现明显的抑郁样行为,而另一部分动物虽然也受到类似应激但则出现不易感的"应激弹性"(stress-resilient)现象(Bergström,2008;Schmidt,2010)。

应激诱发抑郁症易感性的个体差异受到很多因素的影响。首先是先天遗传因素。无论是临床抑郁症患者,还是普通人群中存在的抑郁情绪都受到一定程度的遗传影响(Legrand 等,1999)。基于中国科学院心理研究所青少年双生子样本库的研究也发现中小学青少年的抑郁症状受到遗传因素的影响,其遗传力为 40%—50%(Chen,2013)。动物研究可以通过近交繁殖的方法筛选培育出一些具有先天抑郁症表型的动物品系,如 Flinders Sensitive Line (FSL)和对照组 Sprague-Dawley (SD)大鼠,以及 Wistar Kyoto(WKY)和对照组 Wistar 大鼠。这些动物与对照组相比在各种测试中都表现出先天快感缺失,应激后都出现更加明显而持续的绝望行为、习得性无助、社会行为减少以及 HPA 轴过度激活等抑郁症状(Malkesman 等,2005)。其次,应激发生时个体所处发育阶段也是影响个体应激反应的重要因素。例如,与成年期相比,早期(如儿童期或青少期)接触慢性应激对未成年个体的影响更加明显和持久,甚至持续终生。目前研究者普遍认为早期应激接触与特定发育事件相互作用改变了个体的心理和生理发育轨迹(Nugent 等,2011)。目前对哺乳期母婴隔离应激的研究最为系统。系列研究发现 MS 导致动物成年后出现多种抑郁样特征行为改变。包括在糖水偏好系列测试中早期应激并不影响成年大鼠糖水偏好的自然行为(糖水的消耗量没有改变),但是在糖水为奖赏物的操作性条件化训练中早期应激则导致大鼠获得糖水奖赏的动机明显减弱。在习得性无助测试中,经历早期应激的雄性 Fischer 大鼠在经历不可逃避的电击刺激后逃避失败次数明显高于 NH 和 EH 大鼠;但在无电击刺激情况下,三组大鼠逃避失败的次数和比例是类似的,提示 MS 成年大鼠表现出更明显的习得性无助行为倾向。类似地,在强迫游泳测试中,第一次强迫游泳训练时 MS 成年 Wistar 大鼠的游动距离和游动时间与对照组相比没有差异。但是在第二次行为测试期,MS 大鼠的游动距离明显低于而漂浮时间明显多于对照组大鼠,表明 MS 成年大鼠具有行为绝望的高易感性。上述研究证据一致表明早期应激并不影响成年动物的本能行为,但会导致其行为动机和应激应对能力受损,对应激事件更容易发展出次级的应对无能或无助的抑郁样行为,提示早期应激可能是通过增加个体潜在的易患病素质对抑郁症发病产生影响(Pryce 等,2005;王玮文,2006)。

应激能够诱发一系列与抑郁症类似的神经生理活动改变,并且这些变化主要在部分应激易感的个体中发生。个体的易感素质与遗传、表观遗传和个体早期经历等多种因素有关。最新研究发现早期应激可能通过增强应激反应性而增加个体成年后抑郁症发病风险,表观遗传改变途径参与介导这一过程。例如母婴隔离应激可以导致对海马突触形成基因的甲基化改变(Monteleone 等,2014)。出生前应激导致子代 CRF 和 GR DNA 编码的甲基化改变与人类研究中 GR 基因甲基化变化的证据是类似的(Szyf,2013)。

抑郁症患者 HPA 轴异常是应激—抑郁症假说的一个基础证据。首先,抑郁症患者 HPA 轴及其分泌的激素,包括 CRF、ACTH 和 GC 的基础水平升高。与非抑郁症患者相比,抑郁症患者体内平均 GC 水平更高。新近的一项元分析显示精神病型和忧郁型抑郁症患者更可能出现 HPA 轴活动过度(Stetler 和 Miller, 2011)。抑郁症患者 HPA 轴活动过度可能是状态依赖的,随着抗抑郁药物治疗和症状的缓解,血液 GC 和 CRF 水平也逐步下降(Holsboer, 2001)。一些 GC 合成抑制剂如酮康唑和甲吡酮也被证实具有抗抑郁作用,尤其对肾上腺疾病如多发性硬化症(cushing's syndrome)共病的抑郁症患者更加有效(Reus 和 Wolkowitz, 2001)。其次,在应激条件下抑郁症患者 HPA 轴反应更强烈和更持久。一般认为,这与抑郁症患者 HPA 轴对 GC 的负反馈抑制作用减弱有关。正常情况下,应激后 HPA 轴激活导致 GC 释放增加,随后高水平 GC 通过下丘脑和海马 GR 受体负反馈抑制 HPA 轴反应,限制 GC 过度释放。例如健康个体在被注射低剂量外源性类固醇地塞米松后可通过负反馈抑制内源性 GC 分泌,但是抑郁患者组服用地塞米松后不能抑制皮质醇分泌的发生率显著高于健康对照组(简称地塞米松非抑制),抗抑郁药物治疗可以改善抑郁症患者过高的 HPA 轴激活反应(Schmidt 等, 2010),提示抑郁症患者的 GC 负反馈调节功能损害导致其 HPA 轴应激反应持续处于高水平状态。早期环境因素是影响 HPA 轴活动的重要因素。以啮齿类动物为例,Levine(1957)的研究首先证实哺乳期对啮齿类动物母婴关系的干扰可以引起 HPA 轴基础和应激反应的长期变化。一般来说,NH 和 MS 诱导的 HPA 轴反应模式是类似的,但与 EH 组相比,呈现的模式相反。在生理条件下,与 EH 动物相比 MS 和/或 NH 组成年动物的基线皮质酮或 ACTH 水平显著增高(Plotsky 和 Meaney, 1993)。在应激条件下,EH 动物应激后 GC 水平迅速升高,刺激停止后,而 MS 和/或 NH 组成年动物 GC 水平上升的速度更慢,峰值更高且回复到基线水平的时间更长(Levine, 1957, 2005)。这些提示适度早期干预使得 HPA 轴对应激应答更为迅速而持续时间更短,这种反应方式避免机体长时暴露于对中枢神经系统产生有害影响的类固醇中,因此更具有适应性特征(Cirulli 等, 2009)。早期环境因素的上述效应可以持续很长时间,Lehmann(2002)的研究表明经历 EH 的老年大鼠(18 月—20 月)在应激后 HPA 轴反应性仍然低于 MS 组和 NH 组动物。综合上述研究证据,早期环境刺激过度或剥夺都会导致 HPA 轴应激反应的持续改变,表现出"过犹不及"的特点。这可能与哺乳期不同环境因素引起脑内 GR 和 CRF 系统活动长期改变有关。在正常生理发育过程中,大鼠出生后的 2 天—15 天内 HPA 轴处于低反应期。HPA 轴的低反应性对快速发育中的神经组织具有适应性保护作用。相反,在此期间过度应激刺激可导致中枢应激系统结构和功能异常。出生后头 3 周的母婴隔离应激或慢性给予 GC 会造成海马齿状神经元分支数目和长度减少、海马 CA3 区的神经元萎缩及海马体积减小。海马齿状颗粒细胞是少有的在成年期仍然保持增殖的神经细胞。MS 明显抑制成年大鼠这一区域的颗粒细胞的增殖反应，且这种作用是糖皮质激素依赖性的。与此对照，EH 组动物成年后海马 GR mRNA 和受体密度明显增加，显示海马对 HPA 轴活动的抑制性调节作用增强（Fenoglio 等，2006）。另一方面，不同早期环境因素会导致中枢 CRF 蛋白和受体表达、受体结合率和刺激反应性等发生差异性变化。CRF 通过受体 1 和 2 发挥生物学效应，其中 CRFR1 激活启动 HPA 轴反应，随后 CRFR2 激活限制和协调 CRFR1 的作用，二者相互作用共同调节 HPA 轴应激反应过程。在生理条件下，NH 组和/或 MS 组与 EH 组动物相比，下丘脑室旁核 CRFR 和 CRFR1 mRNA 和 CRF 释放水平明显增加，与 CRF 受体的结合率也升高，而各组动物下丘脑腹内侧、室旁核和外侧隔区的 CRFR2 结合反应都没有差别。下丘脑增加的 CRFR1 水平和受体结合提示早期应激动物对 CRF 的反应性增强（Plotsky 等，2005；O'Malley 等，2011）。在应激条件下，多种刺激都可以导致 MS 或 NH 组动物室旁核 CRF 和 CRFR1 mRNA 表达和 CRF 释放与 EH 动物相比明显更快且更多，但对 CRFR2 缺乏显著影响（Milde 等，2004）。这些发现提示早期环境因素可能永久改变中枢 CRFR1 和 CRFR2 系统设定点的发展从而影响 HPA 轴应激反应。值得注意的是，研究还发现早期应激诱发的 HPA 轴应激易感性增加主要由心理性应激（如束缚应激、新异环境等）而非躯体性应激（如失血、寒冷、低血压等）诱导，提示前额叶—边缘系统可能参与 HPA 轴调节。一般来说，前额叶皮质和海马激活抑制而杏仁核激活增强 HPA 轴活动。与此一致，MS 增加而 EH 降低 BNST 和杏仁中央核 CRFmRNA 水平，相反地，MS 降低而 EH 增加皮质、海马、下丘脑室周核和垂体 GRmRNA 和 GR 密度（Gutman 和 Nemeroff，2003；Ladd 等，2005）。此外，急性应激诱导 MS 大鼠下丘脑、前额叶和海马 CRFR1 明显增加以及杏仁核 CRFR2 增加，但对 EH 动物的影响则不明显（O'Malley 等，2011）。这些证据都一致提示 MS 可能通过增强杏仁中央核向下丘脑室旁核 CRF 神经投射的激活作用，以及降低前额叶皮质和海马 GC 的负反馈抑制等多种途径影响 HPA 轴应激反应，造成成年动物应激易感倾向的个体差异。

  HPA 轴活动受遗传因素的影响。糖皮质激素通过 MR 和 GR 两种受体发挥生物学效应。MR 与 GC 的亲和力与 GR 相比较高，但是效力较低，且分布没有 GR 广泛。MR 主要在 GC 基态水平时发挥作用，而 GR 则主要在应激高水平 GC 时发挥作用（Barden，1999）。应激诱发抑郁症易感性可能与 GR 基因先天差异有关。例如 GR 基因敲除或者出生后海马等边缘系统区条件化敲除的动物 HPA 轴反应性增加，同时接受应激后会出现更多的绝望行为和习得性无助，这可能与海马 GR 负反馈抑制调节缺失有关。抗抑郁药物丙咪嗪可以改善或逆转上述作用。另外，早期环境和遗传因素相互作用也影响 HPA 轴反应。WKY 大鼠,一种先天应激易感大鼠,表现出更高的 HPA 轴基础活动和更强的应激反应性。与其相应对照组 SD 大鼠相比,MS 导致 WKY 大鼠室旁核和杏仁核的 CRF 或 CRF1mRNA 增加而海马和 AMG 的 CRF2 mRNA 降低(Bravo 等,2011)。人类抑郁症患者也存在多种 GR 基因表达异常。例如,Van West 等(2006)通过对比利时和瑞典的抑郁症患者研究表明,GR 基因(NR3C1)的两种 SNP: R23K、NR3C1-1 与抑郁症密切相关。其中在比利时抑郁症患者当中 C 等位基因 NR3C1-1 与正常被试相比显著更低,而在瑞典抑郁症患者中 A 等位基因 R23K 与正常被试相比显著更多。在基因型分布中,比利时正常被试的 NR3C1-1 较抑郁症患者有更多的杂合子 CT,而瑞典抑郁症患者的 R23K 较正常被试有更多的杂合子 AG。除此之外,GR 的其他 SNP(Bcl1 和 ER22/23EK)也受到了许多研究者的关注。其中 Bcl1 与皮质酮敏感性增强、对 ACTH 反应增大以及注射低剂量地塞米松就能引起皮质酮抑制效应密切相关。ER22/23EK 与 GR 抵抗有关,表现为注射地塞米松后反应性降低(van Rossum 等,2004)。van Rossum 等(2006)还发现上述两种 SNP 在抑郁症患者与正常被试中明显不同,提示这两种 SNP 与个体罹患抑郁症的敏感性密切相关。这些证据提示基因与环境相互作用共同影响 HPA 轴反应和抑郁易感性。

近年来,应激反应个体差异的表观遗传调节作用受到越来越多的关注。Mueller 等(2008)发现经历妊娠期应激的母鼠产下的雄性幼仔 CRF 基因启动子甲基化水平降低、CRF 表达增加、HPA 轴应激反应增强并伴有多种不良适应性行为。近期的一项研究也表明,慢性社会应激导致小鼠下丘脑 CRF 基因脱甲基化和 CRF 表达增加,伴随 HPA 轴反应过度和增加的社会回避行为。部位特异性 CRF 敲除减弱应激诱导的上述改变(Elliott 等,2010)。有关啮齿类动物抚育行为对后代应激反应影响的研究发现,具有高抚育行为(又称 LG 行为)母亲的子女海马中 GR 外显子 l7 启动子甲基化水平要明显低于低 LG 母亲的子女,其海马 GR 表达也相应较高,GC 负反馈抑制性调节作用也较强(Weaver 等,2004)。人类研究同样证实了上述发现,McGowan(2010)等通过对自杀者尸检发现,相对于对照组和童年期未经历虐待的自杀者,童年期经历过虐待的自杀者海马中神经元特异性 GR 基因 NR3C1 启动子甲基化明显增加,且其海马内 GRmRNA 水平降低。这些证据一致提示表观遗传修饰改变也是影响应激系统活动性的介导机制之一。

总的来说,环境因素、遗传和表观遗传因素相互作用对 HPA 轴应激反应性的影响构成了抑郁症易感素质个体差异的神经生理机制。

传统的抑郁症单胺类假说或 5-羟色胺假说认为,单胺能系统功能不足或失调是抑郁症发生的重要原因,应用选择性的 5-羟色胺重摄取抑制剂(selective serotonin reuptake transporter inhibitors, SSRIs)能改善抑郁症症状。多方面的研究证据支持这一假说。例如,CUMS 和 SD 等慢性应激会诱发抑郁症模型动物内侧前额叶皮质、腹侧海马等部位的 5-羟色胺水平明显降低。MS 成年大鼠正中隆起、前扣带回和前额叶皮质的酪氨酸阳性神经纤维明显减少,5-羟色胺释放量减少,并对 5-羟色胺再摄取抑制剂反应迟钝,提示 MS 可导致持久的 5-羟色胺功能障碍。但该假说存在一定的局限性,例如不能解释抗抑郁药物使用所引起的单胺能神经递质迅速变化与用药数周后产生临床疗效之间的矛盾。另外,通过各种的药理学手段降低中枢 5-羟色胺的含量得到了互相矛盾的结果。有的研究认为可导致抑郁症,而有的研究却认为可缓解抑郁症,或有的研究认为 5-羟色胺与抑郁症完全无关(Heninger 等,1996)。类似地,基于 5-羟色胺能系统中的相关基因,包括色氨酸羧化酶(tryptophan hydroxylase, Tph2)、5-羟色胺转运蛋白(Serotonin Transporter 5, Sert)及囊泡单胺转运蛋白(esicular monoamine transporter, Vmat2)等基因建立的基因敲除小鼠、转基因小鼠及条件性基因剔除小鼠的相关研究也未能得到明确的结果(Castrén, 2005)。迄今,抑郁症 5-羟色胺假说仍然缺乏直接证据。Den Boer 是最早提出抑郁症 5-羟色胺假说的科学家之一,他在 2006 年发表的综述中指出,5-羟色胺与抑郁症有关,但是仅仅依靠 5-羟色胺难以解释抑郁症的发病机理。他提出日常生活中的慢性应激及其相关异常神经可塑性可能是主要的发病机理。结合 5-HTTLPR 基因多态性分析、生活事件应激和抗抑郁症药物疗效,5-羟色胺转运体基因相关区域多态性(5-HTTLPR)的遗传连锁分析表明发生在 3—26 岁期间的频次高的负性生活事件(应激)与 5-HTTLPR 短等位基因型人群的抑郁症发病明显关联。随后应激和遗传连锁分析研究也支持这一结果(Kaufman 等,2006;Kendler 等,2005)。但是基于 1206 对双生子的结果表明,应激与抑郁症关联,但与 5-HTTLPR 等位基因型毫无关联。这些证据体现出早期应激的重要影响,也表明中枢 5-羟色胺功能异常也许只是抑郁症发病易感性的遗传因素之一。

抑郁症的神经可塑性假说认为慢性应激可能是通过降低神经系统的结构和功能可塑性从而导致抑郁症状发生的(Swaab 等,2005)。支持性证据显示慢性应激或者慢性给予皮质酮会造成海马锥体细胞减少、树突分支缩短、长时程增强降低等结构和功能可塑性损害。神经营养因子在神经发育、神经元正常功能维持和损伤修复中发挥重要的作用,是参与神经可塑性调节的重要介导分子。神经营养因子如何参与应激促发抑郁症过程是近年来研究关注的热点。临床和基础研究都表明多种可塑性相关目标基因可能同时发挥作用。其中研究最为充分的是 BDNF。

抑郁症的"脑源性神经营养因子假说"提出,海马及前额叶皮质脑源性神经营养因子 BDNF 信号通路损害参与了抑郁症的病理生理改变,抗抑郁药物通过恢复/增强 BDNF 信号转导发挥疗效(Luo 等,2010)。对此假说的支持性实验证据主要来自海马和前额叶皮质相关的临床及基础研究。抑郁症患者血和脑内 BDNF 水平较正常人群显著降低,且 BDNF 水平与症状、严重程度和病程相关,抗抑郁治疗可在改善抑郁症状的同时升高 BDNF 水平。多种致抑郁慢性应激(如慢性不确定性应激、社会冲突应激等)和慢性给与皮质酮也能够显著降低海马、前额叶皮质 BDNF mRNA 及蛋白表达水平,而抗抑郁治疗可逆转上述改变,且二者具有时程上的一致性。

然而,越来越多的证据显示 BDNF 信号通路在抑郁症发病和抗抑郁治疗中的作用具有多样性和复杂性(Luo 等,2010)。首先,脑内存在复杂的 BDNF 调节网络。海马—前额叶皮质和中脑边缘系统中 BDNF 及其受体 TrkB 信号通路在抑郁样行为调节中发挥相反的作用。与应激或者药物等多种方式诱发海马—前额叶皮质 BDNF—TrkB 信号通路增强产生抗抑郁样行为的作用相反,中脑边缘系统腹侧被盖区—伏隔核 BDNF 信号转导增强产生促抑郁行为的作用,而对其抑制则产生抗抑郁的作用。同时选择性敲除腹侧被盖区 BDNF 基因会阻断慢性应激诱导的抑郁样行为增加,提示中脑边缘系统腹侧被盖区—伏隔核中完整的 BDNF 信号转导是应激诱导抑郁样行为发生的必要条件。新近的研究还发现脑内存在两种形式的 BDNF 信号通路:BDNF—TrkB 和 proBDNF—p75NTR,它们分别增强和抑制海马神经可塑性,构成相互影响的制约和平衡系统。这些提示脑内各种作用相反的 BDNF 系统以相互制约和平衡的方式调节情绪相关神经网络而不是单个脑区的活动。其次,有关 BDNF 信号通路直接调控抑郁样行为的研究未能得到一致的结果。脑内或者特定脑区条件化抑制或敲除 BDNF 基因并不直接导致抑郁样行为产生。例如,前脑或海马 BDNF 信号转导相关基因选择性降低或者敲除的动物在多项抑郁相关行为测试中,包括快感缺乏、强迫游泳实验及悬尾测试(一种绝望行为测试方法)中的绝望行为等指标与对照组相比并没有明显差异。值得注意的是前脑特异性 BDNF 敲除的雌性小鼠对应激诱导的抑郁样行为更加易感,但在雄性动物身上未能观察到这一现象(Autry 等,2009),提示 BDNF 可能与抑郁症易感性的性别差异有关。第三,临床常用的作用于单胺能系统的抗抑郁药物和其他抗抑郁治疗如电休克治疗、经颅磁刺激等的抑郁症状改善作用与 BDNF 受体 TrkB 激活有关且具有时程上的一致性(Castrén 和 Rantamaki 2010)。尽管海马和/或前额叶皮质 BDNF—TrkB 信号通路的抑制或消除在抑郁症发生中缺乏直接或关键性的作用,但却显著损害上述各种抗抑郁治疗效果。降低全脑或选择性降低前脑和海马 BDNF 和/或其受体 TrkB 基因表达明显抑制了抗抑郁药物对强迫游泳实验和悬尾测试绝望行为的抑制作用,提示完整的、正常的 BDNF—TrkB 信号通路是目前各种抗抑郁治疗发挥疗效的必要条件。越来越多的研究还发现BDNF下游信号通路也可能参与调节神经元功能和可塑性,并在应激诱导的抑郁易感性中发挥作用,其中包括突触蛋白、神经元受体、离子通道和胞内信号转导分子等(Krishnan等,2008),为抑郁症治疗提供了潜在的新分子靶标。第四,BDNF与早期环境因素和遗传因素引起的抑郁症易感性个体差异的关系密切。例如早期应激诱导的海马结构和功能损伤与BDNF表达下调密切相关。抑郁症患者和相应对照人群的比较研究发现,BDNF基因第66位氨基酸单核苷酸多态性(BDNF Val66Met)与抑郁症的发生密切相关。Met—等位基因携带者(包括患者和正常对照组中)的海马体积小于纯合Val—等位基因携带者,脑中游离BDNF也较后者低,前者出现抑郁症的概率更高。BDNF Val66Met多态性影响抗抑郁药物的疗效,研究表明西酞普兰对Met—等位基因携带者患者的疗效较好。动物实验研究也发现,纯合子(BDNF Met/Met)替代同源Val/Met明显减少小鼠脑内BDNF释放,增加焦虑样行为和减弱慢性氟西汀治疗的作用。但也有一些研究的结果与此不一致。几项大样本元分析研究结果表明BDNF Val66Met基因多态性与抑郁症发病、严重性和病程并没有关联,并非抑郁症发生的重要影响因子。BDNF受体TrkB基因rs1187327、rs1187362和rs2289656及其构成的单体型与情绪障碍类疾病无显著关联。值得注意的是,在老年和青少年人群中的几项追踪研究都发现,BDNF基因多态性与应激性事件的交互作用预测抑郁症发生。另外,越来越多的证据显示BDNF表观遗传修饰改变参与未成年早期和成年期应激诱导的抑郁样行为调节(Curley等,2011)。BDNF IV启动子区甲基化增加介导了早期负性经历诱发的前额叶BDNF表达降低和社会交往行为减少(Roth等,2009)。经历慢性社会击败应激的成年动物海马BNDF表达降低与BDNF III和IV转录特异性减少有关(Tsankova等,2006)。总的来说,与传统抑郁症BDNF假说整合,这些新的研究证据提示BDNF可能并不是抑郁症发生的充分条件,而是应激诱发抑郁症的易感因素之一。

综上所述,人类和动物研究都表明应激主要在易感个体中诱发抑郁症。遗传和早期环境因素共同影响个体的抑郁症易感倾向。应激相关抑郁症易感性与多因素相互作用的复杂系统有关,包括HPA轴和其他神经递质、神经营养因子等。阐明应激易感性个体差异的心理神经机制对于应激暴露诱发的负性行为后果的早期识别和干预、新的治疗策略的发展具有重要意义。

9.3.2 应激与焦虑和恐惧

应激对焦虑和恐惧的影响

应激与恐惧、焦虑相关的人类研究主要集中于对PTSD的研究。作为焦虑性精神疾病的一种,PTSD可由各种生活应激事件导致,并伴随患者的一系列恐惧和焦虑行为反应(Greenberg 等,2014)。除此之外,在对180名健康学生和志愿者的研究中研究者发现,挑战性的应激任务如社会应激也可引发被试产生恐惧行为,并且伴随其应激性细胞因子的增加和皮质醇的降低(Moons 等,2010)。而也有研究者发现,经历了10分钟的社会应激(演讲和倒数任务)之后,健康男性被试的焦虑情绪得到增强(Grillon 等,2007)。综上,PTSD患者表现为恐惧和焦虑反应增加,而应激任务引发正常被试的焦虑和恐惧行为。

在灵长类动物中,应激同样能广泛地引起动物的恐惧和焦虑行为异常。有研究显示,母亲的食物匮乏对于猕猴幼崽恐惧行为有影响。研究者使幼崽的母亲在幼崽出生后6个月生活在食物获得不确定的环境中,24个月之后这些幼崽在经历慢性恐惧刺激唤醒时恐惧反应显著地低于对照组猕猴(Rosenblum 等,2001)。另外一项研究发现,在恒河猴出生后8个月将幼崽分为两组,一组与母亲和同伴一起喂养生活,另一组只与同伴生活并进行人工喂养。相对于与母亲、同伴一起成长的幼崽,与母亲分开的幼崽成年后表现出更多的焦虑行为(Dettmer 等,2012)。

啮齿类动物恐惧研究的经典实验范式是条件化恐惧学习。在这种范式中,一个无害的条件化刺激(conditioned stimulus, CS)反复与一个有害的非条件化刺激(unconditioned stimulus, US),如足底电击,同时呈现。经过几次结合之后,当CS单独呈现时也能引起由US导致的恐惧反应。一系列的研究表明,急慢性应激均可损伤条件性恐惧记忆的消退,致使动物长期处于恐惧状态。例如,研究者把经历过条件性恐惧学习的大鼠分为两组:应激组和对照组,结果发现对照组动物诸如不动行为(freezing)等恐惧相关行为会逐渐消退;而经历了30分钟急性高台应激后的实验组动物,会持续表现出不动、排便和排尿等恐惧行为,并且这一效应是长期存在的(Xu 等,1997)。而持续7天,每天3个小时的慢性束缚应激增加了被试获得条件性恐惧过程中的不动行为,并且能够损伤条件性恐惧的消退(Wilber 等,2010)。除此之外,研究者发现出生前应激(prenatal stress, PNS)可显著降低大鼠幼崽成年后对天敌气味产生的恐惧反应,并且能损伤条件性恐惧的消退。但是对于旷场测试、高架十字迷宫测试和明暗箱测试中的焦虑样行为却不受影响(Wilson 等,2013)。同样,出生后经历母婴隔离的小鼠也表现出更多的恐惧行为(Romeo 等,2003)。

与人类焦虑行为的研究结果相类似,大量研究同样证实各种急性和慢性应激也可以导致动物表现出焦虑行为。例如,急性束缚应激会增加大鼠的焦虑样行为(Varlinskaya 和 Spear, 2012)。研究证实,慢性的长期母婴隔离也可以导致大鼠在青少期出现更多的焦虑行为(Li 等,2013)。4个月的社会隔离应激能够持续性地增加大鼠的焦虑样行为(Yorgason 等,2013)。

应激影响恐惧和焦虑的神经机制

人类和动物实验研究表明,控制恐惧和焦虑的脑区主要集中在杏仁核、前额叶皮质等区域,而且恐惧和焦虑相关脑区有着很大程度的重叠。慢性应激增强了条件性恐惧行为的获得,并伴随着大鼠基底外侧杏仁核神经元树突的增殖。而急性应激在损害了恐惧消退的同时,也造成了大鼠基底外侧杏仁核神经元树突的收回和树突棘密度的增加(Maroun 等,2013)。前额叶皮质广泛参与了应激导致的恐惧记忆的习得和消退,慢性束缚应激在增加大鼠恐惧行为的同时,应激组动物缘前回和边缘下区神经活动得到增强。而在恐惧行为消退的过程中,相比对照组大鼠,应激组大鼠缘前回和边缘下回神经活动却是降低的(Wilber 等,2010)。此外,背侧海马(dorsal hippocampus, DH)在恐惧记忆和学习中同样有着重要作用(Phillips and LeDoux, 1992)。慢性母婴隔离应激在增加大鼠焦虑样行为的同时,减少了海马和伏隔核多巴胺 D2 受体的表达,同时也降低了海马和内侧前额叶皮质 5-羟色胺 1A 受体的表达(Li 等,2013)。

此外,近期有研究者突破了以往方法的局限,第一次在人类被试身上应用质子磁共振波谱分析法(1H-MRS)测量 PTSD 患者大脑中 GABA 含量发现,PTSD 患者脑岛中 GABA 含量显著低于正常人,且所有被试中脑岛较低的 GABA 含量与显著高状态焦虑和高特质焦虑相关,因此研究者认为 PTSD 的焦虑状态可能与右侧前脑岛较低的 GABA 含量有关(Rosso 等,2014)。最近的动物研究发现,海马 CA1 锥体细胞树突棘中 α4βδ GABAA 受体表达增加会损害突触可塑性,并参与应激诱发的青春期焦虑(Smith, 2013)。

9.4 应激研究的未来发展

综上所述,应激研究未来的发展趋势仍侧重于加强多学科交叉研究,促进基础与应用研究的整合与转化。

9.4.1 基础与应用研究的转化

应激,尤其是心理应激,是目前影响人类健康水平、生活质量的重要因素,也是心理疾病和躯体疾病的直接病因或重要的影响因素。如前所述,精神分裂症、抑郁症、创伤后应激综合征和成瘾行为等都与应激尤其是生命早期应激的长期影响密切相关。深入探讨应激诱发这些精神疾病的病理生理机制将有助于人们了解这些疾病的发生、发展的神经生物学机制,以及进一步的疾病临床防治具有重要的意义。目前关于应激与疾病的机制研究以基础研究为主,如利用应激诱发的各种精神疾病动物模型,探索了与疾病发生发展相关的脑结构环路以及神经递质系统,并且取得了一定的研究进展。但这些研究成果尚不能满足临床防治疾病的需要。因此,今后的研究将以加快基础研究成果向临床应用的转化为主,同时将临床应用效果快速地反馈给基础研究人员,真正实现从基础到应用,再反馈回基础的循环模式,及时发现新药物、新疗法和新的诊疗技术,提升人类健康水平。

9.4.2 多学科研究的整合

当前应激的研究领域涉及多学科研究的整合,如心理学、生物学、生理学、神经科学、精神病学、工程学以及社会学等。这一整合模式的发展促进了行为水平的研究方法在神经科学的微观领域的渗透,同时将神经科学的各种研究方法引入了心理行为领域。未来我们应从心理、行为、系统、细胞和基因等水平上开展对应激机制的综合性研究,最终从多学科交叉的角度探索应激在多种精神疾病中的作用和机理,并寻求新的疾病防治途径。

本章小结

本章首先介绍了应激的生理知识,然后详细阐述了应激对注意、学习记忆、认知转换等认知功能以及对抑郁、焦虑和恐惧等情绪的影响及其相关的神经生物学机制,最后指出了应激未来研究的发展趋势,这些内容对于理解精神分裂症和抑郁症等精神疾病发病的病理生理机制及其治疗具有非常重要的理论和实际应用价值。

关键术语

交感神经系统
下丘脑—垂体—肾上腺皮质轴
慢性不可预知温和应激
"居留者—入侵者"模型
母婴分离
社会隔离
边缘系统
蒙特利尔脑成像应激任务
前额叶皮质
创伤后应激综合征

糖皮质激素

促肾上腺皮质激素释放激素

促肾上腺皮质激素

去甲肾上腺素

多巴胺

5-羟色胺

伏隔核

神经生长因子

脑源性神经营养因子

注意控制理论

交替选择任务

5项选择连续反应时间任务

潜伏抑制

双向主动回避

条件反射性情绪反应

条件反射性味觉厌恶

海马

杏仁核

腹侧被盖区

水迷宫

注意定势转移任务

前脉冲抑制

选择性的5-羟色胺重摄取抑制剂

参考文献

李量,邵枫.(2003).精神分裂症的听感觉运动门控障碍的动物模型.科学通报,48(15),1603—1612.

邵枫,李量,王玮文.(2008).阿扑吗啡注射对大鼠视觉线索辨别学习和逆反学习的影响.中国行为医学科学,17(3),193—195.

邵枫,李量,肖健,耿晓峰.(2004).早期应激与精神分裂症.中国行为医学科学,2,064.

邵枫,林文娟,王玮雯.(2003).电击信号应激免疫调节作用的中枢机制研究.中国行为医学科学,12(2),137—139.

王琼,罗晓敏,邵枫,王玮文.(2012).两种慢性应激诱导的抑郁模型大鼠前额叶认知功能的比较研究.中国神经精神疾病杂志,38(8),449—453.

王玮文,邵枫,刘美,金赡,林文娟.(2009).慢性应激损害大鼠信号逆反学习能力:一种新的T型水迷宫检测方法.中国神经精神疾病杂志,35(1),42—44.

王玮文,邵枫,刘美,林文娟.(2006).早期应激对抑郁相关行为及神经内分泌反应的长期影响.心理科学进展,14(6),907—911.

Aloe, L., Bracci-Laudiero, L., Alleva, E., Lambiase, A., Micera, A., & Tirassa, P. (1994). Emotional stress induced by parachute jumping enhances blood nerve growth factor levels and the distribution of nerve growth factor receptors in lymphocytes. *Proceedings of the National Academy of Sciences*, 91(22), 10440-10444.

Ambrée, O., Buschert, J., Zhang, W., Arolt, V., Dere, E., & Zlomuzica, A. (2014). Impaired spatial learning and reduced adult hippocampal neurogenesis in histamine H1-receptor knockout mice. *European Neuropsychopharmacology*, 24(8),1394 - 1404.

Arnsten, A. F. & Goldman-Rakic, P. S. (1998). Noise stress impairs prefrontal cortical cognitive function in monkeys: evidence for a hyperdopaminergic mechanism. *Archives of General Psychiatry*, 55(4),362 - 368.

Autry, A. E., Adachi, M., Cheng, P., & Monteggia, L. M. (2009). Gender-specific impact of brain-derived neurotrophic factor signaling on stress-induced depression-like behavior. *Biological psychiatry*, 66(1),84 - 90.

Baluch, F. & Itti, L. (2011). Mechanisms of top-down attention. *Trends in Neurosciences*, 34(4),210 - 224.

Barden, N. (1999). Regulation of corticosteroid receptor gene expression in depression and antidepressant action. *Journal of Psychiatry and Neuroscience*, 24(1),25.

Bartesaghi, R., Raffi, M., & Ciani, E. (2006). Effect of early isolation on signal transfer in the entorhinal cortex-dentate-hippocampal system. *Neuroscience*, 137(3),875 - 890.

Bechara, R. G., Lyne, R., & Kelly, Á. M. (2014). BDNF-stimulated intracellular signalling mechanisms underlie exercise-induced improvement in spatial memory in the male Wistar rat. *Behavioural Brain Research*, 275,297 - 306.

Benekareddy, M., Vadodaria, K. C., Nair, A. R., & Vaidya, V. A. (2011). Postnatal serotonin type 2 receptor blockade prevents the emergence of anxiety behavior, dysregulated stress-induced immediate early gene responses, and specific transcriptional changes that arise following early life stress. *Biological Psychiatry*, 70(11),1024 - 1032.

Bergström, A., Jayatissa, M. N., Mørk, A., & Wiborg, O. (2008). Stress sensitivity and resilience in the chronic mild stress rat model of depression; an in situ hybridization study. *Brain Research*, 1196,41 - 52.

Bethus, I., Lemaire, V., Lhomme, M., & Goodall, G. (2005). Does prenatal stress affect latent inhibition? It depends on the gender. *Behavioural Brain Research*, 158(2),331 - 338.

Bielas, H., Arck, P., Bruenahl, C. A., Walitza, S., & Grünblatt, E. (2014). Prenatal stress increases the striatal and hippocampal expression of correlating c-FOS and serotonin transporters in murine offspring. *International Journal of Developmental Neuroscience*, 38,30 - 35.

Birrell, J. M. & Brown, V. J. (2000). Medial frontal cortex mediates perceptual attentional set shifting in the rat. *Journal of Neuroscience*, 20(11),4320 - 4324.

Björklund, A. & Dunnett, S. B. (2007). Dopamine neuron systems in the brain: an update. *Trends in Neurosciences*, 30(5),194 - 202.

Bonab, A. A., Fricchione, J. G., Gorantla, S., Vitalo, A. G., Auster, M. E., Levine, S. J., ... & Denninger, J. W. (2012). Isolation rearing significantly perturbs brain metabolism in the thalamus and hippocampus. *Neuroscience*, 223,457 - 464.

Bondi, C. O., Jett, J. D., & Morilak, D. A. (2010). Beneficial effects of desipramine on cognitive function of chronically stressed rats are mediated by α 1-adrenergic receptors in medial prefrontal cortex. *Progress in Neuro-Psychopharmacology and Biological Psychiatry*, 34(6),913 - 923.

Bondi, C. O., Rodriguez, G., Gould, G. G., Frazer, A., & Morilak, D. A. (2008). Chronic unpredictable stress induces a cognitive deficit and anxiety-like behavior in rats that is prevented by chronic antidepressant drug treatment. *Neuropsychopharmacology*, 33(2),320 - 331.

Braff, D. L., Geyer, M. A., & Swerdlow, N. R. (2001). Human studies of prepulse inhibition of startle: normal subjects, patient groups, and pharmacological studies. *Psychopharmacology*, 156(2 - 3),234 - 258.

Bravo, J. A., Dinan, T. G., & Cryan, J. F. (2011). Alterations in the central CRF system of two different rat models of comorbid depression and functional gastrointestinal disorders. *International Journal of Neuropsychopharmacology*, 14(5),666 - 683.

Brenes, J. C., Rodríguez, O., & Fornaguera, J. (2008). Differential effect of environment enrichment and social isolation on depressive-like behavior, spontaneous activity and serotonin and norepinephrine concentration in prefrontal cortex and ventral striatum. *Pharmacology Biochemistry and Behavior*, 89(1),85 - 93.

Brown, S. M., Henning, S., & Wellman, C. L. (2005). Mild, short-term stress alters dendritic morphology in rat medial prefrontal cortex. *Cerebral Cortex*, 15(11),1714 - 1722.

Buwalda, B., Kole, M. H., Veenema, A. H., Huininga, M., de Boer, S. F., Korte, S. M., & Koolhaas, J. M. (2005). Long-term effects of social stress on brain and behavior: a focus on hippocampal functioning. *Neuroscience and Biobehavioral Reviews*, 29(1),83 - 97.

Cadenhead, K. S., Swerdlow, N. R., Shafer, K. M., Diaz, M., & Braff, D. L. (2000). Modulation of the startle response and startle laterality in relatives of schizophrenic patients and in subjects with schizotypal personality disorder: evidence of inhibitory deficits. *American Journal of Psychiatry*, 157(10),1660 - 1668.

Cahill, L., Gorski, L., & Le, K. (2003). Enhanced human memory consolidation with post-learning stress: interaction with the degree of arousal at encoding. *Learning and memory*, 10(4),270 - 274.

Castrén, E. (2005). Is mood chemistry?. *Nature Reviews Neuroscience*, 6(3),241 - 246.

Castrén, E. & Rantamäki, T. (2010). The role of BDNF and its receptors in depression and antidepressant drug action: reactivation of developmental plasticity. *Developmental Neurobiology*, 70(5),289 - 297.

Cazakoff, B. N., Johnson, K. J., & Howland, J. G. (2010). Converging effects of acute stress on spatial and recognition memory in rodents: a review of recent behavioural and pharmacological findings. *Progress in Neuro-

Psychopharmacology and Biological Psychiatry, 34(5), 733-741.

Cerqueira, J. J., Mailliet, F., Almeida, O. F., Jay, T. M., & Sousa, N. (2007). The prefrontal cortex as a key target of the maladaptive response to stress. *Journal of Neuroscience*, 27(11), 2781-2787.

Chen, J., Li, X., Zhang, J., Natsuaki, M. N., Leve, L. D., Harold, G. T., ..., & Ge, X. (2013). The Beijing Twin Study (BeTwiSt): A longitudinal study of child and adolescent development. *Twin Research and Human Genetics*, 16(01), 91-97.

Chocyk, A., Dudys, D., Przyborowska, A., Makowiak, M., & Wędzony, K. (2010). Impact of maternal separation on neural cell adhesion molecules expression in dopaminergic brain regions of juvenile, adolescent and adult rats. *Pharmacological Reports*, 62(6), 1218-1224.

Cirulli, F., Francia, N., Berry, A., Aloe, L., Alleva, E., & Suomi, S. J. (2009). Early life stress as a risk factor for mental health: role of neurotrophins from rodents to non-human primates. *Neuroscience and Biobehavioral Reviews*, 33(4), 573-585.

Cirulli, F., Francia, N., Branchi, I., Antonucci, M. T., Aloe, L., Suomi, S. J., & Alleva, E. (2009). Changes in plasma levels of BDNF and NGF reveal a gender-selective vulnerability to early adversity in rhesus macaques. *Psychoneuroendocrinology*, 34(2), 173-180.

Coe, C. L., Kramer, M., Czéh, B., Gould, E., Reeves, A. J., Kirschbaum, C., & Fuchs, E. (2003). Prenatal stress diminishes neurogenesis in the dentate gyrus of juvenile rhesus monkeys. *Biological Psychiatry*, 54(10), 1025-1034.

Cook, S. C. & Wellman, C. L. (2004). Chronic stress alters dendritic morphology in rat medial prefrontal cortex. *Journal of Neurobiology*, 60(2), 236-248.

Cryan, J. F. & Slattery, D. A. (2007). Animal models of mood disorders: recent developments. *Current Opinion in Psychiatry*, 20(1), 1-7.

Curley, J. P., Jensen, C. L., Mashoodh, R., & Champagne, F. A. (2011). Social influences on neurobiology and behavior: epigenetic effects during development. *Psychoneuroendocrinology*, 36(3), 352-371.

Danet, M., Lapiz-Bluhm, S., & Morilak, D. A. (2010). A cognitive deficit induced in rats by chronic intermittent cold stress is reversed by chronic antidepressant treatment. *International Journal of Neuropsychopharmacology*, 13(8), 997-1009.

da Silva, W. C., Köhler, C. C., Radiske, A., & Cammarota, M. (2012). D 1/D 5 dopamine receptors modulate spatial memory formation. *Neurobiology of Learning and Memory*, 97(2), 271-275.

Day-Wilson, K. M., Jones, D. N. C., Southam, E., Cilia, J., & Totterdell, S. (2006). Medial prefrontal cortex volume loss in rats with isolation rearing-induced deficits in prepulse inhibition of acoustic startle. *Neuroscience*, 141(3), 1113-1121.

Dedovic, K., Duchesne, A., Andrews, J., Engert, V., & Pruessner, J. C. (2009). The brain and the stress axis: the neural correlates of cortisol regulation in response to stress. *Neuroimage*, 47(3), 864-871.

Dettmer, A. M., Novak, M. A., Suomi, S. J., & Meyer, J. S. (2012). Physiological and behavioral adaptation to relocation stress in differentially reared rhesus monkeys: hair cortisol as a biomarker for anxiety-related responses. *Psychoneuroendocrinology*, 37(2), 191-199.

Dubovicky, M., Paton, S., Morris, M., Mach, M., & Lucot, J. B. (2007). Effects of combined exposure to pyridostigmine bromide and shaker stress on acoustic startle response, pre-pulse inhibition and open field behavior in mice. *Journal of Applied Toxicology*, 27(3), 276-283.

Dupin, N., Mailliet, F., Rocher, C., Kessal, K., Spedding, M., & Jay, T. M. (2006). Common efficacy of psychotropic drugs in restoring stress-induced impairment of prefrontal plasticity. *Neurotoxicity Research*, 10(3/4), 193.

Egger, G., Liang, G., Aparicio, A., & Jones, P. A. (2004). Epigenetics in human disease and prospects for epigenetic therapy. *Nature*, 429(6990), 457-463.

El Khoury, A., Gruber, S. H., Mørk, A., & Mathé, A. A. (2006). Adult life behavioral consequences of early maternal separation are alleviated by escitalopram treatment in a rat model of depression. *Progress in Neuro-Psychopharmacology and Biological Psychiatry*, 30(3), 535-540.

Ellenbroek, B. A. & Cools, A. R. (2000). The long-term effects of maternal deprivation depend on the genetic background. *Neuropsychopharmacology*, 23(1), 99-106.

Ellenbroek, B. A. & Cools, A. R. (2002). Early maternal deprivation and prepulse inhibition: the role of the postdeprivation environment. *Pharmacology Biochemistry and Behavior*, 73(1), 177-184.

Ellenbroek, B. A. & Riva, M. A. (2003). Early maternal deprivation as an animal model for schizophrenia. *Clinical Neuroscience Research*, 3(4), 297-302.

Elliott, E., Ezra-Nevo, G., Regev, L., Neufeld-Cohen, A., & Chen, A. (2010). Resilience to social stress coincides with functional DNA methylation of the Crf gene in adult mice. *Nature neuroscience*, 13(11), 1351-1353.

Elzinga, B. M., Bakker, A., & Bremner, J. D. (2005). Stress-induced cortisol elevations are associated with impaired delayed, but not immediate recall. *Psychiatry Research*, 134(3), 211-223.

Eysenck, M. W., Derakshan, N., Santos, R., & Calvo, M. G. (2007). Anxiety and cognitive performance: attentional control theory. *Emotion*, 7(2), 336.

Fani, N., Jovanovic, T., Ely, T. D., Bradley, B., Gutman, D., Tone, E. B., & Ressler, K. J. (2012). Neural correlates of attention bias to threat in post-traumatic stress disorder. *Biological Psychology*, 90(2),134-142.

Farmer, G.E., Park, C.R., Bullard, L.A., & Diamond, D.M. (2014). Evolutionary, Historical and Mechanistic Perspectives on How Stress Affects Memory and Hippocampal Synaptic Plasticity. In *Synaptic Stress and Pathogenesis of Neuropsychiatric Disorders* (pp. 167-182). Springer New York.

Feng, M., Sheng, G., Li, Z., Wang, J., Ren, K., Jin, X., & Jiang, K. (2014). Postnatal maternal separation enhances tonic GABA current of cortical layer 5 pyramidal neurons in juvenile rats and promotes genesis of GABAergic neurons in neocortical molecular layer and subventricular zone in adult rats. *Behavioural brain research*, 260,74-82.

Fenoglio, K.A., Chen, Y., & Baram, T.Z. (2006). Neuroplasticity of the hypothalamic-pituitary-adrenal axis early in life requires recurrent recruitment of stress-regulating brain regions. *Journal of Neuroscience*, 26(9),2434-2442.

Fone, K.C. & Porkess, M.V. (2008). Behavioural and neurochemical effects of post-weaning social isolation in rodents—relevance to developmental neuropsychiatric disorders. *Neuroscience and Biobehavioral Reviews*, 32(6),1087-1102.

Frisone, D.F., Frye, C.A., & Zimmerberg, B. (2002). Social isolation stress during the third week of life has age-dependent effects on spatial learning in rats. *Behavioural Brain Research*, 128(2),153-160.

Garner, B., Wood, S.J., Pantelis, C., & van den Buuse, M. (2007). Early maternal deprivation reduces prepulse inhibition and impairs spatial learning ability in adulthood: no further effect of post-pubertal chronic corticosterone treatment. *Behavioural Brain Research*, 176(2),323-332.

Geracioti Jr, T.D., Baker, D.G., Ekhator, N.N., West, S.A., Hill, K.K., Bruce, A.B., ..., & Kasckow, J.W. (2001). CSF norepinephrine concentrations in posttraumatic stress disorder. *American Journal of Psychiatry*, 158(8), 1227-1230.

Golden, S.A., Covington III, H.E., Berton, O., & Russo, S.J. (2011). A standardized protocol for repeated social defeat stress in mice. *Nature Protocols*, 6(8),1183-1191.

Gray, N.S., Pilowsky, L.S., Gray, J.A., & Kerwin, R.W. (1995). Latent inhibition in drug naive schizophrenics: relationship to duration of illness and dopamine D2 binding using SPET. *Schizophrenia Research*, 17(1),95-107.

Greenberg, M.S., Tanev, K., Marin, M.F., & Pitman, R.K. (2014). Stress, PTSD, and dementia. *Alzheimer's and Dementia*, 10(3), S155-S165.

Grigoryan, G., Ardi, Z., Albrecht, A., Richter-Levin, G., & Segal, M. (2015). Juvenile stress alters LTP in ventral hippocampal slices: involvement of noradrenergic mechanisms. *Behavioural Brain Research*, 278,559-562.

Grillon, C., Duncko, R., Covington, M.F., Kopperman, L., & Kling, M.A. (2007). Acute stress potentiates anxiety in humans. *Biological Psychiatry*, 62(10),1183-1186.

Grønli, J., Murison, R., Bjorvatn, B., Sørensen, E., Portas, C.M., & Ursin, R. (2004). Chronic mild stress affects sucrose intake and sleep in rats. *Behavioural Brain Research*, 150(1),139-147.

Guenzel, F.M., Wolf, O.T., & Schwabe, L. (2013). Stress disrupts response memory retrieval. *Psychoneuroendocrinology*, 38(8),1460-1465.

Gutman, D.A. & Nemeroff, C.B. (2003). Persistent central nervous system effects of an adverse early environment: clinical and preclinical studies. *Physiology and behavior*, 79(3),471-478.

Han, X., Li, N., Xue, X., Shao, F., & Wang, W. (2012). Early social isolation disrupts latent inhibition and increases dopamine D2 receptor expression in the medial prefrontal cortex and nucleus accumbens of adult rats. *Brain Research*, 1447, 38-43.

Han, X., Wang, W., Shao, F., & Li, N. (2011). Isolation rearing alters social behaviors and monoamine neurotransmission in the medial prefrontal cortex and nucleus accumbens of adult rats. *Brain Research*, 1385,175-181.

Henckens, M.J., van der Marel, K., van der Toorn, A., Pillai, A.G., Fernández, G., Dijkhuizen, R.M., & Joëls, M. (2015). Stress-induced alterations in large-scale functional networks of the rodent brain. *Neuroimage*, 105, 312-322.

Heninger, G.R., Delgado, P.L., & Charney, D.S. (1996). The revised monoamine theory of depression: a modulatory role for monoamines, based on new findings from monoamine depletion experiments in humans. *Pharmacopsychiatry*, 29(01),2-11.

Holsboer, F. (2001). Stress, hypercortisolism and corticosteroid receptors in depression: implicatons for therapy. *Journal of affective disorders*, 62(1),77-91.

Hoskin, R., Hunter, M.D., & Woodruff, P.W.R. (2014). Stress improves selective attention towards emotionally neutral left ear stimuli. *Acta Psychologica*, 151,214-221.

Hulshof, H.J., Novati, A., Sgoifo, A., Luiten, P.G., den Boer, J.A., & Meerlo, P. (2011). Maternal separation decreases adult hippocampal cell proliferation and impairs cognitive performance but has little effect on stress sensitivity and anxiety in adult Wistar rats. *Behavioural Brain Research*, 216(2),552-560.

Ibarguen-Vargas, Y., Surget, A., Vourc'h, P., Leman, S., Andres, C.R., Gardier, A.M., & Belzung, C. (2009). Deficit in BDNF does not increase vulnerability to stress but dampens antidepressant-like effects in the unpredictable chronic mild stress. *Behavioural Brain Research*, 202(2),245-251.

Ibi, D., Takuma, K., Koike, H., Mizoguchi, H., Tsuritani, K., Kuwahara, Y., ..., & Yamada, K. (2008). Social isolation rearing-induced impairment of the hippocampal neurogenesis is associated with deficits in spatial memory and emotion-related behaviors in juvenile mice. *Journal of Neurochemistry*, 105(3),921-932.

Inoue, W. & Bains, J.S. (2014). Beyond inhibition: GABA synapses tune the neuroendocrine stress axis. *Bioessays*, 36

(6),561-569.

Izquierdo, A., Wellman, C. L., & Holmes, A. (2006). Brief uncontrollable stress causes dendritic retraction in infralimbic cortex and resistance to fear extinction in mice. *Journal of Neuroscience*, 26(21),5733-5738.

Kaufman, J., Yang, B. Z., Douglas-Palumberi, H., Grasso, D., Lipschitz, D., Houshyar, S., ... & Gelernter, J. (2006). Brain-derived neurotrophic factor-5-HTTLPR gene interactions and environmental modifiers of depression in children. *Biological Psychiatry*, 59(8),673-680.

Kendler, K. S., Kuhn, J. W., Vittum, J., Prescott, C. A., & Riley, B. (2005). The interaction of stressful life events and a serotonin transporter polymorphism in the prediction of episodes of major depression: a replication. *Archives of General Psychiatry*, 62(5),529-535.

Kesner, R. P. & Rolls, E. T. (2015). A computational theory of hippocampal function, and tests of the theory: new developments. *Neuroscience and Biobehavioral Reviews*, 48,92-147.

Kjær, S. L., Wegener, G., Rosenberg, R., Lund, S. P., & Hougaard, K. S (2010). Prenatal and adult stress interplay—behavioral implications. *Brain Research*, 1320,106-113.

Klengel, T., Pape, J., Binder, E. B., & Mehta, D. (2014). The role of DNA methylation in stress-related psychiatric disorders. *Neuropharmacology*, 80,115-132.

Krishnan, V., & Nestler, E. J. (2008). The molecular neurobiology of depression. *Nature*, 455(7215),894-902.

Kuhlmann, S., Piel, M., & Wolf, O. T. (2005). Impaired memory retrieval after psychosocial stress in healthy young men. *Journal of Neuroscience*, 25(11),2977-2982.

Kuipers, S. D., Trentani, A., Westenbroek, C., Bramham, C. R., Korf, J., Kema, I. P., ... & Den Boer, J. A. (2006). Unique patterns of FOS, phospho-CREB and BrdU immunoreactivity in the female rat brain following chronic stress and citalopram treatment. *Neuropharmacology*, 50(4),428-440.

Kuramochi, M. & Nakamura, S. (2009). Effects of postnatal isolation rearing and antidepressant treatment on the density of serotonergic and noradrenergic axons and depressive behavior in rats. *Neuroscience*, 163(1),448-455.

Lack, C. W. & Green, A. L. (2009). Mood disorders in children and adolescents. *Journal of Pediatric Nursing*, 24(1), 13-25.

Lackschewitz, H., Hüther, G., & Kröner-Herwig, B. (2008). Physiological and psychological stress responses in adults with attention deficit/hyperactivity disorder (ADHD). *Psychoneuroendocrinology*, 33(5),612-624.

Ladd, C. O., Thrivikraman, K. V., Huot, R. L., & Plotsky, P. M. (2005). Differential neuroendocrine responses to chronic variable stress in adult Long Evans rats exposed to handling-maternal separation as neonates. *Psychoneuroendocrinology*, 30(6),520-533.

Lapiz-Bluhm, M. D. S., Bondi, C. O., Doyen, J., Rodriguez, G. A., Bédard-Arana, T., & Morilak, D. A. (2008). Behavioural assays to model cognitive and affective dimensions of depression and anxiety in rats. *Journal of neuroendocrinology*, 20(10),1115-1137.

Lapiz-Bluhm, M. D. S., Soto-Piña, A. E., Hensler, J. G., & Morilak, D. A. (2009). Chronic intermittent cold stress and serotonin depletion induce deficits of reversal learning in an attentional set-shifting test in rats. *Psychopharmacology*, 202(1-3),329-341.

Lapiz, M. D. S., Bondi, C. O., & Morilak, D. A. (2007). Chronic treatment with desipramine improves cognitive performance of rats in an attentional set-shifting test. *Neuropsychopharmacology*, 32(5),1000-1010.

Legrand, L. N., McGue, M., & Iacono, W. G. (1999). A twin study of state and trait anxiety in childhood and adolescence. *Journal of Child Psychology and Psychiatry*, 40(6),953-958.

Lehmann, J., Russig, H., Feldon, J., & Pryce, C. R. (2002). Effect of a single maternal separation at different pup ages on the corticosterone stress response in adult and aged rats. *Pharmacology Biochemistry and Behavior*, 73(1), 141-145.

Lehmann, J., Stöhr, T., & Feldon, J. (2000). Long-term effects of prenatal stress experience and postnatal maternal separation on emotionality and attentional processes. *Behavioural Brain Research*, 107(1),133-144.

Lehmann, J., Stöhr, T., Schuller, J., Domeney, A., Heidbreder, C., & Feldon, J. (1998). Long-term effects of repeated maternal separation on three different latent inhibition paradigms. *Pharmacology Biochemistry and Behavior*, 59(4),873-882.

Levine, S. (2005). Developmental determinants of sensitivity and resistance to stress. *Psychoneuroendocrinology*, 30 (10),939-946.

Levine, S., Alpert, M., & Lewis, G. W. (1957). Infantile experience and the maturation of the pituitary adrenal axis. *Science*.

Liang, Z., King, J., & Zhang, N. (2014). Neuroplasticity to a single-episode traumatic stress revealed by resting-state fMRI in awake rats. *NeuroImage*, 103,485-491.

Li, M., Du, W., Shao, F., & Wang, W. (2016). Cognitive dysfunction and epigenetic alterations of the BDNF gene are induced by social isolation during early adolescence. *Behavioural Brain Research*, 313,177-183.

Li, M., Xue, X., Shao, S., Shao, F., & Wang, W. (2013). Cognitive, emotional and neurochemical effects of repeated maternal separation in adolescent rats. *Brain Research*, 1518,82-90.

Liston, C., Miller, M. M., Goldwater, D. S., Radley, J. J., Rocher, A. B., Hof, P. R., ..., & McEwen, B. S (2006). Stress-induced alterations in prefrontal cortical dendritic morphology predict selective impairments in perceptual attentional set-shifting. *Journal of Neuroscience*, *26*(30), 7870-7874.

López, J. F., Akil, H., & Watson, S. J. (1999). Neural circuits mediating stress. *Biological Psychiatry*, *46*(11), 1461-1471.

Luine, V., Villegas, M., Martinez, C., & McEwen, B. S. (1994). Repeated stress causes reversible impairments of spatial memory performance. *Brain Research*, *639*(1), 167-170.

Lukkes, J. L., Engelman, G. H., Zelin, N. S., Hale, M. W., & Lowry, C. A. (2012). Post-weaning social isolation of female rats, anxiety-related behavior, and serotonergic systems. *Brain Research*, *1443*, 1-17.

Lu, L., Bao, G., Chen, H., Xia, P., Fan, X., Zhang, J., ..., & Ma, L. (2003). Modification of hippocampal neurogenesis and neuroplasticity by social environments. *Experimental Neurology*, *183*(2), 600-609.

Luo, K. R., Hong, C. J., Liou, Y. J., Hou, S. J., Huang, Y. H., & Tsai, S. J. (2010). Differential regulation of neurotrophin S100B and BDNF in two rat models of depression. *Progress in Neuro-Psychopharmacology and Biological Psychiatry*, *34*(8), 1433-1439.

Luo, X., Shao, F., Guan, X., Xie X., & Wang, WW. (2010). Progress in the "brain-derived neurotrophic factor depression hypothesis". *Neural Regeneration Research*, 5(23): 1817-1824

Lupien, S. J., McEwen, B. S., Gunnar, M. R., & Heim, C. (2009). Effects of stress throughout the lifespan on the brain, behaviour and cognition. *Nature Reviews Neuroscience*, *10*(6), 434-445.

Lutz, P. E. & Turecki, G. (2014). DNA methylation and childhood maltreatment: from animal models to human studies. *Neuroscience*, *264*, 142-156.

MacKenzie, G. & Maguire, J. (2015). Chronic stress shifts the GABA reversal potential in the hippocampus and increases seizure susceptibility. *Epilepsy Research*, *109*, 13-27.

Mailliet, F., Qi, H., Rocher, C., Spedding, M., Svenningsson, P., & Jay, T. M. (2008). Protection of stress-induced impairment of hippocampal/prefrontal LTP through blockade of glucocorticoid receptors: implication of MEK signaling. *Experimental Neurology*, *211*(2), 593-596.

Malkesman, O., Braw, Y., Zagoory-Sharon, O., Golan, O., Lavi-Avnon, Y., Schroeder, M., ..., & Weller, A. (2005). Reward and anxiety in genetic animal models of childhood depression. *Behavioural Brain Research*, *164*(1), 1-10.

Marmigère, F., Givalois, L., Rage, F., Arancibia, S., & Tapia-Arancibia, L. (2003). Rapid induction of BDNF expression in the hippocampus during immobilization stress challenge in adult rats. *Hippocampus*, *13*(5), 646-655.

Maroun, M., Ioannides, P. J., Bergman, K. L., Kavushansky, A., Holmes, A., & Wellman, C. L. (2013). Fear extinction deficits following acute stress associate with increased spine density and dendritic retraction in basolateral amygdala neurons. *European Journal of Neuroscience*, *38*(4), 2611-2620.

Maroun, M. & Richter-Levin, G. (2003). Exposure to acute stress blocks the induction of long-term potentiation of the amygdala-prefrontal cortex pathway in vivo. *Journal of Neuroscience*, *23*(11), 4406-4409.

Marriott, A. L., Tasker, R. A., Ryan, C. L., & Doucette, T. A. (2014). Neonatal domoic acid abolishes latent inhibition in male but not female rats and has differential interactions with social isolation. *Neuroscience Letters*, *578*, 22-26.

Marsden, C. A., King, M. V., & Fone, K. C. (2011). Influence of social isolation in the rat on serotonergic function and memory-relevance to models of schizophrenia and the role of 5-HT 6 receptors. *Neuropharmacology*, *61*(3), 400-407.

Martisova, E., Solas, M., Horrillo, I., Ortega, J. E., Meana, J. J., Tordera, R. M., & Ramírez, M. J. (2012). Long lasting effects of early-life stress on glutamatergic/GABAergic circuitry in the rat hippocampus. *Neuropharmacology*, *62*(5), 1944-1953.

McCormick, C. M. & Mathews, I. Z. (2010). Adolescent development, hypothalamic-pituitary-adrenal function, and programming of adult learning and memory. *Progress in Neuro-Psychopharmacology and Biological Psychiatry*, *34*(5), 756-765.

McEwen, B. S. (2000). Effects of adverse experiences for brain structure and function. *Biological Psychiatry*, *48*(8), 721-731.

McGowan, P. O. & Szyf, M. (2010). The epigenetics of social adversity in early life: implications for mental health outcomes. *Neurobiology of Disease*, *39*(1), 66-72.

Meng, Q., Li, N., Han, X., Shao, F., & Wang, W. (2011). Effects of adolescent social isolation on the expression of brain-derived neurotrophic factors in the forebrain. *European Journal of Pharmacology*, *650*(1), 229-232.

Milde, A. M., Enger, Ø., & Murison, R. (2004). The effects of postnatal maternal separation on stress responsivity and experimentally induced colitis in adult rats. *Physiology and Behavior*, *81*(1), 71-84.

Millan, M. J., Agid, Y., Brüne, M., Bullmore, E. T., Carter, C. S., Clayton, N. S., ..., & Dubois, B. (2012). Cognitive dysfunction in psychiatric disorders: characteristics, causes and the quest for improved therapy. *Nature Reviews Drug Discovery*, *11*(2), 141-168.

Mizoguchi, K., Yuzurihara, M., Ishige, A., Sasaki, H., Chui, D. H., & Tabira, T. (2000). Chronic stress induces impairment of spatial working memory because of prefrontal dopaminergic dysfunction. *Journal of Neuroscience*, *20*(4), 1568-1574.

Möller, M., Du Preez, J. L., Emsley, R., & Harvey, B. H. (2011). Isolation rearing-induced deficits in sensorimotor gating and social interaction in rats are related to cortico-striatal oxidative stress, and reversed by sub-chronic clozapine administration. *European Neuropsychopharmacology*, *21*(6), 471-483.

Mongeau, R., Marcello, S., Andersen, J. S., & Pani, L. (2007). Contrasting effects of diazepam and repeated restraint stress on latent inhibition in mice. *Behavioural brain research*, 183(2), 147-155.

Monteleone, M. C., Adrover, E., Pallarés, M. E., Antonelli, M. C., Frasch, A. C., & Brocco, M. A. (2014). Prenatal stress changes the glycoprotein GPM6A gene expression and induces epigenetic changes in rat offspring brain. *Epigenetics*, 9(1), 152-160.

Moons, W. G., Eisenberger, N. I., & Taylor, S. E. (2010). Anger and fear responses to stress have different biological profiles. *Brain, Behavior, and Immunity*, 21(2), 215-219.

Mora-Gallegos, A., Rojas-Carvajal, M., Salas, S., Saborío-Arce, A., Fornaguera-Trías, J., & Brenes, J. C. (2015). Age-dependent effects of environmental enrichment on spatial memory and neurochemistry. *Neurobiology of Learning and Memory*, 118, 96-104.

Morris, R. (1984). Developments of a water-maze procedure for studying spatial learning in the rat. *Journal of Neuroscience Methods*, 11(1), 47-60.

Mueller, B. R. & Bale, T. L. (2008). Sex-specific programming of offspring emotionality after stress early in pregnancy. *Journal of Neuroscience*, 28(36), 9055-9065.

Neeley, E. W., Berger, R., Koenig, J. I., & Leonard, S. (2011). Prenatal stress differentially alters brain-derived neurotrophic factor expression and signaling across rat strains. *Neuroscience*, 187, 24-35.

Nugent, N. R., Tyrka, A. R., Carpenter, L. L., & Price, L. H. (2011). Gene-environment interactions: early life stress and risk for depressive and anxiety disorders. *Psychopharmacology*, 214(1), 175-196.

Odagiri, K., Abe, H., Kawagoe, C., Takeda, R., Ikeda, T., Matsuo, H., ..., & Hashiguchi, H. (2008). Psychological prenatal stress reduced the number of BrdU immunopositive cells in the dorsal hippocampus without affecting the open field behavior of male and female rats at one month of age. *Neuroscience Letters*, 446(1), 25-29.

Ohl, F., Michaelis, T., Vollmann-Honsdorf, G. K., Kirschbaum, C., & Fuchs, E. (2000). Effect of chronic psychosocial stress and long-term cortisol treatment on hippocampus-mediated memory and hippocampal volume: a pilot-study in tree shrews. *Psychoneuroendocrinology*, 25(4), 357-363.

Oitzl, M. S., Workel, J. O., Fluttert, M., Frösch, F., & De Kloet, E. R. (2000). Maternal deprivation affects behaviour from youth to senescence: amplification of individual differences in spatial learning and memory in senescent Brown Norway rats. *European Journal of Neuroscience*, 12(10), 3771-3780.

O'Malley, D., Dinan, T. G., & Cryan, J. F. (2011). Neonatal maternal separation in the rat impacts on the stress responsivity of central corticotropin-releasing factor receptors in adulthood. *Psychopharmacology*, 214(1), 221-229.

Ouchi, H., Ono, K., Murakami, Y., & Matsumoto, K. (2013). Social isolation induces deficit of latent learning performance in mice: a putative animal model of attention deficit/hyperactivity disorder. *Behavioural Brain Research*, 238, 146-153.

Palma, S. M., Fernandes, D. R., Muszkat, M., & Calil, H. M. (2012). The response to stress in Brazilian children and adolescents with attention deficit hyperactivity disorder. *Psychiatry Research*, 198(3), 477-481.

Peña, C. J., Bagot, R. C., Labonté, B., & Nestler, E. J. (2014). Epigenetic signaling in psychiatric disorders. *Journal of Molecular Biology*, 426(20), 3389-3412.

Pesonen, A. K., Kajantie, E., Jones, A., Pyhälä, R., Lahti, J., Heinonen, K., ..., & Räikkönen, K. (2011). Symptoms of attention deficit hyperactivity disorder in children are associated with cortisol responses to psychosocial stress but not with daily cortisol levels. *Journal of Psychiatric Research*, 45(11), 1471-1476.

Phillips, R. G. & LeDoux, J. E. (1992). Differential contribution of amygdala and hippocampus to cued and contextual fear conditioning. *Behavioral Neuroscience*, 106(2), 274.

Pickering, C., Gustafsson, L., Cebere, A., Nylander, I., & Liljequist, S. (2006). Repeated maternal separation of male Wistar rats alters glutamate receptor expression in the hippocampus but not the prefrontal cortex. *Brain Research*, 1099(1), 101-108.

Pijlman, F. T., Herremans, A. H., van de Kieft, J., Kruse, C. G., & van Ree, J. M. (2003). Behavioural changes after different stress paradigms: prepulse inhibition increased after physical, but not emotional stress. *European neuropsychopharmacology*, 13(5), 369-380.

Pilgrim, K., Ellenbogen, M. A., & Paquin, K. (2014). The impact of attentional training on the salivary cortisol and alpha amylase response to psychosocial stress: Importance of attentional control. *Psychoneuroendocrinology*, 44, 88-99.

Plotsky, P. M. & Meaney, M. J. (1993). Early, postnatal experience alters hypothalamic corticotropin-releasing factor (CRF) mRNA, median eminence CRF content and stress-induced release in adult rats. *Molecular Brain Research*, 18(3), 195-200.

Plotsky, P. M., Thrivikraman, K. V., Nemeroff, C. B., Caldji, C., Sharma, S., & Meaney, M. J. (2005). Long-term consequences of neonatal rearing on central corticotropin-releasing factor systems in adult male rat offspring. *Neuropsychopharmacology*, 30(12), 2192-2204.

Pérez, M. Á., Pérez-Valenzuela, C., Rojas-Thomas, F., Ahumada, J., Fuenzalida, M., & Dagnino-Subiabre, A. (2013). Repeated restraint stress impairs auditory attention and GABAergic synaptic efficacy in the rat auditory cortex. *Neuroscience*, 246, 94-107.

Pryce, C. R., Rüedi-Bettschen, D., Dettling, A. C., Weston, A., Russig, H., Ferger, B., & Feldon, J. (2005). Long-term effects of early-life environmental manipulations in rodents and primates: potential animal models in depression research. *Neuroscience and Biobehavioral Reviews*, 29(4),649-674.

Reus, V. I. & Wolkowitz, O. M. (2001). Antiglucocorticoid drugs in the treatment of depression. *Expert Opinion on Investigational Drugs*, 10(10),1789-1796.

Rilling, J. K., Winslow, J. T., O'Brien, D., Gutman, D. A., Hoffman, J. M., & Kilts, C. D (2001). Neural correlates of maternal separation in rhesus monkeys. *Biological Psychiatry*, 49(2),146-157.

Robbins, T. W. & Arnsten, A. F. (2009). The neuropsychopharmacology of fronto-executive function: monoaminergic modulation. *Annual Review of Neuroscience*, 32,267-287.

Romeo, R. D., Mueller, A., Sisti, H. M., Ogawa, S., McEwen, B. S., & Brake, W. G. (2003). Anxiety and fear behaviors in adult male and female C57BL/6 mice are modulated by maternal separation. *Hormones and Behavior*, 43 (5),561-567.

Roozendaal, B., McEwen, B. S., & Chattarji, S. (2009). Stress, memory and the amygdala. *Nature Reviews Neuroscience*, 10(6),423-433.

Rosenblum, L. A., Forger, C., Noland, S., Trost, R. C., & Coplan, J. D. (2001). Response of adolescent bonnet macaques to an acute fear stimulus as a function of early rearing conditions. *Developmental Psychobiology*, 39(1),40-45.

Rosso, I. M., Weiner, M. R., Crowley, D. J., Silveri, M. M., Rauch, S. L., & Jensen, J. E. (2014). Insula and anterior cingulate GABA levels in posttraumatic stress disorder: preliminary findings using magnetic resonance spectroscopy. *Depression and Anxiety*, 31(2),115-123.

Roth, T. L., Lubin, F. D., Funk, A. J., & Sweatt, J. D. (2009). Lasting epigenetic influence of early-life adversity on the BDNF gene. *Biological Psychiatry*, 65(9),760-769.

Schiller, D., Zuckerman, L., & Weiner, I. (2006). Abnormally persistent latent inhibition induced by lesions to the nucleus accumbens core, basolateral amygdala and orbitofrontal cortex is reversed by clozapine but not by haloperidol. *Journal of Psychiatric Research*, 40(2),167-177.

Schmidt, M. V. (2010). Molecular mechanisms of early life stress—lessons from mouse models. *Neuroscience and Biobehavioral Reviews*, 34(6),845-852.

Schmidt, M. V., Scharf, S. H., Sterlemann, V., Ganea, K., Liebl, C., Holsboer, F., & Müller, M. B. (2010). High susceptibility to chronic social stress is associated with a depression-like phenotype. *Psychoneuroendocrinology*, 35(5), 635-643.

Schneider, M. L., Moore, C. F., Kraemer, G. W., Roberts, A. D., & DeJesus, O. T. (2002). The impact of prenatal stress, fetal alcohol exposure, or both on development: perspectives from a primate model. *Psychoneuroendocrinology*, 27(1),285-298.

Schubert, M. I., Porkess, M. V., Dashdorj, N., Fone, K. C. F., & Auer, D. P. (2009). Effects of social isolation rearing on the limbic brain: a combined behavioral and magnetic resonance imaging volumetry study in rats. *Neuroscience*, 159(1),21-30.

Schulte-Herbrüggen, O., Chourbaji, S., Ridder, S., Brandwein, C., Gass, P., Hörtnagl, H., & Hellweg, R. (2006). Stress-resistant mice overexpressing glucocorticoid receptors display enhanced BDNF in the amygdala and hippocampus with unchanged NGF and serotonergic function. *Psychoneuroendocrinology*, 31(10),1266-1277.

Schwabe, L., Bohringer, A., Chatterjee, M., & Schachinger, H. (2008). Effects of pre-learning stress on memory for neutral, positive and negative words: Different roles of cortisol and autonomic arousal. *Neurobiology of Learning and Memory*, 90(1),44-53.

Shao, F., Jin, J., Meng, Q., Liu, M., Xie, X., Lin, W., & Wang, W. (2009). Pubertal isolation alters latent inhibition and DA in nucleus accumbens of adult rats. *Physiology and Behavior*, 98(3),251-257.

Shao, S., Li, M., Du, W., Shao, F., & Wang, W. (2014). Galanthamine, an acetylcholine inhibitor, prevents prepulse inhibition deficits induced by adolescent social isolation or MK-801 treatment. *Brain Research*, 1589,105-111.

Smeets, T., Otgaar, H., Candel, I., & Wolf, O. T. (2008). True or false? Memory is differentially affected by stress-induced cortisol elevations and sympathetic activity at consolidation and retrieval. *Psychoneuroendocrinology*, 33(10), 1378-1386.

Smith, S., Fieser, S., Jones, J., & Schachtman, T. R. (2008). Effects of swim stress on latent inhibition using a conditioned taste aversion procedure. *Physiology and Behavior*, 95(3),539-541.

Smith, S. S. (2013). The influence of stress at puberty on mood and learning: Role of the α4 βδ GABA A receptor. *Neuroscience*, 249,192-213.

Snyder, K., Wang, W. W., Han, R., McFadden, K., & Valentino, R. J. (2012). Corticotropin-releasing factor in the norepinephrine nucleus, locus coeruleus, facilitates behavioral flexibility. *Neuropsychopharmacology*, 37(2),520-530.

Stamp, J. A. & Herbert, J. (1999). Multiple immediate-early gene expression during physiological and endocrine adaptation to repeated stress. *Neuroscience*, 94(4),1313-1322.

Stetler, C., & Miller, G. E. (2011). Depression and hypothalamic-pituitary-adrenal activation: a quantitative summary of four decades of research. *Psychosomatic Medicine*, 73(2),114-126.

Stevens, J. S., Jovanovic, T., Fani, N., Ely, T. D., Glover, E. M., Bradley, B., & Ressler, K. J. (2013). Disrupted amygdala-prefrontal functional connectivity in civilian women with posttraumatic stress disorder. *Journal of Psychiatric Research*, 47(10),1469-1478.

Sutherland, J. E., Burian, L. C., Covault, J., & Conti, L. H. (2010). The effect of restraint stress on prepulse inhibition and on corticotropin-releasing factor (CRF) and CRF receptor gene expression in Wistar-Kyoto and Brown Norway rats. *Pharmacology Biochemistry and Behavior*, 97(2), 227-238.

Swaab, D. F., Bao, A. M., & Lucassen, P. J. (2005). The stress system in the human brain in depression and neurodegeneration. *Ageing research reviews*, 4(2), 141-194.

Szyf, M. & Bick, J. (2013). DNA methylation: a mechanism for embedding early life experiences in the genome. *Child Development*, 84(1), 49-57.

Taylor, C., Fricker, A. D., Devi, L. A., & Gomes, I. (2005). Mechanisms of action of antidepressants: from neurotransmitter systems to signaling pathways. *Cellular Signalling*, 17(5), 549-557.

Toua, C., Brand, L., Möller, M., Emsley, R. A., & Harvey, B. H. (2010). The effects of sub-chronic clozapine and haloperidol administration on isolation rearing induced changes in frontal cortical N-methyl-d-aspartate and D 1 receptor binding in rats. *Neuroscience*, 165(2), 492-499.

Trneková, L., Armario, A., Hynie, S., Šída, P., & Klenerová, V. (2006). Differences in the brain expression of c-fos mRNA after restraint stress in Lewis compared to Sprague-Dawley rats. *Brain Research*, 1077(1), 7-15.

Tsankova, N. M., Berton, O., Renthal, W., Kumar, A., Neve, R. L., & Nestler, E. J. (2006). Sustained hippocampal chromatin regulation in a mouse model of depression and antidepressant action. *Nature neuroscience*, 9(4), 519-525.

Tully, L. M., Lincoln, S. H., & Hooker, C. I. (2014). Lateral prefrontal cortex activity during cognitive control of emotion predicts response to social stress in schizophrenia. *NeuroImage: Clinical*, 6, 43-53.

van Rossum, E. F. & Lamberts, S. W. (2006). Glucocorticoid resistance syndrome: a diagnostic and therapeutic approach. *Best Practice and Research Clinical Endocrinology and Metabolism*, 20(4), 611-626.

van Rossum, E. F., Voorhoeve, P. G., te Velde, S. J., Koper, J. W., Delemarre-van de Waal, H. A., Kemper, H. C. & Lamberts, S. W. (2004). The ER22/23EK polymorphism in the glucocorticoid receptor gene is associated with a beneficial body composition and muscle strength in young adults. *The Journal of Clinical Endocrinology and Metabolism*, 89(8), 4004-4009.

Van West, D., Van Den Eede, F., Del-Favero, J., Souery, D., Norrback, K. F., Van Duijn, C., ..., & Van Broeckhoven, C. (2006). Glucocorticoid receptor gene-based SNP analysis in patients with recurrent major depression. *Neuropsychopharmacology*, 31(3), 620-627.

Varlinskaya, E. I. & Spear, L. P. (2012). Increases in anxiety-like behavior induced by acute stress are reversed by ethanol in adolescent but not adult rats. *Pharmacology Biochemistry and Behavior*, 100(3), 440-450.

Venzala, E., Garcia-Garcia, A. L., Elizalde, N., & Tordera, R. M. (2013). Social vs. environmental stress models of depression from a behavioural and neurochemical approach. *European Neuropsychopharmacology*, 23(7), 697-708.

Wang, Q., Li, M., Du, W., Shao, F., & Wang, W. (2015). The different effects of maternal separation on spatial learning and reversal learning in rats. *Behavioural brain research*, 280, 16-23.

Wang, Q., Shao, F., & Wang, W. (2015). Maternal separation produces alterations of forebrain brain-derived neurotrophic factor expression in differently aged rats. *Frontiers in molecular neuroscience*, 8, 49.

Watson, D. J. & Stanton, M. E. (2009). Intrahippocampal administration of an NMDA-receptor antagonist impairs spatial discrimination reversal learning in weanling rats. *Neurobiology of Learning and Memory*, 92(1), 89-98.

Watt, M. J., Burke, A. R., Renner, K. J., & Forster, G. L. (2009). Adolescent male rats exposed to social defeat exhibit altered anxiety behavior and limbic monoamines as adults. *Behavioral neuroscience*, 123(3), 564.

Weaver, I. C., Diorio, J., Seckl, J. R., Szyf, M., & Meaney, M. J. (2004). Early environmental regulation of hippocampal glucocorticoid receptor gene expression: characterization of intracellular mediators and potential genomic target sites. *Annals of the New York Academy of Sciences*, 1024(1), 182-212.

Weiss, I. C., Domeney, A. M., Moreau, J. L., Russig, H., & Feldon, J. (2001). Dissociation between the effects of pre-weaning and/or post-weaning social isolation on prepulse inhibition and latent inhibition in adult Sprague-Dawley rats. *Behavioural Brain Research*, 121(1), 207-218.

Wilber, A. A., Lin, G. L., & Wellman, C. L. (2010). Glucocorticoid receptor blockade in the posterior interpositus nucleus reverses maternal separation-induced deficits in adult eyeblink conditioning. *Neurobiology of learning and memory*, 94(2), 263-268.

Willette, A. A., Coe, C. L., Colman, R. J., Bendlin, B. B., Kastman, E. K., Field, A. S, ..., & Johnson, S. C. (2012). Calorie restriction reduces psychological stress reactivity and its association with brain volume and microstructure in aged rhesus monkeys. *Psychoneuroendocrinology*, 37(7), 903-916.

Willner, P. (1997). Validity, reliability and utility of the chronic mild stress model of depression: a 10-year review and evaluation. *Psychopharmacology*, 134(4), 319-329.

Wilson, C. A., Schade, R., & Terry, A. V. (2012). Variable prenatal stress results in impairments of sustained attention and inhibitory response control in a 5-choice serial reaction time task in rats. *Neuroscience*, 218, 126-137.

Wilson, C. A., Vazdarjanova, A., & Terry, A. V. (2013). Exposure to variable prenatal stress in rats: effects on anxiety-related behaviors, innate and contextual fear, and fear extinction. *Behavioural Brain Research*, 238, 279-288.

Xue, X., Shao, S., Li, M., Shao, F., & Wang, W. (2013). Maternal separation induces alterations of serotonergic system in different aged rats. *Brain Research Bulletin*, 95, 15-20.

Xu, H., Zhang, Y., Zhang, F., Yuan, S. N., Shao, F., & Wang, W. (2016). Effects of Duloxetine Treatment on Cognitive Flexibility and BDNF Expression in the mPFC of Adult Male Mice Exposed to Social Stress during Adolescence. *Frontiers in Molecular Neuroscience*, 9.

Xu, L., Anwyl, R., & Rowan, M. J. (1997). Behavioural stress facilitates the induction of long-term depression in the hippocampus. *Nature*, 387(6632), 497.

Yorgason, J. T., España, R. A., Konstantopoulos, J. K., Weiner, J. L., & Jones, S. R. (2013). Enduring increases in anxiety-like behavior and rapid nucleus accumbens dopamine signaling in socially isolated rats. *European Journal of Neuroscience*, 37(6), 1022-1031.

Yuen, E. Y., Liu, W., Karatsoreos, I. N., Ren, Y., Feng, J., McEwen, B. S., & Yan, Z. (2011). Mechanisms for acute stress-induced enhancement of glutamatergic transmission and working memory. *Molecular Psychiatry*, 16(2), 156-170.

Yuen, E. Y., Wei, J., Liu, W., Zhong, P., Li, X., & Yan, Z. (2012). Repeated stress causes cognitive impairment by suppressing glutamate receptor expression and function in prefrontal cortex. *Neuron*, 73(5), 962-977.

Zhang, F., Yuan, S., Shao, F., & Wang, W. W. (2016). Adolescent social defeat induced alterations in social behavior and cognitive flexibility in adult mice: effects of developmental stage and social condition. *Frontiers in Behavioral Neuroscience*, 10, 149, 1-11.

Zhang, L. M., Zhang, Y. Z., & Li, Y. F. (2010). The progress of neurobiological mechanisms on PTSD. *Chin Pharmacol Bull*, 26(6), 704-707.

Zhang, Y., Kong, F., Han, L., ul Hasan, A. N., & Chen, H. (2014). Attention bias in earthquake-exposed survivors: An event-related potential study. *International Journal of Psychophysiology*, 94(3), 358-364.

Zhang, Y., Shao, F., Wang, Q., Xie, X., & Wang, W. W. (2017). Neuroplastic correlates in the mPFC underlying the impairment of stress-coping ability and cognitive flexibility in adult rats exposed to chronic mild stress during adolescence. *Neural Plasticity*, 10.

Zimmerberg, B. & Brown, R. C. (1998). Prenatal experience and postnatal stress modulate the adult neurosteroid and catecholaminergic stress responses. *International Journal of Developmental Neuroscience*, 16(3), 217-228.

10 社会认知的神经生物学基础

10.1 社会认知概述 / 334
 10.1.1 社会认知的含义 / 334
  社会认知与非社会认知 / 336
  社会认知是暖认知 / 338
 10.1.2 社会认知的研究方法 / 339
  脑损伤的研究和神经心理学的研究 / 339
  认知神经科学的研究 / 341
 10.1.3 社会认知的生物学模型 / 345
  比较社会心理学 / 345
  社会脑的演化 / 346
  基因、神经递质与社会行为 / 348
10.2 理解自我 / 351
 10.2.1 自我面孔识别 / 351
  自我面孔识别的起源和特征 / 351
  自我面孔识别的神经机制 / 352
 10.2.2 自传体记忆 / 353
 10.2.3 自我参照效应 / 355
 10.2.4 与自我相关的社会情绪 / 358
10.3 理解他人 / 359
 10.3.1 依恋情绪与共情 / 359
  依恋 / 360
  共情 / 361
 10.3.2 竞争与合作 / 362
 10.3.3 群体中的社会认知 / 363
  刻板印象 / 363
  社会等级 / 364
10.4 社会认知的跨文化视角与经济/伦理学视角 / 364
 10.4.1 文化神经科学 / 365
  文化差异的研究 / 365
  文化符号的研究 / 366
 10.4.2 神经经济学 / 367
 10.4.3 神经伦理学 / 368
本章小结 / 370
关键术语 / 371

10.1 社会认知概述

让我们先来看 2015 年的一个例子：叙利亚战争导致了大量的难民产生，这些难民无家可归，于是成批前往欧洲较为富裕的国家。欧洲国家的民众是怎样看待这些难民的呢？最初的民意调查显示，民众在是否愿意接纳这些难民的态度上存在明显的分歧，持反对意见的人认为他们的到来会增加政府的支出，导致安全问题等。后来，随着叙利亚儿童阿兰·库尔迪惨死在海滩上的照片在社交媒体上被公布，整个欧洲几乎从一夜之间转变过来，呼吁政府开放边境，允许无家可归的难民进入自己家园的人成了大多数。是什么导致了这样迅速的改变呢？

我们再来看另一个例子，一名中国留学生去美国的朋友家做客，当主人问他想来点什么吃的时候，他很客气地说："什么都不要。"在这种情况下，美国主人往往不再为他准备食物；但是在中国，即使这位学生说过同样的话，中国主人往往依旧会热情地给他准备一些食品供他选择。为什么会有这样的差异呢？

在日常生活中，有很多类似的问题值得我们去思考，如果从认知规律的角度解读，可以将其囊括在一门被称作社会认知心理学的学科领域内。社会认知心理学，顾名思义，是认知心理学和社会心理学交叉研究的产物，或者说是用认知心理学的范式和手段研究社会现象。我们对社会认知行为水平上的考察由来已久，但系统地、实验性地研究其神经机制和脑机制，还是近十几年的事情。

10.1.1 社会认知的含义

心理学家对脑与社会认知关系的认识可能起源于一些为大家所熟知的例子。一个是 1848 年关于盖奇的意外事故。他是一名铁路工人，在一次筑路爆破时，一根铁杆穿过了他的头盖骨，铁杆从下巴进入，停留在他的头顶，在眶额皮质上留下了一个大洞（见图 10.1）。事故发生以后，盖奇的意识依然清醒。几个月后伤口愈合，他还能从事汽车驾驶等一些工作，但却已经变成另外一个人了。他的同事把他描述成一个"不懂礼貌，放纵自己的行为，极少顺从同伴，没有耐心约束自己，对和自己愿望相冲突的忠告也听不进去"的人，而这些都不是他过去的样子。

另一个例子是一个叫做 M. R. 的病人，他因骑摩托车造成了眶额皮质的损伤。尽管损伤很严重，但事后他在标准的神经心理测验中表现得却和没损伤之前一样好，这些测验包括运动、记忆和言语技能等项目。但是，如果和他随便聊聊天，你就很容易发现他有很多不对劲的地方：他会和陌生人讨论极其私密性的话题，也会无休止地谈论一些在别人看来是老生常谈的话题，还会用拥抱的方式来问候陌生人，或者不

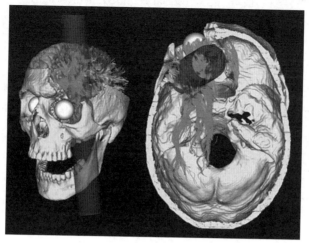

图 10.1 盖奇脑损伤部位示意图

(来源：https://upload.wikimedia.org/wikipedia/commons/1/1b/Simulated_Connectivity_Damage_of_Phineas_Gage_4_vanHorn_PathwaysDamaged.jpg)

考虑个人空间，与对方坐得很近，或者长时间盯着对方看，等等。

1949年的诺贝尔生理和医学奖授予了葡萄牙医师莫尼兹以表彰他发明的前脑叶白质切除术(lobotomy)。评选者认为莫尼兹的技术(他专门设计了一种被称为"前脑叶白质切除器"(leucotome)的器械来损毁前脑叶的神经纤维)解决了困扰医学界很久的精神分裂症(schizophrenia)的治疗问题。经过前脑叶白质切除手术之后的病人，原来外显的病状有了一定程度的缓解，他们变得温顺而听话。但是，仅仅过了不到一年，对莫尼兹的批判就超过了赞许，他赖以成名的前脑叶白质切除术也开始在全世界范围内遭到抵制。主要原因在于，大多数病人在精神病症状有所缓解的同时，出现了严重的后遗症：他们变得孤僻、迟钝、麻木、神情呆滞、任人摆布……

以上这三个早期的证据从不同的侧面暗示：大脑和人类的社会认知存在着密切联系。

狭义的社会认知仅指"人们对他人的理解"，但当前社会认知的研究已涉及更广泛的心理过程，这其中核心的议题包括：理解自我、理解他人、自我与他人的互动(Lieberman, 2007)。正像大脑某些区域负责行走、谈话和呼吸一样，大脑也已发展出特殊的神经机制来应对社会环境的变化，即执行社会认知的功能。从强调社会认知重要性的角度来说，有时可称我们的大脑为"社会脑"(social brain, 朱滢, 2016)。对于社会脑这一概念的演化，我们将在后面作具体的阐述。

在"生物心理学"的背景下厘清社会认知的相关概念，我们不得不提及一门新近产生的学科,即"社会认知神经科学"(social cognitive neuroscience)。自20世纪末期至今,在这一标题下的研究如雨后春笋般地发展起来。在本节后面的叙述中,我们将在"研究方法"这一标题下阐述一些"社会认知神经科学"的经典范式;在本章的其他小节中,我们所举的例子也大多是"社会认知神经科学"的经典研究。当然,随着这一领域研究在广度和深度上的不断拓展,神经经济学(neuroeconomics)、神经伦理学(neuroethics)等一些新兴的学科也随之兴起,在研究手段上,除了经典的脑成像研究以外,神经递质、基因等底层的生物学概念对社会认知的影响也逐渐进入研究者的视野,我们也将在后面的叙述中提及一些这方面的研究。

那么,什么是"社会认知神经科学"呢?我们可以认为它是用认知神经科学的手段对社会认知现象进行研究的科学。Ochsner和Liebermam(2001)提出的三菱图可以很好地说明它的构成和体系。

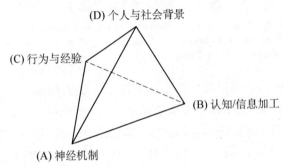

图10.2 社会认知神经科学三菱图(来源:朱滢,隋洁,2004)

图10.2中ABC连接的三角形,就是1992年Kosslyn和Koenig提出的认知神经科学三角形,在这一框架内,研究者可以将外在的行为表现、内在的心理过程和相关的脑机制统一在一个实验研究中。类似地,Ochsner和Liebermam(2001)认为,将人格与社会背景的维度分别与三者连接组成社会认知神经科学,不仅将克服认知神经科学(三角形ABC)的不足(它不强调社会、文化和动机行为等的重要性),还将克服社会心理学中社会认知研究(三角形BCD)的不足(它不涉及神经机制)(朱滢,隋洁,2004)。

社会认知与非社会认知

社会认知强调我们对他人的理解,包括外在的(如面孔)和内在的(如信念、心情、人格等),这和我们理解"物"(非社会认知,如一个单词、一个图形)有本质的不同。

Mitchell、Macrae和Banaji(2004)的一个实验精彩地说明了社会认知记忆和非社会认知记忆在神经水平上的差异:实验中研究者采用180个描述人格特质的句子,分别描述 18 种人格特质(每 10 个句子描述一种人格特质)。如句子"舞会上她第一个开始跳舞"描述的是"可爱有趣"的人格特质,而句子"他拒绝将多余的毛毯借给别的野营队员"则描述了"不爱帮助别人"的人格特质等。在学习阶段,句子与 18 张面孔配对,每张面孔对应 10 个句子,其中 5 个句子对应一种人格特质,另 5 个句子从描述其他人格特质的句子中随机选取。这些面孔—句子对在呈现时对被试有两种要求,一种是要求被试"形成印象"(根据句子推测某人的人格特质),另一种则是要求被试"记住顺序"(根据句子出现的顺序记住某人所经历过活动的顺序)。很明显,前者是社会认知范畴的任务,而后者是非社会认知范畴的任务。

在再认阶段,180 个句子重新与面孔一一配对出现,同时研究者对被试的大脑进行扫描。测验分 3 轮进行,每轮的结构是这样的:6 张面孔,其中只有 1 张是正确的,其余 5 张都是干扰项。每张面孔呈现 10 次,共使用 60 个句子,其中 30 个句子是在"形成印象"的任务中出现的,另 30 张是在"记住顺序"的任务中出现的。每轮使用 6 张面孔,60 个句子,3 轮共使用 18 张面孔,180 个句子。被试的任务是在每组的 6 张面孔中选出与呈现的句子配对过的那一张。

脑成像的结果表明,"形成印象"任务激活了背内侧前额叶(见图 10.3),而非社会认知的"记住顺序"任务则激活了额上回、顶回、前中央回和尾状核。此外,当比较事后确实"记住"(击中)的项目和事后确实"忘记"(漏报)的项目所激活的脑区时,研究者发现:"形成印象"的社会认知任务再次激活了背内侧前额叶,而"记住顺序"的非社会认知任务则激活了右侧海马。

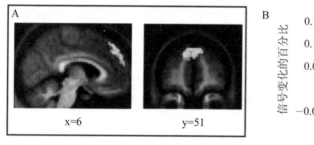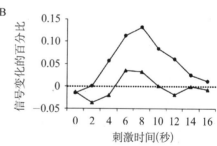

图 10.3　社会认知激活的脑区

注:相对于非社会认知,社会认知激活了背内侧前额叶(dorsomedial prefrontal cortex),且在血流动力学时间线的比较中占据优势(●代表形成印象;▲代表判断顺序)。(来源:Mitchell, Macrae 和 Banaji, 2004)

这一结果证实了社会认知活动(如"形成印象")和非社会认知活动(如"记住顺序")在神经水平上是相互分离的。无论在加工阶段,还是提取阶段,它们所激活的脑区均不相同：社会认知的记忆活动与背内侧前额叶相关，而非社会认知的记忆活动与右侧海马相关。这表明，在神经层面上，社会认知是一种不同于传统认知的、独特的认知过程。

社会认知是暖认知

不同于其他认知，社会认知是暖认知，它要求研究者在实验中始终考虑动机、情感等问题。

传统的认知神经科学家只把情绪看作是对刺激物性质的反应，如刺激的颜色、形状或大小，并不把情绪看作是依赖于个人特点的，或依赖于人所加工的东西。因此，一些关于情绪或动机的脑成像研究虽然能探查到某些脑区的激活，但研究者对激活结果的含义却并不十分清楚。而社会认知神经科学克服了传统认知神经科学在研究动机、情绪等方面的某些局限性。

Eisenberge 等人(2003)的研究可以被看作社会认知神经科学研究情绪的一个精彩范例：研究者在13名被试玩3场计算机游戏时对其大脑进行扫描。在计算机游戏中，有2个动画人物代表2个在别处进行比赛的真实人物，动画人物相互扔球，也与被试相互扔球。在第一场游戏中，被试观看了一会儿动画人物相互扔球，然后被告知，因技术问题他不能参与游戏了，这种情形属于内隐的社会排斥(implicit social exclusion)；在第二场游戏中，被试高兴地参与了游戏；在第三场游戏开始不久，动画人物继续相互扔球，但不再给被试扔球。这种情形属于外显的社会排斥(explicit social exclusion)。在第三场游戏结束后，研究者还请被试填写调查问卷，以评估他们在该场游戏中感受到的排斥以及苦恼的程度。这种将事后(或事前)评估问卷与脑激活水平进行基于个体水平的相关分析是社会认知神经科学经常采用的一种方法。心理量表的测量体现了心理的主观性，而功能性核磁共振成像技术所得得的脑激活是一种客观的测量，心理量表的得分与脑区激活程度的相关很好地体现了脑活动的心理意义。

研究结果(见图10.4)表明：(1)前扣带回在第一场与第三场游戏中均有显著的激活。先前的研究证明，前扣带回是一个警戒系统，它与疼痛的情绪成分有密切的关系。虽然在第一场游戏中被试知道不是故意不给他们玩，但在前扣带回还是发现了激活，这说明社会排斥是以一种自动的、不为人所觉知的方式出现的，换句话说，这时候被试的情绪反应是自动加工的。另外，根据第三场游戏中问卷的结果，愈感到苦恼的被试，其前扣带回的激活愈厉害；(2)右腹侧前额叶在第三场游戏中也有明显的激活。先前的研究证明，右腹侧前额叶与对情绪的思考和自我控制有关，该区域越活跃，越会导致疼痛区域(前扣带回)减少激活，从而减轻人们感受到的伤害。以上这些结果暗示：社会排斥(social exclusion)引起的脑区激活类似于身体受伤害时引起的脑区激活。

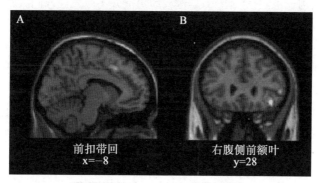

图 10.4 社会排斥激活了前扣带回和右腹侧前额叶（来源：Eisenberge 等，2003）.

通过该实验我们可以看出：动机、情绪等因素在社会认知研究中具有重要作用。它们的作用可以是自动加工或不被觉察的，这暗示了在单纯的行为实验中它们不能或较难被考察。"社会认知"是一种不同于传统认知的"暖认知"。

10.1.2 社会认知的研究方法

应该承认，正如心理学的研究不同于物理学的研究，我们需要把大量的注意力放在无关变量的控制上一样，对社会认知过程的研究亦不同于对一般认知过程的研究，我们需要对认知偏差的各种因素和机制进行更加深入的关注。这是因为，社会认知要精细研究人际关系，它不仅研究的对象是人，研究对象所处理任务的指向依然是人，因而相对于传统认知研究就可能产生更多的偏差，这些偏差有认知方面的因素，如刻板印象、启发式加工等，也有非认知方面的因素，如动机、目标、心情和文化差异等。因此，在阐述社会认知的研究方法时，研究者首先需要在实验设计上对这些偏差的存在抱有充分警戒的态度。

由于篇幅的缘故，在本文中我们不能对这些偏差加以充分的论述，在此，我们只简要阐述一下社会认知的主要研究手段和范式。

脑损伤的研究和神经心理学的研究

脑损伤对人类社会性行为的影响实际上很早就得到关注了，20 世纪 40 年代流行脑白质切除术，一些后续的报告发现，这些被损毁脑白质（主要是额叶）的病人虽然有的可以继续从事技术上的工作，但往往会发生人格上的改变，如对自己的认识变得模糊、黯淡，在与人交流时变得冷漠、不苟言笑等。

在本章开头部分我们所举的两个例子就是脑损伤对社会认知影响的典型例证。像 Phineas Gage 和 M. R. 这样眶额皮质损伤的病人，他们存在的问题主要表现在社会行为上,这些例子也向我们暗示,眶额皮质可能并不像先前人们认为的那样是没有功能的。

对于神经心理学的研究,我们将以Keenan等人(2001)的一个实验为例。我们知道,进行自我面孔相关的社会认知研究有一个困难之处是,我们对自己的面孔往往过于熟悉,因而在与他人的面孔作比较时,熟悉性就成了一个混淆变量。另外一个问题是,面孔要么是自己的,要么是他人的,并没有测量上的梯度。因此,Keenan等人采用了一种称为"合成面孔"(morphing)的技术来完成相关实验。

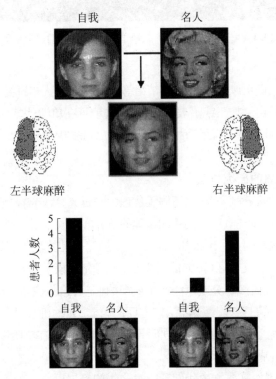

图10.5 Keenan等人采用合成面孔技术的神经心理学实验证明自我位于右半球(来源:Keenan等,2001)

实验中,Keenan等人(2001)以需要做脑外科手术的病人作为被试,首先,他们将患者自己的面孔(50%)与玛丽莲·梦露的面孔(50%)经合成面孔技术处理成一张面孔。然后,患者根据治疗的需要,分别被麻醉左侧或右侧半球,在麻醉期间呈现合成面孔给患者看,要求他们记住所呈现的面孔。麻醉期结束之后,让被试回答,刚才看到的是自己的面孔还是梦露的面孔,实际上,所呈现的面孔是由50%自我面孔与

50%梦露面孔合成的。结果显示,在麻醉左半球时,所有5个被试都认定,他们刚才看到的是自我的面孔;然而,在麻醉右半球时,4/5的被试认为,他们刚才看到的是梦露的面孔。换句话说,当右半球功能正常时,人们倾向于认定是自己的面孔,而当左半球功能正常时,人们倾向丁认定是名人的面孔,这说明自我面孔和右半球的关系更为密切(见图10.5)。

认知神经科学的研究

如上所述,早期关于社会性行为丧失的案例大多出现在动物被试或有缺陷的人类被试身上。随着方法学的进步,20世纪80年代中期出现的正电子发射断层扫描技术以及90年代出现的功能性核磁共振成像技术,使得通过无损伤的方法对健康人类个体进行研究成为可能。目前,围绕社会认知神经科学,人们已在情绪、自我意识、态度改变、刻板印象、道德以及情感障碍等方面进行了大量卓有成效的研究。

在认知神经科学的研究中,研究者可以通过直接应用一些认知心理学中早已出现的实验范式,并运用神经成像技术,来发现与特定认知功能相关联的脑区。虽然从字面意义上来讲,社会认知神经科学可以被看作是认知神经科学再"加上"社会背景。但相较于认知神经科学,社会认知神经科学无论从范围、解释力,还是概念的广度上,都更宽(Ochsner, 2007)。社会性的行为不仅仅有认知过程这一因素,同时也会伴有情绪以及其他社会因素的参与。社会认知的加工过程同一般认知过程相比,既有其独特的一面,又有与一般认知过程的共通之处(Fiske, 2013),这使得社会认知神经科学逐渐形成了有别于其他学科的独特的研究方法(Cacioppo和Cacioppo, 2013)。因此,在社会认知神经科学的研究中,我们往往很难直接套用认知神经科学或社会认知的研究范式。因此,发展出一套与本学科研究内容相适应的范式是社会认知神经科学研究所必需的。

社会认知神经科学研究范式的形成经历了一个从无到有的过程。在对该领域进行最初探索的阶段,几乎没有现成的范式可用,但目前研究者已经开发了针对这个学科的一些比较常用的研究范式。鉴于在后续的"自我"、"他人"等部分我们还将进行更多的介绍,在这一节,我们只简单介绍"社会启动范式"和"Kelley的自我研究范式"。

社会启动范式。在日常生活中,我们多数的行为及心理活动都是在社会环境中进行的。社会环境作为时刻与个体行为联系在一起的"背景",在个体进行诸如学习、问题解决和推理判断等一般的认知活动之中是否起作用呢?在社会心理学研究中,研究者经常使用启动的方式来研究这种影响。所谓启动是指,"通过让人们暴露在相对微弱的词汇、图片或其他种类的刺激中,使他们的知觉、判断或行为发生很大程度的改变"(Harris 等,2013)。启动的研究很快便被应用在了社会认知神经科学的研究中,作为一种最基本的范式,它要求在被试完成某种认知任务之前,用社会化的刺激对被试进行阈上或阈下的"启动",研究者将借此考察在不同启动条件下被试进行相同认知任务时神经激活的差异。

文化启动就是这一范式在社会认知神经科学领域的应用。Markus 和 Kitayama 认为,亚洲人与欧美人拥有不同的自我结构,亚洲个体的自我属于互倚型自我,而欧美个体则属于独立型自我(Markus 和 Kitayama,1991)。为了在神经层面验证这一假设,Ng 等人在一项脑成像研究中对双文化(bicultural)背景下的香港被试实施了文化启动,以期发现不同社会启动条件可能影响同一名被试的脑区激活。研究者首先通过一个双文化自我问卷(*bicultural self questionnaire*,Ng 等人,2010)筛选出了具有双文化特质的双语香港大学生 18 名。之后选择一半被试在第一天,通过对具有典型美国文化特征图片的学习而进行西方文化启动,第二天则使用典型中国文化特征的图片进行东方文化启动(Hong,2000,见图 10.6)。另一半被试则进行相反顺序的文化启动。启动之后被试被要求对一系列人格特质形容词(如:勇敢、幼稚等)是否适合描述自我/母亲/不认识的他人进行判断,控制条件为判断字体是否为粗体。判断的同时进行核磁共振成像扫描。

图 10.6　文化启动实验材料举例(来源:Hong 等,2000)

研究结果显示,相对于基线水平,在两种启动的条件下语义加工(自我、母亲和不认识的他人)均激活了左下侧前额叶和额上回,这暗示自我/母亲/他人条件下产生的差异不是由不同的语义加工水平所导致的。为了证明在不同文化启动条件下相同个体大脑激活水平有差异,研究者分别比较了在两种启动条件下,自我判断同他人判断、自我判断同母亲判断以及母亲判断同他人判断的脑激活差异,结果发现,只有在西方文化启动条件下,被试的腹内侧前额叶和右侧纹外皮质在自我条件下的激活高于他人判断条件,在自我判断同母亲判断对比时,被试内侧前额叶也出现了激活。而在中国文化启动下,自我—母亲、自我—他人、母亲—他人均无显著差异(Ng 等,2010)。

该结果实验性地支持了社会启动(文化启动)的效应,这类方式(启动)是社会认知神经科学常用的一种研究手段,因为可以用被试者内设计控制启动的方向,这类研究往往具有较好的内部效度(虽然外部效度尚有争议)。从结论上看,该结果支持暂时性地激活某种文化价值观和知识可以调节认知策略及对应的脑机制,证明了社会脑的可塑性。

Kelley 的自我研究范式。如果把人类的心理活动进行分层,则通道是从底层的表征或加工到由这些表征或加工构成组块的一级构念的认知加工过程,最后到达有一级构念嵌入其中的二级构念。相应的层级越高心理活动的复杂程度也会越高(Willingham 和 Dunn,2003)。认知心理学进行的大部分研究均在一级构念的范畴之内,而多数社会认知过程则属于二级构念。显然由于社会因素的加入,同传统的研究相比,社会认知是一个更为复杂的过程。由于很多社会认知的构念都有低一级的认知过程参与其中,所以这两种过程之间会存在着一些共性,但社会认知过程也更多地表现出了本身的特别之处。有两种产生这些特性的可能:一是由于有社会因素的存在,社会认知过程出现了更为强烈的,或不同于嵌入其中的认知过程;二是社会认知同一般认知过程相比,产生了额外的加工过程。运用社会认知神经科学的研究范式我们可以直接地对比两种加工过程神经激活的差异,来发现两者间的特性和共性。

对自我的研究始终是社会认知心理学和社会认知神经科学研究的重要领域。1977 年,Markus 和 Rogers 几乎同时发现了当人们在加工自我相关的信息时较其他水平的加工记忆效果会更好(Markus,1977;Rogers,Kuiper 和 Kirker,1977)。然而,人们对这种效应产生的原因却一直存在着争论,一种观点认为:由于自我这一独特认知结构的参与,人们获得了更好的记忆效果或者提高了记忆术(Kuiper,1979);另一种针锋相对的观点则认为:自我参照效应产生的根本原因不是独特的自我结构,而是涉及自身的信息得到了更深层次的加工(Greenwald 和 Banaji,1989)。这两种观点各自拥有自己的拥趸,但目前行为实验的结果不能为任何一方提供无可辩驳的证据。

Kelley 等人在 2002 年运用社会认知神经科学的研究范式,为自我的独特性提供了有力的证据(Kelley 等,2002)。采用功能性核磁共振成像技术,他们探索了被试在不同条件下加工人格特质形容词时大脑的激活,实验的材料为一系列的人格特质形容词(如礼貌、健谈、害羞等),编码阶段被试需对这些词进行评价,在自我参照条件下,被试需要评价这些词是否适合描述自己,而在他人条件下则需评价这些词是否适合描述时任美国总统的小布什。字形条件作为控制组,为实验提供基线水平,它要求被试判断这些词的大小写。研究者在被试学习的同时对其大脑进行扫描并在被试学习之后对其进行再认测验。

该实验范式的逻辑是,如果自我参照效应的产生是由于自我条件下刺激的加工水平更深,那么自我条件下相较于他人条件下进行语义加工的脑区应该存在着更强烈的激活。相反,如果这种效应是由自我的独特结构所造成的,那么应该会有一个独特的区域参与了自我条件下的信息加工。

Kelley 将自我条件和他人条件的试次(均有语义加工的参与)分别同字形条件下的试次(不包含语义加工)进行比对,得到了自我条件和他人条件下进行语义加工时大脑的激活情况,结果显示两种条件下左下前额叶和前部扣带回都发生了激活,且两者的激活没有显著的差异(见图 10.7 左图)。为了验证自我条件和他人条件下两种

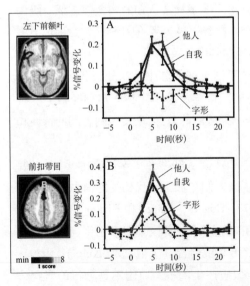
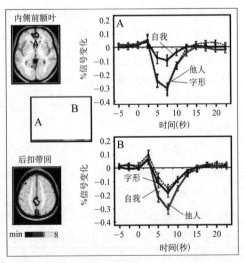

图 10.7 在四个脑区功能性核磁共振成像信号强度的变化

注:左侧图为自我+他人>字形,有左下前额叶和前部扣带回的激活;右侧图为自我>他人,有内侧前额叶和后扣带回的激活。(来源:Kelley 等,2002)

加工是否存在于不同的脑区,研究者将自我条件的试次直接同他人条件下的试次进行了比对后发现,尽管均低于基线水平①,但在自我条件同他人条件对比的情况下内侧前额叶和后部扣带回发生了显著的激活。进一步的感兴趣区分析发现,后部扣带回的 BOLD 变化同字形条件的 BOLD 变化相比并无显著的差异,仅有内侧前额叶皮质这一结构是参与自我加工的独特结构(见图10.7右图)。通过这样的范式,Kelley 等人不但发现了自我参照效应同其他语义加工一样有共同激活的脑区(左下前额叶、前扣带回),也发现了自我参照效应产生的独特的神经结构:内侧前额叶。

Kelley 的研究体现了社会认知神经科学常用的一种逻辑,即:某种心理过程的独特性可以通过脑水平的分离而得到,自我加工与他人加工都是深层次的语义加工,因而在语义加工的脑区(左下前额叶)不存在这种分离;自我加工具有独特的神经机制,因而在自我加工的脑区(内侧前额叶)存在这种分离。

10.1.3 社会认知的生物学模型

社会认知的生物学模型,是一个基因—激素—神经—行为四个层面的交互系统。在这个系统中,研究者对神经(主要是大脑活动)与社会行为的关系探索得较早,而近几年,研究的触角开始逐渐涉及到基因和神经递质领域。

比较社会心理学

我们不妨先来回顾一些比较心理学的研究,将生物心理学和比较心理学放在一起阐述不仅仅是一种传统,也能引导我们将思考的视角放得更大些。

相比于人类,动物间的社会关系较简单,且能进行定性衡量,这些关系包括群集关系、性关系、首领和随从者关系、统治和服从关系(表现出争胜行为)、照料和依赖关系、相互照顾、交哺等。在早期的研究中,Frings 和 Jumber(1954)发现,动物可以通过叫声传达社会情绪并对同种群动物产生社会影响,例如,向鸠播放一种悲痛叫声的录音便会引起成群的鸠离开这个地区。动物之间社会关系的形成更可能是由训练方面的差异(后天)而不是由生物学因素(先天)引起的,例如,Scott(1944)发明了一种训练雄鼠格斗或不格斗的方法:把以前从未格斗过的老鼠取出来,粗暴地摆弄它,然后和雌鼠放在一个箱子里,把两只这样处理过几天之后的雄鼠放在一起,它们没有发生任何格斗关系;然而,当把无能为力的小鼠吊在雄鼠面前时,几天之内,这些雄鼠就会强烈地攻击这只吊着的老鼠,然后再把经历过攻击的雄鼠放在一起,它们立刻就会开始格斗,并表现出争胜行为,继而形成统治与服从的关系。

---

① 是由于内侧前额叶在静息状态的活跃导致。

社会脑的演化

1990年,Brothers首次提出了灵长类大脑中存在一些被进化所保留下来负责社会认知的特殊区域,并指出这些区域具有明显的范畴特异性。她称这些区域为"社会脑"。社会脑假说认为,人类大脑承担着适应环境和进化的重大责任,为适应进化过程中的环境,大脑必须有效地解决个体面临的各种任务或与生存相关的问题,从这个角度说,大脑是个高度特异的信息处理中枢。

Brothers根据来自非人灵长类研究的证据提出社会脑主要由三个脑区构成:杏仁核、眶额皮质和颞叶皮质(后被其他学者修正为后上颞沟和与之毗邻的颞顶联结区)。2006年,Amodio和Frith进一步指出社会脑还包括内侧前额叶皮质和与之毗连的旁扣带回皮质,以及由Rizzolatti和Craighero(2004)发现的一个存在于恒河猴和人类大脑多个区域的"镜像"系统(mirror system),这一系统在某种程度上确保了我们的大脑具有直接分享他人经验的能力。

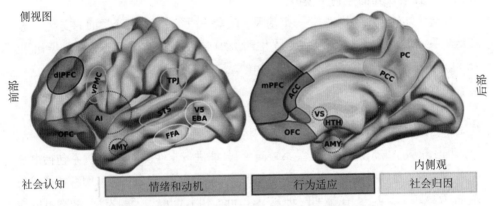

图10.8 社会脑(social brain)涉及的脑功能区示意图

(来源:https://upload.wikimedia.org/wikipedia/commons/8/8b/Brain_areas_that_participate_in_social_processing.jpg)

杏仁核是在处理危险和恐惧信息(如恐惧表情)中发挥其社会交往作用的。这种作用不是通过情绪本身而是通过观察目标(如人脸)的情绪表达所引发的。除了恐惧,在面部出现不信任的表情时,杏仁核同样会被激活。例如,当美国白人看到其不认识的美国黑人的面孔时,即可观测到杏仁核的活动(Phelps,2003)。

后上颞沟和颞顶联合区的作用:Pelphrey(2005)的研究发现当被试看到他人眼睛运动时,后上颞沟将会被激活,并且其活跃程度受产生眼睛运动时周围环境的调节。同样,当被试在视野中出现未能预测到的他人行为时,后上颞沟也会被激活(Saxe,2004),这暗示该区域与社会性的互动有关。同理,颞顶联合区的激活主要发生在被试需要站在别人的角度考虑问题,即发生观点采择(perspective taking)时(Zacks, 2003)。

很早以前人们就认识到了前额叶在社会行为方面的作用。大量的脑损伤、脑功能成像和电生理研究证实了前额叶对社会认知和情绪的重要作用。有三类任务会引发内侧前额叶皮质的活动:(1)被试参与社会交往或观察社会交往时(Iacoboni, 2004),(2)被试在回答关于长期性格和态度等问题的个人感受时(Mitchell, Macrae和Banaji, 2004),(3)被试在回答关于自己人格特质的描述时(Craik, 1999)。这三类任务都需要考虑到心理状态,这种心理状态可以是长期的,也可以是短期的;可以是自己的,也可以是他人的。其中,腹内侧前额叶皮质对社会认知尤为重要。关于这一区域我们还将在后面的"自我"部分详述。

旁扣带回可分为背侧认知区和腹侧情感区。Bush等人(2000)对64项相关研究进行了元分析,发现前扣带回背侧与腹侧对认知和情感的加工过程是彼此分离的。在另一项功能性核磁共振成像研究中,实验任务要求被试与模拟对手比赛,对照任务要求与计算机比赛。尽管两个任务均需要预测对手下一步的活动,但研究发现仅在实验任务时被试双侧前扣带回被激活,说明前扣带回参与预测对手的行动,它只针对人,而不针对机器(Gallagher, 2002)。

镜像系统,又称镜像神经元系统(mirror neuron system),由意大利帕尔马大学的di Pellegrino等人(1992)运用单细胞记录技术在恒河猴身上首次发现。后来,这一概念被引入人类。Wicker(2003)的研究发现,当我们看到他人经历一种我们自身经历过的相似的情绪时,我们相应的脑区也会被激活。如看到别人运动时我们的运动脑区会被激活(Kilner, 2003),看到别人被触摸时,我们的触觉中枢会被激活(Jackson, 2005),看到他人受到疼痛刺激或者即使是我们被象征性地暗示他人处于疼痛时,我们脑中的疼痛区域会被激活(Singer, 2004)。更有趣的是,根据Singer等人(2006)对被试主观的报告和脑活动的研究显示,当一个刚刚不公正地对待过我们的人遭受痛苦时,我们几乎不对其有共情反应,尤其当被试是男性时。Bavelas等人(1986)发现在他人遭受痛苦的时候,如果我们与他们有眼神接触的话,我们会对他们的疼痛表现出更多的共情作用,这暗示我们对同类所表现出来的共情受到社会关系的影响。目前,关于这一概念的内涵和外延尚有争论,有人认为,有必要将镜像神经元系统和镜像属性区域(regions with mirroring property)区分开来,前者具备运动属性,在人类身上只对应额下回后部和顶下小叶喙部两个脑区;而后者则泛指一切在自我—他人认知活动间构成直接"镜像匹配"(mirror matching)的脑区,其本身不具备运动属性(Rizzolatti和Craighero, 2004; Kilner和Lemon, 2013; Cook等, 2014)。

除此以外,其他一些脑区结构(如右侧躯体体感区、岛叶、基底节和白质等)也共同参与社会认知加工过程。例如 Adolphs 等人(1999)发现右侧体感相关皮质(岛叶)的整合有助于个体从他人的面部表情识别情感信息;Snowden 等人(2003)发现在心理理论任务中,亨廷顿舞蹈症病人表现出了对社会情境的误解,Barnea-Goraly 等人(2004)则发现白质异常也会导致心理理论任务的成绩降低。

以上社会脑功能的证据还体现在其体积与社会行为的相关性上:例如,眶额皮质的体积与社会认知能力相关(Powell 等,2010),杏仁核的体积则与成人社会网络的尺度及复杂性相关(Bickart, 2011),等。

总之,社会脑是社会认知的支持系统,在社会交往过程中,它承担着了解和观察他人的目的、意图、信念,从而与他人进行有效沟通和交往的功能。简单地说,它实际上就是和社会认知能力相关的脑区集合(见图 10.8)。

社会脑的发展从很早就开始,例如,人类婴儿很早就表现出与他人互动的强烈意愿,出生 2 天后,婴儿就会开始用头部或舌头模仿他人动作(Meltzoff, 1977),但成熟却需要漫长的过程。大多数社会认知加工过程涉及前部额叶和颞叶成熟所需的时间最长,这使得它们有足够时间适应个人经验及文化。Gogtay 等人(2004)发现灰质密度在发育中的下降始于初级感觉运动区,然后逐渐扩散到额叶、顶叶和颞叶皮质,此过程一直持续到 21 岁为止。在社会认知能力发展最为迅速的青春期,社会脑的结构和功能也经历了最为迅速的发展。

人类的成长环境不同、社会交往的偏好不同,社会脑同样受到社会经验的深远影响,这和大脑的一个重要特性——可塑性密切关联。文化启动研究表明,暂时性地激活某种文化价值观或知识可调节认知策略及其脑机制(Ng, 2010)。因此,我们可以假设,移民在迁移至具有不同文化环境的新国家并居住一段时间后,有可能出现大脑的功能重组。在新的社会文化环境中,新异文化情境对社会认知相关神经活动的塑造有助于个体的文化适应以及在新环境下适宜行为的学习(Han, 2012)。

基因、神经递质与社会行为

有研究者(Christakis 和 Fowler)考察了朋友间某些基因上的相关性,他们的一个观点是:很多有机体(植物、蚂蚁和脊椎动物等)存在亲属识别的基因,这些基因对物种内稳定合作和提高内适性有很大的作用。同样,对于朋友,表面上人们是在自由地选择,但实际也受到基因的调节。研究表明,在排除了多个潜在因素(如人口分层、显性表征、环境和外在需求)之后,仍有一些基因型,如 DRD2 中的多巴胺受体(Taq I A)重复片段长度在朋友间表现出显著的正相关,似乎基因水平上也存在着"物以类聚、人以群分"的特征;同样,在另一些基因型(如 CYP2A6)中某些片段的长度则在朋友间表现出显著的负相关(异嗜性),似乎基因水平上也存在"异性相吸"的现象。这种朋友间基因型的关联,可能反映了个体选择朋友的生物学机制(见图 10.9)。

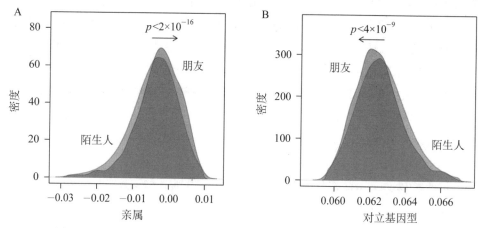

图10.9 在全基因组测量中,朋友相对于陌生人,展示了更多的同源性(正相关)
(来源:Christakis 和 Fowler,2014)

截至目前,在社会认知领域,研究得较为深入的基因及神经递质包括如下几种:

5-羟色胺转运体基因连锁多态区(5-HTTLPR)。5HTTLPR 是 5-羟色胺转录基因(SLC6A4)的一部分,它可以调节 5-羟色胺的功能,而 5-羟色胺(又称血清素)是一种重要的神经递质,与人类的情绪加工相关(Canli 和 Lesch,2007)。5-HTTLPR 能产生短等位基因(short,s)和长等位基因(long,l)。根据不同的基因型可将被试分为三类:短等位基因纯合子(ss)、杂合子(ls)、长等位基因纯合子(ll)。短等位基因纯合子(ss)和杂合子(ls)统称为"短等位基因携带者"(s carrier);长等位基因纯合子(ll)和杂合子(ls)统称为"长等位基因携带者"(l carrier)。

大量研究表明,5-HTTLPR 与情绪和社会认知有关。例如:5-HTTLPR 短等位基因携带者更容易受到恶劣环境的影响,从而表现出不良的情绪行为(Hariri 和 Holmes,2006);5-HTTLPR 短等位基因的男性在受到压力时有更高的攻击性(Verona 等,2006);5-HTTLPR 长等位基因者在某些家庭经济贫困环境下可能是情绪的危险因素(risk factor),而它在受虐待环境下却可能是情绪的保护因素(protective factor);Antypa 等人(2011)以欧洲人群为被试,报告了 5-HTTLPR 基因型对情绪认知的作用,以及基因和压力环境交互作用对情绪认知的影响:该研究者采用合成面孔任务(facial morphing task)对情绪认知进行了测量。在合成面孔任务中,被试观看某张面孔,该面孔表情从中性(neutral)逐渐变化到某种情绪,在变化过程中,如果被试辨别出该情绪,需要尽快作出反应。结果表明,短等位基因被试比长等位基因被试更快地识别出了负性情绪面孔,而且这种效应在女性和消极生活体验(即经受儿童期情感虐待或近期压力事件)的个体上表现得更为显著。Brummett 等人(2008)发现家庭社会经济地位、5-HTTLPR和性别这三者在抑郁水平上存在显著的交互作用。具体而言,对于5-HTTLPR短等位基因携带者的女性来说,低社会经济地位的个体比高社会经济地位的个体具有更严重的抑郁,然而,对于5-HTTLPR长等位基因携带者,只有男性才出现以上现象。

不同种族中5-HTTLPR多态性的分布差异较大。短等位基因在欧洲人群中分布较少,它在欧洲人群中是低频等位基因(minor allele)。而长等位基因在亚洲人群中分布较少,它在亚洲人群中是低频等位基因。围绕这一点,有研究者(Chiao和Blizinsky, 2010)进行了有关基因—神经—行为的跨文化研究。

催产素(Oxytocin, 简称OT)。催产素作为一种在哺乳动物分娩和泌乳中起神经调节作用的激素,在生存繁衍、人际沟通等社会互动行为中扮演着重要的角色。例如催产素可促进人际关系的绑定,增强信任,帮助个体理解他人的意图和情绪等。同时,不同催产素受体(oxytocin receptor, OXTR)基因型的个体,在亲子关系和一些亲社会行为方面也表现出了差异。来自激素和基因水平的研究提示我们,催产素及其受体基因可能是通过促进社会识别、调节共情以及降低恐惧、减缓焦虑来影响人类社会适应行为的(吴南和苏彦捷,2012)。

血清胺(Serotonin)。血清胺是与合作有密切关联的神经递质。在一项剥夺被试L色氨酸(血清氨合成必需的一种物质)的研究中,被试在重复囚徒困境博弈中的合作行为显著减少(Wood等,2006),这暗示色氨酸妨碍个体对社会奖励的加工。其他数据也表明L色氨酸的损耗(破坏血清氨形成)会损害被试延迟满足的能力(Denk等,2005)。这表明血清氨可以帮助人们通过抵制短期利益的诱惑,选择长期的合作利益。

睾酮(testosterone)。睾酮是目前已知的另一种可能对人类社会认知产生影响的激素,它似乎和催产素的作用恰恰相反。目前,已有多项研究证据显示,睾酮增加了攻击行为、支配行为、求偶行为、冒险行为和公平行为,减弱了共情能力和人际信任(刘金婷,2013)。

值得一提的是,在基因/神经递质与社会认知关系的探讨中,有必要区分两个问题:一是相关与因果的问题,究竟是某种神经递质的分泌影响了社会认知,还是社会认知行为本身改变了神经递质的分泌;二是激素与其受体基因关系问题,虽然在很多情境下这二者是相关的,但并不等同,变量控制的可靠性可能影响到实验结果的效度。

可以预期,在未来,更多的神经递质,以及相关的受体基因会被引入社会认知的研究中。

10.2 理解自我

自我属于社会认知的范畴。行为水平的证据在很多方面都表明自我是独特的,神经水平不断丰富的证据也进一步支持了自我的独特性。在这些证据中,内侧前额叶超过基线水平的激活是最有说服力的。除此以外,眶额皮质和前、后扣带回在自我加工中的作用也非常重要,前者帮助我们维持准确的自我觉知,而后者标识关于自我的积极信息。

下面,我们将从三个维度来探讨自我,分别是:自我面孔识别(知觉水平的自我)、自传体记忆(记忆水平的自我)和自我参照效应(思维水平的自我)。最后,我们将简单阐述和自我相关的社会情绪:这是一个方兴未艾的研究领域,但在研究方法上仍有待拓展。

10.2.1 自我面孔识别

自我面孔识别是有关自我的社会认知研究最底层的部分,即知觉水平的自我。下面我们将从其起源和特征以及神经机制两个方面进行阐述。

自我面孔识别的起源和特征

将自我面孔和他人面孔区分开来是一种定义自我概念的重要方法。自我面孔识别必须依赖于对面部信息的自我参照加工(Northoff等,2006)。Gallup等人(1971)对黑猩猩进行的自我面孔识别的镜像测验开创了自我意识研究的先河。Lewis (1992)通过镜像测验,发现18个月以上大的婴儿能够表现出羞愧、内疚和自尊等自我意识性情绪(self-conscious emotions)。Lewis认为自我面孔识别可以作为研究自我意识的直接指标。自我面孔与内部自我状态相联系,是研究更高层次意识及其脑机制的理想材料(Keenan等,2005)。

目前,除上述对动物和婴儿自我面孔识别的研究,对成年人类自我面孔识别的研究主要采用以下三类实验范式:第一类是给被试呈现自己或他人的面孔,要求被试判断该面孔是自己的还是他人的;第二类是内隐自我面孔识别任务,实验材料为向左或向右偏转的自己的或他人的面孔,要求被试分辨面孔朝向;第三类是将被试面孔和他人面孔按照一定比例进行合成(合成面孔),要求被试判断该合成面孔更像自己还是更像他人(关丽丽等,2011)。

人们对自我面孔的识别显著快于对他人面孔的识别,在反应时和正确率上表现出优势效应(self-face advantage)。许多研究结果支持自我面孔识别的优势效应。例如,Keenan等人(1999)发现个体对自我面孔的识别显著快于他人(朋友、陌生人和名人)面孔。当被试用左手反应时,相比非自我面孔,被试对正立和倒置的自我面孔的反应时都显著缩短。左手优势说明与自我识别相关的神经活动主要定位在大脑右半球。Ma 和 Han(2010)发现在内隐的自我面孔识别任务中,只有用左手进行反应时,自我威胁性概念(self-concept threat, SCT)启动才能够消除自我优势效应。基于此,他们提出了内隐积极联想说(Implicit positive association, IPA),认为个体对自我面孔进行了积极联想,而且更容易把好的品质与自我面孔进行联系,因而激活了自我概念,使自我面孔得到了快速识别。

自我面孔识别的神经机制

如前所述,Keenan 等人(2000)通过对癫痫病人的研究证实了大脑右半球优先加工自我面孔。现在学者普遍认为,与熟悉的他人相比,自我面孔独特地激活了右脑额上回、内侧额叶,下顶叶和左脑颞中回(Platek 等,2005)。显然,自我面孔加工功能是由一个同时涉及左、右大脑部分结构的网络负责的,而不是简单地由哪一侧大脑所主导的。

自我面孔的认知加工包括三个阶段:低水平的感觉处理阶段、对自我面孔信息的处理阶段和身份辨别阶段(关丽丽等,2011)。鉴于自我面孔的独特性更多地体现在其时间进程上,我们不再赘述自我面孔识别的神经影像学研究结果,而着重论述自我面孔识别在事件相关电位方面取得的一些进展。

对自我面孔诱发的事件相关电位成分的研究主要集中在 N170、N250 和 P300 上。N170 是在面孔和其他类型刺激呈现后 130 ms—200 ms 记录到的、并在 160 ms—170 ms 时达到峰值的一种脑电负成分。N170 主要分布在大脑颞枕区(occipito-temporal region),通常在 P8(T6)或者 PO8 或者 O2 等电极处。面孔诱发的 N170 波幅在左右两半球均强于物体刺激(如汽车)诱发的波幅,且常具有右半球优势(Jacques 和 Rossion,2008;马建苓,陈旭,王建,2012)。Caharel 等人(2002)最先发现了自我面孔可诱发 N170。通过向被试被动呈现三种面孔(自我面孔、名人面孔和不熟悉面孔),他们发现,当面孔刺激呈现 170 ms 后出现了熟悉效应(familiarity effect),即熟悉面孔(自我面孔)比不熟悉面孔诱发出了更大的 N170 成分。Keyes 等人(2010)通过让被试检测一系列自我面孔、朋友面孔和陌生人面孔发现,自我面孔诱发的 N170 波幅显著高于朋友面孔和陌生人面孔。

另外,在刺激呈现后的 250 ms 左右也发现了自我参照效应存在的证据,即自我面孔诱发的 P2/N2 成分显著小于其他两种条件。由于涉及刺激的重复效应,这个颞枕区分布的负成分也被称为 N250 重复效应(N250 repetition effect, N250r)。利用重复启动范式(repetition priming paradigm),研究者(如 Pfutze, Sommer 和 Schweinberger, 2002;Pickering 和 Schweinberger, 2002)发现熟悉面孔的重复比陌生面孔的重复能产生更大的 N250r，但是当启动刺激和靶刺激之间有多个干扰刺激插入时，面孔的 N250r 反应完全消失(Herzmann 等，2004)。N250r 反映了长时记忆中面孔知觉表征的存储，是面孔熟悉度的特异性指标(Tanaka 等，2006)，可能反映了面孔的再认识别机制(Bindemann 等，2008)。在跨文化特征上，Sui、Liu 和 Han (2009)发现英国人对自我面孔的识别速度更快，识别过程在其额中央区域(N2)诱发出了一个更大的负电位，而中国人的自我优势效应在反应时和 N2 波幅上都显著小于英国人。

　　从时间进程上来看，自我面孔呈现后 220 ms—700 ms 之内都会诱发出更大的正成分(Sui, Zhu 和 Han, 2006)。隋洁(2004)对中国被试的自我面孔再认是否具有独特的事件相关电位活动模式进行了研究。她向被试呈现了一系列自我和陌生人的不同朝向的面孔(从中间向左旋转 45°—90°或从中间向右旋转 45°—90°)，要求被试分别对自我面孔和陌生面孔作左右朝向判断。结果发现，在面孔早期感知加工阶段(刺激呈现后 170 ms)，自我面孔和陌生人面孔都诱发出了 N170 和 VPP，且这两个成分在潜伏期和波峰上是相似的。但在刺激呈现约 160 ms 后，自我面孔识别与陌生人面孔识别诱发的事件相关电位在右侧枕颞区、额区和中央位置开始出现分离。随着时间进程不断深入，在刺激呈现 500 ms—800 ms 后，自我面孔识别在右额区的事件相关电位活动比左额区更强。Geng 等人(2012)发现，与名人面孔相比，阈下自我面孔诱发出了一个减弱的早期 VPP 成分，而阈上自我面孔比他人面孔诱发出了一个增强的 N170 成分和一个更正的晚成分(300 ms—580 ms)。

　　P300 是刺激呈现后 300 ms 左右在顶叶出现的一种脑电成分，它是注意资源分配的重要指标。相对于控制刺激，自我相关刺激能增强 P300。研究者通过对 P300 潜伏期的分析发现，自我相关效应出现在与选择性注意有关的高级认知加工过程中(Gray 等，2004)。Tacikowski 和 Nowicka (2010)发现自我面孔和自我姓名都能增强 P300，自我相关信息能够捕获注意资源。Tacikowski 等人(2011)进一步研究了重复次数对自我、名人和陌生人的面孔及名字的影响。他们发现，N170 对前实验阶段的熟悉性效应更敏感，经过多次重复后，N170 无显著增强。N250 同时受到前实验和内部实验熟悉性的影响。自我姓名在左侧颞下区域诱发出了更大 N170 和 N250，面孔在右半球或活动的双边模式中诱发出了更大的 N170 和 N250。相反，P300 在多次重复后没有发生改变，并且 P300 对陌生面孔的反应快于陌生名字。面孔识别过程是更高效的，这可能是因为面孔携带了更多语义信息。

10.2.2　自传体记忆

　　自传体记忆广义上讲是对于一个人亲历事件的记忆，狭义地说特指个人事件的情景记忆,它是一种特殊的记忆,与实验室制造出来的记忆有明显的不同,首先,实验室的"记忆"一般是在实验室里向被试呈现一些单词、一段短义或图形等刺激,休息或干扰任务后进行重构或再认,很明显,它是包括学习—测验两个阶段的,但自传体记忆没有明确的学习阶段,如果有,这一"学习阶段"也是淹没在自我的日常生活与喜怒哀乐中的,这是一种不被控制的学习;其次,实验室制造出来的记忆其操作时间短暂,一般不超过2个小时(直到任务完成),最多也不过1天—2天,但是自传体记忆可以保存很久,甚至长达数十年(remote memory);第三,自传体记忆常常包含复杂的重构过程(complex constructive processes),在这一过程中,记忆的歪曲、错觉等不真实现象的出现概率远高于实验室记忆;最后,自传体记忆常常带有强烈的情绪体验和鲜明清晰的感觉特征,有人称自传体记忆是一种"热的记忆"(hot memory)。

　　Cabeza 和 Jacques(2007)总结了近年来有关自传体记忆的脑成像研究,建构自传体记忆的复杂心理过程与神经过程得到了初步阐明:记忆搜索与控制提取过程激活左侧前额叶,监控过程激活腹内侧前额叶,而自我参照加工激活内侧前额叶,自传体记忆的情绪体验与杏仁核相关,自传体记忆丰富的感知觉特征与楔叶、旁海马区等有关(见图 10.10)。

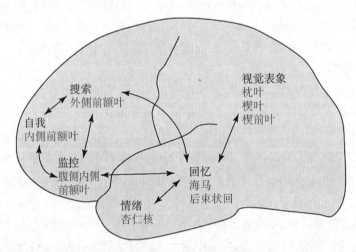

图 10.10　自传体记忆提取网络的主要成分(来源:Cabeza 和 Jacques, 2007)

　　明确自传体记忆的神经机制意味着研究者可以对健康被试数十年前的记忆展开研究,这为研究记忆的巩固过程(memory consolidation)提供了极大便利。按照标准的巩固模型(standard consolidation mode, SCM),海马在自传体记忆的存贮和提取中的作用有时间限制,海马仅参与近期获得信息的提取,而不参与远期信息的提取,远期记忆独立于海马并被转移至新皮质(neocortical areas)的网络结构中。相反,多重痕迹理论(multiple trace memory, MTT)坚持认为,海马总是参与记忆的提取,无论是近期的还是远期的,也无论记忆固化在哪里。SCM 预测,近期记忆比远期记忆更大地激活了海马(即出现远久效应),而 MTT 预测,如果近期与远期的自传体记忆都是相同清晰且细节丰富,那么它们激活的海马活动是相似的(没有远久效应)。目前,大多数研究支持 MTT,例如 Maguire 和 Frith(2003)首次用功能性核磁共振成像技术研究了海马对自传体记忆提取的影响,发现年龄的效应可以在海马探测到,该结果不支持远久效应。

10.2.3 自我参照效应

采用自我参照范式对个体进行研究,可以发现自我参照效应(self-referential effect, Rogers, 1977)。自 1999 年以来研究者对自我进行了大量脑成像研究。这方面比较有代表性的研究,一是 Kelley 等人在 2002 年探讨自我加工独特性的研究,二是朱滢等人关于文化对自我神经机制影响的研究。前者在上一节已经阐述过,不再赘述,此处我们简述后者的研究。

Zhu 等人(2007)发现中国人的母亲参照与自我参照一样好,而西方人的母亲参照不如自我参照。在这一发现的基础上,他们对文化影响自我的神经机制进行了脑成像研究。实验设计为 4×2×2 的混合设计,自变量有 3 个:(1)被试的定向任务(共有 4 个水平,即自我参照、母亲参照、他人参照和字形加工);(2)再认测验时的两个指标 R 和 K;(3)中国人和西方人[①]。其中(1)和(2)均为组内设计变量。实验采用组块设计(block design),全部实验分为学习阶段和测验阶段两部分,学习阶段进行核磁共振扫描,扫描包括 4 轮实验,每轮包括 9 个组块(block),分别对自我、母亲、他人和字形进行加工。在每轮的第 2、4、6、8 组块中,被试需要完成 4 种定向任务,而在第 1、3、5、7、9 组块中,被试不需要完成定向任务,只进行休息(null 或静息状态)。各轮的任务组块采用拉丁方的方式平衡顺序,每轮之间休息 1 分钟。在学习阶段,每种定向任务下被试需学习 48 个人格形容词,因而每名被试在 4 种定向任务中共需学习 192 个单词。每轮中,每个定向任务的组块含 12 个单词。在有定向任务的组块中,每个词的加工时间为 3 秒(词本身呈现 2 s,之后紧跟 1 s 的空白),这样,每个组块总耗时 36 秒(每词 3 s×12 个词),无定向任务的组块(null)同样持续 36 秒。这样,每轮实验所用时间为 324 秒(即 5 m 24 s,36 s×9 个组块),全部功能像扫描的时间共计 1296 秒。功能像每 2 秒形成一幅图像,这样,全部功能像采集得到 648 幅图。

研究的结果(见图 10.11)表明,当自我参照激活的脑区减去他人参照激活的脑

---

① 此处的西方人选择英美系的英国人、美国人、加拿大人、澳大利亚人等。

区时,中国人与西方人的内侧前额叶(BA10)均有显著激活,这与已有的研究结果一致。最重要的发现是,中国人母亲参照激活的脑区减去他人参照激活的脑区,内侧前额叶(BA10)也有显著的激活,但西方人的母亲参照并不激活内侧前额叶。

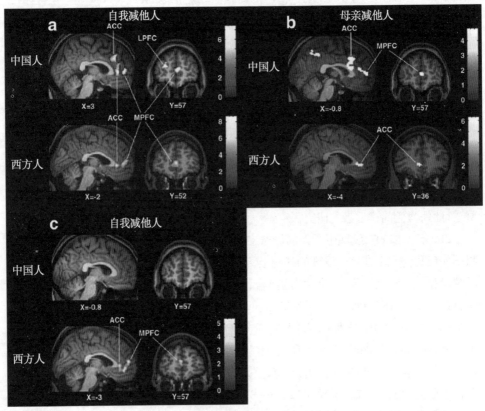

图 10.11　不同参照任务条件下的脑激活(a:自我>他人;b:母亲>他人;c:自我>母亲)
(来源:Zhu 等,2007)

可以认为,强调人与人之间联系的中国文化导致中国人与十分亲近的人(如母亲)形成了统一的神经机制(自我参照与母亲参照均激活内侧前额叶),而强调人与人之间独立的西方文化则导致了西方人自我与十分亲近的人(如母亲)分离的神经机制(只有自我参照激活内侧前额叶而母亲参照不激活)。Zhu 等人(2007)的研究首次揭示了东方互倚型自我结构与西方独立型自我结构在神经水平上的差异,为文化神经科学的基本论点"文化塑造大脑的结构和功能"提供了证据。关于文化与自我,Markus 和 Kitiyama(1991)曾有过如下论断:具有不同文化背景的人们有着非常不同的自我结构,如果自我是不同的,那么牵涉到自我的所有加工过程都应当采用不同的形式。现在,根据Zhu等人(2007)的研究,可以为以下论断提供注脚,即:如果自我的信息加工不同,那么相应的神经机制也会不同。文化对自我表征和自我觉知的神经基础有影响(Han和Northoff, 2008)。

实际上,各种自我参照加工都与皮质的中线结构(cortical midline structure, CMS)的激活相关。这些自我参照加工包括加工描述个人特质的人格形容词(如勇敢、勤劳、不守时等)、加工自传记忆的情节、加工与自我有关的情绪刺激(语词或图画)、加工自我面孔以及加工他人情绪、思想、态度和信仰等。皮质的中线结构包括:内侧眶部前额皮质(medial orbital prefrontal cortex, MOPFC, BA 11,12)、腹内侧前额叶皮质(ventromedial prefrontal cortex, VMPFC, BA 10,11)、前膝下前扣带回皮质(pre-and subgenual anterior cingulate cortex, PACC, BA24,25,32)、膝上前扣带回皮质(supragenual anterior cingulate cortex, SACC, BA 24,32)、背内侧前额叶皮质(dorsomedial prefrontal cortex, DMPFC, BA 9)、内侧顶叶皮质(medial parietal cortex, MPC, BA 7,31)、后扣带回皮质(posterior cingulate cortex, PCC, BA 23)和压后皮质(retrosplenial cortex, RSC, BA 26,29,30)(Nothoff等,2006,如图10.12所示)。基于皮质中线结构与皮质下中线结构紧密的交互联系,我们可以认为,整合皮质与皮质下的中线系统是自我的相关神经基础。

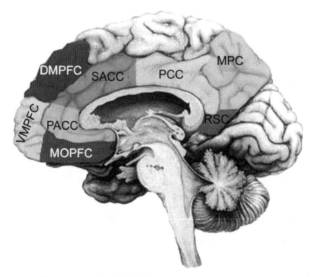

图10.12 皮质中线结构(来源:Nothoff等,2006)

近年来,围绕自我参照效应,研究者还进行了大量社会认知神经科学的研究,涉及皮质中线结构各个脑区甚至全脑协同作用,研究者们一致发现:内侧前额叶皮质及其次成分在自我相关加工中发挥重要作用。腹内侧前额叶皮质较多支持默认模式下的自我加工、自我信息的觉察和"在线"自我加工,而背内侧前额叶皮质主要参与有意识的自我参照加工、自我信息的评价和"主导的"自我加工。在自我—他人表征中,自我—他人表征的情感性、认知性和文化性因素均调节内侧前额叶皮质及次成分的活动。可以预见,未来的研究还将朝着整合性研究(unification)与分离性(dissection)研究相结合的方向继续发展。

10.2.4 与自我相关的社会情绪

比较社会心理学曾考察过动物在面临分别时的表现,即给予隔离动物一只或某一种类的新伙伴,并在伙伴拿开时观察隔离动物的反应。Cairns 和 Werboff(1967)证明,小狗对仅仅与其相处一两个小时之后就离开的物种(如兔子)已表现出悲痛,在同新伙伴相处 24 小时之后分开时,会产生最高的发声频率[①]。这证明动物可以在极短的时间内产生社群性的依恋关系。

在社会认知神经科学的大背景下,有研究者开始探索与自我相关的社会情绪的脑机制,这类社会情绪,可分为自我意识情绪(如自豪、内疚、害羞和尴尬等)、自我预期情绪(如后悔、嫉妒等),以及依恋性情绪(母爱、恋爱、性爱和共情等)等,其中前二者和自我有关,下面举一些实例来具体说明。由于依恋性情绪和"他人"关系密切,我们将在下一节对其进行阐述。

后悔(regret)。Camille 等人(2004)考察了眶额皮质受损的病人与正常人在后悔情绪体验方面的差异。实验要求被试在两个转盘中选择一个进行赌博游戏,被试有时候可以知道自己没有选择的转盘会得到什么结果。实验表明,正常被试的情绪符合"反现实思维"假设的推论,即会根据未选择转盘的结果来调整自己的情绪,比如虽然赢得了 50,但另一转盘可以赢得 200 时,正常人会感到不高兴。而眶额皮质受损的病人则不关心另一转盘的结果,也不会调节自己的选择,尝试缩小未来的损失。这暗示而眶额皮质会影响人们预期自己行为后果的能力,该区域在后悔情绪控制过程中起重要作用。

尴尬(embarrasment)。Berthoz 等人(2002)首先利用脑成像技术研究了无意违反社会准则(尴尬)和故意违反社会准则过程中情绪脑机制的区别,结果发现,无意或故意违反社会准则时激活的脑区相似,但故意违反时相应脑区的反应要强烈得多。这个结果表明两者可能具有相似的神经机制,都包括理解别人行为(包括前额叶中部、颞顶交界区以及颞极)和不认同别人行为(包括眶额皮质侧部以及前额叶中部)的反

---

① 在比较心理学中,动物(如小鸡)在某一环境下的发声频率可作为衡量其不安情绪的操作性定义。

应阶段。这些脑区都与心理理论有关。

嫉妒(envy)。有关嫉妒的脑成像研究最早开始于爱情嫉妒(romantic jealousy)领域。Takahashi等人(2006)研究发现嫉妒诱发男性和女性的脑激活区域不同,男性是有关攻击行为的区域,例如杏仁核和下丘脑,以及前额叶皮质,而女性则是视皮质,以及角回等。这暗示男女嫉妒情绪的机制可能有本质的不同。

10.3 理解他人

比较社会心理学很早就探讨过动物与动物,以及动物与人社会关系的建立,例如,狗作为一种驯化类动物,可以和人类建立一种牢固的主从关系,这种社会关系的建立部分是通过使用食物奖赏,更重要的,是通过使狗能够享受到主人的陪伴来实现的。这种关系是作为驯养结果而建立起来的一种真正的新事物。在另一个比较心理学中著名的"野狗"实验中(Freedman, King和Elliot, 1961),当小狗在不接触人的场地环境中生活14个星期的时候,需要经过好几个星期的努力才能依恋于人,而即使这样它也不会表现出正常狗与人形成的那种完全的依恋关系。这样的动物能很好地适应与其他的狗相处,但对人总是感到胆怯、不易感应。另一极端是,如果它在出生三个星期内与人在一起,那么他就会变成一只"几乎通人性"的狗,很紧密地依恋人,但对其他狗则很冷淡或不相容。

以上这些证据有趣地揭示了不同物种间(狗与人)社会关系的建立过程以及关键期。在以下的论述中,我们将主要阐述有关人与人之间社会关系建立的一些研究,有两点我们必须首先明确:首先,对他人的认识有别于我们对自我的认识,这体现为两者加工激活脑区具有明显的差异(实际上,在自我参照加工和其他一些有关自我的研究中,我们经常以"他人"作为自我加工的基线条件)。尽管如此,自我加工和他人加工仍然具有一定程度的共通性,例如:脑岛、前扣带回和躯体感觉皮质中的镜像神经元支持我们将自己情绪体验映射到他人情绪状态的共情;人作为社会性动物,对他人的理解构成社会认知的重要方面,这突出显示了心理理论的功能上:内侧前额叶皮质、右侧颞顶联合区、颞上沟、梭状回和杏仁核的脑区支持着我们推测他人心理的能力。

下面,我们将从依恋情绪与共情、竞争与合作以及群体中社会认知三个角度进行具体阐述。

10.3.1 依恋情绪与共情

依恋情绪与共情是个体与他人关系中产生较早,且影响较为深刻而持久的社会认知现象,它们是其他社会关系的基础。例如,有研究者在对海豚的研究中发现,海豚的共情行为与它们大脑中与情感和社会认知相关部位极度发达有关,它会表现出非常利他的行为,甚至能为了不放弃处于困境的同类而将自己的生命置于险境。基于此,我们把依恋与共情放在一起来阐述。

依恋

依恋是一种针对他人的社会情绪,它包括人类生涯早期的母爱、成年期的情爱等。母爱发生在母亲与孩子之间,是一种不同于目的驱动奖赏体系的后目标积极情绪(post-goal attainment, Davidson 等,2002)。Nelson 等人(2001)以功能性核磁共振成像技术为实验手段,选取新生儿母亲为被试,要求她们看自己3个月—5个月大的孩子的照片,结果发现了包括枕叶、双侧脑岛前叶、右侧海马、右侧中央前回、右侧背外侧前额叶和双侧小脑在内的广泛区域都被激活。Nelson 等人认为,母爱是涉及视觉加工、运动行为、情绪反应和记忆的多层面的复杂的反应。他们还进一步重点考察了眶额皮质与母爱的关系,实验要求母亲分别看自己孩子、他人的孩子以及成人的面孔照片。结果发现,母亲在看自己孩子的照片时,相较于看不熟悉的孩子时,双侧眶额皮质有明显的激活;在所有的条件中,母亲在看自己孩子照片时的情绪最为积极正性(Nitschke 等,2004)。由此可见,眶额皮质的激活与愉快的情绪评价成正相关,也是母爱情绪中最重要的激活脑区。

情爱也是依恋的一种,多产生于异性之间,是一种强烈情绪体验。Bartels 和 Zeki(2000)以处于热恋状态的人为被试,考察他们看不同人照片时的脑激活,结果发现,相对于看朋友照片,被试在看恋人照片时脑岛中部、前扣带回、尾状核和双侧壳核出现了激活,同时后扣带回、杏仁核、右后侧前额叶、顶叶和颞叶中部出现了抑制。这些激活/抑制脑区和一般的情绪加工的脑区模式有所不同,他们推测,情爱可能具有一个独特的神经网络区域,个体对情感状态的加工也具有特异性。

Insel(2003)综述了有关社会依恋的研究,提出了社会依恋的神经回路。目前研究者已经发现,中脑—皮质—边缘的多巴胺确实在老鼠的母爱行为和某种野鼠的配偶关系中具有很重要的作用。此外,中脑—皮质—边缘回路和两种神经肽—荷尔蒙(oxytocin, OT)和后叶加压素(vasopressin, AVP)在社会依恋(包括母爱和情爱)中起重要作用。Bartels 和 Zeki(2004)将母爱依恋的相关激活脑区与早期关于情爱的研究结果以及关于社会依恋神经递质的研究结果结合分析后发现,两种情感依恋类型的激活脑区虽存在于各自的特定区域,但在大脑奖赏系统(reward system)存在重叠,这一区域也是富有某种荷尔蒙和后叶加压素受体的脑区;同时两种情感依恋类型都抑制了与消极情绪、社会判断和心理理论相关的脑区活动,即抑制了评估他人意图和情感的脑区活动(徐晓坤等,2005)。

共情

共情指一个人所具有的确认他人情绪的能力,或所具有的能由他人情绪引起的共鸣体验。理解他人的意象和信念是心理理论的能力,而理解他人的情绪、感受则是共情的能力,例如,当别人难受或高兴时,疼痛或瘙痒时,共情的经验能使我们理解那是什么样的感受。

Singer 等人(2004)研究了对疼痛共情的神经机制,他们力图回答这样一个问题,即:感受他人疼痛时是否激活了疼痛的全部神经机制? 实验设计如下:被试是16对恋爱对象,研究者假设他们彼此更容易产生共情。疼痛刺激是施加给女性被试或她的对象右手背的电刺激,给予电刺激时扫描女性被试的脑活动。女性被试在脑成像扫描器小屋里面,她的对象坐在小屋旁边,男女对象的右手放在倾斜的木板上,因此女性被试可以通过镜子系统看到她自己和她对象的右手。在木板后有一块很大的屏幕,屏幕上随机出现指示图标,指示是她自己(自我)还是她的对象(他人)将受到低强度的电刺激(无痛)或高强度的电刺激(疼痛)。研究者在自我和他人条件下比较了疼痛条件和无痛条件的结果,并在扫描之后通过共情量表上的项目评定,对女性被试共情的个体差异进行了测量。

脑成像结果显示,自己受到疼痛刺激和他人疼痛时均激活的主要脑区有:前扣带回与前脑岛,而自己受到刺激时还特异性地激活了后脑岛、次级躯体感觉皮质、感觉运动皮质及扣带回尾部。比较这些脑区可以推断,感受他人疼痛或共情时,并不激活与感觉相关的脑区(前扣带回皮质与前脑岛均是由情绪激活的脑区),因此可以认为共情时仅激活了疼痛与情感相关的脑区,换句话说,对情绪的共情涉及情感成分而不涉及感觉成分。此外,共情的个体差异与脑区的激活亦有良好的相关,个体在共情量表上得分越高,在感受自己对象疼痛时的激活越强。

在一个后续的研究中,Singer 等人(2006)进一步研究了共情反应是怎样受人和人之间社会关系调控的。被试共32人,男女各一半。实验采用囚徒困境任务。每次游戏中有3个人,一个是被试,另两个是实验者的同伙:一个是公平的实验者同伙(值得信赖),一个不公平的实验者同伙(不值得信赖)。通过多次实验,促使在被试头脑中形成对此种设定的印象,即明确哪一个实验者同伙是值得信赖的,哪一个是不值得信赖的。对被试及两个实验者同伙的右手背施加低强度的电刺激(无痛)或高强度的电刺激(疼痛),通过镜子等实验设备,被试可以看到自己的手和两个同伙的手,实验的指示图标会告诉被试,高或低的电刺激将要施加给谁(自己、公平的实验者同伙、不公平的实验者同伙),在施加电刺激的同时扫描被试大脑,扫描完毕,要求被试回答共情量表的问题,对两种刺激的主观强度、两个实验者同伙的喜爱程度以及自己报复两个实验者同伙欲望的强度等做出主观评定。

脑成像的结果显示,男女被试在看到公平的同伙疼痛时前扣带回和前脑岛得到了激活,但是,男性被试在看到不公平的同伙疼痛时上述脑区的激活显著降低,这表明至少男性的共情反应是受评价别人的社会行为调节的。换句话说,公平与否的社会交往影响了人们情感联系的性质,即合作行为(彼此信赖)培育了这种联系(共情)。而自私行为则会危害这种联系。男性被试报复欲望的评定得分与伏隔核(与奖励有关的脑区)的激活显著相关,即报复欲望强烈的人,其伏隔核脑区特别活跃。

10.3.2 竞争与合作

合作是人类社会生活中一项核心的行为准则,经典的进化理论强调竞争的交互作用,认为它是求生存、求发展的基本原则,但实际上在同种间,合作非常普遍,因为它的确有利于增进个体的生存适应性。

Rilling 等人(2002)通过研究证明了囚徒困境下人的合作行为。2 位被试中一位在功能性核磁共振成像扫描仪里,另一位在扫描仪外,两位被试独立地选择合作或背叛,每位被试所得到的钱的总数取决于他们选择的交互作用,共有 4 种可能的结果,即:合作/合作,合作/背叛,背叛/合作,背叛/背叛。每个游戏有 20 轮,每轮进行 21 秒,在开始的 12 秒里,2 位被试独立地选择合作或背叛,之后结果显示持续 9 秒。被试的目的是使用适当的策略挣更多的钱。

实验分两部分进行,实验一中被试需要完成三类游戏,分别面对不同的对手,第一类的对手是真人(也是被试,他的策略由他自己决定);第二类的对手也是真人(但实际上是主试的助手,他的策略由主试事先安排好,即第一轮总是选择合作,如果双方合作 3 轮就选择背叛,这个策略被试是不知道的);第三类的对手是计算机程序(第一轮选择背叛,之后的策略总是模仿被试上一轮的策略(tit-for-tat strategy),这个策略被试也是不知道的);实验二中被试的对手总是计算机,计算机选择的策略是根据实验一中自愿被试的行为数据模拟得出的。为了不使合作/合作的次数过多,计算机会在第 18—20 轮自动选择背叛,为了防止被试觉察到这一趋势,在模拟的第一类游戏中实验者不告知被试一共要进行几轮,在第二类游戏中则采用手法使被试相信他的对手是真人。同时,被试还被告知,如果对手是计算机(每个实验的第三轮),计算机的选择不是预先确定的,而是根据被试前几轮的反应作出的。

实验结果表明,合作/合作总是被试最常采用的策略,但在游戏的后几轮,被试选择背叛的次数有所降低。主试助手作为对手时合作/合作的次数较少,这说明关系的选择和对手的策略有关。当达到双方合作的结果时,双方倾向于继续合作,即合作/合作结果出现后继续选择合作/合作的概率最高。

脑成像扫描以后对被试进行的访谈表明,双方都合作对大多数人是最满意的结果,而更有利可图的背叛/合作模式被认为不如合作/合作模式理想,这可能是因为内疚感,或者意识到这样做容易引起对手的报复,导致双方关系的不稳定而使收益下降。

脑成像的结果表明,前扣带回和纹状体是与人类被试进行合作及社会互动的神经基础,相关脑区的激活在与计算机进行游戏时未出现。已有的研究表明,纹状体是与奖赏过程相关的主要脑区,因此我们可以认为,双方合作本质上是一种奖赏效应。

10.3.3 群体中的社会认知

关于社会认知中"理解他人"的研究,大部分局限于个体与个体之间,即自我与他人之间。但谈及他人将不可避免地涉及个体与群体的关系,即个体对某一群体的认识以及群体背景对个体行为的影响。下面,我们将从"刻板印象"和"社会等级"两个方面,简要阐述群体中的社会认知。

刻板印象

刻板印象是社会心理学中传统的研究领域,指的是个人对社会团体所持的一种稳定不变的认知结构,它调节个体对团体成员的信念和预期,使个人的知觉过程带有偏见色彩。过去的研究主要集中在对种族刻板印象与性别刻板印象的探讨上,而现在借助于神经成像技术和神经心理学技术,我们对刻板印象与脑活动的关系有了更深一层的理解。

Hart 等人(2000)通过核磁共振成像技术比较了黑人被试和白人被试在面对陌生黑人或白人面孔时的杏仁核激活状态,考察了群体外成员与群体内成员(对于黑人被试,白人面孔代表群体外成员,黑人面孔代表群体内成员;而对于白人被试,正好相反)的知觉差异。在第一阶段的实验中,被试被要求判断所呈现面孔的性别,无论黑人被试还是白人被试,在面对群体外成员或群体内成员的面孔时,杏仁核都处于激活状态。而在第二阶段的实验中,在面对群体内成员的面孔时,被试杏仁核的活动逐渐减弱;而面对群体外成员的面孔时,被试的杏仁核仍处于较强的激活状态。Hart 等人对此的解释是,无论是群体内成员还是群体外成员的陌生面孔,对被试都是模糊且有潜在威胁的,因此被试在第一次面对陌生面孔时杏仁核都会得到激活;而这种激活在第二阶段的实验中,即面对群体内成员面孔时逐渐减弱,是因为被试对群体内成员已经形成了泛化了的、先见的经验。

Phelps 等人(2000)研究了杏仁核的激活水平与种族偏见的关系,研究中杏仁核的激活水平以脑成像的信号强度、活动范围来度量,而种族偏见的程度则以内隐态度测验中的反应时间来度量。研究发现,在对黑人面孔进行反应时,被试杏仁核的激活水平与内隐的反对黑人的种族偏见程度之间存在显著相关。但是,在面对著名的或熟悉的黑人面孔时(如麦克尔·乔丹),被试杏仁核的激活水平与种族偏见之间无关。这说明白人倾向于把陌生的黑人面孔知觉为具有威胁性的刺激,并产生恐惧反应。

社会等级

社会等级是社会组织维持运作的基本条件,比较社会心理学很早就发现动物之间存在等级区分,例如:鸡群中的鸡极易产生格斗行为并形成统治与服从的关系,赢得格斗的鸡,其行为受到成功的奖赏,因而形成了格斗的习惯,而失败的鸡则会采取逃避的方式以免于惩罚,并形成逃避和不抵抗的习惯。这种在自然条件下形成的社会关系是非常稳定的(邵郊等译,1982)。

人类社会中社会等级的研究是社会心理学较早涉及的领域,近几年,社会认知神经科学致力于发掘社会等级相关加工的神经基础及其在人类进化和个体发展中的意义,大量研究结果显示,社会等级不同程度地共享了情感、奖赏回报、数字等级及共情等加工的脑区网络,涉及额区(如眶额皮质)、杏仁核、纹状体、顶内沟和前扣带回皮质等脑区(杨帅、黄希庭和王彤,2014)。

例如,在 Ly 等人(2011)的一项研究中,研究者分别向被试呈现了两类被标记了社会经济地位的人物图片:比自己高和比自己低。然后同时给出这两张图片让被试进行高("哪个人进入了常青藤名牌大学")和低("哪个人至少被解雇过一次")社会优势性的判断。结果显示个体对他人社会地位觉知的脑激活受自身相对社会经济地位的影响:在自我高地位条件下,对高地位社会信息的反应较多激活腹侧纹状体,在自我低地位条件下,对低地位社会信息的反应较多激活腹侧纹状体。研究者认为,纹状体可能主要参与加工与价值(value)和卓越(salience)相关的心理成分,这与加工金钱的脑区重叠,社会等级的某些加工对个体可能具有与金钱回报类似的奖赏意义。

除了共享的脑区,社会等级可能还对应独特的大脑加工模式,例如,有研究者(Karafin, Tranel 和 Adolphs, 2004)发现,腹内侧前额叶皮质受损的被试尽管在道德判断、社会规范理解等社会情感任务中存在缺陷,但仍能完整地进行社会地位的再认。

10.4 社会认知的跨文化视角与经济/伦理学视角

近十几年来,传统的社会认知神经科学在理解自我、理解他人,以及理解自我与他人的关系方面取得了丰富的研究成果,也为这门学科的蓬勃发展奠定了良好的基础。近几年来,社会认知的研究视角不断扩大,与周边学科的交融趋势也越来越强。这方面有代表性的是文化视角的引入和经济学、伦理学与社会认知的交融。

10.4.1 文化神经科学

文化神经科学(cultural neuroscience)是研究社会脑的前沿领域,它关注生物学与文化的相互作用,认为大脑控制认知和社会文化的交互作用,文化也塑造和调控大脑的结构和功能,这是一个双向重构的过程(Li,2003)。

早在2000年,就有研究者发现,不同的正字法会影响神经激活,比如意大利语正字法就不同于英语正字法(Paulesu,2000)。2001至2003年,基于大脑可塑性的研究,有研究者指出,大脑不仅能产生和支持认知及社会文化的交互,还能以其他的方式运作,如被文化塑造和修正(Baltes和Singer,2001;Li,2003)。2004年,社会脑的概念在认知神经科学的杂志上首次被提及,研究者开始相信,有特异性的神经机制来加工社会信息,因为诸如性别、家庭和社会地位等因素在人类的产生和发展中起着非常重要的作用。自2008年,越来越多关于文化神经科学理论和方法的文章在杂志上发表,Ambady和Bharucha(2009)建议文化神经科学的发展目标可以有二:一是为大脑的文化结构定位,二是梳理文化定位的来源。以下,我们将从文化差异和文化符号两个角度介绍一些文化神经科学中的经典研究。

文化差异的研究

文化对社会知觉的影响:Chiao等人(2008)以日本人和美国人为被试进行了一项功能性核磁共振成像的研究,研究者向被试呈现日本人和美国人各种面部表情,这些表情包括恐惧、愤怒、喜悦或中立等。功能性核磁共振成像的结果表明,与异文化的恐惧表情相比,同文化的恐惧表情能够诱发双侧杏仁核更强的活动,这种文化的选择性只在恐惧表情中被发现,而在中立、喜悦、愤怒等面部表情中并不存在。这表明,杏仁核活动的文化特异性仅存在于具有生态学意义的有关刺激上。

在"自我参照效应"一节中我们已论述过Zhu等人(2007)所做的跨文化研究,该研究证实了基本的文化差异在神经水平上影响自我解释。另一典型的文化神经科学证据来源于Chiao等人(2009),他们采用一般—背景(general-contextual)参照任务,以日本人和美国人为被试,在实验中呈现人格特质词,让被试分别判断是否适合描述一般情境中的自我(如:一般来说,这个词可以描述我吗?),背景情境中的自我(如:和妈妈谈话时,这个词可以用来描述我吗?)或判断字形。结果显示,与一般情境相比,日本被试在背景情境中表现出更强的内侧前额叶的激活;而美国被试正相反,在一般情境加工中表现出更强的内侧前额叶的激活。由此可见被试对文化一致性的自我信息(东亚人的互倚性自我解释基于关系或外在背景,而西方人的独立性自我解释基于一般或内在特质)表现得更为敏感,在一致性加工中激活的脑区强于不一致性加工,文化不仅影响自我—他人(self-other)的神经表征,也影响自我—与他人(self-with other)的神经表征。

如前所述,文化启动也是文化神经科学研究常采用的一种研究方式,它揭示了与文化相适应的动态自我的神经基础以及文化背景下大脑的可塑性,我们在"社会认知的研究方法"部分论述过的 Ng 等人(2010)的文化启动研究就是一个例子。另一个典型的文化神经科学证据来源于 Harada、Zhang 和 Chiao(2010)的研究,他们要求 18 名亚裔美国被试进行内隐评价(implicit evaluation)加工,实验前调查被试父亲的名字、生日和电话等基本资料,要求被试在文化启动任务后完成内隐评价:在三种条件下判断屏幕上的词是否在左侧或右侧,并尽量记住这些词。三种条件分别为:自我参照(如自我的名字)、父亲参照(如父亲的名字)和控制条件(如陌生人的名字)。结果显示,相对于控制组,无论何种文化启动,自我和父亲参照的腹内前额叶皮质激活均增强,但在个人主义启动中,父亲参照比自我参照和控制组的背内侧前额叶皮质激活增强,集体主义启动则没有。即文化启动并不影响腹内侧前额叶皮质的活动,但影响背内侧前额叶皮质的活动。前者可能跟自我信息的自动化加工有关,后者可能和附加的评价加工有关。换句话说,集体主义—个人主义影响双文化被试自我信息评价,而不影响其觉察,背内侧前额叶皮质可能是文化影响自我解释的更为核心的脑区。

文化符号的研究

对于文化符号的研究也是文化神经科学中一个有趣的研究领域。在此,我们分享一个文化对知觉影响的例子:McClure 等人(2004)使用功能性核磁共振成像技术研究了喝可口可乐与百事可乐时个体大脑的变化,以探究对文化上熟悉的饮料的喜爱怎样引起相关脑区的激活。可口可乐和百事可乐在化学成分上几乎是相同的,但人们却会对它们表达出强烈的主观偏好,这引发了一个重要问题:结合内容(饮料)的文化信息怎样塑造并影响我们的知觉?选择可口可乐和百事可乐这两种饮料是因为:一、它们在文化上具有较高的熟悉性;二、它们基本上都是棕色的、充满碳酸气的糖水,而糖水在许多动物和人类实验中是一种主要的奖赏;三、尽管它们很相似,但人类被试对它们的主观偏好却十分不同,因而,用功能性核磁共振成像技术可以测量与这些不同喜爱相关的大脑激活。研究的行为结果证明了携带文化信息的饮料的确造成了人类被试的主观偏爱。在实验中他们发现,文化信息,即品牌知识对味觉偏好的影响,与前额叶的背外侧区域以及海马的活动有关。

综上所述,文化神经科学是一个方兴未艾的研究领域,它为人类心理研究提供了一个全新的、整合性的理论框架。目前,随着研究的深入,多种理论应运而生,例如:文化—基因协同进化论(culture-gene coevolutionary theory)认为,人类的大脑和心智活动是文化—遗传两种力量协同进化的结果(Chiao 和 Blizinsky, 2010);神经—文化交互作用模型(neuro-culture interaction model)则认为,文化建构了人类生活的外部环境,习惯中的文化和大脑是动态发展的交互过程,每种文化都有一种被认可的行为模式,它能够改变大脑的连结性(Kitayama 和 Tompson,2010)。除此以外,文化神经科学也为中国心理学家使用中国被试开展研究取得世界一流成果提供了机遇。

10.4.2 神经经济学

神经经济学(neuroeconomics)是一个新兴的研究领域,它整合了心理学、神经科学和经济学以探讨人类是如何进行决策的(Sanfey 等,2006)。2004 年,以丹尼尔·卡尼曼(Danial Kahneman)为代表的研究者获得了诺贝尔经济学奖(2002 年),在一定程度上激发了研究者投入这一领域的热情。

博弈论经常作为一项重要的研究范式出现在决策的研究中(Lee,2008)。一个典型的实验范式是最后通牒游戏,响应者只需对提议者针对一个固定金额(如:10元)给出的分配方案作出接受或拒绝的判断。若接受,则双方均可获得提案中相应份额的金钱,拒绝则均得不到任何金钱奖励。理性条件下的响应者应该接受除了获得0元以外的所有提案。但响应者往往会拒绝一些对自己不公平的(即响应者获得金钱较少的)提案。对这种行为产生原因的一种解释是较低的提案使接收者产生了负性情绪,响应者无法有效地调节这种情绪,从而影响了理性的决策。

Sanfey 等人认为对不公平提案的非理性决策,可能同时受认知和情绪这两种因素的影响(Sanfey 等,2003)。为此他设计了一个实验,通过运用认知神经科学的范式,即运用功能性核磁共振成像技术证明了认知过程和情绪诱发在最后通牒任务中的作用,并对两者的作用进行分离。该实验采用了虚拟的方式,让参与者作为响应者对电脑中"提议者"的方案作出接受/拒绝的回应,即电脑屏幕中出现的不同人类面孔或计算机的图片为"提议者",响应者需要对提议者的提案作出接受/拒绝的反应。"提议者"分别会提出 2 类共 4 种提案:公平的提案(5:5)和不公平的提案(7:3、8:2、9:1)的呈现次数各一半。在控制条件下,被试只需作出接受的回应。

实验的行为结果同典型的最后通牒任务相一致,响应者(即被试)的接受率会随着不公平程度的增高而降低。值得注意的是,在不公平条件下,参与者对人类提议者的拒绝率显著高于电脑提议者,这说明最后通牒游戏中响应者的拒绝行为更多地是受到了"社会因素"的影响。因为只有在不公平条件下,博弈中的响应者才可能作出非理性的决策。因此研究者们把响应者对"人类提议者"提出的不公平提案同公平提案的激活水平进行了比较,他们认为在不公平条件下激活更加强烈的脑区更有可能在非理性决策中发挥作用。结果他们发现了双侧脑岛、背外侧前额叶皮质和前部扣带回三个区域的激活。为了进一步分离这些区域的作用,研究者又把不公平条件下响应者对"人类提议者"作出拒绝反应的激活同接受反应时的神经激活进行了比较

(7∶3条件由于接受率过高而被排除)。结果同接受行为相比,当响应者拒绝提案时,脑岛的激活更加显著而背外侧前额叶皮质处的激活则没有差异。研究者们还在参与者个体水平上对这两个区域进行了分离,发现在8∶2和9∶1条件下所有个体的接受率同脑岛的激活水平之间都存在着显著的负相关,而同背外侧前额叶皮质之间的相关则不显著。背外侧前额叶皮质在以往的研究中被认为参与目标维持和执行控制等认知加工过程,在不公平条件下其更强烈的激活表明,相较于公平的情况,不公平的提议可能需要更多的认知资源,但该区域的激活对个体接受/拒绝反应差异不敏感,因此拒绝行为的发生似乎与该区域无关。脑岛区域的激活则被认为与负性情绪有关,不公平条件下响应者拒绝行为时脑岛的激活高于接受行为,证明了情绪是影响非理性决策的一个主要因素。这样的结果表明了背外侧前额叶皮质和前部脑岛在最后通牒任务中共同发挥作用,其中部脑岛的激活引发情绪的唤醒以帮助个体拒绝不公平的提案,而背外侧前额叶皮质则负责执行继续积累金钱的任务。

神经经济学其他一些典型的研究发现包括:Rudebeck等人(2006)发现前扣带回皮质损伤影响个体为奖赏投入的努力,眶额皮层损伤影响个体对奖赏的等待,这些发现表明延迟和努力会对决策产生不同的影响;在品牌决策研究中,Deppe等人(2005)通过模拟消费者选择产品的情境发现,只有被试偏好的品牌才能激发明显的决策模式,当目标刺激为被试喜欢的品牌时,被试腹内侧前额的活动增强;Schaefer等人(2006)的研究发现内侧前额叶在品牌识别中起重要作用;Knutson等人(2007)则采用功能性核磁共振成像技术扫描了被试在模拟购买实验中作出决策时的神经活动,结果发现当被试面对喜欢的商品时,其前扣带回皮质被激活,当商品价格太贵时,其脑岛被激活,同时腹内侧前额叶的活动水平下降。

10.4.3 神经伦理学

神经经济学关注经济决策,同时,情绪和认知也被认为对其他类型的社会决策有贡献,因而神经伦理学(neuroethics)被引入了我们的视野(Safire,2003),这一学科力图通过对行为背后大脑机制的研究,理解人类是怎样处理诸如疾病、道德、生活方式和生活哲学之类的社会问题的(Gazzaniga,2005)。

研究者对道德判断究竟是一个理性过程还是一个感性过程一直存在争议。有研究发现幼年时期前额叶损伤的被试在社会行为和道德行为上表现异常。Greene等人(2004)的一项经典研究则采用道德两难任务,考察了人们在作出不同道德决策时脑活动水平的差异,实验中有两种任务,一为电车困境任务:一辆有轨电车正在飞驰而来,但是轨道上还有五个工人正在施工并即将到来的危险浑然不觉,拯救这五个人的唯一办法是你扳动路闸以改变电车的轨道,但是这样会撞死另一条轨道上的一个人,你会扳动路闸吗?二为人行天桥困境,你再次目睹电车冲向轨道上的五个工人,这次,你阻止电车的唯一方法是把一个陌生人从天桥上推下去,你会推吗?行为实验的结果表明大多数被试认为在第一种情况下扳动路闸是可以接受的,但推陌生人是不道德且不能接受的。很明显在后一种困境中,需要被试较高水平的个人情感介入(个人化的困境),而在前一种困境中,只需要被试较低水平的个人情感介入(非个人化的困境)。脑成像的结果证实了这种差异,即个人化和非个人化的困境与不同的大脑激活相关联。非个人化决策激活了右外侧前额皮质和双侧顶叶,这些区域与工作记忆相关。而当被试的选择需要更多的个人努力时,内侧前额叶皮质、后扣带回和杏仁核这些区域得到显著激活,而这些区域与情绪等社会认知过程有关(见图10.13)。

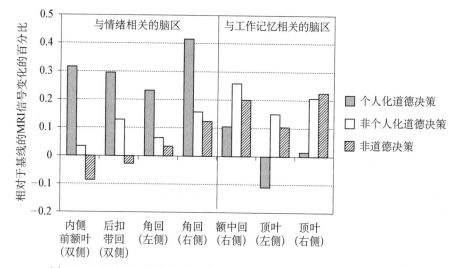

图10.13 个人化道德决策、非个人化道德决策和非道德决策激活的脑区比对

(来源:Greene等,2001)

另一项研究(Moll等,2006)考察了捐赠行为的神经机制结果发现,捐赠行为与人类的奖赏系统,以及与人们对社会的依恋程度有关。相反,拒绝捐赠行为则与对捐赠对象的社会排斥和厌恶有关。Tankersley、Stowe和Huettel(2007)则考察了利他主义的神经机制,结果他们发现,右半球颞上回后部的激活程度可以预测被试的利他主义倾向,这一区域也负责对他人意图的认知和推理,这表明对他人心理状态的推理对利他行为的产生具有关键作用。

总之,从目前的证据看,社会认知神经科学所涉及的其他领域,不管是神经经济学,还是神经伦理学,都证明了人类的决策,需要依赖于情绪和认知系统的共同协调工作。

　　社会认知过程是一个相对传统认知而言更加复杂的加工过程,虽然社会认知神经科学是一个非常年轻的领域,但短短十余年该学科就为揭示社会认知过程及其相关的脑机制作出了巨大的贡献。不同社会启动条件下相同认知任务的神经激活差异、社会认知同传统认知的共性/特性的问题、社会认知过程中认知过程和情绪过程的分离以及社会效价同低水平认知加工的联结机制等许多传统社会心理学方法难以解决的棘手问题都已通过应用社会认知神经科学的研究范式被一一攻克。

　　但在取得巨大进步的同时,社会认知神经科学本身也存在着一些缺陷和不足。首先,社会认知神经科学的研究缺乏生态效度,人类的绝大多数社会认知活动都是在真实的社会环境之中完成的,并且在活动中往往会有多种认知过程同时进行,但由于研究方法和研究设计等诸多原因,目前多数的社会认知神经科学实验均是在实验室中完成的,并且往往会仅研究一项特定的加工过程而刻意控制其他可能的并行的认知加工过程。大多数研究都会使用那些简单的、易于操纵的人工合成的刺激(Zaki 和 Ochsner, 2010)。显然,用这些过于简单的实验和刺激来解读复杂的社会现象是缺乏解释力度的。此外,多数社会认知神经科学的实验研究都依赖于神经成像技术,但由于方法学的限制,那些涉及多种加工过程的社会活动往往会使很多区域都发生激活,造成对加工过程/脑区的精确定位十分困难。

　　面对影响认知神经科学发展的诸多问题,目前已经有很多研究者开始着手对其进行解决,更加具有生态效度的新的研究范式正在形成。随着神经成像技术的发展及计算机数据处理能力的提高,静息态功能性核磁共振成像与脑功能链接(Smith 等,2013)、实时功能性核磁共振成像(real-time fMRI, Weiskopf, 2012)等方法的引入,越来越复杂的社会认知加工过程也开始进入该学科的研究视野。同时由于未来的研究内容势必会更加复杂和多样,社会认知神经科学也必将会同生物学、计算机科学甚至医学等其他学科产生更加紧密的合作(Singer, 2012)。相信未来认知神经科学会取得更多对社会心理学乃至心理学有深远影响的研究结果,更好地为社会服务。

本章小结

　　相对于传统的认知过程,社会认知是一个较为新兴的研究领域,社会认知神经科学为社会认知的研究注入了新的活力。从神经水平来看,社会认知与非社会认知的加工是分离的,社会认知更多地考虑到实验中的动机、情感等问题,它是一种暖认知。

　　在研究方法上,社会认知已逐渐发展出符合自己研究特点的诸多实验范式,如社会启动范式和自我研究范式等。而社会认知的生物学模型,目前已发展为一个基因—激素—神经—行为四个层面的交互系统,除了经典的脑成像研究以外,神经递质和基因等底层的生物学概念对社会认知的影响也逐渐被纳入研究范围。

在研究内容上,社会认知的研究已涉及更广泛的心理过程,这其中核心的议题包括:理解自我、理解他人以及自我与他人的互动。在对这些主题的探索中,对社会脑在结构和功能认识上的丰富贯穿始终,一些重要的脑区:如杏仁核、眶额皮质、内侧前额叶、后上颞沟/颞顶联合区和前后扣带回等是社会脑的中心区域,而皮质中线结构与自我相关。

关键术语

爱情嫉妒

催产素

睾酮

观点采择

合成面孔技术

镜像测验

记忆固化

镜像神经元系统

远久效应

眶额皮质

脑白质切除术

内隐评价

皮质的中线结构

囚徒两难游戏

社会脑

社会排斥

社会认知神经科学

社会认知心理学

神经经济学

神经伦理学

神经—文化交互作用模型

文化—基因协同进化论

文化神经科学

心理理论

血清胺

自我参照效应

自我面孔识别

自我意识性情绪

自传体记忆

参考文献

陈巍,丁峻,陈箐灵.(2008).社会脑研究二十年:回顾与展望.西北师范大学学报(社会科学版),45(6),84—89.
关丽丽,齐铭铭,张庆林,杨娟.(2011).自我面孔识别的脑机制.心理科学进展,19(9),1313—1318.
韩世辉,张逸凡.(2012).社会认知、文化与大脑——文化神经科学研究.中国科学院院刊(s1),66—77.
刘金婷,刘思铭,曲路静,钟茹,詹稼毓,蒋玉石等.(2013).睾酮与人类社会行为.心理科学进展,21(11),1956—1966.
马建苓,陈旭,王婧.(2012).自我面孔识别的特征、影响因素及 ERP 研究述评.心理科学进展,20(2),240—247.
(美)德斯伯里,雷斯林沙弗著,邵郊等译(1982).比较心理学:现代概观.北京:科学出版社.
(美)葛詹尼加等著,周晓林,高定国等译(2011).社会认知神经科学.北京:中国轻工业出版社.
隋洁.(2004).自我参照效应与自我面孔再认的 ERP 研究.北京大学博士学位论文.
吴南,苏彦捷.(2012).催产素及受体基因与社会适应行为.心理科学进展,20(6),863—874.
徐晓坤,王玲玲,钱星,王晶晶,周晓林.(2005).社会情绪的神经基础.心理科学进展,13(4),517—524.
杨帅,黄希庭,王彤.(2014).社会等级加工的神经基础.心理科学进展,22(2),250—258.
朱滢.(2014).实验心理学(第四版)321—351.
朱滢,隋洁.(2004).社会认知神经科学——一个很有前途的交叉学科.心理与行为研究,2(2),401—404.
Adolphs, R. (1999). Social cognition and the human brain. *Trends in Cognitive Sciences*, 3(12),469-479.
Ambady, N. & Bharucha, J. (2009). Culture and the brain. *Current Directions in Psychological Science*, 18(6),342-345.
Amodio. D M & Frith. C. D (2006). Meeting of minds: the media frontal cortex and social cognition. *Nature Review Neuroscience*, 7,268-277.
Antypa, N. (2011). *Cognitive vulnerability to depression : genetic and environmental influences*. (Doctoral dissertation, Institute of Psychology, Faculty of Social and Behavioural Sciences, Leiden University).
Baltes, P. B. & Singer, T. (2001). Plasticity and the aging mind: an exemplar of the biocultural orchestration of brain and behavior. *European Review*, 9(1),59-76.
Barnea-Goraly, N. , Kwon, H. , Menon, V. , Eliez, S. , Lotspeich, L. , & Reiss, A. L. (2004). White matter structure in autism: preliminary evidence from diffusion tensor imaging. *Biological Psychiatry*, 55(3),323-326.
Bartels, A. & Zeki, S. (2000). The neural basis of romantic love. *Neuroreport*, 11(17),3829-3834.
Bartels, A. & Zeki, S. (2004). The neural correlates of maternal and romantic love. *Neuroimage*, 21(3),1155-1166.
Bavelas, J. B. , Black, A. , Lemery, C. R. , & Mullett, J. (1986). "I show how you feel": motor mimicry as a communicative act. *Journal of Personality and Social Psychology*, 50(2),322-329.
Berthoz, S. , Armony, J. L. , Blair, R. J. R. , & Dolan, R. J. (2002). An fmri study of intentional and unintentional (embarrassing) violations of social norms. *Brain*, 125(8),1696-1708.
Bickart, K. C. , Wright, C. I. , Dautoff, R. J. , Dickerson, B. C. , & Barrett, L. F. (2011). Amygdala volume and social network size in humans. *Nature Neuroscience*, 14(2),163-164.
Bindemann, M. , Burton, A. M. , Leuthold, H. , & Schweinberger, S. R. (2008). Brain potential correlates of face recognition: geometric distortions and the n250r brain response to stimulus repetitions. , 45(4),535-544.
Brothers, L. A. (2002). The social brain: a project for integrating primate behavior and neurophysiology in a new domain. *Concepts in Neuroscience*, 1. 27-51.
Brummett, B. H. , Boyle, S. H. , Siegler, I. C. , Kuhn, C. M. , Ashleykoch, A. , & Jonassaint, C. R. , et al. (2008). Effects of environmental stress and gender on associations among symptoms of depression and the serotonin transporter gene linked polymorphic region (5-httlpr). *Behavior Genetics*, 38(1),34-43.
Bush, G. , Luu, P. , & Posner, M. I. (2000). Cognitive and emotional influences in anterior cingulate cortex. *Trends in Cognitive Sciences*, 4(6),215.
Cabeza, R. & St, J. P. (2007). Functional neuroimaging of autobiographical memory. *Trends in Cognitive Sciences*, 11 (5),219-227.
Cacioppo, J. T. & Cacioppo, S. (2013). Social neuroscience. *Perspectives on Psychological Science*, 8(6),667-669.
Caharel, S. , Fiori, N. , Bernard, C. , Lalonde, R. , & Rebaï, M. (2006). The effects of inversion and eye displacements of familiar and unknown faces on early and late-stage erps. *International Journal of Psychophysiology*

Official Journal of the International Organization of Psychophysiology, 62(1), 141-151.

Cairns, R. B. & Werboff, J. (1967). Behavior development in the dog: an interspecific analysis. , 158(3804), 1070-1072.

Camille, N., Coricelli, G., Sallet, J., Pradatdiehl, P., Duhamel, J. R., & Sirigu, A. (2004). The involvement of the orbitofrontal cortex in the experience of regret. *Science*, 304(5674), 1167.

Chiao, J. Y. & Bebko, G. M. (2011). *Cultural Neuroscience of Social Cognition. Culture and Neural Frames of Cognition and Communication*. 19-39.

Chiao, J. Y. & Blizinsky, K. D. (2010). Culture-gene coevolution of individualism-collectivism and the serotonin transporter gene. *Proceedings of the Royal Society Biological Sciences*, 277(1681), 529.

Chiao, J. Y., Harada, T., Komeda, H., Li, Z., Mano, Y., & Saito, D., et al. (2009). Neural basis of individualistic and collectivistic views of self. *Human Brain Mapping*, 30(9), 2813-2820.

Chiao, J. Y., Iidaka, T., Gordon, H. L., Nogawa, J., Bar, M., & Aminoff, E., et al. (2008). Cultural specificity in amygdala response to fear faces. *Journal of Cognitive Neuroscience*, 20(12), 2167-2174.

Christakis, N. A. & Fowler, J. H. (2014). Friendship and natural selection. *Proceedings of the National Academy of Sciences*, 111(Supplement_3), 10796-10801.

Cook, R., Bird, G., Catmur, C., Press, C., & Heyes, C. (2014). Mirror neurons: From origin to function. *Behavioral and Brain Science*, 37(2), 177-241.

Craik, F. I. M. (1999). In search of the self: a positron emission tomography study. *Psychological Science*, 10(1), 26-34.

Davidson, R. J., Pizzagalli, D., Nitschke, J. B., & Putnam, K. (2002). Depression: perspectives from affective neuroscience. *Annual Review of Psychology*, 53(53), 545-574.

Deppe, M., Schwindt, W., Kugel, H., Plassmann, H., & Kenning, P. (2005). Nonlinear responses within the medial prefrontal cortex reveal when specific implicit information influences economic decision making. *Journal of Neuroimaging*, 15(2), 171-182.

di Pellegrino, G., Fadiga, L., Fogassi, L., Gallese, V., & Rizzolatti, G. (1992). Understanding motor events: A neurophysiological study. *Experimental Brain Research*, 91(1), 176-180.

Eisenberger, N. I., Lieberman, M. D., & Williams, K. D. (2003). Does rejection hurt? an fmri study of social exclusion. *Science*, 302(5643), 290-292.

Fiske, S. T. (2013). *Social cognition: From brains to culture*. Sage Press.

Freedman, D. G., King, J. A., & Elliot, O. (1961). Critical period in the social development of dogs. *Science*, 133(3457), 1016.

Frings, H. & J. Jumber. 1954. Preliminary studies on the use of a specific sound to repel starlings (Sturnus vulgaris) from objectionable roosts. *Science* 119: 318-319.

Gallagher, H. L., Jack, A. I., Roepstorff, A., & Frith, C. D. (2002). Imaging the intentional stance in a competitive game. *Neuroimage*, 16(3), 814-821.

Gallup, G. G., Mcclure, M. K., Hill, S. D., & Bundy, R. A. (1971). Capacity for self-recognition in differentially reared chimpanzees. *Psychological Record*, 21(1), 69-74.

Gazzaniga, M. S. (2005). Facts, fictions and the future of neuroethics. *Neuroethics Defining the Issues in Theory*.

Geng, H., Zhang, S., Li, Q., Tao, R., & Xu, S. (2012). Dissociations of subliminal and supraliminal self-face from other-face processing: behavioral and erp evidence. *Neuropsychologia*, 50(12), 2933-2942.

Gogtay, N., Giedd, J. N., Lusk, L., Hayashi, K. M., Greenstein, D., & Vaituzis, A. C. (2004). Dynamic mapping of human cortical development during childhood through early adulthood. *Proceedings of the National Academy of Sciences of the United States of America*, 101(21), 8174.

Gray, H. M., Ambady, N., Lowenthal, W. T., & Deldin, P. (2004). P300 as an index of attention to self-relevant stimuli. *Journal of Experimental Social Psychology*, 40(2), 216-224.

Greene, J. D., Nystrom, L. E., Engell, A. D., Darley, J. M., & Cohen, J. D. (2004). The neural bases of cognitive conflict and control in moral judgment. *Neuron*, 44(2), 389.

Greene, J. D, Sommerville, R. B., Nystrom, L. E., Darley, J. M., & Cohen, J. D. (2001). An fmri investigation of emotional engagement in moral judgment. *Science*, 293(5537), 2105.

Greenwald, A. G. & Banaji, M. R. (1989). The self as a memory system: powerful, but ordinary. *Journal of personality and social psychology*, 57(1), 41-54.

Han, S. & Northoff, G. (2008). Culture-sensitive neural substrates of human cognition: a transcultural neuroimaging approach. *Nature Reviews Neuroscience*, 9(8), 646.

Harada, T. & Zhang, L. J. Y. C. (2010). Differential dorsal and ventral medial prefrontal representations of the implicit self modulated by individualism and collectivism: an fmri study. *Social Neuroscience*, 5(3), 257-271.

Hariri, A. R. & Holmes, A. (2006). Genetics of emotional regulation: the role of the serotonin transporter in neural function. *Trends in Cognitive Sciences*, 10(4), 182.

Hart, A. J., Whalen, P. J., Shin, L. M., Mcinerney, S. C., Fischer, H., & Rauch, S. L. (2000). Differential response in the human amygdala to racial outgroup vs ingroup face stimuli. *Neuroreport*, 11(11), 2351.

Herzmann, G., Schweinberger, S. R., Sommer, W., & Jentzsch, I. (2004). What's special about personally familiar faces? a multimodal approach. *Psychophysiology*, 41(5), 688-701.

Hong, Y. Y., Morris, M. W., Chiu, C. Y., & Benetmartínez, V. (2000). Multicultural minds. a dynamic constructivist approach to culture and cognition. *American Psychologist*, 55(7),709.

Iacoboni, M., Lieberman, M. D., Knowlton, B. J., Molnar-Szakacs, I., Moritz, M., & Throop, C. J., et al. (2004). Watching social interactions produces dorsomedial prefrontal and medial parietal bold fmri signal increases compared to a resting baseline. *Neuroimage*, 21(3),1167-1173.

Insel, T. R. (2003). Is social attachment an addictive disorder?. *Physiology and Behavior*, 79(79),351-357.

Irani, F., Platek, S. M., Panyavin, I. S., Kohler, C., Gur, R. E., & Gur, R. C. (2005). Self face recognition & theory of mind in schizophrenia. *Clinical Neuropsychologist*, 19(3-4),566-566.

Jackson, P. L., Meltzoff, A. N., & Decety, J. (2005). How do we perceive the pain of others? A window into the neural processes involved in empathy. *Neuroimage*, 24(3),771-779.

Karafin, M. S., Tranel, D., & Adolphs, R. (2004). Dominance attributions following damage to the ventromedial prefrontal cortex. *Journal of Cognitive Neuroscience*, 16(10),1796-1804.

Keenan, J. P., Mccutcheon, B., Freund, S., Jr, G. G., Sanders, G., & Pascual-Leone, A. (1999). Left hand advantage in a self-face recognition task. *Neuropsychologia*, 37(12),1421-1425.

Keenan, J. P., Nelson, A., O'Connor, M., & Pascual-Leone, A. (2001). Self-recognition and the right hemisphere. *Nature*, 409(6818),305.

Keenan, J. P., Rubio, J., Racioppi, C., Johnson, A., & Barnacz, A. (2005). The right hemisphere and the dark side of consciousness. *Cortex*, 41(5),695-704; discussion 731-4.

Keenan, J. P., Wheeler, M. A., Jr, G. G., & Pascualleone, A. (2000). Self-recognition and the right prefrontal cortex. *Trends in Cognitive Sciences*, 4(9),338-344.

Kelley, W., Macrae, N., Wyland, C., Caglar, S., Inati, S., & Heatherton, T. (2002). Medial prefrontal cortex is engaged during self-referential processing. *Journal of Cognitive Neuroscience*, 59-59.

Kelley, W. M., Macrae, C. N., Wyland, C. L., Caglar, S., Inati, S., & Heatherton, T. F. (2002). Finding the self? An event-related fMRI study. *Journal of Cognitive Neuroscience*, 14,785-794.

Keyes, H., Brady, N., Reilly, R. B., & Foxe, J. J. (2010). My face or yours? event-related potential correlates of self-face processing. *Brain and Cognition*, 72(2),244-254.

Kilner, J. M. & Lemon, R. N. (2013). What we know currently about mirror neurons. *Current Biology*, 23(23), R1057-R1062.

Kilner, J. M., Paulignan, Y., & Blakemore, S. J. (2003). An interference effect of observed biological movement on action. *Current Biology*, 13(6),522-525.

Kitayama, S. & Tompson, S. (2010). Envisioning the future of cultural neuroscience. *Asian Journal of Social Psychology*, 13(2),92-101.

Knutson, B., Rick., Wirnmer, GE., Prelec, D., & Loewenstein, G. (2006) Neural predictors of purchases. *Neurosciences*, 53(1),147-156.

Kosslyn, S. M. & Koenig, O. (1992). Wet mind the new cognitive neuroscience. The Free Press.

Lee, D. (2008). Game theory and neural basis of social decision making. *Nature Neuroscience*, 11(4),404-409.

Lewis, M. (1992). The self in self-conscious emotions. *Monographs of the Society for Research in Child Development*, 818(1),118-142.

Lieberman, M. D. (2007). Social cognitive neuroscience: a review of core processes. *Annual Review of Psychology*, 58(1),259.

Li, S. C. (2003). Biocultural orchestration of developmental plasticity across levels: the interplay of biology and culture in shaping the mind and behavior across the life span. *Psychol Bull.*, 129(2),171-194.

Ly, M., Haynes, M. R., Barter, J. W., Weinberger, D. R., & Zink, C. F. (2011). Subjective socioeconomic status predicts human ventral striatal responses to social status information. *Current Biology*, 21(9),794-797.

Maguire, E. A., & Frith, C. D. (2003). Aging affects the engagement of the hippocampus during autobiographical memory retrieval. *Brain*, 126(7),1511-1523.

Mariol, M., Jacques, C., Schelstraete, M., & Rossion, B. (2008). The speed of orthographic processing during lexical decision: electrophysiological evidence for independent coding of letter identity and letter position in visual word recognition. *Journal of Cognitive Neuroscience*, 20(7),1283-1299.

Markus, H. (1977). Self-schemata and processing information about the self. *Journal of Personality and Social Psychology*, 35(2),63-78.

Markus, H. R. & Kitayama, S. (1991). *Cultural Variation in the Self-Concept. The Self*: Interdisciplinary Approaches.

Markus, H. R. & Kitayama, S. (1991). Culture and the self: implications for cognition, emotion, and motivation. *Psychological Review*, 98(2),224-253.

Ma, Y. & Han, S. (2010). Why we respond faster to the self than to others? an implicit positive association theory of self-advantage during implicit face recognition. *Journal of Experimental Psychology Human Perception and Performance*, 36(3),619.

Mcclure, S. M., Li, J., Tomlin, D., Cypert, K. S., Montague, L. M., & Montague, P. R. (2004). Neural correlates of behavioral preference for culturally familiar drinks. *Neuron*, 44(2),379-387.

Meltzoff, A. N. & Moore, M. K. (1977). Imitation of facial and manual gestures by human neonates. *Science*, 198(4312),74-78.

Mitchell, J. P., Macrae, C. N., & Banaji, M. R. (2004). Encoding-specific effects of social cognition on the neural correlates of subsequent memory. *Journal of Neuroscience*, 24(21),4912-4917.

Moll, J., Krueger, F., Zahn, R., Pardini, M., Oliveira-Souza, R. D., & Grafman, J. (2006). Human fronto-mesolimbic networks guide decisions about charitable donation. *Proceedings of the National Academy of Science*, 103(42),15623-15628.

Nelson, E. E., Nitschke, J. B., Rusch, B. D., Oakes, T. R., Anderle, M. J., & Ferber, K. L., et al. (2001). Motherly love: an fmri study of mothers viewing pictures of their infants. *Neuroimage*, 13(6),450-450.

Ng, S. H., Han, S., Mao, L., & Lai, J. C. L. (2010). Dynamic bicultural brains: fmri study of their flexible neural representation of self and significant others in response to culture primes. *Asian Journal of Social Psychology*, 13(2), 83-91.

Nitschke, J. B., Nelson, E. E., Rusch, B. D., Fox, A. S., Oakes, T. R., & Davidson, R. J. (2004). Orbitofrontal cortex tracks positive mood in mothers viewing pictures of their newborn infants. *Neuroimage*, 21(2),583-592.

Northoff, G., Heinzel, A., De, G. M., Bermpohl, F., Dobrowolny, H., & Panksepp, J. (2006). Self-referential processing in our brain--a meta-analysis of imaging studies on the self. *Neuroimage*, 31(1),440-457.

Ochsner, K. N. (2004). Current directions in social cognitive neuroscience. *Current Opinion in Neurobiology*, 14(2), 254-258.

Ochsner, K. N. (2007) Social cognitive neuroscience: Historical development, core principles, and future promise. Kruglanski. Arie W, Higgins, E. Tory (Eds). *Social psychology: Handbook of basic principles* (2nd ed., pp. 39-66). New York, NY, US: Guilford Press, xiii,1010 pp.

Ochsner, K. N. & Lieberman, M. D. (2001). The emergence of social cognitive neuroscience. *American Psychologist*, 56(9),717-34.

Paulesu, E., Mccrory, E., Fazio, F., Menoncello, L., Brunswick, N., & Cappa, S. F. (2000). A cultural effect on brain function. *Nature Neuroscience*, 3(1),91-96.

Pelphrey, K. A., Morris, J. P., Michelich, C. R., Allison, T., & Mccarthy, G. (2005). Functional anatomy of biological motion perception in posterior temporal cortex: an fmri study of eye, mouth and hand movements. *Cerebral Cortex*, 15(12),1866-1876.

Pfütze, E. M., Sommer, W., & Schweinberger, S. R. (2002). Age related slowing in face and name recognition: evidence from event-related brain potentials. *Psychology and Aging*, 17(1),140-160.

Phelps, E. A., Cannistraci, C. J., & Cunningham, W. A. (2003). Intact performance on an indirect measure of race bias following amygdala damage. *Nuropsychologia*, 41,203-208.

Phelps, E. A., O'Connor, K. J., Cunningham, W. A., Funayama, E. S., Gatenby, J. C., & Gore, J. C. (2000). Performance on indirect measures of race evaluation predicts amygdala activation. *Journal of Cognitive Neuroscience*, 12(5),729-738.

Pickering, E. C. & Schweinberger, S. R. (2002). Event-related brain potentials reveal three loci of repetition priming for written names. *Perception*.

Powell, J. L., Lewis, P. A., Dunbar, R. I., Garcíafiñana, M., & Roberts, N. (2010). Orbital prefrontal cortex volume correlates with social cognitive competence. *Neuropsychologia*, 48(12),3554-3562.

Rilling, J. K., Gutman, D. A., Zeh, T. R., Pagnoni, G., Berns, G. S., & Kilts, C. D. (2002). A neural basis for social cooperation. *Neuron*, 35(2),395.

Rizzolatti, G & Craighero, L. (2004). The mirror-neuron system. *Annual Review of Neuroscience*, 27,169-192.

Rogers, T. B., Kuiper, N. A., & Kirker, W. S (1977). Self-reference and the encoding of personal information. *Journal of personality and social psychology*, 35(9),677.

Rudebeck, P. H., Walton, M. E., Smyth, A. N., Bannerman, D. M., & Rushworth, M. F. S. (2006). Separate neural pathways process different decision costs. *Nature Neuroscience*, 9(9),1161-8.

Safire, W. (2002). *Visions for a New Field of "Neuroethics" Neuroethics Mapping the Field Conference Proceedings*. May 13-14, San Francisco, California.

Sanfey, A. G., Loewenstein, G., Mcclure, S. M., & Cohen, J. D. (2006). Neuroeconomics: cross-currents in research on decision-making. *Trends in Cognitive Sciences*, 10(3),108.

Sanfey, A. G., Rilling, J. K., Aronson, J. A., Nystrom, L. E., & Cohen, J. D. (2003). The neural basis of economic decision-making in the ultimatum game. *Science*, 300(5626),1755-1758.

Saxe, R., Xiao, D. K., Kovacs, G., Perrett, I., & Kanwisher, N. (2004). A region of right posterior superior temporal sulcus responds to observed intentional actions. *Neuropsychologia*, 42(11),1435-1446.

Schaefer, M., Berens, H., Heinze, H. J., & Rotte, M. (2006). Neural correlates of culturally familiar brands of car manufacturers. *Neuroimage*, 31(2),861-865.

Scott, J. P. (1944). An experimental test of the theory that social behavior determines social organization. *Science*, 99(2559),42-43.

Singer, T. (2012). The past, present and future of social neuroscience: A European perspective. *NeuroImage*, 61(2), 437-449.

Singer, T., Kiebel, S. J., Winston, J. S., Dolan, R. J., & Frith, C. D. (2004). Brain responses to the acquired moral status of faces. *Neuron*, 41(4),653.

Singer, T., Seymour, B., O'Doherty, J., Kaube, H., Dolan, R.J., & Frith, C.D. (2004). Empathy for pain involves the affective but not sensory components of pain. *Science*, *303*(5661),1157-1162.

Singer, T., Seymour, B., O'Doherty, J.P., Stephan, K.E., Dolan, R.J., & Frith, C.D. (2006). Empathic neural responses are modulated by the perceived fairness of others. *Nature*, *439*(7075),466.

Smith, S.M., Vidaurre, D., Beckmann, C.F., Glasser, M.F., Jenkinson, M., & Miller, K.L. (2013). Functional connectomics from resting-state fmri. *Trends in Cognitive Sciences*, 17(12),666.

Snowden, J.S., Gibbons,Z.C., Blackshaw, A., & Doubleday, E. (2003). Social cognition in frontotemporal dementia and huntington's disease. *Neuropsychologia*, 41(6),688-701.

Sui, J., Liu, C.H., & Han, S. (2009). Cultural difference in neural mechanisms of self-recognition. *Social Neuroscience*, 4(5),402.

Sui, J., Zhu, Y., & Han, S. (2006). Self-face recognition in attended and unattended conditions: an event-related brain potential study. *Neuroreport*, 17(4),423-427.

Tacikowski, P., Jednoróg, K., Marchewka, A., & Nowicka, A. (2011). How multiple repetitions influence the processing of self-, famous and unknown names and faces: an erp study. *International Journal of Psychophysiology Official Journal of the International Organization of Psychophysiology*, 79(2),219-230.

Tacikowski, P. & Nowicka, A. (2010). Allocation of attention to self-name and self-face: an erp study. *Biological Psychology*, 84(2),318.

Takahashi, H., Matsuura, M.N., Koeda, M., Suhara, T., & Okubo, Y. (2006). Men and women show distinct brain activations during imagery of sexual and emotional infidelity. *Neuroimage*, 32(3),1299-1307.

Tanaka, J.W., Curran, T., Porterfield, A.L., & Collins, D. (2006). Activation of preexisting and acquired face representations: the n250 event-related potential as an index of face familiarity. *Journal of Cognitive Neuroscience*, 18(9),1488-1497.

Tankersley, D., Stowe, C.J., & Huettel, S.A. (2007). Altruism is associated with an increased neural response to agency. *Nature Neuroscience*, 10(2),150-151.

Verona, E., Joiner, T.E., Johnson, F., & Bender, T.W. (2006). Gender specific gene-environment interactions laboratory-assessed aggression. *Biological Psychology*, 71(1),33-41.

Wicker B, Keysers C, Plailly J, Royet J-P, Gallese V, & Rizzolatti G. (2003). Both of us disgust in my insula: The common neural basis of seeing and feeling disgust. *Neuron*, 40,655-644.

Willingham, D.T. & Dunn, E.W. (2003). What neuroimaging and brain localization can do, cannot do and should not do for social psychology. *Journal of Personality and Social Psychology*, 85(4),662.

Wood, R.M., Rilling, J.K., Sanfey, A.G., Bhagwagar, Z., & Rogers, R.D. (2006). Effects of tryptophan depletion on the performance of an iterated prisoner's dilemma game in healthy adults. *Neuropsychopharmacology*, 31(5),1075-1084.

Zacks, J.M., Vettel, J.M., & Michelon, P. (2003). Imagined viewer and object rotations dissociated with event-related fmri. *Journal of Cognitive Neuroscience*, 15(7),1002-1018.

Zaki, J., Ochsner, K.N., & Ochsner, K. (2012). The neuroscience of empathy: progress, pitfalls and promise. *Nature neuroscience*, 15(5),675.

Zhu, Y., Zhang, L., Fan, J., & Han, S. (2007). Neural basis of cultural influence on self-representation. *Neuroimage*, 34(3),1310-1316.

作者简介

李新旺 博士,首都师范大学心理学院教授、博导,中国心理学会首批评定的中国心理学家。现为中国心理学会生理心理学专业委员会副主任,《心理科学进展》编委;担任《中国大百科全书·心理学卷》(第三版)"生理心理学"分卷副主编。主持国家自然科学基金、教育部人文社科基金等多项研究课题。已获奖项有河南省教学成果二等奖(1996)、河南省自然科学优秀学术论文二等奖(1995)、北京市高等教育精品教材(2011)、中国心理学会学科建设成就奖(2017)等。在 *Scientific Reports*、*Behavioural Brain Research*、*Physiology & Behavior*、*Pharmacology Biochemistry and Behavior*、《心理学报》、《心理科学》等刊物上发表论文80多篇。编著或主编《生理心理学导论》、《生理心理学》、《教育心理学》、《心理学》、《决策心理学》等。

苏彦捷 1983—1992年于北京大学心理学系学习,1992年博士毕业留校任教。北京大学心理与认知科学学院教授、博士生导师。现任北京大学元培学院副院长,教育部高等学校心理学教学指导委员会秘书长,中国心理学会常务理事,北京心理学会副理事长兼秘书长。讲授发展心理学、神经解剖学、比较心理学和环境心理学等本科课程以及发展心理学专题和比较心理学专题等研究生课程。研究兴趣主要集中在心理能力的演化和发展,特别是心理理论的发生和发展以及社会行为和智力的演化等方面。已经在《美国科学院院刊》(PNAS)、《发展心理学》(*Developmental Psychology*)、《性别角色》(*Sex Roles*)、《美国灵长类学杂志》(*American Journal of Primatology*)以及《心理学报》、《心理科学》和《心理发展与教育》等学术期刊上发表论文200余篇,并主编(译)了多本发展心理学和生物心理学教材和著作。曾获北京大学十佳教师、北京市优秀青年教师、宝钢教育基金会优秀教师以及北京市高等学校教学名师等称号和奖励。

李新影 中国科学院心理研究所研究员,博士生导师。2003年毕业于中国协和医科大学,获得医学博士学位,此后于中科院心理研究所从事青少年心理健康研究。所领导的研究小组在遗传—环境交互作用方面的工作取得了多项成果。例如,研究小组通过对青少年双生子的追踪研究发现,抑郁具有中等程度的遗传基础,但基因并不直接导致抑郁,而是通过与应激性生活事件、不良家庭教养方式等交互作用,共同影响青少年抑郁的发生与发展。主持和参与国家自然科学基金项目、中科院知识创新项目及国家自然科学基金重点项目等多项课题。曾参与《追寻记忆的痕迹》、《认知神经科学教程》、《生理心理学》等多部学术专著的翻译或编纂。

方　方　教授、博士生导师。北京大学心理与认知科学学院院长,行为与心理健康北京市重点实验室主任,麦戈文脑科学研究所常务副所长,机器感知与智能教育部重点实验室副主任。1997年和2001年分别毕业于北京大学心理学系和信息科学技术学院,获理学学士和工学硕士学位。2006年毕业于美国明尼苏达大学心理学系,获哲学博士学位。2006年至2007年继续在明尼苏达大学心理学系从事博士后研究。2007年入职北京大学心理学系。主要研究方向为利用脑成像技术、心理物理学和计算模型研究视知觉、意识、注意和它们的神经机制。所获学术荣誉和奖励包括:国家杰出青年科学基金、中国青年科技奖、长江学者特聘教授、中青年科技创新领军人才、百千万人才工程国家级人选、国际心理科学联合会青年科学家奖、万人计划科技创新领军人才等。

李　量　1985年在北京大学获心理学学士学位。1988年在北京大学获生理心理学硕士学位。1988年至1989年在中国科学院心理研究所担任助理研究员。1994年在加拿大卡尔顿大学获哲学博士,专业为心理学。1994年至1997年,分别在皇后大学和多伦多大学从事博士后工作和讲课助理教授工作。1999年至2000年曾担任北京大学心理系客座教授。2000年至今为北京大学心理系(现称心理与认知科学学院)教授。承担过北京大学"985"生理心理学科建设带头人、北京大学听觉与言语研究中心学术委员会副主任、北京大学脑与认知科学研究中心骨干科学家、中国心理学会生理心理学分会副理事长、北京大学机器感知与智能教育部重点实验室副主任、*Neuroscience and Biobehavioral Reviews* 期刊副主编等学术职务。

周　雯　博士,研究员。2004年毕业于北京大学心理学系,2009年于美国莱斯大学获心理学博士学位,2009年至今任中国科学院心理研究所研究员。先后入选中科院"百人计划"、中组部"万人计划"青年拔尖人才、中科院脑科学与智能技术卓越创新中心及生命科学科教融合卓越中心,获国家自然科学基金优秀青年科学基金项目资助。研究方向为人类嗅觉,综合使用心理物理学、神经心理学、生理记录、脑功能成像（如 EEG，fMRI）等手段来探索嗅知觉编码和性质、人体化学信号的嗅觉表征以及嗅觉与情绪及其他感知觉系统间的交互。

杨炯炯　北京大学心理与认知科学学院副教授，博士生导师。研究方向为学习记忆和情绪的神经机制，主要以行为、脑功能成像和脑损伤病人的研究相结合的手段，对学习记忆的编码、巩固和提取过程的脑机制进行研究，着重于联想记忆和情绪记忆。先后主持国家级科研项目 5 项及美国国立卫生研究院（NIH）项目 1 项，发表中文核心及英文 SCI 文章共 60 余篇，参与多本教材的编写和翻译工作。

李勇辉　中国科学院心理研究所研究员，博士研究生导师，中国心理学会生理心理学分会理事。主要从事动机与奖赏神经机制的研究，重点关注成瘾行为的认知神经机制。目前主持科技部重点研发项目子课题 1 项，国家自然基金委面上项目 1 项。曾经承担过国家自然基金委项目 3 项，参与国家重点基础研究发展规划项目（973）2 项，国家自然基金委面上项目 2 项，中国科学院知识创新工程项目 1 项。已发表科研论文 80 余篇，SCI 论文 20 余篇。曾获中国科学院优秀博士论文奖，全国优秀博士论文提名奖，北京市科学技术三等奖等荣誉。

张亚旭　博士，北京大学心理与认知科学学院及机器感知与智能教育部重点实验室副教授，博士生导师。担任中国心理学会语言心理学专业委员会秘书长、中国英汉语比较研究会心理语言学专业委员会常务理事、*Journal of Neurolinguistics* 编委，多种国际国内学术期刊的审稿人。近期主要采用事件相关脑电位（ERP）技术研究句子理解的认知神经机制，研究成果发表于 *Journal of Experimental Psychology: Learning, Memory, and Cognition*、*Brain and Language*、*Brain Research*、*Language and Cognitive Processes*、*Neuropsychologia* 和 *NeuroReport* 等学术期刊。

陈楚侨　中国科学院心理研究所百人计划研究员、博士生导师，杰青。近年来一直进行有关精神分裂症等相关神经发育障碍的内表型研究，包括脑结构、神经软体征、执行功能和前瞻记忆等；并对精神分裂症高危人群进行了早期识别和干预研究。主持/参与多项国家自然科学基金、科技部 973 项目、国家重点研发计划项目、国际科研基金等。已获多项国际、国内奖项，包括"新世纪百千万人才工程"国家级人选（2009）、享受政府特殊津贴（2012）、北京百名领军人才（2015）、Distinguished Contributions to the Global Mental Health（2016）、美国心理科学协会 Fellow（2017）等。担任 *Schizophrenia Bulletin*、

Psychiatry Research、*Neuropsychology*、*Cognitive Neuropsychiatry* 等 SCI/SSCI 期刊的编委，并为多种国际知名学术期刊审稿。在 *Schizophrenia Bulletin*、*Neuroscience and Biobehavioural Reviews*、*Neuroimage*、*Human Brain Mapping*、*Schizophrenia Research*、*Psychological Medicine* 等著名学术期刊上发表论文 300 多篇。

王　亚　中国科学院心理研究所副研究员，博士生导师。长期从事精神分裂症的神经心理机制及其早期识别与干预研究，主要研究方向包括：精神分裂症的前瞻记忆缺损、前瞻记忆的神经机制、前瞻记忆缺损的改善方法、未来情景想象等。主持国家自然科学基金、心理所青年科学基金、中国科学院心理健康重点实验室自主项目；参与科技部 973 项目、科技部支撑计划、科技部重点研发专项、国家自然科学基金等多项课题研究。2009 年获 International Congress on Schizophrenia Research Young Investigator Award，2011 年获中国科学院卢嘉锡青年人才奖，同年入选为中国科学院青年创新促进会会员，2012 年获澳大利亚政府 Endeavour Australia Cheung Kong Research Fellowship 资助赴澳进行半年学术访问。发表学术论文 70 余篇，担任 *Schizophrneia Bulletin*、*Psychiatry Research*、*Journal of Autism and Developmental Disorders*、《心理学报》、《心理科学进展》等杂志的审稿人。

邵　枫　北京大学心理与认知科学学院副教授，博士生导师。主要研究领域为精神分裂症动物模型的建立及其机制，早期应激与动物行为、认知、内分泌、免疫间关系等。作为负责人先后主持了多项国家自然科学基金项目，分别利用母婴分离和青少期社会隔离的建模方式，采用多种行为分析和生化测试方法，从行为—蛋白—基因水平深入探讨了精神分裂症动物模型认知功能障碍的神经生物学机制。作为第一或通讯作者共发表相关论文 50 余篇，其中 SCI 论文 20 余篇。

王玮文　博士，中国科学院心理研究所研究员，博士生导师。长期从事健康与遗传心理学科研和教学工作，主要研究方向为生理心理学、心理神经免疫学。在 *Biological Psychiatry*、*Psychoneuropharmacology*、*Brain, Behavior and Immunity*、《心理学报》等领域内重要学术期刊上发表论文 60 余篇。主持 10 余项自然科学基金委、中国科学院、中国科学院心理健康重点实验室和心理研究所科研项目。现任中国心理学会生理心理学专委会委员兼秘书长，中国神经科学会应激神经生物学分会委员，中国生理学会应激生理学分会委员，中国动物学会动物行为学分会理事。

张　力　博士，首都师范大学心理学院副教授。担任本科生"心理统计学"、"实验心理学"等专业必修课主讲教师,先后十余次获得校优秀主讲教师称号。曾在美国西北大学从事博士后研究工作,主攻文化与社会认知神经科学,在该领域发表过多篇实证性研究文章,并为首都师范大学研究生开设"自我的社会认知研究"专业方向课。其他研究领域还包括环境心理学、设计心理学等。

索 引

A

阿尔茨海默病　12
γ-氨基丁酸　296

B

白质　27
背侧通路　108
鼻后通路　136
鼻前通路　136
比较心理学　34
闭合正偏移　225
边缘归属权　113
边缘提取　113
边缘系统　30, 184
标准巩固理论　176
表观遗传机制　211
表观遗传学　95, 298
表型　71
冰冻方法　16
不可逆损伤　16

C

差异易感假说　83
长时程增强　179
陈述/程序模型　251
陈述性记忆　156
初级嗅觉区域　137
雌甾四烯　143

次级嗅觉区域　138
丛毛细胞　137

D

单胺类神经递质　295
单核苷酸多态性　76
等位基因　76
颠倒学习　304
电刺激法　16
电记录法　17
电解损伤　15
动词论元结构　226
多重痕迹理论　176
多重记忆系统　156

F

反射　6
非陈述性记忆　156
非共享环境　71
非屈折语　224
否定极项　240
副嗅觉系统　142
腹侧通路　108

G

感觉整合　265
高级神经活动学说　8
工作记忆模型　169
功能假设　229

功能同一性假设　252
功能性核磁共振成像技术　19
巩固　176
共鸣说　7
共享环境　71
谷氨酸　296
归因倾向　272

H

HERA 模型　171
HPA 轴　291
海马　292
合成面孔　340，349，351
痕迹转换理论　176
横断损伤　15
候选基因研究　78
呼吸周期　138
化学刺激法　17
化学感觉交流　142
话语指代歧义　226
幻嗅　140
唤醒度　183
灰质　27

J

鸡尾酒会问题　104
基本情绪　182
基线伪迹　225
基因多态性　76
即刻早基因　293
即时性情绪体验　269
计算机断层扫描技术　18
计算理论　13
家系研究　69
间脑系统　167
交叉敏感化现象　206

交叉适应　139
交感神经系统　291
精神依赖　202，203
竞争模型　252
静息电位　22
镜像测验　51
"镜像"系统　346
镜像系统　347
句法优先模型　224
具体性效应　234

K

Kluver-Bucy 综合征　184
Korsakoff 综合征　167
可逆损伤　16
空间学习　304
恐惧性条件反射　188
眶额皮质　334，339，346，348，351，358，360，364，371
扩布性阻抑　16

L

犁鼻器　142
连锁研究　77
颅内自我刺激奖赏　206
轮廓整合　113

M

慢性不可预知温和应激　291
面孔特殊加工能力　110
母婴隔离　292

N

N400　226
Nref 效应　226
脑成像技术　17
脑髓说　9
脑源性神经营养因子　297

脑源性神经营养因子假说 317
内表型 261
内侧颞叶 154,157
能量掩蔽 104
逆行性遗忘 155

P

P600 226
Papez 环路 184
皮质的中线结构 357
皮质中线结构 357,371
瓶颈理论 120

Q

期待性情绪体验 269
气味的效价 140
前额叶 292
前脉冲抑制 309
潜伏抑制 300
浅结构假设 251
强迫游泳 312
情节记忆 156
情绪 140
情绪对记忆的调节假说 190
情绪加工 272
屈折语 223
躯体依赖 203
去掩蔽 125
全基因组关联研究 77

R

人类性信息素 143
认知转换 305

S

三阶段神经认知模型 224
三原色学说 7
僧帽细胞 137

社会冲突应激 312
社会隔离 292
社会决策 275
社会脑 335,343,346,348,365,371
社会脑假设 40
社会认知 44,272
社会知觉 272
社会知识 272
神经化学损伤 16
神经可塑性假说 317
神经软体征、快感缺失 261
神经特殊能力 5
神经营养因子 297
神经语言学 223
神经元 21
神经元理论 7
生物电流的膜学说 8
生物化学分析法 17
生物心理学 2
生物运动 111
声学假设 229
失败的功能特征假设 251
失歌症 230
失匹配负波 227
视错觉 115
视觉显著度图 107
视觉拥挤效应 107
收养研究 69
数量性状位点 77
衰减理论 121
双鼻竞争 139
双生子研究 69
双训练(double training, DT)范式 117
双重违反 243

水迷宫　303
顺行性遗忘　155
素质—应激理论　83
随后记忆效应　164

T

特征绑定　114
特征整合理论　114
条件化恐惧学习　320
听觉场景分析　104
听觉滤波器　122
听觉掩蔽　104
同卵双生子　71
同时作用模型　224
同音假词　237
同音判断　235
统一模型　224
突触　22
突触巩固　176
"图认知"理论　163
拓扑性质知觉理论　108

W

完全迁移完全通达模型　252
晚期双语者　251
位置细胞　163
文化启动　342,343,366
嗡嗡声声调　229
嗡嗡声语调　230
物理认知　44

X

吸出损伤　15
稀疏编码　112
习得性无助　312
习惯　216
习惯化用药行为　217

系统巩固　176
下丘脑—垂体—肾上腺皮质轴　291
先证者　69
效价　183
心理理论　56,272
心理语言学　223
信息素　142
信息掩蔽　104
行为遗传学　69
杏仁核　184,292
雄甾二烯酮　143
嗅觉的恒常性　138
嗅觉感觉神经元　136
嗅觉时间编码　138
嗅觉适应　139
嗅觉受体　137
嗅觉学习　140
嗅球　137
嗅上皮　136
嗅小球　137
嗅质　136
悬尾测试　312

Y

延缓不匹配任务　163
演化　34
演化心理学　34
药物奖赏　205
药物损伤　16
遗传度　72
遗传—环境交互作用　90
遗传—环境相关　87
遗忘综合征　155
异卵双生子　71
抑郁症　311

抑郁症单胺类假说 316
抑制功能 265
音节边界 230
应激 290
应激—抑郁症假说 311
优先效应 104
语法体 238
语法体违反 238
语言中枢 31
语义记忆 156,159
语义违反 238
语义相关判断 235
语音短语边界 230
预测编码 112
预存加工理论 187
源遗忘症 159
约束满足理论 224
月经同步 143
运动协调 265
韵律词边界 230

Z

再巩固 215
早期左前负波 225
正电子发射断层扫描技术 18
知觉学习 115
中脑—皮质—边缘多巴胺系统 295
中枢能量模型 121
中枢神经系统 27
中央凹分割 234
重复启动效应 161
重新加权(reweighting)理论 117
周围神经系统 26
主动回避反应 300
主谓一致违反 253
主心说 9
主嗅觉系统 142
主嗅上皮 142
注意定势转移任务 306
自然奖赏 205
自我意识 50
组合编码 137
左侧单侧化 233
左前负波 225

当代中国心理科学文库

总主编：杨玉芳

1. 郭永玉：人格研究
2. 傅小兰：情绪心理学
3. 王瑞明、杨　静、李　利：第二语言学习
4. 乐国安、李　安、杨　群：法律心理学
5. 李　纾：决策心理：齐当别之道
6. 王晓田、陆静怡：进化的智慧与决策的理性
7. 蒋存梅：音乐心理学
8. 葛列众：工程心理学
9. 白学军：阅读心理学
10. 周宗奎：网络心理学
11. 吴庆麟：教育心理学
12. 苏彦捷：生物心理学
13. 罗　非：心理学与健康
14. 张清芳：语言产生
15. 韩布新：老年心理学：毕生发展视角
16. 樊富珉：咨询心理学：理论基础与实践
17. 余嘉元：心理软计算
18. 张亚林、赵旭东：心理治疗
19. 郭本禹：理论心理学
20. 张文新：应用发展科学
21. 张积家：民族心理学
22. 许　燕：中国社会心理问题的研究
23. 张力为：运动与锻炼心理学研究手册

24. 罗跃嘉：社会认知的脑机制研究进展
25. 左西年：人脑功能连接组学与心脑关联
26. 苗丹民：军事心理学
27. 董　奇、陶　沙：发展认知神经科学
28. 施建农：创造力心理学
29. 王重鸣：管理心理学

注：以上书单，只列出各书主要负责作者，最终书名可能会有变更，最终出版序号以作者来稿先后排列。
具体请关注华东师范大学出版社网站：www.ecnupress.com.cn；或者关注新浪微博"华师教心"。

当代中国心理科学文库
心理学学术前沿顶尖成果
中国心理学发展史里程碑
—原创、系统、权威、前沿—
反映中国学者在该领域的重要贡献
全系统陆续出版中

**精神世界的科学探究,
美好生活的心理构成!**

精神的进化:美好生活的构成
作者:[美]乔治·瓦利恩特(George E. Vaillant)
译者:张庆宗 周琼
定价:62.00 元

**从开创性角度理解心理学,
以批判性眼光审视统计方
法的优势与局限。**

如何理解心理学:科学推断与统计推断
作者:卓顿·迪恩斯
译者:孙里宁等
审校:郭秀艳等
定价:38.00 元